NUMERICAL METHODS

4th Edition

제4판

수치해석

J. Douglas Faires, Richard Burden 지음

권성규 | 김규철 | 김영록

김준석 | 김현민 | 신동우

안두성 | 이주성 | 최용호 옮김

KYOWOOSA 교우사

CENGAGE Learning

Andover • Melbourne • Mexico City • Stamford, CT • Toronto • Hong Kong • New Delhi • Seoul • Singapore • Tokyo

CENGAGE Learning

Numerical Methods

4th Edition

Douglas Faires
Richard L. Burden

Original edition © 2013 Brooks Cole, a part of Cengage Learning.
Numerical Methods 4th Edition
by Douglas Faires and Richard L. Burden
ISBN: 9780495385691

This edition is translated by license from Brooks Cole, a part of Cengage Learning, for sale in Korea only.

ISBN-13: 979-11-251-0157-4

Cengage Learning Korea Ltd.
14F, YTN Newsquare
76 Sangamsan-ro, Mapo-gu
Seoul 121-904 Korea
Tel: (82) 2 330 7000
Fax: (82) 2 330 7001

Cengage Learning is a leading provider of customized learning solutions with office locations around the globe, including Singapore, the United Kingdom, Australia, Mexico, Brazil, and Japan. Locate your local office at: www.cengage.com/global

Cengage Learning products are represented in Canada by Nelson Education, Ltd.

For product information, visit www.cengageasia.com

Printed in Korea
1 2 3 4 19 18 17 16

머리말

수치해석은 공학이나 자연과학에서 나타나는 여러 가지 복잡한 문제, 즉 연립방정식, 미적분, 초깃값, 경곗값 문제 등을 컴퓨터를 이용하여 수치적으로 푸는 방법을 소개하는 과목으로서, 수치적인 근사 방법의 이론적인 유도 과정을 중점적으로 취급하고 있어 이를 필요로 하지 않는 많은 학생들에게는 이해하기 어려운 측면이 많았다. 이와는 달리 수치 해법은 공학이나 자연과학에서 발생하는 문제에 대한 해를 구하는 데에 있어 어떤 기법을 선택하여 적용할 것인가에 더 중점을 두는 과목이다.

이 책은 J. Douglas Faires와 Richard L. Burden의 수치해법 교재인 'Numerical Methods' 4판을 번역한 것이다. 두 저자는 유명한 수치해석 교재 'Numerical Analysis'를 저술한 사람들이다. 이들은 수치해석의 모든 내용을 포함하면서도 각 근사 방법에 대한 수학적 정당성이나 유도과정 대신 구현의 관점에서 각 기법에 대하여 동기 부여를 하고 기술하는 방식으로 수치해법을 집필하였다.

따라서 수치해석과 수치해법은 근본적으로 접근 방법이 다르다. 굳이 구분을 하여 다시 설명하자면 수치해석은 이론적인 알고리즘과 유도과정을 중시하는 수학적인 과목이고 수치해법은 공학도들이나 자연과학도들에게 수치적인 근사 방법을 어떻게 선택하고 적용하며 오차가 어떤 형태로 나타날 것인지에 대한 개념과 지식을 전달하기 위한 과목이라고 할 수 있을 것이다. 그리고 이 수치해법에서는 어떤 경우에 각 방법을 적용하기 어려운 문제가 발생하는지와 현재 제공되고 있는 상용 소프트웨어 패키지에 대한 정보 및 추천에도 역점을 두었다. 특히 각 방법은 다양한 예제를 통하여 소개되고 있어서 그 유용성을 쉽게 이해하도록 하고 있다. 3판과는 다르게 4판에서는 기본적으로 MATLAB이라는 상용 프로그램을 기본으로 설명을 하였고, 그에 맞는 알고리즘과 설명, 예제가 추가되었다.

이 책의 번역은 원문에 충실하면서 독자가 최대한 이해하기 쉽도록 하려고 노력하였으나 많은 양의 내용을 번역하다 보니 미흡한 점이나 오류가 있으리라 생각된다. 이 책을 가르치시는 교수님들과 독자 여러분의 질책과 조언을 바탕으로 더욱 유용한 책으로 수정·보완할 계획이다.

끝으로 이 책을 출판하기까지 많은 도움을 주신 고려대학교 과학계산연구실의 정다래, 이승규, 유민현, 배민화, 유창우, 강민선님께 감사드린다.

저자 올림

연습문제해답은 http://kyowoo.inetpia.re.kr/06_sub/6c_sub05.php에서 제공합니다.

차 례

제 1 장

수학적 기초와 오차 분석

1.1 개요

이 책은 수치 방법(numerical methods)이라고 하는 근사 방법에 의해 해결될 수 있는 문제에 관하여 다룬다. 우선 주어진 문제의 해를 근사시킬 때 발생 가능한 수학적/계산적인 개념들을 소개하기로 한다. 근사해를 구할 수 있는 거의 모든 문제들은 연속 함수를 포함하고 있기 때문에, 수치 방법을 유도하고 그 방법이 문제를 풀 수 있다는 것을 증명하는 데는 미적분학이 주요한 도구이다. 다음 절에 포함된 미적분에 관련된 정의와 결과들은 다른 장에서 참고 자료로 활용할 수 있다.

수치적인 기법을 이용하여 문제를 해결할 때는 다음의 두 가지 사항을 고려하여야 한다. 첫 번째는 근삿값(approximation)을 얻는 방법이다. 두 번째는 근삿값의 안전도(safety factor), 즉 정확도(accuracy)를 결정하는 방법이다. 1.3절과 1.4절에서는 주어진 문제에 대한 근사해를 구하는 과정에서 발생하는 전형적인 문제, 즉 계산 오차는 어디에서 왜 발생하며, 어떻게 제어할 수 있는가를 다룬다.

1.2 미적분의 기초 개념들

극한과 연속(Limits and Continuity)

특정 수에 대한 함수의 극한값(limit)은 본질적으로 정의역의 값들이 특정 수에 접근할 때 함수의 값들이 접근하는 값을 나타낸다. 이는 정확하게 서술하기에 어려운 개념이다. 극한값 개념은 미적분의 기본이 되는 개념이며 미적분의 주요 발견들은 17세기 후반부에 Isaac Newton과 Gottfried Leibnitz에 의해 이루어졌다. 그러나 이로부터 200년이 지나서야 Augustus Cauchy가 Karl Weierstrass의 연구를 기반으로 극한값 개념을 최근에 사용하는 형태로 처음 표현하였다.

주어진 임의의 실수 $\epsilon > 0$에 대해서, $0 < |x - x_0| < \delta$일 때 $|f(x) - L| < \epsilon$를 만족하는 실수 $\delta > 0$이 존재하면 실수의 집합 X 위에 정의된 함수 f는 x_0에서 극한값 L을 갖는다고 하며 $\lim_{x \to x_0} f(x) = L$이라고 쓴다. 이 정의는 x의 값이 충분히 x_0에 가까워지면 함수의 값이 L에 가까워짐을 의미한다. ([그림 1.1] 참조)

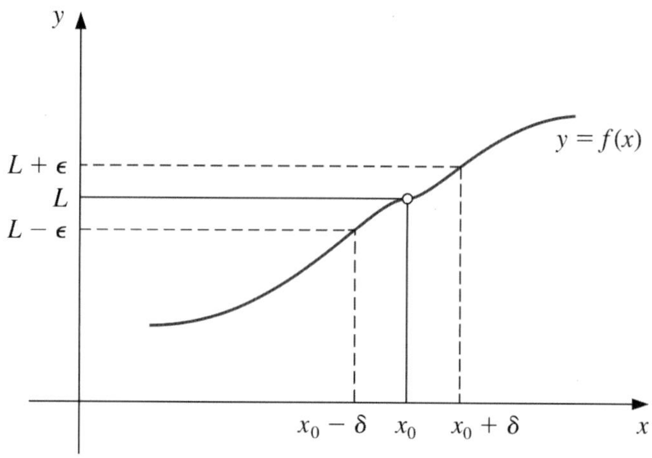

그림 1.1

어떤 함수가 그 정의역의 어떤 수에서 연속(continuous)이라고 말하기 위해서는 그 수에서의 극한값이 그 수에서의 함수의 값과 일치하여야 한다. 그러므로 $\lim_{x \to x_0} f(x) = f(x_0)$ 이면 f는 x_0에서 연속이 되고, f가 X의 모든 점에서 연속이면 f는 집합 X 위에서 연속이 된다. X 위에서 연속인 모든 함수들의 집합을 $C(X)$로 표기하기로 한다. X가 실수선 위의 한 구간일 때는 괄호를 생략한다. 예를 들어, 닫힌구간(closed interval) $[a, b]$ 상에서 연속인 모든 함수들의 집합은 $C[a, b]$로 표기한다.

실수 또는 복소수 수열의 극한값도 같은 방법으로 정의된다. 무한수열 $\{x_n\}_{n=1}^{\infty}$ 은 주어진 임의의 수 $\epsilon > 0$에 대해서 $n > N(\epsilon)$일 때 $|x_n - x| < \epsilon$를 만족하는 양의 정수 $N(\epsilon)$이 존재하면, x에 수렴(converge)한다. $\lim_{n \to \infty} x_n = x$, 또는 $n \to \infty$일 때 $x_n \to x$ 등의 표기는 수열 $\{x_n\}_{n=1}^{\infty}$ 이 x에 수렴함을 표시한다.

정리 1.2.1 **[연속성과 수열의 수렴(Continuity and Sequence Convergence)]**

f가 실수의 집합 X 상에서 정의된 함수이고 $x_0 \in X$ 이면, 다음 사항은 동치이다.

a. f는 x_0에서 연속이다.

b. $\{x_n\}_{n=1}^{\infty}$ 이 x_0으로 수렴하는 X 내의 임의의 수열이라면,

$$\lim_{n \to \infty} f(x_n) = f(x_0)$$

수치 방법을 논의하기 위해 고려될 모든 함수들은 연속이다. 이는 함수의 행위를 예측하기 위한 최소의 조건이다. 연속이 아닌 함수는 중요한 지점을 고려할 수 없는 경우가 생겨서 근사해를 구하는 과정에서는 사용하기가 곤란하다. 함수에 대해서 보다 복잡한 가정을 하면 일반적으로 보다 나은 근사 결과를 얻을 수 있다. 예를 들어, 부드러운 곡선으로 표현되는 함수가 들쭉날쭉한 모양의 함수보다는 예측하기가 쉽다. 함수의 부드러운 정도는 도함수 개념에 의해 좌우된다.

미분가능성 (Differentiability)

f를 x_0가 포함된 열린구간(open interval)에서 정의된 함수라 하자.

$$f'(x_0) = \lim_{x \to x_0} \frac{f(x) - f(x_0)}{x - x_0}$$

이 존재하면 f는 x_0에서 미분가능(differentiable)하다고 한다. $f'(x_0)$를 x_0에서 f의 도함수(derivative)라고 한다. x_0에서 f의 도함수는 [그림 1.2]에서 보인 것처럼 점 $(x_0, f(x_0))$에서 함수 f에 대한 접선(tangent line)의 기울기(slope)가 된다. 함수 f가 X의 모든 점에서 도함수를 가지면 f는 X 상에서 미분가능하다고 한다. 미분가능성은

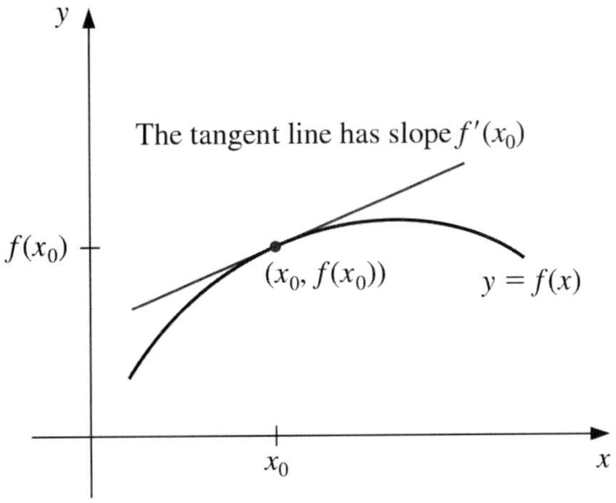

그림 1.2

함수에 대해 다음과 같은 이유로 연속성보다 강한 조건이 된다.

> **정리 1.2.2** [미분가능성과 연속성 (**Differentiability Implies Continuity**)]
>
> 미분가능성은 연속성을 의미한다. 함수 f가 x_0에서 미분가능하면 f는 x_0에서 연속이다.

X 상에서 n차의 연속인 도함수를 갖는 모든 함수들의 집합을 $C^n(X)$로, X 위에서 모든 차수의 도함수를 갖는 함수들의 집합을 $C^\infty(X)$로 표기한다. 다항식, 유리 함수, 삼각 함수, 지수 함수, 로그 함수는 $C^\infty(X)$에 속한다. 여기서 X는 이 함수들이 정의되는 모든 수들로 구성된다.

다음의 정리는 오차를 측정하는 방법을 유도하는 데 매우 중요한 역할을 한다. 이 정리들에 대한 증명은 일반적인 미적분 책에서 쉽게 찾아볼 수 있다.

> **정리 1.2.3** [평균값 정리 (**Mean Value theorem**)]
>
> $f \in C[a, b]$이고 f가 (a, b) 상에서 미분가능하면,
>
> $$f'(c) = \frac{f(b) - f(a)}{b - a}$$
>
> 를 만족하는 수 c가 (a, b) 내에 존재한다. ([그림 1.3] 참조)

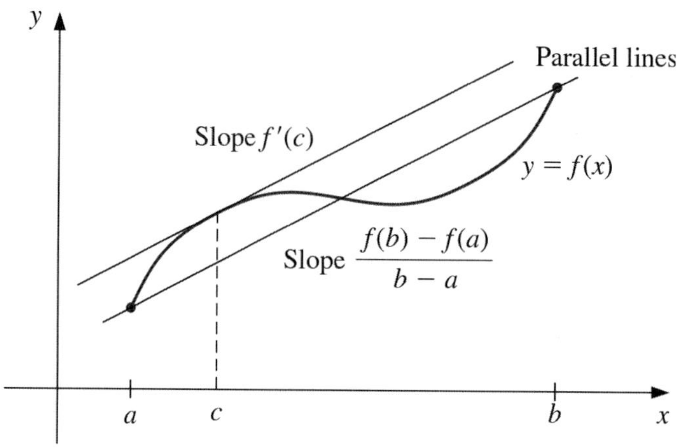

그림 1.3

다음 정리는 오차공식의 한계를 결정하는 데 자주 사용된다.

> **정리 1.2.4** [극값 정리(**Extreme Value Theorem**)]
>
> $f \in C[a,b]$이면, $[a,b]$에 속한 모든 x에 대해서 $f(c_1) \le f(x) \le f(c_2)$를 만족하는 상수 c_1과 c_2가 $[a,b]$ 내에 존재한다. 그리고 f가 (a,b)상에서 미분가능하면 c_1과 c_2의 위치는 $[a,b]$의 끝점, 또는 f'가 0인 지점이 된다.

연속함수에서 미분계수가 0 또는 미분계수가 존재하지 않는 곳의 값을 함수의 임곗값이라고 한다. 그러므로 극값 정리는 닫힌구간에서의 연속 미분가능함수의 최댓값이나 최솟값은 임계점이나 끝점에서만 존재할 수 있다는 것을 나타낸다.

다음 예제는 극값 정리와 MATLAB의 응용에 대한 실례를 제공한다.

예제 1.2.5 MATLAB을 사용하여, 구간 a. $[1,2]$, b. $[0.5,1]$에서

$$f(x) = 5\cos 2x - 2x\sin 2x$$

식의 절대 최솟값과 절대 최댓값을 찾아라.

풀이 이 문제는 흔히 사용되는 MATLAB의 몇 가지 명령어와 MATLAB이 제공하는 출력 결과를 설명하는 데 좋은 예이다. 우리가 제공하는 MATLAB 자료에서 입력 문장은 typewriter-like 폰트를 사용한 좌측 정렬된 모습으로 나타난다. MATLAB으로부터 나온 출력 결과를 강조하기 위해서, 출력 결과는 회색으로 표시하고 가운데 정렬하였다.

더 나은 가독성을 위하여 입력 문장에서 필요한 >> 기호와 MATLAB의 출력 결과 생기는 비어있는 줄은 제거하였다. 이것을 제외하고는 MATLAB의 문장에 적합할 것이다.

아래의 명령어는 x의 함수인 $f(x) = 5\cos 2x - 2x\sin 2x$를 정의한다.

```
f = inline(`5*cos{(2*x)}-2*x*sin{(2*x)}', `x')
```

그리고 MATLAB은 다음과 같은 출력 결과를 제공한다. (실제 출력 결과는 두 줄로 나누어져 있다)

Inline function : $f(x) = 5 * \cos(2 * x) - 2 * x * \sin(2 * x)$

우리는 이제 우리의 기본 함수로 정의된 $f(x)$를 가지고 있다. 명령어에서 x는 x가 함수 f의 인수임을 가리킨다.

주어진 구간에서 $f(x)$ 의 절대 최댓값과 최솟값을 찾기 위해서는 다음과 같은 도함수 $f'(x)$ 가 필요하다.

$$f'(x) = -12\sin 2x - 4x\cos 2x$$

다음으로 도함수를 나타내기 위해 MATLAB에서 inline 명령어를 이용해 함수 $f_p(x) \equiv f'(x)$ 를 정의하자.

```
fp = inline(`-12*sin{(2*x)}-4*x*cos{(2*x)}', `x')
```

MATLAB은 $f(0.5)$ 를 계산하는 다음의 명령어를 통해서 제시되어 있듯, 기본값으로 다섯 자리 유효숫자를 제공한다.

```
f(0.5)
```

MATLAB의 결과는

$$ans = 1.8600$$

다음과 같은 명령어로 유효숫자의 개수를 늘릴 수 있다.

```
format long
```

그러면 명령어

```
f(0.5)
```

는 다음의 출력 결과를 제공한다.

$$ans = 1.860040544532602$$

우리는 위와 같은 확장된 유효숫자 개수를 사용하여, 이 책의 남은 부분의 MATLAB 출력 결과를 나타낼 것이다.

a. 연속 미분가능한 함수 f 의 절대 최솟값/최댓값은 구간 $[1, 2]$ 의 끝점이나 구간 사이의 임계점에서만 가능하다. 우리는

```
f(1), f(2)
```

를 통해 끝점에서의 값을 얻을 수 있다. MATLAB의 출력 결과는 다음과 같다.

$$ans = -3.899329036387075, \qquad ans = -0.241008123086347$$

함수 f 의 임계점을 찾기 위해서 $f'(x)$ 의 근을 찾아야 한다. 이를 위해서 MATLAB의 fzero 명령어를 사용한다.

```
p=fzero(fp,[1,2])
```

이에 대한 출력 결과는 다음과 같다.

$$p = 1.358229873843063$$

이 하나의 임계점에서 함수 f 를 다음과 같이 계산하면

```
f(p)
```

결과는

$$ans = -5.675301337592883$$

이다. 요약하면 구간 $[1, 2]$ 에서 $f(x)$ 의 절대 최솟값/최댓값은 다음과 같이 근사된다.

$$f(1.358229873843064) = -5.675301337592883, \qquad f(2) = -0.241008123086347$$

b. 구간이 $[0.5, 1]$ 일 때 끝점에서의 값은 다음과 같다.

$$f(0.5) = 5\cos 1 - 1\sin 1 = 1.860040544532602$$

$$f(1) = 5\cos 2 - 2\sin 2 = -3.899329036387075.$$

그러나 구간 [0.5, 1]에서 다음과 같은 명령어로 임계점을 구하려고 시도했을 때,

```
p1=fzero(fp,[0.5, 1])
```

MATLAB은 다음과 같은 결과를 돌려준다.

$$???Error\ using ==> fzero\ at\ 293$$

이것은 MATLAB이 이 방정식의 근을 찾지 못했다는 것을 가리킨다. 이것은 구간 $[0.5, 1]$에서 감소하고 근이 존재하지 않기 때문에 적절한 결과이다. 그러므로 구간 $[0.5, 1]$에서 절대 최소와 절대 최대의 근삿값은

$$f(1) = -3.899329036387075, \qquad f(0.5) = 1.860040544532602.$$

■

다음의 다섯 가지 명령어는 구간 $[0.5, 2]$ 축 격자와 그래프의 제목과 함께 그림을 그려준다.

```
fplot(f,[0.5 2])
title('Plot of f(x)')
xlabel('Values of x')
ylabel('Values of f(x)')
grid
```

그림 1.4는 이 명령어들의 결과가 화면에 나온 것이다.

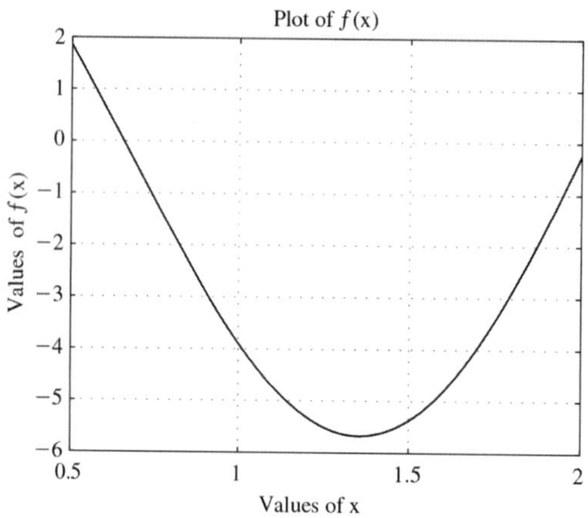

그림 1.4

이는 예제 1.2.5에서 얻은 결과를 확증한다. 화면에 제시된 그래프는 다양한 양식으로 저장할 수 있다.

이제 중간값 정리에 대해서 알아보자. 이 정리는 문장 자체는 어렵지는 않지만, 그 증명은 보통 미적분학 과목의 범위를 넘는 내용이다.

> **정리 1.2.6** [중간값 정리(**Intermediate Value Theorem**)]
>
> $f \in C[a,b]$이고, K가 $f(a)$와 $f(b)$의 사이에 있는 임의의 수라면, (a,b) 내에는 $f(c)=K$를 만족하는 수 c가 존재한다. ([그림 1.5]는 이 함수와 구간에 대한 세 가지 가능성 중 하나를 보이고 있다)

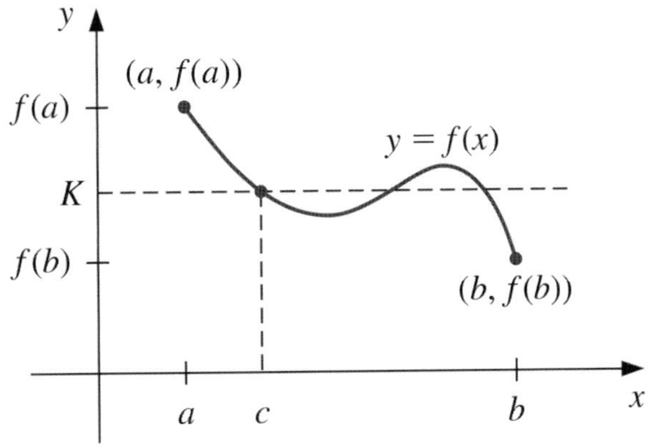

그림 1.5

예제 1.2.7 방정식 $x^5-2x^3+3x^2-1=0$이 구간 $[0,1]$에서 해를 가짐을 보이자.

풀이 $f(x)=x^5-2x^3+3x^2-1$이라고 하자.

$$f(0)=-1<0, \quad 0<1=f(1)$$

이며 f는 구간 $[0,1]$에서 연속이다. 그러므로 중간값 정리에 의해 $x^5-2x^3+3x^2-1=0$을 만족하는 $0<x<1$인 수 x가 존재한다. ■

[예제 1.2.7]에서 보인 바와 같이 중간값 정리는 주어진 문제에 해가 존재하는지를 결정하는 데 사용된다. 그러나 이 정리는 해를 구하는 효과적인 방법을 제공하지는 않는다. 해를 구하는 방법은 2장에서 설명된다.

적분(**Integration**)

미적분학의 또 다른 기초 개념은 적분이다. 구간 $[a,b]$에서 함수 f에 대한 리만(Riemann) 적분이 존재한다면, 다음의 극한값이 된다.

$$\int_a^b f(x)dx = \lim_{\max \Delta x_i \to 0} \sum_{i=1}^{n} f(z_i)\Delta x_i,$$

여기에서 $x_0, x_1, \ldots, x_n$은 $a=x_0<x_1<\ldots<x_n=b$를 만족하고, $i=1,2,\ldots,n$에 대하여 $\Delta x_i = x_i - x_{i-1}$이고, z_i는 구간 $[x_{i-1}, x_i]$ 내의 임의로 선택한 값이다.

구간 $[a,b]$에서 연속인 함수 f는 그 구간에서 리만 적분이 가능하다. 계산의 편의를 위해서 $x_i (i=1,2,\ldots,n)$를 구간 $[a,b]$ 내에 같은 간격으로 배치하고 $z_i=x_i$로 놓자. 이 경우 위의 식은 다음과 같이 표현할 수 있다.

$$\int_a^b f(x)dx = \lim_{n\to\infty} \frac{b-a}{n} \sum_{i=1}^{n} f(x_i),$$

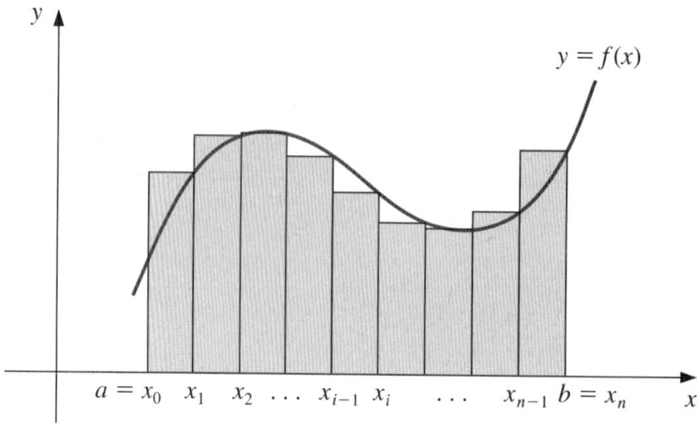

그림 1.6

여기에서 x_i 값은 [그림 1.6]에서 알 수 있는 것처럼, $x_i = a + i(b-a)/n$ 으로 배치한 것이다.

수치적인 방법으로 공부하는 데 있어서 다음의 두 가지 정리가 더 필요하다. 하나는 일반적인 평균값 정리를 적분을 위해 일반화한 것이다.

정리 1.2.8 [적분을 위한 평균값 정리(**Mean Value Theorem for Integrals**)]

$f \in C[a,b]$ 이고, g 가 구간 $[a,b]$ 상에서 적분 가능하며, $g(x)$ 의 부호가 구간 $[a,b]$ 에서 바뀌지 않으면,

$$\int_a^b f(x)g(x)dx = f(c)\int_a^b g(x)dx$$

를 만족하는 수 c 가 (a,b) 내에 존재한다.

$g(x) \equiv 1$ 일 때 이 결과는 통상적인 적분을 위한 평균값 정리가 된다. 즉, 다음과 같이 구간 $[a,b]$ 에서 함수 f 에 대한 평균값(average value)이 된다. ([그림 1.7 참조])

$$f(c) = \frac{1}{b-a}\int_a^b f(x)dx.$$

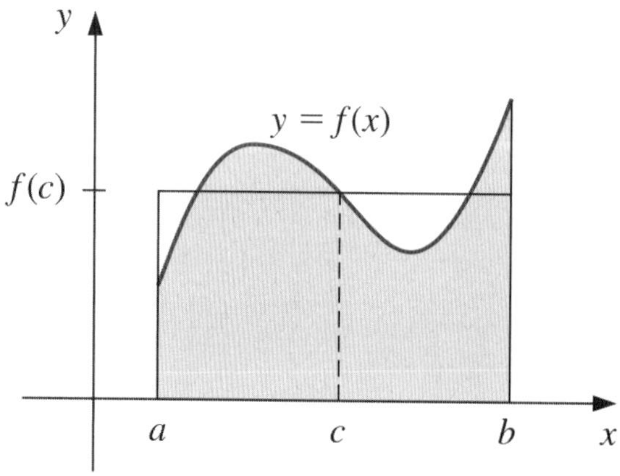

그림 1.7

Taylor 다항식과 급수(Taylor Polynomials and Series)

이 절에서 다룰 마지막 정리는 Taylor 다항식을 만드는 방법에 관한 것이다. 수치해석에서 Taylor 다항식은 매우 중요하며, 다음의 결과는 앞으로 반복 사용될 것이다.

정리 1.2.9 [Taylor 정리(Taylor's Theorem)]

$f \in C^n[a,b]$이고, $f^{(n+1)}$이 구간 $[a,b]$에 존재한다고 하자. x_0를 $[a,b]$ 구간 내의 한 점이라 하자. 모든 $x \in [a,b]$에 대해서 x_0와 x 사이에

$$f(x) = P_n(x) + R_n(x)$$

를 만족하는 수 $\xi(x)$가 존재한다. 여기서

$$\begin{aligned} P_n(x) &= f(x_0) + f'(x_0)(x-x_0) + \frac{f''(x_0)}{2!}(x-x_0)^2 + \cdots + \frac{f^{(n)}(x_0)}{n!}(x-x_0)^n \\ &= \sum_{k=0}^{n} \frac{f^{(k)}(x_0)}{k!}(x-x_0)^k \end{aligned}$$

이고

$$R_n = \frac{f^{(n+1)}(\xi(x))}{(n+1)!}(x-x_0)^{n+1}$$

여기서 $P_n(x)$를 x_0에서 f에 대한 n차 Taylor 다항식이라 하고 $R_n(x)$를 나머지 항(remainder term) 또는 절단 오차(truncation error)라고 한다. 절단 오차 $R_n(x)$에서 수 $\xi(x)$는 다항식 $P_n(x)$가 계산되는 x값에 종속되므로 실제로 변수 x에 대한 함수가 된다. 그러나 함수 $\xi(x)$를 정확히 결정하는 것은 기대하기 힘들다. Taylor의 정리는 이러한 함수가 존재하며 그 값이 x와 x_0 사이에 있음을 알려줄 뿐이다. 사실상, 수치 방법에서 흔한 문제들 중 하나는 일부 특정 구간 내의 x값들에 대한 $f^{(n+1)}(\xi(x))$값의 현실적인 한곗값을 결정하기 위해 시도해보는 것이다.

$n \to \infty$일 때 $P_n(x)$의 극한값을 취해서 얻는 무한급수를 x_0에서 f에 대한 Taylor 급수라 한다. $x_0 = 0$인 경우, Taylor 다항식을 Maclaurin 다항식, Taylor 급수를 Maclaurin 급수라고 한다.

Taylor 다항식에서 절단 오차라는 말은 무한급수의 합의 근삿값으로 절단된(유한개 항의) 합을 사용하는 데서 나온 것이다.

예제 1.2.10 $x_0 = 0$일 때 $f(x) = \cos x$의 a. 이차 Taylor 다항식, b. 삼차 Taylor 다항식을 구하고, 이 다항식을 이용해 $\cos(0.01)$의 근삿값을 구해보자. c. 삼차 Taylor 다항식과 그 나머지 항을 사용해서 $\int_0^{0.1} \cos x dx$의 근삿값을 구해보자.

풀이 $f \in C^\infty(\mathbb{R})$이므로 Taylor 정리는 임의의 $n \geq 0$에 적용될 수 있다. 또한,

$$f'(x) = -\sin x,\ f''(x) = -\cos x,\ f'''(x) = \sin x,\ f^{(4)} = \cos x$$

이므로

$$f(0) = 1,\ f'(0) = 0,\ f''(0) = -1,\ f'''(0) = 0.$$

a. $n = 2$ 이고 $x_0 = 0$ 이면,

$$\cos xs = f(0) + f'(0)x + \frac{f''(0)}{2!}x^2 + \frac{f'''(\xi(x))}{3!}x^3 = 1 - \frac{1}{2}x^2 + \frac{1}{6}x^3 \sin\xi(x),$$

여기서 $\xi(x)$ 는 0과 x 사이의(알려지지 않은) 수이다. ([그림 1.8] 참조)

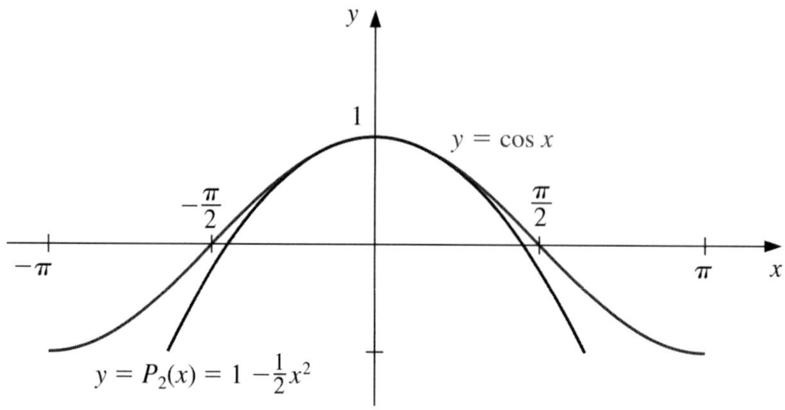

그림 1.8

$x = 0.01$ 로 놓으면

$$\cos 0.01 = 1 - \frac{1}{2}(0.01)^2 + \frac{1}{6}(0.01)^3 \sin\xi(0.01) = 0.99995 + \frac{10^{-6}}{6}\sin\xi(0.01).$$

그러므로 Taylor 다항식에 대한 $\cos 0.01$ 의 근삿값은 0.99995가 된다. 이 근삿값에 대한 절단 오차, 즉 나머지 항은

$$\frac{10^{-6}}{6}\sin\xi(0.01) = 0.1\bar{6} \times 10^{-6}|\sin\xi(0.01)|$$

이 되며 $0.1\bar{6}$ 에서 6 위의 막대기 표시는 그 자리가 무한히 반복됨을 의미한다. $\sin\xi(0.01)$ 을 결정할 수 있는 방법은 없지만 구간 $[-1, 1]$ 에서의 $\sin x$ 의 모든 값은 이미 알려져 있으므로 $\cos 0.01$ 에 대한 근삿값으로 0.99995를 사용할 경우의 오차한계는

$$|\cos(0.01) - 0.99995| = 0.1\bar{6} \times 10^{-6} \sin\xi(0.01) \leq 0.1\bar{6} \times 10^{-6}$$

이 된다. 그러므로 근삿값 0.99995는 적어도 $\cos 0.01$ 의 처음 다섯 자리까지는 일치하게 된다. 표준 표에 의하면 $\cos 0.01 = 0.99995000042$ 이므로 이 근삿값은 실제로 처음 아홉 자리까지 일치한다.

오차한계는 실제 오차보다 훨씬 더 크다. 이는 $|\sin\xi(x)|$ 에 대해 사용한 한곗값이 그다지 정확하지 않기 때문이다. x 의 모든 값에 대해 $|\sin x| \leq |x|$ 가 성립한다. $0 \leq \xi < 0.01$ 이므로 오차공식에서 $|\sin\xi(x)| \leq 0.01$ 이란 사실을 이용하면 한곗값은 $0.1\bar{6} \times 10^{-8}$ 이 된다.

b. $f'''(0) = 0$ 이므로, $x_0 = 0$ 에서 삼차 Taylor 다항식과 나머지항은

$$\cos x = 1 - \frac{1}{2}x^2 + \frac{1}{24}x^4 \cos\tilde{\xi}(x).$$

여기에서 $\tilde{\xi}(x)$ 는 0과 x 사이의 어떤 수로 이차 Taylor 다항식의 나머지 항과 관련된 값 $\xi(x)$ 와는 다를 수도 있을 것이다.

이차와 삼차 Taylor 다항식은 동일하므로 $\cos 0.01$ 의 근삿값도 계속 0.99995 가 된다. 그러나 그 정확도는 훨씬 좋아진다. 모든 x 에 대해 $|\cos \tilde{\xi}(x)| \le 1$ 이므로, $x = 0.01$ 일 때,

$$\left|\frac{1}{24}x^4 \cos \tilde{\xi}(x)\right| \le \frac{1}{24}(0.01)^4(1) \approx 4.2 \times 10^{-10}.$$

따라서

$$\begin{aligned}
&|\cos 0.01 - 0.99995| \le 4.2 \times 10^{-10},\\
&0.99994999958 = 0.99995 - 4.2 \times 10^{-10}\\
&\le \cos 0.01 \le 0.99995 + 4.2 \times 10^{-10} = 0.99995000042.
\end{aligned}$$

이 예의 앞의 두 부분은 수치해석의 두 가지 목표를 설명하고 있다.

(i) 주어진 문제에 대한 해의 근삿값을 찾는 것

(ii) 근삿값의 정확도에 대한 한계를 결정하는 것

양쪽 Taylor 다항식이 (i)에 대해 동일한 근삿값을 제공하였지만 (ii)에 대해서는 삼차 Taylor 다항식이 이차 Taylor 다항식보다 훨씬 더 좋은 답을 제공하고 있다.

c. 삼차 Taylor 다항식을 이용하면

$$\begin{aligned}
\int_0^{0.1} \cos x dx &= \int_0^{0.1} \left(1 - \frac{1}{2}x^2\right) dx + \frac{1}{24}\int_0^{0.1} x^4 \cos \tilde{\xi}(x) dx\\
&= \left[x - \frac{1}{6}x^3\right]_0^{0.1} + \frac{1}{24}\int_0^{0.1} x^4 \cos \tilde{\xi}(x) dx\\
&= 0.1 - \frac{1}{6}(0.1)^3 + \frac{1}{24}\int_0^{0.1} x^4 \cos \tilde{\xi}(x) dx.
\end{aligned}$$

따라서

$$\int_0^{0.1} \cos x dx \approx 0.1 - \frac{1}{6}(0.1)^3 = 0.0998\bar{3}.$$

이 근삿값의 오차의 한계는 Taylor의 나머지 항을 적분하고 모든 x 에 대해 $|\cos \tilde{\xi}(x)| \le 1$ 이라는 사실을 이용해 구할 수 있다.

$$\frac{1}{24}\left|\int_0^{0.1} x^4 \cos \tilde{\xi}(x) dx\right| \le \frac{1}{24}\int_0^{0.1} x^4 |\cos \tilde{\xi}(x)| dx \le \frac{1}{24}\int_0^{0.1} x^4 dx = 8.\bar{3} \times 10^{-8}$$

이 적분의 참값은

$$\int_0^{0.1} \cos x dx = \sin x \Big]_0^{0.1} = \sin 0.1 \approx 0.099833416647$$

이다. $\sin 0.1$ 의 소수점 아래 아홉 번째 자리까지의 참값은 0.099833417 이므로 Taylor 다항식으로부터 유도된 근삿값의 오차는

$$|0.099833417 - 0.0998\bar{3}| \approx 8.4 \times 10^{-9}$$

이 되며, 이 값은 본질적으로 Taylor 다항식으로부터 유도된 오차한계와 동일하다. ■

다음과 같은 명령어로 $f(x) = \cos x$와 $T2(x) \equiv T_2(x) = 1 - \frac{1}{2}x^2$를 정의하여, 이 결과들을 MATLAB을 사용해 얻을 수 있다.

```
f = inline('cos(x)','x')
T2 = inline('1-0.5.*.^2','x')
```

다음 명령어는 0.01에서 f와 T2를 계산하고, $\cos(0.01)$을 $T_2(0.01)$로 근사할 때의 오차를 계산한다.

```
y1 = f(0.01), y2 = T2(0.01), err1 = abs(y1-y2)
```

결과는

$$y1 = 0.999950000416665, \quad y2 = 0.999950000000000, \quad err1 = 4.166652578518892e - 010$$

이다. [그림 1.8]과 비슷한 그래프를 얻기 위해서, 하나 이상의 명령어를 작성할 수 있는 M-file을 생성해야 한다. $f(x)$와 T2(x)를 둘 다 정의하고 두 개의 그래프를 같은 그림창에 그리고 싶다면 다음과 같이 하면 된다.

MATLAB의 toolbar에서 File을 선택함으로써 M-file은 생성되어 있다. File에서 New and Script를 선택하라. 세 개의 문장이 입력되어 있고 결과는 `ourfunction1.m`이라는 이름으로 저장되어 있다. M-file은 다음과 같은 명령어들로 구성되어 있다.

```
function Y = ourfunction1(x)
Y(:,1)=cos(x(:));
Y(:,2)=1-0.5.*x(:).^2;
```

작업표에서 M-file에 대한 참조를 만들기 위해서 다음과 같은 명령어를 입력해야 한다.

```
fh = @ourfunction1
```

MATLAB의 출력은

$$fh = @ourfunction1$$

아래의 [그림 1.9]는 다음의 명령어를 통해 생성될 수 있다.

```
fplot(fh,[-pi pi])
grid
```

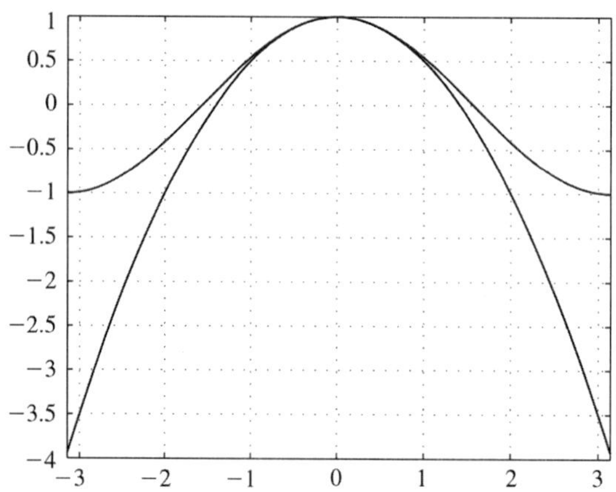

그림 1.9

또한, MATLAB을 사용하여 구간 $[0, 0.1]$에서 $f(x)$의 적분과 테일러 다항식 $T_2(x)$을 계산할 수 있다. 명령어

```
q1 = quad('cos(x)',0,0.1)
q2 = quad('1-0.5*x.^2',0,0.1)
```

을 입력하면 MATLAB은

$$q1 = 0.099833416646828, \qquad q2 = 0.099833333333333$$

을 출력한다.

1.2 연습문제

1. 다음의 방정식들이 주어진 구간 내에서 적어도 하나의 해를 가짐을 증명하라.
   a. $x\cos x - 2x^2 + 3x - 1 = 0,\ [0.2, 0.3]$과 $[1.2, 1.3]$ b. $(x-2)^2 - \ln x = 0,\ [1, 2]$와 $[e, 4]$
2. 다음 방정식에 대해 해가 포함된 구간을 구하라.
   a. $x - 3^{-x} = 0$ b. $4x^2 - e^x = 0$
3. 다음 함수의 일차도함수가 주어진 구간에서 최소한 한 번 0이 됨을 보여라.
   a. $f(x) = 1 - e^x + (e-1)\sin((\pi/2)x),\ [0, 1]$ b. $f(x) = (x-1)\tan x + x\sin \pi x,\ [0, 1]$
4. 다음 함수와 구간 $\max_{a\le x\le b}|f(x)|$를 구하라.
   a. $f(x) = (2 - e^x + 2x)/3,\ [0, 1]$ b. $f(x) = (4x-3)/(x^2-2x),\ [0.5, 1]$
5. $f(x) = x^3$이라고 하자.
   a. $x_0 = 0$에서 이차 Taylor 다항식 $P_2(x)$를 구하라.
   b. $P_2(0.5)$를 이용하여 $f(0.5)$를 근사시켰을 때 $P_2(0.5)$와 실제 오차를 구하라.
   c. $x_0 = 1$로 하고 a를 반복하라.
   d. c에서 구한 다항식을 이용하여 b를 반복하라.
6. $f(x) = \sqrt{x+1}$이라고 하자.
   a. $x_0 = 0$에서 삼차 Taylor 다항식 $P_3(x)$를 구하라.
   b. $P_3(x)$를 이용하여 $\sqrt{0.5},\ \sqrt{0.75},\ \sqrt{1.25},\ \sqrt{1.5}$의 근삿값을 구하라.
   c. b의 근삿값의 실제 오차를 결정하라.
7. $x_0 = 0$에서 $f(x) = e^x\cos x$에 대한 이차 Taylor 다항식 $P_2(x)$를 구하라.
   a. $P_2(0.5)$를 이용하여 $f(0.5)$를 근사시켜라. 오차공식을 이용하여 오차 $|f(0.5) - P_2(0.5)|$에 대한 상한값을 구하고 실제 오차와 비교하라.
   b. 구간 $[0, 1]$에서 $P_2(x)$를 이용하여 $f(x)$를 근사시킬 때 오차 $|f(x) - P_2(x)|$에 대한 한계를 구하라.
   c. $\int_0^1 P_2(x)dx$를 이용하여 $\int_0^1 f(x)dx$의 근삿값을 구하라.

d. $\int_0^1 |R_2(x)dx|$를 이용하여 c의 오차에 대한 상한값을 구하고 실제 오차에 대한 한계와 비교하라.

8. $x_0 = 1$에서 함수 $f(x) = (x-1)\ln x$에 대한 삼차 Taylor 다항식 $P_3(x)$를 구하라.

a. $P_3(0.5)$를 이용하여 $f(0.5)$의 근삿값을 구하라. 오차공식을 이용하여 오차 $|f(0.5) - P_3(0.5)|$에 대한 상한값을 구하고 실제 오차와 비교하라.

b. 구간 $[0,5,1.5]$에서 $P_3(x)$를 이용하여 $f(x)$를 근사시킬 때 오차 $|f(x) - P_3(x)|$에 대한 한계를 구하라.

c. $\int_{0.5}^{1.5} P_3(x)dx$를 이용하여 $\int_{0.5}^{1.5} f(x)dx$의 근삿값을 구하라.

d. $\int_{0.5}^{1.5} |R_3(x)dx|$를 이용하여 c의 오차에 대한 상한값을 구하고 실제 오차에 대한 한계와 비교하라.

9. Taylor 다항식의 오차항을 이용하여 $\sin 1°$를 근사시키기 위해 $\sin x \approx x$를 사용할 때 오차를 계산하라.

10. 10^{-6}의 정확도로 $\cos 42°$의 근삿값을 구하기 위해 $\pi/4$에서 Taylor 다항식을 사용하라.

11. $f(x) = e^{x/2}\sin(x/3)$라 하자. MATLAB을 사용해서 다음을 구하라.

a. 세 번째 Maclaurin 다항식 $P_3(x)$

b. $[0,1]$에서 오차 $|f(x) - P_3(x)|$의 경계

12. $f(x) = \ln(x^2+2)$이라 하자. MATLAB을 사용해서 다음을 구하라.

a. $x_0 = 1$ 근처에서 확장된 f에 관한 Taylor 다항식 $P_3(x)$

b. $0 \le x \le 1$에서 $|f(x) - P_3(x)|$의 최대 오차

c. f에 관한 Maclaurin 다항식 $\tilde{P}_3(x)$

d. $0 \le x \le 1$에서 $|f(x) - \tilde{P}_3(x)|$의 최대 오차

e. $\tilde{P}_3(1)$이 $f(1)$을 근사하는 것보다 $P_3(0)$이 $f(0)$을 더 잘 근사하는가?

13. 구간 $\left[-\frac{1}{2}, \frac{1}{2}\right]$에서 $f(x) = \cos x$를 근사시키기 위해서 다항식 $P_2(x) = 1 - \frac{1}{2}x^2$을 사용하려고 한다. 최대 오차의 한계를 구하라.

14. x_0에서 함수 f에 대한 n차 Taylor 다항식은 간혹 x_0에서 f를 가장 잘 근사하는 최대(기껏해야) n 차다항식으로 불리운다.

a. 왜 이 설명이 정확한지 설명하라.

b. $x_0 = 1$ 에서 접선의 방정식이 $y = 4x - 1$이고 $f''(1) = 6$일 때 $x_0 = 1$ 근처에서 함수 f를 가장 잘 근사하는 이차다항식을 구하라.

15. 다음 식

$$\mathrm{erf}(x) = \frac{2}{\sqrt{\pi}} \int_0^x e^{-t^2} dt$$

에 의해 정의되는 오차 함수는 일련의 시도 중 하나가 평균의 x단위(unit) 내에 놓일 확률을 나타낸다. 여기에서 이러한 시도들은 평균 20, 표준 편차 $\sqrt{2}/2$의 정규 분포를 가진다고 가정한다.

a. e^{-t^2}에 대한 Maclaurin 급수를 적분해서 다음 식이 성립함을 보여라.

$$\mathrm{erf}(x) = \frac{2}{\sqrt{\pi}} \sum_{k=0}^{\infty} \frac{(-1)^k x^{2k+1}}{(2k+1)k!}$$

b. 오차 함수는 다음의 형태로도 표현할 수 있다.

$$\mathrm{erf}(x) = \frac{2}{\sqrt{\pi}} e^{-x^2} \sum_{k=0}^{\infty} \frac{2^k x^{2k+1}}{1 \cdot 3 \cdot 5 \cdots (2k+1)}$$

$k = 1,\ 2,\ 3,\ 4$에서 두 급수가 일치함을 증명하라. [힌트 : e^{-x^2}에 대한 Maclaurin 급수를 이용하라]

c. a의 급수를 이용하여 10^{-7} 이내에서 erf(1)의 근삿값을 구하라.

d. c와 동일한 수의 항을 사용하여 b의 급수에 대해 erf(1)의 근삿값을 구하라.

e. b의 급수를 이용하여 erf(x)의 근삿값을 구하기가 어려운 이유를 설명하라.

16. [예제 1.2.10]에서 얻은 x는 $|\sin x| \le |x|$ 라고 하였다. 다음을 사용하여 이 주장을 입증하라.

a. 모든 $x \ge 0$에 대해서 $f(x) = x - \sin x$가 감소하지 않음을 보여라. 단, $x = 0$일 때만 부등식 $\sin x \le x$가 성립한다.

b. 모든 x의 값에 대해서 $\sin(-x) = -\sin x$가 성립한다는 사실을 이용하여 결론을 보여라.

1.3 라운드오프오차와 컴퓨터 산술 연산

계산기나 컴퓨터에 의해서 수행되는 산술 연산은 대수학이나 미적분학에서 사용되는 연산과는 다르다. 수학에서는 $2+2=4$, $4\cdot 8=32$, $(\sqrt{3})^2=3$ 등의 식이 당연히 항상 성립하는 것으로 간주된다. 컴퓨터를 이용한 계산에서는 $2+2=4$, $4\cdot 8=32$에 대해서는 명확한 결과를 예상할 수 있지만 $(\sqrt{3})^2=3$은 성립하지 않을 수도 있다. 이러한 상황을 이해하기 위해서는 유한 자리 산술 연산(finite-digit arithmetic)에 대해 살펴볼 필요가 있다.

일반적으로 수학에서 사용되는 수들은 무한개의 자릿수로 가정된다. 이러한 측면에서 $\sqrt{3}$을 스스로를 곱하면 정수 3이 되는 유일한 양의 정수로 취급된다. 그러나 컴퓨터에서 표현되는 각 수는 고정된 유한개의 자릿수만을 갖는다. 이로 인해 유리수 정도만 정확하게 표현할 수 있는 경우가 많다. 그나마 유리수도 모두 표현할 수 있는 것은 아니다. $\sqrt{3}$은 유리수가 아니므로 컴퓨터 내에서는 근삿값으로 표현되며, 이 근삿값은 제곱하여도 정확히 3이 되지는 않는다. 하지만 3에 충분히 가까운 값이 되므로 큰 문제 없이 수용 가능하다. 즉, 대부분의 경우 컴퓨터에 의한 수의 표현과 계산 과정은 만족할 만한 결과를 가져오지만, 실제의 수와 컴퓨터에 표현된 근삿값의 차이로 인해 문제가 발생할 수도 있다는 사실을 알고 있어야 한다.

계산기나 컴퓨터가 실수 계산을 수행할 때 발생하는 오차를 라운드오프오차(round-off error)라고 한다. 이 오차는 계산기나 컴퓨터가 수행하는 연산이 유한 자리로 표현된 수를 대상으로 하기 때문에, 즉 실제 수가 아닌 그 수에 대한 근삿값을 사용하기 때문에 발생한다. 전형적인 컴퓨터에서는 모든 실수 대신에 실수의 작은 부분 집합만이 사용된다. 이 부분 집합에는 양수와 음수의 유리수만이 포함되며, 소수부(fractional part)를 지수부(exponential part)와 함께 저장한다.

이진 기계 수(Binary Machine Numbers)

1985년에 IEEE(Institute for Electrical and Electronic Engineers)에서는 이진 부동 소수점 연산 표준(Binary Floating Point Arithmetic Standard, 754-1985) 보고서를 간행하였다. 이 표준은 단정도(single precision), 배정도(double precision), 확장정도(extended precision) 형식을 명세하고 있으며, 실수 또는 부동 소수점(floating point) 산술 연산을 수행하는 하드웨어를 사용하는 대부분의 마이크로컴퓨터에 채택되었다. 예를 들어, 배정도 실수는 64비트(binary digit) 표현을 필요로 한다.

첫 번째 비트는 부호를 표시하는 비트 s이다. 다음 11비트는 지수 c이고, 52비트 이진 소수 f는 가수(mantissa)라고 한다. 지수의 기저는 2이다.

0이 아닌 배정도 수의 정규 형식에서 $0<c<2^{11}-1=2047$이다. c는 양수이므로 1023을 빼서 구간 $(-1023, 1024)$의 실제 지수를 제공하게 된다. 이를 통해 큰 크기와 작은 크기의 수를 모두 정확히 표현할 수 있게 된다. 소수부의 첫 번째 비트는 1로 가정하며 실제로는 저장하지 않아 한 비트의 추가적인 정확도를 얻게 된다. 53개의 이진 비트는 열다섯 내지 열여섯 개 자리의 십진수에 해당하므로 이 시스템을 이용해 표현한 수는 최소한 열다섯 자리의 정확도를 가진다. 그러므로 정규화된 배정도 수는

$$(-1)^s 2^{c-1023}(1+f)$$

형태로 표현된다. 예를 들어, 다음의 기계 수를 고려해 보자.

$$0 \quad 10000000011 \quad 1011100100010000000000000000000000000000000000000000$$

이 수는 가장 왼쪽의 비트가 $s=0$이므로 양수이다. 지수인 다음의 11비트는 10000000011이므로 십진수로는

$$c = 1\cdot 2^{10} + 0\cdot 2^9 + \cdots + 0\cdot 2^2 + 1\cdot 2^1 + 1\cdot 2^0 = 1024+2+1=1027$$

이 된다. 그러므로 이 수의 지수부는 $2^{1027-1024} = 2^4$ 가 된다. 마지막 52 비트는 가수부가

$$f = 1 \cdot \left(\frac{1}{2}\right)^1 + 1 \cdot \left(\frac{1}{2}\right)^3 + 1 \cdot \left(\frac{1}{2}\right)^4 + 1 \cdot \left(\frac{1}{2}\right)^5 + 1 \cdot \left(\frac{1}{2}\right)^8 + 1 \cdot \left(\frac{1}{2}\right)^{12}$$

임을 나타낸다. 결과적으로, 이 기계 수는 정확히 십진수

$$(-1)^s 2^{c-1023}(1+f) = (-1)^0 \cdot 2^{1027-1023}\left(1 + \left(\frac{1}{2} + \frac{1}{8} + \frac{1}{16} + \frac{1}{32} + \frac{1}{256} + \frac{1}{4096}\right)\right) = 27.56640625$$

를 나타낸다. 그러나 다음의 가장 작은 기계 수는

$$0 \ 10000000011 \ 1011100100001111111111111111111111111111111111111111$$

이고 그 다음 가장 큰 기계 수는

$$0 \ 10000000011 \ 1011100100010000000000000000000000000000000000000001$$

이다. 이는 앞의 원래 기계 수가 27.56640625 는 물론이고 27.56640625 와 이 수와 가장 가까운 두 개의 기계 수 사이에 존재하는 실수의 반을 표현하고 있음을 의미한다. 정확히 말하자면, 이 기계 수는 구간

$$[27.566406249999999988897769753748434595763683319091796875,$$
$$27.566406250000000011102230246251565404236316680908203125)$$

내의 모든 실수를 표현한다. 표현가능한 정규화된 가장 작은 양수는 $s = 0$, $c = 1$, $f = 0$ 이 되며 십진수로

$$2^{-1022} \cdot (1+0) \approx 0.225 \times 10^{-307}$$

과 동일하다. 가장 큰 정규화된 수는 $s = 0$, $c = 2046$, $f = 1 - 2^{-52}$ 가 되며 십진수로

$$2^{1023} \cdot (1 + (1 - 2^{-52})) \approx 0.17977 \times 10^{309}$$

와 동일하다. 계산 과정 중 표현하기에 너무 작은 크기를 갖는 수가 발생하면 언더플로(underflow)가 되며 대개 0 으로 설정하고 계산을 계속하게 된다. 그러나 계산 과정 중 표현하기에 너무 큰 크기를 갖는 수가 발생하면 오버플로(overflow)가 되며 이때는 (프로그램이 이러한 상황을 탐지하도록 설계되어 있지 않는 한) 대개 계산을 중단하게 된다. 수 0을 표현하는 방법이 두 가지임에 유의해야만 한다. 예를 들면 양의 0은 $s = 0$, $c = 0$, $f = 0$ 으로 표현되고, 음의 0은 $s = 1$, $c = 0$, $f = 0$ 으로 표현된다.

십진 기계 수(Decimal Machine Numbers)

이진수의 사용은 모든 실수를 표현하기 위해 유한개수의 기계 수를 사용하는 데서 오는 계산 문제를 더욱 복잡하게 만든다. 이러한 문제에 대해 알아보기 위해서 기계 수가 다음과 같은 정규화된 십진 형식으로 표현된다고 가정하다.

$$\pm 0.d_1 d_2 \cdots d_k \times 10^n, \quad 1 \le d_1 \le 9, \quad 0 \le d_i \le 9$$

여기서 $i = 2, \ldots, k$ 이다. 이러한 형식의 수를 k 자리 십진 기계 수(k-digit machine number)라고 한다.
기계의 수치 범위 내에서 임의의 양의 실수는 다음과 같은 형태로 정규화된다.

$$y = 0.d_1 d_2 \cdots d_k d_{k+1} d_{k+2} \cdots \times 10^n$$

y의 부동-소수점 형식은 y의 가수를 k 십진 자리에서 잘라내어 얻게 되며 $fl(y)$로 표시한다. y를 k자리로 잘라내는 데는 두 가지 방법이 있다. 내림(chopping)이라고 하는 한 가지 방법은 단순히 $d_{k+1}d_{k+2}\cdots$를 잘라 버리고

$$fl(y) = 0.d_1d_2\cdots d_k \times 10^n$$

으로 하는 것이다.

가수 y를 k 십진 자리에서 끝내는 또 다른 방법은 반올림(rounding)이라고 한다. $k+1$번째 자리가 5보다 작으면 결과는 내림과 동일하게 된다, $k+1$번째 자리가 5이상이면 k번째 자리에 1을 더해 그 결괏값을 내림으로 처리한다. 결과적으로, 반올림은 $fl(y)$를 얻기 위해 y에 $5 \times 10^{n-(k+1)}$을 더한 수의 결과를 잘라내는 것이다. 반올림의 경우 지수 n이 1 증가할 수 있다. 요약하면, 반올림에서는 $d_{k+1} \geq 5$일 때는 d_k에 1을 더해(round up), $d_{k+1} < 5$일 때는 처음 k자리를 제외한 나머지 자리를 잘라내어(round down) $fl(y)$를 구한다.

다음의 예들은 유지되는 자릿수가 아주 작은 경우의 부동 소수점 연산을 설명한다. 계산기나 컴퓨터상의 부동 소수점 연산은 더 많은 자리를 사용해 수행될 것이다, 이러한 연산으로 인해 발생할 수 있는 문제들은 본질적으로 자릿수와 무관하게 동일하다. 더 많은 자리의 사용은 이러한 문제 상황의 발생을 연기시킬 뿐이다.

예제 1.3.1 무리수 π는 십진 무한수로 표현하면 $\pi = 3.14159265\cdots$이다. 정규화된 십진 형태로 표현하면

$$\pi = 0.314159625\cdots \times 10^1$$

이 된다. 다섯 자리 부동 소수점 형식으로 표현 할 때, a. 다섯 자리 이후는 내릴 경우와 b. 다섯 자리 이후를 반올림 할 경우에 대한 결과를 비교해 보자.

풀이 π를 내림을 이용해 다섯 자리 부동 소수점 형식으로 표현하면

$$fl(\pi) = 0.31415 \times 10^1 = 3.1415$$

이다. 십진수로 표현한 π의 여섯 번째 자릿값이 9이므로, π를 반올림을 이용해 다섯 자리 부동 소수점 형식으로 표현하면

$$fl(\pi) = (0.31415 + 0.00001) \times 10^1 = 0.31416 \times 10^1 = 3.1416$$

■

수를 부동 소수점 형식으로 (내림이나 반올림을 사용하여) 대체할 때 발생하는 오차를 라운드오프오차(round-off error)라고 한다. 근사 과정의 오차를 측정하는 데는 두 가지 방법이 있다. p를 p^*로 근사했다면, 절대오차(absolute error)는 $|p - p^*|$가 되고, 상대오차(relative error)는 $p \neq 0$일 때 $|p - p^*|/|p|$가 된다.

예제 1.3.2 다음 각각의 경우에 대해서 절대오차와 상대오차를 구하라.

a. $p = 3.000$, $p^* = 3.100$;

b. $p = 0.003000$, $p^* = 0.003100$;

c. $p = 3000$, $p^* = 3100$.

풀이 a. $p = 0.3000 \times 10^1$이고 $p^* = 0.3100 \times 10^1$이라면 절대오차는 0.1이고 상대오차는 $0.333\bar{3} \times 10^{-1}$이다.
b. $p = 0.3000 \times 10^{-3}$이고 $p^* = 0.3100 \times 10^{-3}$이라면 절대오차는 0.1×10^{-4}이고 상대오차는 $0.333\bar{3} \times 10^{-1}$이다.
c. $p = 0.3000 \times 10^4$이고 $p^* = 0.3100 \times 10^4$이라면 절대오차는 0.1×10^3이고 상대오차는 $0.333\bar{3} \times 10^{-1}$이다.

이 예제는 상대오차가 동일해도 절대오차는 다양한 값을 갖게 될 수 있음을 보여주고 있다. 상대오차가 참값의 크기를 고려한 것이기 때문에 정확도를 측정하는 수단으로서 상대오차를 사용하는 것이 절대오차보다 의미가 있다.

■

유한 자릿수 연산(Finite-Digit Arithmetic)

컴퓨터에서 부동 소수점 수에 대한 덧셈, 뺄셈, 곱셈, 나눗셈 등의 산술 연산에 의해서도 오차가 발생할 수 있다. 산술 연산은 쉬프트나 논리 연산에 의해서 이진수를 조작해 수행되지만, 이러한 기계적인 동작은 현재의 논점과는 별로 상관이 없다. 이러한 문제를 설명하기 위해, 우선 부동 소수점으로 표현한 수를 각 계산 단계에서 정확한 계산(exact arithmetic) 방법으로 계산하고, 그 결과를 십진 기계 수로 표현하는 방식으로 유한 자리 연산을 모의 실행시켜 보기로 하자. 가장 라운드오프오차를 많이 발생시키는 연산은 거의 같은 수를 빼는 연산이다.

예제 1.3.3 $\pi - \frac{22}{7}$ 의 컴퓨터 연산을 모의 실행하기 위해 네 자리 십진 내림 산술 연산을 사용하여 나타내 보자.

풀이 이 수의 부동 소수점 표현은 다음과 같다.

$$fl(\pi) = 0.3141 \times 10^1, \quad fl\left(\frac{22}{7}\right) = 0.3142 \times 10^1$$

부동 소수점 수들을 일반적인 계산(exact arithmetic) 방법으로 계산하면

$$fl(\pi) - fl\left(\frac{22}{7}\right) = -0.0001 \times 10^1$$

이 되고, 이를 부동 소수점으로 변환 표현하면

$$p^* = fl\left(fl(\pi) - fl\left(\frac{22}{7}\right)\right) = -0.1000 \times 10^{-2}$$

이 된다. π와 $\frac{22}{7}$를 부동 소수점으로 표현할 때 발생한 상대오차는 다음과 같이 작은 반면,

$$\left|\frac{\pi - fl(\pi)}{\pi}\right| \le 0.0002, \quad \left|\frac{\frac{22}{7} - fl\left(\frac{22}{7}\right)}{\frac{22}{7}}\right| \le 0.0003$$

거의 비슷한 수를 빼서 생긴 상대오차는 다음과 같이 거의 700배나 된다.

$$\left|\frac{\left(\pi - \frac{22}{7}\right) - p^*}{\left(\pi - \frac{22}{7}\right)}\right| \approx 0.2092$$

■

MATLAB에서 반올림 산술연자는 함수 round를 사용과 연관이 있다. 이 함수 round는 모든 숫자 중에 가장 가까운 숫자로 반올림해준다. fix라는 함수는 소수점 아랫부분을 버린다. 다음의 MATLAB 명령어를 통해서 다음의 숫자들 $x1, x2, x3, x4$를 정의한다고 가정해보자.

```
x1=-123.4, x2=-123.5, x3=123.4, x4=123.5
```

MATLAB의 출력물은

$$\begin{aligned} x1 &= -1.234000000000000e+002 \\ x2 &= -1.235000000000000e+002 \\ x3 &= 1.234000000000000e+002 \\ x4 &= 1.235000000000000e+002 \end{aligned}$$

반올림 명령어에 대해서는

$$ans = -123, \qquad ans = -124, \qquad ans = 123, \qquad ans = 124$$

를 출력하고, fix(버림) 명령어에 대해서는

$$ans = -123, \qquad ans = -123, \qquad ans = 123, \qquad ans = 123$$

을 출력한다. 연습문제 12번은 특정 유효숫자에 대해서 반올림, 버림 연산자를 구현하기 위해 이러한 함수들이 어떻게 사용되는지를 설명한다.

1.3 연습문제

1. p를 p^*로 다음과 같이 근사시켰을 때 절대오차와 상대 오차를 구하라.
   a. $p = \pi,\ p^* = \dfrac{22}{7}$
   b. $p = \pi,\ p^* = 3.1416$
   c. $p = e,\ p^* = 2.718$
   d. $p = \sqrt{2},\ p^* = 1.414$

2. 다음의 계산을 (i) 일반적인 계산 방식으로, (ii) 세 자리 내림 연산으로, (iii) 세 자리 반올림 연산으로 수행하라. (iv) 그리고 나서 (ii)와 (iii)의 상대오차를 비교하라.
   a. $\dfrac{4}{5} + \dfrac{1}{3}$
   b. $\dfrac{4}{5} \cdot \dfrac{1}{3}$

3. 세 자리 반올림 연산을 이용하여 다음 계산을 수행하라. 최소한 다섯 자리의 참값에 대해 절대오차와 상대오차를 계산하라.
   a. $133 + 0.921$
   b. $(121 - 0.327) - 119$
   c. $\dfrac{\frac{13}{14} - \frac{6}{7}}{2e - 5.4}$
   d. $-10\pi + 6e - \dfrac{3}{62}$

4. 세 자리 내림 연산을 이용하여 연습문제 3을 반복하라.

5. 네 자리 반올림 연산을 이용하여 연습문제 3을 반복하라.

6. 네 자리 내림 연산을 이용하여 연습문제 3을 반복하라.

7. 아크탄젠트함수에 대한 Maclaurin 급수의 0이 아닌 처음 세 항은 다항식 $x - \frac{1}{3}x^3 + \frac{1}{5}x^5$를 이룬다. 아크탄젠트 대신에 이 다항식을 사용해서 π를 다음과 같이 근사시켰을 때 절대오차와 상대오차를 계산하라.
   a. $4\left[\arctan\left(\frac{1}{2}\right) + \arctan\left(\frac{1}{3}\right)\right]$
   b. $16\left[\arctan\left(\frac{1}{5}\right) - 4\arctan\left(\frac{1}{239}\right)\right]$

8. a, b, c, d, e, f가 주어졌을 때, 이원이차연립방정식

$$\begin{aligned} ax + by &= e, \\ cx + dy &= f \end{aligned}$$

   는 임의의 x와 y에 대해 다음과 같이 풀 수 있다.

$$a \neq 0\text{일 때 } m = \frac{c}{a}\text{로 설정;}$$

$$\begin{aligned} d_1 &= d - mb; \\ f_1 &= f - me; \\ y &= \frac{f_1}{d_1}; \\ x &= \frac{e - by}{a} \end{aligned}$$

네 자리 반올림 연산을 이용해 다음의 연립방정식을 풀어라.

a. $\begin{cases} 1.130x - 6.990y = 14.20 \\ 8.1110x + 12.20y = -0.1370 \end{cases}$

b. $\begin{cases} 1.013x - 6.990y = 14.22 \\ -18.11x + 112.2y = -0.1376 \end{cases}$

9. 두 점 (x_0, y_0)와 (x_1, y_1)이 직선 상에 존재하고 $y_1 \neq y_0$라고 하자. 이 직선과 x축과의 교점을 구하는 식은 다음과 같이 두 가지가 있다.

$$x = \frac{x_0 y_1 - x_1 y_0}{y_1 - y_0}, \quad x = x_0 - \frac{(x_1 - x_0)y_0}{y_1 - y_0}$$

a. 두 식 모두 대수적으로 올바름을 증명하라.

b. 데이터 $(x_0, y_0) = (1.31, 3.24)$, $(x_1, y_1) = (1.93, 4.76)$과 세 자리 반올림 연산을 이용하여 두 가지 방법으로 x 교점을 계산하라. 어느 방법이 좋으며, 좋은 이유는?

10. $f(x) = e^x$에 대한 n차 Taylor 다항식은 $\sum_{i=0}^{n} x^i/i!$이다. 차수 9의 Taylor 다항식과 세 자리 내림 연산을 이용하여 e^{-5}에 대한 근삿값을 다음의 각 방법에 의해 구하라.

a. $e^{-5} \approx \sum_{i=0}^{9} \frac{(-5)^i}{i!} = \sum_{i=0}^{9} \frac{(-1)^i 5^i}{i!}$

b. $e^{-5} = \frac{1}{e^5} = \frac{1}{\sum_{i=0}^{9} 5^i/i!}$

11. 사각 평행 육면체가 가장 가까운 자리로 표현해 3cm, 4cm, 5cm의 측면으로 구성되어 있다.

a. 이 평행 육면체의 부피에 대한 최상의 상한값과 하한값은?

b. 표면적에 대한 최상의 상한값과 하한값은?

12. 다음의 MATLAB M-file은 숫자 x를 t자릿수까지 rnd=1일 때 반올림을, rnd=0일 때 내림을 한다.

```
function [res] = CHIP(rnd,t,x)
 % This program is used to round or chop a number x to
 % specific number t of digit
 if x == 0
   w = 0;
 else
   ee = fix(log10(abs(x)))
   if abs(x) > 1
     ee = ee + 1;
   end;
   if rnd == 1
     w = round(x*10^(t-ee))*10^(ee-t);
   else
     w = fix(x*10^(t-ee))*10^(ee-t);
   end;
 end;
 res = w;
```

다음 값에 대해 이 함수가 올바르게 작동하는지 확인하라.

a. $x = 124.031,\ t = 5$

b. $x = 124.036,\ t = 5$

c. $x = -0.00653,\ t = 2$

d. $x = -0.00656,\ t = 2$

13. 다음의 이항계수는 m개의 원소의 집합에서 k개의 부분집합을 고를 때의 방법의 수를 나타낸다.

$$\binom{m}{k} = \frac{m!}{k!(m-k)!}$$

a. 십진수를 기계 숫자로 표현하면 다음과 같다

$$\pm 0.d_1d_2d_3d_4 \times 10^n$$

여기서 $1 \le d_1 \le 9$이고, $i = 2, 3, 4$, 그리고 $|n| \le 15$라면, $0 \le d_i \le 9$이다. 이항계수 $\binom{m}{k}$를 정의에 의해서 오버플로되지 않게 계산할 수 있는 가장 큰 m 값은 무엇인가?

b. $\binom{m}{k}$를 다음과 같이 계산할 수 있음을 보여라.

$$\binom{m}{k} = \left(\frac{m}{k}\right)\left(\frac{m-1}{k-1}\right)\cdots\left(\frac{m-k+1}{1}\right)$$

c. 이항계수 $\binom{m}{3}$을 b의 식으로 오버플로 되지 않게 계산할 수 있는 가장 큰 m값은 무엇인가?

d. 52장의 카드 한 벌에서 다섯 개의 카드를 선택할 수 있는 경우의 수를 계산하기 위하여, b의 식과 네 자리 유효숫자 버림 연산자를 이용하고, 실젯값과 상대오차를 계산하라.

1.4 과학 계산에서의 오차

앞절에서는 컴퓨터에서 유한 자리로 수를 표현하고 조작하는 방법에 대해 알아보았다. 이번 절에서는 이러한 산술 연산과 관련된 문제를 해결하는 방법과 산술 계산 과정을 조정해 부정확도(inaccuracy)를 감소시키는 방법에 대해 알아보기로 한다.

라운드오프오차에 의한 부정확도는 종종 연산의 순서를 잘 배열하거나 문제를 재구성해서 피할 수 있다. 이를 설명하기 위해서 일반적인 계산 문제에 대해서 생각해 보기로 하자.

이차방정식 $ax^2 + bx + c = 0$의 근은 $a \neq 0$일 때

$$x_1 = \frac{-b + \sqrt{b^2 - 4ac}}{2a}, \qquad x_2 = \frac{-b - \sqrt{b^2 - 4ac}}{2a}$$

가 된다. 네 자리 반올림 연산을 이용하여 근의 공식으로 $x^2 + 62.10x + 1 = 0$의 근을 구해 보기로 하자. 이 방정식의 실제 근은 대략 $x_1 = -0.01610723$, $x_2 = -62.08390$이다. 이 식에서 b^2은 $4ac$ 보다 훨씬 큰 수가 되므로, x_1에 대한 식의 분자 계산에서는 거의 같은 수의 뺄셈이 이루어지게 된다.

$$\sqrt{b^2 - 4ac} = \sqrt{62.10^2 - (4.000)(1.000)(1.000)} = \sqrt{3856 - 4.000} = 62.06$$

이므로 근삿값은

$$fl(x_1) = \frac{-62.10 + 62.06}{2.000} = \frac{-0.04000}{2.000} = -0.02000$$

이 된다. 참값 $x_1 = -0.01611$에 비하면 이는 정확하지 않은 근삿값이므로, 큰 상대오차

$$\frac{|-0.01611 + 0.02000|}{|-0.01611|} \approx 2.4 \times 10^{-1}$$

을 갖게 된다. 반면에 x_2에 대한 계산은 거의 같은 수인 $-b$와 $-\sqrt{b^2 - 4ac}$의 덧셈만 이루어지므로 아무런 문제가 발생하지 않으며 근삿값은

$$fl(x_2) = \frac{-62.10 - 62.06}{2.000} = \frac{-124.2}{2.000} = -62.10$$

이 되고, 작은 상대오차

$$\frac{|-62.08 + 62.10|}{|-62.08|} \approx 3.2 \times 10^{-4}$$

를 갖게 된다. 네 자리 반올림 근사에서 x_1의 정확한 값을 얻으려면 분자를 유리화해서 근의 공식을 다음과 같이 변경시켜야 한다.

$$x_1 = \left(\frac{-b + \sqrt{b^2 - 4ac}}{2a}\right)\left(\frac{-b - \sqrt{b^2 - 4ac}}{-b - \sqrt{b^2 - 4ac}}\right) = \frac{b^2 - (b^2 - 4ac)}{2a(-b - \sqrt{b^2 - 4ac})}$$

이 식을 정리하면

$$x_1 = \frac{-2c}{b + \sqrt{b^2 - 4ac}}$$

가 되고, 이를 이용해 근을 구하면

$$fl(x_1) = \frac{-2.000}{62.10 + 62.06} = \frac{-2.000}{124.2} = -0.01610$$

이 되어 작은 상대오차 6.2×10^{-4}를 갖게 된다. 유리화 기법을 x_2에도 적용하여 다음과 같은 식을 구할 수 있다.

$$x_2 = \frac{-2c}{b - \sqrt{b^2 - 4ac}}$$

이 식은 b가 음수인 경우에 사용해야 한다. 이 식을 사용하면 거의 같은 수의 뺄셈이 이루어지게 되어 근삿값은

$$fl(x_2) = \frac{-2.000}{62.10 - 62.06} = \frac{-2.000}{0.04000} = -50.00$$

이 되고, 따라서 상대오차는 1.9×10^{-1}로 커지게 된다.

예제 1.4.1 세 자리 산술 연산을 사용하여 $x = 4.71$에서 $f(x) = x^3 - 6.1x^2 + 3.2x + 1.5$의 값을 구해보자.

풀이 계산의 중간 결과는 [표 1.1]과 같다.

	x	x^2	x^3	$6.1x^2$	$3.2x$
참값	4.71	22.1841	104.487111	135.32301	15.072
세 자리(내림)	4.71	22.1	104.	134.	15.0
세 자리(반올림)	4.71	22.2	105.	135.	15.1

표 1.1

유한 자리 연산의 표기법이 정확한지를 확인하기 위해 이 결과를 유심히 살펴보자. 세 자리 내림에서는 단순히 처음 세 자리만을 유지하고 반올림하지 않으므로 세 자리 반올림을 사용한 값과는 매우 다른 중간 결괏값들을 갖게 된다.

참값 : $f(4.71) = 104.487111 - 135.32301 + 15.072 + 1.5 = -14.263899$

세 자리(내림) : $f(4.71) = ((104. - 134.) + 15.0) + 1.5 = -13.5$

세 자리(반올림) : $f(4.71) = ((105. - 135.) + 15.1) + 1.5 = -13.4$

세 자리 방법에 대한 상대오차는 다음과 같다.

$$\text{내림시 : } \left|\frac{-14.263899 + 13.5}{-14.263899}\right| \approx 0.05$$

$$\text{반올림시 : } \left|\frac{-14.263899 + 13.4}{-14.263899}\right| \approx 0.06$$

■

또 다른 방법으로 $f(x)$를 다음과 같은 중첩 형태로 쓸 수 있다.

$$f(x) = x^3 - 6.1x^2 + 3.2x + 1.5 = ((x - 6.1)x + 3.2)x + 1.5$$

이 식을 세 자리 내림으로 계산한 결과는

$$f(4.71) = ((4.71 - 6.1)4.71 + 3.2)4.71 + 1.5 = -14.2$$

이고, 세 자리 반올림으로 계산한 결과는 -14.3이다. 새로운 상대오차는

$$\text{세 자리 (내림) : } \left|\frac{-14.263899 + 14.2}{-14.263899}\right| \approx 0.0045$$

$$\text{세 자리 (반올림) : } \left|\frac{-14.263899 + 14.3}{-14.263899}\right| \approx 0.0025$$

가 된다. 중첩 형태가 내림 연산 시 상대오차의 크기를 처음에 얻은 값의 $1/10$ 이내로 감소시키고 있다. 반올림 연산의 경우는 더 많이 개선되어 오차가 95% 이상 감소되었다. 중첩된 형태의 곱셈은 오차 발생 부분을 최소화시키므로 다항식의 계산 시 반드시 이용하여야 한다.

교재를 통해 다양한 형태의 근사 문제를 다루게 될 것이며, 각 경우에서 넓은 범주의 문제들에 대해 믿을 수 있을 만한 정확한 결과를 만들어내는 근사 방법을 결정할 필요가 있다. 근사 방법이 유도되는 방법들이 매우 다양하므로 그 정확도를 분류하기 위한 조건들도 다양할 필요가 있다. 어떤 특정한 문제에 대해 이러한 조건들 모두가 적합할 수는 없다.

적용이 가능한 경우에 사용하게 될 한 가지 기준은 안정성(stability)이다. 초기 데이터값을 조금 변경시켰을 때 최종 결괏값도 조금만 변경되는 방법을 안정적(stable)이라고 한다. 초기 데이터값을 조금 변경시켰을 때 최종 결괏값에 큰 변화가 일어나는 방법을 불안정적(unstable)이라고 한다. 어떤 방법들은 특정 초기 데이터에 대해서만 안정되기도 한다. 이러한 방법들은 조건부 안정적(conditionally stable)이라고 한다. 앞으로는 가능하면 안정성(stability)도 따져 보게 될 것이다.

한 방법의 안정성에 영향을 미치는 가장 중요한 주제는 그 방법을 연속적으로 적용했을 때 라운드오프오차가 증가하는 방식이다. 계산의 어떤 단계에서 크기 $E_0 > 0$인 오차가 발생하고, n번의 연산이 더 적용된 후에 오차의 크기가 E_n이 되었다고 가정하자. 다음과 같은 두 가지 경우가 종종 발생한다. n과 무관하게 $E_n \approx CnE_0$을 만족하는 상수 C가 존재하면 오차의 증가는 선형적(linear)이라고 한다. n과 무관하게 $E_n \approx C^n E_0$을 만족하는 상수 $C > 1$이 존재하면 오차의 증가는 지수적(exponential)이라고 한다. ($E_n \approx C^n E_0$을 만족하는 상수 C가 1보다 작은 경우는 있기 어렵다. $C < 1$이라면 오차는 0이 될 것이다)

선형적으로 증가하는 오차는 일반적으로 불가피하며, C와 E_0가 작다면 결과는 수용할 만하다. 지수적으로 증가하는 오차는 피해야 한다. 왜냐하면 아주 작은 n과 E_0에 대해서도 C^n 항이 매우 커지기 때문이다. 결과적으로 오차가 선형적으로 증가하는 방법은 안정적이며, 오차가 지수적으로 증가하는 방법은 불안정하다. ([그림 1.10] 참조)

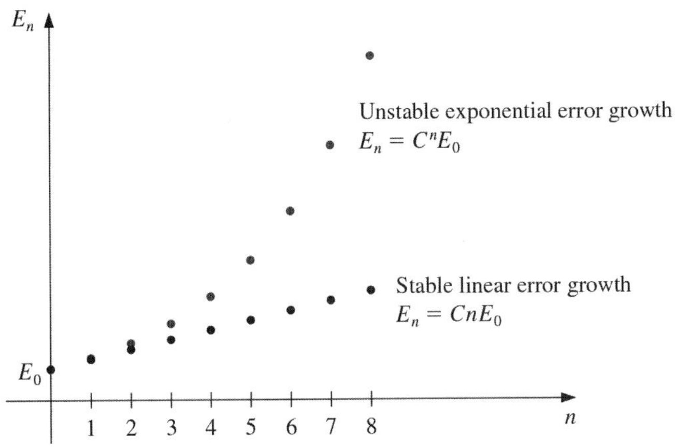

그림 1.10

수렴률(Rates of Convergence)

수열(sequence)을 이용한 반복 기법이 자주 사용되므로, 수치 기법 적용 시 수렴이 발생하는 속도를 기술하기 위한 관련 용어를 소개하는 것으로 이 절을 마치기로 한다. 일반적으로 수렴 속도는 빠를수록 좋다. 다음의 정의는 여러 가지 방법의 수렴률(convergence rate)을 비교하는 데 사용된다.

$\{\alpha_n\}_{n=1}^{\infty}$은 n이 커지면 α로 수렴하는 수열이라고 하자. n의 모든 큰 값에 대해 다음 조건

$$|\alpha - \alpha_n| \leq \frac{K}{n^p}$$

를 만족하는 양의 상수 p와 K가 존재하면, $\{\alpha_n\}$은 α로 수렴하고, 수렴률 $O(1/n^p)$ ("big oh of $1/n^p$ "이라고 읽음)을 갖는다고 한다. 이를 $\alpha_n = \alpha + O(1/n^p)$이라고 표기하고 "$\alpha_n \to \alpha$이고, 수렴률 $1/n^p$이다"라는 의미로 해석한다. 일반적으로 $\alpha_n = \alpha + O(1/n^p)$인 가장 큰 p값에 관심을 두게 된다.

n이 커짐에 따라 일부 발산 수열이 성장하는 방법을 기술하는 big oh 표기법도 사용한다. n의 모든 큰 값에 대해 다음 조건

$$|\alpha_n| \geq Kn^p$$

를 만족하는 양의 정수 p와 K가 존재하면, $\{\alpha_n\}$은 비율, 즉 속도 $O(n^p)$로 ∞로 간다고 한다. 무한대로 가는 수열의 경우에는 α_n이 $O(n^p)$인 가장 작은 p값에 관심을 두게 된다.

수열에 대한 big oh 정의는 보다 일반적인 수열을 수용하기 위해 확장할 수 있지만 여기서는 이 정도의 정의만으로도 충분하다.

예제 1.4.2 수열 $\{\alpha_n\}$과 $\{\hat{\alpha}_n\}$이

$$\alpha_n = \frac{n+1}{n^2} \text{과} \quad \hat{\alpha}_n = \frac{n+3}{n^3}$$

라고 하자. 두 수열은 모두 0으로 수렴하지만, $\{\hat{\alpha}_n\}$가 $\{\alpha_n\}$보다 빠르게 수렴한다. 즉, 다섯 자리 반올림 산술 연산자를 이용하여 값을 나타내면 [표 1.2]와 같다. 각 수열의 수렴률을 보여라.

n	1	2	3	4	5	6	7
α_n	2.00000	0.75000	0.44444	0.31250	0.24000	0.19444	0.16327
$\hat{\alpha}_n$	4.00000	0.62500	0.22222	0.10938	0.064000	0.041667	0.029155

표 1.2

풀이 각 수열의 수렴률을 보이면,

$$|\alpha_n - 0| = \frac{n+1}{n^2} \leq \frac{n+n}{n^2} = 2 \cdot \frac{1}{n}$$

이고

$$|\hat{\alpha}_n - 0| = \frac{n+3}{n^3} \leq \frac{n+3n}{n^3} = 4 \cdot \frac{1}{n^2}$$

이므로,

$$\alpha_n = 0 + O\left(\frac{1}{n}\right), \qquad \hat{\alpha}_n = 0 + O\left(\frac{1}{n^2}\right)$$

이 된다. 즉, 수열 $\{\alpha_n\}$은 $\{1/n\}$이 0으로 수렴하는 속도로, 수열 $\{\hat{\alpha}_n\}$은 $\{1/n^2\}$이 0으로 수렴하는 속도로 수렴하게 된다. ■

함수의 수렴률에 대해서도, 독립 변수들이 0에 접근한다면, big oh 개념을 사용할 수 있다. h가 0으로 접근할 때 F가 L로 수렴하는 함수라고 가정하자. 다음 조건

$$|F(h) - L| \leq Kh^p, \qquad h \to 0$$

을 만족하는 양의 정수 p와 K가 존재하면, $F(h)$는 수렴률 $O(h^p)$로 L에 수렴한다고 한다. 이를 $F(h) = L + O(h^p)$로 표기하고, "$F(h) \to L$이고, 수렴률 h^p을 갖는다" 라고 읽는다. 일반적으로 $F(h) = L + O(n^p)$를 만족하는 가장 큰 p값이 관심의 대상이 된다.

1.4 연습문제

1. (i) 네 자리 반올림 산술 연산을 이용하여 다음 이차방정식의 가장 정확한 근사근을 구하라. (ii) 이 근삿값에 대한 절대오차와 상대오차를 구하라.
   a. $\frac{1}{3}x^2 - \frac{123}{4}x + \frac{1}{6} = 0$
   b. $\frac{1}{3}x^2 + \frac{123}{4}x - \frac{1}{6} = 0$

2. 네 자리 내림 산술 연산을 사용하여 연습문제 1을 반복하라.

3. $f(x) = 1.013x^5 - 5.262x^3 - 0.01732x^2 + 0.8389x - 1.912$ 라고 하자.

   a. 네 자리 반올림 연산을 이용하여 2.279^2, 2.279^3, 2.279^4, 2.279^5 를 계산하여 $f(2.279)$를 구하라.

   b. 다음의 식

   $$f(x) = (((1.013x^2 - 5.262)x - 0.01732)x + 0.8389)x - 1.912$$

   를 이용하여 네 자리 반올림 연산으로 $f(2.279)$를 구하라.

   c. a와 b의 상대오차와 절대오차를 계산하라.

4. 네 자리 내림 산술 연산을 이용하여 연습문제 3을 반복하라.

5. $n \geq 0$ 일 때 $F_0 = 1$, $F_1 = 1$, $F_{n+2} = F_n + F_{n+1}$ 로 표현되는 수열 $\{F_n\}$을 피보나치수열이라고 한다. 이러한 항은 대수적 나선 형태로 나열된 꽃잎이나 깍지를 갖는 식물 종자에서 자연스럽게 발생한다. $x_n = F_{n+1}/F_n$ 인 수열 $\{x_n\}$을 고려해 보자. $\lim_{n\to\infty} x_n = x$가 존재한다고 가정할 때, x가 황금비율 $(1+\sqrt{5})/2$ 임을 보여라.

제 2 장

단변수방정식의 해

2.1 개요

이 장에서는 수치 근사 방법에서 가장 기초적인 문제의 하나인 근 찾기 문제(root-finding problem)를 다룬다. 근 찾기 문제란 $f(x) = 0$ 형태의 방정식의 해를 찾는 문제이다. 이 문제는 현재까지 알려진 근사 문제들 중 가장 오래된 문제 중의 하나로 현재에도 관련 분야의 연구가 진행 중이다.

주어진 방정식의 근의 근삿값을 찾는 문제의 기원은 B.C. 1700년으로 거슬러 올라간다. 이 시기의 것으로 보이는 예일대의 바빌로니안 유물에 포함된 설형문자표(cuneiform table)에는 $\sqrt{2}$의 근삿값을 60진수(sexigesimal)로 표현하고 있는데 그 값은 1.41422와 동일한 값이므로 10^{-5} 이내의 정확도를 갖는 값이라 할 수 있다. 이러한 근삿값은 2.4절에서 소개된 기법을 이용하면 쉽게 구할 수 있다.

2.2 이분법

이분법(bisection method)은 구간 $[a, b]$ 상에서 $f(x) = 0$의 해를 컴퓨터가 허용하는 정확도 한계 내에서 사용자가 원하는 정확도로 구하는 데 사용된다. 여기서 $f(x)$는 주어진 구간에서 연속이어야 하고, $f(a)$와 $f(b)$의 부호는 반대여야 한다. 이 방법은 주어진 구간 내에 하나 이상의 근이 존재할 때도 사용될 수 있지만, 여기서는 단순성을 위해서 구간 내의 근은 유일한 것으로 가정한다.

이분법 기법 (Bisection Technique)

이분법은 [그림 2.1]에서처럼 $a_1 = a,\ b_1 = b$로 놓고 시작한다. p_1은 구간 $[a, b]$의 중간점으로 다음과 같이 계산된다.

$$p_1 = a_1 + \frac{b_1 - a_1}{2} = \frac{a_1 + b_1}{2}.$$

만약, $f(p_1) = 0$이면, p_1이 근 p가 된다. 만약 $f(p_1) \neq 0$이면, $f(p_1)$의 부호는 $f(a_1)$ 또는 $f(b_1)$의 부호 중의

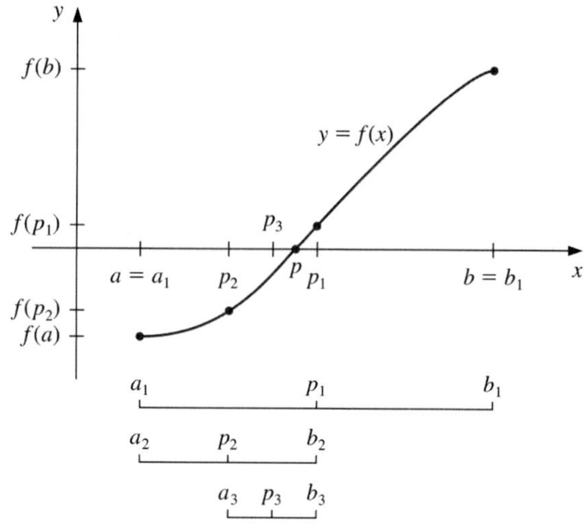

그림 2.1

하나와 같게 된다. 만약 $f(p_1)$과 $f(a_1)$이 반대 부호인 경우, 근 p는 구간 $(a_1,\ p_1)$ 내에 존재하므로

$$a_2 = a_1, \qquad b_2 = p_1$$

로 놓는다. 만약, $f(p_1)$과 $f(a_1)$이 같은 부호인 경우, 근 p는 구간 $(p_1,\ b_1)$ 내에 존재하므로

$$a_2 = p_1, \qquad b_2 = b_1$$

로 놓는다.

이 과정을 구간 $[a_2, b_2]$에 대해 반복하고, 이러한 방식으로 $[a_3,\ b_3]$, $[a_4,\ b_4]$, $\ldots$ 를 만들어 간다. 새로운 각 구간은 근을 포함하며, 그 길이는 이전의 구간 길이의 반이 된다.

정리 2.2.1 **[이분법(Bisection Method)]**

$f(x) = 0$의 근사 근을 포함하는 구간 $[a_{n+1}, b_{n+1}]$은 근을 포함하는 구간 $[a_n, b_n]$로부터 다음과 같이 구해진다. 우선

$$p_n = a_n + \frac{b_n - a_n}{2}$$

로 놓고, 만약 $f(a_n)f(p_n) < 0$ 이면, $a_{n+1} = a_n,\ b_{n+1} = p_n$ 으로 놓고 그렇지 않으면, $a_{n+1} = p_n, b_{n+1} = b_n$ 으로 치환해서 구한다.

이분법에서는 보통 세 가지의 정지 조건(stopping criteria)이 사용된다.

- 중간점에서의 함숫값이 0이 되면, 즉 중간점이 근이 되면 정지한다.
- 탐색 구간의 길이가 주어진 공차(tolerance) TOL 보다 작아지면 정지한다.
- 반복 횟수가 한곗값 N_0를 초과하면 정지한다.

이분법을 시작하려면 $f(a) \cdot f(b) < 0$ 을 만족하는 구간 $[a,\ b]$가 주어져야 한다. 각 단계에서 f의 근을 포함한 구간의 길이는 반으로 줄어든다. 중간점 p_1은 $\frac{b-a}{2}$ 안에 존재해야 하므로 연속적인 각 단계는 고려 중인 구간을 2로 나누어

$$|p_n - p| \le \frac{b-a}{2^n}$$

가 된다. 결과적으로, 주어진 공차를 만족시키는 반복 횟수의 한곗값을 결정하는 것은 어렵지 않다. 근을 공차 TOL 이내에서 구해야 하는 경우

$$\frac{b-a}{2^n} < TOL$$

을 만족시키는 반복 횟수 n을 구해야 한다. 이 부등식을 풀어 n에 대해서 정리하면

$$\frac{b-a}{TOL} < 2^n \text{이고, 따라서 } \log_2\left(\frac{b-a}{TOL}\right) < n.$$

주어진 정확도를 만족시키기 위한 반복 횟수는 초기 구간 $[a, b]$의 길이에 의해 결정되므로, 초기 구간의 길이는 짧을수록 좋다. 예를 들어, $f(x) = 2x^3 - x^2 + x - 1$일 때

$$f(-4) \cdot f(4) < 0, \qquad f(0) \cdot f(1) < 0$$

이 모두 성립하므로 이분법은 구간 $[-4,\ 4]$ 또는 $[0,\ 1]$을 모두 사용할 수 있다. 여기서 구간 $[0,\ 1]$을 사용하면 $[-4,\ 4]$를 사용할 때보다 세 번의 반복 횟수를 줄일 수 있고, 동일한 정확도의 근을 얻게 된다.

예제 2.2.2 $f(x) = x^3 + 4x^2 - 10 = 0$의 근이 $[1, 2]$ 안에 있음을 보이고, 이분법을 사용하여 정확도 10^{-4} 이내로 근사하는 근을 찾아라.

풀이 $f(1) = -5,\ f(2) = 14$이기 때문에, 중간값 정리에 의해 이 연속함수의 근은 $[1, 2]$ 안에 존재함을 알 수 있다. 한 번 미분한 $f'(x) = 3x^2 + 8x$는 $[1, 2]$에서 항상 양수이기 때문에 [그림 2.2]와 같이 함수 f는 증가하고, 근이 유일하다.

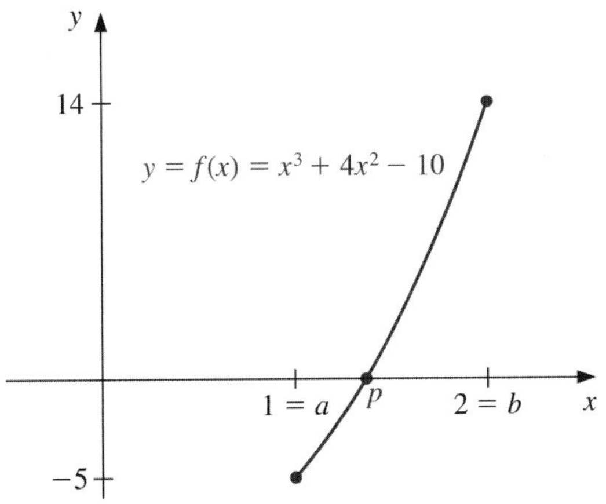

그림 2.2

이분법의 첫 번째 반복을 위해서 우리는 $[1, 2]$의 중간값이 다음과 같다는 사실을 이용한다.

$$f(1.5) = 2.375 > 0$$

이는 두 번째 반복은 $[1, 1.5]$ 사이에서 선택해야 함을 의미하고 있다. 그러면

$$f(1.25) = -1.796875$$

임을 알 수 있다. 그래서 우리의 새로운 구간은 $[1.25, 1.5]$가 되고 이의 중간점은 1.375이다. 이러한 방법으로 값들을 구하면 [표 2.1]과 같다.

n	a_n	b_n	p_n	$f(p_n)$
1	1.0	2.0	1.5	2.375
2	1.0	1.5	1.25	−1.79687
3	1.25	1.5	1.375	0.16211
4	1.25	1.375	1.3125	−0.84839
5	1.3125	1.375	1.34375	−0.35098
6	1.34375	1.375	1.359375	−0.09641
7	1.359375	1.375	1.3671875	0.03236
8	1.359375	1.3671875	1.36328125	−0.03215
9	1.36328125	1.3671875	1.365234375	0.000072
10	1.36328125	1.365234375	1.364257813	−0.01605
11	1.364257813	1.365234375	1.364746094	−0.00799
12	1.364746094	1.365234375	1.364990235	−0.00396
13	1.364990235	1.365234375	1.365112305	−0.00194

표 2.1

열세 번의 반복 후에 근 p의 근삿값은 $p_{13} = 1.365112305$이다. 오차는

$$|p - p_{13}| < |b_{14} - a_{14}| = |1.365234375 - 1.365112305| = 0.000122070.$$

$|a_{14}| < |p|$이기 때문에, 다음과 같다.

$$\frac{|p - p_{13}|}{|p|} < \frac{|b_{14} - a_{14}|}{|a_{14}|} \le 9.0 \times 10^{-5}.$$

그러므로 오차 10^{-4} 이내에서 근사는 정확하다. p의 소수점 아래 아홉 자리까지 정확한 값은 $p = 1.365230013$이다. p_9의 값이 p_{13}보다 p에 가까움을 주의하라. $|f(p_9)| < |f(p_{13})|$이기 때문에 이것이 사실인지 의심해 보아야 한다. ■

이분법은 개념적으로는 명확하지만 발생할 수 있는 단점을 주의해야 한다. 이분법은 다른 방법에 비해 수렴 속도가 느리며, 좋은 중간 결괏값을 놓치고 지나갈 수 있다. 예를 들어, [예제 2.2.2]의 경우 p_9는 좋은 근삿값인데도 근으로 채택되지 못하고 있다. 하지만, 이분법은 장점은 반드시 해에 수렴하며 주어진 정확도의 근을 찾는 데 필요한 반복 횟수의 한계를 쉽게 결정할 수 있다는 장점이 있다. 이러한 이유로 이분법은 이 장의 후반부에서 설명할 효율적인 방법들의 시작 절차로 자주 사용되고 있다.

이분법의 반복 횟수의 한곗값은 무한-자리 산술 연산을 가정해서 구한 것이다. 이 방법을 컴퓨터로 구현할 때는 라운드오프오차의 영향을 고려하여야 한다. 예를 들어, 구간 $[a_n, b_n]$의 중간점은 다음 식

$$p_n = a_n + \frac{b_n - a_n}{2}$$

을 사용해 계산하는 것이 대수적으로 동일한 다음 식

$$p_n = \frac{a_n + b_n}{2}$$

을 사용하는 것보다 좋다. 첫째 식에서는 작은 수정값 $\frac{b_n - a_n}{2}$ 을 알려진 값 a_n 에 더한다. $a_n - b_n$ 이 기계의 최대 표현 범위 부근의 값이라면, 이러한 수정 결과로 오차가 발생할 수 있다. 그러나 이러한 오차는 p_n 의 계산값에는 큰 영향을 미치지 않는다. 반면, 둘째 식의 경우는 중간점 p_n 의 계산값이 구간 $[a_n, b_n]$ 에 속하지 않는 값일 수도 있을 정도로 오차가 커질 수 있다.

근의 발견 여부는 여러 가지 방법으로 검사할 수 있다. 보통은

$$|f(p_n)| < \varepsilon$$

를 검사한다. 여기서 $\varepsilon > 0$은 허용되는 값과 관련된 작은 수이다. 그러나 p_n 값이 근 p에서 멀리 떨어진 경우에도 $f(p_n)$ 값이 아주 작아질 수 있음에 유의해야 한다.

$[a_n, b_n]$ 의 소구간(subinterval) 중에서 f 의 근을 포함한 소구간을 찾는 데에는 다음과 같은 signum 함수를 사용하는 것이 더 좋다.

$$\text{sgn}(x) = \begin{cases} -1, & x < 0 \\ 0, & x = 0 \\ 1, & x > 0 \end{cases}$$

$f(a_n)f(p_n) < 0$을 확인하는 대신 $\text{sgn}(f(a_n))\text{sgn}(f(p_n)) < 0$을 사용하면 동일한 결과를 얻게 되지만, $f(a_n)$과 $f(p_n)$ 의 곱의 결과로 오버플로나 언더플로가 일어날 가능성을 피할 수 있다.

2.2 연습문제

1. 이분법을 사용하여 구간 $[0,\ 1]$에서 $f(x)=\sqrt{x}-\cos x$에 대한 p_3을 구하라.

2. $f(x)=3(x+1)(x-\frac{1}{2})(x-1)$이라고 하자. 이분법을 이용하여 다음 구간에서 p_3을 구하라.
   a. $[-2, 1.5]$
   b. $[-1.25, 2.5]$

3. 아래의 각 구간에서 $x^3-7x^2+14x-6=0$의 근을 10^{-2} 이내의 정확도로 이분법을 이용하여 구하라
   a. $[0, 1]$
   b. $[1, 3.2]$
   c. $[3.2, 4]$

4. 아래의 각 구간에서 $x^4-2x^3-4x^2+4x+4=0$의 근을 10^{-2} 이내의 정확도로 이분법을 이용하여 구하라.
   a. $[-2, -1]$
   b. $[0, 2]$
   c. $[2, 3]$
   d. $[-1, 0]$

5. a. $y=x$와 $y=2\sin x$에 대한 그래프를 그려라.
   b. $x=2\sin x$가 되는 첫 번째 양숫값에 대한 근삿값을 10^{-2} 이내의 정확도로 이분법을 이용하여 구하라.

6. a. $y=x$와 $y=\tan x$에 대한 그래프를 그려라.
   b. $x=\tan x$가 되는 첫 번째 양숫값에 대한 근삿값을 10^{-2} 이내의 정확도로 이분법을 이용하여 구하라.

7. $f(x)=(x+2)(x+1)x(x-1)^3(x-2)$라고 하자. 다음의 구간들에서 이분법이 수렴하는 f의 근은 무엇인가?
   a. $[-3, 2.5]$
   b. $[-2.5, 3]$
   c. $[-1.75, 1.5]$
   d. $[-1.5, -1.75]$

8. $f(x)=(x+2)(x+1)^2x(x-1)^3(x-2)$라고 하자. 다음의 구간들에서 이분법이 수렴하는 f의 근은 무엇인가?
   a. $[-1.5, 2.5]$
   b. $[-0.5, 2.4]$
   c. $[-0.5, 3]$
   d. $[-3, -0.5]$

9. 이분법을 사용하여 $\sqrt{3}$에 대한 근삿값을 10^{-4} 이내의 정확도로 이분법을 이용하여 구하라. [힌트 : $f(x)=x^2-3$을 이용하라]

10. 이분법을 사용하여 $\sqrt[3]{25}$에 대한 근삿값을 10^{-4} 이내의 정확도로 이분법을 이용하여 구하라.

11. 구간 $[1, 4]$에서 $x^3+x-4=0$의 근을 10^{-3} 이내의 정확도로 구하기 위한 이분법의 반복 횟수의 한계를 구하라. 이러한 정확도를 갖는 근사 근을 구하라.

12. 구간 $[1, 2]$에서 $x^3+x-1=0$의 근을 10^{-4} 이내의 정확도로 구하기 위한 이분법의 반복 횟수의 한계를 구하라. 이러한 정확도를 갖는 근사 근을 구하라.

13. $f(x)=\sin\pi x$에 의해 정의되는 함수는 모든 정수에서 근을 가지고 있다. $-1<a<0$이고 $2<b<3$일 때, 이분법이 다음 값에 수렴함을 보여라.
    a. $a+b<2$일 때, 0
    b. $a+b>2$일 때, 2
    c. $a+b=2$일 때, 1

2.3 할선법

이분법은 항상 수렴하지만 사용하기에는 일반적으로 수렴 속도가 너무 느리다. [그림 2.3]은 이분법에서 개선할 수 있는 부분을 찾기 위해서 이분법을 그림으로 표현한 것이다. 이 그림은 a_1에서 음수이고 b_1에서 양수인 연속함수의 그래프이다. 근 p에 대한 첫 번째 근삿값 p_1은 점 $(a_1, \text{sgn}(f(a_1))) = (a_1, -1)$과 점 $(b_1, \text{sgn}(f(b_1))) = (b_1, 1)$을 잇는 직선을 그어, 그 직선과 x-축의 교점을 p_1로 해서 구한 것이다. 그러므로 $(a_1, -1)$과 $(b_1, 1)$을 연결하는 직선이 구간 $[a_1, b_1]$에서 f의 그래프를 근사시켜준 셈이 된다. 마찬가지 방법으로 $[a_1, b_1]$, $[a_2, b_2]$ 등의 소구간에 대해 근사가 계속된다. 이분법은 특정 x값에서 $f(x)$의 부호만을 이용할 뿐 함수 f에 대한 아무런 정보도 이용하지 않는다.

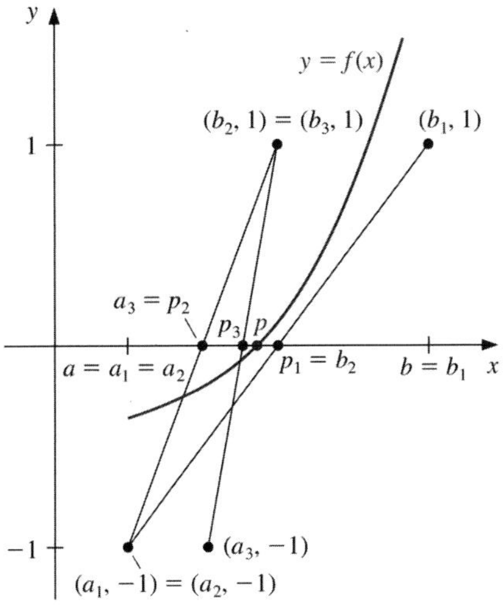

그림 2.3

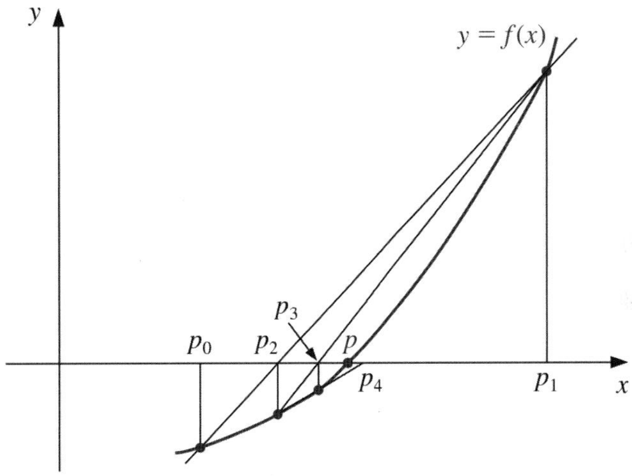

그림 2.4

할선법 (The Secant Method)

초기 단계에서 $|f(a_1)| < |f(b_1)|$이라는 사실을 알았다면, 근 p는 b_1보다는 a_1에 가깝다는 것을 예측할 수 있다. 반대로 $|f(b_1)| < |f(a_1)|$이었다면 p는 a_1보다는 b_1에 가까울 것이다. $(a_1, \text{sgn}(f(a_1))) = (a_1, -1)$과 $(b_1, \text{sgn}(f(b_1))) = (b_1, 1)$을 잇는 직선의 교점을 근 p의 근삿값으로 선택하는 대신, 할선법에서는 $(a_1, f(a_1))$과 $(b_1, f(b_1))$을 연결하는 선, 즉 곡선에 대한 할선(secant line)과 x축의 교점을 근 p의 근삿값으로 선택한다. 이 결과 [그림 2.4]에서처럼 근삿값은 구간의 끝점에 더 가까워지며 이 점에서의 f는 더 작은 절댓값을 갖게 된다.

할선법은 $p_0 = a,\ p_1 = b$로 놓고 시작한다. $(p_0,\ f(p_0))$과 $(p_1,\ f(p_1))$을 잇는 할선의 방정식은

$$y = f(p_1) + \frac{f(p_1) - f(p_0)}{p_1 - p_0}(x - p_1).$$

이 할선과 x축의 교점 $(p_2,\ 0)$은

$$0 = f(p_1) + \frac{f(p_1) - f(p_0)}{p_1 - p_0}(p_2 - p_1)$$

을 만족하므로, 이 식을 p_2에 대하여 풀면

$$p_2 = p_1 - \frac{f(p_1)(p_1 - p_0)}{f(p_1) - f(p_0)}.$$

정리 2.3.1 **[할선법(Secant Method)]**

$f(x)=0$의 근에 대한 근삿값 $p_{n+1}(n>1)$은 근삿값 p_n과 p_{n-1}로부터 다음과 같이 계산된다.

$$p_{n+1}=p_n-\frac{f(p_n)(p_n-p_{n-1})}{f(p_n)-f(p_{n-1})}$$

할선법은 이분법과는 다르게 근의 구간을 지정하지 않는다. 따라서, 이 방법은 항상 수렴하지는 않는다. 그러나 수렴하는 경우에는 일반적으로 이분법보다 훨씬 빨리 수렴한다. 할선법에서는 두 가지의 정지 조건이 사용된다. 첫째 $|p_n-p_{n-1}|$ 값이 주어진 공차보다 작아지면 정지한다. 둘째, 빨리 수렴하지 못할 경우에 대비한 조건으로 지정된 최대 반복 횟수를 초과하면 정지한다. 반복식은 대수적으로 다음과 같이 단순화시키면 안 된다.

$$p_{n+1}=p_n-\frac{f(p_n)(p_n-p_{n-1})}{f(p_n)-f(p_{n-1})}=\frac{f(p_{n-1})p_n-f(p_n)p_{n-1}}{f(p_{n-1})-f(p_n)}$$

이 식은 대수적으로 반복식과 동일하나 단순화된 식은 거의 같은 수 $f(p_{n-1})p_n$와 $f(p_n)p_{n-1}$의 뺄셈이 일어나므로 라운드오프오차를 크게 증가시킬 수 있다.

예제 2.3.2 식 $x^3+4x^2-10=0$의 근사해를 할신법을 사용하여 구하라.

풀이 우선 두 시작점인 p_0와 p_1을 선택해야 한다. $p_0=1$과 $p_1=2$로 선택하면, $f(p_0)=-5$이고, $f(p_1)=14$이기 때문에 중간값 정리에 의해서 해는 $[1,2]$ 구간에 있게 된다. 따라서 두 점 p_0와 p_1의 합리적인 선택은 $p_0=1$, $p_1=2$가 되겠다. MATLAB 이용시 다음과 같이 함수 $f(x)$와 구간의 양 끝점 p_0, p_1을 정의하여야 한다.

```
f=inline('x^3+4*x^2-10','x')
p0=1, p1=2
```

$f(p_0)$와 $f(p_1)$의 값들은 다음의 명령어를 이용하여 계산할 수 있다.

```
fp0=f(p0), fp1=f(p1)
```

첫 번째 할선법에 의한 근삿값은 p2로 표기하고 다음과 같이 계산한다.

```
p2=p1-fp1*(p1-p0)/(fp1-fp0)
```

MATLAB은 다음과 같은 값을 제공한다.

$$p2=1.263157894736842$$

동일한 방법으로 계속하면 $fp2=f(p_2)=-1.602274384010994$이고

$$p3=p2-\frac{fp2*(p2-p1)}{fp2-fp1}=1.338827838827839.$$

$p_0=1,\ p_1=2,\ TOL=0.005,\ N_0=20$을 입력하여 프로그램 SECANT22를 실행한 결과는 [표 2.2]와 같다. 이 결과를 2.2절 [예제 2.2.2]의 이분법의 경우와 비교하면 반복 횟수가 반으로 줄어든 것을 알 수 있다. 또한 오차 $|p-p_6|=|1.3652300134-1.3652300011|<1.3\times10^{-8}$도 공차 0.0005보다 매우 작다.

n	p_n	$f(p_n)$	n	p_n	$f(p_n)$	n	p_n	$f(p_n)$
2	1.2631578947	−1.6022743840	4	1.3666163947	0.0229094308	6	1.3652300011	−0.0000002032
3	1.3388278388	−0.4303647480	5	1.3652119026	−0.0002990679			

표 2.2

가위치법 (The method of false position)

근사 직선과 x축의 교점에서 근삿값을 구하는 더 좋은 방법이 있다. 가위치법 (false position method 또는 regula falsi method)은 이분법과 할선법을 혼합한 형태이다. 즉, 근사 직선은 할선법에서처럼 구하고, 이분법에서처럼 근의 존재 구간을 지정한다. 이분법과 비슷하게 가위치법에서는 $f(a)$와 $f(b)$의 부호가 반대가 되는 초기 구간 $[a, b]$가 주어져야 한다. $a_1 = a$, $b_1 = b$로 놓고, 근삿값 p_1은

$$p_2 = a_1 - \frac{f(a_1)(b_1 - a_1)}{f(b_1) - f(a_1)}$$

로 구한다. $f(p_1)$과 $f(a_1)$이 같은 부호인 경우, $a_2 = p_1$, $b_2 = b_1$이 된다. 반대로 $f(p_1)$과 $f(b_1)$이 같은 부호인 경우, $a_2 = a_1$, $b_2 = p_1$이 된다.([그림 2.5] 참조)

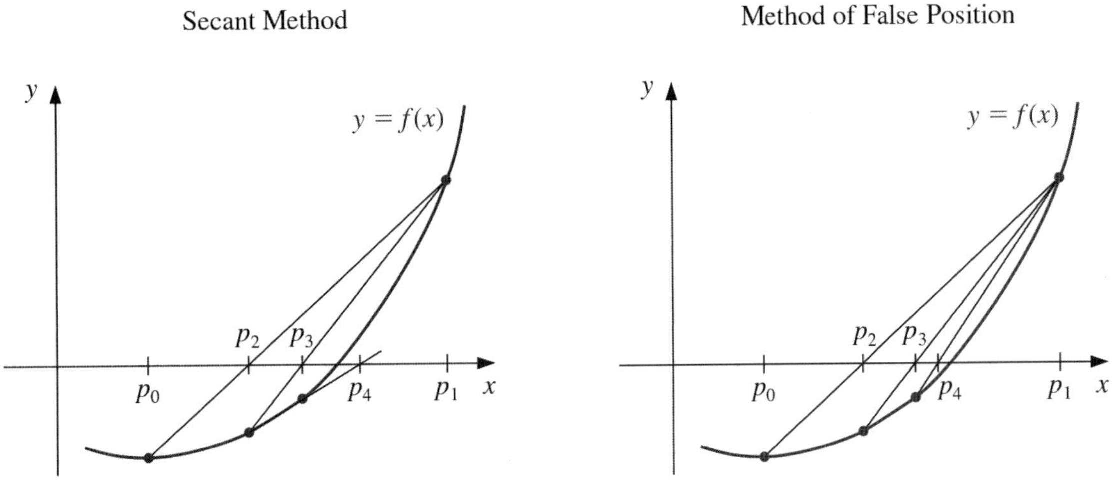

그림 2.5

> **정리 2.3.3** [가위치법 (Method of False Position)]
>
> $n > 1$인 경우, $f(x) = 0$의 근사해를 포함하는 구간 $[a_{n+1}, b_{n+1}]$은 해를 포함하는 구간 $[a_n, b_n]$으로부터 다음과 같이 구할 수 있다. 우선
>
> $$p_{n+1} = a_n - \frac{f(a_n)(b_n - a_n)}{f(b_n) - f(a_n)}$$
>
> 로 놓고,
>
> $f(a_n)f(p_{n+1}) < 0$ 이면, $a_{n+1} = a_n$, $b_{n+1} = p_{n+1}$
>
> 그렇지 않은 경우에는, $a_{n+1} = p_{n+1}$, $b_{n+1} = b_n$
>
> 으로 치환하여 구할 수 있다.

가위치법이 할선법보다 우수한 것처럼 보이지만, [예제 2.3.2]의 문제에 대한 [표 2.3]의 결과에서 알 수 있는 것처럼, 일반적으로 가위치법이 할선법보다 느리게 수렴한다. 사실상 가위치법은 항상 그런 것은 아니지만 이분법보다도 더 느리게 수렴하는 경우도 있다.(연습문제 14 참조) 프로그램 FALPOS23은 가위치법을 구현한 것이다.

n	a_n	b_n	p_{n+1}	$f(p_{n+1})$
1	1.00000000	2.00000000	1.26315789	−1.60227438
2	1.26315789	2.00000000	1.33882784	−0.43036475
3	1.33882784	2.00000000	1.35854634	−0.11000879
4	1.35854634	2.00000000	1.36354744	−0.02776209
5	1.36354744	2.00000000	1.36480103	−0.00698342
6	1.36480703	2.00000000	1.36512372	−0.00175521
7	1.36512372	2.00000000	1.36520330	−0.00044106

표 2.3

2.3 연습문제

1. $f(x) = x^2 - 6,\ p_0 = 3,\ p_1 = 2$ 이라고 하자. 다음 방법을 이용하여 p_3 을 구하라.
   a. 할선법
   b. 가위치법

2. $f(x) = -x^3 - \cos x,\ p_0 = -1,\ p_1 = 0$ 라고 하자. 다음 방법을 이용하여 p_3 을 구하라.
   a. 할선법
   b. 가위치법

3. 할선법을 이용하여 주어진 구간에서 다음 문제들의 근을 10^{-4} 이내의 정확도로 구하라.
   a. $x^3 - 2x^2 - 5 = 0,\ [1,\ 4]$
   b. $x^3 + 3x^2 - 1 = 0,\ [-3,\ -2]$
   c. $x - \cos x = 0,\ \left[0,\ \frac{\pi}{2}\right]$
   d. $x - 0.8 - 0.2\sin x = 0,\ \left[0,\ \frac{\pi}{2}\right]$

4. 할선법을 이용하여 주어진 구간에서 다음 문제들의 근을 10^{-5} 이내의 정확도로 구하라.
   a. $2x\cos 2x - (x-2)^2 = 0,\ [2,\ 3]$과 $[3,\ 4]$
   b. $(x-2)^2 - \ln x = 0,\ [1,\ 2]$과 $[e,\ 4]$
   c. $e^x - 3x^2 = 0,\ [0,\ 1]$과 $[3,\ 5]$
   d. $\sin x - e^{-x} = 0,\ [0,\ 1],\ [3,\ 4]$와 $[6,\ 7]$

5. 가위치법을 이용하여 연습문제 3을 반복하라.

6. 가위치법을 이용하여 연습문제 4을 반복하라.

7. 할선법을 이용하여 구간 $[0, 8]$에서 $4\cos(2x) - (x-2)^2 = 0$ 의 모든 네 개의 근을 10^{-5} 이내의 정확도로 구하라.

8. 할선법을 이용하여 $x^2 + 10\cos x = 0$ 의 모든 근을 10^{-5} 이내의 정확도로 구하라.

9. 할선법을 이용하여 $\sqrt{3}$ 의 근삿값을 10^{-4} 이내의 정확도로 구하고, 이 결과를 2.2절의 연습문제 9에서 구한 결과와 비교해 보아라.

10. 할선법을 이용하여 $\sqrt[3]{25}$ 의 근삿값을 10^{-6} 이내의 정확도로 구하고, 이 결과를 2.2절의 연습문제 10에서 구한 결과와 비교해 보아라.

11. $Y = X^2$ 의 그래프 상에 $(1, 0)$ 에 가장 가까운 점을 생성하는 X 값을 10^{-4} 이내의 정확도로 구하라. [힌트 : $d(X)$ 가 $(x,\ x^2)$과 $(1, 0)$ 간의 거리를 표현할 때, $[d(x)]^2$ 을 최소화 시켜라]

12. $y = \frac{1}{x}$ 의 그래프 상에 $(2, 1)$ 에 가장 가까운 점을 생성하는 x 값을 10^{-4} 이내의 정확도로 구하라.

13. 사차다항식 $f(x) = 230x^4 + 18x^3 + 9x^2 - 221x - 9$ 는 두 개의 실근을 구간 $[-1, 0]$에 하나, 구간 $[0, 1]$에 하나 가지고 있다. 이 근들을 다음 각 방법을 이용하여 10^{-6} 이내의 정확도로 구하도록 시도하라.

a. 할선법　　　　b. 가위치법

14. 함수 $f(x) = \tan \pi x - 6$은 $\frac{1}{\pi} \arctan 6 \approx 0.447431543$에서 하나의 근을 갖는다. $p_0 = 0,\ p_1 = 0.48$이라 하고, 다음 각 방법에서 열 번씩 반복하여 근의 근삿값을 구하라. 어느 방법이 가장 성공적이며, 그 이유는?

a. 이분법　　　　b. 할선법　　　　c. 가위치법

15. 두 수의 합이 20이다. 각 수를 그 루트값에 더하면, 두 합의 곱은 155.55가 된다. 두 수를 10^{-4} 이내의 정확도로 구하라.

16. 길이 L인 물통의 단면이 그림에서처럼 받지름 r인 반원으로 되어 있다. (그림 참조) 위로부터 h의 거리만큼 물을 채우면 물의 부피 V는

$$V = L\left[0.5\pi r^2 - r^2 \arcsin\left(\frac{h}{r}\right) - h(r^2 - h^2)^{\frac{1}{2}}\right]$$

이 된다. $L = 10\text{ft},\ r = 1\text{ft},\ V = 12.4\text{ft}^3$ 이라고 가정할 때, 0.01ft 이내의 단위로 물의 깊이를 구하라.

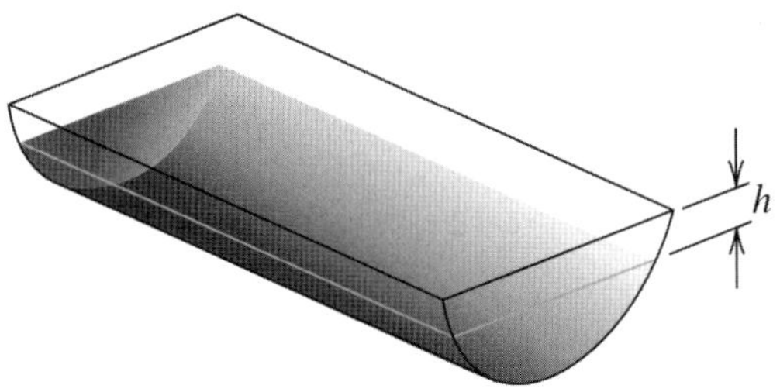

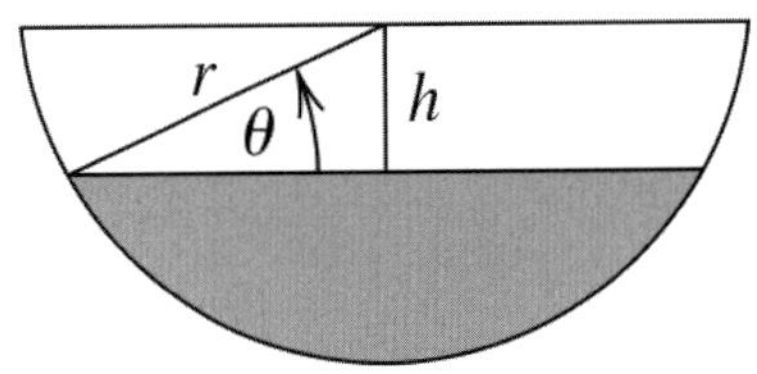

17. 한 물체가 경사각 θ가 상수 비율

$$\frac{d\theta}{dt} = \omega < 0$$

로 증가하는 부드러운 경사면 상에 놓여 움직이기 시작한다. t초 뒤의 물체의 위치는 다음 식에 의해 구해진다.

$$x(t) = \frac{g}{2\omega^2}\left(\frac{e^{\omega t} - e^{-\omega t}}{2} - \sin \omega t\right)$$

물체가 1초 동안 1.7ft를 움직였다고 가정한다. θ의 변화율 ω를 10^{-5} 이내의 정확도로 구하라. g는 -32.17ft/s^2으로 가정하라.

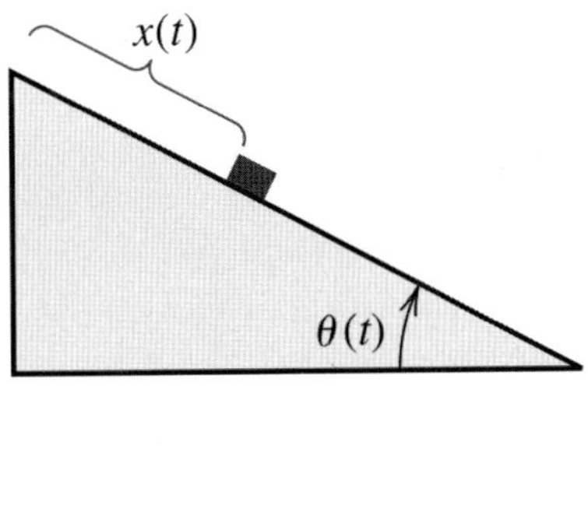

2.4 뉴턴 방법

이분법과 할선법은 함수 f의 그래프에 대한 근사 직선의 영(zero)을 발견해 이 점을 $f(x) = 0$의 근사해로 사용한다. 이분법에 비해서 할선법의 정확도가 증가하는 이유는 곡선에 대한 할선이 이분법에 의한 근사 직선보다 f의 그래프를 잘 근사시키기 때문이다.

어떤 함수의 한 주어진 점에서 그 함수의 그래프를 가장 잘 근사시키는 직선은 그 점에서의 접선(tangent line)이다. 할선 대신에 접선을 사용하는 방법이 이 절에서 설명할 뉴턴 방법(또는 Newton-Raphson 방법)이다.

뉴턴 방법 (Newton's Method)

p_0를 방정식 $f(x) = 0$의 근 p에 대한 초기 근삿값이라고 하고, p에 대한 모든 근삿값을 포함하는 구간에서 f'이 존재한다고 가정하자. 점 $(p_0,\ f(p_0))$에서 f에 대한 접선의 기울기는 $f'(p_0)$이므로, 접선의 방정식은

$$y - f(p_0) = f'(p_0)(x - p_0)$$

이 된다. 이 접선은 y좌표의 값이 0일 때 x축과 만나므로, p에 대한 다음 근삿값 p_1은

$$0 - f(p_0) = f'(p_0)(p_1 - p_0)$$

을 만족시킨다. $f'(p_0) \neq 0$일 때, 이 식을 정리하면

$$p_1 = p_0 - \frac{f(p_0)}{f'(p_0)}$$

이 된다. 이러한 방식으로 p에 대한 근삿값을 계속 만들어 간다. ([그림 2.6] 참조)

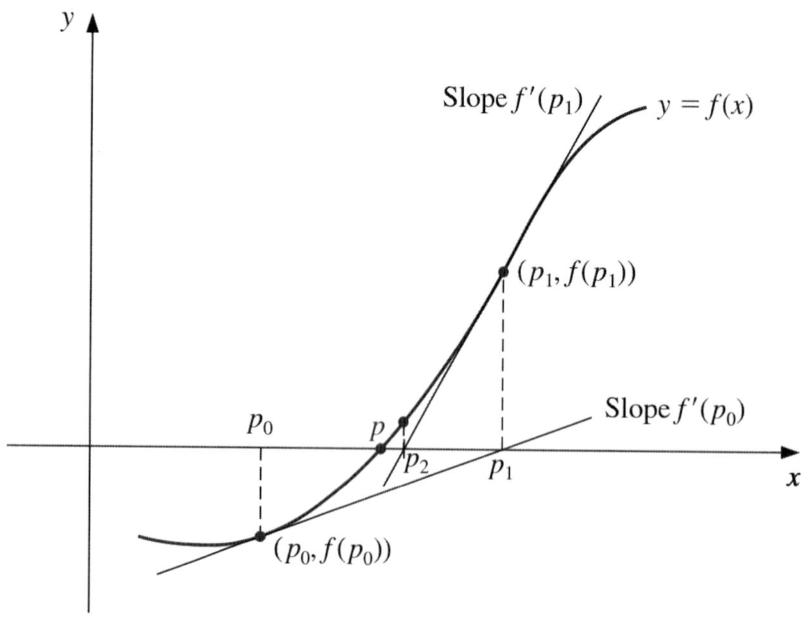

그림 2.6

정리 2.4.1 **[뉴턴 방법(Newton's Method)]**

$f(x)=0$의 근에 대한 근삿값 p_{n+1}은 근삿값 p_n으로부터 다음과 같이 계산된다.

$$p_{n+1}=p_n-\frac{f(p_n)}{f'(p_n)}$$

여기서 $f'(p_n)$은 0이 아니다.

예제 2.4.2 뉴턴 방법을 이용하여 $p_0=1$일 때, 방정식 $x^3+4x^2-10=0$의 근사해를 구하라.

풀이 MATLAB을 사용하여 $p_0=1$일 때, 뉴턴 방법의 처음 두 번의 반복 결과에 대해서 구해보자. $f(x)$의 정의와 $f'(x)$의 계산 및 p0의 정의는 다음과 같이 수행한다.

```
f=inline('x^3+4*x^2-10','x')
fp = inline('3*x^2+8*x','x')
p0=1
```

뉴턴 방법의 첫 번째 반복 결과는 $p_1=1.4545454545454545455$가 된다. 이는 다음 명령에 의해 구해진다.

```
p1=p0-f(p0)/fp(p0)
```

두 번째 반복으로 p2=1.368900401069519를 구하고,

```
p2=p1-f(p1)/fp(p1)
```

이러한 과정을 반복하여 [표 2.4]와 같은 결과를 얻을 수 있다.

n	p_n	$f(p_n)$
1	1.4545454545	1.5401953418
2	1.3689004011	0.0607196886
3	1.3652366002	0.0001087706
4	1.3652300134	0.0000000004

표 2.4

다른 방법과의 비교를 위해 프로그램 Newton24에서 $p_0=1$, $TOL=0.0005$, $N_0=20$을 사용한다. 뉴턴 방법의 반복 횟수는 할선법보다 작은데, 할선법의 반복 횟수는 이분법의 절반보다 작았다. 또한 뉴턴 방법의 오차는 $|p-p^4|\approx 10^{-10}$이다. ■

뉴턴 방법의 수렴률(Convergence Using Newton's Method)

일반적으로 뉴턴 방법은 적은 반복으로 정확한 결과를 산출한다. Taylor 다항식을 이용하여 그 이유를 알아보자. p를 $f(x)=0$의 근이라 가정하고, f'이 p와 근삿값 p_n을 포함하는 구간 위에 존재한다고 가정한다. f를 p_n에서 일차 Taylor 다항식을 사용하여 전개한 수 $x=p$에서 계산하면

$$0=f(p)=f(p_n)+f'(p_n)(p-p_n)+\frac{f''(\xi)}{2}(p-p_n)^2$$

이 된다. 여기서 ξ는 p_n와 p 사이에 속한다. 결과적으로, $f'(p_n)\neq 0$이면,

$$p-p_n+\frac{f(p_n)}{f'(p_n)}=-\frac{f''(\xi)}{2f'(p_n)}(p-p_n)^2$$

이 된다. p에 대한 구간 위에 $|f'(x)| \le M$을 만족하는 양의 상수 M이 존재하고, p_n이 구간 내에 들어있다면

$$|p - p_{n+1}| \le \frac{M}{2|f'(p_n)|}|p - p_n|^2$$

이 성립한다. 이 부등식에 의해 $(n+1)$번째 근삿값의 오차가 대략 n번째 근삿값의 오차의 제곱에 의해 제한된다는 사실을 알 수 있다. 이는 뉴턴 방법에서 각 근삿값의 정확한 자릿수가 각 단계에서 거의 두 배씩 늘어남을 의미한다. 그러나 이 절의 마지막 부분에서 언급하였듯이 뉴턴 방법이 절대적으로 확실한 것은 아니다.

예제 2.4.3 방정식 $x = 3^{-x}$의 근사해를 10^{-8} 이내의 정확도로 구해보자.

풀이 이 방정식의 해는 $0 = f(x) = x - 3^{-x}$의 근에 해당한다. f는 연속이고 $f(0) = -1,\ f(1) = \frac{2}{3}$이므로, 이 방정식의 근은 구간 $(0, 1)$ 내에 존재한다. 초기 근삿값으로 구간의 중간점 $x_0 = 0.5$를 사용하기로 하자. 근삿값은 다음 식

$$p_{n+1} = p_n - \frac{f(p_n)}{f'(p_n)} = p_n - \frac{p_n - 3^{-p_n}}{1 + 3^{-p_n}\ln 3}$$

에 의해 연속적으로 생성된다. [표 2.5]는 이 식에 의한 근삿값과 함께 이웃한 근삿값 간의 차이도 보여주고 있다. 연속적인 근삿값의 차이를 보면 p_3의 값은 10^{-8} 이내의 정확도를 갖고 있음을 알 수 있다.

n	p_n	$\lvert p_n - p_{n-1}\rvert$
0	0.500000000	
1	0.547329757	0.047329757
2	0.547808574	0.000478817
3	0.547808622	0.000000048

표 2.5

■

뉴턴 방법은 f의 도함수가 근 p의 근삿값에서 0이 아니면 성공한다. f'이 연속이라면, 이 기법은 $f'(p) \neq 0$이고 충분히 정확한 초기 근삿값이 사용되었을 때 만족할 만한 결과를 가져온다. $f'(p) \neq 0$이라는 조건은 단순한 것은 아니다. 이 조건은 방정식의 근 p가 f의 단순 근일 때 성립한다. 함수 f의 단순 근(simple noot)은 $x \neq p$일 때,

$$f(x) = (x - p)q(x), \qquad (\text{여기에서 } \lim_{x \to p} q(x) \neq 0)$$

을 만족하는 함수 q가 존재할 때 p에서 성립한다. 방정식의 근이 단순하지 않은 경우, 뉴턴 방법은 수렴할 수도 있지만 앞의 예제에서 본 것처럼 빠르게 수렴하지는 않는다.

예제 2.4.4 방정식 $f(x) = e^x - x - 1 = 0$의 근 $p = 0$은 $f(0) = e^0 - 0 - 1 = 0$과 $f'(0) = e^0 - 1 = 0$이 동시에 성립하므로 단순하지 않다. $p_0 = 1.0$에서 시작한 뉴턴 방법의 결과([표 2.6])를 보면 0으로 느리게 수렴하고 있다. [그림 2.7]은 f의 그래프를 보이고 있다.

n	p_n	n	p_n	n	p_n	n	p_n
0	1.0	4	0.08635	8	0.005545	12	3.4703×10^{-4}
1	0.58198	5	0.04380	9	2.7750×10^{-3}	13	1.7416×10^{-4}
2	0.31906	6	0.02206	10	1.3881×10^{-3}	14	8.8041×10^{-5}
3	0.16800	7	0.01107	11	6.9411×10^{-4}	15	4.2610×10^{-5}

표 2.6

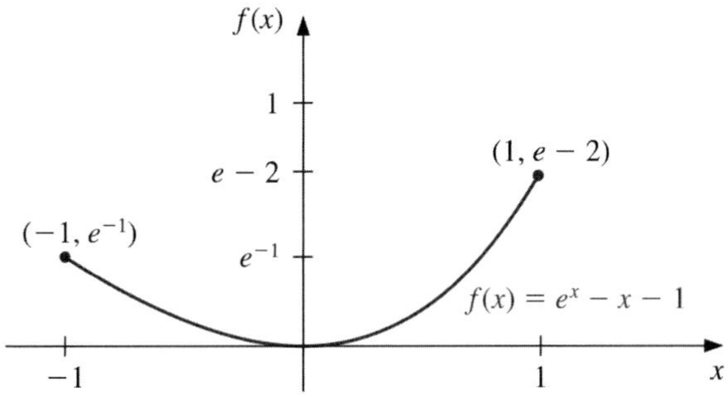

그림 2.7

2.4 연습문제

1. $f(x) = x^2 - 6,\ p_0 = 1$ 이라 하자. 뉴턴 방법을 이용해 p_2 를 구하라.

2. $f(x) = -x^3 - \cos x,\ p_0 = -1$ 이라 하자. 뉴턴 방법을 이용해 p_2 를 구하라. 이 문제의 경우 $p_0 = 0$ 을 사용할 수 있는가?

3. 뉴턴 방법을 이용하여 주어진 구간에서 다음 방정식의 근을 10^{-4} 이내의 정확도로 근사시켜라.

   a. $x^3 - 2x^2 - 5 = 0,\quad [1, 4]$
   b. $x^3 + 3x^2 - 1 = 0,\quad [-3, -2]$
   c. $x - \cos x = 0,\quad \left[0, \frac{\pi}{2}\right]$
   d. $x - 0.8 - 0.2\sin x = 0,\quad \left[0, \frac{\pi}{2}\right]$

4. 뉴턴 방법을 이용하여 다음 방정식의 근을 10^{-5} 이내의 정확도로 구하라.

   a. $2x\cos 2x - (x-2)^2 = 0,\quad [2, 3]$과 $[3, 4]$
   b. $(x-2)^2 - \ln x = 0,\quad [1, 2]$과 $[e, 4]$
   c. $e^x - 3x^2 = 0,\quad [0, 1]$과 $[3, 5]$
   d. $\sin x - e^{-x} = 0,\quad [0, 1],\ [3, 4]$과 $[6, 7]$

5. 뉴턴 방법을 이용하여 구간 $[0, 8]$ 에서 $4x\cos(2x) - (x-2)^2 = 0$ 의 모든 네 개의 근을 10^{-5} 이내의 정확도로 구하라.

6. 뉴턴 방법을 이용하여 구간 $[0, 8]$ 에서 $x^2 + 10\cos x = 0$ 의 모든 네 개의 근을 10^{-5} 이내의 정확도로 구하라.

7. 뉴턴 방법을 이용하여 다음 방정식의 근을 주어진 구간에서 10^{-5} 이내의 정확도로 구하라. 이 문제들은 근이 단순 근이 아니므로 정상적인 경우보다 수렴 속도가 느리다.

   a. $x^2 - 2xe^{-x} + e^{-2x} = 0,\quad [0, 1]$
   b. $\cos(x + \sqrt{2}) + x(\frac{x}{2} + \sqrt{2}) = 0,\quad [-2, -1]$
   c. $x^3 - 3x^2(2^{-x}) + 3x(4^{-x}) + 8^{-x} = 0,\quad [0,\ 1]$
   d. $e^{6x} + 3(\ln 2)^2 e^{2x} - (\ln 8)e^{4x} - (\ln 2)^3,\quad [-1, 0]$

8. $n = 1,\ 2,\ \ldots$일 때 다음 식

$$p_n = p_{n-1} - \frac{f(p_{n-1})f'(p_{n-1})}{[f'(p_{n-1})]^2 - f(p_{n-1})f''(p_{n-1})}$$

에 의해 정의된 수치 방법은 다중 근을 가지는 방정식에 대해 뉴턴 방법 대신에 사용할 수 있다. 이 방법을 이용해 연습문제 7을 반복하라.

9. 뉴턴 방법을 이용하여 $\sqrt{3}$의 근삿값을 10^{-4} 이내의 정확도로 구하고, 이 결과를 2.2절과 2.3절의 연습문제 9에서 구한 결과와 비교해 보아라.

10. 뉴턴 방법을 이용하여 $\sqrt[3]{25}$의 근삿값을 10^{-6} 이내의 정확도로 구하고, 이 결과를 2.2절과 2.3절의 연습문제 10에서 구한 결과와 비교해 보아라.

11. 2.3절의 문제 14에서 $f(x) = \tan \pi x - 6$의 경우 구간 $[0, 0.48]$ 상의 이분법이 $p_0 = 0,\ p_1 = 0.48$로 한 가위치법보다 빠르게 수렴함을 알았다. 또한 이 값들을 p_0과 p_1로 한 할선법은 수렴하지 않는다. 이 문제를 다음의 값으로 해서 뉴턴 방법을 적용해보자.

   a. $p_0 = 0$
   b. $p_0 = 0.48$
   c. a, b의 차이가 있다면 그 이유를 설명하라.

12. 뉴턴 방법을 이용하여 방정식 $\tan x = x$에 대한 첫 번째 양의 해를 구하고, 이 문제가 어려움을 줄 수 있는 이유를 설명하라.

13. 뉴턴 방법을 이용하여 다음 방정식을 풀어라.

$$0 = \frac{1}{2} + \frac{1}{4}x^2 - x \sin x - \frac{1}{2}\cos 2x, \qquad p_0 = \frac{\pi}{2}$$

10^{-5} 이내의 정확도를 얻을 때까지 뉴턴 방법을 이용하여 반복하라. 이 결과가 뉴턴 방법에서 정상적이지 않게 보이는 이유를 설명하라. 또한, $p_0 = 5\pi,\ p_0 = 10\pi$로 하고 방정식을 풀어라.

14. $p_0 = \dfrac{\pi}{4}$로 하고 $f(x) = \cos x - x$의 근을 10^{-100} 이내의 정확도로 구하려 할 때 뉴턴 방법의 반복 횟수를 MATLAB을 사용하여 결정하라.

15. 라켓볼에서 선수 A가 선수 B를 완전히 제압(21-0의 점수로 승리)할 확률은

$$P = \frac{1+p}{2}\left(\frac{p}{1-p+p^2}\right)^{21}$$

이다. 여기서, p는 A가 특정 랠리(서브권자와 독립적으로)에서 이길 확률을 표시한다. 최소한 반 이상의 매치에서 A가 B를 완전 제압하기 위한 p의 최솟값을 10^{-3} 이내의 정확도로 구하라.

16. 함수 $f(x) = \ln(x^2 + 1) - e^{0.4x}\cos \pi x$는 무한개의 근을 가지고 있다.

   a. 10^{-6} 이내의 정확도로 음의 근만을 구하라.
   b. 10^{-6} 이내의 정확도로 네 개의 가장 작은 양의 근을 구하라.
   c. f의 n번째로 작은 양의 근을 구하는 데 적당한 초기 근삿값을 결정하라. [힌트 : f의 그래프를 개략적으로 그려서 이용하라]

d. c.를 이용하여 f의 스물다섯 번째로 작은 양의 근을 10^{-6} 이내의 정확도로 구하라.

17. 정기적인 지불에 의한 저축 계정의 누적 금액은 연금 의무 공식(annuity due equation)

$$A = \frac{P}{r}[(1+r)^n - 1]$$

로부터 결정될 수 있다. 이 공식에서 A는 계정의 금액, P는 정기적인 예입액, r는 n개의 예입 주기 동안의 주기당 이자율이다. 한 엔지니어가 20년 후의 퇴직에 대비해 \$750,000 가치의 저축 계정을 개설하려 하는데, 이 목표 달성을 위해 매달 \$1,500를 예금할 수 있다. 이자가 매달 복리로 늘어난다고 할 때, 이 목표 금액을 달성하기 위한 최소의 이자율은?

18. 고정 기간 동안의 융자금에 대한 상환 금액은 다음 식

$$A = \frac{P}{r}[1 - (1+r)^{-n}]$$

으로 표현된다. 이 식은 보통 연금 공식(ordinary annuity equation)이라고 한다. 이 공식에서 A는 매번 지불해야 할 금액, r은 지불 주기당 이자율, n은 지불 주기의 수이다. 한 달에 최대한 \$1,000을 갚을 수 있는 사람이 30년 상환 조건으로 \$135,000의 주택 자금을 융자하려 한다. 이 채무자가 감당할 수 있는 최대 이자율은 얼마인가?

19. 어떤 약 A개가 환자에게 투입되면 t시간 후의 혈중의 약물 농도는 $c(t) = Ate^{-t/3}$mg/ml가 된다. 안전한 최대 약물 농도는 1mg/ml이다.

a. 안전한 최대 약물 농도에 이르기 위해 주사되어야 할 약의 양은? 언제 이 최대 농도에 이르게 되는가?

b. 이 약은 약물 농도가 0.25mg/ml 이하로 떨어지면 환자에게 재투입된다. 두 번째로 약을 투입해야 하는 시간을 분 단위까지 구하라.

c. 주사를 연속적으로 놓을 때 약물 농도는 더해진다고 하고, 두 번째 주사에서는 원래 주사된 양의 75%만 투여된다고 가정하면, 세 번째 주사를 놓을 시간은?

20. $f(x) = 3^{3x+1} - 7 \cdot 5^{2x}$라고 하자.

a. MATLAB 명령 solve와 fsolve를 이용해 f의 모든 근을 구해 보아라.

b. f의 근에 대한 초기 근삿값을 얻기 위해 $f(x)$를 그려 보아라.

c. 뉴턴 방법을 이용하여 f의 근을 10^{-16} 이내의 정확도로 구하라.

d. $f(x) = 0$의 참값을 대수적으로 구하라.

2.5 오차 분석과 수렴의 가속화

앞 절에서 알아본 뉴턴 방법은 충분히 정확한 초기 근삿값이 주어지기만 하면 일반적으로 매우 빠르게 수렴한다. 이렇게 빠른 수렴 속도는 다른 근사 기법에서는 보기 어렵다. 뉴턴 방법이 빠른 이유는 이차적으로 수렴하는 근삿값들을 만들어 내기 때문이다.

수렴 차수 (Order of Convergence)

p에 수렴하는 근삿값의 수열 $\{p^n\}$을 만들어 내는 방법을 알아보자. 충분히 큰 n의 값에 대해 다음 조건을 만족하는 상수 $M > 0$이 존재하면 p에 일차적으로 수렴 (linearly convergent) 한다고 한다.

$$|p - p_{n+1}| \le M|p - p_n|$$

이러한 수열은 큰 n의 값에 대해 다음 조건을 만족하는 상수 $M > 0$이 존재하면 이차적으로 수렴 (quadratically convergent) 한다고 한다.

$$|p - p_{n+1}| \le M|p - p_n|^2$$

다음은 일차 수렴에 대한 이차 수렴의 장점을 설명하는 예이다.

예제 2.5.1 p_n이 $p = 0$에 일차적으로 수렴하고, $\hat{p_n}$이 $p = 0$에 이차적으로 수렴한다고 하자. 비교를 위해 각 경우에 상수 $M = 0.5$라고 가정하면,

$$|p_1| \le M|p_0| \le (0.5) \cdot |p_0|, \quad |\hat{p_1}| \le M|\hat{p_0}|^2 \le (0.5) \cdot |\hat{p_0}|^2$$

이 성립한다. 마찬가지로,

$$|p_2| \le M|p_1| \le 0.5(0.5) \cdot |p_0| = (0.5)^2|p_0|$$

이 되고

$$|\hat{p_2}| \le M|\hat{p_1}|^2 \le 0.5(0.5|\hat{p_0}|^2)^2 = (0.5)^3|\hat{p_0}|^4$$

이 된다. 계속하면,

$$|p_3| \le M|p_2| \le 0.5((0.5)^2|p_0|) = (0.5)^3|p_0|$$

이 되고

$$|\hat{p_3}| \le M|\hat{p_2}|^2 \le 0.5((0.5)^3|\hat{p_0}|^4)^2 = (0.5)^7|\hat{p_0}|^8$$

이 된다. 따라서, $n = 1, 2, \cdots$ 에 대하여, 다음 식이 성립한다.

$$|p_n| \le 0.5^n|p_0|, \quad |\hat{p_n}| \le (0.5)^{2^n - 1}|\hat{p_0}|^{2^n}.$$

[표 2.7]은 $|p_0| = |\hat{p_0}| = 1$로 놓았을 때 이들 오차한계의 0에 대한 상대적인 수렴 속도를 보이고 있다.

이차 수렴 수열은 일곱 번째 항에서 10^{-38} 이내가 되었다. 일차 수렴 수열의 경우는 최소한 126 번째 항에 가야 이 정도의 정확도를 이룬다. $|\hat{p_0}| < 1$이면 수열 $\{\hat{p_n}\}$의 한곗값은 더 빠르게 감소한다. 그러나 $|p_0| < 1$이 되어도 수열 $\{p_n\}$에는 큰 변화가 없다.

n	일차 수렴 수열 한계 $p_n = (0.5)^n$	이차 수렴 수열 한계 $\hat{p_n} = (0.5)^{2^n-1}$	n	일차 수렴 수열 한계 $p_n = (0.5)^n$	이차 수렴 수열 한계 $\hat{p_n} = (0.5)^{2^n-1}$
1	5.0000×10^{-1}	5.0000×10^{-1}	5	3.1250×10^{-2}	4.6566×10^{-10}
2	2.5000×10^{-1}	1.2500×10^{-1}	6	1.5625×10^{-2}	1.0842×10^{-19}
3	1.2500×10^{-1}	7.8125×10^{-3}	7	7.8125×10^{-3}	5.8775×10^{-39}
4	6.2500×10^{-2}	3.0518×10^{-5}			

표 2.7

Aitken의 Δ^2 방법 (Aitken's Δ^2 Method)

[예제 2.5.1]에서 설명한 것처럼 일반적으로 이차 수렴 수열은 일차 수렴 수열보다 훨씬 빠르게 수렴하지만, 많은 기법들은 일차적으로 수렴하는 수열을 생성한다. 이제 일차 수렴 수열의 수렴 속도를 가속화하는 Aitken의 Δ^2 방법에 대해 알아보기로 하자. $\{p_n\}_{n=0}^{\infty}$ 을 극한값이 p 인 일차 수렴 수열이라 하자. $\{p_n\}$ 보다 빨리 p 에 수렴하는 수열 $\{q_n\}$ 을 구성해 보자. $p_n - p$, $p_{n+1} - p$, $p_{n+2} - p$ 의 부호가 같고 n 이 충분히 커서

$$\frac{p_{n+1} - p}{p_n - p} \approx \frac{p_{n+2} - p}{p_{n+1} - p}$$

가 성립한다고 하자. 그러면,

$$(p_{n+1} - p)^2 \approx (p_{n+2} - p)(p_n - p)$$

가 되고, 이를 전개 및 정리하면

$$\begin{aligned} p_{n+1}^2 - 2p_{n+1}p + p^2 &\approx p_{n+2}p_n - (p_n + p_{n+2})p + p^2 \\ (p_{n+2} + p_n - 2p_{n+1})p &\approx p_{n+2}p_n - p_{n+1}^2 \end{aligned}$$

이 된다. 이 식을 p 에 대해서 풀면

$$p \approx \frac{p_{n+2}p_n - p_{n+1}^2}{p_{n+2} - 2p_{n+1} + p_n}$$

이 된다. 분자에 항 p_n^2 과 $2p_np_{n+1}$ 을 더하고 뺀 후 적절히 정리하면

$$\begin{aligned} p &\approx \frac{p_np_{n+2} - 2p_np_{n+1} + p_n^2 - p_{n+1}^2 + 2p_np_{n+1} - p_n^2}{p_{n+2} - 2p_{n+1} + p_n} \\ &= \frac{p_n(p_{n+2} - 2p_{n+1} + p_n) - (p_{n+1}^2 - 2p_np_{n+1} + p_n^2)}{p_{n+2} - 2p_{n+1} + p_n} = p_n - \frac{(p_{n+1} - p_n)^2}{p_{n+2} - 2p_{n+1} + p_n} \end{aligned}$$

이 된다. Aitken의 Δ^2 방법은 p 에 대한 수렴 수열 $\{q_n\}_{n=0}^{\infty}$ 을 위의 식으로 정의하는 것이다.

정리 2.5.2 **[Aitken의 Δ^2 방법 (Aitken's Δ^2 Method)]**

만약 $\{p_n\}_{n=0}^{\infty}$ 이 p 에 선형적으로 수렴하는 수열이고

$$q_n = p_n - \frac{(p_{n+1} - p_n)^2}{p_{n+2} - 2p_{n+1} + p_n}$$

이면, $\{q_n\}_{n=0}^{\infty}$ 도 또한 p 에 수렴하며, 일반적으로 $\{p_n\}_{n=0}^{\infty}$ 보다 빠르게 수렴한다.

예제 2.5.3 Aitken의 Δ^2 방법을 수열 $\{\cos(1/n)\}_{n=1}^{\infty}$에 적용해 보자.

풀이 $p_n = \cos(1/n)$일 때, 수열 $\{p_n\}_{n=1}^{\infty}$은 일차적으로 $p=1$에 수렴한다. 수열 $\{p_n\}_{n=0}^{\infty}$과 $\{q_n\}_{n=0}^{\infty}$의 처음 몇 개 항은 [표 2.8]과 같다. 이 표를 보면 수열 $\{p_n\}_{n=0}^{\infty}$이 수열 $\{p_n\}_{n=1}^{\infty}$보다 더 빠르게 $p=1$에 수렴함을 알 수 있다.

n	p_n	q_n	n	p_n	q_n	n	p_n	q_n
1	0.54030	0.96178	4	0.96891	0.99342			
2	0.87758	0.98213	5	0.98007	0.99541			
3	0.94496	0.98979	6	0.98614				

표 2.8

■

수열 $\{p_n\}_{n=0}^{\infty}$이 주어졌을 때, 전향차분(forward differensce) Δp_n은

$$\Delta p_n = p_{n+1} - p_n, \quad n \geq 0$$

으로 정의된다. 이 전향차분의 고차 제곱값은 다음과 같이 순환적으로 정의된다.

$$\Delta^k p_n = \Delta(\Delta^{k-1} p_n), \quad k \geq 2$$

정의에 의해,

$$\Delta^2 p_n = \Delta(p_{n+1} - p_n) = \Delta p_{n+1} - \Delta p_n = (p_{n+2} - p_{n+1}) - (p_{n+1} - p_n)$$

이 되므로

$$\Delta^2 p_n = p_{n+2} - 2p_{n+1} + p_n$$

이 된다. 그러므로 Aitken의 Δ^2 방법에서 q_n에 대한 식은

$$q_n = p_n - \frac{(\Delta p_n)^2}{\Delta^2 p_n}, \quad n \geq 0$$

으로 다시 쓸 수 있다. 수열 $\{q_n\}_{n=0}^{\infty}$은 다음의 사실에 의해 원래의 수열 $\{p_n\}_{n=0}^{\infty}$보다 더 빠르게 p에 수렴함을 확인할 수 있다.

정리 2.5.4 [Aitken의 Δ^2 수렴(Aitken's Δ^2 Convergence)]

$\{p_n\}$이 극한값 p에 선형적으로 수렴하는 수열이고, n의 큰 값에 대해 $(p_n - p)(p_{n+1} - p) > 0$이고,

$$q_n = p_n - \frac{(\Delta p_n)^2}{\Delta^2 p_n} \text{이면,} \quad \lim_{n\to\infty} \frac{q_n - p}{p_n - p} = 0.$$

이러한 가속 기법은 근사 기법에서 자주 사용된다.

2.5 연습문제

1. 아래의 수열들은 선형적인 수렴한다. Aitken의 Δ^2 방법을 이용하여 수열 $\{q_n\}$의 처음 다섯 개 항을 생성하라.
   a. $p_0 = 0.5, \quad p_n = (2 - e^{p_{n-1}} + p_{n-1}^2)/3, \quad n \ge 1$
   b. $p_0 = 0.75, \quad p_n = (e^{p_{n-1}}/3)^{1/2}, \quad n \ge 1$
   c. $p_0 = 0.5, \quad p_n = 3^{-p_{n-1}}, \quad n \ge 1$
   d. $p_0 = 0.5, \quad p_n = \cos p_{n-1}, \quad n \ge 1$

2. 뉴턴 방법은 다음 문제들에 대해서 이차적으로 수렴하지 않는다. Aitken의 Δ^2 방법을 사용하여 수렴을 가속시켜라. $|q_n - q_{n-1}| < 10^{-4}$가 될 때까지 반복하라.
   a. $x^2 - 2xe^{-x} + e^{-2x} = 0, \quad [0, 1]$
   b. $\cos(x + \sqrt{2}) + x(x/2 + \sqrt{2}) = 0, \quad [-2, -1]$
   c. $x^3 - 3x^2(2^{-x}) + 3x(4^{-x}) - 8^{-x} = 0, \quad [0, 1]$
   d. $e^{6x} + 3(\ln 2)^2 e^{2x} - (\ln 8)e^{4x} - (\ln 2)^3 = 0, \quad [-1, 0]$

3. 함수 $f(x) = e^{6x} + 3(\ln 2)^2 e^{2x} - (\ln 8)e^{4x} - (\ln 2)^3$에 대해 $p_0 = 0$으로 뉴턴 방법을 사용해서 $f(x) = 0$의 근을 구하라. $|p_{n+1} - p_n| < 0.0002$를 만족할 때까지 항을 생성하라. 수열 $\{q_n\}$을 구성하라. 수렴 속도가 개선되는가?

4. 연습문제 3에서 $f(x)$의 상수값을 네 자리 근삿값으로 대체하고, 즉 $f(x) = e^{6x} + 1.441e^{2x} - 2.079e^{4x} - 0.3330$로 하고 문제를 반복하라. 해를 연습문제 3의 결과와 비교하라.

5. (i) 다음의 수열 $\{p_n\}$이 $p = 0$에 일차적으로 수렴함을 증명하라. (ii) $|p_n - p| \le 5 \times 10^{-2}$이 되려면 n은 얼마나 커야 하는가? (iii) Aitken의 Δ^2 방법을 이용하여 $|q_n - p| \le 5 \times 10^{-2}$이 될 때까지 수열 $\{q_n\}$을 생성하라.
   a. $p_n = \dfrac{1}{n}, \quad n \ge 1$
   b. $p_n = \dfrac{1}{n^2}, \quad n \ge 1$

6. a. 임의의 양의 정수 k에 대해 $p_n = 1/n^k, n \ge 1$로 정의되는 수열이 $p = 0$에 일차적으로 수렴함을 증명하라.
   b. 각 정수의 k와 m에 대해 $1/N^k < 10^{-m}$을 만족하는 수 N을 구하라.

7. a. 수열 $p_n = 10^{-2^n}$이 0에 이차적으로 수렴함을 증명하라.
   b. 수열 $p_n = 10^{-n^k}$가 지수 $k > 1$의 크기에 상관없이 0에 이차적으로 수렴하지 않음을 증명하라.

8. 다음 조건을 만족하는 0으로 수렴하는 수열 $\{c_n\}$이 존재하면 수열 $\{p_n\}$은 p로 초선형적으로 수렴(superlinearly convergent)한다고 한다.

$$|p_{n+1} - p| \le c_n |p_n - p|$$

   a. $\{p_n\}$이 p로 초선형적으로 수렴하면, $\{p_n\}$은 p로 일차적으로 수렴함을 증명하라.
   b. $p_n = \dfrac{1}{n^n}$이 0에 초선형적으로 수렴하지만, 0에 이차적으로 수렴하지는 않음을 증명하라.

2.6 Müller 방법

근찾기 문제들 중에는 할선법, 가위치법, 뉴턴 방법을 사용했을 때 만족할 만한 결과를 얻을 수 없는 것들이 많다. 예를 들어, 함수와 도함수의 값이 동시에 0에 가까우면 수렴 속도가 빠르지 않게 된다. 또한 이 방법들은 초기 근삿값이 0이 아닌 허수부를 가진 복소수가 아니라면, 복소근(complex root)을 근사시키는 데는 사용할 수가 없다. 따라서, 이러한 방법들은 실수 계수를 가진 다항식이라 하더라도 복소근을 갖는 경우에는 적절한 방법이 아닐 수 있다.

Müller 방법 (Müller's Method)

이 절에서는 할선법을 일반화한 Müller 방법에 대해서 알아보기로 한다. 할선법에서는 [그림 2.8 (a)]에서처럼 바로 이전의 두 근삿값에 해당하는 함수의 두 점을 지나는 직선과 x축의 교점을 새로운 근삿값으로 한다. Müller 방법에서는 [그림 2.8 (b)]에서처럼 함수 그래프 상의 바로 이전의 세 점을 지나는 포물선(parabola)과 x축의 교점을 새로운 근삿값으로 한다.

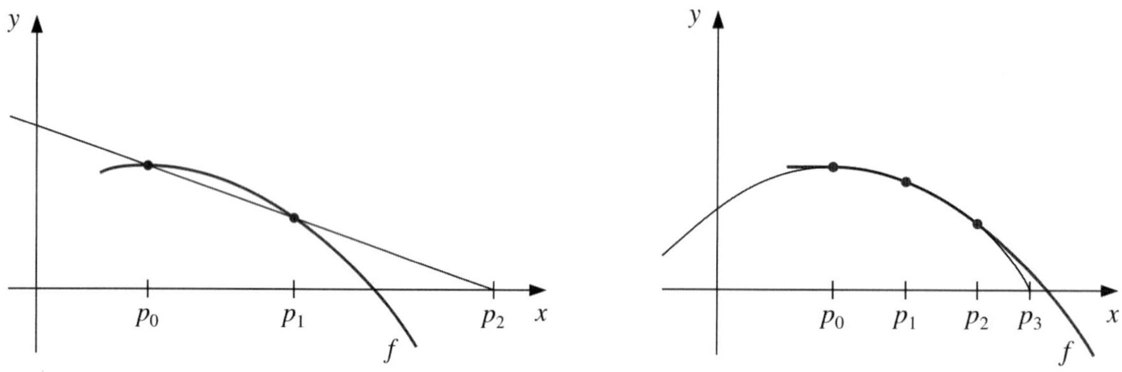

그림 2.8 (a) (b)

$f(x) = 0$의 근을 구하기 위해 세 개의 초기 근삿값 p_0, p_1, p_2가 주어졌을 때 Müller 방법을 유도해 보기로 하자. 다음 근삿값 p_3은 세 점 $(p_0, f(p_0))$, $(p_1, f(p_1))$, $(p_2, f(p_2))$를 지나는 다음의 이차다항식

$$P(x) = a(x - p_2)^2 + b(x - p_2) + c$$

를 이용해 구한다. 상수 a, b, c의 값은 다음 조건에서 구한다.

$$\begin{aligned} P(p_0) &= a(p_0 - p_2)^2 + b(p_0 - p_2) + c = f(p_0), \\ P(p_1) &= a(p_1 - p_2)^2 + b(p_1 - p_2) + c = f(p_1), \\ P(p_2) &= a \cdot 0^2 + b \cdot 0 + c = f(p_2). \end{aligned}$$

$P(x) = 0$의 근 p_3을 구하기 위해 $P(x)$에 대해 근의 공식을 적용한다. 거의 같은 수의 뺄셈으로 인한 라운드오프오차 문제를 피하기 위해 다음의 공식을 사용한다.

$$p_3 - p_2 = \frac{-2c}{b \pm \sqrt{b^2 - 4ac}}.$$

p_3의 값은 분모의 부호에 따라 두 가지 값 중의 하나가 된다. Müller 방법에서는 분모의 부호를 b의 부호와 같은 것으로 선택해 사용한다. 이 결과 분모의 크기가 가장 커지게 되며, 따라서 p_3은 p_2에 가장 가까운 $P(x) = 0$의 근이 된다.

정리 2.6.1 **[Müller 방법 (Müller's Method)]**

초기 근삿값 p_0, p_1, p_2가 주어졌을 때, 근삿값 p_3은 다음의 식으로 구한다.

$$p_3 = p_2 - \frac{2c}{b + \text{sgn}(b)\sqrt{b^2 - 4ac}}$$

여기서,

$$\begin{aligned} c &= f(p_2), \\ b &= \frac{(p_0 - p_2)^2[f(p_1) - f(p_2)] - (p_1 - p_2)^2[f(p_0) - f(p_2)]}{(p_0 - p_2)(p_1 - p_2)(p_0 - p_1)}, \\ c &= \frac{(p_1 - p_2)[f(p_0) - f(p_2)] - (p_0 - p_2)[f(p_1) - f(p_2)]}{(p_0 - p_2)(p_1 - p_2)(p_0 - p_1)}. \end{aligned}$$

p_1, p_2, p_3을 각각 p_0, p_1, p_2로 대체하고 반복한다.

이 방법은 만족할 만한 근삿값이 얻어질 때까지 반복된다. 이 방법은 각 단계에서 제곱근 $\sqrt{b^2 - 4ac}$를 계산하므로 복소근도 근사시킬 수 있게 된다. 다항식 $f(x) = x^4 - 3x^3 + x^2 + x + 1$에 대해 고려하자. 이 식의 그래프의 일부분이 [그림 2.9]이다.

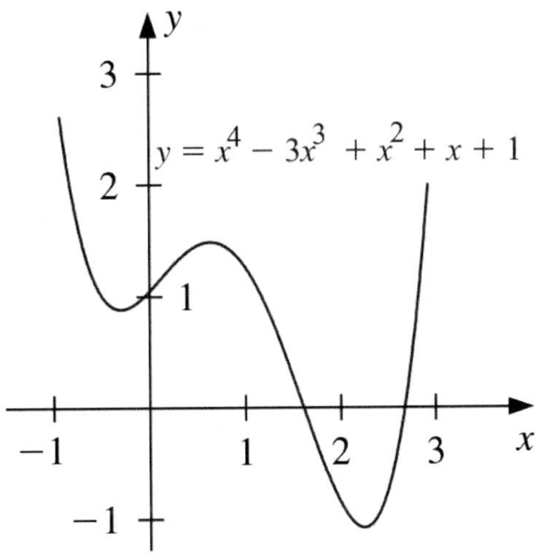

그림 2.9

f의 근을 찾기 위해서 $TOL = 10^{-5}$일 때 프로그램 MULLER25으로 초깃값 세 개로 구성된 집합 세 개를 사용할 것이다. 첫 번째 집합으로 $p_0 = 0.5$, $p_1 = -0.5$, $p_2 = 0$을 사용할 것이다. 이 초깃값은 x축을 지나지 않으므로 복소근을 가질 것이다. [표 2.9]는 f의 복소근에 해당하는 근삿값을 제공한다.

i	p_i	$f(p_i)$
3	$-0.100000+0.888819i$	$-0.01120000+3.014875548i$
4	$-0.492146+0.447031i$	$-0.1691201-0.7367331502i$
5	$-0.352226+0.484132i$	$-0.1786004+0.0181872213i$
6	$-0.340229+0.443036i$	$0.01197670-0.0105562185i$
7	$-0.339095+0.446656$	$-0.0010550+0.000387261i$
8	$-0.339093+0.446630i$	$0.000000+0.000000i$
9	$-0.339093+0.446630i$	$0.000000+0.000000i$

표 2.9 $[p_0=0.5\ \ p_1=-0.5,\ \ p_2=0]$

[표 2.10]는 f의 실근에 대한 근삿값을 제공한다. 이 근들 중 가장 작은 것은 $p_0=0.5,\ \ p_1=1.0,\ \ p_2=1.5$를 사용하였고, 가장 큰 것은 $p_0=1.5,\ \ p_1=2.0,\ \ p_2=2.5$일 때 근사되었다.

i	p_i	$f(p_i)$	i	p_i	$f(p_i)$
3	1.40637	−0.04851	3	2.24733	−0.24507
4	1.38878	0.00174	4	2.28652	−0.01446
5	1.38939	0.00000	5	2.28878	−0.00012
6	1.38939	0.00000	6	2.28880	0.00000
			7	2.28879	0.00000

표 2.10 $[p_0=0.5\ \ p_1=1.0,\ \ p_2=1.5$(왼쪽)], $[p_0=1.5\ \ p_1=2.0,\ \ p_2=2.5$(오른쪽)]

[표 2.9]와 [표 2.10]에 있는 결과들을 생성하기 위해 MATLAB을 사용하였다. [표 2.9]에서 첫 번째 결과를 찾기 위해서 $f(x)$를 정의하고 초기 근삿값을 다음의 명령어를 통해 입력한다.

```
f=inline('x^4-3*x^3+x^2+x+1','x')
p0=0.5, p1=-0.5, p2=0.0
```

다항식의 초깃값을 다음의 명령어로 구한다.

```
f0=f(p0), f1=f(p1), f2=f(p2)
```

그리고 $c=6$, $b=10$, $a=9$와 Müller 방법을 사용하여 $p3$을 계산하는 명령어는 다음과 같다.

```
c=f2
b=((p0-p2)^2*(f1-f2)-(p1-p2)^2*(f0-f2))/((p0-p2)*(p1-p2)*(p0-p1))
a=((p1-p2)(f0-f2)-(p0-p2)(f1-f2))/((p0-p2)*(p1-p2)*(p0-p1))
p3=p2-(2*c)/(b+(b/abs(b))*sqrt(b^2-4*a*c))
```

$p3$의 값은 복소연산을 사용해서 다음과 같이 구해진다.

$$p3=-0.1000000+0.888819i$$

그리고 $f(p_3)=-0.011200+3.01488i$이다. 이 방법을 계속 적용하면 [표 2.9]의 값들이 나온다. 이는 Müller 방법이 다양한 시작 값을 이용해 다항식의 근을 근사시킬 수 있음을 보이고 있다. 사실상 Müller 방법은 어떤 초깃값을 선택해도 일반적으로 다항식의 근에 수렴한다. Müller 방법을 이용한 범용 소프트웨어 패키지는 각 근에 대해 오직 하나의 초기 근삿값만을 요구하며, 옵션에 따라 이 근삿값을 제공해 주기도 한다.

Müller 방법은 뉴턴 방법보다는 효율적이지 못하지만, 일반적으로 할선법보다는 우수하다. 그러나 상대적인 효율성보다는 구현의 용이함과 근을 찾을 가능성이 더 중요한 사항이다. 이 방법들은 모두 적절한 초기 근삿값이 결정되기만 하면 매우 빠르게 수렴한다.

2.6 연습문제

1. 뉴턴 방법을 사용하여 다음 다항식에 대해 $P(x)=0$의 모든 실근을 10^{-4} 이내의 정확도로 구하라.

   a. $P(x)=x^3-2x^2-5$

   b. $P(x)=x^3+4.001x^2+4.002x+1.101$

2. 뉴턴 방법을 사용하여 먼저 실근을 구하고, 다항식을 낮은 차수로 바꾸어 복소근을 구하는 방식으로, 다음 다항식들의 모든 근을 10^{-4} 이내의 정확도로 구하라.

   a. $P(x)=x^4+5x^3-9x^2-85x-136$

   b. $P(x)=x^5+11x^4-21x^3-10x^2-21x-5$

3. Müller 방법을 사용하여 연습문제 1을 반복하라.

4. Müller 방법을 사용하여 연습문제 2를 반복하라.

5. $P(x)=10x^3-8.3x^2+2.295x-0.21141=0$은 $x=0.29$에서 근을 가지고 있다.

   a. $p_0=0.28$로 하고 뉴턴 방법을 이용하여 근을 구하라.

   b. $p_0=0.275,\ p_1=0.28,\ p_2=0.285$로 하고 Müller 방법을 이용하여 근을 구하라.

   c. a.와 b.에서 볼 수 있는 차이점을 설명하라.

6. MATLAB을 사용하여 $P(x)=x^3-2x-5$의 근의 참값을 구하라.

7. 다음의 각 방법을 이용하여 다음 문제의 해를 10^{-4} 이내의 정확도로 구하라.

$$600x^4-550x^3+200x^2-20x-1=0, \qquad 0.1 \le x \le 1$$

   a. 이분법

   b. 뉴턴 방법

   c. 할선법

   d. 가위치법

   e. Müller 방법

8. 두 개의 사다리가 넓이 W를 두고 교차해 있다. 각각의 사다리는 서로 반대된 벽에 닿아 있다. 사다리가 높이 H에서 교차한다고 하자. $x_1=20\text{ft}$, $x_2=30\text{ft}$, $H=8\text{ft}$라고 주어졌을 때, W를 찾아라.

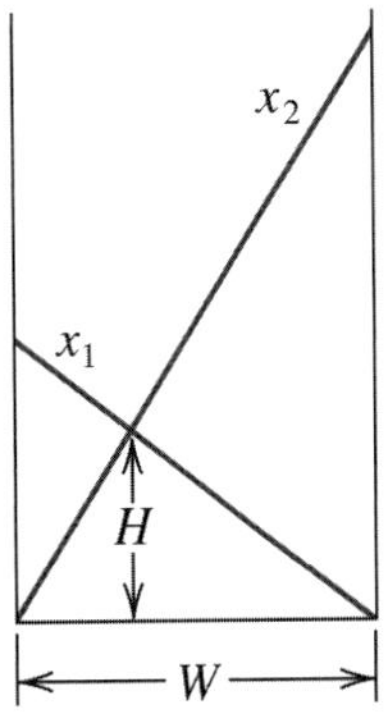

제 3 장

보간법과 다항식근사

3.1 개요

엔지니어나 과학자들은 흔히, 물리 문제의 변수 사이의 관계는 문제에 의해 주어진 데이터로부터 근사적으로 재생성될 수 있다고 가정한다. 궁극적인 목표는 사용되는 함수의 적분이나 도함수를 근사시키기 위해서 또는 단순히 문제의 변수를 매끄럽게(smooth), 즉 연속적(continuous)으로 표현하기 위해서 중간점들(intermediate points)에서의 값을 결정하는 것이다.

보간법이란 자료의 집합을 정확하게 나타내는 함수를 결정하는 것을 말한다. 보간법의 가장 기본적인 형태는 데이터 점의 집합에 다항식을 맞추는(fitting) 것이다. 다항식은 그 자체가 다항식인 도함수와 적분을 가지고 있으므로, 도함수와 적분의 근사를 위해 자연스럽게 선택된다. 이 장에서는 연속함수들을 근사하기 위해 다항식이 쉽게 구성됨을 보게 될 것이다. 다음 결과는 어떤 연속 함수라도 정확하게 표현할 수 있는 다항식이 존재함을 의미한다.

정리 3.1.1 [Weierstrass 근사 정리]

f가 구간 $[a,b]$에서 정의되어 있고 그 구간에서 연속이라고 가정하자. 어떠한 $\varepsilon > 0$에 대해서도, 모든 $x \in [a,b]$에 대하여

$$|f(x) - P(x)| < \varepsilon$$

을 만족하는 다항식 P가 구간 $[a,b]$에 존재한다. [그림 3.1 참조]

Taylor 다항식은 1장에서 소개되었는데, 수치해석의 기본 도구 중 하나인 것으로 설명되었다. 따라서, 다항식 보간법에 이 함수들이 아주 많이 사용될 것이라고 생각하기 쉬우나, 사실은 그렇지 않다. Taylor 다항식은 특정한 점에서 주어진 함수와 아주 근접하게 일치하지만, 그 점 부근에서만 정확도를 유지한다. 좋은 보간다항식은 전 구간에 결쳐 비교적 정확한 근사를 해야 한다. 그러나 Taylor 다항식은 이러한 조건을 만족시키지 못한다. 예를 들어, $x_0 = 0$을 중심으로 한 $f(x) = e^x$의 처음 여섯 개의 다항식을 계산하여 보자. f의 도함수들이 모두 e^x이고 $x_0 = 0$

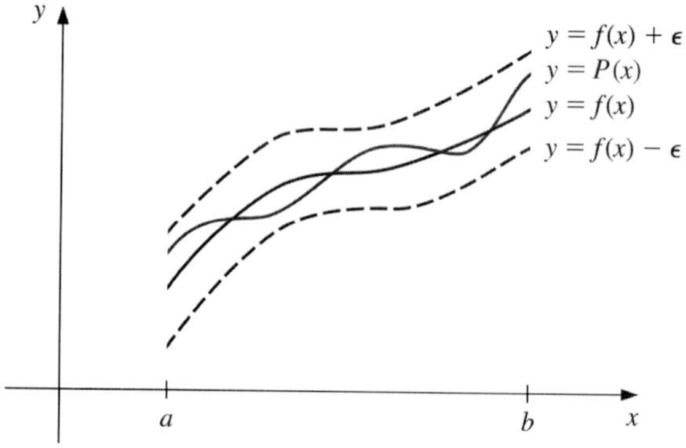

그림 3.1

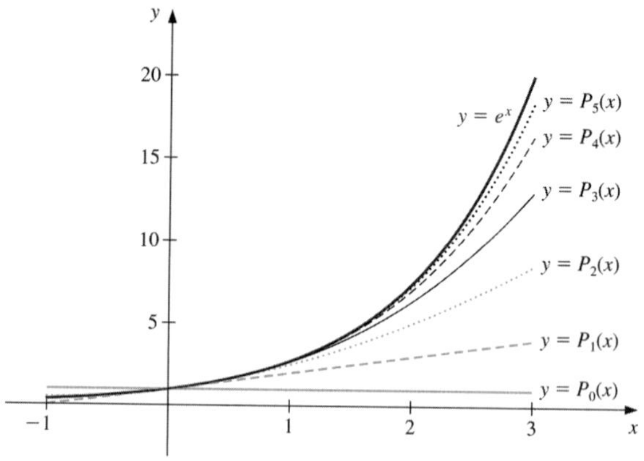

그림 3.2

에서 1이 되므로 Taylor 다항식은 다음과 같다.

$$P_0(x) = 1, \quad P_1(x) = 1 + x, \quad P_2(x) = 1 + x + \frac{x^2}{2}, \quad P_3(x) = 1 + x + \frac{x^2}{2} + \frac{x^3}{6},$$
$$P_4(x) = 1 + x + \frac{x^2}{2} + \frac{x^3}{6} + \frac{x^4}{24}, \qquad P_5(x) = 1 + x + \frac{x^2}{2} + \frac{x^3}{6} + \frac{x^4}{24} + \frac{x^5}{120}.$$

위의 Taylor 다항식을 [그림 3.2]에 보였다. 각 경우에 대해 0에서 멀어짐에 따라 오차가 점점 더 커지는 것에 대해서 주의하자. 더 높은 차수의 Taylor 다항식을 사용하면 이 문제에 대해 더 좋은 근사를 얻을 수 있겠지만, 항상 그렇게 되지는 않는다. 극단적인 예로, $x_0 = 1$을 중심으로 전개된 $f(x) = 1/x$의 여러 차수의 Taylor 다항식을 사용하여 $f(3) = 1/3$을 근사시켜 보자. $f(x) = 1/x$, $f'(x) = (-1) \cdot x^{-2}$, $f''(x) = (-1)^2 \cdot 2 \cdot x^{-3}$이고 일반적으로 $f^{(n)}(x) = (-1)^n \cdot n! \cdot x^{-n-1}$이므로, $n \geq 0$에 대한 Taylor 다항식은 다음과 같다.

$$f(x) = x^{-1},\ f'(x) = -x^{-2},\ f''(x) = (-1)^2 \cdot 2 \cdot x^{-3}, \ldots, f^{(n)}(x) = (-1)^n \cdot n! \cdot x^{-n-1}$$
$$P_n(x) = \sum_{k=0}^{n} \frac{f^{(k)}(1)}{k!}(x-1)^k = \sum_{k=0}^{n} (-1)^k (x-1)^k$$

여러 n값에 대해 $P_n(3)$으로 $f(3) = 1/3$의 근삿값을 구하면, [표 3.1]에서 보는 바와 같이 근사의 결과는 점점 더 부정확해진다.

n	0	1	2	3	4	5	6	7
$P_n(3)$	1	−1	3	−5	11	−21	43	−85

표 3.1

Taylor 다항식은 근사에 사용된 모든 정보가 점 x_0 하나에 집중되어 있으므로, x_0에서 벗어날수록 이 다항식이 부정확한 근삿값을 주는 것은 이상한 일이 아니다. 이러한 이유로 Taylor 다항식근사는 x_0 부근에서 근사가 필요할 때에만 사용된다. 통상적인 계산에는 여러 점들에서 정보를 갖는 방법을 사용하는 것이 더 효과적이다. 이에 대해서는 이 장의 남은 부분에서 살펴보기로 하자. 수치해석에서의 Taylor 다항식의 주된 사용은 근사를 위한 것이 아니라, 수치해석 기법의 유도를 위한 것이다.

3.2 Lagrange 다항식

앞 절에서는 Taylor 다항식이 근사에 부적합함을 설명하였다. Taylor 다항식은 도함수가 존재하고 쉽게 계산되는 함수에 대하여 작은 구간에서만 유용하다. 이 절에서는 평면 상에서 지나가야 할 점들을 지정함으로써 간단히 결정되는 근사다항식을 볼 수 있을 것이다.

Lagrange 보간다항식 (Lagrange Interpolating Polynomials)

서로 다른 두 점 $(x_0,\ y_0)$과 $(x_1,\ y_1)$을 지나는 일차다항식을 구하는 문제는 주어진 점에서 f의 값과 일치하는 일차다항식을 이용하여 $f(x_0)=y_0,\ f(x_1)=y_1$인 함수 f를 근사시키는 것과 같다. 먼저 함수

$$L_0(x)=\frac{x-x_1}{x_0-x_1},\qquad L_1(x)=\frac{x-x_0}{x_1-x_0}$$

을 정의한 다음

$$P(x)=L_0(x)f(x_0)+L_1(x)f(x_1)$$

을 정의하자. 그리고 이 정의는

$$L_0(x_0)=\frac{x_0-x_1}{x_0-x_1}=1,\quad L_0(x_1)=\frac{x_1-x_1}{x_0-x_1}=0,\quad L_1(x_0)=0,\quad L_1(x_1)=1$$

임을 의미하는 것을 주의하자. 그러면

$$P(x)=L_0(x)f(x_0)+L_1(x)f(x_1)=\frac{x-x_1}{x_0-x_1}f(x_0)+\frac{x-x_0}{x_1-x_0}f(x_1).$$

이는

$$P(x_0)=1\cdot f(x_0)+0\cdot f(x_1)=f(x_0)=y_0$$

이고,

$$P(x_1)=0\cdot f(x_0)+1\cdot f(x_1)=f(x_1)=y_1$$

이 된다. 따라서 P는 $(x_0,\ y_0)$와 $(x_1,\ y_1)$을 지나가는 유일한 일차함수이다.

예제 3.2.1 점 $(2,4)$와 $(5,1)$을 지나는 Lagrange 보간다항식을 구하라.

풀이 이러한 경우

$$L_0(x)=\frac{x-5}{2-5}=-\frac{1}{3}(x-5),\qquad L_1(x)=\frac{x-2}{5-2}=\frac{1}{3}(x-2)$$

가 되고,

$$P(x)=-\frac{1}{3}(x-5)\cdot 4+\frac{1}{3}(x-2)\cdot 1=-\frac{4}{3}x+\frac{20}{3}+\frac{1}{3}x-\frac{2}{3}=-x+6$$

이다. [그림 3.3]은 $y=P(x)$의 그래프이다.

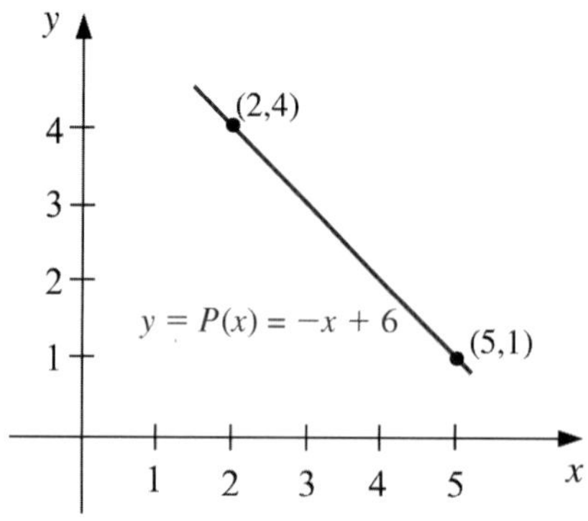

그림 3.3

선형보간의 개념을 고차다항식으로 일반화시키기 위해 $n+1$개의 점

$$(x_0, f(x_0)),\ (x_1, f(x_1)), \cdots, (x_n, f(x_n))$$

을 지나는 최대 n차의 다항식을 구해보자. ([그림 3.4] 참조)

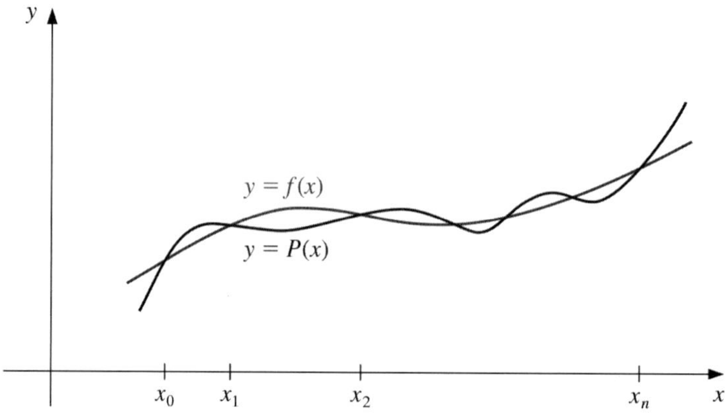

그림 3.4

이 경우, 각 $k = 0,\ 1,\ 2,\ \ldots,\ n$에 대해 $i \neq k$일 때 $L_{n,k}(x_i) = 0$이 되고 $L_{n,k}(x_k) = 1$이 되는 $L_{n,k}(x)$를 만들어야 한다. 각, $i \neq k$에 대해 $L_{n,k}(x_i) = 0$이 되려면 $L_{n,k}(x)$의 분자는

$$(x - x_0)(x - x_1) \cdots (x - x_{k-1})(x - x_{k+1}) \cdots (x - x_n)$$

항을 가져야 한다. 또 $L_{n,k}(x_k) = 1$이 되려면, $L_{n,k}(x)$의 분모가 $x = x_k$에서 계산된 이 항과 같아야 한다. 따라서,

$$L_{n,k}(x) = \frac{(x - x_0)(x - x_1) \cdots (x - x_{k-1})(x - x_{k+1}) \cdots (x - x_n)}{(x_k - x_0)(x - x_1) \cdots (x_k - x_{k-1})(x_k - x_{k+1}) \cdots (x_k - x_n)}$$

이 된다. [그림 3.5]는 전형적인 $L_{n,k}$의 그래프를 보이고 있다.

이제 $L_{n,k}$를 얻었으므로 보간다항식을 쉽게 기술할 수 있다. 이 다항식을 n차 Lagrange 보간다항식이라고 한다.

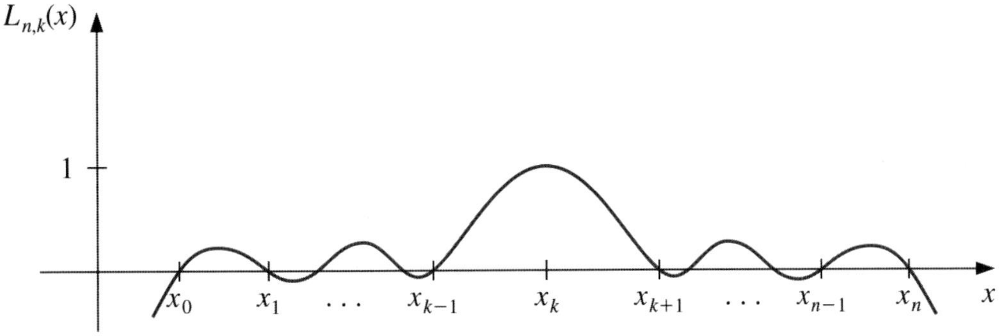

그림 3.5

정리 3.2.2 [n차 **Lagrange** 보간다항식]

$$P_n(x) = f(x_0)L_{n,0}(x) + \cdots + f(x_n)L_{n,n}(x) = \sum_{k=0}^{n} f(x_k)L_{n,k}(x).$$

여기에서

$$L_{n,k}(x) = \frac{(x-x_0)(x-x_1)\cdots(x-x_{k-1})(x-x_{k+1})\cdots(x-x_n)}{(x_k-x_0)(x-x_1)\cdots(x_k-x_{k-1})(x_k-x_{k+1})\cdots(x_k-x_n)}, \qquad (k=0,\ 1,\ \ldots,\ n).$$

만일 $x_0,\ x_1,\ \ldots,\ x_n$이 $(n+1)$개의 서로 다른 수이고, f가 이 점들에서 값이 주어진 함수라면, $P_n(x)$는 $x_0, x_1, \ldots, x_n$에서 $f(x)$와 일치하는 최고 n차의 유일한 다항식이다. Lagrange 보간 다항식 $P_n(x)$을 나타내는 표기는 $P_n(x)$가 $k = 0,\ 1,\ \ldots$에 대해 $f(x_k) \neq 0$이라면 각각 n차인 $(n+1)$ 개의 다항식 $f(x_k)L_{n,k}(x)$의 합이므로 상당히 복잡하다. 표기의 복잡도를 줄이기 위해, 차수에 대한 혼동이 없을 때는 $L_{n,k}(x)$ 대신 간단히 $L_k(x)$를 사용하기로 하자.

예제 3.2.3 a. $x_0 = 2,\ x_1 = 2.75,\ x_2 = 4$를 사용하여 $f(x) = 1/x$의 두 번째 Lagrange 보간다항식을 찾아라. b. 이 다항식을 이용하여 $f(3) = 1/3$임을 보여라.

풀이 a. 세 점 $x_0 = 2,\ x_1 = 2.75,\ x_2 = 4$를 사용하여 $f(x) = 1/x$에 대한 두 번째 보간다항식을 찾으려면 먼저 계수 다항식 $L_0,\ L_1,\ L_2$를 결정해야 한다.

$$L_0(x) = \frac{(x-2.75)(x-4)}{(2-2.75)(2-4)} = \frac{2}{3}(x-2.75)(x-4),$$
$$L_1(x) = \frac{(x-2)(x-4)}{(2.75-2)(2.75-4)} = -\frac{16}{15}(x-2)(x-4),$$
$$L_2(x) = \frac{(x-2)(x-2.75)}{(4-2)(4-2.75)} = \frac{2}{5}(x-2)(x-2.75).$$

$f(x_0) = f(2) = 1/2,\ f(x_1) = f(2.75) = 4/11,\ f(x_2) = f(4) = 1/4$이므로

$$P_2(x) = \sum_{k=0}^{2} f(x_k)L_k(x) = \frac{1}{3}(x-2.75)(x-4) - \frac{64}{165}(x-2)(x-4) + \frac{1}{10}(x-2)(x-2.75) = \frac{1}{22}x^2 - \frac{35}{88}x + \frac{49}{44}.$$

b. $f(3) = 1/3$의 근삿값은 ([그림 3.6] 참고)

$$f(3) \approx P(3) = \frac{9}{22} - \frac{105}{88} + \frac{49}{44} = \frac{29}{88} \approx 0.32955.$$

이 값을 $x_0 = 1$을 중심으로 전개한 Taylor 다항식으로는 $f(3) = 1/3$을 적절히 근사시키지 못하고 있는 [표 3.1]과 비교해 보기 바란다. ([그림 3.6] 참조)

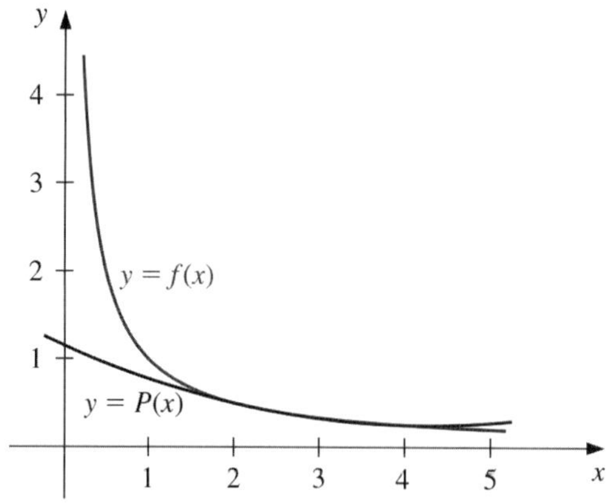

그림 3.6

Lagrange 다항식은 Taylor 다항식의 나머지 항을 연상시키는 나머지 항을 가지고 있다. x_0에 대한 n차 Taylor 다항식은 모든 정보를 x_0에 집중시키고 있으며

$$\frac{f^{(n+1)}(\xi(x))}{(n+1)!}(x - x_0)^{n+1}$$

형태의 오차항을 갖는다. 여기에서 $\xi(x)$는 x와 x_0 사이에 있다. n차 Lagrange 다항식은 서로 다른 점 $x_0,\ x_1,\ \ldots,\ x_n$에서의 정보를 사용한다. Lagrange 다항식의 오차공식은 $(x - x_0)^{n+1}$의 자리에 $(n+1)$개 항 $(x - x_0),\ (x - x_1),\ \ldots,\ (x - x_n)$의 곱을 사용하고, $\xi(x)$는 $x_0,\ x_1,\ \ldots,\ x_n$과 x를 포함하고 있는 구간 어디에든지 위치할 수 있다. 이러한 차이를 제외하고는 Taylor 다항식의 오차공식과 같은 형태를 갖는다.

정리 3.2.4 [Lagrange 다항식의 오차공식]

$x_0,\ x - 1,\ \ldots,\ x_n$과 x를 포함하는 가장 작은 구간에 놓인 어떤 (미지의) 수 $\xi(x)$에 대해,

$$f(x) = P_n(x) + \frac{f^{(n+1)}(\xi(x))}{(n+1)!}(x - x_0)(x - x_1)\cdots(x - x_n).$$

이 오차공식은 Lagrange 다항식이 수치미분과 수치적분 방법을 유도하는 데에 광범위하게 사용되므로 중요한 이론적 결과이다. 수치 미적분 기법의 오차한계도 Lagrange 오차공식으로부터 얻어진다. 그러나 이 오차공식의 구체적인 사용은 도함수의 오차한계를 알고 있는 함수에 한정된다. 다음 예제는 Lagrange 오차공식을 사용할 수

없는 상황에 대한 보간 기법을 보여 준다. 이 예제는 보간을 통하여 근삿값을 얻기 위한 더 효과적인 방법을 찾아야 한다는 사실도 보여준다.

예제 3.2.5 [표 3.2]에는 여러 점에서의 함숫값들이 나열되어 있다. 다양한 Lagrange 다항식을 사용하여 얻은 $f(1.5)$에 대한 근사를 비교한다.

x	$f(x)$
1.0	0.7651977
1.3	0.6200860
1.6	0.4554022
1.9	0.2818186
2.2	0.1103623

표 3.2

1.5는 1.3과 1.6 사이에 있기 때문에 가장 적절한 선형다항식은 $x_0 = 1.3$과 $x_1 = 1.6$을 사용하는 것이다. 1.5에서 선형보간다항식의 값은

$$\begin{aligned}P_1(1.5) =& \frac{(1.5-1.6)}{(1.3-1.6)}f(1.3) + \frac{(1.5-1.3)}{(1.6-1.3)}f(1.6) = \frac{(1.5-1.6)}{(1.3-1.6)}(0.6200860) + \frac{(1.5-1.3)}{(1.6-1.3)}(0.4554022)\\ =& 0.5102968.\end{aligned}$$

이번에는 이차다항식을 만들어보자. [표 3.2] 정보에 따라 $P_2(x)$와 $\widehat{P}_2(x)$로 표시한 두 개의 이차다항식을 타당하게 사용할 수 있다. $P_2(x)$를 구하기 위해 $x_0 = 1.3$, $x_1 = 1.6$, $x_2 = 1.9$로 놓으면 $f(1.5)$에 대한 다음과 같은 근사가 얻어진다.

$$\begin{aligned}P_2(1.5) =& \frac{(1.5-1.6)(1.5-1.9)}{(1.3-1.6)(1.3-1.9)}(0.6200860) + \frac{(1.5-1.3)(1.5-1.9)}{(1.6-1.3)(1.6-1.9)}(0.4554022)\\ &+ \frac{(1.5-1.3)(1.5-1.6)}{(1.9-1.3)(1.9-1.6)}(0.2818186) = 0.5112857\end{aligned}$$

$\widehat{P}_2(x)$를 구하기 위해 $x_0 = 1.0$, $x_1 = 1.3$, $x_2 = 1.6$으로 놓으면 근삿값은 $f(1.5) \approx \widehat{P}_2(1.5) = 0.5124715$가 된다.

삼차의 경우에서도 다항식에 대한 적절한 선택이 두 가지 있다. 그 중 하나는 $x_0 = 1.3$, $x_1 = 1.6$, $x_2 = 1.9$, $x_3 = 2.2$를 사용하여 구한 $P_3(1.5) = 0.5118302$이고, 다른 하나는 $x_0 = 1.0$, $x_1 = 1.3$, $x_2 = 1.6$, $x_3 = 1.9$를 사용하여 구한 $\widehat{P}_3(1.5) = 0.5118127$이다.

사차 Lagrange 다항식은 표의 값을 모두 사용한다. $x_0 = 1.0$, $x_1 = 1.3$, $x_2 = 1.6$, $x_3 = 1.9$, $x_4 = 2.2$를 사용하여 구한 근사는 $P_4(1.5) = 0.5118200$이다.

$P_3(x)$, $\widehat{P}_3(x)$ 그리고 $P_4(x)$ 모두 2×10^{-5} 이내에서 일치한다. 그 중 $P_4(1.5)$가 가장 정확한 근삿값이고 2×10^{-5} 이내에서 정확하다고 기대할 수 있다. $f(1.5)$의 실젯값은 0.5118277이라고 알려져 있다. 그러므로 각 근삿값의 실제 정확도는 다음과 같다.

$$\begin{aligned}&|P_1(1.5) - f(1.5)| \approx 1.53\times10^{-3}, && |P_2(1.5) - f(1.5)| \approx 5.42\times10^{-4},\\ &|\widehat{P}_2(1.5) - f(1.5)| \approx 6.44\times10^{-4}, && |P_3(1.5) - f(1.5)| \approx 2.5\times10^{-6},\\ &|\widehat{P}_3(1.5) - f(1.5)| \approx 1.50\times10^{-5}, && |P_4(1.5) - f(1.5)| \approx 7.7\times10^{-6}\end{aligned}$$

실제로는 $P_3(1.5)$가 가장 정확한 근사이지만, $f(1.5)$의 실젯값을 모를 때에는 함수에 대하여 가장 많은 데이터를 반영한 $P_4(1.5)$를 최선의 근사로 받아들인다. f의 사차 도함수에 대하여 알지 못하므로 여기서는 Lagrange 오차항을 적용할 수 없다. 불행하게도, 이런 경우가 일반적으로 발생한다.

Neville 방법 (Neville's Method)

Lagrange 보간법의 실제적인 어려움은 오차항을 적용하기 어렵기 때문에 계산이 완료되기 전에는 요구된 정확도를 얻을 수 있는 다항식의 차수를 일반적으로 알기 어렵다는 것이다. 따라서 통상 사용하는 방법은 앞의 예제처럼 여러 가지 다항식을 이용하여 적절한 근사가 얻어질 때까지 계산하는 것이다. 그러나 이차다항식을 사용하여 근삿값을 계산하는 데에 사용되는 노력이 삼차 근사를 계산하는 데에 필요한 일을 감소시켜 주지 않으며, 또한 삼차 근사가 구해졌어도 사차 근사를 구하기가 쉬워지지 않는다. 이런 현상은 고차에 대해서도 마찬가지이다. 그러므로 이제부터 이미 수행된 계산을 활용하는 방식으로 근사다항식들을 유도하여 보자. 먼저 몇 가지 새로운 표기법이 필요하다.

f를 $x_0, x_1, x_2, \ldots, x_n$에서 정의된 함수라고 하고, $m_1, m_2, \ldots, m_k$는 각 i에 대하여 $0 \le m_i \le n$인 k개의 서로 다른 정수로 가정한다. k개의 점 $x_{m1}, x_{m2}, \ldots, x_{mk}$에서 $f(x)$와 일치하는 Lagrange 다항식을 $P_{m1,m2,\ldots,mk}(x)$로 표기한다.

예제 3.2.6 $x_0 = 1$, $x_1 = 2$, $x_2 = 3$, $x_3 = 4$, $x_4 = 6$ 그리고 $f(x) = e^x$라고 하자. $P_{1,2,4}(x)$로 표기되는 보간다항식을 결정하고, 이 다항식을 이용하여 $f(5)$ 값을 근사하라.

풀이 $x_1 = 2$, $x_2 = 3$, $x_4 = 6$일 때, 함숫값 $f(x)$를 가지고 다음과 같이 Lagrange 보간다항식을 정의하자.

$$P_{1,2,4}(x) = \frac{(x-3)(x-6)}{(2-3)(2-6)}e^2 + \frac{(x-2)(x-6)}{(3-2)(3-6)}e^3 + \frac{(x-2)(x-3)}{(6-2)(6-3)}e^6.$$

따라서,

$$\begin{aligned} f(5) \approx P_{1,2,4}(5) &= \frac{(5-3)(5-6)}{(2-3)(2-6)}e^2 + \frac{(5-2)(5-6)}{(3-2)(3-6)}e^3 + \frac{(5-2)(5-3)}{(6-2)(6-3)}e^6 \\ &= -\frac{1}{2}e^2 + e^3 + \frac{1}{2}e^6 \approx 218.105. \end{aligned}$$

■

다음 결과는 Lagrange 다항식근사를 순환적으로(recursively) 생성하기 위한 방법을 설명한 것이다.

정리 3.2.7 [순환적으로 생성된 **Lagrange** 다항식 **(Recursively Generated Lagrange Polynomials)**]

f가 $x_0, x_1, \ldots, x_k$에서 정의되어 있고, x_i, x_j가 이 값들 중 두 개의 서로 다른 수라고 하자. 만일

$$P(x) = \frac{(x-x_j)P_{0,1,\cdots,j-1,j+1,\cdots,k}(x) - (x-x_i)P_{0,1,\cdots,i-1,i+1,\cdots,k}(x)}{(x_i - x_j)},$$

이면, $P(x)$는 $(k+1)$개의 점 $x_0, x_1, \ldots, x_k$에서 f를 보간하거나 일치하는 k차 Lagrange 다항식이다.

이 순환공식이 성립하는 이유를 살펴보기 위해, 먼저 $Q \equiv P_{0,1,\cdots,i-1,i+1,\cdots,k}$, $\hat{Q} \equiv P_{0,1,\cdots,j-1,j+1,\cdots,k}$로 놓는다. $Q(x)$와 $\widehat{Q}(x)$가 $k-1$차 이하의 다항식이기 때문에

$$P(x) = \frac{(x-x_j)\hat{Q}(x) - (x-x_i)Q(x)}{x_i - x_j}$$

는 최고 k차가 된다. $0 \le r \le k$이고 $r \ne i$, $r \ne j$이면, $\hat{Q}(x_r) = \hat{Q}(x_r) = f(x_r)$이 되므로

$$P(x_r) = \frac{(x_r-x_j)\hat{Q}(x_r) - (x_r-x_i)Q(x_r)}{x_i - x_j} = \frac{(x_i-x_j)}{(x_i-x_j)}f(x_r) = f(x_r)$$

이 된다. 또한,

$$P(x_i) = \frac{(x_i - x_j)\hat{Q}(x_i) - (x_i - x_i)Q(x_i)}{x_i - x_j} = \frac{(x_i - x_j)}{(x_i - x_j)} f(x_i) = f(x_i)$$

가 되며, 마찬가지로 $P(x_j) = f(x_j)$가 된다. 그러나 x_0, x_1, …, x_k에서 $f(x)$와 일치하는 최고 k차인 다항식은 하나만 있으며, 이 다항식은 정의에 의하여 $P_{0,1,\cdots,k}(x)$가 된다. 그러므로

$$P_{0,1,\cdots,k}(x) = P(x) = \frac{(x - x_j)P_{0,1,\cdots,j-1,j+1,\cdots,k}(x) - (x - x_i)P_{0,1,\cdots,i-1,i+1,\cdots,k}(x)}{(x_i - x_j)}.$$

이 결과는 [표 3.3]에서 보인 것과 같이 순환적으로 보간다항식으로부터 근삿값을 생성할 수 있다는 것을 알 수 있다. 이 표의 항목들이 보간다항식 차수의 증가순으로 주어져 있으므로 가능한 빨리 행들이 생성되도록 행 단위로 생성된다. 이 과정을 Neville 방법이라고 한다.

x_0	P_0				
x_1	P_1	$P_{0,1}$			
x_2	P_2	$P_{1,2}$	$P_{0,1,2}$		
x_3	P_3	$P_{2,3}$	$P_{1,2,3}$	$P_{0,1,2,3}$	
x_4	P_4	$P_{3,4}$	$P_{2,3,4}$	$P_{1,2,3,4}$	$P_{0,1,2,3,4}$

표 3.3

[표 3.3]에 사용된 P표기는 각 항목을 표현하기 위해 사용되는 첨자의 수 때문에 불편하다. 그러나 배열(array)이 만들어지므로, 두 개의 첨자만 필요하다는 것을 유의하기 바란다. 표의 아래 방향으로 내려가는 것은 더 큰 i를 가지는 연속되는 점 x_i를 사용하는 것에 해당하고, 오른쪽으로 가는 것은 보간다항식의 차수를 증가시키는 것에 해당한다. 점들이 각 항목에서 연속하여 나타나기 때문에 단지 출발점과 근삿값을 구하는 데 사용될 추가점들의 수만 명시하면 된다. 불편한 첨자들을 피하기 위해, $0 \le j \le i$인 $Q_{i,j}(x)$가 $(j+1)$개의 수 x_{i-j}, x_{i-j+1}, …, x_{i-1}, x_i 상에서의 j차 보간다항식을 나타낸다고 하자. 즉,

$$Q_{i,j} = P_{i-j,i-j+1,\cdots,i-1,i}$$

라고 하자. Neville방법에 이 표기를 사용하면 [표 3.4]의 Q 표기가 얻어진다.

x_0	$P_0 = Q_{0,0}$				
x_1	$P_1 = Q_{1,0}$	$P_{0,1} = Q_{1,1}$			
x_2	$P_2 = Q_{2,0}$	$P_{1,2} = Q_{2,1}$	$P_{0,1,2} = Q_{2,2}$		
x_3	$P_3 = Q_{3,0}$	$P_{2,3} = Q_{3,1}$	$P_{1,2,3} = Q_{3,2}$	$P_{0,1,2,3} = Q_{3,3}$	
x_4	$P_4 = Q_{4,0}$	$P_{3,4} = Q_{4,1}$	$P_{2,3,4} = Q_{4,2}$	$P_{1,2,3,4} = Q_{4,3}$	$P_{0,1,2,3,4} = Q_{4,4}$

표 3.4

예제 3.2.8 [표 3.5]는 $f(x) = \ln(x)$의 값을 주어진 자릿수까지 정확하게 열거한 것이다. Neville의 방법을 사용하고, 네 자리 반올림 연산을 통해서 $f(2.1) = \ln 2.1$의 근삿값을 구해보자.

i	x_i	$\ln x_i$
0	2.0	0.6931
1	2.2	0.7885
2	2.3	0.8329

표 3.5

풀이 $x - x_0 = 0.1,\ x - x_1 = -0.1,\ x - x_2 = -0.2$이고, $Q_{0,0} = 0.6931,\ Q_{1,0} = 0.7885,\ Q_{2,0} = 0.8329$이기 때문에,

$$Q_{1,1} = \frac{1}{0.2}[(0.1)0.7885 - (-0.1)0.6931] = \frac{0.1482}{0.2} = 0.7410,$$
$$Q_{2,1} = \frac{1}{0.1}[(-0.1)0.8329 - (-0.2)0.7885] = \frac{0.07441}{0.1} = 0.7441.$$

이 정보로부터 우리는 다음의 최종 근사를 얻게 된다.

$$Q_{2,2} = \frac{1}{0.3}[(0.1)0.7441 - (-0.2)0.7410] = \frac{0.2276}{0.3} = 0.7420.$$

이 값들은 [표 3.6]에 나타내었다.

i	x_i	$x - x_i$	Q_{i0}	Q_{i1}	Q_{i2}
0	2.0	0.1	0.6931		
1	2.2	−0.1	0.7885	0.7410	
2	2.3	−0.2	0.8329	0.7441	0.7420

표 3.6

■

따라서 $P_2(2,1) = Q_{2,2} = 0.7420$이 된다. $f(2.1) = \ln 2.1 = 0.7419$이므로 절대오차는

$$|f(2.1) - P_2(2.1)| = |0.7419 - 0.7420| = 10^{-4}$$

이다. 그러나 $f'(x) = 1/x,\ f''(x) = -1/x^2,\ f'''(x) = 2/x^3$이므로, Laguerre 오차공식에 의하면 오차한계는

$$\begin{aligned}|f(2.1) - P_2(2.1)| &= \left|\frac{f'''(\xi(2.1))}{3!}(x - x_0)(x - x_1)(x - x_2)\right| \\ &= \left|\frac{1}{3(\eta(2.1))^3}(0.1)(-0.1)(-0.2)\right| \le \frac{0.002}{3(2)^3} = 8.\bar{3} \times 10^{-5}\end{aligned}$$

이 된다. 실제 오차는 10^{-4}으로 오차의 한계 $8.\bar{3} \times 10^{-5}$을 초과함을 유의하라. 이 명백한 차이는 한정된 자릿수를 사용하여 계산했기 때문에 발생한다. 여기에서는 유효자리 네 자릿수를 사용하였는데, Laguerre의 오차공식은 무한개의 자릿수 산술을 가정한 것이다. 이것이 실제로 발생한 오차가 이론적으로 추정한 오차보다 큰 이유이다.

3.2 연습문제

1. 다음에 주어진 함수들 $f(x)$에 대하여 $x_0 = 0,\ x_1 = 0.6,\ x_2 = 0.9$로 정하자. $f(0.45)$의 근삿값을 구하기 위한 (i) 최고 일차 (ii) 최고 이차의 Lagrange 보간다항식을 만들고 실제 오차를 계산하라.

   a. $f(x) = \cos x$　　b. $f(x) = \sqrt{1+x}$　　c. $f(x) = \ln(x+1)$　　d. $f(x) = \tan x$

2. 적절한 1, 2, 삼차 Lagrange 보간다항식을 사용하여 다음을 근사하라.

   a. $f(8.1) = 16.94410,\ f(8.3) = 17.56492,\ f(8.6) = 18.50515,\ f(8.7) = 18.82091$ 일 때, $f(8.4)$

   b. $f(-0.75) = -0.0718125,\ f(-0.5) = -0.02475000,\ f(-0.25) = 0.33493750,\ f(0) - 1.10100000$ 일 때, $f(-1/3)$

   c. $f(0.1) = 0.62049958,\ f(0.2) = -0.28398668,\ f(0.3) = 0.00660095,\ f(0.4) = 0.24842440$ 일 때, $f(0.25)$

   d. $f(0.6) = -0.17694460,\ f(0.7) = 0.01375227,\ f(0.8) = 0.22363362,\ f(1.0) = 0.65809197$ 일 때, $f(0.9)$

3. Neville 방법으로 함수 $f(x) = \sqrt{x}$와 값 $x_0 = 0,\ x_1 = 1,\ x_2 = 2,\ x_3 = 4$ 그리고 $x_4 = 5$를 사용하여 $\sqrt{3}$을 근사하라.

4. 연습문제 2에 대한 데이터는 다음 함수들을 이용하여 생성되었다. $n = 1, n = 2$의 경우에 대하여, 오차공식을 사용하여 오차의 한계를 구하고 이를 실제 오차와 비교하라.

   a. $f(x) = x \ln x$　　b. $f(x) = x^3 + 4.001x^2 + 4.002x + 1.101$

   c. $f(x) = x\cos x - 2x^2 + 3x - 1$　　d. $f(x) = \sin(e^x - 2)$

5. 다음 값들과 네 자리 반올림 연산을 사용하여 $f(1.09)$에 대한 삼차 Lagrange 다항식근사를 구하라. 근사할 함수는 $f(x) = \log_{10}(\tan x)$이다. 이를 이용하여 다음의 근사에 대한 오차의 한계를 구하라.

   $f(1.00) = 0.1927$　　$f(1.05) = 0.2414$　　$f(1.10) = 0.2933$　　$f(1.15) = 0.3492$

6. 선형보간법이 10^{-6} 이내의 정확도를 갖도록 $x = 1$에서 $x = 10$까지에 대한 상용 대수의 값을 여덟 자리까지 구하여 표를 만들려고 한다. 이 표의 단계 크기(step size)에 대한 한계를 구하라. $x = 10$이 표에 포함되도록 하려면 어떤 단계 크기를 선택해야 하는가?

7. $f(-2),\ f(-1),\ f(1),\ f(2)$를 사용하여 Neville의 방법으로 $f(0)$의 근삿값을 구하려고 한다. $f(-1)$은 2만큼 과대 평가되었고 $f(1)$은 3만큼 과소평가 되었다고 가정하자. $f(0)$의 근삿값을 구하기 위한 보간 다항식의 값에 대한 원래의 계산의 오차를 구하라.

8. 1.2절의 Maclaurin 급수를 적분하여 erf(1)의 근삿값을 구하였다. erf(x)는

$$\mathrm{erf}(x) = \frac{2}{\sqrt{\pi}}\int_0^x e^{-t^2}\,dt$$

   로 정의되는 정규분포오차 함수(normal distribution error function)이다.

   a. $i = 0, 1, \ldots, 5$에 대하여 $x_i = 0.2i$일 때, $\mathrm{erf}(x_i)$에 대한 오차가 10^{-4}이 되도록, Maclaurin 급수를 이용하여 erf(x)의 표를 만들어라.

   b. 선형보간과 이차 보간을 사용하여 erf(1/3)의 근삿값을 구하라. 어느 것이 더 편리한가?

3.3 제차분

앞 절에서는 반복 보간법을 사용하여 어떤 특정 점에서의 고차보간다항식의 근삿값을 연속적으로 생성하였다. 이 절에서 소개되는 제차분 방법은 다항식 자체를 연속적으로 생성하는 데에 사용된다.

제차분 (Divided Differences)

2.5절에서 사용된 Aitken의 Δ^2 표기를 상기시키는 제차분 표기를 도입할 필요가 있다. $(n+1)$ 개의 점 $(x_0, f(x_0))$, $(x_1, f(x_1))$, ..., $(x_n, f(x_n))$ 이 주어져 있다고 가정하자. 그러면 함수 f 의 $(n+1)$ 개의 영차제차분이 존재한다. 각각의 $i = 0, 1, \ldots, n$ 에 대해 $f[x_i]$ 에서 f 의 값으로 정의한다.

$$f[x_i] = f(x_i)$$

나머지 제차분들은 귀납적으로 정의된다. 각각의 $i = 0, 1, \ldots, n-1$ 에 대해 x_i 와 x_{i+1} 에 관한 f 의 일차제차분은 $f[x_i, x_{i+1}]$ 로 나타내며,

$$f[x_i, x_{i+1}] = \frac{f[x_{i+1}] - f[x_i]}{x_{i+1} - x_i}$$

로 정의된다. $(k-1)$ 차제차분

$$f[x_i, x_{i+1}, x_{i+2}, \ldots, x_{i+k-1}], \qquad f[x_{i+1}, x_{i+2}, \ldots, x_{i+k-1}, x_{i+k}]$$

가 결정된 후에, $x_i, x_{i+1}, x_{i+2}, \ldots, x_{i+k}$ 에 관한 k 차제차분은

$$f[x_i, x_{i+1}, x_{i+2}, \ldots, x_{i+k-1}, x_{i+k}] = \frac{f[x_{i+1}, x_{i+2}, \ldots, x_{i+k}] - f[x_i, x_{i+1}, \ldots, x_{i+k-1}]}{x_{i+k} - x_i}$$

로 정의된다. 이 과정은 하나의 n 차 제차분으로 끝난다.

$$f[x_0, x_1, \ldots, x_n] = \frac{f[x_1, x_2, \ldots, x_n] - f[x_0, x_1, \ldots, x_{n-1}]}{x_n - x_0}$$

이 표기를 사용하면, $x_0, x_1, \ldots, x_n$ 에 대해 함수 f 에 대한 Lagrange 다항식이

$$\begin{aligned} P_n(x) = f[x_0] &+ f[x_0, x_1](x - x_0) + f[x_0, x_1, x_2](x - x_0)(x - x_1) + \cdots \\ &f[x_0, x_1, \ldots, x_n](x - x_0)(x - x_1)\cdots(x - x_{n-1}) \end{aligned}$$

와 같이 표현됨을 보일 수 있다. 이를 Newton의 제차분공식이라 부른다. 간결한 형태로 표현하면 다음과 같다.

> **정리 3.3.1** **[뉴턴의 보간제차분공식 (Newton's Interpolatory Divided difference Formula)]**
>
> $$P(x) = f[x_0] + \sum_{k=1}^{n} f[x_0, x_1, \ldots, x_k](x - x_0)\cdots(x - x_{k-1})$$

제차분을 생성하는 과정을 [표 3.7]에 정리하였다. 두 개의 사차 제차분과 한 개의 오차제차분도 이 데이터로부터 구할 수 있으나 이 표에는 수록하지 않았다.

x	$f(x)$	일차제차분	이차제차분	삼차제차분
x_0	$f[x_0]$			
		$f[x_0,x_1]=\frac{f[x_1]-f[x_0]}{x_1-x_0}$		
x_1	$f[x_1]$		$f[x_0,x_1,x_2]=\frac{f[x_1,x_2]-f[x_0,x_1]}{x_2-x_0}$	
		$f[x_1,x_2]=\frac{f[x_2]-f(x_1)}{x_2-x_1}$		$f[x_0,x_1,x_2,x_3]=\frac{f[x_1,x_2,x_3]-f[x_0,x_1,x_2]}{x_3-x_0}$
x_2	$f[x_2]$		$f[x_1,x_2,x_3]=\frac{f[x_2,x_3]-f[x_1,x_2]}{x_3-x_1}$	
		$f[x_2,x_3]=\frac{f[x_3]-f[x_2]}{x_3-x_2}$		$f[x_1,x_2,x_3,x_4]=\frac{f[x_2,x_3,x_4]-f[x_1,x_2,x_3]}{x_4-x_1}$
x_3	$f[x_3]$		$f[x_2,x_3,x_4]=\frac{f[x_3,x_4]-f[x_2,x_3]}{x_4-x_2}$	
		$f[x_3,x_4]=\frac{f[x_4]-f[x_3]}{x_4-x_3}$		$f[x_2,x_3,x_4,x_5]=\frac{f[x_3,x_4,x_5]-f[x_2,x_3,x_4]}{x_5-x_2}$
x_4	$f[x_4]$		$f[x_3,x_4,x_5]=\frac{f[x_4,x_5]-f[x_3,x_4]}{x_5-x_3}$	
		$f[x_4,x_5]=\frac{f[x_5]-f[x_4]}{x_5-x_4}$		
x_5	$f[x_5]$			

표 3.7

제차분 표는 손으로 쉽게 계산해낼 수 있다. 또한 프로그램 DIVDIF32는 $x_0, x_1, \ldots, x_n$에서의 f에 대한 보간다항식을 계산한다. 다음의 예제에서처럼 모든 제차분을 구하기 위해 출력의 형태를 수정할 수 있다.

예제 3.3.2 앞 절에서는 데이터가 [표 3.8]의 2, 3열과 같이 주어졌을 때 1.5에서의 근삿값을 구하였다. 이 표의 나머지 항목들은 DIVDIF32 프로그램을 사용하여 계산한 제차분을 포함하고 있다. 보간다항식의 Newton의 전향제차분 형태의 계수는 표의 대각선 상부에 나와 있다. 이 다항식은

$$
\begin{aligned}
P_4(x) &= 0.7651977 - 0.4837057(x-1.0) - 0.1087339(x-1.0)(x-1.3) \\
&\quad + 0.0658784(x-1.0)(x-1.3)(x-1.6) + 0.0018251(x-1.0)(x-1.3)(x-1.6)(x-1.9).
\end{aligned}
$$

$P_4(1.5) = 0.5118200$을 쉽게 검증할 수 있는데, 이는 3.2절의 [예제 3.2.5]에서 구한 결과와 일치한다.

i	x_i	$f[x_i]$	$f[x_{i-1},x_i]$	$f[x_{i-2},x_{i-1},x_i]$	$f[x_{i-3},\ldots,x_i]$	$f[x_{i-4},\ldots,x_i]$
0	1.0	0.7651977				
			−0.4837057			
1	1.3	0.6200860		−0.1087339		
			−0.5489460		0.0658784	
2	1.6	0.4554022		−0.0494433		0.0018251
			−0.5786120		0.0680685	
3	1.9	0.2818186		0.0118183		
			−0.5715210			
4	2.2	0.1103623				

표 3.8

$x_0, x_1, \ldots, x_n$이 연속적인 같은 간격 점인 경우, Newton의 보간제차분공식은 좀 더 간단한 형태를 갖는다. 각 $i = 0, 1, \ldots, n-1$에 대해 $h = x_{i+1} - x_i$의 표기를 도입하자. 그리고 새로운 변수 s를 식 $x = x_0 + sh$로 정의된다고 하자. 그러면 차분 $x - x_i$는 $x - x_i = (s-i)h$로 쓸 수 있고 제차분공식은

$$
\begin{aligned}
P_n(x) &= P_n(x_0+sh) = f[x_0] + shf[x_0,x_1] + s(s-1)h^2 f[x_0,x_1,x_2] + \cdots \\
&\quad + s(s-1)\cdots(s-n+1)h^n f[x_0,x_1,\ldots,x_n]
\end{aligned}
$$

$$= \quad f[x_0] + \sum_{k=1}^{n} s(s-1)\cdots(s-k+1)h^k f[x_0, x_1, \ldots, x_k]$$

가 된다. 일반화된 이항 계수 표기

$$\binom{s}{k} = \frac{s(s-1)\cdots(s-k+1)}{k!}$$

을 사용하면 $P_n(x)$를 다음과 같이 간결하게 표현할 수 있다. 여기에서 s는 정수일 필요는 없다.

> **정리 3.3.3** **[Newton의 전향제차분공식]**
>
> $$P_n(x) = P_n(x_0 + sh) = f[x_0] + \sum_{k=1}^{n} \binom{s}{k} k! h^k f[x_0, x_1, \ldots, x_k]$$

전향차분 (Forward Differences)

다른 형태는 2.5절에서 소개된 전향차분 표기를 사용하여 만들어진다. 이 표기를 사용하면

$$f[x_0, x_1] = \frac{f(x_1) - f(x_0)}{x_1 - x_0} = \frac{1}{h}\Delta f(x_0),$$
$$f[x_0, x_1, x_2] = \frac{1}{2h}\left[\frac{\Delta f(x_1) - \Delta f(x_0)}{h}\right] = \frac{1}{2h^2}\Delta^2 f(x_0)$$

이 되고, 일반적으로는

$$f[x_0, x_1, \ldots, x_k] = \frac{1}{k! h^k}\Delta^k f(x_0)$$

이 된다. 따라서 다음이 얻어진다.

> **정리 3.3.4** **[Newton의 전향차분공식]**
>
> $$P_n(x) = f[x_0] + \sum_{k=1}^{n} \binom{s}{k} \Delta^k f(x_0)$$

후향차분 (Backward Differences)

만일 보간점들이 $x_n, x_{n-1}, \ldots, x_0$와 같이 반대로 재배열되면, 보간공식을

$$P_n(x) = f[x_n] + f[x_n, x_{n-1}](x - x_n) + f[x_n, x_{n-1}, x_{n-2}](x - x_n)(x - x_{n-1})$$
$$+ \cdots + f[x_n, \ldots, x_0](x - x_n)(x - x_{n-1})\cdots(x - x_1)$$

로 쓸 수 있다. 보간점들이 같은 간격인 경우 $x = x_n + sh$, $x = x_i + (s + n - i)h$로 놓으면

$$P_n(x) = P_n(x_n + sh)$$
$$= f[x_n] + shf[x_n, x_{n-1}] + s(s+1)h^2 f[x_n, x_{n-1}, x_{n-2}] + \cdots$$

$$+ s(s+1)\cdots(s+n-1)h^n f[x_n, \ldots, x_0].$$

이 형태가 바로 Newton의 후향제차분공식이다. 이 공식은 Newton의 후향차분공식으로 알려진 좀 더 흔히 사용되는 공식을 유도하는 데에 사용된다. 이 식을 논의하기 위해 먼저 몇 가지 표기법에 대해서 소개하도록 하겠다.

수열 $\{P_n\}_{n=0}^{\infty}$ 이 주어지면, 후향차분 ∇P_n 은 (nabla P_n 이라 읽는다.)

$$\nabla p_n \equiv p_n - p_{n-1}, \quad (n \geq 1)$$

로 정의되고 고차항은

$$\nabla^k p_n = \nabla(\nabla^{k-1} p_n), \quad (k \geq 2)$$

에 의해 순환적으로 정의된다. 이는

$$f[x_n, x_{n-1}] = \frac{1}{h}\nabla f(x_n), \quad f[x_n, x_{n-1}, x_{n-2}] = \frac{1}{2h^2}\nabla^2 f(x_n)$$

임을 의미하고, 일반적으로는

$$f[x_n, x_{n-1}, \ldots, x_{n-k}] = \frac{1}{k!h^k}\nabla^k f(x_n)$$

이 됨을 의미한다. 따라서,

$$P_n(x) = f[x_n] + s\nabla f(x_n) + \frac{s(s+1)}{2}\nabla^2 f(x_n) + \cdots + \frac{s(s+1)\cdots(s+n-1)}{n!}\nabla^n f(x_n)$$

이 된다. 이항 계수 표기를 s의 모든 실숫값을 포함하도록 확장시키고,

$$\binom{-s}{k} = \frac{-s(-s-1)\cdots(-s-k+1)}{k!} = (-1)^k \frac{s(s+1)\cdots(s+k-1)}{k!}$$

라 하면

$$P_n(x) = f(x_n) + (-1)^1\binom{-s}{1}\nabla f(x_n) + (-1)^2\binom{-s}{2}\nabla^2 f(x_n) + \cdots + (-1)^n\binom{-s}{n}\nabla^n f(x_n)$$

이 되어 다음 결과를 얻는다.

정리 3.3.5 **[Newton의 후향차분공식]**

$$P_n(x) = f[x_n] + \sum_{k=1}^{n}(-1)^k\binom{-s}{k}\nabla^k f(x_n)$$

예제 3.3.6 [예제 3.3.2]에서 주어진 데이터 표를 [표 3.9]의 첫 두 열에 다시 나타내었다.

이 다섯 개의 데이터 점을 사용하여 최고 오차의 보간다항식이 오직 하나 존재한다. 그러나 1, 2, 삼차의 최선의 보간다항식을 얻기 위해, 이 데이터 점들을 다시 구성한다. 이렇게 하면 주어진 x값에 대한 사차 근사의 정확도에 대한 값을 얻을 수 있다.

만일 $f(1.1)$의 근삿값이 필요하면, $x_0, x_1, \ldots, x_4$에 대한 합리적인 선택은 $x_0 = 1.0$, $x_1 = 1.3$, $x_2 = 1.6$, $x_3 = 1.9$, $x_4 = 2.2$라고 할 수 있는데, 그 이유는 이런 선택이 $x = 1.1$에 가장 가까운 데이터 점들을 가장 먼저

		일차제차분	이차제차분	삼차제차분	사차제차분
1.0	0.7651977				
		−0.4837057			
1.3	0.6200860		−0.1087339		
		−0.5489460		0.0658784	
1.6	0.4554022		−0.0494433		0.0018251
		−0.5786120		0.0680685	
1.9	0.2818186		0.0118183		
		−0.5715210			
2.2	0.113623				

표 3.9

이용하며, 또한 사차 제차분을 이용하기 때문이다. 이는 $h = 0.3$, $s = 1/3$을 의미하므로 [표 3.9]의 실선으로 밑줄 친 제차분으로 Newton의 전향제차분공식을 사용한다.

$$\begin{aligned} P_4(1.1) &= P_4\left(1.0+\frac{1}{3}(0.3)\right) \\ &= 0.7651977+\frac{1}{3}(0.3)(-0.4837057)+\frac{1}{3}\left(-\frac{2}{3}\right)(0.3)^2(-0.1087339) \\ &\quad +\frac{1}{3}\left(-\frac{2}{3}\right)\left(-\frac{5}{3}\right)(0.3)^3(0.0658784)+\frac{1}{3}\left(-\frac{2}{3}\right)\left(-\frac{5}{3}\right)\left(-\frac{8}{3}\right)(0.3)^4(0.0018251) \\ &= 0.7196460 \end{aligned}$$

x가 표의 마지막 값과 가까울 때, 즉 $x = 2.0$에서의 근삿값을 구하려면 x에 가장 가까운 데이터 점들을 가장 먼저 이용해야 한다. 이렇게 하려면 $s = -2/3$, $x_4 = 2.2$, $x_3 = 1.9$, $x_2 = 1.6$, $x_1 = 1.3$, $x_0 = 1.0$ 그리고 [표 3.9]에서 밑줄 친 제차분과 함께 Newton의 후향제차분공식을 사용해야 한다.

$$\begin{aligned} P_4(2.0) &= P_4\left(2.2-\frac{2}{3}(0.3)\right) \\ &= 0.1103623-\frac{2}{3}(0.3)(-0.5715210)-\frac{2}{3}\left(\frac{1}{3}\right)(0.3)^2(0.118183) \\ &\quad -\frac{2}{3}\left(\frac{1}{3}\right)\left(\frac{4}{3}\right)(0.3)^3(0.0680685)-\frac{2}{3}\left(\frac{1}{3}\right)\left(\frac{4}{3}\right)\left(\frac{7}{3}\right)(0.3)^4(0.0018251) \\ &= 0.2238754 \end{aligned}$$

중앙 차분 (Centered Differences)

Newton 공식들은 x가 표의 중간 부근에 있을 때 $f(x)$의 근사에는 부적절하다. 그 이유는 최고차 차분이 포함되는 전향이나 후향 방법은 x_0가 이러한 x에 가까워지는 것을 허용하지 않기 때문이다. 이런 경우에 사용할 수 있는 제차분공식이 여러 가지 있는데, 각 공식마다 이점이 최대로 활용되는 상황이 다르다. 이러한 공식들은 중심 차분공식(centered-difference formulas)으로 알려져 있다. 이러한 방법이 많이 있으나 이 기법들에 대한 논의는 생략하기로 한다. 이 기법들에 관해서는 Hildebrand[Hi]의 책 등 많은 고전적인 수치해석 책에서 찾아볼 수 있다.

3.3 연습문제

1. Newton의 보간제차분공식을 이용하여 다음 데이터에 대한 1, 2, 삼차 보간다항식을 구하라. 각 다항식을 이용하여 지정된 값을 근사하라.

   a. $f(8.1) = 16.94410$, $f(8.3) = 17.56492$, $f(8.6) = 18.50515$, $f(8.7) = 18.82091$ 일 때 $f(8.4)$ 의 값

   b. $f(0.6) = -0.17694460$, $f(0.7) = 0.01375227$, $f(0.8) = 0.22363362$, $f(1.0) = 0.65809197$ 일 때 $f(0.9)$ 의 값

2. Newton의 전향차분공식을 이용하여 다음 데이터에 대한 1, 2, 삼차 보간다항식을 구하라. 각 다항식을 이용하여 지정된 값을 근사하라.

   a. $f(-0.75) = -0.0718125$, $f(-0.5) = -0.02475000$, $f(-0.25) = 0.33493750$, $f(0) = 1.10100000$ 일 때 $f(-1/3)$ 의 값

   b. $f(0.1) = -0.62049958$, $f(0.2) = -0.28398668$, $f(0.3) = 0.00660095$, $f(0.4) = 0.24842440$ 일 때 $f(0.25)$ 의 값

3. Newton의 후향차분공식을 이용하여 다음 데이터에 대한 일, 이, 삼차보간다항식을 구하라. 각 다항식을 이용하여 지정된 값을 근사하라.

   a. $f(-0.75) = -0.0781250$, $f(-0.5) = -0.02475000$, $f(-0.25) = 0.33493750$, $f(0) = 1.10100000$ 일 때 $f(-1/3)$ 의 값

   b. $f(0.1) = -0.62049958$, $f(0.2) = -0.28398668$, $f(0.3) = 0.00660095$, $f(0.4) = 0.24842440$ 일 때 $f(0.25)$ 의 값

4. a. 다음 표에 주어진 같지 않은 크기의 간격점에 대한 사차보간다항식을 구하라.

x	0.0	0.1	0.3	0.6	1.0
$f(x)$	−6.00000	−5.89483	−5.65014	−5.17788	−4.28172

   b. 표에 $f(1.1) = -3.99583$ 을 추가한다고 가정하고 오차보간다항식을 구하라.

5. a. 다음 데이터와 Newton의 전향제차분공식을 사용하여 $f(0.05)$ 를 근사하라.

x	0.0	0.2	0.4	0.6	0.8
$f(x)$	1.00000	1.22140	1.49182	1.82212	2.22554

   b. Newton의 후향제차분공식을 이용하여 $f(0.65)$ 를 근사하라.

6. 다음 주어진 인구표를 보고 적절한 제차분 방법을 사용하여 근사하라.

연 도	1940	1950	1960	1970	1980	1990
인구(천명)	132, 165	151, 326	179, 323	203, 302	226, 542	249, 633

   a. 1930년의 인구

   b. 2010년의 인구

7. 다음 데이터에 대한 보간다항식은 삼차임을 보여라.

x	-2	-1	0	1	2	3
$f(x)$	1	4	11	16	13	-4

8. a. Newton의 전향제차분다항식

$$P(x) = 3 - 2(x+1) + 0(x+1)(x) + (x+1)(x)(x-1),$$
$$Q(x) = -1 + 4(x+2) - 3(x+2)(x+1) + (x+2)(x+1)(x).$$

모두 다음 데이터를 보간함을 보여라.

x	-2	-1	0	1	2
$f(x)$	-1	3	1	-1	3

b. a가 보간다항식의 유일성(uniqueness property)을 어기는 이유는 무엇인가?

9. 사차다항식 $P(x)$는 $\Delta^4 P(x) = 24$, $\Delta^3 P(0) = 6$, $\Delta^2 P(0) = 0$을 만족한다. 여기서 $\Delta P(x) = P(x+1) - P(x)$이다. $\Delta^2 P(10)$을 계산하라.

10. 차수가 알려지지 않은 다항식 $P(x)$에 대하여 다음 데이터가 주어져 있다. 모든 삼차 전향차분이 1이라고 하고, $P(x)$의 x^2의 계수를 구하라.

x	0	1	2
$P(x)$	2	-1	4

11. 데이터가 주어졌을때, Newton의 전향제차분공식을 사용하여 $f(0.3)$의 근삿값을 구하라. $f(0.4)$는 10만큼

x	0.0	0.2	0.4	0.6
$f(x)$	15.0	21.0	30.0	51.0

과소평가되었고, $f(0.6)$은 5만큼 과대평가되었음이 밝혀졌다면 $f(0.3)$의 근삿값은 얼마만큼 변화시켜야 하는가?

12. 함수 f에 대하여, $x_0 = 0$, $x_1 = 0.25$, $x_2 = 0.5$, $x_3 = 0.75$에 Newton의 보간제차분공식을 사용하면 보간다항식 $P_3(x) = 1 + 4x + 4x(x-0.25) + 16/3x(x-0.25)(x-0.5)$ 을 얻는다. $f(0.75)$의 값을 구하라.

3.4 Hermite 보간법

Lagrange 다항식은 지정된 점들에서 함수 f와 일치한다. f의 값은 주로 관찰에 의해 결정되며, 경우에 따라서는 f의 도함수도 결정할 수 있다. 예를 들어 독립변수는 시간이고 함수는 개체의 위치를 나타내는 경우가 이에 해당한다. 이 경우 함수의 도함수는 속도가 되며 결정 가능하다.

Hermite 다항식 (Hermite Polynomials)

이 절에서는 지정된 점에서 함수와 그 함수의 일차 도함수에 일치하는 다항식을 결정하는 Hermite 보간법에 대해서 살펴보도록 하자. $n+1$개의 데이터 점과 함수 f의 값 $(x_0, f(x_0)), (x_1, f(x_1)), \ldots, (x_n, f(x_n))$이 주어져 있고 $x_0, x_1, \ldots, x_n$을 포함하는 구간 $[a, b]$에서 연속 일차 도함수를 갖는다고 가정한다. (1.2절로부터 이를 $f \in C^1[a, b]$로 표기함을 상기하라) 주어지면, 이 점들에서 f와 일치하는 Lagrange 다항식은 일반적으로 차수 n을 갖는다. 추가로 $x_0, x_1, \ldots, x_n$에서의 f의 도함수와 Hermite 다항식의 도함수를 일치되어야 한다면, 추가의 $n+1$개의 조건에 의해 Hermite 다항식의 차수는 $2n+1$로 증가한다.

정리 3.4.1 [Hermite 다항식]

만일 $f \in C^1[a, b]$이고 $x_0, \ldots, x_n \in [a, b]$이 서로 다른 점이면, $x_0, \ldots, x_n$에서 f, f'와 일치하는 최소 차수의 유일한 다항식은 최대 $2n+1$차이며

$$H_{2n+1}(x) = \sum_{j=0}^{n} f(x_j) H_{n,j}(x) + \sum_{j=0}^{n} f'(x_j) \hat{H}_{n,j}(x)$$

로 주어진다. 여기서,

$$\begin{aligned} H_{n,j}(x) &= [1 - 2(x - x_j) L'_{n,j}(x_j)] L^2_{n,j}(x) \\ \hat{H}_{n,j}(x) &= (x - x_j) L^2_{n,j}(x). \end{aligned}$$

그리고 $L_{n,j}(x)$는 n차의 j번째 Lagrange 계수 다항식이다.

Hermite 다항식의 오차항은 Lagrange 다항식의 오차항과 비슷하며, Hermite 다항식에 사용된 데이터양의 증가를 수용하기 위해서 수정되었다.

정리 3.4.2 [Hermite 다항식의 오차공식]

만일 $f \in C^{2n+2}[a, b]$이면 $a < \xi(x) < b$인 미지의 어떤 $\xi(x)$에 대하여

$$f(x) = H_{2n+1}(x) + \frac{f^{2n+2}(\xi(x))}{(2n+2)!}(x - x_0)^2 \cdots (x - x_n)^2.$$

제차분을 이용한 **Hermite** 다항식 (**Hermite Polynomials Using Divided Differences**)

Hermite 공식이 Hermite 다항식을 완전히 기술하지만, Lagrange 다항식과 Lagrange 다항식의 도함수를 결정하고 값을 구해야 하기 때문에 작은 n 값에 대해서도 절차가 복잡하다. Hermite 근사를 생성하는 다른 방법은 f 의 n 차제차분과 n차 도함수 사이의 관계를 이용한다.

> **정리 3.4.3** **[도함수와 제차분의 관계]**
>
> 만일 $f \in C^n[a,b]$이면 $x_0, x_1, \ldots, x_n$이 $[a,b]$ 상의 서로 다른 점이면,
>
> $$f[x_0, x_1, \ldots, x_n] = \frac{f^{(n)}(\xi)}{n!}$$
>
> 을 만족하는 수 ξ가 (a,b) 상에 존재한다.

이 결과를 Hermite 다항식 생성에 이용하기 위해 먼저 $n+1$개의 서로 다른 점 $x_0, x_1, \ldots, x_n$이 그 점들에서의 f, f'의 값들과 함께 주어졌다고 가정하자. 새로운 수열 $z_0, z_1, \ldots, z_{2n+1}$을 다음과 같이 정의하자.

$$z_{2k} = z_{2k+1} = x_k, \qquad (k = 0, 1, \ldots, n)$$

이제 변수 $z_0, z_1, \ldots, z_{2n+1}$을 사용하여 제차분 표를 만들어 보기로 하자. 각 k에 대하여 $z_{2k} = z_{2k+1} = x_k$이므로,

$$f[z_{2k}, z_{2k+1}] = \frac{f[z_{2k+1}] - f[z_{2k}]}{z_{2k+1} - z_{2k}}$$

로는 $f[z_{2k}, z_{2k+1}]$를 정의할 수 없다. 그러나 각 k에 대하여, (x_k, x_{k+1}) 사이의 어떤 점 ξ_k에 대하여 $f[x_k, x_{k+1}] = f'(\xi_k)$이고 $\lim_{x_{k+1}\to x_k} f[x_k, x_{k+1}] = f'(x_k)$이므로 이 상황에 대한 합리적인 대안은 $f[z_{2k}, z_{2k+1}] = f'(x_k)$이며, 일차제차분

$$f[z_0, z_1], f[z_2, z_3], \ldots, f[z_{2n}, z_{2n+1}]$$

대신

$$f'(x_0), f'(x_1), \ldots, f'(x_n)$$

을 이용할 수 있다. 나머지 제차분은 보통의 방법으로 생성되고, 적절한 제차분들이 Newton의 보간제차분공식에 사용된다. 이렇게 하면 Hermite 다항식의 계수들을 결정하는 또 다른 그리고 좀 더 쉽게 계산하는 방법을 갖게 된다.

> **정리 3.4.4** **[Hermite 다항식의 제차분 형태]**
>
> 만일 $f \in C^1[a,b]$이고 $x_0, x_1, \ldots, x_n$이 $[a,b]$ 상의 서로 다른 점이면
>
> $$H_{2n+1}(x) = f[z_0] + \sum_{k=1}^{2n+1} f[z_0, z_1, \ldots, z_k](x - z_0), \ldots, (x - z_{k-1})$$
>
> 이다. 여기에서,
>
> $$z_{2k} = z_{2k+1} = x_k, \quad f[z_{2k}, z_{2k+1}] = f'(x_k), \qquad k = 0, 1, \ldots, n.$$

[표 3.10]은 x_0, x_1, x_2에 대한 Hermite 다항식 $H_5(x)$를 결정할 때 처음 세 개의 제차분 열에 사용되는 항들을 보이고 있다. 나머지 항은 평상적인 제차분 방법에 따라 생성된다.

z	$f(z)$	일차제차분	이차제차분
$z_0 = x_0$	$f[z_0] = f(x_0)$		
		$f[z_0, z_1] = f'(x_0)$	
$z_1 = x_0$	$f[z_1] = f(x_0)$		$f[z_0, z_1, z_2] = \frac{f[z_1,z_2]-f[z_0,z_1]}{z_2-z_0}$
		$f[z_1, z_2] = \frac{f[z_2]-f[z_1]}{z_2-z_1}$	
$z_2 = x_1$	$f[z_2] = f(x_1)$		$f[z_1, z_2, z_3] = \frac{f[z_2,z_3]-f[z_1,z_2]}{z_3-z_1}$
		$f[z_2, z_3] = f'(x_1)$	
$z_3 = x_1$	$f[z_3] = f(x_1)$		$f[z_2, z_3, z_4] = \frac{f[z_3,z_4]-f[z_2,z_3]}{z_4-z_2}$
		$f[z_3, z_4] = \frac{f[z_4]-f[z_3]}{z_4-z_3}$	
$z_4 = x_2$	$f[z_4] = f(x_2)$		$f[z_3, z_4, z_5] = \frac{f[z_4,z_5]-f[z_3,z_4]}{z_2-z_0}$
		$f[z_4, z_5] = f'(x_2)$	
$z_5 = x_2$	$f[z_5] = f(x_2)$		

표 3.10

예제 3.4.5 [표 3.11]의 주어진 데이터(밑줄 친 항목들)와 제차분 방법을 이용하여 $x = 1.5$일 때의 Hermite 다항식 근삿값을 구하라.

1.3	0.6200860					
		−0.5220232				
1.3	0.6200860		−0.0897427			
		−0.5489460		0.0663657		
1.6	0.4554022		−0.0698330		0.0026663	
		−0.5698959		0.0679655		−0.0027738
1.6	0.4554022		−0.0290537		0.0010020	
		−0.5786120		0.0685667		
1.9	0.2818186		−0.0084837			
		−0.5811571				
1.9	0.2818186					

표 3.11

풀이 [표 3.11]의 항목들은 이미 알고 있는 도함수의 값과 함께 앞에서 취급한 예제의 데이터를 사용한다. 밑줄 친 항목들이 주어진 데이터이며, 나머지 항목들은 표준 제차분 방법으로 생성한 것이다. 이 값들을 이용하여 다음과 같이 $f(1.5)$의 근삿값을 구할 수 있다.

$$
\begin{aligned}
H_5(1.5) &= 0.6200860 - 0.5220232(1.5-1.3) - 0.0897427(1.5-1.3)^2 \\
&\quad +0.0663657(1.5-1.3)^2(1.5-1.6) + 0.0026663(1.5-1.3)^2(1.5-1.6)^2 \\
&\quad -0.0027738(1.5-1.3)^2(1.5-1.6)^2(1.5-1.9) \\
&= 0.5118277
\end{aligned}
$$

■

프로그램 HERMIT33은 수정된 Newton의 보간제차분공식을 이용하여 Hermite 다항식의 계수를 생성한다. 프로그램의 구조는 계산의 효율을 높이기 위하여 설명한 것과는 조금 다르게 작성되어 있다.

3.4 연습문제

1. Hermite 보간법을 사용하여 다음 데이터에 대한 근사다항식을 구하라.

a.

x	$f(x)$	$f'(x)$
8.3	17.56492	3.116256
8.6	18.50515	3.151762

b.

x	$f(x)$	$f'(x)$
0.8	0.22363362	2.1691753
1.0	0.65809197	2.0466965

c.

x	$f(x)$	$f'(x)$
−0.5	−0.0247500	0.7510000
−0.25	0.3349375	2.1890000
0	1.1010000	4.0020000

d.

x	$f(x)$	$f'(x)$
0.1	−0.62049958	3.58502082
0.2	−0.28398668	3.14033271
0.3	0.00660095	2.66668043
0.4	0.24842440	2.16529366

2. a. 다음 값들과 다섯 자리 반올림 연산을 이용하여 $\sin 0.34$를 근사하는 Hermite 보간다항식을 구하라.

x	$f(x) = \sin x$	$f'(x) = \cos x$
0.30	0.29552	0.95534
0.32	0.31457	0.94924
0.35	0.34290	0.93937

b. a의 근삿값에 대하여 오차한계를 구하고 실제 오차와 비교하라.

c. 위의 데이터에 $\sin 0.33 = 0.32404$, $\cos 0.33 = 0.94604$를 추가하고 a, b를 되풀이하라.

3. 지방국도를 주행하는 어떤 자동차의 속도를 여러 지점에서 측정하였다. 측정 데이터는 다음 표와 같다. 여기서 시간의 단위는 초, 거리의 단위는 feet, 그리고 속도의 단위는 feet/초이다.

시 간	0	3	5	8	13
거 리	0	225	383	623	993
속 도	75	77	80	74	72

a. Hermite 다항식을 이용하여 $t = 10$초일 때 자동차의 위치와 속도를 구하라.

b. Hermite 다항식의 도함수를 이용하여 이 자동차가 제한속도 55mi/h를 초과하게 될 수 있는지를 조사하라. 초과하게 된다면 자동차가 제한속도를 처음으로 초과하는 시간을 구하라.

c. 이 자동차의 예상 최대 속도는 얼마인가?

3.5 스플라인보간법

앞 절에서는 다항식을 사용하여 임의의 함수에 대한 근삿값을 구했다. 그러나 정확한 근사에는 비교적 고차의 다항식이 필요하다는 것을 보았는데, 이는 심각한 단점이다. 이 다항식들은 모두 진동하는 성질을 가지고 있으며, 구간의 작은 부분에서의 진동에 의해 전 구간에서의 큰 진동이 유도될 수도 있다.

다른 접근 방법은 구간을 여러 개의 소구간으로 나누고, 각 소구간에 대하여 다항식을 별도로 구하는 것이다. 이것을 구간별다항식근사(piecewise polynomial approximation)라고 한다.

구간별다항식근사(Piecewise-Polynomial Approximation)

가장 간단한 구간별다항식근사는 [그림 3.7]에 보인 것처럼 일련의 직선으로 데이터 점 $(x_0, f(x_0))$, $(x_1, f(x_1))$, ..., $(x_n, f(x_n))$을 연결하는 것이다.

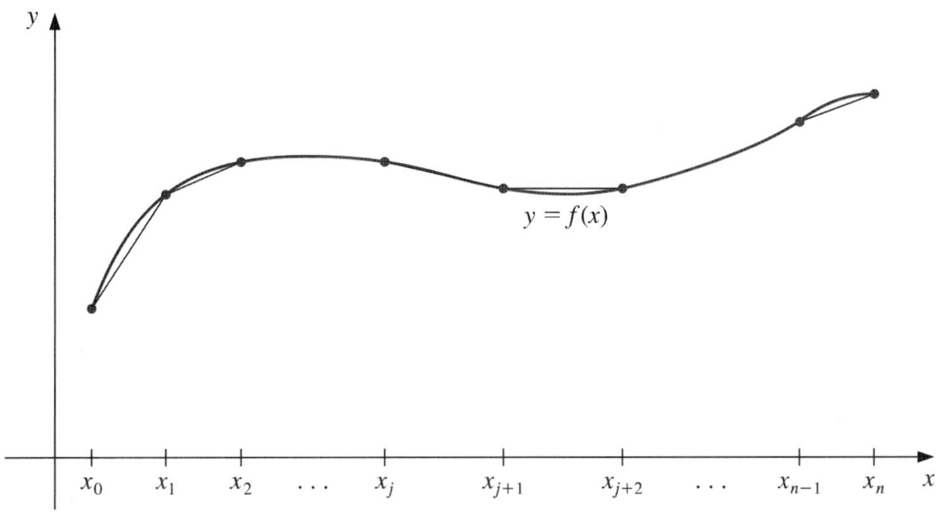

그림 3.7

선형근사의 단점은 일반적으로 소구간의 양 끝점에서의 근사가 미분가능하지 않다는 것이다. 따라서 보간함수는 이 점에서 매끄럽지(smooth) 않다. 매끄러움이 필요한 것은 물리적인 조건을 보면 명백하다. 따라서 근사함수는 연속적으로 미분가능해야 한다.

이 문제의 한 해결 방법은 Hermite 형태의 구간별 다항식을 이용하는 것이다. 예를 들어 각 점 $x_0 < x_1 < \cdots < x_n$에서 f와 f'의 값을 알고 있다면, 구간 $[x_0, x_n]$에서 연속적으로 미분가능한 근사함수를 얻기 위하여 삼차 Hermite 다항식을 각 소구간 $[x_0, x_1]$, $[x_1, x_2]$, ..., $[x_{n-1}, x_n]$ 상에서 사용할 수 있다. 주어진 구간에서 적절한 삼차 Hermite 다항식을 구하려면 그 구간에서의 $H_3(x)$ 함수를 계산하면 된다.

Hermite 다항식은 공간에서의 입자운동을 연구하는 응용 문제에 많이 사용된다. 일반 보간 문제에 구간별 Hermite 다항식을 사용할 때의 어려움은 근사할 함수의 도함수를 알아야 한다는 점이다. 이 절의 나머지 부분에서는 함수가 근사되는 구간의 양 끝점을 제외하고는 도함수에 대한 정보가 필요없는 구간별다항식을 사용하는 근사법을 살펴보기로 하자.

삼차스플라인 (Cubic Splines)

가장 일반적인 구간별다항식근사는 두 노드 사이에 삼차다항식을 사용한다. 이를 삼차스플라인보간(cubic spline interpolation)이라 한다. 일반 삼차다항식은 네 개의 상수를 가지고 있으므로 삼차스플라인 과정은 보간식이 해당 구간에서 두 개의 연속적인 도함수를 갖도록 보장하는 충분한 유연성을 갖는다. 그러나 일반적으로 삼차스플라인의 도함수는 노드에서조차 함수의 도함수와 일치하지 않는다. ([그림 3.8] 참조)

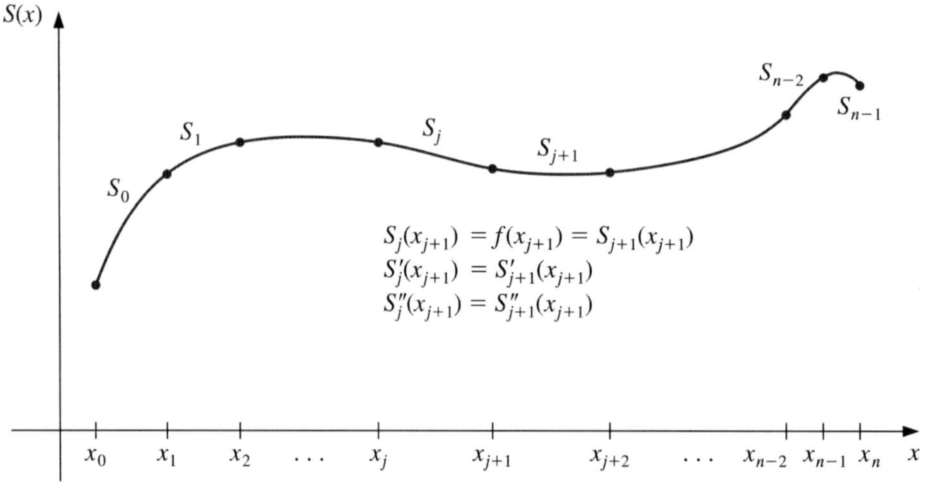

그림 3.8

정리 3.5.1 [삼차스플라인보간법]

구간 $[a, b]$ 상에서 정의된 함수 f와 노드 $a = x_0 < x_1 < \cdots < x_n = b$가 주어졌을 때, f에 대한 삼차스플라인 보간식 S는 다음 조건을 만족한다.

a. $S(x)$는 각 $j = 0, 1, \ldots, n-1$에 대하여 소구간 $[x_j, x_{j+1})$ 상에서 $S_j(x)$로 표기되는 삼차다항식이다.

b. $S_j(x_j) = f(x_j), \quad S_j(x_{j+1}) = f(x_{j+1}), \quad (j = 0, 1, \ldots, n-1)$

c. $S_{j+1}(x_{j+1}) = S_j(x_{j+1}), \quad (j = 0, 1, \ldots, n-2)$

d. $S_{j+1}'(x_{j+1}) = S_j'(x_{j+1}), \quad (j = 0, 1, \ldots, n-2)$

e. $S_{j+1}''(x_{j+1}) = S_j''(x_{j+1}), \quad (j = 0, 1, \ldots, n-2)$

f. 다음의 경계 조건 중 하나를 만족한다.
   i. $S''(x_0) = S''(x_n) = 0$ (자연 또는 자유경계)
   ii. $S'(x_0) = f'(x_0), \quad S'(x_n) = f'(x_n)$ (고정경계)

삼차스플라인들이 다른 경계 조건들과 함께 정의되기도 하지만 f의 경계 조건들은 현재의 목적에 충분하다. 자연경계 조건(natural boundary conditions)이 사용될 때 이 스플라인은 길고 휘기 쉬운 막대기가 점

$\{(x_0, f(x_0)), (x_1, f(x_1)), \ldots, (x_n, f(x_n))\}$을 지나도록 힘을 받을 때 취하는 모양을 갖는다. 이 스플라인은 $x \le x_0$이거나 $x \ge x_n$일 때는 직선으로 된다.

예제 3.5.2 점 $(1,2)$, $(2,3)$과 $(3,5)$를 지나는 자연 삼차스플라인을 구축하자.

풀이 이 스플라인은 두 개의 삼차스플라인으로 구성되어 있다. 첫 번째 구간은 $[1,2]$이고

$$S_0(x) = a_0 + b_0(x-1) + c_0(x-1)^2 + d_0(x-1)^3$$

이며 나머지 구간은 $[2,3]$이고

$$S_1(x) = a_1 + b_1(x-2) + c_1(x-2)^2 + d_1(x-2)^3.$$

이다. 여덟 개의 상수가 정해져야 하기 때문에 여덟 개의 조건이 필요하다. 스플라인이 데이터의 점들을 반드시 지나야 한다는 사실에서 네 개의 조건이 얻어진다. 그러므로

$$2 = f(1) = a_0, \qquad 3 = f(2) = a_0 + b_0 + c_0 + d_0, \qquad 3 = f(2) = a_1, \qquad 5 = f(3) = a_1 + b_1 + c_1 + d_1.$$

또한 $S_0'(2) = S_1'(2)$와 $S_0''(2) = S_1''(2)$에서 두 개의 조건이 얻어진다. 그러므로

$$S_0'(2) = S_1'(2): \qquad b_0 + 2c_0 + 3d_0 = b_1, \qquad\qquad S_0''(2) = S_1''(2): \qquad 2c_0 + 6d_0 = 2c_1.$$

마지막 두 가지는 자연경계 조건에 의해서,

$$S_0''(1) = 0: \qquad 2c_0 = 0, \qquad\qquad S_1''(3) = 0: \qquad 2c_1 + 6d_1 = 0.$$

이 연립방정식을 풀면 다음의 스플라인이 얻어진다.

$$S(x) = \begin{cases} 2 + \frac{3}{4}(x-1) + \frac{1}{4}(x-1)^3, & x \in [1,2] \\ 3 + \frac{3}{2}(x-2) + \frac{3}{4}(x-2)^2 - \frac{1}{4}(x-2)^3, & x \in [2,3]. \end{cases}$$

■

삼차스플라인구축 (Construction of a Cubic Spline)

일반적으로 고정경계 조건(clamped boundary conditions)을 사용하면 이 경계 조건이 함수에 관한 정보를 더 많이 포함하고 있기 때문에 더 정밀한 근삿값을 얻는다. 그러나 이러한 형태의 경계 조건을 사용하려면 양 끝점에서의 도함숫값 또는 도함수의 정확한 근삿값이 필요하다.

주어진 함수 f에 관한 삼차스플라인 보간식을 구하기 위하여 정의에 사용된 조건들을 각 $j = 0, 1, \ldots, n-1$에 대한 삼차다항식

$$S_j(x) = a_j + b_j(x - x_j) + c_j(x - x_j)^2 + d_j(x - x_j)^3$$

에 적용한다.

$$S_j(x_j) = a_j = f(x_j)$$

이므로, 각 $j = 0, 1, \ldots, n-2$에 대하여 조건 c를 적용하면

$$a_{j+1} = S_{j+1}(x_{j+1}) = S_j(x_{j+1}) = a_j + b_j(x_{j+1} - x_j) + c_j(x_{j+1} - x_j)^2 + d_j(x_{j+1} - x_j)^3.$$

이 과정에서 $(x_{j+1} - x_j)$항이 계속 사용되므로 각 $j = 0, 1, \ldots, n-1$에 대하여 간단한 표기

$$h_j = x_{j+1} - x_j$$

를 사용하면 편리하다. 또한 $a_n = f(x_n)$을 정의하면, 각 $j = 0, 1, \ldots, n-1$에 대하여 식

$$a_{j+1} = a_j + b_j h_j + c_j h_j^2 + d_j h_j^3 \tag{3.1}$$

이 성립한다. 이와 유사한 방법으로 $b_n = S'(x_n)$으로 정의하면

$$S_j'(x) = b_j + 2c_j(x - x_j) + 3d_j(x - x_j)^2 \tag{3.2}$$

이므로 각 $j = 0, 1, \ldots, n-1$에 대하여 $S_j'(x_j) = b_j$가 됨을 알 수 있다. 조건 d를 적용하면 각 $j = 0, 1, \ldots, n-1$에 대하여

$$b_{j+1} = b_j + 2c_j h_j + 3d_j h_j^2 \tag{3.3}$$

을 얻는다. $c_n = S''(x_n)/2$로 정의하고 조건 e를 적용하면 S_j의 계수들 사이의 다른 관계가 얻어진다. 이 경우, 각 $j = 0, 1, \ldots, n-1$에 대하여

$$c_{j+1} = c_j + 3d_j h_j \tag{3.4}$$

가 얻어진다. 식 (3.4)에서 d_j를 구한 다음 이 값을 식 (3.1)과 식 (3.3)에 대입하면 각 $j = 0, 1, \ldots, n-1$에 대하여 새로운 식

$$a_{j+1} = a_j + b_j h_j + \frac{h_j^2}{3}(2c_j + c_{j+1}), \tag{3.5}$$

$$b_{j+1} = b_j + h_j(c_j + c_{j+1}). \tag{3.6}$$

계수들에 대한 마지막 관계는 먼저 식 (3.5) 형태의 적절한 식을 b_j에 풀어서

$$b_j = \frac{1}{h_j}(a_{j+1} - a_j) - \frac{h_j}{3}(2c_j + c_{j+1}) \tag{3.7}$$

을 얻고, b_{j-1}에 대해서는

$$b_{j-1} = \frac{1}{h_{j-1}}(a_j - a_{j-1}) - \frac{h_{j-1}}{3}(2c_{j-1} + c_j)$$

을 얻는다. 지수가 하나 줄어들 때, 식 (3.6)에서 유도된 식에 이 값을 대입하면, 각 $j = 1, 2, \cdots, n-1$에 대하여 다음과 같은 선형연립방정식을 얻는다.

$$h_{j-1}c_{j-1} + 2(h_{j-1} + h_j)c_j + h_j c_{j+1} = \frac{3}{h_j}(a_{j+1} - a_j) - \frac{3}{h_{j-1}}(a_j - a_{j-1}) \tag{3.8}$$

$\{h_j\}_{j=0}^{n-1}$과 $\{a_j\}_{j=0}^{n}$은 노드 $\{x_j\}_{j=0}^{n}$의 간격과 $\{f(x_j)\}_{j=0}^{n}$의 값에 의해 결정되므로 이 연립방정식의 미지수는 $\{c_j\}_{j=0}^{n}$뿐이다.

일단 $\{c_j\}_{j=0}^{n-1}$ 의 값이 결정되면, 식 (3.7)로부터 나머지 상수 $\{b_j\}_{j=0}^{n-1}$를, 그리고 식 (3.4)로부터 $\{d_j\}_{j=0}^{n-1}$를 구하여 간단히 삼차다항식 $\{S_j(x)\}_{j=0}^{n-1}$를 얻을 수 있다. 고정경계스플라인의 경우, $S'(x_0) = f'(x_0)$과 $S'(x_n) = f'(x_n)$을 보장하는 $\{c_j\}$가 포함된 식이 필요하다. 식 (3.2)에는 $S_j'(x)$가 b_j, c_j, d_j로 표현되어 있다. b_j와 d_j를 c_j로 표현할 수 있으므로 이를 이용하여 적절한 식이

$$2h_0c_0 + h_0c_1 = \frac{3}{h_0}(a_1 - a_0) - 3f'(x_0) \tag{3.9}$$

$$h_{n-1}c_{n-1} + 2h_{n-1}c_n = 3f'(x_n) - \frac{3}{h_{n-1}}(a_n - a_{n-1}) \tag{3.10}$$

임을 보일 수 있다.

자연경계 조건이 $S''(x_0) = S''(x_n) = 0$인 삼차스플라인 문제의 해는 프로그램 NCUBSP34를 적용하여 얻을 수 있다. 프로그램 CCUBSP35는 고정경계 조건 $S'(x_0) = f'(x_0)$과 $S'(x_n) = f'(x_n)$을 갖는 삼차스플라인을 결정한다.

예제 3.5.3 $x_0 = 0, x_1 = 0.25, x_2 = 0.4, x_3 = 0.6$을 사용하여 $f(x) = x\sin 4x$에 대한 고정 삼차스플라인을 구하라.

풀이 MATLAB에서 함수 $f(x)$와 도함수 $fp(x) = f'(x)$를 다음과 같이 정의한다.

```
f = inline('x*sin(4*x)','x')
f = inline('sin(4*x)+4*x*cos(4*x)','x')
```

MATLAB에서는 아래 첨자를 사용한 변수들을 정의하기 위해서 대괄호를 사용한다. 빈칸은 각각의 원소들을 분리해 준다. MATLAB에서는 아래 첨자가 1부터 시작한다. 그러므로 $x(1) = 0,\ x(2) = 0.25,\ x(3) = 0.4,\ x(4) = 0.6$이다. MATLAB에서는 다음과 같이 입력한다.

```
x = [0 0.25 0.4 0.6]
```

각 점들 사이의 간격은 다음과 같이 정의된다.

```
h = [x(2)-x(1)   x(3)-x(2)   x(4)-x(3)]
```

그리고 각 점들의 함숫값은 다음과 같이 정의된다.

```
a = [f(x(1))   f(x(2))   f(x(3))   f(x(4))]
```

마지막 명령어에 대한 MATLAB 출력은 다음과 같다.

$$a = 0 \qquad 0.210367746201974 \qquad 0.399829441216602 \qquad 0.405277908330691$$

4×4 행렬 A의 행들은 이차 계수, 즉 c를 정하기 위해 사용된 연립방정식에 의해 정의된다. 이들은 식 (3.8), (3.9)와 (3.10)에 의해 주어진다. 그러나 식 (3.9)는 MATLAB에서 허용하지 않는 인덱스 0을 포함하고 있다. 그래서 모든 인덱스들은 1씩 증가해야 한다. 그러므로 A는 다음과 같이 정의된다.

1행 : 식 (3.9)의 좌변의 인덱스를 1씩 증가시켜주면 다음과 같다.

$$2h_1c_1 + h_1c_2 + 0\cdot c_3 + 0\cdot c_4.$$

2행 : 식 (3.8)는 $j = 2$일 때 좌변이 다음과 같다.

$$h_1c_1 + 2(h_1 + h_2)c_2 + h_2\cdot c_3 + 0\cdot c_4.$$

3행 : 식 (3.8)는 $j = 3$일 때 좌변이 다음과 같다.

$$0\cdot c_1 + h_2c_2 + 2(h_2 + h_3)c_3 + h_3c_4.$$

4행 : 식 (3.10)는 $n = 4$일 때 좌변이 다음과 같다.

$$0 \cdot c_1 + 0 \cdot c_2 + h_3 c_3 + 2h_3 c_4.$$

그러므로 A 행렬은 다음과 같다.

```
A = [ 2*h(1)  h(1)  0  0; h(1)  2*(h(1)+h(2))  h(2)  0; 0  h(2)  2*(h(2)+h(3))  h(3);
      0  0  h(3)  2*h(3)]
```

같은 방정식의 우변은 4×1 행렬 B에 저장된다.

1행 : 식 (3.9)의 우변의 인덱스를 1씩 증가시켜주면 다음과 같다.

$$\frac{3}{h_1}(a_2 - a_1) - 3f'(x_1).$$

2행 : 식 (3.8)은 $j = 2$일 때 우변이 다음과 같다.

$$\frac{3}{h_2}(a_3 - a_2) - \frac{3}{h_1}(a_2 - a_1).$$

3행 : 식 (3.8)은 $j = 3$일 때 우변이 다음과 같다.

$$\frac{3}{h_3}(a_4 - a_3) - \frac{3}{h_2}(a_3 - a_2).$$

4행 : 식 (3.10)은 $n = 4$일 때 우변이 다음과 같다.

$$3f'(x_4) - \frac{3}{h_3}(a_4 - a_3).$$

그러므로 B 행렬은 다음과 같다.

```
B = [3*(a(2)-a(1))/h(1) - 3*fp(x(1));
    3*(a(3)-a(2))/h(2) - 3*(a(2)-a(1))/h(1);
    3*(a(4)-a(3))/h(3) - 3*(a(3)-a(2))/h(2);
    3*fp(x(4)) - 3*(a(4)-a(3))/h(3)]
```

MATLAB의 출력 결과는 다음과 같다.

$$A = \begin{bmatrix} 0.500000000000000 & 0.250000000000000 & 0 & 0 \\ 0.250000000000000 & 0.800000000000000 & 0.150000000000000 & 0 \\ 0 & 0.150000000000000 & 0.700000000000000 & 0.200000000000000 \\ 0 & 0 & 0.200000000000000 & 0.400000000000000 \end{bmatrix}$$

그리고

$$B = \begin{bmatrix} 2.524412954423689 \\ 1.264820945868869 \\ -3.707506893581232 \\ -3.364572216954841 \end{bmatrix}$$

`linsolve` 명령어를 사용하여 MATLAB에서 이 시스템을 풀 수 있다.

```
c = linsolve(A,B)
```

$c(1)$, $c(2)$, $c(3)$, $c(4)$은 MATLAB에 의해 다음과 같이 주어진다.

$$c = \begin{bmatrix} 4.649673230468573 \\ 0.798305356757612 \\ -3.574944314362422 \\ -6.623958385205892 \end{bmatrix}$$

이제 식 (3.7)를 사용하여 $b(1)$, $b(2)$, $b(3)$을 얻는다. 명령어는 다음과 같다.

```
b = [(a(2)-a(1))/h(1)-h(1)*(2*c(1)+c(2))/3;
     (a(3)-a(2))/h(2)-h(2)*(2*c(2)+c(3))/3;
     (a(4)-a(3))/h(3)-h(3)*(2*c(3)+c(4))/3]
```

MATLAB은 다음과 같이 출력한다.

$$b = \begin{bmatrix} 0.000000000000000 \\ 1.361994646806546 \\ 0.945498803165825 \end{bmatrix}$$

마지막으로, $d(1)$, $d(2)$, $d(3)$의 값들은 식 (3.4)을 사용하여 얻는다. 명령어는

```
d = [(c(2)-c(1))/(3*h(1));  (c(3)-c(2))/(3*h(2));  (c(4)-c(3))/(3*h(3))]
```

이고 출력은

$$d = \begin{bmatrix} -5.135157164947948 \\ -9.718332602488962 \\ -5.081690118072451 \end{bmatrix}.$$

이것은 삼차스플라인을 의미하고 [표 3.12]에 유효숫자 세 번째 자리까지 나타낸 결과이다. ■

j	x_j	a_j	b_j	c_j	d_j
0	0.000	0.000	0.000	4.650	−5.135
1	0.250	0.210	1.362	0.798	−9.718
2	0.400	0.400	0.945	−3.575	−5.082
3	0.600	0.405		−6.624	

표 3.12

예제 3.5.4 [그림 3.10]은 날고 있는 홍오리를 나타내고 있다.

그림 3.9

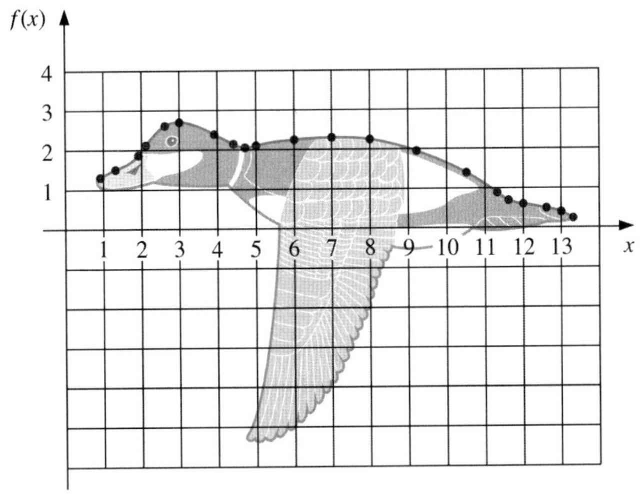

그림 3.10

오리의 위쪽 윤곽선을 근사하기 위하여 근사 곡선이 통과하기를 원하는 곡선을 따라 점들을 선택하였다. [표 3.13]은 [그림 3.10]에서 보인 좌표계에 대한 21개의 데이터 점들을 수록하고 있다.

x	0.9	1.3	1.9	2.1	2.6	3.0	3.9	4.4	4.7	5.0	6.0
$f(x)$	1.3	1.5	1.85	2.1	2.6	2.7	2.4	2.15	2.05	2.1	2.25

x	7.0	8.0	9.2	10.5	11.3	11.6	12.0	12.6	13.0	13.3
$f(x)$	2.3	2.25	1.95	1.4	0.9	0.7	0.6	0.5	0.4	0.25

표 3.13

완만하게 변화할 때보다 곡선이 급하게 변화할 때 더 많은 점이 사용된다는 점을 유의하기 바란다. 이 데이터에 대한 자연 삼차스플라인을 생성하면 [표 3.14]에 보인 계수를 얻는다. 이 스플라인 곡선은 [그림 3.11]에서 보인 바와 같이 윤곽선과 거의 일치한다.

j	x_j	a_j	b_j	c_j	d_j	j	x_j	a_j	b_j	c_j	d_j
0	0.9	1.3	0.54	0.00	−0.25	10	6.0	2.25	0.08	−0.03	0.00
1	1.3	1.5	0.42	−0.30	0.95	11	7.0	2.3	0.01	−0.04	−0.02
2	1.9	1.85	1.09	1.41	−2.96	12	8.0	2.25	−0.14	−0.11	0.02
3	2.1	2.1	1.29	−0.37	−0.45	13	9.2	1.95	−0.34	−0.05	−0.01
4	2.6	2.6	0.59	−1.04	0.45	14	10.5	1.4	−0.53	−0.10	−0.02
5	3.0	2.7	−0.02	−0.50	0.17	15	11.3	0.9	−0.73	−0.15	1.21
6	3.9	2.4	−0.50	−0.03	0.08	16	11.6	0.7	−0.49	0.94	−0.84
7	4.4	2.15	−0.48	0.08	1.31	17	12.0	0.6	−0.14	−0.06	0.04
8	4.7	2.05	−0.07	1.27	−1.58	18	12.6	0.5	−0.18	0.00	−0.45
9	5.0	2.1	0.26	−0.16	0.04	19	13.0	0.4	−0.39	−0.54	0.60
						20	13.3	0.25			

표 3.14

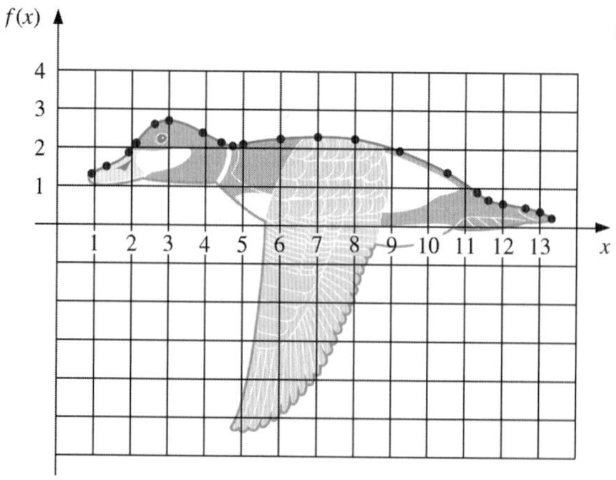

그림 3.11

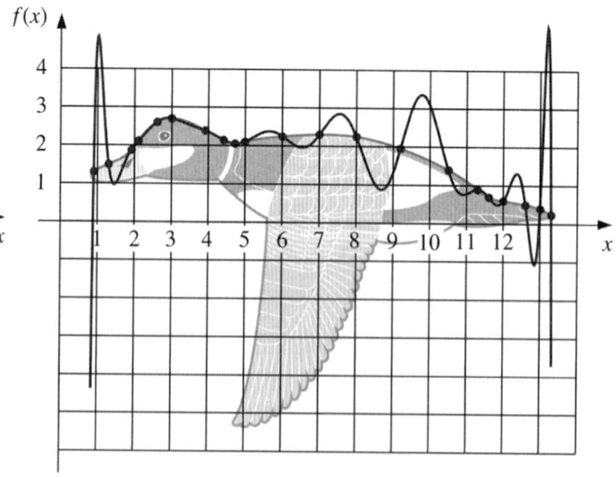

그림 3.12

비교를 위해서 [그림 3.13]에 같은 데이터에 대해 Lagrange 보간다항식을 사용하여 생성한 곡선을 나타내었다.

이 곡선은 오리의 등 부분에서 이상한 모양을 보이고 있다. 21 개의 데이터 점이 있으므로 Lagrange 다항식은 이십차다항식이며 매우 심하게 진동하는 것을 볼 수 있다. [예제 3.5.4] 의 곡선을 근사하기 위하여 고정스플라인을 사용하려면 끝점에 대한 도함수의 근사를 구해야 한다. 이 근사를 구하였다 해도 위쪽 윤곽선에 삼차자연스플라인이 근접하게 일치되어 있으므로 별로 개선을 기대할 수 없다.

일반적으로 삼차스플라인은 점들이 너무 멀리 떨어져 있지 않고 함수의 사차도함수가 잘 거동하면 (well-behaved) 근사되는 함수와 잘 일치한다. 예를 들어 f 가 $[a, b]$ 상에서 네 개의 연속인 도함수를 가지며 이 구간에서 사차도함수의 크기가 M 으로 한정되어 있다고 하자. 그러면 점 $a = x_0 < x_1 < \cdots < x_n = b$ 에서 $f(x)$ 와 일치하는 삼차고정스플라인 $S(x)$ 는 $[a, b]$ 상의 모든 x 에 대하여

$$|f(x) - S(x)| \leq \frac{5M}{384} \max_{0 \leq j \leq n-1} (x_{j+1} - x_j)^4$$

을 만족하는 성질을 갖는다. 유사하지만 더 복잡한 결과가 자유삼차스플라인에 대하여 성립한다.

3.5 연습문제

1. 데이터 $f(0)=0$, $f(1)=1$, $f(2)=2$를 보간하는 자유삼차스플라인을 구하라.

2. 데이터 $f(0)=0$, $f(1)=1$, $f(2)=2$를 보간하고 $s'(0)=s'(2)=1$을 만족하는 고정삼차스플라인을 구하라.

3. 다음 데이터에 대한 삼차자유스플라인을 구하라.

a.

x	$f(x)$
0.8	0.22363362
1.0	0.65809197

b.

x	$f(x)$
0.1	−0.62049958
0.2	−0.28398668
0.3	0.00660095
0.4	0.24842440

4. 연습문제 3의 데이터는 다음 함수를 이용하여 생성하였다. 연습문제 3에서 구한 삼차스플라인을 사용하여 주어진 값 x에 대하여 $f(x)$와 $f'(x)$를 근사하고, 실제 오차를 계산하라.

   a. $f(x)=x\ln x$; $f(8.4)$와 $f'(8.4)$를 근사하라.

   b. $f(x)=\sin(e^x-2)$; $f(0.9)$와 $f'(0.9)$를 근사하라.

5. 연습문제 3의 데이터와 다음의 사실을 이용하여 고정삼차스플라인을 구하라.

   a. $f'(8.3)=1.116256$, $f'(8.6)=1.151762$

   b. $f'(0.8)=2.1691753$, $f'(1.0)=2.0466965$

6. a. $x=0, 0.25, 0.5, 0.75, 1.0$에서의 $f(x)$의 값을 사용하여 $f(x)=\cos\pi x$를 근사하는 자유삼차스플라인을 구하라.

   b. 이 스플라인을 $[0,1]$에 대하여 적분한 다음 결과를 $\int_0^1 \cos\pi x dx=0$과 비교하라.

   c. 이 스플라인의 도함수를 사용하여 $f'(0.5)$와 $f''(0.5)$를 근사하라. 이 근삿값을 실젯값과 비교하라.

7. a. $x=0, 0.25, 0.5, 0.75, 1.0$에서의 $f(x)$의 값을 사용하여 $f(x)=e^{-x}$를 근사하는 자유삼차스플라인을 구하라.

   b. 이 스플라인을 $[0,1]$에 대하여 적분한 다음 결과를 $\int_0^1 e^{-x}dx=1-1/e$과 비교하라.

   c. 이 스플라인의 도함수를 사용하여 $f'(0.5)$와 $f''(0.5)$를 근사하라. 이 근삿값을 실젯값과 비교하라.

8. $f'(0)=f'(1)=0$인 고정 삼차스플라인을 구하여 연습문제 6을 반복하라.

9. $f'(0)=-1$, $f'(1)=-e^{-1}$인 고정삼차스플라인을 구하여 연습문제 7을 반복하라.

10. 자유삼차스플라인 S가 $[0,2]$ 상에서 다음과 같이 정의되었다.

$$S(x)=\begin{cases} S_0(x)=1+2x-x^3, & (0\le x\le 1) \\ S_1(x)=a+b(x-1)+c(x-1)^2+d(x-1)^3, & (1\le x\le 2)\end{cases}$$

a, b, c, d를 구하라.

11. 고정삼차스플라인 S가 $[1,3]$ 상에서 다음과 같이 정의되었다.

$$S(x) = \begin{cases} S_0(x) = 3(x-1) + 2(x-1)^2 - (x-1)^3, & (1 \le x \le 2) \\ S_1(x) = a + b(x-2) + c(x-2)^2 + d(x-2)^3, & (2 \le x \le 3) \end{cases}$$

$f'(1) = f'(3)$이라고 할 때, a, b, c, d를 구하라.

12. 다음 표의 데이터는 1940년대에서 1990년대까지의 미국의 인구를 보이고 있다.

연도	1940	1950	1960	1970	1980	1990
인구	132,165	151,326	179,323	203,302	226,542	249,633

이 데이터와 일치하는 자유삼차스플라인을 찾고, 이 스플라인을 이용하여 1930년, 1965년, 2010년의 인구를 추정하라. 이 근삿값을 앞에서 구한 값과 비교하라. 어느 보간법이 더 좋다고 생각되는가?

13. 직선 도로를 따라 움직이는 자동차의 속도와 거리가 여러 점에서 측정되었다. 시간의 단위는 초, 거리의 단위는 피트 그리고 속도의 단위는 피트/초이다.

시간	0	3	5	8	13
거리	0	225	383	623	993
속도	75	77	80	74	72

a. 고정 삼차스플라인을 이용하여 $t = 10$초일 때의 차의 위치와 속도를 예측하라.

b. 스플라인의 도함수를 이용하여 도로에서 제한속도 55 mi/h를 초과할 것인지를 결정하라. 초과할 경우 처음으로 초과할 때의 시간을 구하라.

c. 이 차의 예상 최대 속도는 얼마인가?

14. 성장한 떡갈나무 잎에 들어 있는 많은 양의 탄닌이 수년 동안 떡갈나무에 광범위한 피해를 주는 겨울나방(Operophtera bromata L. Geometridae)의 애벌레의 성장을 억제한다는 추측이 있다. 다음 표는 부화된 후 첫 28일간의 두 표본 애벌레의 평균 무게를 나타낸다. 첫 표본은 떡갈나무의 어린잎에서 기른 것이고, 두 번째 표본은 같은 나무의 성장한 잎에서 길렀다.

a. 자유삼차스플라인을 이용하여 각 표본의 평균 무게 곡선을 근사하라.

b. 스플라인의 최대치를 구하여 각 표본의 최대 평균 무게를 근사하라.

날짜	0	6	10	13	17	20	28
표본 1 평균 무게 (mg)	6.67	17.33	42.67	37.33	30.10	29.31	28.74
표본 2 평균 무게 (mg)	6.67	16.11	18.89	15.00	10.56	9.44	8.89

3.6 매개변수 곡선

지금까지 기술한 기법들은 [그림 3.13]과 같은 곡선을 생성하는 경우에는 사용할 수 없다. 그 이유는 이 곡선을 한 좌표변수에 대한 다른 좌표변수의 함수로 표현할 수 없기 때문이다. 이 절에서는 x축과 y축 변수 모두를 나타내는 매개변수(parameter)를 사용하여 일반 곡선을 표현하는 방법에 대해 살펴보기로 하자. 이 기법을 공간 상의 일반 곡선과 평면을 표현하도록 확장할 수 있다.

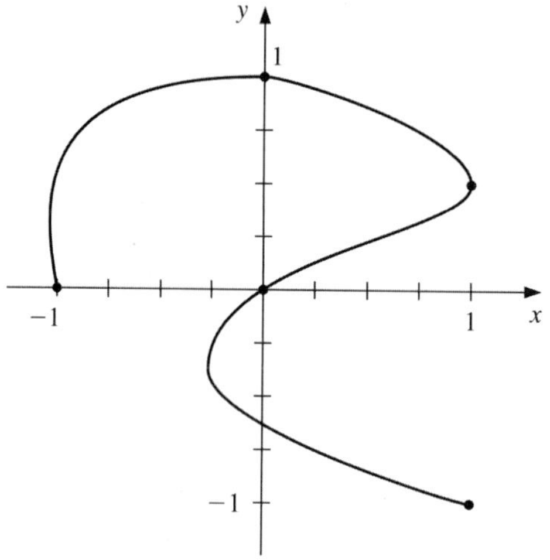

그림 3.13

점 (x_0, y_0), (x_1, y_1), $\ldots$, (x_n, y_n)을 순서대로 연결하는 다항식 또는 구간별 다항식을 결정하기 위한 간단한 매개변수 기법은 $t_0 < t_1 < \ldots < t_n$인 구간 $[t_0, t_n]$ 상에서 매개변수 t를 사용하여

$$x_i = x(t_i), \;\; y_i = y(t_i) \;\; (i = 0, 1, \cdots, n)$$

을 만족하는 근사함수를 만드는 것이다.

다음 예제는 두 근사 함수가 모두 Lagrange 보간다항식일 때의 매개변수 기법을 설명한다.

예제 3.6.1 [그림 3.13]에 보인 곡선 상의 데이터 점들을 사용하여 곡선을 근사하는 Lagrange 다항식의 쌍을 구해 보자.

풀이 매개변수는 임의로 선택할 수 있으므로 여기서는 $[0, 1]$ 상에 같은 간격으로 배치된 점 $[t_i]$를 사용한다. 사용할 데이터는 [표 3.15]와 같다.

i	0	1	2	3	4
t_i	0	0.25	0.5	0.75	1
x_i	−1	0	1	0	1
y_i	0	1	0.5	0	−1

표 3.15

t와 x에 대해 데이터 $(0, -1)$, $(0.25, 0)$, $(0.5, 1)$, $(0.75, 0)$, $(1, 1)$을 사용하면 Lagrange 다항식은

$$x(t) = \left(\left(\left(64t - \frac{352}{3}\right)t + 60\right)t - \frac{14}{3}\right)t - 1$$

와 같이 생성되고, t 와 y 에 대해 $(0, 0)$, $(0.25, 1)$, $(0.5, 0.5)$, $(0.75, 0)$, $(1, -1)$ 을 사용하면

$$y(t) = \left(\left(\left(-\frac{64}{3}t + 48\right)t - \frac{116}{3}\right)t + 11\right)t.$$

이 매개변수 방정식을 그래프로 그리면 [그림 3.14]와 같이 된다. 이 근사 곡선이 요구되는 점들을 지나고 기본 모양도 비슷하기는 하지만 원래 곡선에 대해 상당히 조잡한 근사이다. 좀 더 정확한 근사 곡선을 얻으려면 추가적인 노드가 필요하고, 이에 따라 계산량도 증가하게 된다.

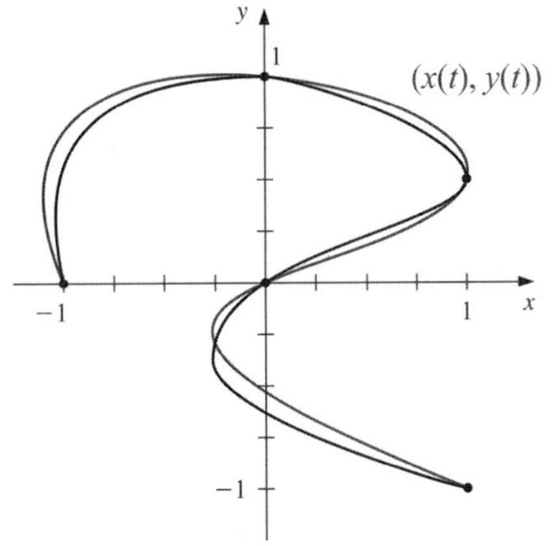

그림 3.14

Hermite 곡선과 스플라인 곡선도 유사한 방법으로 구할 수 있지만 많은 계산이 필요하다. 컴퓨터 그래픽 응용에서는 쉽고 빠르게 수정할 수 있는 매끄러운 곡선을 신속하게 생성하여야 한다. 또한 미적인 관점이나 계산적인 관점에서 볼 때 어떤 한 부분의 수정이 다른 부분에 영향을 거의 또는 전혀 미치지 않아야 한다. 보간다항식이나 스플라인은 곡선의 한 부분을 수정하면 곡선 전체에 영향을 미치므로 이러한 경우에 사용할 수 없다.

컴퓨터 그래픽에 사용하기 좋은 곡선은 일반적으로 구간별 삼차 Hermite 다항식 형태이다. 삼차 Hermite 다항식의 각 부분은 끝점과 그 끝점에서의 도함수를 지정함으로써 완전히 결정된다. 따라서 나머지 대부분의 곡선을 그대로 유지하면서 곡선의 어느 한 부분만을 수정할 수 있다. 끝점에서 매끄럽게 하려면 인접한 부분만을 수정하면 된다. 계산을 신속하게 할 수 있으며, 한 번에 한 부분씩 곡선을 수정할 수 있다.

Hermite 보간법의 문제점은 곡선의 각 부분의 끝점에서 도함수를 지정해 주어야 한다는 것이다. 곡선이 $n+1$ 개의 데이터 점 $(x_0,\ y_0)$, $\ldots$, $(x_n,\ y_n)$ 을 가질 때 삼차 곡선을 매개변수화 한다고 하자. 이 경우 각 $i = 0,\ 1,\ \ldots,\ n$ 일 때 $(x_i,\ y_i) = (x(t_i),\ y(t_i))$ 인 $x'(t_i)$ 와 $y'(t_i)$ 를 지정하여야 한다. 그러나 이는 각 부분을 독립적으로 생성할 수 있으므로 그렇게 어렵지 않다. 이 과정을 단순화시키면 결국 매개변수 t 로 표현된 삼차 Hermite 다항식의 쌍을 구하는 것이 된다. 여기서 $t_0 = 1$, $t_1 = 1$ 이며 끝점 데이터 $(x(0),\ y(0))$ 와 $(x(1),\ y(1))$, $t = 0$ 에서의 도함수 $\dfrac{dy}{dx}$ 와 $t = 1$ 에서의 도함수 $\dfrac{dy}{dx}$ 는 주어진다.

지정하는 조건은 여섯 개뿐이며, 각 삼차다항식은 네 개의 매개변수를 가지므로 전부 여덟 개의 매개변수에 대한 조건이 된다. 따라서 이 조건들을 만족하는 삼차 Hermite 다항식의 쌍을 선택하는 데는 많은 유연성이 있다. 이 유연성은 $x(t)$ 와 $y(t)$ 를 구하려면 $x'(0)$, $x'(1)$, $y'(0)$, $y'(1)$ 을 지정해야 하기 때문에 생긴다. x 와 y 로 표현된 명시적 Hermite 곡선은 다음의 미분계수(quotient)

$$\frac{dy}{dx}(at\ t = 0) = \frac{y'(0)}{x'(0)}, \quad \frac{dy}{dx}(at\ t = 1) = \frac{y'(1)}{x'(1)}$$

만을 지정하면 된다. $x'(0)$과 $y'(0)$에 공통의 크기 조정 비율(scaling factor)을 곱하면 $(x(0),\ y(0))$에서 곡선에 대한 접선은 변하지 않고, 곡선의 모양만이 변한다. 크기 조정 비율이 커질수록 곡선은 $(x(0),\ y(0))$ 부근의 접선을 더 가깝게 근사시킨다. 다른 끝점 $(x(1),\ y(1))$에서도 마찬가지 현상이 일어난다.

이 과정을 더 단순화시키기 위해서 대상 접선 상에 안내점(guidepoint)이라고 하는 두 번째 점을 나타내어 끝점에서의 도함수를 도식적으로 지정한다. 안내점이 노드에서 멀수록 크기 조정 비율은 커지고 또한 곡선은 노드 부근에서 접선을 잘 근사시킨다.

[그림 3.15]에서 노드는 $(x_0\ , y_0)$와 $(x_1\ , y_1)$이고, $(x_0\ , y_0)$에 대한 안내점은 $(x_0+\alpha_0\ , y_0+\beta_0)$, $(x_1,\ y_1)$에 대한 안내점은 $(x_1-\alpha_1\ , y_1-\beta_1)$이다. $[0,\ 1]$ 상의 삼차 Hermite 다항식은 $x(t)$는

$$x(0)=x_0,\quad x(1)=x_1,\quad x'(0)=\alpha_0\text{와 } x'(1)=\alpha_1$$

을 만족시켜야 한다. 이 조건을 만족시키는 유일한 삼차다항식은

$$x(t)=[2(x_0-x_1)+(\alpha_0+\alpha_1)]t^3+[3(x_1-x_0)-(\alpha_1+2\alpha_0)]t^2+\alpha_0 t+x_0.$$

마찬가지로 $y(0)=y_0,\ y(1)=y_1,\ y'(0)=\beta_0,\ y'(1)=\beta_1$을 만족하는 y에 대한 유일한 삼차다항식은

$$y(t)=[2(y_0-y_1)+(\beta_0+\beta_1)]t^3+[3(y_1-y_0)-(\beta_1+2\beta_0)]t^2+\beta_0 t+y_0.$$

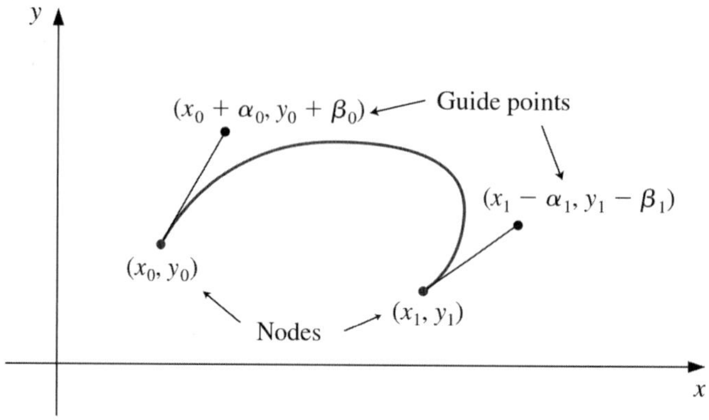

그림 3.15

예제 3.6.2 [그림 3.16]의 그래프는 노드가 $(0,\ 0)$, $(1,\ 0)$이고, 각 노드에서의 기울기가 각각 1과 -1일 때 발생하는 몇 가지 가능성을 보이고 있다. 비율 $\alpha_0/\beta_0=1$, $\alpha_1/\beta_1=-1$이 각각 왼쪽과 오른쪽 끝점의 기울기를 결정하므로, 끝점의 기울기에 대한 지정은 $\alpha_0=\beta_0$, $\alpha_1=-\beta_1$을 요구한다.

상호교환식 그래픽 모드의 곡선을 결정하는 표준적인 방법은 우선 마우스나 트랙볼과 같은 입력장치를 이용하여 적절히 노드와 안내점을 설정하여 원하는 곡선에 대한 첫 번째 근사 곡선을 생성하는 것이다. 이 과정을 수작업으로 진행할 수도 있지만 대부분의 그래픽 시스템에서는 입력장치를 이용하여 화면상에 곡선을 자유스럽게 그린 후 이 곡선에 대하여 적절한 노드와 안내점을 선택한다. 이 노드와 안내점의 위치를 조작하여 미적으로 만족할 만한 곡선을 얻을 수 있다. 필요한 계산량이 많지 않으므로 신속히 곡선이 결정되며 수정 결과를 거의 즉시 볼 수 있다. 또한 곡선을 계산하는 데 필요한 모든 데이터가 노드와 안내점의 좌표에 포함되어 있으므로 시스템 사용자는 해석적인 지식 없이 시스템을 사용할 수 있다.

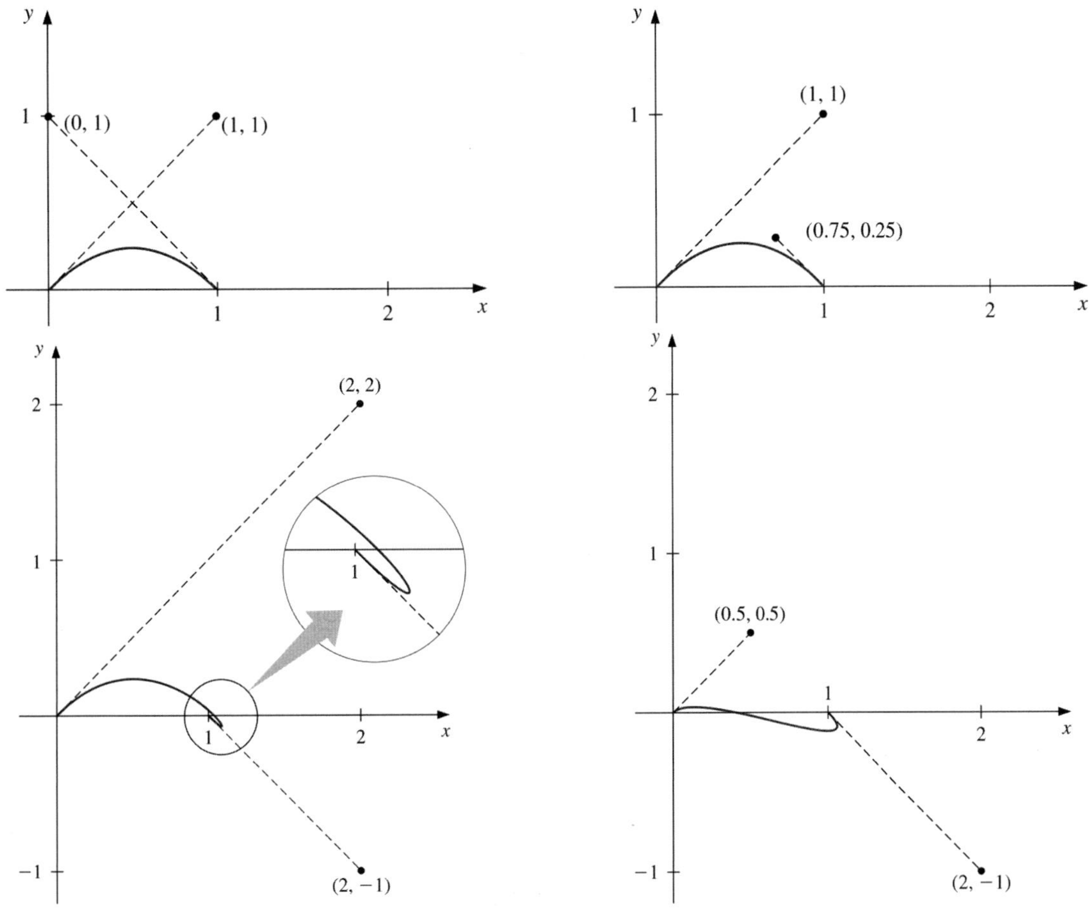

그림 3.16

대부분의 그래픽 프로그램들은 이러한 기법을 약간 수정한 방법을 이용하여 자유 곡선을 표현한다. Hermite 삼차식은 끝점의 도함수를 계산할 때 크기 조정 비율을 3으로 하는 Bezier 다항식으로 기술된다. 이에 따라 매개변수 방정식은 $0 \le t \le 1$에서

$$x(t) = [2(x_0 - x_1) + 3(\alpha_0 + \alpha_1)]t^3 + [3(x_1 - x_0) - 3(\alpha_1 + 2\alpha_0)]t^2 + 3\alpha_0 t + x_0$$
$$y(t) = [2(y_0 - y_1) + 3(\beta_0 + \beta_1)]t^3 + [3(y_1 - y_0) - 3(\beta_1 + 2\beta_0)]t^2 + 3\beta_0 t + y_0$$

으로 수정된다. 이러한 변화는 시스템 사용자 모르게 일어난다.

삼차원 곡선은 노드 z_0, z_1과 안내점 $z_0 + \gamma_0$, $z_1 + \gamma_1$을 세 번째 요소로 추가해 유사한 방법으로 생성할 수 있다. 삼차원 곡선의 표현과 관련된 어려운 문제는 삼차원성을 잃어버리는 것이다. 이를 해결하기 위한 여러 가지 투영 기법이 사용되고 있는데 이 주제는 컴퓨터 그래픽 영역에 속한다. 이 주제에 대한 소개나 표면 표현을 위한 기법들의 수정에 대해서는 컴퓨터 그래픽에 관한 서적을 참고하기 바란다.

3.6 연습문제

1. $(x_0,\ y_0) = (0,\ 0)$과 $(x_1,\ y_1) = (5,\ 2)$를 어떤 곡선의 끝점이라 하자. 주어진 안내점을 이용하여 이 곡선에 대한 매개변수를 사용한 삼차 Hermite 근사 곡선 $(x(t),\ y(t))$를 구하고, 이 근사 곡선을 그려라.

   a. $(1,\ 1)$과 $(6,\ 1)$
   b. $(0.5,\ 0.5)$와 $(5.5,\ 1.5)$
   c. $(1,\ 1)$과 $(6,\ 3)$
   d. $(2,\ 2)$와 $(7,\ 0)$

2. 삼차 Bezier 다항식을 이용하여 연습문제 1을 반복하라.

3. 다음 점들과 안내점들을 이용해 삼차 Bezier 다항식을 구하고 그래프를 그려라.

   a. 안내점을 $(1.5,\ 1.25)$로 하는 점 $(1,\ 1)$에서 안내점을 $(7,\ 3)$으로 하는 점 $(6,\ 2)$까지
   b. 안내점을 $(1.25,\ 1.5)$로 하는 점 $(1,\ 1)$에서 안내점을 $(5,\ 3)$으로 하는 점 $(6,\ 2)$까지
   c. 안내점을 $(0.5,\ 0.5)$로 하는 점 $(0,\ 0)$에서 진입안내점을 $(3.5,\ 7)$, 진출안내점을 $(3,\ 1)$로 하는 점 $(4,\ 6)$까지, 안내점을 $(7,\ 2)$로 하는 점 $(6,\ 1)$까지
   d. 안내점을 $(0.5,\ 0.25)$로 하는 점 $(0,\ 0)$에서 진입안내점을 $(3,\ 1)$, 진출안내점을 $(3,\ 1)$로 하는 점 $(2,\ 1)$까지, 진입안내점을 $(5,\ 1)$, 진출안내점을 $(3, -1)$로 하는 점 $(4,\ 0)$까지, 안내점을 $(6.5, -0.25)$로 하는 점 $(6, -1)$까지

제 4 장

수치적분과 수치미분

4.1 개요

적분을 정확하게 계산하기 위한 많은 기법들을 미적분학에서 배우지만, 정확한 기법들로는 물리적인 세계에서 생기는 많은 문제들을 풀지 못한다. 이들에 대해서는 이 장에서 고려하는 유형의 근사 방법들이 필요하다. 기본적인 기법들은 4.2절에서 논의하고, 이 절차들을 더 다듬고 이 절차들의 특별한 응용들은 그 다음 여섯 절들에서 다룬다.

4.9절에서는 함수들의 도함수를 근사하는 문제를 다룬다. 이 방법은 11장과 12장에서 다루는 상미분방정식과 편미분방정식의 해를 근사하는 데 필요하다. 도함수를 근사하는 것보다 적분을 근사하는 일이 왜 그렇게 많이 강조되는지에 대해 아마도 의아해 할 것이다. 이것은 함수의 도함수를 결정하는 것은 계산을 위한 간단한 법칙들을 이끌어 내는 구성적 과정(constructive process)이기 때문이다. 비록 적분의 정의 또한 구성적이기는 하지만 정적분을 계산하기 위한 주된 도구는 미적분학의 기본 정리이다. 이 정리를 적용하기 위해서는 계산하고자 하는 함수의 역도함수를 결정해야 한다. 하지만 이것은 일반적인 구성적 과정이 아니므로 정확한 근사 절차들이 필요하다.

이 장에서는 수치해법들을 공부하는 데 있어서 더욱 흥미로운 사실들 중의 하나를 발견하게 될 것이다. 자주 마주치는 일거리인 적분들의 근사는 보통 아주 정확하게 그리고 흔히 힘들이지 않고 해낼 수 있다. 훨씬 덜 자주 쓰이는 도함수들의 정확한 근사는 더욱 어려운 문제이다. 근사를 필요로 하는 문제들에 대해서는 좋은 근사 방법들을 제공하지만 근사가 필요 없는 문제들에 대해서는 덜 성공적으로 만족하는 무언가가 있을 것으로 생각한다.

4.2 기본 구적법

구간 $[a, b]$에서 함수 f의 정적분을 근사하기 위한 기초적인 절차는 f를 근사하는 보간다항식을 결정하고 그리고 나서 이 다항식을 적분하는 것이다. 이 절에서는 적분 근사를 위해 기초적인 다항식들을 사용할 때 발생하는 근사들을 결정하고 그리고 이 근사들에 대한 오차한계들을 결정한다.

고려하는 근사들은 구간 $[a, b]$에서 같은 간격으로 떨어져 있는 점들에서의 보간다항식들을 사용한다. 이들 중 첫 번째 것이 중간점 법칙인데, 이것은 $[a, b]$의 중간점, 즉 $(a + b)/2$를 유일한 보간점으로 사용한다. 중간점 법칙 근사는 [그림 4.1]에서 보는 것처럼 기하학적으로는 생성하기 쉽지만, 고차 방법들을 위한 유형을 확립하고 이 기법에 대한 오차공식을 결정하기 위해서는 3.3절에서 논의했던 기초적인 도구인 뉴턴보간제차분공식을 사용해서 근사 법칙을 유도할 것이다.

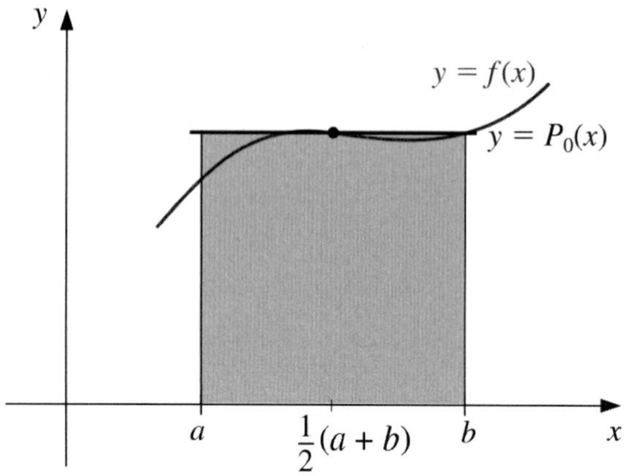

그림 4.1

$f \in C^{n+1}[a,b]$ 라고 하면 여기서 $[a,b]$ 는 모든 노드 $x_0, x_1, \ldots, x_n$ 들을 포함하고 있는 구간이다. 뉴턴보간제차분공식에 의하면 노드 $x_0, x_1, \ldots, x_n$ 들을 사용하는 함수 f 를 위한 보간다항식은

$$\begin{aligned} P_{0,1,\cdots,n}(x) &= f[x_0] + f[x_0,x_1](x-x_0) + f[x_0,x_1,x_2](x-x_0)(x-x_1) + \cdots \\ &\quad + f[x_0,x_1,\ldots,x_n](x-x_0)(x-x_1)\cdots(x-x_{n-1}), \end{aligned}$$

형태로 표현할 수 있다. 이것이 n 차 Lagrange 다항식과 동등하기 때문에 오차공식은

$$f(x) - P_{0,1,\cdots,n}(x) = \frac{f^{(n+1)}(\xi(x))}{(n+1)!}(x-x_0)(x-x_1)\cdots(x-x_n),$$

형태를 가지는데, 여기서 $\xi(x)$ 은 x 의 함수이고 $x, x_0, x_1, \ldots, x_n$ 모두를 포함하고 있는 가장 작은 구간에 있는 수이다. 중간점 법칙을 유도하기 위해 $x_0 = (a+b)/2$ 를 가지는 상수보간다항식을 사용하면

$$\int_a^b f(x)dx \approx \int_a^b f[x_0]dx = f[x_0](b-a) = f\left(\frac{a+b}{2}\right)(b-a),$$

를 생산하지만 같은 x_0 값과 임의의 x_1 값을 가지는 선형보간다항식 또한 사용할 수 있을 것이다. 이것은 뉴턴보간제차분공식에 있는 두 번째 항의 적분이 x_1 의 값에 무관한 위에서 선택한 x_0 에 대해서 0이라는 사실에 기인하고 그 자체로는 근사에 기여하지 않는다.

$$\begin{aligned} \int_a^b f[x_0,x_1](x-x_0)dx &= \frac{f[x_0,x_1]}{2}(x-x_0)^2\Big|_a^b \\ &= \frac{f[x_0,x_1]}{2}\left(x-\frac{a+b}{2}\right)^2\Big|_a^b \\ &= \frac{f[x_0,x_1]}{2}\left[\left(b-\frac{a+b}{2}\right)^2 - \left(a-\frac{a+b}{2}\right)^2\right] \\ &= \frac{f[x_0,x_1]}{2}\left[\left(\frac{b-a}{2}\right)^2 - \left(\frac{a-b}{2}\right)^2\right] = 0. \end{aligned}$$

오차항에 $b-a$ 의 고차 거듭제곱들을 가지는 근사 방법들을 유도하고자 한다. 일반적으로 근사의 차수가 높아질수록 오차항에서의 $b-a$ 의 거듭제곱 차수가 더 높아지고, 그래서 중간점 법칙에 대한 오차공식을 결정하기 위해 $P_0(x)$ 대신 $P_{0,1}(x)$ 에 대한 오차를 적분할 것이다.

임의의 x_1 을 x_0 와 같은 값으로 선택했다고 가정하자. (사실 이것은 x_1 이 가질 수 없는 유일한 값이지만 당분간 이 문제를 무시할 것이다) 그러면 보간다항식 $P_0(x)$ 에 대한 오차공식의 적분은

$$\int_a^b \frac{(x-x_0)(x-x_1)}{2} f''(\xi(x))dx = \int_a^b \frac{(x-x_0)^2}{2} f''(\xi(x))dx,$$

형태를 가지는데, 여기서 각 x 에 대해 수 $\xi(x)$ 는 구간 (a,b) 에 있다. 구간 (a,b) 에서 항 $(x-x_0)^2$ 의 부호가 변하지 않기 때문에 적분을 위한 평균값 정리는 x 에 독립적인 수 ξ 가 (a,b) 에 존재해서 다음 관계가 성립함을 의미한다.

$$\begin{aligned}\int_a^b \frac{(x-x_0)^2}{2} f''(\xi(x))dx &= f''(\xi)\int_a^b \frac{(x-x_0)^2}{2}dx = \frac{f''(\xi)}{6}(x-x_0)^3\Big|_a^b \\ &= \frac{f''(\xi)}{6}\left[\left(b-\frac{b+a}{2}\right)^3 - \left(a-\frac{b+a}{2}\right)^3\right] \\ &= \frac{f''(\xi)}{6}\frac{(b-a)^3}{4} = \frac{f''(\xi)}{24}(b-a)^3.\end{aligned}$$

따라서 오차공식과 더불어 중간점 법칙을 쓰면 다음과 같은 형태가 된다.

> **정리 4.2.1** [중간점 법칙 **(Midpoint Rule)**]
>
> 만약 $f \in C^2[a,b]$ 이면, 그때 (a,b) 에 수 ξ 가 있어서 다음이 성립한다.
>
> $$\int_a^b f(x)dx = (b-a)f\left(\frac{a+b}{2}\right) + \frac{f''(\xi)}{24}(b-a)^3.$$

이 결과에 이르게 하는 $x_1 = x_0$ 라는 불필요한 가정은 x_1 을 x_0 에 가깝기는 하지만 같지 않게 취하고 오차공식이 유효하다는 것을 보이기 위해 극한을 사용함으로써 피할 수 있다.

사다리꼴 법칙 **(Trapezoidal Rule)**

중간점 법칙은 선형보간다항식처럼 보이는 상수보간다항식을 사용한다. 다음으로 고려하려는 방법은 서로 다른 노드 $x_0 = a$ 와 $x_1 = b$ 를 가지는 진정한 선형보간다항식을 사용한다. 이 근사도 역시 [그림 4.2] 에서 보는 것처럼 기하학적으로 생성하기 쉬우며 이를 사다리꼴 법칙이라고 부른다.
만약 $x_0 = a$ 와 $x_1 = b$ 로 선형보간다항식을 적분하면 다음 공식을 얻을 수 있다.

$$\begin{aligned}\int_a^b f[x_0] + f[x_0,x_1](x-x_0)dx &= \left[f[a]x + f[a,b]\frac{(x-a)^2}{2}\right]_a^b \\ &= f(a)(b-a) + \frac{f(b)-f(a)}{b-a}\left[\frac{(b-a)^2}{2} - \frac{(a-a)^2}{2}\right] \\ &= \frac{f(a)+f(b)}{2}(b-a).\end{aligned}$$

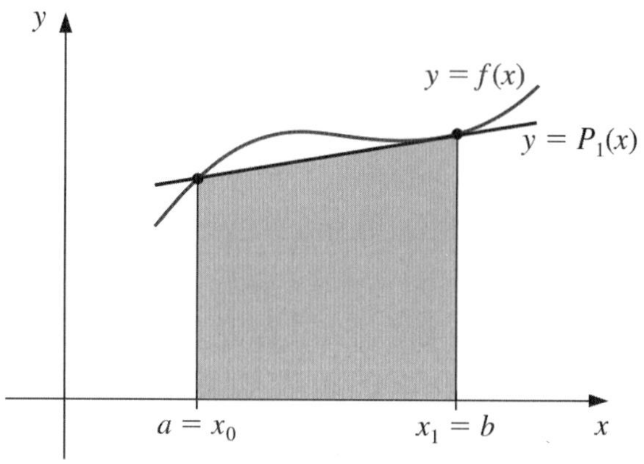

그림 4.2

사다리꼴 법칙에 대한 오차는 $x_0 = a$와 $x_1 = b$일 때 $P_{0,1}(x)$에 대한 오차항을 적분하면 구할 수 있다. $(x-x_0)(x-x_1) = (x-a)(x-b)$가 구간 (a,b)에서 부호가 바뀌지 않기 때문에 적분을 위한 평균값 정리를 다시 적용할 수 있다. 이 경우에 (a,b)에 수 ξ가 존재해서 다음이 성립함을 함축한다.

$$\begin{aligned}\int_a^b \frac{(x-a)(x-b)}{2} f''(\xi(x))dx &= \frac{f''(\xi)}{2}\int_a^b (x-a)[(x-a)-(b-a)]dx \\ &= \frac{f''(\xi)}{2}\left[\frac{(x-a)^3}{3} - \frac{(x-a)^2}{2}(b-a)\right]_a^b \\ &= \frac{f''(\xi)}{2}\left[\frac{(b-a)^3}{3} + \frac{(b-a)^2}{2}(b-a)\right] \\ &= -\frac{f''(\xi)}{12}(b-a)^3.\end{aligned}$$

이를 통해 다음과 같은 사다리꼴 법칙을 얻는다.

정리 4.2.2 [사다리꼴 법칙 **(Trapezoidal Rule)**]

만약 $f \in C^2[a,b]$이면, 그때 (a,b)에 수 ξ가 있어서 다음이 성립한다.

$$\int_a^b f(x)dx = \frac{f(a)+f(b)}{2}(b-a) - \frac{f''(\xi)}{12}(b-a)^3.$$

중간점 법칙의 경우에서 그러했던 것처럼 사다리꼴 법칙에 대한 오차공식에서도 $b-a$의 거듭제곱에 대해서는 나아진 것이 없는데 이는 뉴턴보간제차분공식에서 다음으로 높은 항의 적분이 다음과 같기 때문이다.

$$\int_a^b f[x_0,x_1,x_2](x-x_0)(x-x_1)dx = f[x_0,x_1,x_2]\int_a^b (x-a)(x-b)dx.$$

(a,b)에 있는 모든 x에 대해서 $(x-a)(x-b) < 0$이기 때문에 이 항은 $f[x_0,x_1,x_2] = 0$이 아닌 한 0이 되지 않을 것이다. 따라서 비록 중간점과 사다리꼴 법칙 둘 다에 대한 오차공식들이 $b-a$와 $(b-a)^2$이 관련되는 오차공식들을 가지는 보간공식들로부터 유도된다고 하더라도 그 두 오차공식들에는 $(b-a)^3$이 포함된다.

심프슨 법칙 (Simpson's Rule)

같은 간격으로 떨어져 있는 점들 $x_0 = a$, $x_1 = (a+b)/2$, $x_2 = b$에서 f와 일치하는 값을 갖는 이차다항식에 의해 함수 f를 근사하는데 바탕을 둔 적분 공식을 살펴보자. 이 공식은 비록 근사가 [그림 4.3]에 설명되어 있지만 기하학적으로 생성하기가 쉽지 않다.

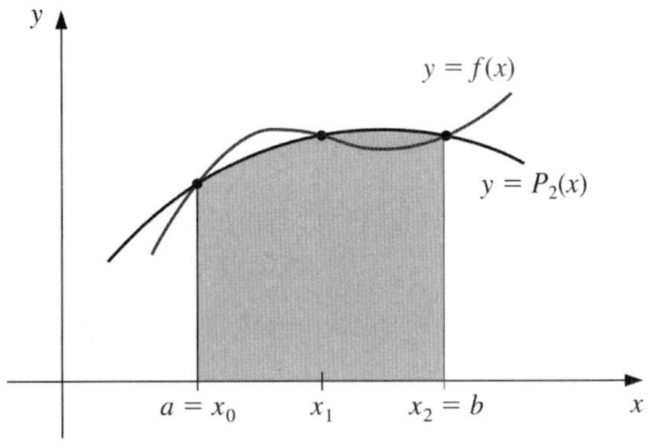

그림 4.3

공식을 유도하기 위해 $P_{0,1,2}(x)$를 적분한다.

$$\begin{aligned}
\int_a^b P_{0,1,2}(x)dx &= \int_a^b \left\{ f(a) + f\left[a, \frac{a+b}{2}\right](x-a) + f\left[a, \frac{a+b}{2}, b\right](x-a)\left(x - \frac{a+b}{2}\right) \right\} dx \\
&= \left[f(a)x + f\left[a, \frac{a+b}{2}\right] \frac{(x-a)^2}{2} \right]_a^b \\
&\quad + f\left[a, \frac{a+b}{2}, b\right] \int_a^b (x-a)\left[(x-a) + \left(a - \frac{a+b}{2}\right)\right] dx \\
&= f(a)(b-a) + \frac{f(\frac{a+b}{2}) - f(a)}{\frac{a+b}{2} - a} \frac{(b-a)^2}{2} \\
&\quad + \frac{f[\frac{a+b}{2}, b] - f[a, \frac{a+b}{2}]}{b-a} \left[\frac{(x-a)^3}{3} + \frac{(x-a)^2}{2}\left(\frac{a-b}{2}\right) \right]_a^b \\
&= (b-a)\left[f(a) + f\left(\frac{a+b}{2}\right) - f(a) \right] \\
&\quad + \left(\frac{1}{b-a}\right) \left[\frac{f(b) - f(\frac{a+b}{2})}{\frac{b-a}{2}} - \frac{f(\frac{a+b}{2}) - f(a)}{\frac{b-a}{2}} \right] \left[\frac{(b-a)^3}{3} - \frac{(b-a)^3}{4} \right] \\
&= (b-a)f\left(\frac{a+b}{2}\right) + \frac{2}{(b-a)^2}\left[f(b) - 2f\left(\frac{a+b}{2}\right) + f(a) \right] \frac{(b-a)^3}{12}.
\end{aligned}$$

이 방정식을 단순히 만들면 심프슨 법칙이라 부르는 근사 방법이 된다.

$$\int_a^b f(x)dx \approx \frac{(b-a)}{6}\left[f(a) + 4f\left(\frac{a+b}{2}\right) + f(b) \right].$$

$(b-a)^4$가 포함되는 심프슨 법칙에 대한 오차공식은 이차 보간다항식 $P_{0,1,2}(x)$에 대한 오차공식을 사용함으로써 유도할 수 있다. 그러나 중간점 법칙의 경우에서와 마찬가지로 뉴턴 보간제차분공식에 있는 다음 항의 적분은 0이다. 이것은 삼차보간다항식$P_{0,1,2,3}(x)$에 대한 오차공식을 $(b-a)^5$가 포함되는 오차공식을 생산하기 위해 사용할 수 있다는 것을 함축한다. 간단히 정리하면 오차항이 더불어 있는 심프슨 법칙은 다음과 같다.

정리 4.2.3 **[심프슨 법칙 (Simpson's Rule)]**

만약 $f \in C^4[a,b]$ 이면, 그때 (a,b) 에 수 ξ 가 있어서 다음이 성립한다.

$$\int_a^b f(x)dx = \frac{(b-a)}{6}\left[f(a) + 4f\left(\frac{a+b}{2}\right) + f(b)\right] - \frac{f^{(4)}(\xi)}{2880}(b-a)^5.$$

오차항에 있는 $(b-a)$ 의 더 높은 차수의 거듭제곱으로 인해 $b-a$ 가 작기만 하다면 거의 모든 상황들에서 심프슨 법칙이 중간점과 사다리꼴 법칙들보다 상당히 월등하다. 이것은 다음 예제에서 설명된다.

예제 4.2.4 $f(x)$ 가 다음과 같을 때, $\int_0^2 f(x)dx$ 를 중간점, 사다리꼴 및 심프슨 법칙을 이용하여 구한 근삿값들을 비교하라.

a. x^2 b. x^4 c. $(x+1)^{-1}$ d. $\sqrt{1+x^2}$ e. $\sin x$ f. e^x

풀이 구간 $[0,2]$ 에서 중간점, 사다리꼴 및 심프슨 법칙은 다음 형식을 가진다.

중간점 : $\int_0^2 f(x)dx \approx 2f(1)$, 사다리꼴 : $\int_0^2 f(x)dx \approx f(0)+f(2)$, 심프슨 : $\int_0^2 f(x)dx \approx \frac{1}{3}[f(0)+4f(1)+f(2)]$.

$f(x) = x^2$ 이면,

$$\text{중간점} : \int_0^2 f(x)dx \approx 2\cdot 1 = 2, \quad \text{사다리꼴} : \int_0^2 f(x)dx \approx 0^2 + 2^2 = 4,$$

$$\text{심프슨} : \int_0^2 f(x)dx \approx \frac{1}{3}[f(0)+4f(1)+f(2)] = \frac{1}{3}(0^2 + 4\cdot 1^2 + 2^2) = \frac{8}{3}.$$

$f(x) = x^2$ 일 때, 심프슨 법칙을 이용한 근삿값은 $f^{(4)}$ 에 포함된 절단오차가 정확하게 0이 되기 때문에 정확하다. [표 4.1]에 결과가 소수점 세 자리까지 정리되어 있다. 각 예제들에서 심프슨 법칙만이 상당히 정확한 결과를 준다.

$f(x)$	x^2	x^4	$(x+1)^{-1}$	$\sqrt{1+x^2}$	$\sin x$	e^x
Exact value	2.667	6.400	1.099	2.958	1.416	6.389
Midpoint	2.000	2.000	1.000	2.818	1.682	5.436
Trapezoidal	4.000	16.000	1.333	3.326	0.909	8.389
Simpson's	2.667	6.667	1.111	2.964	1.425	6.421

표 4.1

■

중간점, 사다리꼴 및 심프슨 방법들에 대한 오차항들을 입증하기 위해서 $\int_0^2 \sqrt{1+x^2}dx$ 를 근사하는 데 있어서 오차에 대한 한계를 구할 것이다. $f(x) = (1+x^2)^{1/2}$ 로부터 다음을 구할 수 있다.

$$f'(x) = \frac{x}{(1+x^2)^{1/2}}, \quad f''(x) = \frac{1}{(1+x^2)^{3/2}}, \quad f'''(x) = \frac{-3x}{(1+x^2)^{5/2}}.$$

중간점 방법의 오차를 제한하기 위해서 $\max_{0\le x\le 2}|f''(x)|$ 를 결정해야 한다. 이 최댓값은 $[0,2]$ 에서 f'' 의 최대나 최솟값 중의 어느 한 곳에서 발생할 것이다. $[0,2]$ 에서 f'' 에 대한 최대와 최솟값들은 단지 $x=0, x=2$ 일 때 또는 $f'''(x)=0$ 일 때에만 발생할 수 있다. $x=0$ 일 때에만 $f'''(x)=0$ 이기 때문에 다음을 갖는다.

$$\max_{0\le x\le 2}|f''(x)| = \max\{|f''(0)|, |f''(2)|\} = \max\{1, 5^{-3/2}\} = 1.$$

그래서 중간점 방법에서의 오차에 대한 한계는

$$\left|\frac{f''(\xi)}{24}(b-a)^3\right| \leq \frac{1}{24}(2-0)^3 = \frac{1}{3} = 0.\bar{3}.$$

실제 오차는 이 한계 내에 있는데, $|2.958 - 2.818| = 0.14$ 이기 때문이다. 사다리꼴 방법에 대해서 오차한계는

$$\left|-\frac{f''(\xi)}{12}(b-a)^3\right| \leq \frac{1}{12}(2-0)^3 = \frac{2}{3} = 0.\bar{6}$$

이 되고, 실제 오차는 $|2.958 - 3.326| = 0.368$ 이다. 심프슨 법칙에 대해서는 더 높은 차수의 도함수들이 필요하다.

$$f^{(4)}(x) = \frac{12x^2 - 3}{(1+x^2)^{7/2}}, \qquad f^{(5)}(x) = \frac{45x - 60x^3}{(1+x^2)^{9/2}}.$$

$f^{(5)}(x) = 0$ 이면

$$0 = 45x - 60x^3 = 15x(3 - 4x^2)$$

을 함축하기 때문에 $f^{(4)}(x) = 0$ 는 임계점들 $0, \pm\sqrt{3}/2$ 를 갖는다. 그래서

$$\begin{aligned}\left|f^{(4)}(\xi)\right| &\leq \max_{0\leq x\leq 2}|f^{(4)}(x)| = \max\left\{|f^{(4)}(0)|, |f^{(4)}(\sqrt{3}/2)|, |f^{(4)}(2)|\right\} \\ &= \max\left\{|-3|, \frac{768\sqrt{7}}{2401}, \frac{9\sqrt{5}}{125}\right\} = 3.\end{aligned}$$

심프슨 법칙에 대한 오차는 다음에 의해 한계가 정해지고

$$\left|-\frac{f^{(4)}(\xi)}{2880}(b-a)^5\right| \leq \frac{3}{2880}(2-0)^5 = \frac{96}{2880} = 0.0\bar{3}$$

실제 오차는 $|2.958 - 2.964| = 0.006$ 이다.

오차공식들 모두가 $b - a$ 의 거듭제곱을 포함하고 있기 때문에 그들은 구간 $[a, b]$ 가 작을 때 가장 효과적이고, 그래서 $b-a$ 는 1보다 훨씬 더 작다. 큰 구간들에 걸쳐 적분할 때 정확성을 개선하기 위해 사용될 수 있는 공식들이 있는데, 그들 중 일부를 연습문제들에서 살펴볼 것이다. 그러나 그 문제에 대한 더 나은 해결책은 다음 절에서 고려한다.

4.2 연습문제

1. 중간점 법칙을 사용해서 다음 적분들을 근사하라.

a. $\int_{0.5}^{1} x^4 dx$ b. $\int_{0}^{0.5} \frac{2}{x-4} dx$ c. $\int_{1}^{1.5} x^2 \ln x dx$ d. $\int_{0}^{1} x^2 e^{-x} dx$

e. $\int_{1}^{1.6} \frac{2x}{x^2-4} dx$ f. $\int_{0}^{0.35} \frac{2x}{x^2-4} dx$ g. $\int_{0}^{\pi/4} x \sin x dx$ h. $\int_{0}^{\pi/4} e^{3x} \sin 2x dx$

2. 오차공식을 사용해서 연습문제 1에 있는 오차에 대한 한계를 구하고, 그 한계를 실제 오차에 비교하라.

3. 사다리꼴 법칙을 사용해서 연습문제 1을 반복하라.

4. 사다리꼴 법칙과 연습문제 3의 결과들을 사용해서 연습문제 2를 반복하라.

5. 심프슨 법칙을 사용해서 연습문제 1을 반복하라.

6. 심프슨 법칙과 연습문제 5의 결과들을 사용해서 연습문제 2를 반복하라. 다음은 오차항들이 수반된 다른 구적법 공식들이다.

(i) $\int_a^b f(x)dx = \frac{3h}{8}[f(a) + 3f(a+h) + 3f(a+2h) + f(b)] - \frac{3h^5}{80} f^{(4)}(\xi),\ h = \frac{1}{3}(b-a)$

(ii) $\int_a^b f(x)dx = \frac{3h}{2}[f(a+h) + f(a+2h)] + \frac{3h^3}{4} f''(\xi),\ h = \frac{1}{3}(b-a)$

7. 연습문제 6번의 공식 (i)를 사용해서 연습문제 1과 2를 반복하라.

8. 연습문제 6번의 공식 (ii)를 사용해서 연습문제 1과 2를 반복하라.

9. 사다리꼴 법칙으로는 $\int_0^2 f(x)dx$ 의 값이 4이고, 심프슨 법칙으로는 값이 2가 된다. $f(1)$는 얼마인가?

10. $\int_0^2 f(x)dx$ 에 사다리꼴 법칙을 적용하면 값이 5이고, 중간점 법칙으로는 값이 4가 된다. 심프슨 법칙은 값을 주는가?

11. 다음 구적법 공식이 기껏해야 차수 2인 모든 다항식들에 대해 정확한 결과들을 주게 되도록 상수 c_0, c_1 및 x_1을 구하라.

$$\int_0^1 f(x)dx = c_0 f(0) + c_1 f(x_1)$$

12. 다음 구적법 공식이 기껏해야 차수 2인 모든 다항식들에 대해 정확한 결과들을 주게 되도록 상수들 x_0, x_1 및 c_1을 구하라.

$$\int_0^1 f(x)dx = \frac{1}{2} f(x_0) + c_1 f(x_1)$$

4.3 복합 구적법

수치적분의 바탕이 되는 기초적인 개념들을 앞 절에서 유도하였지만, 거기서 주어진 기법들은 많은 문제들에 대해서 만족스럽지 않다. 그 절의 끝에서 이에 대한 예제를 하나 보았는데, 거기서 구간 $[0,2]$에서 함수들의 적분에 대한 근사들이 형편없었다. 왜 그런 일이 발생하는지를 알아보기 위해서 일반적으로 이들 기법들 중에 가장 정확한 심프슨 방법을 고려하자. $f \in C^4[a,b]$라고 가정하면 오차공식을 포함한 심프슨 공식은 다음과 같이 주어지는데

$$\begin{aligned}\int_a^b f(x)dx &= \frac{b-a}{6}\left[f(a)+4f\left(\frac{a+b}{2}\right)+f(b)\right]-\frac{(b-a)^5}{2880}f^{(4)}(\xi)\\ &= \frac{h}{3}[f(a)+4f(a+h)+f(b)]-\frac{h^5}{90}f^{(4)}(\xi)\end{aligned}$$

여기서 $h=(b-a)/2$이고 ξ는 구간 $[a,b]$ 내부에 있다. $f \in C^4[a,b]$는 $f^{(4)}$가 $[a,b]$에서 한정된다는 것을 의미하기 때문에 $[a,b]$에 있는 모든 x에 대해서 $|f^{(4)}| \le M$이 되는 상수 M이 존재한다. 따라서

$$\left|\frac{h}{3}[f(a)+4f(a+h)+f(b)]-\int_a^b f(x)dx\right| = \left|\frac{h^5}{90}f^{(4)}(\xi)\right| \le \frac{M}{90}h^5.$$

이 공식에 있는 오차항이 M, f의 4계도함수에 대한 한계 및 h^5이 연관되기 때문에 아래 조건들이 충족되기만 하면 오차가 작을 것으로 기대할 수 있다.

- f의 4계도함수는 잘 거동하고(well-behaved)
- $h=b-a$의 값이 작다.

첫 번째 가정은 별 문제가 되지 않지만 두 번째 것은 아주 불합리할지도 모른다. 일반적으로 적분이 수행되어야 하는 구간 $[a,b]$가 작다고 기대할 만한 아무 이유도 없고, 그리고 만약 그렇지 않다면 오차항에 있는 h^5 부분이 계산을 지배하기 쉽다.

문제에 대한 적분구간이 클 때는 그 큰 구간 $[a,b]$를 충분히 작은 여러 개의 구간들로 분할하여 각 구간에 걸친 오차가 통제되도록 하면 적분구간이 큰 문제는 회피할 수 있다.

예제 4.3.1 심프슨 법칙을 사용하여 $\int_0^4 e^x dx$에 대한 근사를 구하고, 그 값을 a. $\int_0^2 e^x dx$와 $\int_2^4 e^x dx$를 더한 심프슨 법칙 근삿값과 b. $\int_0^1 e^x dx$, $\int_1^2 e^x dx$, $\int_2^3 e^x dx$와 $\int_3^4 e^x dx$를 더한 심프슨 법칙 근삿값에 비교하라.

풀이 a. 심프슨 법칙을 구간 $[0,4]$에서 $h=2$로 사용한다면

$$\int_0^4 e^x dx \approx \frac{2}{3}(e^0+4e^2+e^4)=56.76958$$

이다. 이 경우에 정확한 답이 $e^4-e^0=53.59815$이기 때문에 오차의 크기 -3.17143은 일반적으로 받아들일 수 있는 것보다 더 크다. 심프슨 법칙을 각 구간 $[0,2]$와 $[2,4]$에 적용하기 위해 $h=1$로 두면

$$\begin{aligned}\int_0^4 e^x dx = \int_0^2 e^x dx + \int_2^4 e^x dx &\approx \frac{1}{3}(e^0+4e+e^2)+\frac{1}{3}(e^2+4e^3+e^4)\\ &= \frac{1}{3}(e^0+4e+2e^2+4e^3+e^4)=53.86385\end{aligned}$$

이다. 오차는 -0.26570까지 줄어들었다.

b. 만약 각 구간 $[0,1]$, $[1,2]$, $[2,3]$, $[3,4]$에 심프슨 법칙을 적용하기 위해 $h=\frac{1}{2}$로 두면

$$\begin{aligned}\int_0^4 e^x dx &= \int_0^1 e^x dx + \int_1^2 e^x dx + \int_2^3 e^x dx + \int_3^4 e^x dx \\ &\approx \frac{1}{6}(e_0 + 4e^{1/2} + e) + \frac{1}{6}(e + 4e^{3/2} + e^2) + \frac{1}{6}(e^2 + 4e^{5/2} + e^3) + \frac{1}{6}(e^3 + 4e^{7/2} + e^4) \\ &= \frac{1}{6}(e^0 + 4e^{1/2} + 2e + 4e^{3/2} + 2e^2 + 4e^{5/2} + 2e^3 + 4e^{7/2} + e^4) \\ &= 53.61622.\end{aligned}$$

오차는 -0.01807까지 줄어들었다. 만약 여덟 개의 부분구간으로 나눈다면 오차는 1.15×10^{-3}까지 줄어든다. ■

이 예제에서 고려한 절차를 일반화한 것을 복합 심프슨 법칙이라고 부르는데, 이것을 다음에 설명한다. 정수를 선택하고, 구간 $[a,b]$를 n개의 부구간들로 나누며, 부구간들의 각 연이은 쌍에 심프슨 법칙을 사용해라. $h=(b-a)/n$이고 $a=x_0<x_1<\cdots<x_n=b$, 여기서 각 $j=0,1,\ldots,n$에 대해서 $x_j=x_0+jh$라 하자. 그러면 $f\in C^4[a,b]$이기만 하면,

$$\begin{aligned}\int_a^b f(x)dx &= \sum_{j=1}^{n/2}\int_{x_{2j-2}}^{x_{2j}} f(x)dx \\ &= \sum_{j=1}^{n/2}\left\{\frac{h}{3}[f(x_{2j-2})+4f(x_{2j-1})+f(x_{2j})] - \frac{h^5}{90}f^{(4)}(\xi_j)\right\}.\end{aligned}$$

$x_{2j-2}<\xi_j<x_{2j}$인 ξ_j에 대해서 이 공식을 단순화하기 위해, 첫 번째로 각 $j=1,2,\ldots,\frac{n}{2}-1$에 대해서, 구간 $[x_{2j-1},x_{2j}]$에 상응하는 항과 또한 구간 $[x_{2j},x_{2j+2}]$에 상응하는 항에 등장하는 $f(x_{2j})$를 가지게 됨을 주목하라. 이 항들을 결합하면 ([그림 4.4] 참조) 다음 식을 얻는다.

$$\int_a^b f(x)dx = \frac{h}{3}\left[f(x_0) + 2\sum_{j=1}^{(n/2)-1} f(x_{2j}) + 4\sum_{j=1}^{n/2} f(x_{2j-1}) + f(x_n)\right] - \frac{h^5}{90}\sum_{j=1}^{n/2} f^{(4)}(\xi_j).$$

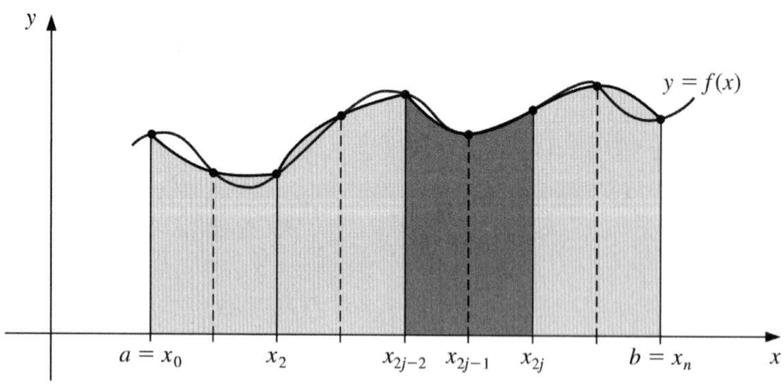

그림 4.4

이 근사와 연관된 오차는

$$E(f) = -\frac{h^5}{90}\sum_{j=1}^{n/2} f^{(4)}(\xi_j).$$

여기에서 각 $j = 1, 2, \ldots, n/2$에 대해서 $x_{2j-2} < \xi_j < x_{2j}$이다. 만약 $f \in C^4[a,b]$이라면, 극값의 정리는 $f^{(4)}$가 그것의 최대와 최솟값을 $[a,b]$에서 가지게 된다는 것을 함축한다.

$$\min_{x\in[a,b]} f^{(4)}(x) \le f^{(4)}(\xi_j) \le \max_{x\in[a,b]} f^{(4)}(x)$$

이기 때문에 다음 두 식을 얻는다.

$$\begin{aligned}
\frac{n}{2}\min_{x\in[a,b]} f^{(4)}(x) &\le \sum_{j=1}^{n/2} f^{(4)}(\xi_j) \le \frac{n}{2}\max_{x\in[a,b]} f^{(4)}(x) \\
\min_{x\in[a,b]} f^{(4)}(x) &\le \frac{2}{n}\sum_{j=1}^{n/2} f^{(4)}(\xi_j) \le \max_{x\in[a,b]} f^{(4)}(x)
\end{aligned}$$

가운데에 있는 항은 연속적인 함수 $f^{(4)}$의 값들 사이에 있으므로, 중간값 정리는 다음이 성립하는 수 μ가 (a,b)에 존재한다는 것을 함축한다.

$$f^{(4)}(\mu) = \frac{2}{n}\sum_{j=1}^{n/2} f^{(4)}(\xi_j)$$

$h = (b-a)/n$ 이기 때문에 오차공식은 다음과 같이 단순화된다.

$$E(f) = -\frac{h^5}{90}\sum_{j=1}^{n/2} f^{(4)}(\xi_j) = -\frac{h^4(b-a)}{180} f^{(4)}(\mu)$$

이 결과들을 요약하면 다음과 같다: 만약 $f \in C^4[a,b]$이고 n이 짝수이면, $[a,b]$의 n개의 부구간들에 대해서 복합 심프슨 법칙은 오차항과 함께 다음과 같이 표현될 수 있다.

정리 4.3.2 [복합 심프슨 법칙 (**Composite Simpson's Rule**)]

$f \in C^4[a,b]$라고 가정하자. 그러면 (a,b)에 있는 μ에 대해서

$$\int_a^b f(x)dx = \frac{h}{3}\left[f(a) + 2\sum_{j=1}^{(n/2)-1} f(x_{2j}) + 4\sum_{j=1}^{n/2} f(x_{2j-1}) + f(b)\right] - \frac{(b-a)h^4}{180} f^{(4)}(\mu).$$

복합 심프슨 법칙은 $O(h^4)$이므로 근사들은 $h^4 \to 0$과 대략 같은 비율로 $\int_a^b f(x)dx$에 수렴한다. 적분구간이 분할되어서 h가 작기만 하다면 대부분의 일상적인 문제들에 대해서 이 수렴률은 충분하다. 프로그램 CSIMPR41은 복합 심프슨 법칙을 n개의 부구간들에 구현한다. 이것은 가장 자주 사용되는 범용적분근사 기법이다.

세분하는 방식(subdivision approach)은 앞 절에서 보았던 모든 공식들에도 적용할 수 있다. 사다리꼴 법칙([그림 4.5] 참조)에서는 근사를 결정하기 위해서는 단지 구간 양 끝값들만을 사용하기 때문에 정수 n은 홀수나 짝수일 수 있다.

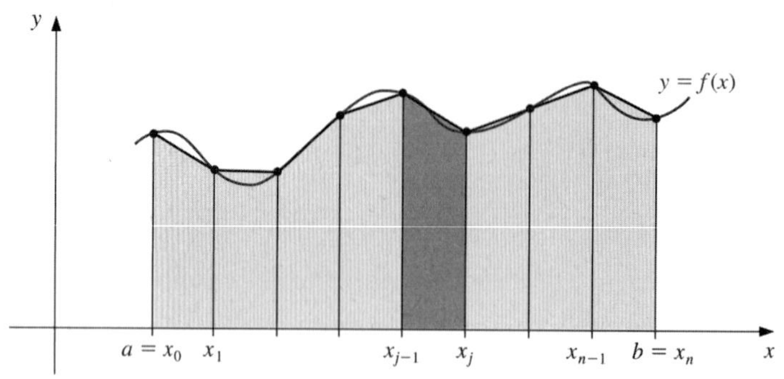

그림 4.5

$f \in C^2[a,b]$ 이고, $h=(b-a)/n$ 이며, 각 $j=0,1,\ldots,n$ 에 대해서 $x_j=a+jh$ 라고 상상하라. n 개의 부구간들에 대한 복합 사다리꼴 법칙은 $O(h^2)$ 이다.

정리 4.3.3 **[복합 사다리꼴 법칙 (Composite Trapezoidal Rule)]**

$f \in C^2[a,b]$ 라고 가정하자. 그러면 (a,b) 에 있는 μ 에 대해서

$$\int_a^b f(x)dx = \frac{h}{2}\left[f(a)+f(b)+2\sum_{j=1}^{n-1} f(x_j)\right] - \frac{(b-a)h^2}{12}f''(\mu).$$

$f \in c^2[a,b]$ 이고 그리고 n 이 짝수 정수라고 가정하자. $h=(b-a)/(n+2)$ 이고 각 $j=-1,0,\cdots,n+1$ 에 대해서 $x_j=a_{(j+1)}h$ 로, $n+2$ 개의 부구간들에 대한 복합 중간점 법칙도 또한 $O(h^2)$ 이다. ([그림 4.6] 참조)

정리 4.3.4 **[복합 중간점 법칙 (Composite Midpoint Rule)]**

$f \in C^2[a,b]$ 라고 가정하자. 그러면 (a,b) 에 있는 μ 에 대해서

$$\int_a^b f(x)dx = 2h\sum_{j=0}^{n/2} f(x_{2j}) + \frac{(b-a)h^2}{6}f''(\mu).$$

예제 4.3.5 절대오차가 기껏해야 0.00002가 되도록 a. 복합 사다리꼴 법칙, b. 복합 심프슨 법칙을 사용해서 $\int_0^\pi \sin x dx$ 를 근사하고 싶다. $[0,\pi]$ 에 대해 몇 개의 부구간이 필요한가?

풀이 a. 구간 $[0,\pi]$ 에서 $f(x)=\sin x$ 의 복합 사다리꼴 법칙의 오차는 다음과 같다.

$$\left|\frac{\pi h^2}{12}f''(\mu)\right| = \left|\frac{\pi h^2}{12}(-\sin\mu)\right| = \frac{\pi h^2}{12}|\sin\mu|$$

이 기법을 사용해서 충분한 정확도를 갖기 위해서는 다음이 성립해야 한다.

$$\frac{\pi h^2}{12}|\sin\mu| \le \frac{\pi h^2}{12} < 0.00002.$$

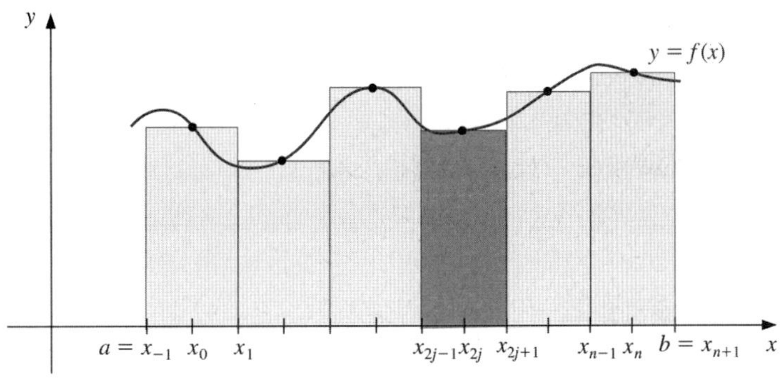

그림 4.6

$h=\pi/n$ 이기에, $n=\pi/h$ 이고

$$\frac{\pi^3}{12n^2}<0.00002$$

는 다음과 같다.

$$n>\left(\frac{\pi^3}{12(0.00002)}\right)^{1/2}\approx 359.44.$$

그러므로 복합 사다리꼴 법칙에서는 $n\geq 360$ 이다.

b. 구간 $[0,\pi]$ 에서 $f(x)=\sin x$ 의 복합 심프슨 법칙의 오차는 다음과 같다.

$$\left|\frac{\pi h^4}{180}f^{(4)}(\mu)\right|=\left|\frac{\pi h^4}{180}\sin\mu\right|=\frac{\pi h^4}{180}|\sin\mu|.$$

이 기법을 사용해서 충분한 정확도를 갖기 위해서는 다음이 성립해야 한다.

$$\frac{\pi h^4}{180}|\sin\mu|\leq\frac{\pi h^4}{180}<0.00002.$$

다시 $n=\pi/h$ 라는 사실을 이용하여

$$\frac{\pi^5}{180n^4}<0.00002$$

는 다음과 같다.

$$n>\left(\frac{\pi^5}{180(0.00002)}\right)^{1/4}\approx 17.07.$$

그러므로 복합 심프슨 법칙은 단지 $n\geq 18$ 이다. 실제로, 복합 심프슨 법칙은 $n=18$ 일 때

$$\int_0^\pi \sin x dx\approx\frac{\pi}{54}\left[2\sum_{j=1}^{8}\sin\left(\frac{j\pi}{9}\right)+4\sum_{j=1}^{9}\sin\left(\frac{(2j-1)\pi}{18}\right)\right]=2.0000104.$$

이는 10^{-5} 이내에서 정확하다. 왜냐하면 실젯값은 $-\cos(\pi)-(-\cos(0))=2$ 이기 때문이다. ■

MATLAB은 심프슨 방법을 수정한 quad 함수를 사용해서 적분을 근사한다. 예를 들어

$$\int_0^\pi \sin x dx=2$$

를 근사하기 위해 다음과 같이 함수를 정의한다.

```
f = inline('sin(x)','x')
```

그리고 적분구간을 다음과 같이 입력한다.

```
a=0, b=pi
```

적분을 하기 위해서

```
q=quad(f,a,b)
```

를 사용하고 MATLAB은 다음을 출력한다.

$$q = 1.999999996398431$$

MATLAB은 바로 코드화해서 바로 적분하는 방법에도 사용될 수 있다. 이것의 간단한 설명을 위해 반복을 사용하는 복합 중간점 법칙을 제시한다. 모형의 모든 계수들이 같기 때문에 코드화하는 데 가장 흔하고 쉽게 사용되는 방법이다. 그러나 반복 과정은 모든 복합 법칙에 흔히 사용되는 방법이다.

먼저 $f(x)$와 끝점 a, b 그리고 n과 h의 값들을 정의한다.

```
f = inline('sin(x)','x')
a = 0, b = pi, n = 18, h = (b-a)/(n+2)
```

반복되는 합을 계산하기 위해서 `Tot`이라 하는 변수를 생성하고 이 값을 0으로 초기화한다.

```
Tot = 0
```

MATLAB에서 계수조절루프는 다음과 같이 정의된다.

```
for loop control variable = initial-value : terminal value
     statement;
     statement;
     .
     .
     statement;
end
```

이 예에서는 1단계에서 0에서 $n/2 = 9$까지 가는 루프제어변수는 j이다. 각 $j = 0, 1, \ldots, 9$는 루프를 횡단하고, 루프 안에서의 각 계산은 end를 만나기까지 진행된다. for와 end는 한 짝을 이룬다. for문장 뒤에는 세미콜론이 없음에 주의하라.

```
for j = 0 : n/2
    xj = a + (2*j + 1)*h;
    Tot = Tot + f(xj);
end;
```

이 과정은 마지막 합에서 누적된 결과를 제공한다. 다음의 명령어

```
Tot
```

로 다음의 결과를 얻는다.

$$Tot = 6.392453221499663$$

우리가 적분이라고 부르는 마지막 결과는 복합 중간점 방법을 마무리하기 위해 $2h$를 곱함으로 얻을 수 있다.

```
integral = 2*h*Tot
```

MATLAB의 출력은 다음과 같다.

$$integral = 2.008248407907975$$

반올림오차 안정성 (Round-Off Error Stability)

모든 복합 법칙들에 의해 공유되는 한 가지 중요한 특성은 반올림오차에 관한 안정성이다. 이를 입증하기 위해 $[a, b]$에 있는 함수 n개의 부구간들을 가지는 복합 심프슨 법칙을 적용하여 반올림오차에 대한 최대 한계를 결정한다고 상상하자. $f(x_i)$가 $\tilde{f}(x_i)$에 의해 근사되고 따라서,

$$f(x_i) = \tilde{f}(x_i) + e_i, \qquad i = 0, 1, \ldots, n$$

여기서 e_i는 $f(x_i)$를 근사하기 위해 $\tilde{f}(x_i)$를 사용하는 것과 연관된 반올림오차라고 가정하자. 그러면 복합 심프슨 법칙에서 누적된 반올림오차 $e(h)$는

$$\begin{aligned} e(h) &= \left| \frac{h}{3} \left[e_0 + 2 \sum_{j=1}^{(n/2)-1} e_{2j} + 4 \sum_{j=1}^{n/2} e_{2j-1} + e_n \right] \right| \\ &\leq \frac{h}{3} \left[|e_0| + 2 \sum_{j=1}^{(n/2)-1} |e_{2j}| + 4 \sum_{j=1}^{n/2} |e_{2j-1}| + |e_n| \right] \end{aligned}$$

만약 반올림오차들이 알려진 공차 ϵ에 의해서 균일하게 한계가 정해진다면,

$$e(h) \leq \frac{h}{3} \left[\epsilon + 2\left(\frac{n}{2} - 1\right)\epsilon + 4\left(\frac{n}{2}\right)\epsilon + \epsilon \right] = \frac{h}{3} 3n\epsilon = nh\epsilon.$$

그러나 $nh = b - a$이므로 $e(h) \leq (b - a)\epsilon$이다. 이것은 h와 n에 무관한 한계이다. 다시 말하면 비록 정확성을 보장하기 위해서 구간을 더욱 많은 부분들로 나누어야 하지만, 이로 인해 늘어나는 계산이 반올림오차를 증가시키지는 않는다는 것을 의미한다.

4.3 연습문제

1. 지시된 n값으로 복합 사다리꼴 법칙을 사용해서 다음 적분들을 근사하라.

   a. $\int_1^2 x\ln x dx, \quad n=4$

   b. $\int_{-2}^2 x^3 e^x dx, \quad n=4$

   c. $\int_0^2 \frac{2}{x^2+4}dx, \quad n=6$

   d. $\int_0^\pi x^2 \cos x dx, \quad n=6$

   e. $\int_0^2 e^{2x}\sin 3x dx, \quad n=8$

   f. $\int_1^3 \frac{x}{x^2+4}dx, \quad n=8$

   g. $\int_3^5 \frac{1}{\sqrt{x^2-4}}dx, \quad n=8$

   h. $\int_0^{3\pi/8} \tan x dx, \quad n=8$

2. 복합 심프슨 법칙을 사용해서 연습문제 1에 있는 적분들을 근사하라.

3. $n+2$개의 부구간들로 복합 중간점 법칙을 사용해서 연습문제 1의 적분들을 근사하라.

4. 10^{-4} 내에서 $\int_0^2 e^{2x}\sin 3x dx$를 근사하기 위해 요구되는 n과 h 값들을 결정하라.

   a. 복합 사다리꼴 법칙을 사용하라.

   b. 복합 심프슨 법칙을 사용하라.

   c. 복합 중간점 법칙을 사용하라.

5. 10^{-5} 내로 $\int_0^2 \frac{1}{x+4}dx$를 근사하는 데 요구되는 n과 h의 값들을 결정하고 근사를 계산하라.

   a. 복합 사다리꼴 법칙을 사용하라.

   b. 복합 심프슨 법칙을 사용하라.

   c. 복합 중간점 법칙을 사용하라.

6. $f(0.25)=f(0.75)=\alpha$라고 가정하자. $n=2$로 복합 사다리꼴 법칙을 사용하여 $\int_0^1 f(x)dx$에 대해 값 2 그리고 $n=4$로 해서 값 1.75를 구했을 때 α를 구하라.

7. 다변수 미적분학에서, 그리고 통계학 과목들에서 임의의 양수 σ에 대해서

$$\int_{\infty}^{\infty} \frac{1}{\sigma\sqrt{2\pi}}e^{-(1/2)(x/\sigma)^2}dx = 1$$

   임이 알려져 있다. 함수

$$f(x) = \frac{1}{\sigma\sqrt{2\pi}}e^{-(1/2)(x/\sigma)^2}$$

   는 평균 $\mu=0$과 표준편차 σ를 가지는 정규밀도 함수이다. 이 분포에 의해 기술된 무작위로 선택된 값이 $[a,b]$에 있을 확률은 $\int_a^b f(x)dx$로 주어진다. 이 분포에 의해 기술된 무작위로 선택된 값이 다음 구간들에 놓일 확률이 10^{-5} 내가 되도록 근사하라.

   a. $[-2\sigma, 2\sigma]$

   b. $[-3\sigma, 3\sigma]$

시간	0	6	12	18	24	30	36	42	48	54	60	66	72	78	84
속도	124	134	148	156	147	133	121	109	99	85	78	89	104	116	123

8. 자동차가 84초 동안 경주 트랙을 돈다. 이 차가 트랙을 돌기 시작할 때부터, 6초 간격으로 radar gun으로 이 자동차의 스피드를 feet/second 단위로 재었는데, 항목들은 표와 같다. 이 트랙의 길이는 얼마인가?

9. 방정식

$$\int_0^x \frac{1}{\sqrt{2\pi}} e^{-t^2/2} dt = 0.45$$

은 다음 두 관계식으로 뉴턴 방법을 사용해서 x에 대해 풀 수 있다.

$$\begin{aligned} f(x) &= \int_0^x \frac{1}{\sqrt{2\pi}} e^{-t^2/2} dt - 0.45 \\ f'(x) &= \frac{1}{\sqrt{2\pi}} e^{-x^2/2} \end{aligned}$$

근삿값 p_k에서 f를 계산하기 위해서 다음 식을 근사할 구적 공식이 필요하다.

$$\int_0^{p_k} \frac{1}{\sqrt{2\pi}} e^{-t^2/2} dt$$

a. $p_0 = 0.5$를 갖는 뉴턴 방법과 복합 심프슨 법칙을 사용해서 10^{-5} 내로 정확한 $f(x) = 0$에 대한 해를 구하라.

b. 복합 심프슨 법칙 대신 복합 사다리꼴 법칙을 사용해서 a를 반복하라.

4.4 Romberg 적분

많은 근사 기법들의 수렴을 가속화하기 위해서 외삽법을 사용한다. 보통 단계 크기가 h인, 근사기법은 매개변수에 의존하는 예측 가능한 형태를 갖는 오차항을 가진다는 것이 알려져 있을 때는 언제나 외삽법이 적용될 수 있다. 이 절에서는 외삽법이 복합 사다리꼴 공식을 사용하여 구한 결과에 적은 계산비용으로 더 정확한 근삿값을 가지기 위해 어떻게 응용되는지 설명한다.

외삽법 (Extrapolation)

$N(h)$가 미지의 값 M을 근사하는 단계 크기 h와 관련된 공식이라고 하고, $N(h)$에 대한 오차공식이 구체적으로 정해져 있지 않은 흔히 미지인 상수 $K_1,\ K_2,\ K_3,\ \ldots$들의 모음에 대해 다음 형태를 갖는 것으로 알려져 있다고 가정하자.

$$M - N(h) = K_1 h + K_2 h^2 + K_3 h^3 + \cdots$$

또는

$$M = N(h) + K_1 h + K_2 h^2 + K_3 h^3 + \cdots . \tag{4.1}$$

여기서 $h > 0$은 임의로 선택할 수 있고 그리고 개선된 근사들이 h가 작아짐에 따라 발생한다고 가정한다. 외삽법의 목적은 오차의 차수 $O(h)$인 공식 중의 하나로부터 더 고차의 오차를 가지는 공식으로 개선하는 것이다. 식 (4.1)의 상대적 간단함에 의해 현혹되지 말아야 한다. 특별히 작은 h 의 값들에 대해서 근사 $N(h)$를 구하는 것이 꽤 어려울 수도 있다.

식 (4.1)이 모든 양의 h에 대해서 성립하는 것으로 가정했기 때문에 매개변수 h를 그 값의 반으로 대체할 때 결과를 고려하라.

$$M = N\left(\frac{h}{2}\right) + K_1 \frac{h}{2} + K_2 \frac{h^2}{4} + K_3 \frac{h^3}{8} + \cdots \tag{4.2}$$

이 식을 두 배하여 식 (4.1)을 빼면 K_1이 관련된 항이 제거되고,

$$M = \left[N\left(\frac{h}{2}\right) + \left(N\left(\frac{h}{2}\right) - N(h)\right)\right] + K_2\left(\frac{h^2}{2} - h^2\right) + K_3\left(\frac{h^3}{4} - h^3\right) + \cdots .$$

논의를 용이하게 하기 위해, $N_1(h) \equiv N(h)$로 정의하면

$$N_2(h) = N_1\left(\frac{h}{2}\right) + \left[N_1\left(\frac{h}{2}\right) - N_1(h)\right].$$

원래의 두 $O(h)$ 근사들이 결합되어 다음과 같은 M에 대한 $O(h^2)$의 근사 공식을 생산한다.

$$M = N_2(h) - \frac{K_2}{2}h^2 - \frac{3K_3}{4}h^3 - \cdots \tag{4.3}$$

만약 식 (4.3)에서 h를 $\dfrac{h}{2}$로 대체하면,

$$M = N_2\left(\frac{h}{2}\right) - \frac{K_2}{8}h^2 - \frac{3K_3}{32}h^3 - \cdots . \tag{4.4}$$

이를 식 (4.3)과 결합하면 h^2 항을 제거할 수 있다. 구체적으로, 식 (4.3)을 식 (4.4)를 네 배한 것에서 빼면

$$3M = 4N_2\left(\frac{h}{2}\right) - N_2(h) + \frac{3K_3}{4}\left(-\frac{h^3}{2} + h^3\right) + \cdots$$
$$M = \left[N_2\left(\frac{h}{2}\right) + \frac{N_2(h/2) - N_2(h)}{3}\right] + \frac{K_3}{8}h^3 + \cdots.$$

다음을 정의하면

$$N_3(h) \equiv N_2\left(\frac{h}{2}\right) + \frac{N_2(h/2) - N_2(h)}{3}$$

이것은 M에 대한 $O(h^3)$의 근사 공식으로 간단히 된다.

$$M = N_3(h) + \frac{K_3}{8}h^3 + \cdots$$

과정은 다음과 같은 $O(h^4)$의 근사와

$$N_4(h) = N_3\left(\frac{h}{2}\right) + \frac{N_3(h/2) - N_3(h)}{7},$$

$O(h^5)$의 근사

$$N_5(h) = N_4\left(\frac{h}{2}\right) + \frac{N_4(h/2) - N_4(h)}{15}$$

등을 구축함으로써 계속된다. 일반적으로 만약 M이 다음 형태로 쓰여질 수 있으면

$$M = N(h) + \sum_{j=1}^{m-1} K_j h^j + O(h^m).$$

각 $j = 2,\ 3,\ \cdots,\ m$에 대해서, 다음 형태의 $O(h^j)$의 근사식을 가진다.

$$N_j(h) = N_{j-1}\left(\frac{h}{2}\right) + \frac{N_{j-1}(h/2) - N_{j-1}(h)}{2^{j-1} - 1}.$$

이 근사들은 가장 고차공식들을 활용하기 위해서 행별로 생성된다. 처음 네 행들은 [표 4.2]에서 볼 수 있다.

$O(h)$	$O(h^2)$	$O(h^3)$	$O(h^4)$
$1: N_1(h)$			
$2: N_1(\frac{h}{2})$	$3: N_2(h)$		
$4: N_1(\frac{h}{4})$	$5: N_2(\frac{h}{2})$	$6: N_3(h)$	
$7: N_1(\frac{h}{8})$	$8: N_2(\frac{h}{4})$	$9: N_3(\frac{h}{2})$	$10: N_4(h)$

표 4.2

복합 사다리꼴 법칙과 외삽법 (Extrapolation with the Composite Trapezoidal Rule)

4.3절에서 복합 사다리꼴 법칙이 차수 $O(h^2)$의 단절오차를 갖는 것을 보았다. 구체적으로 $h = (b-a)/n$ 과 $x_j = a + jh$에 대해서 숫자 μ가 (a, b)에 있다고 할 때

$$\int_a^b f(x)dx = \frac{h}{2}\left[f(a) + 2\sum_{j-1}^{m-1} f(x_j) + f(b)\right] - \frac{(b-a)f''(\mu)}{12}h^2$$

대안적인 방법에 의해서 $f \in C^{\infty}[a,b]$ 라면, 복합 사다리꼴 법칙은 다음과 같은 오차 부분과 함께 쓰일 수 있다.

$$\int_a^b f(x)dx = \frac{h}{2}\left[f(a) + 2\sum_{j=1}^{n-1} f(x_j) + f(b)\right] + K_1h^2 + K_2h^4 + K_3h^6 + \cdots \tag{4.5}$$

K_i 는 $f^{(2i-1)}(a)$ 와 $f^{(2i-1)}(b)$ 에만 의존하는 상수이다. 복합 사다리꼴 법칙이 이러한 형태를 가지고 있기에 외삽법의 후보가 되는 것이 명백하다. 이러한 결과는 Romberg 적분이라고 부르는 기법이다.

Romberg 적분은 앞에서 우리가 설명한 외삽법보다 더 효과적이다. 오차부분에서 홀수 승이 없기 때문이다. 이러한 경우에

$$N_2(h) = N_1\left(\frac{h}{2}\right) + \frac{1}{3}[N_1(h/2) - N_1(h)], \quad N_3(h) = N_2\left(\frac{h}{2}\right) + \frac{1}{15}[N_2(h/2) - N_2(h)],$$

일반적으로 각 $j = 2, 3, \ldots$ 에 대하여 $O(h^{2j})$ 의 근사는

$$N_j(h) = N_{j-1}\left(\frac{h}{2}\right) + \frac{N_{j-1}(h/2) - N_{j-1}(h)}{4^{j-1} - 1}$$

이고 오차항이 향상된 근사는 [표 4.3]과 같다.

$O(h^2)$	$O(h^4)$	$O(h^6)$	$O(h^8)$
$N_1(h)$			
$N_1(\frac{h}{2})$	$N_2(h)$		
$N_1(\frac{h}{4})$	$N_2(\frac{h}{2})$	$N_3(h)$	
$N_1(\frac{h}{8})$	$N_2(\frac{h}{4})$	$N_3(\frac{h}{2})$	$N_4(h)$

표 4.3

적분 $\int_a^b f(x)dx$ 를 근사하기 위해서 $n = 1, 2, 4, 8, 16, \ldots$ 에 대해 복합 사다리꼴 법칙의 결과를 사용하고 근삿값들의 결과를 $R_{1,1}, R_{2,1}, R_{3,1}$ 등으로 표현한다. $O(h^4)$ 의 근사 $R_{2,2}, R_{3,2}, R_{4,2}$ 등을 얻기 위하여 외삽법을 적용하면

$$R_{k,2} = R_{k,1} + \frac{1}{3}(R_{k,1} - R_{k-1,1}), \qquad k = 2, 3, \ldots$$

그리고 $O(h^6)$ 의 근사 $R_{3,3}, R_{4,3}, R_{5,3}$ 등은

$$R_{k,3} = R_{k,2} + \frac{1}{15}(R_{k,2} - R_{k-1,2}), \qquad k = 3, 4, \ldots$$

이다. 일반적으로 $R_{k,j-1}$ 의 근사가 적절히 얻어진 후에 $O(h^{2j})$ 의 근사는 다음과 같이 얻어진다.

$$R_{k,j} = R_{k,j-1} + \frac{1}{4^{j-1} - 1}(R_{k,j-1} - R_{k-1,j-1}), \qquad k = j, j+1, \ldots$$

이 근사들은 [표 4.4]에 나타나 있다.

k	$O(h^2)$	$O(h^4)$	$O(h^6)$	$O(h^8)$		$O(h^{2n})$
1	$R_{1,1}$					
2	$R_{2,1}$	$R_{2,2}$				
3	$R_{3,1}$	$R_{3,2}$	$R_{3,3}$			
4	$R_{4,1}$	$R_{4,2}$	$R_{4,3}$	$R_{4,4}$		
$\vdots$	$\vdots$	$\vdots$	$\vdots$	$\vdots$	$\ddots$	
n	$R_{n,1}$	$R_{n,2}$	$R_{n,3}$	$R_{n,4}$	$\cdots$	$R_{n,n}$

표 4.4

예제 4.4.1 복합 사다리꼴 법칙을 사용하여 $n = 1, 2, 4, 8, 16$ 에서 $\int_0^\pi \sin x dx$ 의 근삿값을 구하라.

풀이 여러 n 값에 해당하는 복합 사다리꼴 법칙의 근삿값은 다음과 같다. 참값은 2이다.

$$R_{1,1} = \frac{\pi}{2}[\sin 0 + \sin\pi] = 0;$$

$$R_{2,1} = \frac{\pi}{4}\left[\sin 0 + 2\sin\frac{\pi}{2} + \sin\pi\right] = 1.57079633;$$

$$R_{3,1} = \frac{\pi}{8}\left[\sin 0 + 2\left(\sin\frac{\pi}{4} + \sin\frac{\pi}{2} + \sin\frac{3\pi}{4}\right) + \sin\pi\right] = 1.89611890;$$

$$R_{4,1} = \frac{\pi}{16}\left[\sin 0 + 2\left(\sin\frac{\pi}{8} + \sin\frac{\pi}{4} + \cdots + \sin\frac{3\pi}{4} + \sin\frac{7\pi}{8}\right) + \sin\pi\right] = 1.97423160;$$

$$R_{5,1} = \frac{\pi}{32}\left[\sin 0 + 2\left(\sin\frac{\pi}{16} + \sin\frac{\pi}{8} + \cdots + \sin\frac{7\pi}{8} + \sin\frac{15\pi}{16}\right) + \sin\pi\right] = 1.99357034;$$

■

복합 사다리꼴 법칙의 연속적인 적용은 앞선 단계의 함숫값을 측정하는 것을 포함한다. 그러나 그 값들의 반만 사용한다. $\int_a^b f(x)dx$ 를 근사를 복합 사다리꼴 법칙을 이용해서 효과적으로 사용하기 위해 다음과 같이 표현한다.

$$R_{k,1} = \frac{1}{2}\left[R_{k-1,1} + h_{k-1}\sum_{i=1}^{2^{k-2}} f(a + (2i-1)h_k)\right], \qquad h_k = \frac{b-1}{2^{k-1}} \qquad k = 2, 3, \ldots, n \tag{4.6}$$

그러면 $O(h_k^{2j})$ 을 근사하기 위해 외삽법이 다음과 같이 사용된다.

$$R_{k,j} = R_{k,j-1} + \frac{1}{4^{j-1}-1}(R_{k,j-1} - R_{k-1,j-1}), \qquad k = j, j+1, \ldots$$

예제 4.4.2 [예제 4.4.1] 에서 $n = 1, 2, 4, 8, 16$ 일 때 $\int_0^\pi \sin x dx$ 의 복합 사다리꼴 근사를 다음과 같이 구했다.

$$R_{1,1} = 0, \quad R_{2,1} = 1.57079633, \quad R_{3,1} = 1.89611890, \quad R_{4,1} = 1.97423160, \quad R_{5,1} = 1.99357034$$

이 결과들에 Romberg 외삽법을 적용하라.

풀이 $O(h^4)$ 의 근사 네 개는

$$R_{2,2} = R_{2,1} + \frac{1}{3}(R_{2,1} - R_{1,1}) = 2.09439511;$$

$$R_{3,2} = R_{3,1} + \frac{1}{3}(R_{3,1} - R_{2,1}) = 2.00455976;$$

$$R_{4,2} = R_{4,1} + \frac{1}{3}(R_{4,1} - R_{3,1}) = 2.00026917;$$

$$R_{5,2} = R_{5,1} + \frac{1}{3}(R_{5,1} - R_{4,1}) = 2.00001659;$$

$O(h^6)$ 의 근사 세 개는

$$R_{3,3} = R_{3,2} + \frac{1}{15}(R_{3,2} - R_{2,2}) = 1.99857073;$$
$$R_{4,3} = R_{4,2} + \frac{1}{15}(R_{4,2} - R_{3,2}) = 1.99998313;$$
$$R_{5,3} = R_{5,2} + \frac{1}{15}(R_{5,2} - R_{4,2}) = 1.99999975.$$

$O(h^8)$ 의 근사 두 개는

$$R_{4,4} = R_{4,3} + \frac{1}{63}(R_{4,3} - R_{3,3}) = 2.00000555;$$
$$R_{5,4} = R_{5,3} + \frac{1}{63}(R_{5,3} - R_{4,3}) = 2.00000001.$$

$O(h^10)$ 의 마지막 근사는

$$R_{5,5} = R_{5,4} + \frac{1}{255}(R_{5,4} - R_{4,4}) = 1.9999999.$$

결과는 [표 4.5] 에 나와 있다.

0				
1.57079633	2.09439511			
1.89611890	2.00455976	1.99857073		
1.97423160	2.00026917	1.99998313	2.00000555	
1.99357034	2.00001659	1.99999975	2.00000001	1.99999999

표 4.5

Romberg 표를 만들기 위한 효과적인 방법은 가장 높은 차수의 근사를 각 단계에서 사용하는 것이다. 즉, $R_{1,1}, R_{2,1}, R_{2,2}, R_{3,1}, R_{3,2}, R_{3,3}$ 과 같이 행별로 계산을 실행한다. 복합 사다리꼴 법칙을 단 한 번만 적용함으로써 새로운 한 행 전체를 계산할 수 있는 바람직한 특징을 가지고 있다. 그것은 앞서 계산된 값들에 대한 단순한 평균을 구해서 행의 이어지는 나머지 항목들을 구한다.

예제 4.4.3 만약 사다리꼴 법칙을 $n = 32$ 에 대해서 $\int_0^\pi \sin x dx$ 에 적용하면

$$R_{6,1} = \frac{1}{2}\left[R_{5,1} + \frac{\pi}{16}\sum_{k=1}^{2^4} \sin\frac{(2k-1)\pi}{32}\right] = 1.99839336.$$

이 근삿값과 [예제 4.4.2] 의 결과를 사용하여 [표 4.5] 에 추가적인 외삽행을 더한다.

풀이 [표 4.5] 의 값들을 사용하면

$$R_{6,2} = R_{6,1} + \frac{1}{3}(R_{6,1} - R_{5,1}) = 1.99839336 + \frac{1}{3}(1.99839336 - 1.99357035) = 2.00000103;$$

$$R_{6,3} = R_{6,2} + \frac{1}{15}(R_{6,2} - R_{5,2}) = 2.00000103 + \frac{1}{15}(2.00000103 - 2.00001659) = 2.00000000;$$
$$R_{6,4} = R_{6,3} + \frac{1}{63}(R_{6,3} - R_{5,3}) = 2.00000000; \quad R_{6,5} = R_{6,4} + \frac{1}{255}(R_{6,4} - R_{5,4}) = 2.00000000;$$

이고, $R_{6,6} = R_{6,5} + \frac{1}{1023}(R_{6,5} - R_{5,5}) = 2.00000000$ 이다. 새로운 외삽표는 [표 4.6]에 나와 있다.

0					
1.57079633	2.09439511				
1.89611890	2.00455976	1.99857073			
1.97423160	2.00026917	1.99998313	2.00000555		
1.99357034	2.00001659	1.99999975	2.00000001	1.99999999	
1.99839336	2.00000103	2.00000000	2.00000000	2.00000000	2.00000000

표 4.6

첫 원소(두 번째 열의 첫 행에 있는)를 제외한 모든 외삽된 값들은 1열의 마지막 행에 있는) 가장 좋은 복합 사다리꼴 근사보다 더욱 정확하다. 비록 표 4.6에 스물한 개의 항목들이 있다 하더라도, 첫 열에 있는 단 여섯 개가 함수 계산들을 요구하는데 이것들이 이 적분 기법에 의해 생성된 유일한 항목들이기 때문이다. 다른 항목들은 단순한 평균값 계산으로 구한 것들이다. 일반적으로 $R_{k,1}$ 를 구하려면 $1 + 2^{k-1}$ 의 함숫값을 계산해야 한다. 그러므로 이 경우에는 $1 + 2^5 = 33$ 이다.

프로그램 ROMBERG42에서는 생성할 행들의 개수를 결정하기 위해 미리 정해진 정수 n을 요구한다. 또한 근사를 위한 오차 공차를 미리 정하고, 연이은 대각선 항목 $R_{n,n}$ 들이 그 공차에 일치할 때까지 상한 내에 있는 n 에 대해 $R_{n,n}$ 을 생성할 때 유용하다.

구간 $[a, b]$ 에 있는 함수 f 에 적용된 Romberg 적분은 복합 사다리꼴 법칙의 오차항이 식(4.5)와 같이 나타낼 수 있다는 가정에 의존한다. 즉, k 행에 대하여 $f \in C^{2k+2}[a, b]$ 가 성립하여야 한다.

4.4 연습문제

1. Romberg 적분을 사용해서 다음 적분들에 대한 $R_{3,3}$ 을 계산하라.

a. $\displaystyle\int_1^{1.5} x^2 \ln x dx$

b. $\displaystyle\int_0^1 x^2 e^{-x} dx$

c. $\displaystyle\int_0^{0.35} \frac{2}{x^2 - 4} dx$

d. $\displaystyle\int_0^{\pi/4} x^2 \sin x dx$

e. $\displaystyle\int_0^{\pi/4} e^{3x} \sin 2x dx$

f. $\displaystyle\int_1^{1.6} \frac{2x}{x^2 - 4} dx$

g. $\displaystyle\int_3^{3.5} \frac{x}{\sqrt{x^2 - 4}} \ln x dx$

h. $\displaystyle\int_0^{\pi/4} (\cos x)^2 dx$

2. 연습문제 1에 있는 적분들에 대해서 $R_{4,4}$를 계산하라.

3. Romberg 적분을 사용해서 연습문제 1에 있는 적분들을 10^{-6} 내로 근사하라. $|R_{n-1,n-1} - R_{n,n}| < 10^{-6}$ 또는 $n = 10$일 때까지 Romberg 표를 계산하라. 결과를 정확한 해와 비교하라.

4. $R_{n-1,n-1}$과 $R_{n,n}$들이 10^{-4} 내에서 일치할 때까지 Romberg 적분을 다음 적분에 적용하라.

a. $\displaystyle\int_0^1 x^{1/3}dx$

b. $\displaystyle\int_0^{0.3} f(x)dx$

$$f(x) = \begin{cases} x^3 + 1, & (0 \le x \le 0.1) \\ 1.001 + 0.03(x-0.1) + 0.3(x-0.1)^2 + 2(x-0.1)^3, & (0.1 \le x \le 0.2) \\ 1.009 + 0.15(x-0.2) + 0.9(x-0.2)^2 + 2(x-0.2)^3, & (0.2 \le x \le 0.3) \end{cases}$$

5. 다음 표를 사용해서 가능한 한 정확하게 $\int_1^5 f(x)dx$를 근사하라.

x	1	2	3	4	5
$f(x)$	2.4142	2.6734	2.8974	3.0976	3.2804

6. Romberg 적분을 사용해서 다음을 근사하려고 한다. $R_{11} = 0.250$이고 $R_2 = 0.2315$이면, R_{21}은 얼마인가?

$$\int_0^1 \frac{x^2}{1+x^3}dx$$

7. Romberg 적분을 사용해서 다음을 근사한다.

$$\int_2^3 f(x)dx$$

만약 $f(2) = 0.51342$, $f(3) = 0.36788$, $R_{31} = 0.43687$ 및 $R_{33} = 0.43662$이면, $f(2.5)$는 얼마인가?

8. $\displaystyle\int_0^1 f(x)dx$를 근사하기 위해 Romberg 적분을 하면 $R_{11} = 4$이고 $R_{22} = 5$를 얻는다. $f(1/2)$를 구하라.

9. $\displaystyle\int_a^b f(x)dx$를 근사하기 위해 Romberg 적분을 하면 $R_{11} = 8$이고 $R_{22} = \dfrac{16}{3}$, $R_{33} = \dfrac{208}{45}$이다. R_{31}를 구하라.

10. $N(h)$가 모든 $h > 20$에 대해서 M에 대한 근사이고 상수 $K_1, K_2, K_3, \cdots$ 들에 대해서

$$M = N(h) + K_1h + K_2h^2 + K_3h^3 + \cdots$$

이라고 가정하자. $N(h), N(h/3)$ 및 $N(h/9)$ 값들을 사용해서 M에 대한 $O(h^3)$ 근사를 생성하라.

11. $N(h)$가 모든 $h > 0$에 대해서 M에 대한 근사이고 상수 $K_1, K_2, K_3, \ldots$들에 대해서

$$M = N(h) + K_1h^2 + K_2h^4 + K_3h^6 + \ldots$$

이라고 가정하자. $N(h), N(h/3)$, 및 $N(h/9)$ 값들을 사용해서 M에 대한 $O(h^6)$ 근사를 생성하라.

12. 미적분학에서 $e = \lim_{h\to 0}(1+h)^{1/h}$ 임을 배웠다.

a. $h = 0.04,\ 0.02$ 및 0.01에 상응하는 e에 대한 근사를 결정해라.

b.

$$e = (1 + h)^{1/h} + K_1 h + K_2 h^2 + K_3 h^3 + \cdots$$

이 성립하는 상수 $K_1,\ K_2,\ \cdots$ 들이 존재한다고 가정하고, 근사들에 대해 외삽을 사용해서 $h = 0.04$일 때 e에 대한 $O(h^3)$ 근사를 생산하라.

c. b.에서 가정한 것이 올바르다고 생각하는가?

13. a. 다음을 보여라.

$$\lim_{h \to 0} \left(\frac{2+h}{2-h} \right)^{1/h} = e.$$

b. $h = 0.04,\ 0.02$ 및 0.01에 대해서, 공식

$$N(h) = \left(\frac{2+h}{2-h} \right)^{1/h}$$

을 사용해서 e에 대한 근사를 계산하라.

c. $e = N(h) + K_1 h + K_2 h^2 + K_3 h^3 + \cdots$ 이라고 가정하자. 외삽을 사용해서 열여섯 자릿수의 정확도로 $h = 0.04$일 때 e에 대한 $O(h^3)$ 근사를 계산하라. 이 가정이 옳다고 생각하는가?

d. $N(-h) = N(h)$ 임을 보여라.

e. d를 사용해서 공식

$$e = N(h) + K_1 h + K_2 h^2 + K_3 h^3 + K_4 h^4 + K_5 h^5 + \cdots$$

에서 $K_1 = K_3 = K_5 = \cdots = 0$이 되어서 공식이

$$e = N(h) + K_2 h^2 + K_4 h^4 + K_6 h^6 + \cdots$$

로 감축되는 것을 보여라.

f. e의 결과들과 외삽을 사용해서 $h = 0.04$일 때 e에 대한 $O(h^6)$ 근사를 계산하라.

14. $M = N(h) + K_2 h^2 + K_4 h^4 + K_3 h^6$이 되는 수 M을 근사하기 위해서 다음 외삽표를 구축하였다고 가정하자.

$N_1(h)$		
$N_1(\frac{h}{2})$	$N_2(h)$	
$N_1(\frac{h}{4})$	$N_2(\frac{h}{2})$	$N_3(h)$

a. $(h^2, N_1(h))$와 $(h^2/4, N_1(h/2))$를 지나는 선형보간다항식 $P_{0,1}(h)$가 $P_{0,1}(0) = N_2(h)$를 만족하는 것을 보여라. 마찬가지로, $P_{1,2}(0) = N_2(h/2)$ 임을 보여라.

b. $(h^4, N_2(h))$와 $(h^4/16, N_2(h/2))$를 지나는 선형보간다항식 $P_{0,2}(h)$가 $P_{0,2}(0) = N_3(h)$를 만족하는 것을 보여라.

4.5 Gauss 구적법

4.2절에서는 보간다항식들을 적분함으로써 함수의 적분을 근사하는 공식들을 유도하였다. n차 보간다항식에서의 오차항은 근사되는 함수의 $(n+1)$계도함수와 관련된다. 차수가 n과 같거나 그보다 작은 모든 다항식은 그의 $(n+1)$계도함수에 대해 0을 가지기 때문에 이 유형의 공식을 그런 다항식에 적용하면 정확한 결과를 갖는다.

4.2절에 있는 모든 공식들은 간격이 일정한 점들에 대한 함숫값들을 사용한다. 4.3절에서 고려했던 복합 법칙들을 형성하기 위해서 공식들을 결합할 때는 간격이 일정한 점들에 대한 것이 편리하지만, 이 제약은 근사의 정확성을 심각하게 저해할 수 있다. 예를 들어 [그림 4.7]에 있는 함수들을 적분하기 위해 사다리꼴 공식을 적용한다고 하자. 사다리꼴 공식은 함수에 대한 그래프의 양 끝점을 결합하는 선형함수를 적분함으로써 함수에 대한 적분을 근사한다.

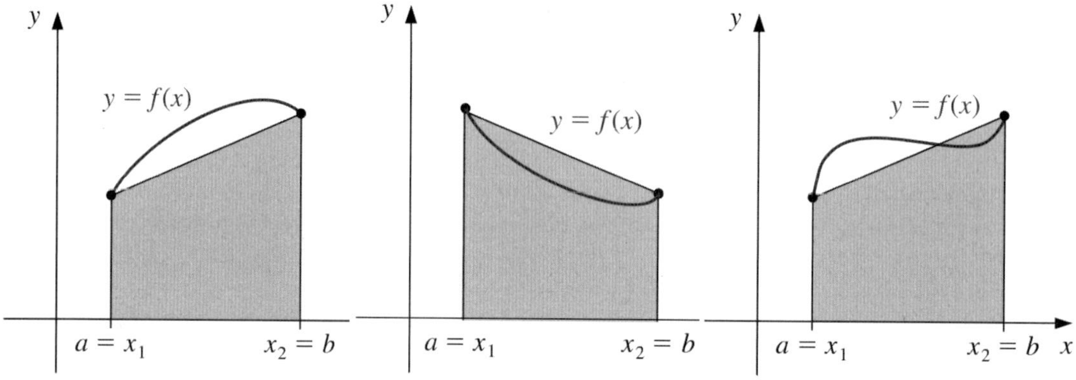

그림 4.7

그러나 이것은 주어진 적분을 근사하기 위한 가장 좋은 선으로는 보이지 않는다. [그림 4.8]에 보이는 선들이 대부분의 경우에 더 좋은 근사를 줄 것이다.

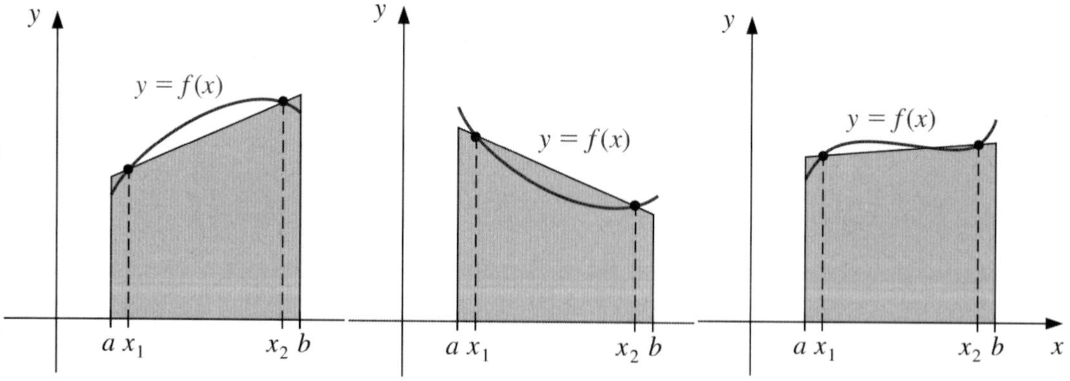

그림 4.8

Gauss 구적법은 일정하게 간격이 정해진 것보다는 최적의 방식으로 계산하기 위해 점들을 선택한다. 다음 근사를 구할 때 예견되는 오차를 최소화하기 위해서 구간 $[a,b]$에 있는 노드 $x_1, x_2, \ldots, x_n$들과 계수 $c_1, c_2, \ldots, c_n$들을 선택한다.

$$\int_a^b f(x)dx \approx \sum_{i=1}^{n} c_i f(x_i).$$

기대되는 오차를 최소화하기 위해서 가장 큰 부류의 다항식들에 대해 정확한 결과를 생산할 수 있으면 그 값들이 최선으로 선정된 것으로 가정한다. 근사 공식에 있는 계수 $c_1, c_2, \ldots, c_n$ 들은 임의의 값들이고, 노드 $x_1, x_2, \ldots, x_n$ 들은 그들이 적분구간 $[a, b]$ 에 있어야 한다는 사실에 의해서만 제한된다. 따라서 $2n$ 개의 매개변수들을 선정할 수 있다. 만약 다항식의 계수들이 고려되는 매개변수들이라면 기껏해야 $2n-1$ 차다항식 부류는 또한 $2n$ 개의 매개변수들을 가진다. 그러면 이것이 가장 큰 다항식들의 부류가 될텐데, 그 부류의 다항식들에 대해서 공식이 정확할 것으로 기대해도 된다. 적절히 선정한 값과 상수들에 대해서 이 집합에서의 정확성을 구할 수 있다.

적절한 상수들을 선택하기 위한 절차를 설명하기 위해 $n=2$ 이고 적분의 구간이 $[-1, 1]$ 일 때 계수들과 노드들을 어떻게 선택하는지를 보일 것이다.

예제 4.5.1

$$\int_{-1}^{1} f(x)dx \approx c_1 f(x_1) + c_2 f(x_2)$$

위의 적분 공식이 $f(x)$ 의 차수가 $2(2)-1=3$ 또는 그 이하인 다항식, 즉 상수 a_0, a_1, a_2, a_3 들의 모음에 대해서

$$f(x) = a_0 + a_1 x + a_2 x^2 + a_3 x^3$$

일 때, 언제나 정확한 결과를 얻게 되도록 c_1, c_2, x_1, x_2 를 결정하고 싶다고 하자.

풀이

$$\int_{-1}^{1} (a_0 + a_1 x + a_2 x^2 + a_3 x^3)dx = a_0 \int_{-1}^{1} 1\,dx + \int_{-1}^{1} x dx + a_2 \int_{-1}^{1} x^2 dx + a_3 \int_{-1}^{1} x^3 dx$$

가 성립하므로, 이것은 그 공식이 $f(x)$ 가 1, x, x^2, x^3 일 때 정확한 결과를 준다는 것을 입증하는 것과 동등하다. 이것이 만족해야 할 조건이다. 그래서 다음이 성립되는 c_1, c_2, x_1, x_2 를 찾아야 한다.

$$c_1 \cdot 1 + c_2 \cdot 1 = \int_{-1}^{1} 1\,dx = 2, \quad c_1 \cdot x_1 + c_2 \cdot x_2 = \int_{-1}^{1} x dx = 0$$

$$c_1 \cdot x_1^2 + c_2 \cdot x_2^2 = \int_{-1}^{1} x^2 dx = \frac{2}{3}, \quad c_1 \cdot x_1^3 + c_2 \cdot x_2^3 = \int_{-1}^{1} x^3 dx = 0$$

이 연립방정식을 풀면 다음과 같은 유일한 해를 갖는다.

$$c_1 = 1,\ c_2 = 1,\ x_1 = -\frac{\sqrt{3}}{3}, \quad x_2 = \frac{\sqrt{3}}{3}$$

이 결과는 다음 적분 근사 공식을 생산한다.

$$\int_{-1}^{1} f(x)dx \approx f\left(-\frac{\sqrt{3}}{3}\right) + f\left(\frac{\sqrt{3}}{3}\right) \tag{4.7}$$

이것은 차수가 3 또는 그 이하인 모든 다항식에 대해 정확한 결과를 준다. ■

Legendre 다항식 (Legendre Polynomials)

[예제 4.5.1]에 있는 기법은 더 고차다항식들에 대해 정확한 결과를 주는 공식들을 위한 노드들과 계수들을 결정하기 위해 사용할 수 있지만, 그들을 더욱 쉽게 구하는 다른 방법이 있다. 8.3절에서, 두 개의 임의의 곱의 특별한 정적분이 0인 특성을 가지는 함수들인 직교다항식(orthogonal polynomials)들의 다양한 모음들을 고려할 것이다. 고려하고 있는 문제와 연관 있는 집합은 Legendre 다항식들의 집합인데 이는 다음 특성들을 가지는 모음 $\{P_0(x), P_1(x), \ldots, P_n(x)\}$ 이다.

- 각 n에 대해, $P_n(x)$는 n차다항식이다.
- $i \neq j$일 때는 언제나 $\int_{-1}^{1} P_i(x)P_j(x)dx = 0$이다.

처음 몇 개의 Legendre 다항식들은 다음과 같다.

$$P_0(x) = 1, \quad P_1(x) = x, \quad P_2(x) = x^2 - \frac{1}{3},$$
$$P_3(x) = x^3 - \frac{3}{5}x, \qquad P_4(x) = x^4 - \frac{6}{7}x^2 + \frac{3}{35}$$

이 다항식들의 근들은 서로 다르고, 구간 $(-1, 1)$에 있으며 원점에 관해 대칭성을 가진다. 이는 지금까지 고려한 문제를 푸는 데 가장 중요하게 사용할 노드들이다.

$2n-1$차 또는 그 이하의 임의의 다항식에 대해 정확한 결과들을 줄 적분근사공식을 생산하기 위해서 필요한 노드 x_1, x_2, ..., x_n들은 n차 Legendre 다항식의 근들이다. 그리고 일단 근들이 알려지면, 각 $i = 1, 2, \ldots, n$에 대해서

$$c_i = \int_{-1}^{1} \frac{(x-x_1)(x-x_2)\cdots(x-x_{i-1})(x-x_{i+1})\cdots(x-x_n)}{(x_i-x_1)(x_i-x_2)\cdots(x_i-x_{i-1})(x_i-x_{i+1})\cdots(x_i-x_n)}dx$$

이 성립한다는 사실로부터 이들 노드에서의 함숫값을 계산하기 위한 적절한 계수를 찾을 수 있다. 그러나 Legendre 다항식들의 근들과 계수는 모두 광범위하게 도표화되어 있으므로 반드시 이 계산들을 해야 하는 것은 아니다. [표 4.7]은 일부분을 보이고 있으며 더 고차다항식들에 대한 목록들은 Stround and Secrest[StS]가 지은 책에 나와 있다.

n	Roots $r_{n,i}$	Coefficients $c_{n,i}$
2	0.5773502692	1.0000000000
	−0.5773502692	1.0000000000
3	0.7745966692	0.5555555556
	0.0000000000	0.8888888889
	−0.7745966692	0.5555555556
4	0.8611363116	0.3478548451
	0.3399810436	0.6521451549
	−0.3399810436	0.6521451549
	−0.8611363116	0.3478548451
5	0.9061798459	0.2369268850
	0.5384693101	0.4786286705
	0.0000000000	0.5688888889
	−0.5384693101	0.4786286705
	−0.9061798459	0.2369268850

표 4.7

예제 4.5.2 $n = 3$일 때 Gauss 구적법을 사용하여 $\int_{-1}^{1} e^x \cos x \, dx$를 근사하라.

풀이 [표 4.7]을 사용하여

$$\int_{-1}^{1} e^x \cos x dx \approx 0.\bar{5}e^{0.774596692} \cos 0.774596692 + 0.\bar{8} \cos 0 + 0.\bar{5}e^{-0.774596692} \cos(-0.774596692)$$
$$= 1.9333904$$

부분적분을 이용하여 적분의 참값이 1.9334214임을 알 수 있고 절대오차는 3.2×10^{-5}보다 작다. ■

이것으로 구간 $[-1,1]$에서 함수들의 정적분들에 대한 근사 문제에 대한 풀이를 마무리한다. 그러나 이 해법은

$$t=\frac{2x-a-b}{b-a}$$

와 같은 단순한 선형 관계가 구간 $[a,b]$에 있는 x를 구간 $[-1,1]$에 있는 t로 변환하기 때문에 어떠한 폐구간에 대해서도 충분히 사용할 수 있다. 그러면 다음을 근사하기 위해서 Legendre 다항식들을 사용할 수 있다.

$$\int_a^b f(x)dx=\int_{-1}^1 f\left(\frac{(b-a)t+b+a}{2}\right)\frac{(b-a)}{2}dt$$

[표 4.7]에 주어진 근 $r_{n,1},\ r_{n,2},\ \ldots,\ r_{n,n}$들과 계수 $c_{n,1},\ c_{n,2},\ \ldots,\ c_{n,n}$들을 사용하면 다음과 같은 근사 공식을 생성하는데, 이로부터 차수 $2n+1$또는 그 이하인 다항식에 대해 정확한 결과를 얻는다.

> **정리 4.5.3 [Gauss 구적법 (Gaussian Quadrature)]**
>
> $f(x)$가 $2n+1$ 또는 그 이하 차수인 다항식일 때는 다음 근사
>
> $$\int_a^b f(x)dx\approx\frac{b-a}{2}\sum_{j=1}^{n}c_{n,j}f\left(\frac{(b-a)r_{n,j}+b+a}{2}\right)$$
>
> 는 언제나 정확하다.

예제 4.5.4 적분 $\int_1^3 x^6-x^2\sin(2x)dx\approx 317.3442466$을 고려하라.

a. 사다리꼴 법칙과 $n=2$ 일 때 복합 중간점 법칙과 $n=2$일 때 Guass 구적법의 결과를 비교하라.

b. $n=2$일 때 복합 사다리꼴 법칙, 심프슨 법칙과 $n=3$일 때 Guass 구적법의 결과를 비교하라.

풀이 a. 이 부분에서 각 모형은 함수 $f(x)=x^6-x^2\sin(2x)$의 두 번 계산을 필요로 한다. Newton-Cotes 근사는:

$$\text{사다리꼴 법칙 :}\qquad [f(1)+f(3)]=731.6054420;$$
$$\text{복합 중간점 법칙 :}\qquad [f(3/2)+f(5/2)]=261.2070067.$$

근삿값의 큰 차이가 의미하는 것은 이 중 하나는 매우 부정확하다는 것이다.

Gauss 구적법을 적용하려면 먼저 적분구간을 $[-1,1]$로 변형시켜야 한다. Gauss 구적법 모형은 다음과 같다.

$$\int_1^3 x^6-x^2\sin(2x)dx=\int_{-1}^1(t+2)^6-(t+2)^2\sin(2(t+2))dt.$$

$c_{2,1}=c_{2,2}=1,\ r_{2,1}=-0.5773502692,\ \ r_{2,2}=0.5773502692$이기 때문에

$$\int_1^3 x^6-x^2\sin(2x)dx\approx f(-0.5773502692+2)+f(0.5773502692+2)=306.8199344$$

b. 각 모형은 함수 $f(x)=x^6-x^2\sin(2x)$의 세 번 계산을 필요로 한다. Newton-Cotes 근사는 다음과 같다.

$$\text{사다리꼴 법칙 :}\qquad \frac{1}{2}[f(1)+2f(2)+f(3)]=432.8299311;$$
$$\text{복합 중간점 법칙 :}\qquad \frac{1}{3}[f(1)+4f(2)+f(3)]=333.2380940.$$

변환을 한 후에 Gauss 구적법은 다음과 같다.

$$\int_1^3 x^6 - x^2 \sin(2x)dx \approx 0.\bar{5}f(-0.7745966692+2) + 0.\bar{8}f(2) + 0.\bar{5}f(0.7745966692+2) = 317.2641516$$

Gauss 구적법의 결과는 예제에서 보듯이 우수한 것을 알 수 있다. ■

간단한 문제들에 대해서는 복합 심프슨 법칙을 사용 가능하지만 많은 계산이 요구되는 함수에 대한 문제들에는 확실히 Gauss 절차를 고려하여야 한다. Gauss 구적법은 다중적분들을 근사하기 위해서는 특별히 중요하다. 함수 계산 횟수는 적분의 개수의 거듭제곱으로 늘어나기 때문이다. 이 내용은 4.7절에서 다루도록 하자.

MATLAB은 quadgk라는 명령어로 Gauss-Kronrod 방법에 의한 Gauss 구적법을 사용한다. 이는 다양한 적분을 근사하는데 사용될 수 있다. 이 과정은 M-file에 정의된 피적분함수를 필요로 한다. 우리가 다루었던 예에 대해서 보면

```
function Y = ourfunction2(x)
Y = x^6-x^2*sin(2*x);
```

이고 `ourfunction2.m`이라는 파일명으로 저장되어 있다. 이 스크립트 파일은 MATLAB이 다음과 같은 명령어를 통해 사용될 수 있도록 되이있다.

```
F2 = @ourfunction2
```

적분의 경계 a, b가 다음과 같이 정의된다.

```
a=1, b=3
```

quadgk의 과정은 아래의 명령어를 통해 불러온다. 이는 제시된 근사 위치와 오차 범위 안에서 정확한 값을 출력한다.

```
[q,errbnd]=quadgk(F2,a,b)
```

$$q = 3.173442466738263e + 002, \quad errbnd = 2.164518564384821e - 014$$

4.5 연습문제

1. $n = 2$로 Gauss 구적법을 사용해서 다음 적분들을 근사하고 결과를 정확한 적분값들과 비교하라.

   a. $\int_{1}^{1.5} x^2 \ln x dx$　　b. $\int_{0}^{1} x^2 e^{-x} dx$

   c. $\int_{0}^{0.35} \frac{2}{x^2 - 4} dx$　　d. $\int_{0}^{\pi/4} x^2 \sin x dx$

   e. $\int_{0}^{\pi/4} e^{3x} \sin 2x dx$　　f. $\int_{1}^{1.6} \frac{2x}{x^2 - 4} dx$

   g. $\int_{3}^{3.5} \frac{x}{\sqrt{x^2 - 4}} dx$　　h. $\int_{0}^{\pi/4} (\cos x)^2 dx$

2. $n = 3$으로 연습문제 1을 반복하라.

3. $n = 4$로 연습문제 1을 반복하라.

4. $n = 5$로 연습문제 1을 반복하라.

5. 다음 구적법 공식을 만족하는 삼차 또는 그 이하의 다항식들에 대해 정확한 결과를 제공하는 상수 a, b, c, d를 결정하라.

$$\int_{-1}^{1} f(x)dx = af(-1) + bf(1) + cf'(-1) + df'(1).$$

6. 다음 구적법 공식을 만족하는 사차 또는 그 이하의 다항식들에 대해 정확한 결과를 제공하는 상수 a, b, c, d를 결정하라.

$$\int_{-1}^{1} f(x)dx = af(-1) + bf(0) + cf(1) + df'(-1) + ef'(1).$$

7. Legendre 다항식 각각에 대한 근을 구해서 [표 4.7]에 있는 $n = 2$와 3의 값들에 대한 항목들을 입증하고, 이 표 앞에 있는 방정식들을 이용해서 그 값들과 연관된 계수들을 구하라.

8. $P_0(x) = 1$, $P_1(x) = x$일 때, 순환 관계

$$P_{n+1}(x) = xP_n(x) - \frac{n^2}{4n^2 - 1} P_{n-1}(x), \quad (n \geq 1)$$

   를 사용해서 Legendre 다항식 $P_2(x)$, $P_3(x)$ 및 $P_4(x)$들을 유도하라.

4.6 적응식 구적법

4.3절에서 큰 구간에 걸친 적분을 더 작은 부구간들에 걸친 적분들로 잘게 나누기 위해 복합적인 근사 방법들을 사용했다. 그 절에서 사용한 접근 방법은 일정한 간격을 갖는 부구간들과 관련되어 있고 이는 각 근사들을 편리한 형태가 되도록 하였다. 이는 대부분의 문제들에 대해서 만족스럽지만, 적분되는 함수가 적분구간의 일부 부분들에서 심하게 변동할 때 계산량이 증대되게 한다. 이 경우에는 구간에 따라 정확도가 차별되는 기법들이 월등하다. 적응식 수치해법은 전문적인 소프트웨어 패키지들에 주로 사용되는데, 그 이유는 효율적일 뿐만 아니라 일반적으로 명시된 공차 내에 있는 근사들을 제공하기 때문이다.

이 절에서는 적응식 구적법에 대해서 알아보고, 근사오차를 줄이는 것뿐만 아니라 함수의 더 고차도함수들에 대한 지식에 의존하지 않고도 오차산정을 예측하기 위해서 어떻게 적응식 구적법이 사용될 수 있는지에 대해 알아볼 것이다.

적응식 심프슨 법칙 (Adaptive Simpson's Rule)

명시된 공차 $\varepsilon > 0$ 내에서 $\int_a^b f(x)dx$를 근사하기를 원한다고 상상하라. 첫 번째로 단계 크기 $h = \frac{b-a}{2}$로 심프슨 법칙을 적용하면 (a,b)에 존재하는 ξ에 대해서([그림 4.9] 참조)

$$\int_a^b f(x)dx = S(a,b) - \frac{(b-a)^5}{2880}f^{(4)}(\xi) = S(a,b) - \frac{h^5}{90}f^{(4)}(\xi) \tag{4.8}$$

을 얻는다. 여기에서 $[a,b]$에서 $S(a,b)$는 심프슨 법칙 근사를 나타낸다.

$$S(a,b) = \frac{h}{3}[f(a) + 4f(a+h) + f(b)]$$

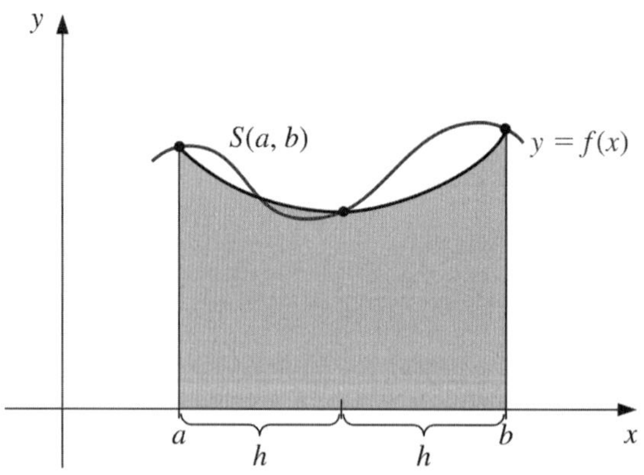

그림 4.9

다음으로 근사의 정확성에 대해, 특별히 $f^{(4)}(\xi)$의 결정을 요구하지 않는 추정에 대해 알아보자. 이를 위해서 $n=4$와 단계 크기 $\frac{b-a}{4} = \frac{h}{2}$를 가지는 문제에 복합 심프슨 법칙을 적용해보자. (a,b)에 있는 $\tilde{\xi}$에 대해서

$$\int_a^b f(x)dx = \frac{h}{6}\left[f(a) + 4f\left(a+\frac{h}{2}\right) + 2f(a+h) + 4f\left(a+\frac{3h}{2}\right) + f(b)\right] - \left(\frac{h}{2}\right)^4 \frac{(b-a)}{180}f^{(4)}(\tilde{\xi}). \tag{4.9}$$

표기를 간단히 하기 위해 $\left[a, \dfrac{a+b}{2}\right]$ 에서 심프슨 법칙 근사를

$$S\left(a, \frac{a+b}{2}\right) = \frac{h}{6}\left[f(a) + 4f\left(a + \frac{h}{2}\right) + f(a+h)\right]$$

로 나타내고, $\left[\dfrac{a+b}{2}, b\right]$ 에서 심프슨 법칙 근사를

$$S\left(\frac{a+b}{2}, b\right) = \frac{h}{6}\left[f(a+h) + 4f\left(a + \frac{3h}{2}\right) + f(b)\right]$$

로 나타내자. 그러면 식 (4.9)는 ([그림 4.10] 참조)

$$\int_a^b f(x)dx = S\left(a, \frac{a+b}{2}\right) + S\left(\frac{a+b}{2}, b\right) - \frac{1}{16}\left(\frac{h^5}{90}\right) f^{(4)}(\tilde{\xi}). \tag{4.10}$$

$f^{(4)}(\xi) \approx f^{(4)}(\tilde{\xi})$ 라고 가정함으로써 오차 추정이 유도되며, 이 가정의 정확성에 의해 적응식 심프슨 방법이

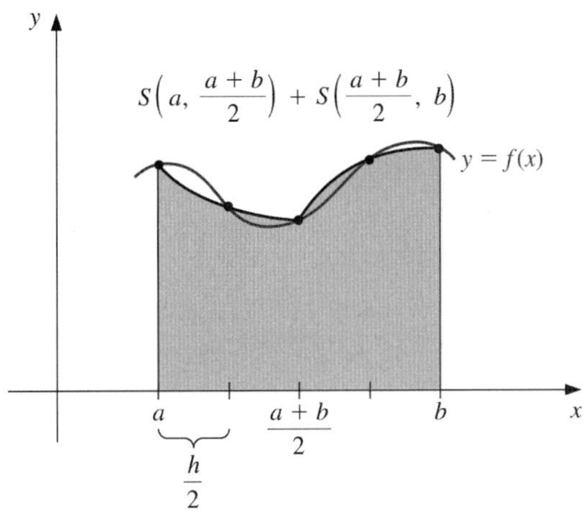

그림 4.10

성공적으로 적용될 수 있다. 만약 이것이 정확하면, 식 (4.8)과 (4.10)에 있는 적분들을 같다고 놓음으로써

$$S\left(a, \frac{a+b}{2}\right) + S\left(\frac{a+b}{2}, b\right) - \frac{1}{16}\left(\frac{h^5}{90}\right) f^{(4)}(\xi) \approx S(a,b) - \frac{h^5}{90} f^{(4)}(\xi)$$

을 얻는다. 그러므로

$$\frac{h^5}{90} f^{(4)}(\xi) \approx \frac{16}{15}\left[S(a,b) - S\left(a, \frac{a+b}{2}\right) - S\left(\frac{a+b}{2}, b\right)\right].$$

이 추정을 식 (4.10)에 사용하면 다음과 같은 오차추정식을 생산한다.

$$\left|\int_a^b f(x)dx - S\left(a, \frac{a+b}{2}\right) - S\left(\frac{a+b}{2}, b\right)\right| \approx \frac{1}{15}\left|S(a,b) - S\left(a, \frac{a+b}{2}\right) - S\left(\frac{a+b}{2}, b\right)\right|$$

따라서 알려진 값 $S(a,b)$ 보다 $S\left(a, \dfrac{a+b}{2}\right) + S\left(\dfrac{a+b}{2}, b\right)$ 가 $\displaystyle\int_a^b f(x)dx$ 를 근사하는 데 15배나 더 정확하다는 것을 알 수 있다. 따라서 두 근사 $S\left(a, \dfrac{a+b}{2}\right) + S\left(\dfrac{a+b}{2}, b\right)$ 와 $S(a,b)$ 가 15ε 보다 더 작게 차이가 난다면, $S\left(a, \dfrac{a+b}{2}\right) + S\left(\dfrac{a+b}{2}, b\right)$ 는 ε 내에서 $\displaystyle\int_a^b f(x)dx$ 를 근사한다.

정리 4.6.1 [적응식 구적법의 오차추정 **(Adaptive Quadrature Error Estimate)**]

$$\left|S(a,b)-S\left(a,\frac{a+b}{2}\right)-S\left(\frac{a+b}{2},b\right)\right|\le 15\varepsilon \text{ 이면, } \left|\int_a^b f(x)dx-S\left(a,\frac{a+b}{2}\right)-S\left(\frac{a+b}{2},b\right)\right|\lessapprox\varepsilon$$

예제 4.6.2 오차추정의 정확성을 보이기 위해, 다음 적분에 대해 오차추정을 적용해 보자.

$$\int_0^{\pi/2}\sin x dx=1$$

풀이 이 경우,

$$S\left(0,\frac{\pi}{2}\right)=\frac{\pi/4}{3}\left[\sin 0+4\sin\frac{\pi}{4}+\sin\frac{\pi}{2}\right]=\frac{\pi}{12}(2\sqrt{2}+1)=1.002279878$$

$$S\left(0,\frac{\pi}{4}\right)+S\left(\frac{\pi}{4},\frac{\pi}{2}\right)=\frac{\pi/8}{3}\left[\sin 0+4\sin\frac{\pi}{8}+2\sin\frac{\pi}{4}+4\sin\frac{3\pi}{8}+\sin\frac{\pi}{2}\right]=1.000134585$$

이 된다. 따라서

$$\left|S\left(0,\frac{\pi}{2}\right)-S\left(0,\frac{\pi}{4}\right)-S\left(\frac{\pi}{4},\frac{\pi}{2}\right)\right|=|1.002279878-1.000164585|=0.002145293$$

을 얻는다. $\int_a^b f(x)dx$ 를 근사하기 위해 $S\left(a,\frac{a+b}{2}\right)+S\left(\frac{a+b}{2},b\right)$ 를 사용하여 구해진 오차에 대한 추정은 다음과 같다.

$$\frac{1}{15}\left|S\left(0,\frac{\pi}{2}\right)-S\left(0,\frac{\pi}{4}\right)-S\left(\frac{\pi}{4},\frac{\pi}{2}\right)\right|=0.000143020$$

비록 $D_x^4\sin x=\sin x$ 가 구간 $\left(0,\frac{\pi}{2}\right)$ 에서 심하게 변동할지라도, 이것은 다음과 같이 실제 오차에 가깝게 근사한다.

$$\left|\int_0^{\pi/2}\sin x dx-1.000134585\right|=0.000134585$$

■

[예제 4.6.2]가 적응식 구적법에 대한 오차추정을 예증한다. 그러나 이 방법의 실제 가치는 주어진 근사의 정확성을 보증하는 정도에서 합리적인 예측이 가능하다는 것이다. 오차의 공차 $\varepsilon>0$ 이 명시되고, 다음과 같다고 하자.

$$\left|S(a,b)-S\left(a,\frac{a+b}{2}\right)-S\left(\frac{a+b}{2},b\right)\right|<15\varepsilon$$

그러면 $\int_a^b f(x)dx$ 값의 ε 내에 $S\left(a,\frac{a+b}{2}\right)+S\left(\frac{a+b}{2},b\right)$ 가 있다고 가정한다.

근사가 충분히 정확하지 않을 때 각 부구간에서 적분에 대한 근사가 $\varepsilon/2$ 의 공차 내에 있는지를 결정하기 위해 오차추정 절차를 부구간 $\left[a,\frac{a+b}{2}\right]$ 와 $s\left[\frac{a+b}{2},b\right]$ 에 각각 적용할 수 있다. 만약 그렇다면 근사들의 합은 공차 ε 내에서 $\int_a^b f(x)dx$ 와 일치한다. 만약 부구간들 중의 하나에서 근사가 공차 $\varepsilon/2$ 내에 있지 못하다면 그 부구간 자체를 더 잘게 나누고 그 더 잘게 나누어진 부구간 각각에서 적분근사가 $\varepsilon/4$ 내에서 정확한지를 결정하기 위해 분석해야 한다.

반으로 나누는 절차(halving procedure)는 요구되는 공차 내에 각 부분이 존재할 때까지 계속된다. 비록 공차에 결코 충족되지 않을 그런 문제들이 존재할 수 있지만, 부구간을 다시 나누는 것이 단지 두 배로 증대된 정확성을 요구하면서도 근사의 정확성은 15배로 증대하기 때문에 일반적으로 이 기법은 정확한 근사를 할 수 있다.

프로그램 ADAPQR43은 심프슨 법칙을 위한 적응식 구적법 절차를 적용한다. 일부 기술적 어려움 때문에 이 방법은 앞에서 논의한 것과는 약간 다르게 구현된다. 연이은 근사들 사이의 공차는 $f^{(4)}(\xi) \approx f^{(4)}(\tilde{\xi})$라고 가정함으로써 생길 수 있는 오차를 보상하기 위해 유도된 값 15ε보다는 오히려 더 안전하도록 10ε로 설정한다. $f^{(4)}$가 심하게 변동한다고 알려질 때는, 이 한계를 더욱 낮추는 것이 합리적일 것이다.

예제 4.6.3 $[1, 3]$에 있는 x에 대한 함수 $f(x) = (100/x^2)\sin(10/x)$의 그래프가 [그림 4.11]이다.

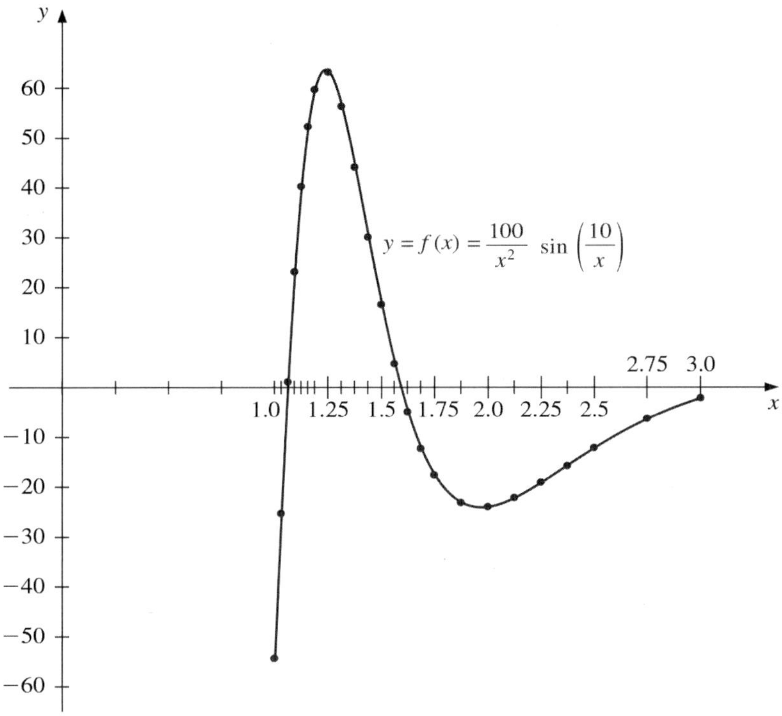

그림 4.11

공차 10^{-4}로 $\int_1^3 f(x)dx$를 근사하기 위해 프로그램 ADAPQR43을 사용하면 -1.426014를 생산하는데 이 결과는 1.1×10^{-5} 내에서 정확한 것이다. 이 근사를 위해서 [그림 4.11]의 수평축에서 보는 23개의 부구간들의 양 끝점에 대해 $n = 4$를 갖는 심프슨 법칙을 수행하여야 한다. 이 근사를 위해 총 93회의 함수 계산을 해야 한다.

표준적인 복합 심프슨 법칙으로 10^{-4} 정확성을 주는 h의 가장 큰 값은 $h = 1/88$이다. 이는 자그마치 177회의 함수 계산을 하여야 하는데 이것은 적응식 구적법에서 요구되는 계산 횟수의 거의 두 배가 된다.

MATLAB에서 quad함수는 우리가 설명한 것보다 더 효과적인 적응식 심프슨 방법에 기초한다. 다음의 명령어

```
[q,fcnt] = quad(f,a,b,tol)
```

는 허용오차를 선택할 수 있고, 정확도에 맞추어 함수의 근사와 계산해야 할 횟수를 얻을 수 있다.
정확도 0.00001에서 우리가 다룬 예의 함수와 적분 경계는 다음과 같은 코드로 정의된다.

```
f = inline('(100./x.^2).*sin(10./x)','x')
a=1, b=3
[q,fcnt]=quad(f,a,b,0.00001)
```

근삿값 q와 함수의 계산 횟수 fcnt는 MATLAB에서 다음의 결과를 출력한다.

$$q = -1.426024570836794, \qquad fcnt = 85$$

4.6 연습문제

1. 다음 적분들에 대해서 심프슨 법칙에 의한 세 개의 근사 $S(a,b)$, $S(a,(a+b)/2)$ 및 $S((s+b)/2,b)$를 계산하고, 근사 공식에 주어진 추정을 입증하라.
   a. $\int_1^{1.5} x^2 \ln x dx$　　b. $\int_0^1 x^2 e^{-x} dx$
   c. $\int_0^{0.35} \frac{2}{x^2-4} dx$　　d. $\int_0^{\pi/4} x^2 \sin x dx$
   e. $\int_0^{\pi/4} e^{3x} \sin 2x dx$　　f. $\int_1^{1.6} \frac{2x}{x^2-4} dx$
   g. $\int_3^{3.5} \frac{x}{\sqrt{x^2-4}} dx$　　h. $\int_0^{\pi/4} (\cos x)^2 dx$

2. 컴퓨터 프로그램을 사용하지 않고 적응식 구적법을 이용해서 연습문제 1에 있는 적분들에 대해서 10^{-3} 내로 근사들을 구하라.

3. 적응식 구적법을 이용해서 10^{-5} 내로 다음 적분들을 근사하라.
   a. $\int_1^3 e^{2x} \sin 3x dx$　　b. $\int_1^3 e^{3x} \sin 2x dx$
   c. $\int_0^5 [2x\cos(2x) - (x-2)^2] dx$　　d. $\int_0^5 [4x\cos(2x) - (x-2)^2] dx$

4. $n = 4, 6, 8, \cdots$ 으로 심프슨 법칙을 사용해서 10^{-6} 내로 다음 적분들이 일치할 때까지 연이은 근사들을 계산하고, 요구되는 노드들의 개수를 결정하라. 적응식 구적법을 이용해서 10^{-6} 내로 적분을 근사하고 노드들의 수를 세어보자. 또한 적응식 구적법이 조금이라도 개선된 결과를 제공하는지 확인하여 보자.
   a. $\int_0^{\pi} x \cos x^2 dx$　　b. $\int_0^{\pi} x \sin x^2 dx$
   c. $\int_0^{\pi} x^2 \cos x dx$　　d. $\int_0^{\pi} x^2 \sin x dx$

5. $[0,1,2]$에서 $\sin(1/x)$와 $\cos(1/x)$의 그래프들을 그려보고, 다음 적분들을 적응식 구적법을 사용해서 10^{-3} 내로 근사하라.

$$\int_{0.1}^2 \sin\frac{1}{x} dx, \qquad \int_{0.1}^2 \cos\frac{1}{x} dx$$

6. $T(a,b)$ 와 $T(a,(a+b)/2)+T((a+b)/2,b)$ 가 $\int_a^b f(x)dx$ 에 대해 사다리꼴 법칙을 한 번 적용한 것과 두 번 적용한 것들이라고 하자. 다음 식들 간의 관계를 결정하라.

$$\left|T(a,b)-\left(T\left(a,\frac{a+b}{2}\right)+T\left(\frac{a+b}{2},b\right)\right)\right|,$$
$$\left|\int_a^b f(x)dx-\left(T\left(a,\frac{a+b}{2}\right)+T\left(\frac{a+b}{2},b\right)\right)\right|$$

7. 미분방정식

$$mu''(t)+ku(t)=F_0\cos\omega t$$

은 질량 m, 스프링 상수 K, 감쇠가 없는 스프링-질량 시스템을 기술한다. 항 $F_0\cos\omega t$ 는 이 시스템에 인가된 주기적인 외부의 힘이다. 이 시스템이 애초에 정지해 있을 때 $(u'(0)=u(0)=0)$ 방정식의 해는 다음과 같다.

$$u(t)=\frac{F_0}{m(\omega_0^2-\omega^2)}[\cos\omega t-\cos\omega_0 t], \qquad \omega_0=\sqrt{\frac{k}{m}}\neq\omega$$

$m=1,\ k=9,\ F_0=1,\ \omega=2,\ t\in[0,2\pi]$ 일 때 u 의 그래프를 그리고, 10^{-4} 내로 $\int_0^{2\pi} u(t)dt$ 를 근사하라..

8. 만약 연습문제 7에 있는 운동 방정식의 왼편에 항 $cu'(t)$ 가 추가된다면 결과로 얻는 미분방정식은 감쇠 상수 $c\neq 0$ 로 감쇠되는 스프링-질량 시스템을 기술한다. 시스템이 애초에 정지하고 있을 때 이 방정식에 대한 해는

$$u(t)=c_1e^{r_1t}+c_2e^{r_2t}+\frac{F_0}{c^2\omega^2+m^2(\omega_0^2-\omega^2)^2}[c\omega\sin\omega t+m(\omega_0^2-\omega^2)\cos\omega t]$$

이고, 여기에서

$$r_1=\frac{-c+\sqrt{c^2-4\omega_0^2m^2}}{2m}, \quad r_2=\frac{-c-\sqrt{c^2-4\omega_0^2m^2}}{2m}$$

a. $m=1,\ k=9,\ F_0=1,\ c=10$ 및 $\omega=2$ 라 하자. $u(0)=u'(0)=0$ 이 되도록 c_1 과 c_2 의 값들을 구하라.

b. $t\in[0,2\pi]$ 에 대해서 $u(t)$ 의 그래프를 그리고 10^{-4} 내로 $\int_0^{2\pi} u(t)dt$ 를 근사하라.

9. 사각형 구멍(aperture)에서의 빛의 굴절에 대한 연구에는 다음과 같은 Fresnel 적분들이 사용된다.

$$c(t)=\int_0^t \cos\frac{\pi}{2}w^2dw, \quad s(t)=\int_0^t \sin\frac{\pi}{2}w^2dw$$

$t=0.1,\ 0.2,\ \cdots,\ 1.0$ 의 값들에 대해서 10^{-4} 내로 정확한 $c(t)$ 와 $s(t)$ 에 대한 값들의 표를 만들어라.

4.7 다중적분

앞 절들에서 논의한 기법들을 조금만 수정하면 다중적분을 근사하는 데 사용할 수 있다. 첫 번째로 다음 이중적분을 살펴보자.

$$\iint_R f(x,y)dA$$

여기에서 R은 다음과 같이 평면에 있는 사각형 영역이다.

$$R = \{(x,y) | a \le x \le b,\ \ c \le y \le d\}$$

또한 a, b, c, d는 상수이다. ([그림 4.12] 참조)

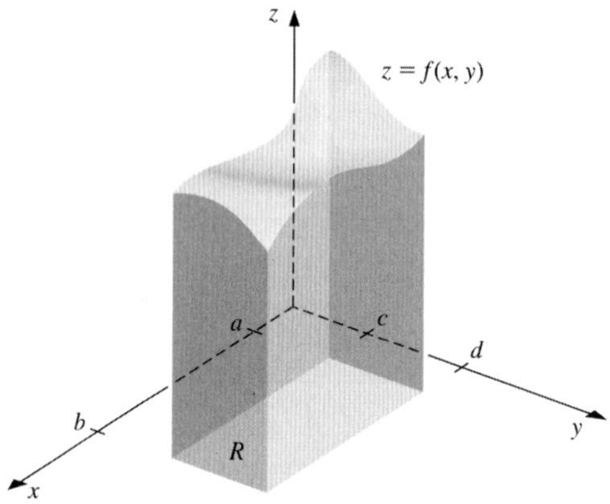

그림 4.12

예제 4.7.1 이중적분을 다음과 같이 반복적분으로 표현하자.

$$\iint_R f(x,y)dA = \int_a^b \left(\int_c^d f(x,y)dy \right) dx.$$

표현을 단순화하기 위해서 $k = (d-c)/2,\ \ h = (b-a)/2$라 하자. 내부의 적분을 구하기 위해서 복합 사다리꼴 법칙을 적용하면,

$$\int_c^d f(x,y)dy \approx \frac{k}{2}\left[f(x,c) + f(x,d) + 2f\left(x, \frac{c+d}{2}\right)\right].$$

이 근사는 차수 $O((d-c)^3)$를 갖는다. 복합 사다리꼴 법칙을 다시 적용하여 x에 대한 함수의 근사를 구하면

$$\begin{aligned}\int_a^b \left(\int_c^d f(x,y)dy \right) dx \approx & \int_a^b \left(\frac{d-c}{4}\right)\left[f(x,c) + 2f\left(x, \frac{c+d}{2}\right) + f(d)\right] dx \\ =&\frac{b-a}{4}\left(\frac{d-c}{4}\right)\left[f(a,c) + 2f\left(a, \frac{c+d}{2}\right) + f(a,d)\right] \\ &+ \frac{b-a}{4}\left(2\left(\frac{d-c}{4}\right)\left[f\left(\frac{a+b}{2}, c\right) + 2f\left(\frac{a+b}{2}, \frac{c+d}{2}\right) + f\left(\frac{a+b}{2}, d\right)\right]\right) \\ &+ \frac{b-a}{4}\left(\frac{d-c}{4}\right)\left[f(b,c) + 2f\left(b, \frac{c+d}{2}\right) + f(b,d)\right]\end{aligned}$$

$$= \frac{(b-a)(d-c)}{16}\Bigg[f(a,c)+f(a,d)+f(b,c)+f(b,d)$$
$$+2\left(f\left(\frac{a+b}{2},c\right)+f\left(\frac{a+b}{2},d\right)+f\left(a,\frac{c+d}{2}\right)+f\left(b,\frac{c+d}{2}\right)\right)+4f\left(\frac{a+b}{2},\frac{c+d}{2}\right)\Bigg]$$

이 근사의 차수는 $O((b-a)(d-c)[(b-a)^2+(d-c)^2])$ 이다. [그림 4.13]은 근사에 사용된 각 격자점들에서 함수가 계산된 횟수를 나타낸다.

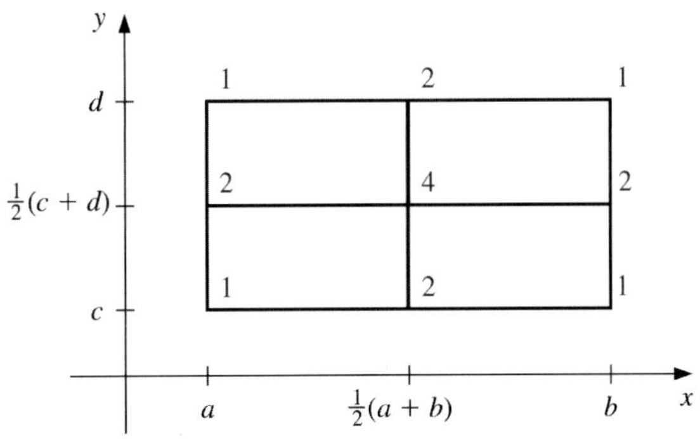

그림 4.13

다른 근사모형들도 큰 변화 없이 사용할 수 있지만, 복합 심프슨 법칙을 적용할 것이다. 짝수 정수 n과 m을 사용해서 단계 크기 $h=(b-1)/n$과 $k=(d-c)/m$을 결정했다고 하자. 먼저 반복된 적분으로서 이중적분을 쓰고,

$$\iint_R f(x,y)dA = \int_a^b \left(\int_c^d f(x,y)dy\right)dx$$

x를 상수로 취급하고 복합 심프슨 법칙을 사용하여 다음을 근사해 보자.

$$\int_c^d f(x,y)dy$$

각 $j=0,1,\ldots,m$에 대해서 $y_j=c+jk$라고 하자. 그러면 (c,d)에 있는 μ에 대해서

$$\int_c^d f(x,y)dy = \frac{k}{3}\left[f(x,y_0)+2\sum_{j=1}^{(m/2)-1} f(x,y_{2j})+4\sum_{j=1}^{m/2} f(x,y_{2j-1})+f(x,y_m)\right]-\frac{(d-c)k^4}{180}\frac{\partial^4 f}{\partial y^4}(x,\mu)$$

이 성립한다. 따라서

$$\int_a^b\int_c^d f(x,y)dydx = \frac{k}{3}\int_a^b f(x,y_0)dx+\frac{2k}{3}\sum_{j=1}^{(m/2)-1}\int_a^b f(x,y_{2j})dx$$
$$+\frac{4k}{3}\sum_{j=1}^{m/2}\int_a^b f(x,y_{2j-1})dx+\frac{k}{3}\int_a^b f(x,y_m)dx-\frac{(d-c)k^4}{180}\int_a^b \frac{\partial^4 f}{\partial y^4}(x,\mu)dx.$$

이제 복합 심프슨 법칙을 이 방정식에 있는 처음 네 개의 적분에 각각 적용한다. 각 $i=0,1,\ldots,n$에 대해서 $x_i=a+ih$라 하자. 그러면 각 $j=0,1,\ldots,m$에 대해서 다음 식을 얻고, (a,b)에 있는 ξ_j에 대해서 다음을 얻는다.

$$\int_a^b f(x,y_j)dx = \frac{h}{3}\left[f(x_0,y_j)+2\sum_{i=1}^{(n/2)-1} f(x_{2i},y_j)+4\sum_{i=1}^{n/2} f(x_{2i-1},y_j)+f(x_n,y_j)\right]-\frac{(b-a)h^4}{180}\frac{\partial^4 f}{\partial x^4}(\xi_j,y_j)$$

이 식에 복합 심프슨 법칙을 대입하면 근사하면

$$\int_a^b \int_c^d f(x,y)dydx \approx \frac{hk}{9} \Bigg\{ \Bigg[f(x_0,y_0) + 2\sum_{i=1}^{(n/2)-1} f(x_{2i},y_0) + 4\sum_{i=1}^{(n/2)} f(x_{2i-1},y_0) + f(x_n,y_0) \Bigg]$$

$$+ 2\Bigg[\sum_{j=1}^{(m/2)-1} f(x_0,y_{2j}) + 2\sum_{j=1}^{(m/2)-1}\sum_{i=1}^{(n/2)-1} f(x_{2i},y_{2j})$$

$$+ 4\sum_{j=1}^{(m/2)-1}\sum_{i=1}^{n/2} f(x_{2i-1},y_{2j}) + \sum_{j=1}^{(m/2)-1} f(x_n,y_{2j}) \Bigg]$$

$$+ 4\Bigg[\sum_{j=1}^{m/2} f(x_0,y_{2j-1}) + 2\sum_{j=1}^{m/2}\sum_{i=1}^{(n/2)-1} f(x_{2i},y_{2j-1})$$

$$+ 4\sum_{j=1}^{m/2}\sum_{i=1}^{n/2} f(x_{2i-1},y_{2j-1}) + \sum_{j=1}^{m/2} f(x_n,y_{2j-1}) \Bigg]$$

$$+ \Bigg[f(x_0,y_m) + 2\sum_{i=1}^{(n/2)-1} f(x_{2i},y_m) + 4\sum_{i=1}^{n/2} f(x_{2i-1},y_m) + f(x_n,y_m) \Bigg] \Bigg\}$$

을 얻는다. 오차항 E는 다음과 같이 주어진다.

$$E = \frac{-k(b-a)h^4}{540} \Bigg[\frac{\partial^4 f}{\partial x^4}(\xi_0,y_0) + 2\sum_{j=1}^{(m/2)-1} \frac{\partial^4 f}{\partial x^4}(\xi_{2j},y_{2j}) + 4\sum_{j=1}^{m/2} \frac{\partial^4 f}{\partial x^4}(\xi_{2j-1},y_{2j-1})$$

$$+ \frac{\partial^4 f}{\partial x^4}(\xi_m,y_m) \Bigg] - \frac{(d-c)k^4}{180} \int_a^b \frac{\partial^4 f}{\partial y^4}(x,\mu)dx$$

만약 $\partial^4 f/\partial x^4$와 $\partial^4 f/\partial y^4$가 연속이면, 중간값 정리와 적분을 위한 평균값 정리를 사용해서 위 오차공식이 R에 있는 $(\bar{\eta},\bar{\mu})$와 $(\hat{\eta},\hat{\mu})$에 대해서 다음과 같이 단순하게 될 수 있음을 보일 수 있다.

$$E = \frac{-(d-c)(b-a)}{180} \left[h^4 \frac{\partial^4 f}{\partial x^4}(\bar{\eta},\bar{\mu}) + k^4 \frac{\partial^4 f}{\partial y^4}(\hat{\eta},\hat{\mu}) \right]$$

예제 4.7.2 $n = 4$와 $m = 2$일 때, 복합 심프슨 법칙을 적용하여 다음을 근사하라.

$$\int_{1.4}^{2.0} \int_{1.0}^{1.5} \ln(x+2y)dydx$$

풀이 단계 크기는 $h = 0.15$와 $k = 0.25$ 로 사용한다. 적분 영역 R은 노드 (x_i, y_j)로 표현되고, [그림 4.14]과 같다. 여기서 $i = 0,1,2,3,4$와 $j = 0,1,2$ 이다.
그림에서 복합 심프슨 법칙으로 적분을 근사하였을 때 나오는 합의 $f(x_i,y_j) = \ln(x_i + 2y_j)$의 계수 ω_{ij}들 또한 보여준다.
근사는

$$\int_{1.4}^{2.0} \int_{1.0}^{1.5} \ln(x+2y)dydx \approx \frac{(0.15)(0.25)}{9} \sum_{i=0}^{4}\sum_{j=0}^{2} \omega_{i,j} \ln(x_i+2y_j) = 0.4295524387.$$

우리는 다음을 갖는다.

$$\frac{\partial^4 f}{\partial x^4}(x,y) = \frac{-6}{(x+2y)^4}, \quad \frac{\partial^4 f}{\partial y^4}(x,y) = \frac{-96}{(x+2y)^4}$$

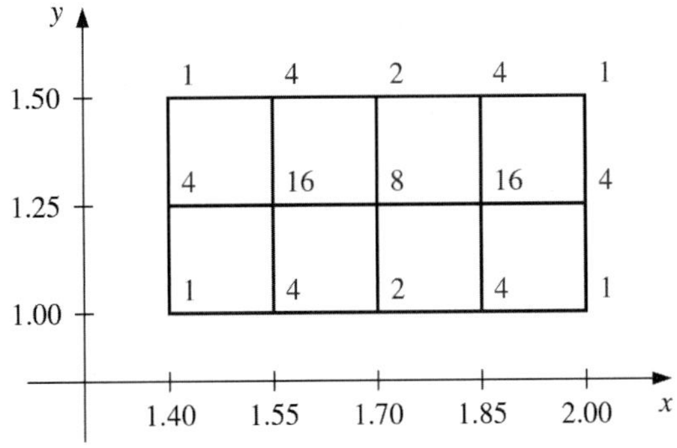

그림 4.14

이 편도함수들의 절댓값의 최댓값은 $x = 1.4$와 $y = 1.0$일 때 R에서 발생한다. 오차는

$$|E| \le \frac{(0.5)(0.6)}{180}\left[(0.15)^4 \max_{(x,y)\in R} \frac{6}{(x+2y)^4} + (0.25)^4 \max_{(x,y)\in R} \frac{96}{(x+2y)^4}\right] \le 4.72 \times 10^{-6}$$

에 의해 유계하게 된다.

적분에 대한 소수점 아래 열 자리까지의 실젯값은

$$\int_{1.4}^{2.0}\int_{1.0}^{1.5} \ln(x+2y)dydx = 0.4295545265$$

이고, 따라서 근사는 2.1×10^{-6} 내로 정확하다. ■

같은 기법들이 삼중적분들의 근사뿐만 아니라 3변수 이상의 함수들에 대한 고차 적분들에 대해서도 적용될 수 있다. 근사를 위해 요구되는 함수 계산의 횟수는 그 방법이 각 변수에 적용될 때 요구되는 횟수의 곱이다.

이중적분 근사를 위한 **Gauss** 구적법 **(Gaussian Quadrature for Double Integral Approximation)**

함수 계산의 횟수를 줄이기 위해 Gauss 구적법, Romberg 적분 또는 적응식 구적법과 같은 더욱 효율적인 방법들이 심프슨의 공식을 대신해서 사용할 수 있다. 다음 예제는 [예제 4.7.2]에서 다루었던 적분에 대한 Gauss 구적법의 사용을 예증한다. 이 예제에서 $j = 1, 2, 3$에 대한 Gauss 노드 $r_{3,j}$ 및 계수 $c_{3,j}$가 [표 4.7]에 주어져 있다.

예제 4.7.3 [예제 4.7.2]에 주어진 이중적분에 대해서 $n = 3$을 갖는 Gauss 구적법을 이용하여 근사하라.

풀이 Gauss 구적법을 사용하여 이 적분을 근사하기 전에 적분 영역

$$R = \{(x,y) | 1.4 \le x \le 2.0,\ \ 1.0 \le y \le 1.5\}$$

을

$$\hat{R} = \{(u,v) | -1 \le x \le 1,\ \ -1 \le y \le 1\}$$

으로 변환할 필요가 있다. 이를 하기 위한 선형변환은 다음과 같다.

$$u = \frac{1}{2.0-1.4}(2x - 1.4 - 2.0),\quad v = \frac{1}{1.5-1.0}(2y - 1.0 - 1.5).$$

변수들을 바꾸고 나면 그것에 대해 Gauss 구적법을 적용할 수 있는 적분을 갖는다.

$$\int_{1.4}^{2.0}\int_{1.0}^{1.5} \ln(x+2y)dydx = 0.075\int_{-1}^{1}\int_{-1}^{1} \ln(0.3u + 0.5v + 4.2)dvdu$$

u와 v에 대해 $n = 3$인 Gauss 구적법 공식에 대해 노드

$$u_1 = v_1 = r_{3,2} = 0, \;\; u_0 = v_0 = r_{3,1} = -0.7745966692,$$
$$u_2 = v_2 = r_{3,3} = 0.7745966692$$

들을 사용해야 한다. [표 4.7]에서 찾으면 관련된 가중치들은 $c_{3,2} = 0.\bar{8}$과 $c_{3,1} = c_{3,3} = 0.\bar{5}$이다. 따라서

$$\int_{1.4}^{2.0}\int_{1.0}^{1.5} \ln(x+2y)dydx \approx 0.075\sum_{i=1}^{3}\sum_{j=1}^{3} c_{3,i}c_{3,j}\ln(0.3r_{3,i}+0.5r_{3,j}+4.2) = 0.4295545313.$$

[예제 4.7.2]에서 고려한 복합 심프슨 법칙에 대해서 함수 계산을 15회 한 것과 비교하여 이 결과는 9회의 함수 계산들을 요구하지만, 결과는 심프슨 법칙으로 근사했을 경우 2.1×10^{-6}의 정확성인데 비해, 4.8×10^{-9} 내에서 정확하다.

사각형이 아닌 적분 영역 (Non-Rectangular Region)

이중직분을 위해 근사 방법들을 사용하는 것은 적분 영역들이 사각형인 적분들에 한정되시 않는다. 앞에서 논의한 기법들을 수정하면 변하는 내부 한계들을 가지는 이중적분들, 즉

$$\int_a^b \int_{c(x)}^{d(x)} f(x,y)dydx$$

형태의 적분들을 근사하는 데 사용할 수도 있다. 이 유형의 적분에 대해서 앞에서 그랬던 것처럼 두 변수들 모두에 관해서 적분하기 위해 심프슨의 복합 법칙을 적용함으로써 시작한다. 변수 x에 대한 단계 크기는 $h = (b-a)/2$이지만 y에 대한 단계 크기 $k(x)$는 x와 함께 변동한다. ([그림 4.15] 참조)

$$k(x) = \frac{d(x) - c(x)}{2}$$

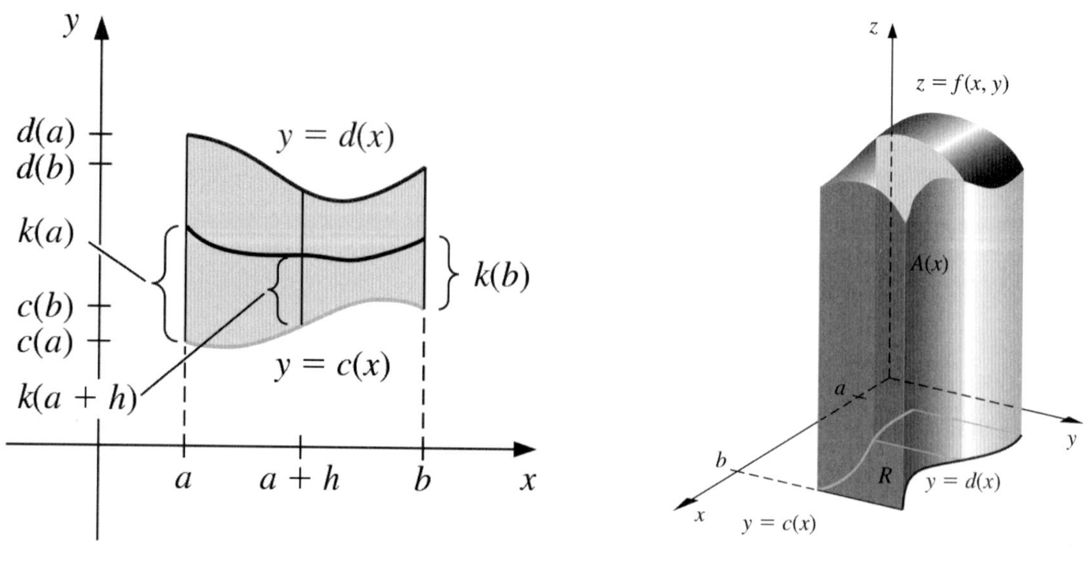

그림 4.15

따라서

$$\begin{aligned}\int_a^b \int_{c(x)}^{d(x)} f(x,y)dydx &\approx \int_a^b \frac{k(x)}{3}[f(x,c(x)) + 4f(x + c(x) + k(x)) + f(x,d(x))]dx \\ &\approx \frac{h}{3}\Big\{\frac{k(a)}{3}[f(a,c(a)) + 4f(a,c(a) + k(a)) + f(a,d(a))] \\ &\quad + \frac{4k(a+h)}{3}[f(a+h,c(a+h)) + 4f(a+h,c(a+h)) + k(a+h)) + f(a+h,d(a+h))] \\ &\quad + \frac{k(b)}{3}[f(b,c(b)) + 4f(b,c(b) + k(b)) + f(b,d(b))]\Big\}\end{aligned}$$

이 된다. 프로그램 DINTGL44는 일반적인 범위에서의 이 형태로 된 이중적분에 복합 심프슨 법칙을 적용 가능하고, 또한 $c(x) \equiv c$이고 $d(x) \equiv d$가 상수일 때에도 사용 가능하다.

Gauss 구적법을 사용하는 이중적분(Double Integrals using Gaussian Quadrature)

Gauss 구적법을 이중적분에 적용하기 위해서 첫 번째로 $[a,b]$에 있는 각 x와 구간 $[c(x),d(x)]$에 있는 변수 y를 구간 $[-1,1]$에 있는 변수 t로 변환해야 한다. 이의 선형변환은

$$f(x,y) = f\left(x, \frac{(d(x)-c(x))t + d(x) + c(x)}{2}\right), \quad dy = \frac{d(x)-c(x)}{2}dt.$$

그러면 $[a,b]$에 있는 각 x에 대해서 결과로 얻은

$$\int_{c(x)}^{d(x)} f(x,y)dy = \int_{-1}^{1} f\left(x, \frac{(d(x)-c(x))t + d(x) + c(x)}{2}\right) dt$$

에 Gauss 구적법을 적용하면

$$\int_a^b \int_{c(x)}^{d(x)} f(x,y)dydx \approx \int_a^b \frac{d(x)-c(x)}{2} \sum_{j=1}^{n} c_{n,j} f\left(x, \frac{(d(x)-c(x))r_{n,j} + d(x) + c(x)}{2}\right) dx$$

를 얻는다. 이 공식에 있는 상수 $r_{n,j}$ 들은 n차 Legendre 다항식의 근이다. 이는 [표 4.7]에 $n = 2,\ 3,\ 4,\ 5$에 대해서 도표화 되어 있고, $c_{n,j}$ 의 값들 또한 이 표에 주어져 있다. 이를 통해 구간 $[a,b]$는 $[-1,1]$로 변환되고, Gauss 구적법을 적용하여 이 방정식의 우변에 있는 적분을 근사한다. 프로그램 DGOINT45는 이 기법을 사용한다.

예제 4.7.4 $n = m = 10$으로 심프슨의 이중적분 프로그램 DINTGL44를

$$\int_{0.1}^{0.5} \int_{x^3}^{x^2} e^{y/x} dydx$$

에 적용하면 함수 $f(x,y) = e^{y/x}$를 121회 계산하여야 한다. 이 문제는 [그림 4.17]에서 보이는 입체의 체적에 대해 거의 소수점 아래 일곱 자리까지 정확하게 근사하는 값 0.0333054를 생성한다.

$n = m = 5$로 Gauss 구적법 프로그램 DGQINT45를 적용하면 함수 계산을 단지 25회 하면 되고 그리고 근삿값 0.3330556611을 얻는데, 이는 소수점 아래 열한 자리까지 정확하다.

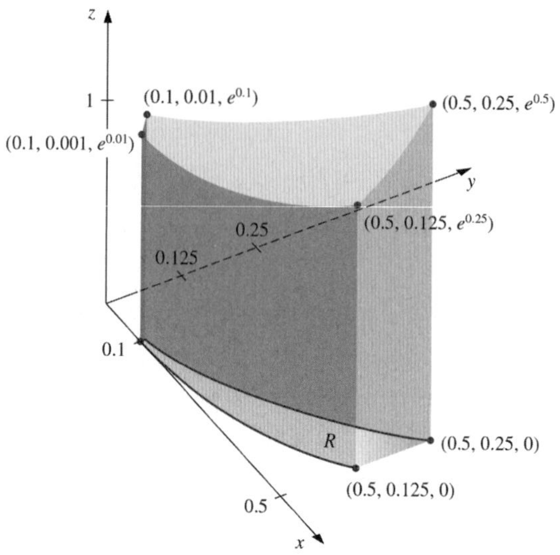

그림 4.16

삼중적분 근사(Triple Integral Approximation)

다음과 같은 형태의 삼중적분들은

$$\int_a^b \int_{c(x)}^{d(x)} \int_{\alpha(x,y)}^{\beta(x,y)} f(x, y, z)dzdydx$$

이중적분들과 유사한 방식으로 근사된다. 수반되는 계산 횟수 때문에 Gauss 구적법을 선택하는 것이 적절하다. 프로그램 TINTGL46은 이 절차를 구현한다. 다음 예제에서는 삼중적분을 네 번 계산하여야 한다.

예제 4.7.5 밀도 함수 σ를 갖는 입체 영역 D의 질량 중심은

$$(\bar{x}, \bar{y}, \bar{z}) = \left(\frac{M_{yz}}{M}, \frac{M_{xz}}{M}, \frac{M_{xy}}{M}\right)$$

에 위치하는데, 여기에서

$$M_{yz} = \iiint_D x\sigma(x, y, z)dV, \quad M_{xz} = \iiint_D y\sigma(x, y, z)dV, \quad M_{xy} = \iiint_D z\sigma(x, y, z)dV$$

들은 좌표 평면들에 관한 모멘트이며

$$M = \iiint_D \sigma(x, y, z)dV$$

는 질량이다. [그림 4.17]에 보여진 입체는 뒤집어진 원뿔 $z^2 = x^2 + y^2$와 $z = 2$인 평면에 의해서 유계된다. 이 입체가

$$\sigma(x, y, z) = \sqrt{x^2 + y^2}$$

로 주어지는 밀도 함수를 가진다고 가정하자.

풀이 각 차원에 다섯 개의 Gauss 노드들을 설정하여 프로그램 TINTGL46을 적용할 것이다. 그래서 $n = m = p = 5$를 가지는데, 이것은 적분할 때마다 함수를 125 회 계산하여야 하고 그리고 다음 근사들을 얻는다.

$$M = \int_{-2}^{2} \int_{-\sqrt{4-x^2}}^{\sqrt{4-x^2}} \int_{\sqrt{x^2+y^2}}^{2} \sqrt{x^2 + y^2}dzdydx = 4\int_0^2 \int_0^{\sqrt{4-x^2}} \int_{\sqrt{x^2+y^2}}^{2} \sqrt{x^2 + y^2}dzdydx \approx 8.37504476,$$

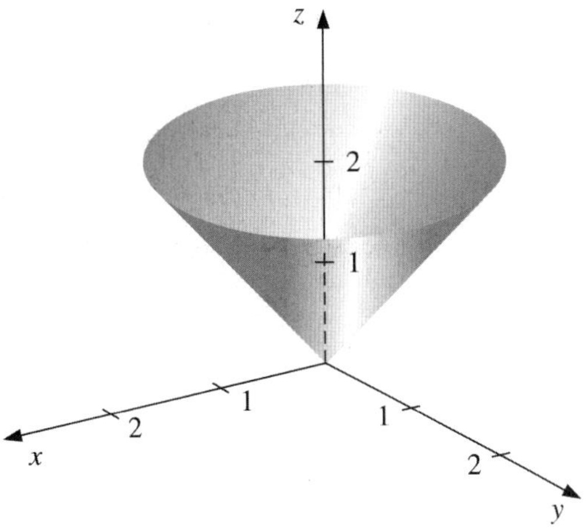

그림 4.17

$$M_{yz} = \int_{-2}^{2}\int_{-\sqrt{4-x^2}}^{\sqrt{4-x^2}}\int_{\sqrt{x^2+y^2}}^{2} x\sqrt{x^2+y^2}dzdydx \approx -5.55111512\times 10^{-17},$$
$$M_{xz} = \int_{-2}^{2}\int_{-\sqrt{4-x^2}}^{\sqrt{4-x^2}}\int_{\sqrt{x^2+y^2}}^{2} y\sqrt{x^2+y^2}dzdydx \approx -8.01513675\times 10^{-17},$$
$$M_{xy} = \int_{-2}^{2}\int_{-\sqrt{4-x^2}}^{\sqrt{4-x^2}}\int_{\sqrt{x^2+y^2}}^{2} z\sqrt{x^2+y^2}dzdydx \approx 13.40038156$$

이것은 질량 중심의 근사 위치가 $(\bar{x}, \bar{y}, \bar{z}) = (0, 0, 1.60003701)$이라는 것을 함축한다. 이 적분들은 직접적으로 계산하기 아주 쉽다. 만약 직접 계산해 보면, 질량 중심이 $(0, 0, 1.6)$에 위치하는 것을 알게 될 것이다. ■

MATLAB 은 다음과 같은 명령어들을 가지고 있다.

- 직사각형 위에서 이중적분을 할 때 사용하는 `dqblquad`
- 그것보다 더 일반적인 범위 위에서 이중적분을 할 때 사용하는 `quad2d`
- 직각평행육면체 위에서 삼중적분을 할 때 사용하는 `triplequad`

이러한 모든 명령어는 구체적인 허용 범위 안에서 적분을 계산할 때 사용할 수 있다. 입력과 출력은 `quad`와 비슷하다. 그러나 사용하기 전에 MATLAB의 도움말을 참조하라.

4.7 연습문제

1. $n = m = 4$인 이중적분들에 대해 복합 심프슨 법칙을 사용해서 다음 이중적분들을 근사하라. 결과들을 정확한 해와 비교하라.

a. $\int_{2.1}^{2.5}\int_{1.2}^{1.4} xy^2 dydx$

b. $\int_{0}^{0.5}\int_{0}^{0.5} e^{y-x} dydx$

c. $\int_{2}^{2.2}\int_{x}^{2x} (x^2 + y^3) dydx$

d. $\int_{1}^{1.5}\int_{0}^{x} (x^2 + \sqrt{y}) dydx$

2. $n=4$와 $m=8$, $n=8$과 $m=4$ 및 $n=m=6$을 가지는 이중적분들을 위한 복합 심프슨 법칙을 사용해서 다음 이중적분들을 근사하고 그 결과들을 정확한 해와 비교하라.

a. $\int_0^{\pi/4}\int_{\sin x}^{\cos x}(2y\sin x+\cos^2 x)dydx$ b. $\int_0^1\int_x^{2x}(x^2+y^3)dydx$

c. $\int_0^{\pi}\int_0^{x}\cos x dydx$ d. $\int_0^{\pi/4}\int_0^{\sin x}\frac{1}{\sqrt{1-y^2}}dydx$

3. $n=m=p=2$를 가지는 삼중적분들을 위한 Gauss 구적법을 사용해서 다음 삼중적분들을 근사하고, 결과들을 정확한 해와 비교하라.

a. $\int_0^1\int_1^2\int_0^{0.5}e^{x+y+z}dzdydx$ b. $\int_0^1\int_{x^2}^{x}\int_{x-y}^{x+y}ydzdydx$

c. $\int_0^{\pi}\int_0^{x}\int_0^{xy}\frac{1}{y}\sin\frac{z}{y}dzdydx$

4. $n=m=14$를 가지는 이중적분들을 위한 복합 심프슨 법칙과 $n=m=4$를 가지는 이중적분들을 위한 Gauss 구적법을 사용해서 곡선들 $y=x^2$와 $y=\sqrt{x}$에 의해 구획된 평면에 있는 영역 R에 대해서 다음 적분을 근사하라.

$$\iint_R e^{-(x+y)}dA$$

5. R에 있는 (x,y)에 대해서 $z=f(x,y)$에 의해 기술된 표면의 넓이는

$$\iint_R\sqrt{[f_x(x,y)]^2+[f_y(x,y)]^2+1}dA$$

로 주어진다. 아래 각 프로그램을 이용해서 영역 $R=\{(x,y)|0\le x\le 1, 0\le y\le 1\}$ 위에 놓인 반구 $x^3+y^3+z^3=9,\ z\ge 0$ 위의 표면 넓이에 대한 근사를 구하라.

a. $n=m=8$, DINTGL44 b. $n=m=4$, DGQINT45

6. 얇은 평판이 연속적으로 분포된 질량의 얇은 종이로 정의된다. 만약 σ가 xy 평면에 있는 영역 R의 모양을 가지는 얇은 판의 밀도를 나타내는 함수라면, 그때 그 얇은 판의 질량의 중심 $(\bar{x},\bar{y})$가

$$\bar{x}=\frac{\displaystyle\iint_R x\sigma(x,y)dA}{\displaystyle\iint_R\sigma(x,y)dA},\quad \bar{y}=\frac{\displaystyle\iint_R y\sigma(x,y)dA}{\displaystyle\iint_R\sigma(x,y)dA}$$

로 정의되고 $R=\{(x,y)|0\le x\le 1, 0\le y\le\sqrt{1-x^2}\}$에 의해 기술된다. 밀도 함수 $\sigma(x,y)=e^{-(x^2+y^2)}$를 가지는 얇은 판의 질량의 중심을 다음 프로그램을 이용해서 구하라.

a. $n=m=14$, DINTGL44 b. $n=m=5$, DGQINT45

7. $n=m=4$로 삼중적분들을 위한 Gauss 구적법을 사용해서

$$\iiint_S xy\sin(yz)dV$$

을 근사하는데, 여기서 S는 좌표 평면들과 평면들 $x=\pi,\ y=\pi/2,\ z=\pi/3$에 의해서 구획된 입체이다. 이 근사를 정확한 해와 비교하라.

4.8 특이적분

함수의 한계가 정해지지 않는 적분구간이나 또는 적분구간 중 하나 또는 둘 다가 무한대인 구간으로 확장될 때 특이적분들이 생겨난다. 어느 경우에나 일반적으로 적분의 근사를 구할 때 방법들은 조금씩 변형해야 한다.

왼쪽 끝점의 특이성(Left Endpoint Singularity)

우선 [그림 4.18]에서 보는 바와 같이 적분구간의 왼쪽 끝에서 피적분 함수가 한계가 정해져 있지 않을 때의 상황을 다룰 것이다.

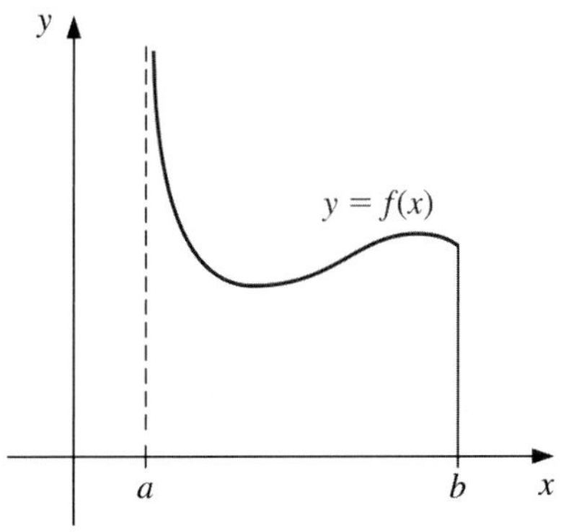

그림 4.18

이 경우에 f가 끝점 a에서 특이성을 갖는다고 말한다. 적절한 처리 및 변경에 의해서 다른 특이적분들이 이 형태의 문제들로 감축될 수 있다는 것을 보여줄 것이다.

왼쪽 끝점에서 특이점을 가지는 다음과 같은 특이적분은

$$\int_a^b \frac{1}{(x-a)^p}dx$$

$0 < p < 1$일 때 수렴하고, 이 경우에

$$\int_a^b \frac{1}{(x-a)^p}dx = \left.\frac{(x-a)^{1-p}}{1-p}\right|_a^b = \frac{(b-a)^{1-p}}{1-p}.$$

예제 4.8.1 특이적분 $\int_0^1 \frac{1}{\sqrt{x}}dx$는 수렴하지만 $\int_0^1 \frac{1}{x^2}dx$는 발산함을 보여라.

풀이 첫 번째 적분은

$$\int_0^1 \frac{1}{\sqrt{x}}dx = \lim_{M\to 0^+}\int_M^1 x^{-1/2}dx = \lim_{M\to 0^+} \left. 2x^{1/2}\right|_{x=M}^{x=1} = 2-0=2.$$

그러나 두 번째는

$$\int_0^1 \frac{1}{x^2}dx = \lim_{M\to 0^+}\int_M^1 x^{-2}dx = \lim_{M\to 0^+} \left. -x^{-1}\right|_{x=M}^{x=1}$$

는 발산한다. ■

$0 < p < 1$ 이고 g가 $[a, b]$에서 연속일 때, 만약 f가 다음과 같은 형태로 쓸 수 있는 함수이면

$$f(x) = \frac{g(x)}{(x-a)^p}$$

다음 특이적분

$$\int_a^b f(x)dx$$

또한 존재한다. 이 적분의 근사는 복합 심프슨 법칙을 사용할 것이다. 만약 $g \in C^5[a, b]$이면, a에 대한 g에 대해서 사차 Taylor 다항식, $P_4(x)$를 구축할 수 있다.

$$P_4(x) = g(a) + g'(a)(x-a) + \frac{g''(a)}{2!}(x-a)^2 + \frac{g'''(a)}{3!}(x-a)^3 + \frac{g^{(4)}(a)}{4!}(x-a)^4.$$

그리고 다음과 같이 쓸 수 있다.

$$\int_a^b f(x)dx = \int_a^b \frac{g(x) - P_4(x)}{(x-a)^p}dx + \int_a^b \frac{P_4(x)}{(x-a)^p}dx$$

다음 값을 정확하게 결정할 수 있다.

$$\int_a^b \frac{P_4(x)}{(x-a)^p}dx = \sum_{k=0}^{4} \int_a^b \frac{g^{(k)}(a)}{k!}(x-a)^{k-p}dx = \sum_{k=0}^{4} \frac{g^{(k)}(a)}{k!(k+1-p)}(b-a)^{k+1-p} \tag{4.11}$$

이것이 일반적으로 근사의 지배적인 부분인데 특별히 Taylor 다항식 $P_4(x)$가 구간 $[a, b]$에 걸쳐서 함수 g와 세밀하게 일치할 때 더욱 그렇다.

f의 적분을 근사하기 위해서 이 값을 다음의 근사에 더해야 한다.

$$\int_a^b \frac{g(x) - P_4(x)}{(x-a)^p}dx.$$

이것을 결정하기 위해 다음을 정의한다.

$$G(x) = \begin{cases} \dfrac{g(x) - P_4(x)}{(x-a)^p}, & a < x \le b \\ 0, & x = a \end{cases}$$

$0 < p < 1$ 이고 $P_4^{(k)}(0)$이 각 $k = 0, 1, 2, 3, 4$에 대해서 $g^{(k)}(a)$와 일치하기 때문에 $G \in C^4[a, b]$. 이것은 $[a, b]$에서 G의 적분을 근사하기 위해 복합 심프슨 법칙을 적용할 수 있다는 것을 함축한다. 이 근사를 식 (4.11)에서 구한 값에 더하면 근사의 정확성 내에서 복합 심프슨 법칙을 사용할 수 있으며, $[a, b]$에서 f의 특이적분에 대한 근사를 구할 수 있다.

예제 4.8.2 다음 특이적분의 값을 근사하기 위해 $h = 0.25$를 갖는 복합 심프슨 법칙을 사용할 것이다.

$$\int_0^1 \frac{e^x}{\sqrt{x}}dx$$

풀이 $x = 0$ 주위에서 e^x에 대한 사차 Taylor 다항식이 다음과 같기 때문에

$$P_4(x) = 1 + x + \frac{x^2}{2} + \frac{x^3}{6} + \frac{x^4}{24}$$

$\int_0^1 \frac{e^x}{\sqrt{x}}dx$에 대한 근사는 다음과 같다.

$$\begin{aligned}\int_0^1 \frac{P_4(x)}{\sqrt{x}}dx &= \int_0^1 \left(x^{-1/2} + x^{1/2} + \frac{1}{2}x^{3/2} + \frac{1}{6}x^{5/2} + \frac{1}{24}x^{7/2}\right) dx \\ &= \lim_{M\to 0^+} \left[2x^{1/2} + \frac{2}{3}x^{3/2} + \frac{1}{5}x^{5/2} + \frac{1}{21}x^{7/2} + \frac{1}{108}x^{9/2}\right]_M^1 \\ &=2 + \frac{2}{3} + \frac{1}{5} + \frac{1}{21} + \frac{1}{108} \approx 2.9235450\end{aligned}$$

$\int_0^1 \frac{e^x}{\sqrt{x}}dx$에 대한 근사의 다른 부분을 위해 $\int_0^1 G(x)dx$를 근사해야 하는데, 여기에서

$$G(x) = \begin{cases} \dfrac{e^x - P_4(x)}{\sqrt{x}}, & 0 < x \le 1 \\ 0. & x = 0 \end{cases}$$

[표 4.8]은 다음 함수에 대한 복합 심프슨 법칙을 위해 필요한 값들을 열거한 것이다.

x	$G(x)$
0.00	0
0.25	0.0000170
0.50	0.0004013
0.75	0.0026026
1.00	0.0099485

표 4.8

이 데이터들을 사용해서 복합 심프슨 법칙을 적용하면 다음을 얻는다.

$$\int_0^1 G(x)dx \approx \frac{0.25}{3}[0 + 4(0.0000170) + 2(0.0004013) + 4(0.0026026) + 0.0099485] = 0.0017691$$

따라서

$$\int_0^1 \frac{e^x}{\sqrt{x}}dx \approx 2.9235450 + 0.0017691 = 2.9253141$$

이 결과는 함수 G에 대한 복합 심프슨 법칙 근사의 정확성 내에서 정확하다. $[0, 1]$에서 $|G^{(4)}(x)| < 1$이기 때문에 오차는 다음에 의해 한계가 정해진다.

$$\frac{1-0}{180}(0.25)^4(1) = 0.0000217$$

■

오른쪽 끝점 특이점 (Right Endpoint Singularity)

오른쪽 끝점에서 특이점을 가지는 특이적분을 근사하기 위해서 이전에 사용했던 기법들을 적용할 수 있지만, 왼쪽 끝점 a 대신 오른쪽 끝점 b 항으로 확장을 통해 근사를 해보자. 대안적으로, 특이적분을 다음 형태의 하나로 변화하기 위해서 $z = -x$, $dz = -dx$를 대입할 수 있다.

$$\int_a^b f(x)dx = \int_{-b}^{-a} f(-z)dz$$

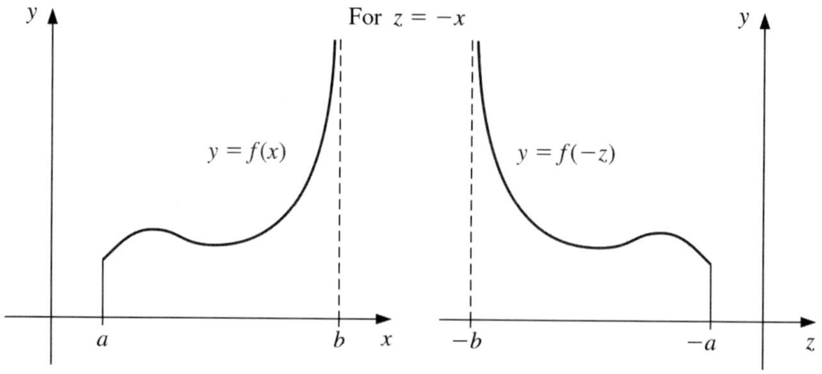

그림 4.19

이것은 왼쪽 끝점에서 그것의 특이점을 가진다. ([그림 4.19] 참조)

이제 이 절의 조금 앞에서 했던 것처럼 $\int_{-b}^{-a} f(-z)dz$를 근사할 수 있고, 그렇게 하면 $\int_a^b f(x)dx$에 대한 근사를 얻는다.

$a < c < b$일 때, c에서 특이점을 가지는 특이적분은 다음과 같기 때문에 끝점 특이점들을 가지는 특이적분들의 합으로 취급한다.

$$\int_a^b f(x)dx = \int_a^c f(x)dx + \int_c^b f(x)dx.$$

무한대 특이점 **(Infinite Singularity)**

다른 형태의 특이적분은 적분의 무한대 한계들이 관련된다. 기본적으로 수렴하는 형태의 적분은 $p > 1$에 대해서 다음 형태를 갖는데,

$$\int_a^\infty \frac{1}{x^p}dx$$

이것은 다음 적분 치환을 함으로써 왼쪽 끝점 특이점을 가지는 적분으로 전환된다.

$$t = x^{-1}, \quad dt = -x^{-2}dx, \quad \text{따라서} \quad dx = -x^2dt = -t^{-2}dt$$

그러면

$$\int_a^\infty \frac{1}{x^p}dx = \int_{1/a}^0 -\frac{t^p}{t^2}dt = \int_0^{1/a} \frac{1}{t^{2-p}}dt.$$

유사한 방식으로, $t = x^{-1}$로 변수를 변화시켜 특이적분 $\int_a^\infty f(x)dx$를 0에서 왼쪽 끝점 특이점을 가지는 적분으로 전환한다.

$$\int_a^\infty f(x)dx = \int_0^{1/a} t^{-2} f\left(\frac{1}{t}\right) dt.$$

이는 이전에 설명한 유형의 구적법 공식을 사용해서 근사할 수 있다.

예제 4.8.3 다음 특이적분의 값을 근사하라.

$$I=\int_1^\infty x^{-3/2}\sin\frac{1}{x}dx.$$

풀이 변수를 $t=x^{-1}$로 변화시킨다. $dt=-x^{-2}dx$이기 때문에

$$dx=-x^2dt=-\frac{1}{t^2}dt$$

그리고,

$$I=\int_{x=1}^{x=\infty} x^{-3/2}\sin\frac{1}{x}dx=\int_{t=1}^{t=0}\left(\frac{1}{t}\right)^{-3/2}\sin t\left(-\frac{1}{t^2}dt\right)=\int_0^1\frac{\sin t}{t^{1/2}}dt.$$

0 주위에서 $\sin t$에 대한, 사차 Taylor 다항식 $P_4(t)$는 다음과 같아서

$$P_4(t)=t-\frac{1}{6}t^3,$$

따라서

$$G(t)=\begin{cases}\dfrac{\sin t-t+\frac{1}{6}t^3}{t^{1/2}}, & 0<t\le 1\\ 0. & t=0\end{cases}$$

이므로

$$\begin{aligned}I&=\int_0^1\frac{\sin t-t+\frac{1}{6}t^3}{t^{1/2}}dt+\int_0^1 t^{1/2}-\frac{1}{6}t^{5/2}dt\\&=\int_0^1\frac{\sin t-t+\frac{1}{6}t^3}{t^{1/2}}dt+\left[\frac{2}{3}t^{3/2}-\frac{1}{21}t^{7/2}\right]_0^1\\&=\int_0^1\frac{\sin t-t+\frac{1}{6}t^3}{t^{1/2}}dt+0.61904761\end{aligned}$$

이 된다. 남아있는 적분에 대해 $n=16$을 가지는 복합 심프슨 법칙을 적용하면 0.0014890097이다. 이에 따라 최종 근삿값은

$$I=0.0014890097+0.61904761=0.62053661$$

이 된다. 이것은 4.0×10^{-8} 내에서 정확하다. ■

함수 quadgk는 피적분함수가 특이성을 갖거나 적분의 극한이 무한대로 갈 경우에 사용될 수 있다. 먼저 [예제 4.8.2]의 문제를 고려하라. ourfunction3.m라 불리는 M-file을 사용해서 피적분함수를 정의하자.

```
function Y = ourfunction3(x)
Y=exp(x)./sqrt(x)
```

다음을 통해 MATLAB에 나타난다.

```
F3=@ourfunction3
```

MATLAB의 근삿값을 얻기 위해 우리는 다음의 명령어를 사용한다.

```
[q,errbnd]=quadgk(F3,0,1)
```

MATLAB의 출력은 다음과 같다.

$$q=2.925303491814127 \quad \text{and} \quad errbnd=2.561659218081046e-013$$

[예제 4.8.3]의 적분을 위해서 `ourfunction4.m`이라 불리는 M-file을 사용한다. 피적분함수는 다음과 같이 정의되어 있다.

```
function Y = ourfunction4(x)
Y=1./(x.^1.5).*sin(1./x)
```

`quadgk`를 불러와서 사용할 때 무한대는 `Inf`로 표현한다. (음의 무한대는 `-Inf`로 표현한다)

```
[q,errbnd]=quadgk(F4,1,Inf)
```

이에 대한 결과는 다음과 같다.

$$q = 0.620536603446762, \qquad errbnd = 5.247538514829841e-017$$

4.8 연습문제

1. 복합 심프슨 법칙과 주어진 n값들을 이용해서 다음 특이 적분들을 근사하라.
   a. $\int_0^1 x^{-1/4}\sin x dx, \quad n=4$
   b. $\int_0^1 \frac{e^{2x}}{\sqrt[5]{x^2}}dx, \quad n=6$
   c. $\int_1^2 \frac{\ln x}{(x-1)^{1/5}}dx, \quad n=8$
   d. $\int_0^1 \frac{\cos 2x}{x^{1/3}}dx, \quad n=6$
2. 복합 심프슨 법칙과 주어진 n값들을 이용해서 다음 특이 적분들을 근사하라.
   a. $\int_0^1 \frac{e^{-x}}{\sqrt{1-x}}dx, \quad n=6$
   b. $\int_0^1 \frac{xe^x}{\sqrt[3]{(x-1)^2}}dx, \quad n=8$
3. 변환 $t=x^{-1}$과 그리고 나서 복합 심프슨 법칙 및 주어진 n 값을 이용해서 다음 특이적분들을 근사하라.
   a. $\int_1^\infty \frac{1}{x^2+9}dx, \quad n=4$
   b. $\int_1^\infty \frac{1}{1+x^4}dx, \quad n=4$
   c. $\int_1^\infty \frac{\cos x}{x^3}dx, \quad n=6$
   d. $\int_1^\infty x^{-4}\sin x dx, \quad n=6$
4. 특이적분 $\int_0^\infty f(x)dx$는 치환 $t=1/x$를 이용해서 유한한 한계들을 가지는 적분으로 전환될 수 없는데 0에서의 극한이 무한대가 되기 때문이다. 이 문제는 먼저 $\int_0^\infty f(x)dx = \int_0^1 f(x)dx + \int_1^\infty f(x)dx$를 사용해서 분해된다. 이 기법을 적용해서 다음 특이적분들을 10^{-6} 내로 근사하라.
   a. $\int_0^\infty \frac{1}{1+x^4}dx$
   b. $\int_0^\infty \frac{1}{(1+x^2)^3}dx$
5. 질량 m인 물체가 지구 표면에서 시작해서 위로 수직하게 비행한다고 가정하자. 만약 중력을 제외한 모든 저항이 무시된다면, 탈출 속도 v가

$$v^2 = 2gR\int_1^\infty z^{-2}dz, \quad z=\frac{x}{R}$$

   에 의해 주어진다. 여기서 $R=3960$마일은 지구의 반지름이고, $g=0.00609$마일/초^{2}은 지구 표면에서 중력이다. 탈출 속도 v를 근사하라.

4.9 수치미분

x_0에서 함수 f의 도함수는 다음과 같이 정의된다.

$$f'(x_0) = \lim_{h \to 0} \frac{f(x_0+h) - f(x_0)}{h}$$

이 공식은 $f'(x_0)$에 대한 근삿값을 생성하기 위한 명백한 방법을 제공한다. h의 작은 값에 대해서 다음을 계산하자.

$$\frac{f(x_0+h) - f(x_0)}{h}$$

비록 이것이 명백할지라도 반올림오차 때문에 그다지 좋은 방법이라고 할 수는 없으나, 좋은 출발점이라고는 할 수 있다.

$f'(x_0)$를 근사하기 위해서 첫 번째로 $f \in C^2[a,b]$인 곳에서 $x_0 \in (a,b)$이고, $x_1 \in [a,b]$를 보장하기 위해 충분히 작은 $h \neq 0$에 대해서 $x_1 = x_0 + h$라고 가정하자. 이것의 $[a,b]$에 있는 임의의 $\xi(x)$에 대해서 오차항과 x_0, x_1에 의해서 결정되는 f에 대한 일차 Lagrange 다항식 $P_{0,1}$을 구축한다.

$$\begin{aligned} f(x) =& P_{0,1}(x) + \frac{(x-x_0)(x-x_1)}{2!} f''(\xi(x)) \\ =& \frac{f(x_0)(x-x_0-h)}{-h} + \frac{f(x_0+h)(x-x_0)}{h} + \frac{(x-x_0)(x-x_0-h)}{2} f''(\xi(x)) \end{aligned}$$

이 식을 미분하면

$$\begin{aligned} f'(x) =& \frac{f(x_0+h) - f(x_0)}{h} + D_x\left[\frac{(x-x_0)(x-x_0-h)}{2} f''(\xi(x))\right] \\ =& \frac{f(x_0+h) - f(x_0)}{h} + \frac{2(x-x_0)-h}{2} f''(\xi(x)) + \frac{(x-x_0)(x-x_0-h)}{2} D_x(f''(\xi(x))). \end{aligned}$$

따라서

$$f'(x) \approx \frac{f(x_0+h) - f(x_0)}{h}$$

이 되고, 오차는

$$\frac{2(x-x_0)-h}{2} f''(\xi(x)) + \frac{(x-x_0)(x-x_0-h)}{2} D_x(f''(\xi(x))).$$

이 근사에는 오차에 대한 두 항이 있다. 첫 번째 항은 만약 f의 이계도함수에 대해서 한계를 가지면 한계가 정해질 수 있는 $f''(\xi(x))$를 말한다. 절단오차의 두 번째 부분은 미지수 $\xi'(x)$를 포함하고 있기 때문에 일반적으로 추정할 수 없는 $D_x f''(\xi(x)) = f'''(\xi(x)) \cdot \xi'(x)$와 관련된다. 그러나 x가 x_0일 때, $D_x f''(\xi(x))$의 계수는 0이다. 이 경우에 공식은 다음과 같이 간단하게 된다.

정리 4.9.1 **[2점 공식 (Two-Point Formula]**

만약 f''가 x_0와 $x_0 + h$를 포함하고 있는 구간에 존재한다면, x_0와 x_0+h 사이의 임의의 수 ξ에 대하여

$$f'(x_0) = \frac{f(x_0+h) - f(x_0)}{h} - \frac{h}{2} f''(\xi)$$

가 성립한다.

M 이 $x \in [a,b]$ 에 대한 $|f''(x)|$ 의 최댓값이라고 가정하자. 그러면 충분히 작은 h 에 대해서 오차의 최댓값이 $M|h|/2$ 가 되는 $f'(x_0)$ 를 근사하기 위하여 차분 $[f(x_0+h)-f(x_0)]/h$ 를 사용할 수 있다. 이것은 만약 $h>0$ 이면 전향차분(forward-difference formula) ([그림 4.20] 참조)이라고 부르고, $h<0$ 이면 후향차분(backward-difference formula)이라고 부르는 2점 공식이다.

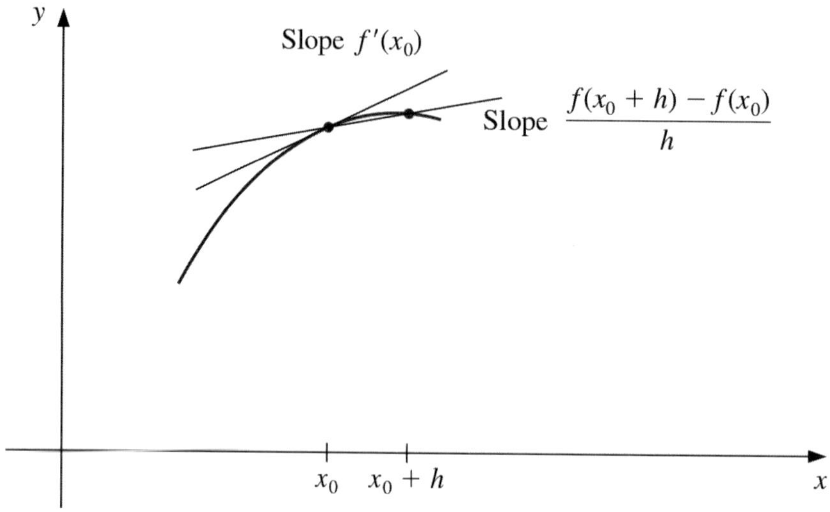

그림 4.20

예제 4.9.2 $f(x)=\ln x$, $x_0=1.8$ 이라 하자. 전향차분공식을 이용하여 $h=0.1, 0.01, 0.001$ 일 때를 구하고 근사오차들의 한계를 구하라.

풀이 전향차분공식은 다음과 같고,

$$\frac{f(1.8+h)-f(1.8)}{h}$$

이를 이용해 $f'(1.8)$ 을 근사하면 다음과 같은 오차를 가진다.

$$\frac{|hf''(\xi)|}{2}=\frac{|h|}{2\xi^2}\le\frac{|h|}{2(1.8)^2},\quad 1.8<\xi<1.8+h$$

[표 4.8]은 $h=0.1, 0.01, 0.001$ 일 때 구한 값이다.

h	$f(1.8+h)$	$\frac{f(1.8+h)-f(1.8)}{h}$	$\frac{\lvert h\rvert}{2(1.8)^2}$
0.1	0.64185389	0.5406722	0.0154321
0.01	0.59332685	0.5540180	0.0015423
0.001	0.58834207	0.5554013	0.0001543

표 4.9

$f'(x)=1/x$ 이므로, $f'(1.8)$ 의 정확한 값이 $0.\bar{5}$ 이고, 오차한계들은 실제 근사오차에 아주 가깝다. ■

일반적인 도함수를 근사하는 공식들을 구하기 위해 $x_0, x_1, \ldots, x_n$ 들이 구간 I 에 있는 $(n+1)$ 개의 서로 다른 수들이고 $f \in C^{n+1}$ 이라고 가정하자. 그러면 I 에 있는 임의의 $\xi(x)$ 에 대해서

$$f(x) = \sum_{j=0}^{n} f(x_j)L_j(x) + \frac{(x-x_0)\cdots(x-x_n)}{(n+1)!} f^{(n+1)}(\xi(x)).$$

여기에서 $L_j(x)$ 는 $x_0, x_1, \ldots, x_n$ 에서 f 에 대한 j 번째 Lagrange 다항식을 나타낸다. 이것을 미분하면

$$f'(x) = \sum_{j=0}^{n} f(x_j)L_j'(x) + D_x\left[\frac{(x-x_0)\cdots(x-x_n)}{(n+1)!}\right] f^{(n+1)}(\xi(x)) + \frac{(x-x_0)\cdots(x-x_n)}{(n+1)!} D_x\left[f^{(n+1)}(\xi(x))\right]$$

을 얻는다. 만약 x 가 x_k 중 하나가 아니라면 절단 오차의 두 번째 항에 대해 문제가 생긴다. 이 경우에는, $D_x[f^{(n+1)}(\xi(x))]$ 가 0이 되며 위 식을 다음과 같이 다시 쓸 수 있다.

$$f'(x_k) = \sum_{j=0}^{n} f(x_j)L_j'(x_k) + \frac{f^{(n+1)}(\xi(x_k))}{(n+1)!} \prod_{j=0, j\neq k}^{n} (x_k - x_j)$$

3 점 공식 (Three-Point Formulas)

x_0, $x_1 = x_0 + h$, $x_2 = x_0 + 2h$ 에서 이차 Lagrange 다항식을 사용하면 다음과 같은 식을 얻을 수 있다.

정리 4.9.3 [3 점 끝점 공식 (Three-Point Endpoint Formula)]

$f'''(x)$ 가 x_0 와 $x_0 + 2h$ 를 포함하는 구간에 존재한다면, x_0 와 $x_0 + 2h$ 사이의 임의의 ξ 에 대하여

$$f'(x_0) = \frac{1}{2h}[-3f(x_0) + 4f(x_0+h) - f(x_0+2h)] + \frac{h^2}{3} f'''(\xi).$$

이 공식은 구간의 끝점에서 도함수를 근사할 때 가장 유용하며, 그 예로 3.5에서 논의한 고정된(clamped) 삼차스플라인들에 대해서 사용할 도함수들을 근사하려고 할 때 유용하다. 왼쪽 끝점 근사들은 $h > 0$을 사용해서, 그리고 오른쪽 끝점 근사들은 $h < 0$을 사용해서 찾는다.

구간의 한 내부점에서 함수의 도함수를 근사할 때는 $x_0 - h$, x_0, $x_0 + h$ 에서 이차 Lagrange 다항식으로부터 유도된 공식을 사용하는 것이 더 낫다.

정리 4.9.4 [3점 중간점 공식 (Three-Point Midpoint Formula]

f''' 가 $x_0 - h$ 와 $x_0 + h$ 를 포함하는 구간에 존재한다면, $x_0 - h$ 와 $x_0 + h$ 사이의 임의의 ξ 에 대하여

$$f'(x_0) = \frac{1}{2h}[f(x_0+h) - f(x_0-h)] - \frac{h^2}{6} f'''(\xi).$$

중간점 공식에 의한 오차는 대략 끝점 공식에 의한 오차의 반이고 f 는 단지 두 점에서만 계산하면 되는 반면, 끝점 공식에서는 f 를 3번 계산하여야 한다. [그림 4.21]은 중간점 공식으로 인한 근사를 설명한다,
이 방법들은(비록 3번째 점 $f(x_0)$ 가 중간점 공식에서 드러나지 않는다 하더라도) 3점 공식이라 부른다. 마찬가지로 5점 공식이라고 부르는 방법들은 오차항이 $O(h^4)$ 인 두 개의 부가적인 점들에서의 함수를 계산하는 일이 필요하다. 이 공식들은 일반적으로 계산하는 점들을 지나가는 사차 Lagrange 다항식을 미분함으로써 유도된다. 가장 유용한 것은 내부점 공식이다.

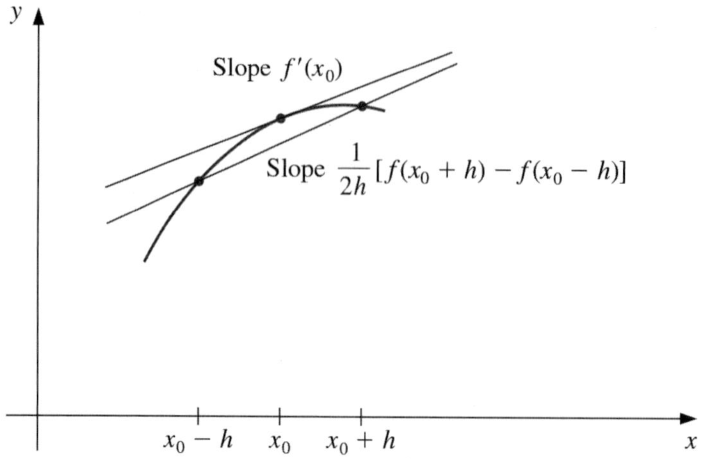

그림 4.21

> **정리 4.9.5** [5점 중간점 공식 (Five-Point Formulas]
>
> 만약 $f^{(5)}$가 x_0-2h와 x_0+2h를 포함하는 구간에 존재한다면, x_0-2h와 x_0+2h 사이의 임의의 ξ에 대하여
>
> $$f'(x_0)=\frac{1}{12h}[f(x_0-2h)-8f(x_0-h)+8f(x_0+h)-f(x_0+2h)]+\frac{h^4}{30}f^{(5)}(\xi).$$

특별히 3.5절의 구속된 삼차스플라인 보간에 관하여 유용한 다른 5점 공식이 존재한다.

> **정리 4.9.6** [5점 끝점 공식 (Five-Point Endpoint Formula)]
>
> $f^{(5)}$가 x_0와 x_0+4h를 포함하는 구간에 존재하면, x_0와 x_0+4h 사이의 임의의 ξ에 대하여
>
> $$f'(x_0)=\frac{1}{12h}[-25f(x_0)+48f(x_0+h)-36f(x_0+2h)+16f(x_0+3h)-3f(x_0+4h)]+\frac{h^4}{5}f^{(5)}(\xi).$$

왼쪽 끝점 근사들은 $h>0$을 사용해서 구하고, 오른쪽 끝점 근사들은 $h<0$을 사용해서 구한다.

예제 4.9.7 [표 4.10]은 $f(x)=xe^x$의 값을 보여준다. $f'(2.0)$을 3점과 5점 공식들을 이용해서 근사해라.

x	$f(x)$
1.8	10.889365
1.9	12.703199
2.0	14.778112
2.1	17.148957
2.2	19.855030

표 4.10

풀이 $f(x)=(x+1)e^x$이기 때문에, $f'(2.0)=22.167168$이다. 다양한 3점과 5점 공식들을 이용해서 근사하면 다음과 같은 결과를 얻을 수 있다.

3점 공식

$h = 0.1$로 끝점 : $\frac{1}{0.2}[-3f(2.0) + 4f(2.1) - f(2.2)] = 22.032310$

$h = -0.1$로 끝점 : $\frac{1}{0.2}[-3f(2.0) + 4f(1.9) - f(1.8)] = 22.054525$

$h = 0.1$로 중간점 : $\frac{1}{0.2}[f(2.1) - f(1.9)] = 22.228790$

$h = 0.2$로 중간점 : $\frac{1}{0.4}[f(2.2) - f(1.8)] = 22.414163$

5점 공식

$h = 0.1$로 중간점 (적용될 수 있는 유일한 5점 공식)

$$\frac{1}{1.2}[f(1.8) - 8f(1.9) + 8(2.1) - f(2.2)] = 22.166999$$

오차들은 각각 1.35×10^{-1}, 1.13×10^{-1}, -6.16×10^{-2}, -2.47×10^{-1}, 1.69×10^{-4}이다. 분명히 5점 공식이 월등히 정확함을 알 수 있다. 또한 $h = 0.1$인 중간점 공식의 오차는 $h = 0.1$이나 $h = -0.1$인 끝점 공식을 사용해서 만들어진 오차의 절반 정도임을 주목하자. ■

반올림오차 불안정성 (Round-Off Error Instability)

도함수들을 근사할 때는 반올림오차에 대해서 주의하는 것이 특히 중요하다. 4.3절에서 적분들을 근사할 때 복합 심프슨 법칙에서 단계 크기를 줄임으로써 절단 오차를 줄일 수 있었고, 비록 계산량이 늘어난다 하더라도 그 방법에서 전체 반올림오차는 한계를 벗어나지 않는다는 것을 알게 되었다. 그러나 수치적분에서는 그렇지 않다.

수치미분 기법을 사용할 때, 절단 오차는 단계 크기가 작아지면 역시 감소하겠지만 반올림오차가 커지는 것은 피할 수 없다. 이것이 발생하는 이유를 알기 위해 3점 중간점 공식을 더 세밀하게 분석해보자.

$$f'(x) = \frac{1}{2h}[f(x_0 + h) - f(x_0 - h)] - \frac{h^2}{6}f'''(\xi)$$

$f(x_0 + h)$와 $f(x_0 - h)$를 근사하는 데 있어서 반올림오차 $e(x_0 + h)$와 $e(x_0 - h)$를 마주치게 되었다고 상상하라. 그러면 계산된 값들 $\tilde{f}(x_0 + h)$와 $\tilde{f}(x_0 - h)$는

$$f(x_0 + h) = \tilde{f}(x_0 + h) + e(x_0 + h), \qquad f(x_0 - h) = \tilde{f}(x_0 - h) + e(x_0 - h)$$

에 의해 진정한 값 $f(x_0 + h)$와 $f(x_0 - h)$에 연관된다. 이때, 근사에서의 전체오차

$$f'(x_0) - \frac{\tilde{f}(x_0 + h) - \tilde{f}(x_0 - h)}{2h} = \frac{e(x_0 + h) - e(x_0 - h)}{2h} - \frac{h^2}{6}f'''(\xi)$$

중 일부는 반올림오차, 일부는 절단오차에서부터 생긴다. 함숫값 계산에 있어 반올림오차 $e(x_0 \pm h)$는 임의의 $\epsilon > 0$에 대해, f의 3계도함수는 임의의 $M > 0$에 대해 유계라고 가정하면

$$\left| f'(x_0) - \frac{\tilde{f}(x_0 + h) - \tilde{f}(x_0 - h)}{2h} \right| \le \frac{\epsilon}{h} + \frac{h^2}{6}M$$

가 되고, 절단 오차 부분인 $h^2M/6$을 줄이기 위해서는 h를 줄여야 한다. 그러나 h를 줄임에 따라 반올림오차 ϵ/h가 증가하게 된다. 이런 식으로 너무 작은 h를 사용하면 반올림오차가 계산을 지배하기 때문에 그다지 이익이 되지

않는다.

예제 4.9.8 $f(x) = \sin x$에 대한 $f'(0.900)$을 근사하기 위해서 [표 4.11]에 있는 값들을 사용하는 것을 고려하자. 실젯값은 $\cos(0.900) = 0.62161$이다. h의 다른 값들을 가지는 공식

$$f'(0.900) \approx \frac{f(0.900+h) - f(0.900-h)}{2h}$$

은 [표 4.12]에 있는 근사들을 제공한다.

x	$\sin x$	x	$\sin x$
0.800	0.71736	0.901	0.78395
0.850	0.75128	0.902	0.78457
0.880	0.77074	0.905	0.78643
0.890	0.77707	0.910	0.78950
0.895	0.78021	0.920	0.78560
0.898	0.78208	0.950	0.81342
0.899	0.78270	1.000	0.84147

표 4.11

h	Approximation to $f'(0.900)$	Error
0.001	0.62500	0.00339
0.002	0.62250	0.00089
0.005	0.62200	0.00039
0.010	0.62150	−0.00011
0.020	0.62150	−0.00011
0.050	0.62140	−0.00021
0.100	0.62055	−0.00106

표 4.12

h에 대한 최적 선택은 0.005와 0.05 사이에 있는 것으로 보인다. 오차항의 최솟값

$$e(h) = \frac{\epsilon}{h} + \frac{h^2}{6}M$$

은

$$0 = e'(h) = -\frac{\epsilon}{h^2} + \frac{h}{3}M.$$

즉, 여기서 $h = \sqrt[3]{3\epsilon/M}$일 때 발생한다. 이 경우에 한계 M에 대한 합리적인 값을 결정할 수 있는데

$$M = \max_{x\in[0.800,1.00]} |f'''(x)| = \max_{x\in[0.800,1.00]} |\cos x| \approx 0.69671$$

이기 때문이다. f의 값들이 소수점 아래 다섯 자리까지 주어져 있기 때문에 $\epsilon = 0.000005$로 가정하는 것이 합리적이다. 그래서, h의 최적의 선택은 대략

$$h = \sqrt[3]{\frac{3\epsilon}{M}} = \sqrt[3]{\frac{3(0.000005)}{0.69671}} \approx 0.028$$

인데, 이것은 [표 4.11]에 있는 결과들과 일치한다. 실제로, 도함수를 근사하는 데 사용하기 위해 최적의 h를 계산할 수 없는데, 그 함수의 3계 도함수에 대해 아는 것이 없기 때문이다.

3점 중간점 공식에 의해서 나타나는 반올림오차 문제들만을 고려했었지만, 유사한 어려움들이 모든 미분 공식들에 대해서 발생한다. 문제가 생기는 이유는 h의 거듭제곱에 의한 나눗셈을 해야 한다는 데에서도 그 근원을 추적할 수 있다. 1.4절에서 보았듯이([예제 1.2.5] 참조) 작은 수에 의한 나눗셈은 반올림오차를 악화시키는 경향을 보이므로, 이 계산은 가능하면 회피하여야 한다. 수치미분의 경우에 있어서 비록 더 높은 차수 방법들이 어려움을 감축한다 하더라도 문제를 전적으로 회피하는 것은 불가능하다.

절단오차를 줄이기 위해서는 h의 값이 작아야 하지만 이것이 반올림 오차가 커지게 되는 원인을 제공하기 때문에 근사 방법으로서 수치미분은 불안정하다는 것을 명심하여야 한다. 이것은 지금에 와서 마주치는 불안정한 방법들의

첫 번째 부류이고, 그리고 이 기법들은 만약 가능하다면 회피하여야 할 것이다. 그러나 계산을 위해서 사용하는 것 외에도 유도했었던 공식들이 상미분 및 편미분방정식들의 풀이를 근사하기 위해서도 필요한 것들이기 때문에 이 기법들을 회피하는 일은 불가능하다.

일계도함수를 근사하기 위해서 했던 것과 같은 방법으로 또는 외삽법을 위해 사용되었던 것과 유사한 평균하는 기법을 사용함으로써 함수의 더 고차도함수들을 근사하기 위한 방법들을 유도할 수 있다. 물론 이 기법들은 일계도함수들을 위한 근사 방법들에 대해서와 같은 안정성 문제에는 취약하지만, 미분방정식들의 경곗값 문제들에 대한 풀이를 근사하기 위해서는 필요하다. 유일하게 필요한 것은 다음 형태를 가지는 3점 중간점 공식이다.

정리 4.9.9 [f''를 근사하기 위한 3점 중간점 공식 **(Three-Point Midpoint Formula for Approximating f'')**]

만약 $f^{(4)}$가 $x_0 - h$와 $x_0 + h$를 포함하고 있는 구간에 존재한다면, 그때 $x_0 - h$와 $x_0 + h$ 사이에 있는 수 ξ에 대해서

$$f''(x_0) = \frac{1}{h^2}[f(x_0 - h) - 2f(x_0) + f(x_0 + h)] - \frac{h^2}{12}f^{(4)}(\xi).$$

4.9 연습문제

1. 전향차분공식과 후향차분공식들을 사용해서 근삿값을 구하여 다음 표를 완성하라.

a.

x	$f(x)$	$f'(x)$
0.5	0.4794	
0.6	0.5646	
0.7	0.6442	

b.

x	$f(x)$	$f'(x)$
0.0	0.00000	
0.2	0.74140	
0.4	1.3718	

2. 연습문제 1에 있는 데이터는 다음 함수로부터 구한 것이다. 연습문제 1에서의 실제 오차를 계산하고, 오차공식을 사용해서 오차한계를 구하라.

a. $f(x) = \sin x$

b. $f(x) = e^x - 2x^2 + 3x - 1$

3. 가장 적절한 3점 공식을 사용해서 근사들을 결정하여 다음 표를 완성하라.

a.

x	$f(x)$	$f'(x)$
1.1	9.025013	
1.2	11.02318	
1.3	13.46374	
1.4	16.44465	

b.

x	$f(x)$	$f'(x)$
8.1	16.94410	
8.3	17.56492	
8.5	18.19056	
8.7	18.82091	

c.

x	$f(x)$	$f'(x)$
2.9	−4.827866	
3.0	−4.240058	
3.1	−3.496909	
3.2	−2.596792	

d.

x	$f(x)$	$f'(x)$
2.0	3.6887983	
2.1	3.6905701	
2.2	3.6688192	
2.3	3.6245909	

4. 연습문제 3에 있는 데이터는 다음 함수로부터 구한 것이다. 연습문제 3에서의 실제 오차를 계산하고, 오차공식을 사용해서 오차한계를 구하라.

   a. $f(x) = e^{2x}$ b. $f(x) = x \ln x$
   c. $f(x) = x \cos x - x^2 \sin x$ d. $f(x) = 2(\ln x)^2 + 3 \sin x$

5. 가능한 한 가장 정확한 공식을 사용해서 근삿값을 구하고 다음 표를 완성하라.

a.

x	$f(x)$	$f'(x)$
2.1	−1.709847	
2.2	−1.373823	
2.3	−1.119214	
2.4	−0.9160143	
2.5	−0.7470223	
2.6	−0.6015966	

b.

x	$f(x)$	$f'(x)$
−3.0	9.367879	
−2.8	8.233241	
−2.6	7.180350	
−2.4	6.209329	
−2.2	5.320305	
−2.0	4.513417	

6. $f(x) = \cos \pi x$ 라 하자. f'' 에 대한 3점 중간점 공식과 $x = 0.25$, 0.5 및 0.75에서 $f(x)$의 값을 사용해서 $f''(0.5)$를 근사하라. 이 결과를 정확한 값과 3.5절의 연습문제 6에서 구했던 근사에 비교하라. 그리고 왜 이 방법이 이 문제에 대해서 특별히 정확한지 설명하라.

7. $f(x) = 3xe^x - \cos x$ 라 하자. 다음 데이터와 f'' 에 대한 3점 중간점 공식을 사용해서 $h = 0.1$ 과 $h = 0.01$ 로 $f''(1.3)$ 을 근사하고, 그 결과를 $f''(1.3)$ 과 비교하라.

x	1.20	1.29	1.30	1.31	1.40
$f(x)$	11.59006	13.78176	14.04276	14.30741	16.86187

8. 다음 데이터와 f 의 다섯 개의 일계도함수들이 $[1, 5]$ 에서 2, 3, 6, 12, 23 에 의해 각각 한정되어 있다는 것을 이용해 가능한 한 정확하게 $f'(3)$ 을 근사하고 오차의 한계를 구하라.

x	1	2	3	4	5
$f(x)$	2.4142	2.6734	2.8974	3.0976	3.2804

9. f 의 3계도함수가 $[1, 5]$ 에서 4로 한정된다고 가정하여, 연습문제 8을 반복하라.

10. 다음 공식에 대한 반올림오차들을 분석하라.

$$f'(x_0) = \frac{f(x_0 + h) - f(x_0)}{h} - \frac{h}{2} f''(\xi_0)$$

$(x_0, x_0 + h)$ 에서 f'' 에 대한 한계 M 에 관해서 최적의 $h > 0$ 을 구하라.

11. 미적분학을 배운 학생들은 x 에서 함수 f 의 도함수가

$$f_n'(x) = \lim_{h \to 0} \frac{f(x + h) - f(x)}{h}$$

로 정의되는 것을 알 것이다. 좋아하는 함수 f 와 0 아닌 수 x 및 계산 기기를 선택하고 $n = 1, 2, \ldots, 20$ 일 때

$$f_n'(x) = (x) = \frac{f(x + 10^{-n}) - f(x)}{10^{-n}}$$

에 의해서 $f'(x)$ 에 대한 근사 $f_n'(x)$ 들을 계산하고 어떻게 되는지 설명하라.

12. 함수

$$e(h)=\frac{\epsilon}{h}+\frac{h^2}{6}M$$

을 고려하는데, 여기서 M은 3계도함수에 대한 한계이다. $e(h)$가 $\sqrt[3]{3\epsilon/M}$에서 최솟값을 가지는 것을 보여라.

13. 전향차분공식을

$$f'(x_0)=\frac{1}{h}[f(x_0+h)-f(x_0)]-\frac{h}{2}f''(x_0)-\frac{h^2}{6}f'''(x_0)+O(h^3)$$

로 표현할 수 있다. 이 공식에 외삽을 사용해서 $f'(x_0)$에 대한 $O(h^3)$을 유도하라.

14. 3.4절의 연습문제 3에서, 일직선 도로를 달리는 자동차에 대한 데이터가 주어졌다. 그 문제는 $t=10$초일 때 자동차의 위치와 속력을 예측하는 것이었다. 다음 시간과 위치를 사용해서 열거된 시각에서의 속력을 예측하라.

시간	0	3	5	8	10	13
거리	0	225	383	623	742	993

15. 인가된 전압 $\epsilon(t)$와 인덕턴스 L을 가지는 회로에서, 키르히호프의 제 1법칙에 의해 다음이 성립한다.

$$\epsilon(t)=L\frac{di}{dt}+Ri$$

여기에서 R은 회로의 저항이며 i는 전류이다. 다양한 t값에 대한 전류를 측정하여 다음 표를 만들었다고 가정하자.

t	1.00	1.01	1.02	1.03	1.04
i	3.10	3.12	3.14	3.18	3.24

여기서 t는 초, i는 암페어, L은 0.98헨리의 단위를 가지며 저항은 0.142옴이다. 이때, $t=1.00, 1.01, 1.02, 1.03$ 그리고 1.04에서 전압 ϵ을 근사하라.

제 5 장

초깃값 문제의 수치해

5.1 개요

미분방정식은 변수가 다른 변수의 변화에 따라 변하는 것과 관련되는 문제들의 모형을 만들기 위해 사용한다. 이 문제들은 주어진 초기 조건을 만족하는 미분방정식에 대한 해를 요구한다.

많은 실생활 상황에서 초기 조건을 만족하는 미분방정식 문제의 수학적 모델을 나타내는 미분 방정식은 너무 복잡해서 정확하게 풀기가 어렵기 때문에 해를 근사하기 위해 두 가지 중의 한 가지 접근을 취한다. 첫 번째 접근은 미분 방정식을 정확하게 풀 수 있는 식으로 단순화한 후, 원래 문제에 대한 해를 근사하기 위해 단순화된 방정식의 해를 사용한다. 이 장에서 살펴볼 다른 접근은 원래 문제의 해를 직접적으로 근사하기 위한 방법을 찾는 일에 관한 것이다. 더욱 정확한 결과와 현실적인 오차 정보를 구할 수 있기 때문에 통상적으로 이 접근 방법을 사용한다.

이 장에서 고려하는 방법들은 초깃값 문제의 해에 대한 연속적인 근사를 생산하지 않는다. 오히려 명시되고 같은 간격으로 떨어져 있는 점들에서 근사를 구한다. 만약 중간값들을 필요로 한다면 통상적으로 Hermite 형태인 보간 방법을 사용한다.

이 장의 첫 부분에서는 초기 조건

$$y(a) = \alpha$$

이면

$$a \le t \le b$$

일 때,

$$\frac{dy}{dt} = f(t, y)$$

를 갖는 문제에 대한 해 $y(t)$를 근사하는 것에 대해 알아본다. 일반적으로 이 기법들을 기본으로 사용하기 때문에 이 기법들에 대해 공부하는 것이 핵심이다. 이 장의 뒷부분에서는 이 방법을 $a \le t \le b$에 대해서 다음 초기 조건

$$y_1(a) = \alpha_1,\ y_2(a) = \alpha_2,\ \ldots,\ y_n(a) = \alpha_n$$

을 갖는

$$\frac{dy_1}{dt} = f_1(t, y_1, y_2, \ldots, y_n)$$
$$\frac{dy_2}{dt} = f_2(t, y_1, y_2, \ldots, y_n)$$
$$\vdots$$
$$\frac{dy_n}{dt} = f_n(t, y_1, y_2, \ldots, y_n)$$

의 형태를 가지는 일차미분방정식들의 시스템을 다룬다. 또한 이 형태를 가지는 시스템이 다음과 같은 다수의 초기 조건들

$$y(a) = \alpha_0, \;\; y'(a) = \alpha_1, \ldots, y^{(n-1)}(a) = \alpha_{n-1}$$

을 갖고, $a \le t \le b$에 대해서

$$y^{(n)} = f(t, y, y', y'', \ldots, y^{(n-1)})$$

의 형태를 가지는 일반적인 n차 초깃값 문제에 대해 알아본다.

Well-Posed Condition

기본적인 문제의 해를 근사하기 위한 방법을 설명하기 전에 해가 존재할 것을 보증하는 상황들에 대해서 알아보자. 사실 주어진 문제를 풀지 않고 단지 그 문제에 대한 근사만 할 것이므로, 주어진 문제와 비슷한 문제들이 주어진 문제의 해가 정확하게 근사하는 해를 갖는 문제인지 아는 것이 필요하다. 초깃값 문제에 대한 이 특성을 well-posed 라 부르고, 그런 문제들에 대해 수치해법을 적용하는 것이 적절하다. 다음 결과는 well-posed 문제들의 분류가 꽤 폭넓다는 것을 보여준다.

정리 5.1.1 [Well-Posed Condition]

f와 f_y는 y값의 일차함수이고 이것은 $[a, b]$에 존재하는 t와 모든 y값의 연속이다. 그러면 다음 초깃값 문제가

$$a \le t \le b\text{에 대해서} \quad y(a) = \alpha\text{를 가지는} \quad y' = f(t, y)$$

일 때 $a \le t \le b$에 대해서 $y(t)$는 유일해이고, 이것을 well-posed문제라고 한다.

예제 5.1.2 다음과 같은 초깃값 문제를 고려하자.

$$y(0) = 0\text{을 가지며 } 0 \le t \le 2\text{일 때, } y' = 1 + t\sin(ty).$$

다음 함수들이

$$f(t, y) = 1 + t\sin(ty) \;\; \text{및} \;\; f_y(t, y) = t^2\cos(ty)$$

가 $0 \le t \le 2$이며, 모든 y에 대해서 둘 다 연속이기 때문에, 유일한 해가 이 well-posed 초깃값 문제에 대해 존재한다.

5.2 Taylor 방법

앞의 네 개의 단원에서 보았던 많은 수치해법들은 Taylor의 정리에 바탕을 두고 유도하였다. 초깃값 문제에 대한 해의 근사도 예외는 아니다. 이 경우에 Taylor 다항식에서 전개해야 하는 함수는 문제에 대한 (미지의) 해 $y(t)$이다. 그것의 가장 초보적인 형태에서 이것은 Euler 방법을 얻을 수 있다. 비록 Euler 방법이 실제로는 거의 사용되지 않지만 그것을 유도하기가 단순하기 때문에 더욱 고급 절차들을 구축하는 데 수반되는 지루한 대수 계산 없이 그런 절차들을 위해 사용되는 기법을 설명하는 데 편리하다.

Euler 방법의 목적은 주어진 양의 정수 N에 대해서 다음 형태의 문제가

$$\frac{dy}{dt} = f(t, y), \quad a \le t \le b \ , \ y(a) = \alpha$$

의 해에 대한 근사를 구하는 데 있다. 이때, 일정한 간격으로 되어 있는 $N+1$개의 격자점(mesh points) $\{t_0, t_1, t_2, \cdots, t_N\}$에서 값을 구한다. ([그림 5.1] 참조) 여기서

$$t_i = a + ih, \quad i = 0, 1, \ldots, N$$

이며, 이 점들 사이의 공통거리 $h = (b-a)/N$은 단계 크기(step size)라 부른다. $[a, b]$에 있는 t 외의 다른 값들에 대한 근사는 보간을 사용해서 구할 수 있다.

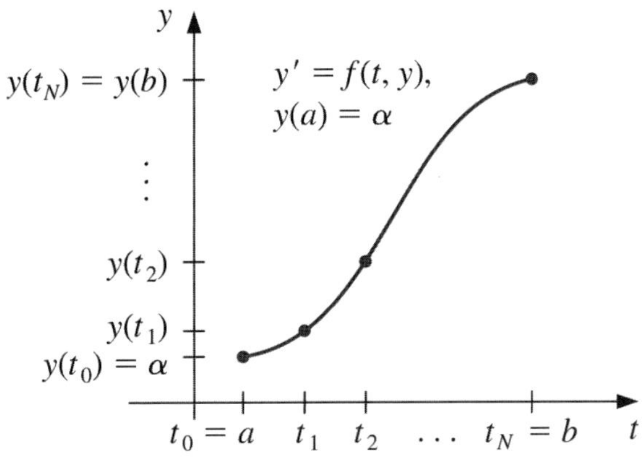

그림 5.1

문제에 대한 해 $y(t)$가 $[a, b]$에서 두 개의 연속적인 도함수를 가진다고 하면, 각 $i = 0, 1, 2, \ldots, N-1$에 대해서 Taylor 정리가

$$y(t_{i+1}) = y(t_i) + (t_{i+1} - t_i)y'(t_i) + \frac{(t_{i+1} - t_i)^2}{2} y''(\xi_i)$$

임을 함축한다. 여기서 ξ_i는 (t_i, t_{i+1})에 있는 수이다. $h = (b-a)/N = t_{i+1} - t_i$라고 하면,

$$y(t_{i+1}) = y(t_i) + hy'(t_i) + \frac{h^2}{2} y''(\xi_i)$$

이고, $y(t)$가 미분방정식 $y'(t) = f(t, y(t))$를 만족하기 때문에,

$$y(t_{i+1}) = y(t_i) + hf(t_i, y(t_i)) + \frac{h^2}{2} y''(\xi_i).$$

Euler 방법은 이 방정식에 있는 오차항을 지움으로써 각 $i = 1, 2, \ldots, N$에 대해서 $y(t_i)$에 대한 근사 w_i를 구축한다. 이것이 미분방정식을 근사하는 차분방정식을 생산한다. 지역 오차(local error)라는 말은 만약 모든 앞선 단계 결과들이 모두 정확하다고 가정할 때 주어진 단계에서의 오차를 가리킨다. 이 방법의 진정한 또는 누적된 오차를 전역오차(global error)라 부른다.

정리 5.2.1 **[Euler 방법 (Euler's Method)]**

$$w_0 = \alpha,$$
$$w_{i+1} = w_i + hf(t_i, w_i),$$

여기서 $i = 0, 1, 2, \ldots, N-1$이고, (t_i, t_{i+1})에 있는 ξ_i에 대해서 지역오차는 $\frac{1}{2}y''(\xi_i)h^2$이다.

예제 5.2.2 [예제 5.1.2]에서 Euler 방법을 사용해서 $t = 2$일 때의 초깃값 문제

$$y' = y - t^2 + 1, \quad 0 \le t \le 2, \quad y(0) = 0.5$$

에 대한 해를 근사할 것이다. $h = 0.5$일 때 이 기법의 각 단계들이 어떻게 진행되는지 간단히 살펴보자. 이 문제에서 $f(t, y) = y - t^2 + 1$이므로

$$\begin{aligned}
w_0 &= y(0) = 0.5; \\
w_1 &= w_0 + 0.5(w_0 - (0.0)^2 + 1) = 0.5 + 0.5(1.5) = 1.25; \\
w_2 &= w_1 + 0.5(w_1 - (0.5)^2 + 1) = 1.25 + 0.5(2.0) = 2.25; \\
w_3 &= w_2 + 0.5(w_2 - (1.0)^2 + 1) = 2.25 + 0.5(2.25) = 3.375; \\
y(2) &\approx w_4 = w_3 + 0.5(w_3 - (1.5)^2 + 1) = 3.375 + 0.5(2.125) = 4.4375.
\end{aligned}$$

Euler 방법을 기하학적으로 해석하기 위해서 w_i가 $y(t_i)$에 대한 가까운 근사일 때, 문제가 well-posed라고 가정한다면

$$f(t_i, w_i) \approx y'(t_i) = f(t_i, y(t_i))$$

임을 함축한다는 것에 주목하자. Euler 방법의 첫 단계는 [그림 5.2(a)]에 나타나 있고, 일련의 단계들이 [그림 5.2(b)]에 드러나 있다. 프로그램 EULERM51이 Euler 방법을 구현한다.

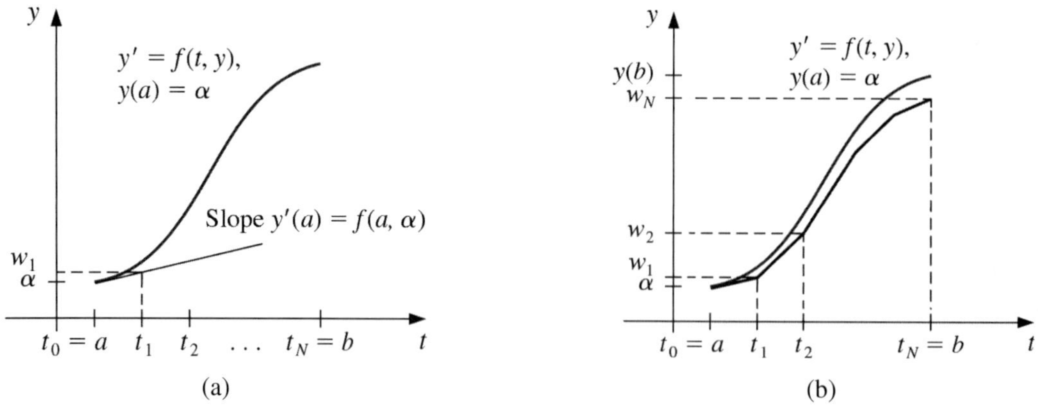

그림 5.2

예제 5.2.3 Euler 방법을 사용해서 초깃값 문제

$$y' = y - t^2 + 1,\ \ 0 \le t \le 2,\ \ y(0) = 0.5$$

에 대한 해를 근사해 보자.

풀이 $N = 10$일 때, $h = 0.2$, $t_i = 0.2i$, $f(t, y) = y - t^2 + 1$, $w_0 = y(0) = 0.5$이므로 $i = 0, 1, \ldots, 9$에 대해서

$$w_{i+1} = w_i + h(w_i - t_i^2 + 1) = w_i + 0.2[w_i - 0.04i^2 + 1] = 1.2w_i - 0.008i^2 + 0.2.$$

정확한 해는 $y(t) = (t + 1)^2 - 0.5e^t$이다. [표 5.1]에서는 t_i에서 근삿값들과 실젯값들을 비교한다.

t_i	$y_i = y(t_i)$	w_i	$\|y_i - w_i\|$	t_i	$y_i = y(t_i)$	w_i	$\|y_i - w_i\|$
0.0	0.5000000	0.5000000	0.0000000	1.2	3.1799415	2.9498112	0.2301303
0.2	0.8292986	0.8000000	0.0292986	1.4	3.7324000	3.4517734	0.2806266
0.4	1.2140877	1.1520000	0.0620877	1.6	4.2834838	3.9501281	0.3333557
0.6	1.6489406	1.5504000	0.0985406	1.8	4.8151763	4.4281538	0.3870225
0.8	2.1272295	1.9884800	0.1387495	2.0	5.3054720	4.8657845	0.4396874
1.0	2.6408591	2.4581760	0.1826831				

표 5.1

Euler 방법의 오차한계(Error Bounds for Euler's Method)

Euler 방법은 그것의 오차항이 단계 크기 h의 제곱과 관련되는 Taylor 다항식으로부터 유도되기 때문에, 각 단계에서 지역오차는 h^2에 비례하고 이는 $O(h^2)$이다. 그러나 전체오차 또는 전역오차는 지역오차들을 누적하여 나타내기 때문에 전역오차가 일반적으로 훨씬 더 급속한 비율로 증가한다.

정리 5.2.4 [Euler 방법의 오차한계(Error Bounds for Euler's Method)]

$y(t)$가 다음과 같은 초깃값 문제

$$y(a) = \alpha\text{이고}\ \ a \le t \le b\text{에 대해서}\ \ y'(t) = f(t, y)$$

에 대해 유일한 해를 나타내고, $w_0, w_1, \ldots, w_N$이 양의 정수 N에 대한 Euler 방법에 의해 생성된 근사들이라고 하자. f가 $[a, b]$에 있는 모든 t와 $(-\infty, \infty)$에 있는 모든 y에 대해서 연속이고, 다음이 성립하는 상수들 L과 M이 존재한다고 가정하자.

$$\left|\frac{\partial f}{\partial y}(t, y(t))\right| \le L \ \text{및}\ \ |y''(t)| \le M.$$

그러면 각 $i = 1, 2, \ldots, N$에 대해서

$$|y(t_i) - w_i| \le \frac{hM}{2L}\left[e^{L(t_i - a)} - 1\right].$$

주목해야 할 한 가지 중요한 특징은 비록 Euler 방법의 지역오차가 $O(h^2)$이라 하더라도 전역오차는 $O(h)$라는 것이다. 지역오차로부터 전역오차로 h의 1 제곱의 감축은 초깃값 기법들에 대해서 전형적으로 나타난다. 비록 지역오차로부터 전역오차들로 차수에 있어서 감축을 가진다 하더라도, 공식은 오차가 h와 더불어 0이 되려고 하는 것을 보여준다.

예제 5.2.5 [예제 5.1.2]에서 고려했던 초깃값 문제로 돌아가서

$$y(0) = 0.5\text{이고},\quad 0 \le t \le 2\text{에 대해서}\quad y' = y - t^2 + 1.$$

$f(t, y) = y - t^2 + 1$로, 모든 y에 대해서 $f_y(t, y) = 1$이고 $L = 1$을 가지는 것을 알 수 있다. 이 문제에 대해 정확한 해가 $y(t) = (t+1)^2 - 0.5e^t$이고, 그래서 $y''(t) = 2 - 0.5e^t$이며,

$$0 \le t \le 2\text{에 대해서}\quad |y''(t)| \le 0.5e^2 - 2.$$

$h = 0.2, L = 1, M = 0.5e^2 - 2$를 가지는 Euler 방법에 대한 오차한계에 있어서 부등식을 사용하면

$$|y_i - w_i| \le 0.1(0.5e^2 - 2)(e^{t_i} - 1).$$

[표 5.2]에는 이 오차한계와 함께 [예제 5.1.2]에서 구했던 실제 오차가 열거되어 있다. 오차에 대한 한계가 특별히 t_i의 더 큰 값들에 대해서 실제 근사오차를 훨씬 상회하는 것에 주목하자.

t_i	0.2	0.4	0.6	0.8	1.0	1.2	1.4	1.6	1.8	2.0
Actual Error	0.02930	0.06209	0.09854	0.13875	0.18268	0.23013	0.28063	0.33336	0.38702	0.43969
Error Bound	0.03752	0.08334	0.13931	0.20767	0.29117	0.39315	0.51771	0.66985	0.85568	1.08264

표 5.2

고차 Taylor 방법 (Higher Order Taylor Method)

$n = 1$인 Taylor 방법을 이용해서 Euler 방법을 유도하였기 때문에 차분 방법들의 정확성을 개선하기 위한 방법을 찾기 위한 첫 번째 시도는 n의 더 큰 값들로 확장하는 것이다. 다음 초깃값 문제에 대한

$$y(a) = \alpha\text{이며},\quad a \le t \le b\text{에 대해서}\quad y' = f(t, y)$$

의 해 $y(t)$가 $n+1$차 도함수까지 연속이라고 가정하자. 만약 해를 t_i 근방에서 n차 Taylor 다항식의 항으로 확장하면 (t_i, t_{i+1})에 있는 ξ_i에 대해서 다음을 얻는다.

$$y(t_{i+1}) = y(t_i) + hy'(t_i) + \frac{h^2}{2}y''(t_i) + \cdots + \frac{h^n}{n!}y^{(n)}(t_i) + \frac{h^{n+1}}{(n+1)!}y^{(n+1)}(\xi_i)$$

의 해 $y(t)$를 연이어 미분하면 다음을 얻고

$$y'(t) = f(t, y(t)),\quad y''(t) = f'(t, y(t)),\quad y^{(k)}(t) = f^{(k-1)}(t, y(t))$$

그리고 이 결과들을 Taylor 전개에 대입하면 다음과 같다.

$$y(t_{i+1}) = y(t_i) + hf(t_i, y(t_i)) + \frac{h^2}{2}f'(t_i, y(t_i)) + \cdots + \frac{h^n}{n!}f^{(n-1)}(t_i, y(t_i)) + \frac{h^{n+1}}{(n+1)!}f^{(n)}(\xi_i, y(\xi_i))$$

이 방정식에 상응하는 차분방정식 방법은 ξ_i가 관련되는 나머지 항을 제거함으로써 구해진다.

정리 5.2.6 **[n차 Taylor 방법 (Taylor Method of Order n)]**

각 $i = 0, 1, \ldots, N-1$ 에 대해서,

$$w_0 = \alpha,$$
$$w_{i+1} = w_i + hT^{(n)}(t_i, w_i),$$

여기서

$$T^{(n)}(t_i, w_i) = f(t_i, w_i) + \frac{h}{2}f'(t_i, w_i) + \cdots + \frac{h^{(n-1)}}{n!}f'(t_i, w_i)$$

지역오차는 (t_i, t_{i+1})에 있는 ξ_i에 대해서 $\frac{1}{(n+1)!}y^{n+1}(\xi_i)h^{n+1}$.

$T^{(n)}$에 대한 공식은 쉽게 표현되지만 사용하기는 어려운데, 이는 t에 관한 f의 도함수들을 요구하기 때문이다. f가 t와 y 둘 다의 다변수함수로 기술되기 때문에 연쇄 법칙은 t에 대한 f의 전도함수($f'(t, y(t))$)를 함축한다.

$$f'(t, y(t)) = \frac{\delta f}{\delta t}(t, y(t)) \cdot \frac{dt}{dt} + \frac{\delta f}{\delta y}(t, y(t)) \cdot \frac{dy(t)}{dt} = \frac{\delta f}{\delta t}(t, y(t)) + \frac{\delta f}{\delta y}(t, y(t))$$

또는 $y' = f(t, y(t))$이기 때문에

$$f'(t, y(t)) = \frac{\delta f}{\delta t}(t, y(t)) + f(t, y(t))\frac{\delta f}{\delta y}(t, y(t)).$$

고차도함수들을 유사한 방식으로 구할 수 있지만 이는 점차 복잡해질 것이다. 예를 들어, $f''(t, y(t))$는 이 방정식의 우변에 있는 모든 항들의 t와 y에 관한 편도함수들이 관련된다.

예제 5.2.7 다음과 같은 초깃값 문제에 대해 이차와 사차 Taylor 방법을 적용해 보자.

$$y(0) = 0.5\text{이며 } \ 0 \le t \le 2\text{에 대해서 } \ y' = y - t^2 + 1.$$

풀이 $f(t, y(t)) = y(t) - t^2 + 1$의 변수 t에 관한 도함수들을 구해야 한다.

$$f'(t, y(t)) = \frac{d}{dt}(y - t^2 + 1) = y' - 2t = y - t^2 + 1 - 2t$$
$$f''(t, y(t)) = \frac{d}{dt}(y - t^2 + 1 - 2t) = y' - 2t - 2 = y - t^2 + 1 - 2t - 2 = y - t^2 - 2t - 1$$
$$f'''(t, y(t)) = \frac{d}{dt}(y - t^2 - 2t - 1) = y' - 2t - 2 = y - t^2 - 2t - 1$$

그래서

$$T^{(2)}(t_i, w_i) = f(t_i, w_i) + \frac{h}{2}f'(t_i, w_i) = w_i - t_i^2 + 1 + \frac{h}{2}(w_i - t_i^2 - 2t_i + 1) = \left(1 + \frac{h}{2}\right)(w_i - t_i^2 + 1) - ht_i$$

그리고

$$\begin{aligned} T^{(4)}(t_i, w_i) =& f(t_i, w_i) + \frac{h}{2}f'(t_i, w_i) + \frac{h^2}{6}f''(t_i, w_i) + \frac{h^3}{24}f'''(t_i, w_i) \\ =& w_i - t_i^2 + 1 + \frac{h}{2}(w_i - t_i^2 - 2t_i - 1) + \frac{h^2}{6}(w_i - t_i^2 - 2t_i - 1) + \frac{h^3}{24}(w_i - t_i^2 - 2t_i - 1) \end{aligned}$$

$$= \left(1 + \frac{h}{2} + \frac{h^2}{6} + \frac{h^3}{24}\right)(w_i - t_i^2) - \left(1 + \frac{h}{3} + \frac{h^2}{12}\right)ht_i + 1 + \frac{h}{2} - \frac{h^2}{6} - \frac{h^3}{24}$$

따라서 이차와 사차 Taylor 방법들은 다음과 같은 알고리즘을 준다.

$$w_0 = 0.5,$$
$$w_{i+1} = w_i + h\left[\left(1 + \frac{h}{2}\right)(w_i - t_i^2 + 1) - ht_i\right]$$

그리고

$$w_0 = 0.5,$$
$$w_{i+1} = w_i + h\left[\left(1 + \frac{h}{2} + \frac{h^2}{6} + \frac{h^3}{24}\right)(w_i - t_i^2) - \left(1 + \frac{h}{3} + \frac{h^2}{12}\right)ht_i + 1 + \frac{h}{2} - \frac{h^2}{6} - \frac{h^3}{24}\right]$$

만약 $h = 0.2$ 이면, 그때 $N = 10$이고, 각 $i = 1, 2, \ldots, 10$에 대해서 $t_i = 0.2i$, 그래서 이차 방법은 다음과 같이 된다.

$$w_0 = 0.5,$$
$$w_{i+1} = w_i + 0.2\left[\left(1 + \frac{0.2}{2}\right)(w_i - 0.04i^2 + 1) - 0.04i\right] = 1.22w_i - 0.0088i^2 - 0.008i + 0.22$$

그리고 사차 방법은 $i = 1, 2, \ldots, 9$에 대해서 다음과 같이 된다.

$$w_{i+1} = w_i + 0.2\left[\left(1 + \frac{0.2}{2} + \frac{0.04}{6} + \frac{0.008}{24}\right)(w_i - 0.04i^2) - \left(1 + \frac{0.2}{3} + \frac{0.04}{12}\right)(0.04i) + 1 + \frac{0.2}{2} - \frac{0.04}{6} - \frac{0.008}{24}\right]$$
$$= 1.2214w_i - 0.008856i^2 - 0.00856i + 0.2186$$

[표 5.3]은 해 $y(t) = (t+1)^2 - 0.5e^t$의 실젯값, 이차와 사차 Taylor 방법들로 구한 결과들, 이 방법들에 관련된 실제 오차들을 나열한다. 기대한 바대로, 사차 결과들이 광범위하게 월등하다.

t_i	Exact $y(t_i)$	Taylor Order 2 w_i	Error $\lvert y(t_i) - w_i\rvert$	Taylor Order 4 w_i	Error $\lvert y(t_i) - w_i\rvert$
0.0	0.5000000	0.5000000	0	0.5000000	0
0.2	0.8292986	0.8300000	0.0007014	0.8293000	0.0000014
0.4	1.2140877	1.2158000	0.0017123	1.2140910	0.0000034
0.6	1.6489406	1.6520760	0.0031354	1.6489468	0.0000062
0.8	2.1272295	2.1323327	0.0051032	2.1272396	0.0000101
1.0	2.6408591	2.6486459	0.0077868	2.6408744	0.0000153
1.2	3.1799415	3.1913480	0.0114065	3.1799640	0.0000225
1.4	3.7324000	3.7486446	0.0162446	3.7324321	0.0000321
1.6	4.2834838	4.3061464	0.0226626	4.2835385	0.0000447
1.8	4.8151763	4.8462986	0.0311223	4.8152377	0.0000615
2.0	5.3054720	5.3476843	0.0422123	5.3055554	0.0000834

표 5.3

중간점 근사 결과(Approximating Intermediate Results)

표에 있는 중간점, 예를 들어 $t = 1.25$에서 근사를 결정해야 한다고 가정하자. 만약 $t = 1.2$와 $t = 1.4$에서의 사차 Taylor 방법에 의한 근사들에 대해서 선형보간을 사용한다면 다음을 얻는다.

$$y(t) \approx \left(\frac{1.25 - 1.4}{1.2 - 1.4}\right) 3.1799640 + \left(\frac{1.25 - 1.2}{1.4 - 1.2}\right) 3.7324321 = 3.3180810$$

실젯값이 $y(1.25) = 3.3173285$이기 때문에 이 근사는 0.0007525라는 오차를 가지는데, 이것은 1.2와 1.4에서의 근사오차 평균의 거의 30배가 된다.

삼차 Hermite 보간을 사용함으로써 $y(1.25)$에 대한 근사를 굉장히 개선할 수 있다. 이것은 $y(1.2)$와 $y(1.4)$에 대한 근사들뿐만 아니라 $y'(1.2)$와 $y'(1.4)$에 대한 근사들을 요구한다. 그러나 이 도함수근사들은 미분방정식으로부터 구해져 있는데,

$$y'(t) = f(t, y(t)) = y(t) - t^2 + 1$$

이기 때문이다. 따라서

$$y'(1.2) = y(1.2) - (1.2)^2 + 1 \approx 3.1799640 - 1.44 + 1 = 2.7399640,$$
$$y'(1.4) = y(1.4) - (1.4)^2 + 1 \approx 3.7324327 - 1.96 + 1 = 2.7724321.$$

3.3절의 제차분 절차가 [표 5.4]에 있는 정보를 준다.

1.2	3.1799640			
		2.7399640		
1.2	3.1799640		0.1118825	
		2.7623405		−0.3071225
1.4	3.7324321		0.0504580	
		2.7724321		
1.4	3.7324321			

표 5.4

밑줄 친 항목들은 데이터로부터 온 것이고 다른 항목들은 제차분공식들을 사용한다.
삼차 Hermite 다항식은 다음과 같다.

$$y(t) \approx 3.1799640 + 2.7399640(t - 1.2) + 0.1118825(t - 1.2)^2 - 0.3071225(t - 1.2)^2(t - 1.4).$$

따라서

$$y(1.25) \approx 3.1799640 + 0.1369982 + 0.0002797 + 0.0001152 = 3.3173571.$$

이것은 0.0000286 내에서 정확한 결과이다. 이것은 1.2와 1.4에서 평균 오차의 두 배보다 더 작고, 혹은 선형보간을 사용해서 구한 오차의 약 4%이다. 정확성이 개선되기 때문에 Hermite 방법에 대해 요구되는 추가적인 계산이 분명히 정당화된다.

Taylor 방법들에 대한 오차추정은 Euler 방법에 대한 것과 유사하다. 만약 미분 가능성 조건들이 충분히 충족된다면 n차 Taylor 방법은 지역오차 $O(h^{n+1})$와 전역오차 $O(h^n)$을 가질 것이다.

5.2 연습문제

1. Euler 방법을 사용해서 다음 초깃값 문제 각각에 대한 해를 근사하라.

   a. $y(0) = 0,\ h = 0.5$ 일 때, $0 \le t \le 1$ 에 대해서 $y' = te^{3t} - 2y$

   b. $y(2) = 1,\ h = 0.5$ 일 때, $2 \le t \le 3$ 에 대해서 $y' = 1 + (t - y)^2$

2. 연습문제 1에 있는 초깃값 문제에 대한 실제 해가 여기 주어졌다. 각 단계에서의 실제 오차를 오차한계에 비교하라.

   a. $y(t) = \frac{1}{5}te^{3t} - \frac{1}{25}e^{3t} + \frac{1}{24}e^{-2t}$ b. $y(t) = t + (1 - t)^{-1}$

3. Euler 방법을 사용해서 다음 초깃값 문제의 각각에 대한 해를 근사하라.

   a. $y(1) = 1,\ h = 0.1$ 일 때 $1 \le t \le 2$ 에 대해서 $y' = (y/t) - (y/t)^2$

   b. $y(1) = 0,\ h = 0.2$ 일 때 $1 \le t \le 3$ 에 대해서 $y' = 1 + (y/t) + (y/t)^2$

4. 연습문세 3에 있는 초깃값 문제에 대한 실제 해가 여기 주어졌다. 연습문제 3의 근사들에서의 실제 오차를 계산하라.

   a. $y(t) = t(1 + \ln t)^{-1}$ b. $y(t) = t\tan(\ln t)$

5. 이차 Taylor 방법으로 연습문제 1을 반복하라

6. 이차 Taylor 방법으로 연습문제 3을 반복하라.

7. 사차 Taylor 방법으로 연습문제 3을 반복하라

8. 실제 해 $(t) = t^2(e^t - e)$ 를 가지는 초깃값 문제가 다음과 같이 주어졌다.

$$y' = \frac{2}{t}y + t^2e^t, \qquad 1 \le t \le 2, \qquad y(1) = 0$$

   a. $h = 0.1$ 로 Euler 방법을 사용해서 해를 근사하고 그것을 y 의 실젯값들과 비교하라.

   b. a에서 생성된 답과 선형보간을 이용해서 y 의 다음 값들을 근사하고 실젯값들과 비교하라.

      i. $y(1.04)$ ii. $y(1.55)$ iii. $y(1.97)$

9. $h = 0.1$ 로 이차 Taylor 방법을 사용해서 해를 근사하고 y 의 실제 값들에 비교하라.

10. c에서 생성된 답과 선형보간을 사용해서 다음 값들에서 y 를 근사하고 그들을 y 의 실젯값과 비교하라.

    a. $y(1.04)$ b. $y(1.55)$ c. $y(1.97)$

11. $h = 0.1$ 로 사차 Taylor 방법을 사용해서 해를 근사하고 그리고 그것을 y 의 실젯값들과 비교하라.

12. e에서 생성된 답들과 조각별 삼차 Hermite 보간을 이용해서 다음 값들에서 y 를 근사하고 y 의 실젯값들과 비교하라.

    a. $y(1.04)$ b. $y(1.55)$ c. $y(1.97)$

13. 비압축 전압 ϵ, 저항 R, 인덕턴스 L, 캐패시턴스 C를 병렬로 가지고 있는 전기회로에서 전류i가 다음 미분방정식을 만족한다고 하자.

$$\frac{di}{dt} = C\frac{d^2\varepsilon}{dt^2} + \frac{1}{R}\frac{d\varepsilon}{dt} + \frac{1}{L}\varepsilon.$$

$i(0) = 0$, $C = 0.3$ farads, $R = 1.4$ ohms, $L = 1.7$ henries이며, 전압이

$$\varepsilon(t) = e^{-0.06\pi t}\sin(2t - \pi)$$

로 주어졌다고 가정하자. Euler 방법을 사용해서 $t = 0.1j,\ \ j = 0, 1, \ldots, 100$의 값들에 대한 전류 i를 구하라.

5.3 Runge-Kutta 방법

5.2절에서 임의의 고차 Taylor 방법을 어떻게 생성할 수 있는지를 알아보았다. 그러나 이 고차 방법을 구체적인 문제에 적용하는 것은 미분방정식의 우변에서 t에 관한 고차도함수들을 결정하고 계산해야 하는 일 때문에 복잡하다. 일반적으로 컴퓨터 계산 프로그램들(MATLAB 등)은 이 과정을 단순화하고 있지만, 여전히 성가신 일이다.

이 절에서는 Taylor 방법을 변형해서 고차 오차한계는 보존하면서도, 고차 편도함수들을 결정하고 계산하지 않아도 되는 Runge–Kutta 방법을 다룬다. 이 기법의 배경이 되는 전략에는 계산하기 더 쉬운 방법으로 Taylor 방법을 근사하는 일이 관련된다. 이 근사는 오차를 증가시키지만, 그 증가는 Taylor 방법에서 이미 나타났던 오차의 차수를 초과하지 않는다. 따라서 새로운 오차는 계산에 심각하게 영향을 미치지는 않는다.

이차 **Runge–Kutta** 방법 **(Runge–Kutta Methods of Order Two)**

Runge–Kutta 방법은 미분방정식의 우변에 있는 함수인 f의 Taylor 전개를 활용한다. f가 이변수 t와 y의 함수이기 때문에 먼저 이 유형의 함수들에 대한 Taylor 정리의 일반화를 고려해야 한다. 이 일반화는 원래의 형태보다 더욱 복잡해 보이지만, 이것은 단지 함수 f의 모든 편도함수들 때문이다.

정리 5.3.1 [이변수 함수에 대한 **Taylor** 정리 **(Taylor's Theorem for Two Variables)**]

만약 f와 차수가 $n+1$과 같거나 그보다 적은 f의 모든 편도함수들이 $D = (t,y)|a \le t \le b,\ c \le y \le d$에서 연속이고 (t,y)와 $(t+h, y+k)$ 둘 다 D에 속하면,

$$f(t+\alpha, y+\beta) \approx f(t,y) + \left[\alpha\frac{\partial f}{\partial t}(t,y) + \beta\frac{\partial f}{\partial y}(t,y)\right] + \left[\frac{\alpha^2}{2}\frac{\partial^2 f}{\partial t^2}(t,y) + \alpha\beta\frac{\partial^2 f}{\partial t\partial y}(t,y) + \frac{\beta^2}{2}\frac{\partial^2 f}{\partial y^2}(t,y)\right] + \cdots$$
$$+ \frac{1}{n!}\sum_{j=0}^{n}\binom{n}{j}\alpha^{n-j}\beta^{j}\frac{\partial^n f}{\partial t^{n-j}\partial y^{j}}(t,y).$$

$n+1$ 차수인 모든 편도함수들의 통합으로 인해 더 복잡해지기는 했지만, 이 근사에 있는 오차항은 Taylor 정리에서 주어진 것과 유사하다. Runge–Kutta 방법을 어떻게 사용하는지를 설명하기 위해서 이차 Runge–Kutta 방법을 고려하자. 앞 절에서 이차 Taylor 방법은 아래 식으로부터 나오는 것을 보았다.

$$\begin{aligned} y(t_{i+1}) &= y(t_i) + hy'(t_i) + \frac{h^2}{2}y''(t_i) + \frac{h^3}{3!}y'''(\xi) \\ &= y(t_i) + hf(t_i, y(t_i)) + \frac{h^2}{2}f'(t_i, y(t_i)) + \frac{h^3}{3!}y'''(\xi). \end{aligned}$$

또는

$$f'(t_i, y(t_i)) = \frac{\partial f}{\partial t}(t_i, y(t_i)) + \frac{\partial f}{\partial y}(t_i, y(t_i)) \cdot y'(t_i)$$

이고 $y'(t_i) = f(t_i, y(t_i))$이기 때문에 다음을 갖는다.

$$y(t_{i+1}) = y(t_i) + h\left[f(t_i, y(t_i)) + \frac{h}{2}\frac{\partial f}{\partial t}(t_i, y(t_i)) + \frac{h}{2}\frac{\partial f}{\partial y}(t_i, y(t_i)) \cdot f(t_i, y(t_i))\right] + \frac{h^3}{3!}y'''(\xi)$$

이변수에 대한 Taylor 정리에 따라 중괄호 안에 있는 항들을 $a_1 f(t_i+\alpha, y(t_i+\beta)$ 형태를 갖는 f의 함수 계산 여러 개로 대체할 수 있다. 만약 이 항에 대해 $n=1$을 갖는 정리를 사용해서 전개하면 다음과 같다.

$$\begin{aligned} a_1 f(t_i+\alpha, y(t_i)+\beta) &\approx a_1\left[f(t_i,y(t_i))+\alpha\frac{\partial f}{\partial t}(t_i,y(t_i))+\beta\frac{\partial f}{\partial y}(t_i,y(t_i))\right] \\ &= a_1 f(t_i,y(t_i))+a_1\alpha\frac{\partial f}{\partial t}(t_i,y(t_i))+a_1\beta\frac{\partial f}{\partial y}(t_i,y(t_i)) \end{aligned}$$

이 표현을 앞 방정식의 중괄호 안에 있는 항들과 같게 두면 a, α, β들은 다음이 성립되도록 선택해야 한다.

$$1=a_1, \quad \frac{h}{2}=a_1\alpha, \quad \frac{h}{2}f(t_i,y(t_i))=a_1\beta.$$

즉,

$$a_1=1, \quad \alpha=\frac{h}{2}, \quad \beta=\frac{h}{2}f(t_i,y(t_i)).$$

Taylor 방법에 있는 항을 그 근사로 대체함으로써 도입되는 오차는 이 방법에 대한 오차항과 같은 차수를 가진다. 따라서 중간점 방법(Midpoint method)이라 부르는 방식으로 만들어진 Runge–Kutta 방법도 또한 이차 방법이 된다. 따라서 이 방법의 지역오차는 단차 크기의 3제곱에 비례하고, 전역오차는 단계 크기의 2제곱에 비례한다.

정리 5.3.2 [중간점 방법 **(Midpoint Method)**]

$$\begin{aligned} w_0 &= \alpha \\ w_{i+1} &= w_i + h\left[f\left(t_i+\frac{h}{2},\ w_i+\frac{h}{2}f(t_i,w_i)\right)\right] \end{aligned}$$

여기서 $i=0,1,\ldots,N-1$이고 지역오차는 $O(h^3)$이며, 전역오차는 $O(h^2)$이다.

$a_1 f(t+\alpha, y+\beta)$를 사용해서 Taylor 방법에 있는 항을 대체하는 것이 가장 쉬운 선택이기는 하지만, 유일한 것은 아니다. 만약 다음 형태의 항을 사용한다면,

$$a_1 f(t,y)+a_2 f(t+\alpha, y+\beta f(t,y)).$$

이 공식에 있는 가외의 매개변수로 인해 무한히 많은 개수의 이차 Runge–Kutta 공식이 있을 수 있다. $a_1=a_2=\dfrac{1}{2}$이고 $\alpha=\beta=h$일 때, 수정된 Euler 방법을 얻는다.

정리 5.3.3 [수정된 **Euler** 방법 **(Modified Euler Method)**]

$$\begin{aligned} w_0 &= \alpha \\ w_{i+1} &= w_i + \frac{h}{2}[f(t_i,w_i)+f(t_{i+1}, w_i+hf(t_i,w_i))] \end{aligned}$$

여기서 $i=0,1,\ldots,N-1$이고 지역오차는 $O(h^3)$이며, 전역오차는 $O(h^2)$이다.

예제 5.3.4 중간점 방법과 수정된 Euler 방법을 이용하여 $N = 10$, $h = 0.2$, $t_i = 0.2i$, $w_0 = 0.5$일 때의 $y' = y - t^2 - 1$의 근사해 찾으시오. 이때, $y(0) = 0.5$이고, $0 \le t \le 2$이다.

풀이 다양한 공식들로부터 만들어진 차분방정식들은 각 $i = 0, 1, \ldots, 9$에 대해서 다음과 같다.

$$\begin{aligned} \text{중간점 방법} &: \quad w_{i+1} = 1.22w_i - 0.0088i^2 - 0.008i + 0.218; \\ \text{수정된 Euler 방법} &: \quad w_{i+1} = 1.22w_i - 0.0088i^2 - 0.008i + 0.216; \end{aligned}$$

각 방법들의 첫 번째 두 단계는

$$\begin{aligned} \text{중간점 방법} &: \quad w_1 = 1.22(0.5) - 0.0088(0)^2 - 0.008(0) + 0.218 = 0.828; \\ \text{수정된 Euler 방법} &: \quad w_1 = 1.22(0.5) - 0.0088(0)^2 - 0.008(0) + 0.216 = 0.826, \end{aligned}$$

$$\begin{aligned} \text{중간점 방법} &: \quad w_2 = 1.22(0.828) - 0.0088(0.2)^2 - 0.008(0.2) + 0.218 = 1.21136; \\ \text{수정된 Euler 방법} &: \quad w_2 = 1.22(0.826) - 0.0088(0.2)^2 - 0.008(0.2) + 0.216 = 1.20692. \end{aligned}$$

[표 5.5]는 이 계산 결과들을 열거한다. 중간점 방법이 수정된 Euler 방법보다 좋다는 것을 알 수 있다.

t_i	$y(t_i)$	Midpoint Method	Error	Modified Euler Method	Error
0.0	0.5000000	0.5000000	0	0.5000000	0
0.2	0.8292986	0.8280000	0.0012986	0.8260000	0.0032986
0.4	1.2140877	1.2113600	0.0027277	1.2069200	0.0071677
0.6	1.6489406	1.6446592	0.0042814	1.6372424	0.0116982
0.8	2.1272295	2.1212842	0.0059453	2.1102357	0.0169938
1.0	2.6408591	2.6331668	0.0076923	2.6176876	0.0231715
1.2	3.1799415	3.1704634	0.0094781	3.1495789	0.0303627
1.4	3.7324000	3.7211654	0.0112346	3.6936862	0.0387138
1.6	4.2834838	4.2706218	0.0128620	4.2350972	0.0483866
1.8	4.8151763	4.8009586	0.0142177	4.7556185	0.0595577
2.0	5.3054720	5.2903695	0.0151025	5.2330546	0.0724173

표 5.5

고차 Runge–Kutta 방법 (Higher-Order Runge–Kutta Methods)

정리 5.3.5 [Heun 방법 (Heun's Method)]

$$\begin{aligned} w_0 &= \alpha \\ w_{i+1} &= w_i + \frac{h}{4}\left[f(t_i, w_i) + 3\left(f\left(t_i + \frac{2}{3}h, w_i + \frac{2}{3}hf\left(t_i + \frac{h}{3}, w_i + \frac{h}{3}f(t_i, w_i)\right)\right)\right)\right], \end{aligned}$$

여기서 $i = 0, 1, \ldots, N-1$이고 지역오차는 $O(h^4)$이며, 전역오차는 $O(h^3)$이다.

예제 5.3.6 Heun 방법을 초깃값 문제

$$y(0) = 0.5\text{이고, } 0 \le t \le 2\text{에 대해서 } y' = y - t^2 + 1$$

에 $N = 10$, $h = 0.2$, $t_i = 0.2i$, $w_0 = 0.5$로 적용하여 구한 결과와 오차를 [표 5.6]에 나타내었다.

t_i	$y(t_i)$	Heun's Method	Error
0.0	0.5000000	0.5000000	0
0.2	0.8292986	0.8292444	0.0000542
0.4	1.2140877	1.2139750	0.0001127
0.6	1.6489406	1.6487659	0.0001747
0.8	2.1272295	2.1269905	0.0002390
1.0	2.6408591	2.6405555	0.0003035
1.2	3.1799415	3.1795763	0.0003653
1.4	3.7324000	3.7319803	0.0004197
1.6	4.2834838	4.2830230	0.0004608
1.8	4.8151763	4.8146966	0.0004797
2.0	5.3054720	5.3050072	0.0004648

표 5.6

사차 **Runge–Kutta** 방법 **(Runge–Kutta Order Four)**

고차 Taylor 공식들은 유사한 방식으로 Runge–Kutta 기법들로 전환될 수 있지만, 대수 계산이 아주 지저분해진다. 가장 통상적인 Runge–Kutta 방법은 사차 방법이다. 이 표현을 유도하기 위해서는 열두 개의 미지수가 관련된 연립방정식을 풀어야 한다. 대수 계산을 하고 나면 다음과 같은 간단한 모양을 가진다.

정리 5.3.7 [사차 **Runge–Kutta** 방법 **(Runge–Kutta Method of Order 4)**]

$$\begin{aligned} w_0 &= \alpha \\ k_1 &= hf(t_i, w_i) \\ k_2 &= hf\Big(t_i + \frac{h}{2}, w_i + \frac{1}{2}k_1\Big) \\ k_3 &= hf\Big(t_i + \frac{h}{2}, w_i + \frac{1}{2}k_2\Big) \\ k_4 &= hf\left(t_{i+1}, w_i + k_3\right) \\ w_{i+1} &= w_i + \frac{1}{6}(k_1 + 2k_2 + 2k_3 + k_4) \end{aligned}$$

여기서 $i = 0, 1, \ldots, N-1$ 이고 지역오차는 $O(h^5)$ 이며, 전역오차는 $O(h^4)$ 이다.

예제 5.3.8 사차의 Runge–Kutta 방법을 사용하여 $N = 10$, $h = 0.2$, $t_i = 0.2i$ 일 때, 다음 초깃값 문제의 해의 근사를 구하라.

$$y(0) = 0.5\text{이고, } 0 \leq t \leq 2\text{에 대해서 } y' = y - t^2 + 1.$$

풀이 $y(0.2)$ 의 근사는

$$w_0 = 0.5$$

$$\begin{aligned} k_1 &= 0.2f(0, 0.5) = 0.2(1.5) = 0.3 \\ k_2 &= 0.2f(0.1, 0.65) = 0.3 \\ k_3 &= 0.2f(0.1, 0.664) = 0.3308 \\ k_4 &= 0.2f(0.2, 0.8308) = 0.35816 \\ w_1 &= 0.5 + \frac{1}{6}(0.3 + 2(0.328) + 2(0.3308) + 0.35816) = 0.8292933. \end{aligned}$$

[표 5.7]에 결과 및 오차를 기술하였다.

t_i	Exact $y_i = y(t_i)$	Runge–Kutta Order 4 w_i	Error $\lvert y_i - w_i \rvert$
0.0	0.5000000	0.5000000	0
0.2	0.8292986	0.8292933	0.0000053
0.4	1.2140877	1.2140762	0.0000114
0.6	1.6489406	1.6489220	0.0000186
0.8	2.1272295	2.1272027	0.0000269
1.0	2.6408591	2.6408227	0.0000364
1.2	3.1799415	3.1798942	0.0000474
1.4	3.7324000	3.7323401	0.0000599
1.6	4.2834838	4.2834095	0.0000743
1.8	4.8151763	4.8150857	0.0000906
2.0	5.3054720	5.3053630	0.0001089

표 5.7

계산 비교 (Computational Comparisons)

Runge–Kutta 방법을 적용하는 데 있어서 주된 계산 노력은 f의 함수 계산이다. 이차 방법들에서 지역오차는 $O(h^3)$이고 단계마다 함수 계산을 두 번 해야 한다. 사차 Runge–Kutta 방법은 단계마다 함수 계산을 네 번 해야 하고, 지역오차는 $O(h^5)$이다. 단계마다 해야 하는 함수 계산의 횟수와 지역오차의 차수 사이의 관계는 [표 5.8]에서 볼 수 있다. 사차 이상의 n에 대한 지역오차의 상대적인 감소 때문에, 더 작은 단계 크기를 가지는 차수가 5보다 작은 방법들이 더 큰 단계 크기를 사용하는 더 고차 방법들에 비해 선호된다.

Evaluations per step:	2	3	4	$5 \le n \le 7$	$8 \le n \le 9$	$10 \le n$
Best possible local error:	$O(h^2)$	$O(h^3)$	$O(h^4)$	$O(h^{n-1})$	$O(h^{n-2})$	$O(h^{n-3})$

표 5.8

저차 Runge–Kutta 방법을 비교하는 한 가지 방법은 다음과 같다. 사차 Runge–Kutta 방법은 단계마다 함수 계산을 네 번 해야 한다. 그래서, 단계마다 함수 계산을 단 한 번만 하면 되는 Euler 방법에 비해 월등하기 위해서는 Euler 방법이 Runge–Kutta 단계 크기의 4분의 1을 사용할 때보다 더욱 정확한 답을 주어야 한다. 마찬가지로, 만약 사차 Runge–Kutta 방법이 단계마다 두 번의 계산들을 요구하는 이차 Runge–Kutta에 비해 월등해야 한다면 그것은 단계 크기 $\frac{1}{2}h$를 가지는 이차 방법보다 단계 크기 h로 더욱 좋은 정확성을 주어야 한다. 이 측정에 의한 사차 Runge–Kutta 방법의 우월성을 설명하기 위해 다음 예제를 살펴보자.

예제 5.3.9 다음 초깃값 문제

$$y(0) = 0.5\text{이고, } 0 \le t \le 2\text{일 때, } y' = y - t^2 + 1$$

에 대해서, $h = 0.025$ 인 Euler 방법, $h = 0.05$ 인 수정된 Euler 방법, $h = 0.1$ 인 사차 Runge–Kutta 방법, 이 세 가지 방법을 공통 격자점인 0.1, 0.2, 0.3, 0.4 및 0.5들에서 비교해보자. 이 각각의 방법들은 $y(0.5)$를 근사하기 위해서 함수 계산을 20회 해야 한다.([표 5.9] 참조) 이 예제에서 사차 방법이 대부분의 상황에서 분명히 월등하다.

			Modified	Runge–Kutta
		Euler	Euler	Order 4
t_i	Exact	$h = 0.025$	$h = 0.05$	0.1
0.0	0.5000000	0.5000000	0.5000000	0.5000000
0.1	0.6574145	0.6554982	0.6573085	0.6574144
0.2	0.8292986	0.8253385	0.8290778	0.8292983
0.3	1.0150706	1.0089334	1.0147254	1.0150701
0.4	1.2140877	1.2056345	1.2136079	1.2140869
0.5	1.4256394	1.4147264	1.4250141	1.4256384

표 5.9

MATLAB 에서는 표준 Runge–Kutta 기법보다 더 복잡한 상미분방정식의 해를 근사하는 방법을 사용한다. 이 방법은 5.6절에서 소개될 것이다.

5.3 연습문제

1. 중간점 방법을 사용해서 다음 초깃값 문제 각각에 대한 해를 근사하고, 결과를 실젯값과 비교하라.

   a. $y(0) = 0,\ h = 0.5$ 일 때 $0 \le t \le 1$ 에 대해서 $y' = te^{3t} - 2y$;
   실제 해 $y(t) = \frac{1}{5}te^{3t} - \frac{1}{25}e^{3t} + \frac{1}{25}e^{-2t}$.

   b. $y(2) = 1,\ h = 0.5$ 일 때 $2 \le t \le 3$ 에 대해서 $y' = 1 + (t-y)^2$;
   실제 해 $y(t) = t + 1/(1-t)$.

   c. $y(1) = 2,\ h = 0.25$ 일 때 $1 \le t \le 2$ 에 대해서 $y' = 1 + (y/t)$;
   실제 해 $y(t) = t + \ln t + 2t$.

   d. $y(0) = 1,\ h = 0.25$ 일 때 $0 \le t \le 1$ 에 대해서 $y' = \cos 2t + \sin 3t$;
   실제 해 $y(t) = \frac{1}{2}\sin 2t - \frac{1}{3}\cos 3t + \frac{4}{3}$.

2. 수정된 Euler 방법으로 연습문제 1을 반복하라.

3. 수정된 Euler 방법을 사용해서 다음 초깃값 문제의 각각에 대한 해를 근사하고, 결과들 실젯값과 비교하라.

   a. $y(1) = 1,\ h = 0.1$ 일 때 $1 \le t \le 2$ 에 대해서 $y' = (y/t) - (y/t)^2$;
   실제 해 $y(t) = t/(1 + \ln t)$.

   b. $y(1) = 1,\ h = 0.1$ 일 때 $1 \le t \le 2$ 에 대해서 $y' = (y/t) - (y/t)^2$;
   실제 해 $y(t) = t/(1 + \ln t)$.

   c. $y(1) = 0,\ h = 0.2$ 일 때 $0 \le t \le 2$ 에 대해서 $y' = -(y+1)(y+3)$;
   실제 해 $y(t) = t\tan(\ln t)$.

4. 연습문제 3의 결과들과 선형보간을 사용해서 $y(t)$ 의 값들을 근사하고, 결과를 실젯값과 비교하라.

   a. $y(1.25),\ y(1.93)$ b. $y(2.1),\ y(2.5)$

5. 사차 Runge–Kutta 방법으로 연습문제 4를 반복하라.

6. 중간점 방법, 수정된 Euler 방법, Heun 방법들이 초깃값 문제

$$y' = y + t + 1, \quad 0 \le t \le 1, \quad y(0) = 1$$

   에 대해, h를 임의로 정해도 같은 근사를 하는지 보여라. 왜 이것이 사실인가?

5.4 예측자-수정자 방법

Taylor와 Runge–Kutta 방법들은 초깃값 문제에 대한 근사해를 구하기 위한 단단계 방법들(One-step method)의 예이다. 이 방법들은 $y(t_{i+1})$에 대한 근사 w_{i+1}에서 w_i를 사용하지만, 이전 근사 $w_0, w_1, \ldots, w_{i-1}$들과는 아무 상관이 없다. 일반적으로 중간점들에서 f에 대한 함숫값 계산을 약간 요구하지만, Taylor와 Runge–Kutta 방법은 w_{i+1}를 구하고 나면 곧바로 폐기된다.

$|y(t_i) - w_i|$는 i가 증가함에 따라 정확성이 떨어지기 때문에, 만약 $y(t_{i+1})$을 근사할 때, 그 방법에서 w_i 이전의 근사들의 일부를 포함한다면 더 나은 근사 방법을 유도할 수 있다. 이 개념을 사용해서 개발한 방법을 다단계 방법(multistep method)이라 부른다. 간단히 말하면, 단단계 방법들은 오직 한 단계 앞에서 발생했던 것을 고려하고, 다단계 방법들은 한 단계 이상의 앞에서 발생했던 것들을 고려한다.

다단계 방법을 유도하기 위해서 다음 초깃값 문제에 대한 해를 구간 $[t_i, t_{i+1}]$에서 걸쳐 적분한다고 가정하자.

$$\frac{dy}{dt} = f(t, y), \quad a \le t \le b, \quad y(a) = \alpha.$$

그러면

$$y(t_{i+1}) - y(t_i) = \int_{t_i}^{t_{i+1}} y'(t)dt = \int_{t_i}^{t_{i+1}} f(t, y(t))dt,$$

$$y(t_{i+1}) = y(t_i) + \int_{t_i}^{t_{i+1}} f(t, y(t))dt.$$

문제에 대한 해인 $y(t)$를 알지 않고서는 $f(t, y(t))$를 적분할 수 없기 때문에, 앞에서 구해 둔 데이터 점 (t_0, w_0), (t_1, w_1), …, (t_i, w_i)들의 일부에 의해 결정된 보간다항식 $P(t)$를 대신 적분한다. 게다가 $y(t_i) \approx w_i$라고 가정한다면 다음이 성립한다.

$$y(t_{i+1}) \approx w_i + \int_{t_i}^{t_{i+1}} P(t)dt.$$

만약 w_{m+1}이 다단계 방법에 의하여 생성된 첫 번째 근사라면, 그때 이 방법을 위해서 시작 값(starting values) $w_0, w_1, \ldots, w_m$들을 알아야 한다. 이 시작 값들은 다단계 방법과 같은 오차 특성을 갖는 단단계 Runge–Kutta 방법을 사용해서 생성한다.

다단계 방법은 두 가지로 구분된다. 첫 번째로 명시적 방법(explicit method)에서 w_{i+1}는 함수 계산 $f(t_{i+1}, w_{i+1})$와 상관이 없다. 두 번째는 함축적 방법(implicit method)으로 일부라도 $f(t_{i+1}, w_{i+1})$에 의존하는 방법을 말한다.

Adams–Bashforth 명시적 방법 (Adams–Bashforth Explicit Methods)

정리 5.4.1 [Adams–Bashforth 2단계 명시적 방법 (Adams–Bashforth Two-Step Explicit Method)]

$i = 1, 2, \ldots, N-1$이고 (t_{i-1}, t_{i+1})에 있는 μ_i에 대해서 지역오차가 $\frac{5}{12}y'''(\mu_i)h^3$일 때,

$$\begin{aligned} w_0 &= \alpha,\ w_1 = \alpha_1, \\ w_{i+1} &= w_i + \frac{h}{2}[3f(t_i, w_i) - f(t_{i-1}, w_{i-1})]. \end{aligned}$$

정리 5.4.2 [Adams–Bashforth 3단계 명시적 방법 (Adams–Bashforth Three-Step Explicit Method)]

$i = 2, 3, \ldots, N-1$ 이고 (t_{i-2}, t_{i+1})에 있는 μ_i에 대해서 지역오차가 $\frac{3}{8}y^{(4)}(\mu_i)h^4$일 때,

$$\begin{aligned} w_0 &= \alpha,\ w_1 = \alpha_1,\ w_2 = \alpha_2 \\ w_{i+1} &= w_i + \frac{h}{12}[23f(t_i, w_i) - 16f(t_{i-1}, w_{i-1}) + 5f(t_{i-2}, w_{i-2})] \end{aligned}$$

정리 5.4.3 [Adams–Bashforth 4단계 명시적 방법 (Adams–Bashforth Four-Step Explicit Method)]

$i = 3, 4, \ldots, N-1$ 이고 (t_{i-3}, t_{i+1})에 있는 μ_i에 대해서 지역오차가 $\frac{251}{720}y^{(5)}(\mu_i)h^5$일 때,

$$\begin{aligned} w_0 &= \alpha,\ w_1 = \alpha_1,\ w_2 = \alpha_2,\ w_3 = \alpha_3 \\ w_{i+1} &= w_i + \frac{h}{24}[55f(t_i, w_i) - 59f(t_{i-1}, w_{i-1}) + 37f(t_{i-2}, w_{i-2}) - 9f(t_{i-3}, w_{i-3})] \end{aligned}$$

정리 5.4.4 [Adams–Bashforth 5단계 명시적 방법 (Adams–Bashforth Five-Step Explicit Method)]

$i = 4, 5, \ldots, N-1$ 이고 (t_{i-4}, t_{i+1})에 있는 μ_i에 대해서 지역오차가 $\frac{95}{288}y^{(6)}(\mu_i)h^6$일 때,

$$w_0 = \alpha,\ w_1 = \alpha_1,\ w_2 = \alpha_2,\ w_3 = \alpha_3,\ w_4 = \alpha_4$$

$$w_{i+1} = w_i + \frac{h}{720}[1901f(t_i, w_i) - 2774f(t_{i-1}, w_{i-1}) + 2616f(t_{i-2}, w_{i-2}) - 1274f(t_{i-3}, w_{i-3}) + 251f(t_{i-4}, w_{i-4})]$$

Adams–Moulton 함축적 방법 (Adams–Moulton Implicit Methods)

함축적 방법은 다음 적분 근사

$$\int_{t_i}^{t_{i+1}} f(t, y(t))dt$$

에서 $(t_{i+1}, f(t_{i+1}, y(t_{i+1}, w_{i+1})))$를 하나의 부가적인 보간 노드로서 사용한다. 더욱 일상적인 함축적 방법 몇 가지를 다음에 열거하였다. $(m-1)$단계 함축적 방법의 지역오차가 m단계 명시적 방법의 지역오차와 같은 $O(h^{m+1})$임을 주목하라. 두 방법 모두 함수 계산을 m번 하는데, 그 이유는 함축적 방법들은 $f(t_{i+1}, w_{i+1})$을 사용하지만 명시적 방법들은 그 함숫값을 사용하지 않기 때문이다.

정리 5.4.5 [Adams–Moulton 2단계 함축적 방법 (Adams–Moulton Two-Step Implicit Methods)]

$i = 1, 2, \ldots, N-1$ 이고 (t_{i-1}, t_{i+1})에 있는 μ_i에 대해서 지역오차가 $-\frac{1}{24}y^{(4)}(\mu_i)h^4$일 때,

$$\begin{aligned} w_0 &= \alpha,\ w_1 = \alpha_1, \\ w_{i+1} &= w_i + \frac{h}{12}[5f(t_{i+1}, w_{i+1}) + 8f(t_i, w_i) - f(t_{i-1}, w_{i-1})] \end{aligned}$$

정리 5.4.6 **[Adams–Moulton 3단계 함축적 방법 (Adams–Moulton Three-Step Implicit Methods)]**

$i = 2, 3, \ldots, N-1$ 이고 (t_{i-2}, t_{i+1}) 에 있는 μ_i 에 대해서 지역오차가 $-\frac{19}{720}y^{(5)}(\mu_i)h^5$ 일 때,

$$\begin{aligned} w_0 &= \alpha,\ w_1 = \alpha_1,\ w_2 = \alpha_2 \\ w_{i+1} &= w_i + \frac{h}{24}[9f(t_{i+1}, w_{i+1}) + 19f(t_i, w_i) - 5f(t_{i-1}, w_{i-1}) + f(t_{i-2}, w_{i-2})] \end{aligned}$$

정리 5.4.7 **[Adams–Moulton 4단계 함축적 방법 (Adams–Moulton Four-Step Implicit Methods)]**

$i = 3, 4, \ldots, N-1$ 이고 (t_{i-3}, t_{i+1}) 에 있는 μ_i 에 대해서 지역오차가 $-\frac{3}{160}y^{(6)}(\mu_i)h^6$ 일 때,

$$w_0 = \alpha,\ w_1 = \alpha_1,\ w_2 = \alpha_2,\ w_3 = \alpha_3$$
$$w_{i+1} = w_i + \frac{h}{720}[251f(t_{i+1}, w_{i+1}) + 646f(t_i, w_i) - 246f(t_{i-1}, w_{i-1}) + 106f(t_{i-2}, w_{i-2}) - 19f(t_{i-3}, w_{i-3})]$$

m 단계 Adams–Bashforth 명시적 방법을 $(m-1)$ 단계 Adams–Moulton 함축적 방법과 비교해 보면 흥미롭다. 둘 다 단계마다 f 를 m 번 계산해야 하고, 각각의 지역오차에 $y^{(m+1)}(\mu_i)h^{m+1}$ 항을 갖는다. 일반적으로 근사에서 f 가 관련되는 항들의 계수들과 지역오차에 있는 항들의 계수들은 명시적 방법들에 대한 것들보다는 함축적 방법들에 있는 것들이 더 작다. 이로 인해 함축적 방법들에 대한 절단과 반올림오차들이 더 작다.

예제 5.4.8 초깃값 문제

$$y' = y - t^2 + 1, \quad y(0) = 0.5,\ 0 \le t \le 2$$

와 $h = 0.2$ 를 사용해서, 사차 명시적 Adams–Bashforth 방법과 삼차 함축적 Adams–Moulton 방법에 의해 주어진 근사들을 고려하자.

풀이 명시적 Adams–Bashforth 방법은 $i = 3, 4, \cdots, 9$ 에 대해서 다음 차분 방정식을 갖는다.

$$w_{i+1} = w_i + \frac{h}{24}[55f(t_i, w_i) - 59f(t_{i-1}, w_{i-1}) + 37f(t_{i-2}, w_{i-2}) - 9f(t_{i-3}, w_{i-3})]$$

이 식을 $f(t, y) = y - t^2 + 1$, $h = 0.2$ 그리고 $t_i = 0.2i$ 를 사용해서 간단히 하면

$$w_{i+1} = \frac{1}{24}[35w_i - 11.8w_{i-1} + 7.4w_{i-2} - 1.8w_{i-3} - 0.192i^2 - 0.192i + 4.736]$$

을 얻을 수 있다. 함축적 Adams–Moulton 방법은 $i = 2, 3, \cdots, 9$ 에 대해서 다음 차분 방정식을 갖게 되며,

$$w_{i+1} = w_i + \frac{h}{24}[9f(t_{i+1}, w_{i+1}) + 19f(t_i, w_i) - 5f(t_{i-1}, w_{i-1}) + f(t_{i-2}, w_{i-2})]$$

이를 정리하면 다음 식이 된다.

$$w_{i+1} = \frac{1}{24}[1.8w_{i+1} + 27.8w_i - w_{i-1} + 0.2w_{i-2} - 0.192i^2 - 0.192i + 4.736]$$

이 방법을 명시적으로 사용하도록 w_{i+1} 에 대해서 풀면 $i = 2, 3, \cdots, 9$ 일 때 다음과 같이 된다.

$$w_{i+1} = \frac{1}{22.2}[27.8w_i - w_{i-1} + 0.2w_{i-2} - 0.192i^2 - 0.192i + 4.736]$$

t_i	$y_i = y(t_i)$	Adams Bashforth w_i	Error	Adams Moulton w_i	Error
0.0	0.5000000	0.5000000	0	0.5000000	0
0.2	0.8292986	0.8292986	0.0000000	0.8292986	0.0000000
0.4	1.2140877	1.2140877	0.0000000	1.2140877	0.0000000
0.6	1.6489406	1.6489406	0.0000000	1.6489341	0.0000065
0.8	2.1272295	2.1273124	0.0000828	2.1272136	0.0000160
1.0	2.6408591	2.6410810	0.0002219	2.6408298	0.0000293
1.2	3.1799415	3.1803480	0.0004065	3.1798937	0.0000478
1.4	3.7324000	3.7330601	0.0006601	3.7323270	0.0000731
1.6	4.2834838	4.2844931	0.0010093	4.2833767	0.0001071
1.8	4.8151763	4.8166575	0.0014812	4.8150236	0.0001527
2.0	5.3054720	5.3075838	0.0021119	5.3052587	0.0002132

표 5.10

명시적 Adams–Bashforth의 경우에는 α, α_1, α_2, α_3을 함축적 Adams–Moulton의 경우에는 α, α_1, α_2를 사용해서 $y(t) = (t+1)^2 - 0.5e^t$ 로부터 구한 정확한 값들을 사용해서 구한 결과는 [표 5.10]과 같다.

■

[예제 5.4.8]에서 함축적 Adams–Moulton 방법은 같은 차수의 명시적 Adams–Bashforth 방법보다 상당히 더 좋은 결과를 주었다. 비록 이것이 일반적인 경우이기는 하지만, 함축적 방법들은 처음에는 그 방법을 대수적으로 w_{i+1}를 위한 명시적 표현으로 전환해야 하는 태생적인 약점을 가지고 있다. 이 절차가 불가능하지는 않지만 어려울 수 있다는 것이 다음과 같은 초보적인 초깃값 문제를 고려함으로써 알 수 있다.

$$y' = e^y, \quad 0 \le t \le 0.25, \quad y(0) = 1$$

$f(t, y) = e^t$ 이기 때문에, 삼차 Adams–Moulton 방법은 그것의 차분방정식으로

$$w_{i_1} = w_i + \frac{h}{24}[9e^{w_{i+1}} + 19e^{w_i} - 5e^{w_{i-1}} + e^{e_{i-2}}]$$

를 가지고, 이 방정식은 w_{i+1}에 대해서 명시적으로 풀 수 없다. w_{i+1}을 근사하기 위해서 Newton 방법이나 Secant 방법을 사용할 수 있겠지만, 이것이 절차를 상당히 복잡하게 만든다.

예측자-수정자 방법 (Predictor-Corrector Method)

실제로는, 함축적 고차 방법들은 홀로 사용되지 않는다. 오히려 함축적 방법들에 의해 구해진 근사들을 개선하기 위해 다른 방법들이 사용된다. 명시적 그리고 함축적 기법의 조합을 예측자-수정자 방법(predictor-corrector method)이라고 부른다. 명시적 방법은 근사를 예측하고, 함축적 방법이 이 예측을 수정한다.

초깃값 문제를 풀기 위한 다음 사차 방법을 고려하자. 첫 단계는 명시적 사차 Adams–Bashforth 방법을 위한 시작 값 w_0, w_1, w_2, w_3을 계산하는 것이다. 이를 위해, 사차 다단계 방법, 구체적으로 사차 Runge–Kutta 방법을 사용한다. 다음 단계는 예측자로서 사차 명시적 Adams–Bashforth 방법을 사용해서 $y(f_4)$에 대한 근사 $w_4^{(0)}$을 계산하는 것이다.

$$w_4^{(0)} = w_3 + \frac{h}{24}[55f(t_3, w_3) - 59f(t_2, w_2) + 37f(t_1, w_1) - 9f(t_0, w_0)].$$

이 근사는 수정자로서 삼차 함축적 Adams–Moulton 방법을 사용해서 개선된다.

$$w_4^{(1)} = w_3 + \frac{h}{24}[9f(t_4, w_4^{(0)}) + 19f(t_3, w_3) - 5f(t_2, w_2) + f(t_1, w_1)].$$

$w_4 \equiv w_4^{(1)}$ 값은 이제 $y(t_4)$에 대한 근사로서 사용된다. 그리고 나서 예측자로서 Adams–Bashforth 방법을 사용하고 수정자로서 Adams–Moulton 방법을 사용하는 기법을 $y(t_5)$에 대한 초기와 최종 근사들인 $w_5^{(0)}$와 $w_5^{(1)}$을 구하기 위하여 반복한다. 이 과정을 $y(t_N) = y(b)$에 대한 근사를 구할 때까지 계속한다.

다른 다단계 방법들은 일부 데이터가 빠진, $j \le i-1$에 대해서 $[t_j, t_{j+1}]$인 구간에 걸쳐 보간다항식의 적분을 사용해서 유도된다. Milne 방법은 뉴턴후방차분보간다항식을 $[t_{i-3}, t_{i+1}]$에서 적분하는 명시적 방법이다.

정리 5.4.9 **[Milne 방법 (Milne's Method)]**

$$w_{i+1} = w_{i-3} + \frac{4h}{3}[2f(t_i, w_i) - f(t_{i-1}, w_{i-1}) + 2f(t_{i-2}, w_{i-2})]$$

이때, (t_{i-3}, t_{i+1}), $i = 3, 4, \ldots, N-1$에 있는 μ_i에 대해서 지역오차 $\frac{14}{45}h^5 y^{(5)}(\mu_i)$를 가진다.

이 방법은 심프슨 방법이라고 불리는 함축적 방법을 위한 한 예측자로 사용된다. 이 이름은 적분을 근사하기 위해 심프슨 규칙을 사용해서 유도될 수 있다는 사실로부터 붙여진 것이다.

정리 5.4.10 [심프슨 방법 **(Simpson's Method)]**

$$w_{i+1} = w_{i-1} + \frac{h}{3}[f(t_{i+1}, w_{i+1}) + 4f(t_i, w_i) + f(t_{i-1}, w_{i-1})]$$

이때, (t_{i-1}, t_{i+1}), $i = 1, 2, \ldots, N-1$에 있는 μ_i에 대해서 지역오차 $-\frac{1}{90}h^5 y^{(5)}(\mu_i)$를 가진다.

비록 Milne–Simpson 유형의 예측자 수정자 방법에 관련되는 지역오차가 일반적으로 Adams–Bashforth–Moulton 방법의 지역오차보다 더 작다고 하더라도 이 기법은 제한적으로 사용되는데, 그 이유는 Adams 절차에서는 발생하지 않는 반올림오차 문제 때문이다.

5.4 연습문제

1. 다음 초깃값 문제에 대해 Adams–Bashforth 방법을 사용해서 해를 근사하라. 각 경우에 정확한 시작 값을 사용하고 실젯값들과 그 결과를 비교하라.
   a. $y' = te^{3t} - 2y$, $y(0) = 0$, $h = 0.2$, $0 \le t \le 1$;
   실제 해 $y(t) = \frac{1}{5}te^{3t} - \frac{1}{25}e^{3t} + \frac{1}{25}e^{-2t}$
   b. $y' = 1 + (t-y)^2$, $y(2) = 1$, $h = 0.2$, $2 \le t \le 3$;
   실제 해 $y(t) = t + 1/(1-t)$
   c. $y' = 1 + (y/t)$, $y(1) = 2$, $h = 0.2$, $1 \le t \le 2$;
   실제 해 $y(t) = t \ln t + 2t$
   d. $y' = \cos 2t + \sin 3t$, $y(0) = 1$, $h = 0.2$, $0 \le t \le 1$;
   실제 해 $y(t) = \frac{1}{2}\sin 2t - \frac{1}{3}\cos 3t + \frac{4}{3}$

2. Adams–Moulton 방법을 사용해서 연습문제 1a, 1c, 1d에 대한 해를 근사하라. 각 경우에 정확한 시작 값들을 사용하고 w_{i+1}에 대해서 명시적으로 풀어라. 실젯값과 결과를 비교하라.

3. Adams–Bashforth 방법을 각각 사용해서 다음 초깃값 문제의 해를 근사하라. 각 경우에 사차 Runge–Kutta 방법으로부터 구해진 시작 값들을 사용하라. 결과를 실젯값과 비교하라.
   a. $y' = y/t - (y/t)^2$, $y(1) = 1$, $h = 0.1$, $1 \le t \le 2$;
   실제 해 $y(t) = t/(t + \ln t)$
   b. $y' = 1+(y/t)+(y/t)^2$, $y(1) = 0$, $h = 0.2$, $1 \le t \le 3$;
   실제 해 $y(t) = t\tan(\ln t)$
   c. $y' = -(y+1)(y+3)$, $y(0) = -2$, $h = 0.1$, $0 \le t \le 2$;
   실제 해 $y(t) = -3 + 2/(1 + e^{-2t})$
   d. $y' = -5y + 5t^2 + 2t$, $y(0) = 1/3$, $h = 0.1$, $0 \le t \le 1$;
   실제 해 $y(t) = y^2 + \dfrac{1}{3}e^{-5t}$

4. Adams–Bashforth 4단계 방법과 Adams–Moulton 3단계 방법에 바탕을 둔 예측자 수정자 방법을 사용해서 연습문제 1과 연습문제 3에 있는 초깃값 문제들에 대한 해를 근사하라.

5. 다음과 같은 초깃값 문제

$$y' = e^y, \quad y(0) = 1, \quad 0 \le t \le 0.20$$

에 대한 해는 다음과 같다.

$$y(t) = 1 - \ln(1 - e^t)$$

이 문제에 Adams–Moulton 3단계 방법을 적용하는 것은

$$g(w) = w_i + \frac{h}{24}[9e^w + 19e^{w_i} - 5e^{w_{i-1}} + e^{w_{i-2}}]$$

의 고정된 점 w_{i+1}을 구하는 것과 동등하다.

   a. $h = 0.01$로 정확한 시작 값 w_0, w_1, w_2를 사용해서 $i = 2, \ldots, 19$에 대한 함수적 반복법에 의해 w_{i+1}을 구하라. 각 단계에서 w_{i+1}을 근사하기 위하여 w_i를 사용하라.
   b. Newton 방법이 함수적 반복법에 의한 수렴보다 더 빠르겠는가?

6. Milne–Simpson 예측자-수정자 방법을 사용해서 연습문제 3에 있는 초깃값 문제에 대한 해를 근사하라.

7. Milne–Simpson 예측자-수정자 방법을 사용해서 $h = 0.1$로 다음 문제에 대한 해를 근사하라.

$$y' = -5y, \quad y(0) = e, \quad 0 \le t \le 2$$

$h = 0.05$로 이를 반복하라. 답이 지역오차와 일치하는가?

5.5 외삽법

정적분들을 근사하기 위해서 4.5절에서는 외삽법을 사용하였는데, 거기서 상대적으로 부정확한 사다리꼴 근사들을 올바르게 평균함으로써 정확한 새로운 근사들을 계산할 수 있었다. 이 절에서는 초깃값 문제들의 해에 대한 근사들의 정확성을 높이기 위해서 외삽법을 적용할 것이다. 앞에서 이미 본 바와 같이 절차가 성공적이기 위해서는 원래 근사들이 구체적인 형태의 오차 확정을 가져야만 한다.

외삽법을 적용해서 초깃값 문제들을 풀기 위해 중간점 방법에 바탕을 둔 기법을 사용한다.

$$w_{i+1} = w_{i-1} + 2hf(t_i, w_i), \quad i \geq 1 \tag{5.1}$$

이 기법은 두 개의 시작 값들을 요구하는데, 첫 번째 중간점 근사 w_2를 결정하기 위해서는 w_0와 w_1 둘 다 필요하기 때문이다. 보통 때와 같이 $w_0 = y(a) = \alpha$인 초기 조건을 사용한다. 두 번째 시작 값 w_1을 결정하기 위해서는 Euler 방법을 적용한다. 그 다음의 근사들은 식 (5.1)로부터 구한다. 값 t에서 끝나는 이런 형태의 일련의 근사들이 생성된 후에, 최종 두 개의 중간점 근사들이 관련되는 끝점 수정을 한다. 이를 통해 다음 형태를 가지는 $y(t)$에 대한 근사 $w(t,h)$를 생산하는데

$$y(t) = w(t,h) + \sum_{k=1}^{\infty} \delta_k h^{2k} \tag{5.2}$$

여기서 δ_k는 해 $y(t)$의 도함수들에 연관된 상수이다. 요점은 δ_k가 단계 크기 h에 의존하지 않는다는 것이다.
초깃값 문제

$$y'(t) = f(t,y), \quad y(a) = \alpha, \quad a \leq t \leq b$$

를 풀기 위한 외삽기법을 설명하기 위해서 고정된 단계 크기 h로 $y(a+h)$를 근사하기를 원한다고 가정하자.
첫 단계로 $h_0 = h/2$로 두고 $w_0 = \alpha$에 대해 Euler 방법을 사용해서

$$w_1 = w_0 + h_0 f(a, w_0)$$

로 $y(a+h_0) = y(a+h/2)$를 근사한다. 그러고 나서 $t_{i-1} = a$와 $t_i = a + h_0 = a + h/2$로 중간점 법칙을 적용한 후 $y(a+h) = y(a+2h_0)$에 대한 첫 번째 근사로

$$w_2 = w_0 + 2h_0 f(a+h_0, w_1)$$

를 계산한다. 그 다음 끝점 수정을 적용하여 단계 크기 h_0에 대해서 $y(a+h)$에 대한 최종 근사를 구한다. 이는

$$y_{1,1} = \frac{1}{2}[w_2 + w_1 + h_0 f(a+2h_0, w_2)]$$

로 계산되는 $y(t_1)$에 대한 $O(h_0^2)$ 근사로 귀착된다. $y(t_1)$에 대한 첫 번째 근사 $y_{1,1}$은 저장하고, 중간 결과 w_1과 w_2는 버리자.

$y(t_1)$에 대한 두 번째 근사 $y_{2,1}$을 구하기 위해서 $h_1 = h/4$로 두고 $w_0 = \alpha$에 대해 Euler 방법을 사용하여 $y(a+h_1) = y(a+h_4)$의 근사 w_1을 구한다. 즉,

$$w_1 = w_0 + h_1 f(a, w_0)$$

다음으로 $y(a+2h_1) = y(a+h/2)$에 대한 근사 w_2와 $y(a+3h_1) = y(a+3h/4)$에 대한 근사 w_3를 다음과 같이 계산한다.

$$w_2 = w_0 + 2h_1 f(a+h_1, w_1), \quad w_3 = w_1 + 2h_1 f(a+2h_1, w_2)$$

그러고 나서 $y(a+4h_1)=y(t_1)$에 대한 근사 w_4를 생산하면 다음과 같다.

$$w_4 = w_2 + 2h_1 f(a+3h_1, w_3)$$

끝점 수정을 이제 w_3과 w_4에 적용하여 $y(t_1)$에 대한 개선된 $O(h_1^2)$ 근사를 계산하면

$$y_{2,1} = \frac{1}{2}[w_4 + w_3 + h_1 f(a+4h_1, w_4)].$$

식 (5.2)에서 주어진 오차의 형태 때문에, $y(a+h)$에 대한 두 개의 근사는 다음 특성을 가진다.

$$y(a+h) = y_{1,1} + \delta_1\left(\frac{h}{2}\right)^2 + \delta_2\left(\frac{h}{2}\right)^4 + \cdots = y_{1,1} + \delta_1\frac{h^2}{4} + \delta_2\frac{h^4}{16} + \cdots$$

그리고

$$y(a+h) = y_{2,1} + \delta_1\left(\frac{h}{4}\right)^2 + \delta_2\left(\frac{h}{4}\right)^4 + \cdots = y_{1,1} + \delta_1\frac{h^2}{16} + \delta_2\frac{h^4}{256} + \cdots.$$

이 절단 오차의 $O(h^2)$ 부분은 이 두 공식들을 적절히 평균함으로써 제거할 수 있다. 구체적으로, 만약 두 번째 것을 4배한 것으로부터 첫 번째를 빼고 결과를 3으로 나누면

$$y(a+h) = y_{2,1} + \frac{1}{3}(y_{2,1} - y_{1,1}) - \delta_2\frac{h^4}{64} + \cdots$$

따라서

$$y_{2,2} = y_{2,1} + \frac{1}{3}(y_{2,1} - y_{1,1})$$

에 의해 주어지는 $y(t_1)$에 대한 근사는 $O(h^4)$의 오차를 가진다.

이 방식으로 계속해 나가면, 다음에는 $h_2 = h/6$으로 두고 Euler 방법을 한 번 적용한 뒤, 중간점 방법을 다섯 번 적용한다. 그리고 나서 끝점 수정을 사용해서 $y(a+h)=y(t_1)$에 대한 h^2 근사 $y_{3,1}$을 결정한다. 이 근사와 $y_{2,1}$의 평균을 취하여 $y_{3,2}$로 표기하는 두 번째 $O(h^4)$ 근사를 계산할 수 있다. 그 후 $y_{3,2}$와 $y_{2,2}$의 평균을 취하여 $O(h^4)$ 오차항을 제거하고 $O(h^4)$ 오차를 가지는 근사를 계산한다. 과정을 계속해가면 더 높은 차수의 공식을 얻을 수 있다.

여기서 수행한 외삽법과 4.4절에 있는 Romberg 적분에 대해 사용한 외삽법 사이에서 유일하게 나타나는 중요한 차이는 단계 분할을 선택하는 방식으로부터 생겨난다. Romberg 적분에는 복합 사다리꼴 법칙 근사들을 나타내기 위한 편리한 공식이 있는데, 그 공식은 단계 크기를 정수 1, 2, 4, 8, 16, 32, 64, $\cdots$ 들로 연달아 나누는 방식을 사용한다. 이 절차를 사용하면 쉽게 따를 수 있는 방식으로 평균하는 과정을 계속할 수 있다. 초깃값 문제들에 대한 정제된 근사를 쉽게 구하는 수단은 가지고 있지 않기 때문에, 외삽 기법에 대한 단계 분할을 선택해서 요구되는 함수 계산들의 횟수를 최소화한다. 이 방식을 선택해서 단계 분할하기를 하면 평균하기의 절차는 쉽지 않지만, 그 외의 과정은 Romberg 적분을 위해 사용된 것과 같다.

프로그램 `EXTRAP54`는 정수수열 $q_0=2$, $q_1=4$, $q_2=6$, $q_3=8$, $q_4=12$, $q_5=16$, $q_6=24$, $q_7=32$를 가지는 외삽 기법을 사용한다. 기본 단계 크기 h를 선정하고 나서 각 $i=0, \ldots, 7$에 대해 $h_i = h/q_i$를 사용해서 계속 $y(t+h)$를 근사한다. 근사 $y_{1,1}$, $y_{2,2}$, $\cdots$ 들이 $|y_{i,i} - y_{i-1,i-1}|$가 주어진 공차보다 더 작을 때까지 계산되기를 요구함으로써 오차는 제어된다. 만약 공차가 $i=8$까지도 달성되지 않으면, 그때 h를 줄여서 이 과정을 다시 적용한다. 각각 h의 최솟값과 최댓값인 h_{min}, h_{max}들은 방법 전체에 대한 통제를 보장하기 위해 프로그램에 명시한다.

만약 $y_{i,i}$를 용인할 수 있으면 그때 w_1를 $y_{i,i}$로 설정하고, $y(t_2)=y(a+2h)$를 근사할 w_2를 결정하기 위해서 계산을 다시 시작한다. $y(b)$에 대한 근사 w_N을 결정할 때까지의 과정을 반복한다.

예제 5.5.1 초깃값 문제

$$y(0)=0.5\text{ 이고, }\quad 0\le t\le 2\text{일 때, }\quad y'=y-t^2+1$$

이 $h_{max}=0.2$, $h_{min}=0.01$, $TOL=10^{-9}$ 의 변숫값을 가질 때, 외삽법을 사용하여 근사해를 구하라.

풀이 외삽법의 첫 단계를 위해서 $w_0=0.5$, $t_0=0$, $h=0.2$ 라고 하자. 그러면,

$$\begin{aligned}
&h_0=h/2=0.1;\\
&w_1=w_0+h_0f(t_0,w_0)=0.5+0.1(1.5)=0.65;\\
&w_2=w_0+2h_0f(t_0+h_0,w_1)=0.5+0.2(1.64)=0.828;
\end{aligned}$$

이고, $y(0.2)$ 의 첫 근사는

$$y_{1,1}=\frac{1}{2}(w_2+w_1+h_0f(t_0+2h_0,w_2))=\frac{1}{2}(0.828+0.65+0.1f(0.2,0.828))=0.8284.$$

$y(0.2)$ 의 두 번째 근사를 계산하기 위해 다음을 계산한다.

$$\begin{aligned}
&h_1=h/4=0.05;\\
&w_1=w_0+h_1f(t_0,w_0)=0.5+0.05(1.5)=0.575;\\
&w_2=w_0+2h_1f(t_0+h_1,w_1)=0.5+0.2(1.64)=0.828;\\
&w_3=w_1+2h_1f(t_0+2h_1,w_2)=0.575+0.1(1.64725)=0.739725;\\
&w_4=w_2+2h_1f(t_0+3h_1,w_3)=0.65725+0.1(1.717225)=0.8289725;
\end{aligned}$$

다음과 같은 끝점 수정 근사를 얻을 수 있다.

$$y_{2,1}=\frac{1}{2}(w_4+w_3+h_1f(t_0+4h_1,w_4))=\frac{1}{2}(0.8289725+0.739725+0.05f(0.2,0.8289725))=0.8290730625.$$

이는 첫 외삽 근사를 제공한다.

$$y_{2,2}=y_{2,1}+\left(\frac{(1/4)^2}{(1/2)^2-(1/4)^2}\right)(y_{2,1}-y_{1,1})=0.8292974167.$$

세 번째 근사는 다음을 계산하여 얻을 수 있다.

$$\begin{aligned}
&h_2=h/6=0.0\bar{3};\\
&w_1=w_0+h_2f(t_0,w_0)=0.55;\\
&w_2=w_0+2h_2f(t_0+h_2,w_1)=0.6032592593;\\
&w_3=w_1+2h_2f(t_0+2h_2,w_2)=0.6565876543;\\
&w_4=w_2+2h_2f(t_0+3h_2,w_3)=0.7130317696;\\
&w_5=w_3+2h_2f(t_0+4h_2,w_4)=0.7696045871;\\
&w_6=w_4+2h_2f(t_0+5h_2,w_5)=0.8291535569;
\end{aligned}$$

그리고 끝점 수정 근사는

$$y_{3,1}=\frac{1}{2}(w_6+w_5+h_2f(t_0+6h_2,w_6))=0.8291982979.$$

우리는 다음과 같은 두 외삽 근사를 얻을 수 있다.

$$y_{3,2} = y_{3,1} + \left(\frac{(1/6)^2}{(1/4)^2 - (1/6)^2} \right) (y_{3,1} - y_{2,1}) = 0.8292984862,$$
$$y_{3,3} = y_{3,2} + \left(\frac{(1/6)^2}{(1/2)^2 - (1/6)^2} \right) (y_{3,2} - y_{2,2}) = 0.8292986199.$$

$$|y_{3,3} - y_{2,2}| = 1.2 \times 10^{-6}$$

이므로 TOL 조건을 만족하지 않기 때문에 최소한 한 번 이상 계산을 더 필요로 한다. $h_3 = h/8 = 0.025$를 이용하고 오일러 방법을 통해 w_1을 계산하며, $w_2, \ldots, w_8$은 중간점 방법과 끝점 수정을 통해 계산한다. 이를 통해 새로운 근사 $y_{4,1}$를 얻게 된다.

$$y_{4,1} = 0.8292421745, \quad y_{4,2} = 0.8292985873, \quad y_{4,3} = 0.8292986210, \quad y_{4,4} = 0.8292986211$$

차이를 비교해보면, $|y_{4,4} - y_{3,3}| = 1.2 \times 10^{-9}$이므로 원하는 TOL 조건을 만족하지 못하는 것을 볼 수 있다.

다음 행을 얻기 위해서는 $h_4 = h/12 = 0.0\bar{6}$을 이용하면 된다. 오일러 방법을 사용하여 w_1을 계산하고 중간점 정리를 통해 w_2에서 w_{12}를 계산하면 되는데, 최종적으로 끝점 수정을 통해 $y_{5,1}$을 얻을 수 있다. 다섯 번째 행의 남은 원소들은 표 5.11에 나타내었다.

$y_{1,1} = 0.8284000000$				
$y_{2,1} = 0.8290730625$	$y_{2,2} = 0.8292974167$			
$y_{3,1} = 0.8291982979$	$y_{3,2} = 0.8292984862$	$y_{3,3} = 0.8292986199$		
$y_{4,1} = 0.8292421745$	$y_{4,2} = 0.8292985873$	$y_{4,3} = 0.8292986210$	$y_{4,4} = 0.8292986211$	
$y_{5,1} = 0.8292735291$	$y_{5,2} = 0.8292986128$	$y_{5,3} = 0.8292986213$	$y_{5,4} = 0.8292986213$	$y_{5,5} = 0.8292986213$

표 5.11

$y_{5,5} = 0.8292986213$과 $y_{4,4}$의 차이가 TOL 값인 10^{-9} 안에 있기 때문에 $y(0.2)$의 근삿값으로 볼 수 있다. $y(0.4)$의 근삿값을 찾아보면 표 5.12에 나와 있다. 마지막 열의 값들은 정확도를 만족하는 외삽법의 적용 단계를 나타낸다. $h = 0.05$를 사용하였음에 주의하여 계산해보자. 표 5.12의 마지막 행은 $y(2.0)$의 근삿값을 보여주고 있다.

t_i	$y_i = y(t_i)$	w_i	h_i	k	t_i	$y_i = y(t_i)$	w_i	h_i	k
0.200	0.8292986210	0.8292986213	0.200	5	1.400	3.7324000166	3.7324000100	0.100	5
0.400	1.2140876512	1.2140876510	0.200	4	1.450	3.8709427424	3.8709427340	0.050	7
0.600	1.6489405998	1.6489406000	0.200	4	1.475	3.9401071136	3.9401071050	0.025	3
0.700	1.8831236462	1.8831236460	0.100	5	1.525	4.0780532154	4.0780532060	0.050	4
0.800	2.1272295358	2.1272295360	0.100	4	1.575	4.2152541820	4.2152541820	0.050	3
0.900	2.3801984444	2.3801984450	0.100	7	1.675	4.4862274254	4.4862274160	0.100	4
0.925	2.4446908698	2.4446908710	0.025	8	1.775	4.7504844318	4.7504844210	0.100	4
0.950	2.5096451704	2.5096451700	0.025	3	1.825	4.8792274904	4.8792274790	0.050	3
1.000	2.6408590858	2.6408590860	0.050	3	1.875	5.0052154398	5.0052154290	0.050	3
1.100	2.9079169880	2.9079169880	0.100	7	1.925	5.1280506670	5.1280506570	0.050	4
1.200	3.1799415386	3.1799415380	0.100	6	1.975	5.2473151731	5.2473151660	0.050	8
1.300	3.4553516662	3.4553516610	0.100	8	2.000	5.3054719506	5.3054719440	0.025	3

표 5.12

5.5 연습문제

1. 초깃값 문제

$$y' = \sqrt{2 - y^2}e^t, \quad y(0) = 0, \quad 0 \le t \le 0.8$$

는 실제 해 $y(t) = \sqrt{2}\sin(e^t - 1)$을 가진다. $h = 0.1$로 외삽법을 사용해서 $y(0.1)$에 대한 근사를 $TOL = 10^{-5}$ 내로 구하라. 근사를 실젯값과 비교하라.

2. 초깃값 문제

$$y' = -y + 1 - \frac{y}{t}, \quad y(1) = 1, \quad 1 \le t \le 2$$

는 실제 해 $y(t) = 1 + (e^{1-t} - 1)/t$를 가진다. $h = 0.2$로 외삽법을 사용해서 $y(0.1)$에 대한 근사를 $TOL = 0.00005$ 내로 구하라. 근사를 실젯값과 비교하라.

3. $P(t)$가 연 단위로 측정된 시각 t에 인구 수를 나타낸다고 하자. 만약 평균 출생률 b가 일정하고 평균 사망률 d가 인구 규모에 비례한다고 하면, 그때 인구 증가율은 로지스틱방정식

$$\frac{dP(t)}{dt} = bP(t) - k[P(t)]^2$$

으로 주어지는데, 여기서 $d = kP(t)$, $P(0) = 50.976$, $b = 2.9 \times 10^{-2}$, $k = 1.4 \times 10^{-7}$이라고 가정하자. 5년 뒤의 인구를 구하라.

5.6 적응식 기법

단계 크기를 적절하게 변동하여 요구되는 계산량의 관점에서 효율적인 적분 근사 방법을 생산하는 것을 4.6절에서 알아보았다. 그 방법을 적용하면 복잡성이 증대되기 때문에, 이것만으로는 그 방법들을 선호하기에 충분치 않지만, 그들은 다른 중요한 특징을 가지고 있다. 단계 크기 선정 절차는 함수의 더 고차도함수들을 근사하지 않아도 되는 지역 오차의 추정을 생산한다. 이 방법들이 지역오차를 명시된 한계 내로 유지할 수 있도록 근사에 사용되는 노드의 개수와 위치를 조절하기 때문에, 그들을 적응식(adaptive) 기법이라 부른다.

정적분의 값을 근사하는 문제와 초깃값 문제에 대한 해를 근사하는 것 사이에는 긴밀한 연관이 있다. 그렇기 때문에 초깃값 문제에 대한 해를 근사하기 위한 적응식 방법들이 있고, 이 방법들은 효율적일 뿐만 아니라 오차의 제어도 통합한다.

초깃값 문제

$$y(a) = \alpha \text{이고 } a \le t \le b \text{ 에 대해서 } y'(t) = f(t, y)$$

의 해 $y(t)$를 근사하기 위한 임의의 단단계 방법은

$$w_{i+1} = w_i + h_i\phi(t_i, w_i, h_i), \quad i = 0, 1, \ldots, N-1$$

의 형태로 함수 ϕ에 대해서 표현될 수 있다.

이상적인 차분방정식 방법은 허용치 $\epsilon > 0$이 주어지면, 임의의 $i = 0, 1, \ldots, N$에 대해서도 전역오차 $|y(t_i) - w_i|$가 ϵ를 초과하지 않을 것을 보장하기 위해 최소 개수의 격자점들을 사용할 것이라는 특징을 가질 것이다. 이 절에서는 격자점들을 적절하게 선정함으로써 효율적인 방식으로 차분방정식 방법의 오차를 제어하기 위해 사용되는 기법들을 살펴볼 것이다.

비록 일반적인 방법으로 전역오차를 결정할 수는 없다 하더라도, 5.2절에서 지역오차와 전역오차 사이에는 흔히 연관이 있음을 보았다. 만약 그 방법이 지역오차 $O(h^{n+1})$를 가진다면, 그때의 전역오차는 $O(h^n)$이다. 차수를 달리하는 방법을 사용함으로써 지역오차를 예측할 수 있고, 이 예측으로 전역 오차를 제어할 단계 크기를 선택할 수 있다.

이 기법을 설명하기 위해 두 개의 근사 기법이 있다고 가정하자. 첫 번째는 n차 Taylor 방법으로부터 구한 다음 형태를 가지는 n차 방법이다.

$$y(t_{i+1}) = y(t_i) + h\phi(t_i, y(t_i), h) + O(h^{n+1})$$

이 방법은 근사들

$$\begin{aligned} w_0 &= \alpha \\ 0 < i \text{ 에 대해서 } w_{i+1} &= w_i + h\phi(t_i, w_i, h) \end{aligned}$$

를 생산하는데, 이는 K와 모든 관련 있는 h와 i에 대해서

$$|y(t_i) - w_i| < Kh^n$$

을 만족한다. 일반적으로 이 방법은 Taylor 방법에 Runge–Kutta 수정 방법을 적용함으로써 생성되지만, 구체적인 유도는 중요하지 않다.

두 번째 방법은 더 고차라는 것 외에는 유사하다. 예를 들어 근사가 다음 형태의 $(n+1)$차 Taylor 방법으로부터 생겨난다고 가정하자.

$$y(t_{i+1}) = y(t_i) + h\tilde{\phi}(t_i, y(t_i), h) + O(h^{n+2})$$

이는 다음 근사들

$$\begin{aligned} \tilde{w}_0 &= \alpha \\ i > 0 \text{ 일 때, } \tilde{w}_{i+1} &= \tilde{w}_i + h\tilde{\phi}(t_i, \tilde{w}_i, h) \end{aligned}$$

을 생산하여 $\tilde{K}$와 관련 있는 모든 h와 i에 대해서 다음을 만족한다.

$$|y(t_i) - \tilde{w}_i| < \tilde{K}h^{n+1}$$

이제 점 t_i에서 다음을 가지는 것을 가정해보자.

$$w_i = \tilde{w}_i = z(t_i)$$

여기서 $z(t)$는 원래의 초기 조건을 만족하지는 않지만 대신 조건 $z(t_i) = w_i$를 만족하는 미분방정식에 대한 해이다. $y(t)$와 $z(t)$ 사이의 전형적인 차이는 [그림 5.3]에서 볼 수 있다.

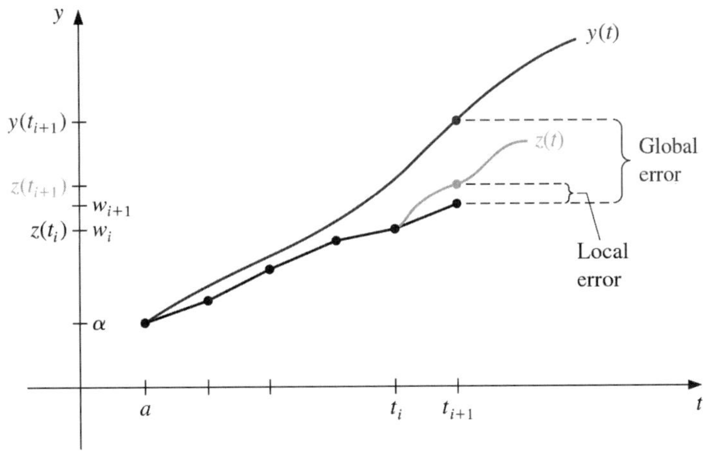

그림 5.3

두 방법을 고정된 단계 크기 h를 갖는 미분방정식에 적용하면 두 가지 근사인 w_{i+1}과 $\tilde{w}_{i+1}$를 생산하는데, 이와 $y(t_i+h)$의 차이는 전역오차들을 나타내며, 이와 $z(t_i+h)$의 차이는 지역오차들을 나타낸다.
다음을 고려해보자.

$$z(t_i+h) - w_{i+1} = (\tilde{w}_{i+1} - w_{i+1}) + (z(t_i+h) - \tilde{w}_{i+1})$$

이 방정식의 좌변에 있는 항은 n차 방법의 지역오차인 $O(h^{n+1})$이지만, 우변의 두 번째 항은 $(n+1)$차 방법의 지역오차인 $O(h^{n+2})$이다. 이것은 우변에서 지배적인 부분이 첫 항에 기인하는 것을 함축한다. 즉,

$$z(t_i+h) - w_{i+1} \approx \tilde{w}_{i+1} - w_{i+1} = O(h^{n+1}).$$

따라서

$$Kh^{n+1} = |z(t_i+h) - w_{i+1}| \approx |\tilde{w}_{i+1} - w_{i+1}|$$

이 되는 상수 K가 존재하고, K는 다음에 의해 근사된다.

$$K \approx \frac{|\tilde{w}_{i+1} - w_{i+1}|}{h^{n+1}}$$

이제 실제로 풀려고 하는 다음과 같은 문제와 연관된 전역오차로 되돌아가자.

$$y(a) = \alpha \text{ 이고 } a \leq t \leq b \text{ 에 대해서 } y'(t) = f(t, y)$$

그리고 만약 이 전역오차의 한계가 공차 ϵ이 될 것으로 기대한다고 할 때 필요하게 되는 단계 크기에 대한 조정을 고려하자. 원래 단계 크기를 q배 하여 사용하는 일은 다음을 보장해야 한다는 것을 의미한다.

$$|y(t_i + qh) - w_{i+1}(\text{새로운 step size } qh \text{를 사용한})| < K(qh) < \epsilon$$

를 가지는 것을 의미한다. 이 부등식을 q에 대해서 풀면 전역오차가 한계 ϵ 내에서 있다는 것을 보장하기 위해서 새로운 단계 크기 qh를 어떻게 선택해야 하는지에 대해서 알려준다.

$$q < \left[\frac{\epsilon h}{|\tilde{w}_{i+1} - w_{i+1}|}\right]^{1/n}$$

Runge–Kutta–Fehlberg 방법 (Runge–Kutta–Fehlberg Method)

오차 제어를 위해 위의 부등식을 사용하는데 주로 사용되는 기법은 Runge–Kutta–Fehlberg 방법이다. 이 방법은 다음과 같은 오차 Runge–Kutta 방법을 사용하여

$$\tilde{w}_{i+1} = w_i + \frac{16}{135}k_1 + \frac{6656}{12825}k_3 + \frac{28561}{56430}k_4 - \frac{9}{50}k_5 + \frac{2}{55}k_6.$$

다음과 같은 사차 Runge–Kutta 방법에 있는 지역오차를 추정하는데,

$$w_{i+1} = w_i + \frac{25}{216}k_1 + \frac{1408}{2565}k_3 + \frac{2197}{4104}k_4 - \frac{1}{5}k_5.$$

여기서 계수방정식들은

$$\begin{aligned}
k_1 &= hf(t_i, w_i) \\
k_2 &= hf\left(t_i + \frac{h}{4}, w_i + \frac{1}{4}k_1\right) \\
k_3 &= hf\left(t_i + \frac{3h}{8}, w_i + \frac{3}{32}k_1 + \frac{9}{32}k_2\right) \\
k_4 &= hf\left(t_i + \frac{12h}{13}, w_i + \frac{1932}{2197}k_1 - \frac{7200}{2197}k_2 + \frac{7296}{2197}k_3\right) \\
k_5 &= hf\left(t_i + h, w_i + \frac{439}{216}k_1 - 8k_2 + \frac{3680}{513}k_3 - \frac{845}{4104}k_4\right) \\
k_6 &= hf\left(t_i + \frac{h}{2}, w_i - \frac{8}{27}k_1 + 2k_2 - \frac{3544}{2565}k_3 + \frac{1859}{4104}k_4 - \frac{11}{40}k_5\right)
\end{aligned}$$

이 방법의 한 가지 이점은 단계마다 오직 f를 6회만 계산하면 된다는 것이다. 반면 함께 사용한 임의의 사차와 오차 Runge–Kutta 방법들은 사차 방법이 f 계산을 적어도 4회 ([표 5.8] 참조) 그리고 오차 방법은 f 계산을 가외로 적어도 6회 요구할 것이다.

오차 제어의 이론에 있어서 i번째 단계에서 h의 초깃값을 사용하여 w_{i+1}와 $\tilde{w}_{i+1}$의 첫 값들을 구하였는데, 그리고 나서 그 단계에 대한 q를 정할 수 있다. 단계 크기 h를 qh로 대체하여 계산을 반복한다. 이 절차는 오차

제어가 없는 것에 비해 단계당 두 배의 함수 계산을 요구한다. 실제 사용할 때에는 늘어날 함수 계산 비용이 제값을 하도록 사용할 q의 값은 다소 다르게 선택한다. i번째 단계에서 결정된 q의 값은 두 가지 목적을 위해 사용된다:

- $q < 1$일 때, i번째 단계에서 h의 초기 선택을 버리고, qh를 사용해서 계산을 반복한다.
- $q \geq 1$일 때, 단계 크기 h를 사용해서 i번째 단계에서 계산된 값을 받아들이고, $(i+1)$번째 단계를 위해서는 단계 크기를 qh로 바꾼다.

만약 많은 단계들이 반복된다면 요구되는 함숫값 계산 비용이 커지기 때문에, q는 보수적으로 선택하는 경향을 가진다. $n = 4$를 가지는 Runge–Kutta–Fehlberg 방법에 대해서 보통 다음과 같이 선택한다.

$$q = \left(\frac{\epsilon h}{2|\tilde{w}_{i+1} - w_{i+1}|}\right)^{1/4} \approx 0.84\left(\frac{\epsilon h}{|\tilde{w}_{i+1} - w_{i+1}|}\right)^{1/4}$$

프로그램 RKFVSM55는 단계 크기를 크게 수정하는 것을 막기 위한 기법을 통합해 두었다. 이것은 y의 도함수들이 불규칙해지는 영역들에서 매우 작은 단계 크기들로 너무 많은 시간을 보내는 것을 피하고, 큰 단계 크기를 사용하였을 때 가까이 있는 민감한 영역들을 빠뜨리는 결과를 가져오는 것을 피하기 위한 일이다. 몇 가지 예제에서는 단계 크기 증대 절차를 완전히 제거하였고, 오차를 제어해야 하는 필요가 있을 때만 단계 크기 감소 절차를 통합하도록 수정되었다.

예제 5.6.1 Runge–Kutta–Fehlberg 방법을 사용하여 초깃값 문제

$$y(0) = 0.5\text{이고, } 0 \leq t \leq 2\text{일 때, } y' = y - t^2 + 1$$

에 대한 해를 근사하고, 실제 해 $y(t) = (t+1)^2 - 0.5e^t$와의 결과를 비교하라. 이때 공차 $TOL = 10^{-5}$, 최대 단계 크기 $h_{max} = 0.25$, 최소 단계 크기 $h_{min} = 0.01$을 사용하라.

풀이 프로그램 RKFVSM55에 의한 결과들은 [표 5.13]에서 볼 수 있다.

			RFK-4		RKF-5	
t_i	$y(t_i)$	h_i	w_i	$\|y(t_i) - w_i\|$	$\hat{w}_i$	$\|y(t_i) - \hat{w}_i\|$
0.2362137	0.8950018	0.2362137	0.8950028	1.0×10^{-6}	0.8950016	2.0×10^{-7}
0.4724278	1.3661020	0.2362142	1.3661042	2.2×10^{-6}	1.3661031	1.1×10^{-6}
0.7147675	1.9185718	0.2423397	1.9185755	3.7×10^{-6}	1.9185745	2.7×10^{-6}
0.9647675	2.5482226	0.2500000	2.5482282	5.6×10^{-6}	2.5482272	4.6×10^{-6}
1.2147675	3.2204398	0.2500000	3.2204475	7.7×10^{-6}	3.2204469	7.1×10^{-6}
1.4647675	3.9118102	0.2500000	3.9118204	1.02×10^{-5}	3.9118202	1.00×10^{-5}
1.7147675	4.5922707	0.2500000	4.5922836	1.29×10^{-5}	4.5922839	1.32×10^{-5}
1.9647675	5.2232194	0.2500000	5.2232351	1.57×10^{-5}	5.2232362	1.68×10^{-5}
2.0000000	5.3054720	0.0352325	5.3054883	1.63×10^{-5}	5.3054883	1.63×10^{-5}

표 5.13

단계 크기가 최대 허용 단계 크기인 0.25에 도달할 때에 아무 영향을 미치지 않을 뿐더러, 단계 크기가 오른쪽 끝점인 2에서 근사를 결정하기 위해 조정되어 있는 때인 마지막 단계에서도 아무 영향을 미치지 않음을 주목하자. ■

Runge–Kutta 적응식 방법은 MATLAB에서 `ode45`라는 명령어를 통해서 사용 가능하다. 우리의 초깃값 문제 표본을 이 명령어를 사용하기 위해서 함수 $f(t, y)$가 정의되어 있는 `odefunction2.m`이라는 이름의 M-file이 필요하다.

```
function YY = odefunction2(t,y)
```

```
YY=y-t^2+1
```

MATLAB에 이 함수를 다음과 같이 입력한다.

```
f = @odefunction2
```

t의 범위를 시작점 $a = 0$, 끝점 $b = 2$로 정의한다. 이 범위의 t 값들을 tspan이라는 벡터에 입력한다.

```
tspan = [0.0 0.2 0.4 0.6 0.8 1.0 1.2 1.4 1.6 1.8 2.0]
```

그리고 초깃값 $y(0) = 0.5$를 다음과 같이 정의한다.

```
y0=0.5
```

아래의 명령어로 함수 ode45를 실행한다.

```
[T,YY] = ode45(f,tspan,y0)
```

이는 다음의 두 11×1 행렬 결과를 출력한다.

$$T = \begin{bmatrix} 0 \\ 0.2000000000000000 \\ 0.4000000000000000 \\ 0.6000000000000000 \\ 0.8000000000000000 \\ 1.0000000000000000 \\ 1.2000000000000000 \\ 1.4000000000000000 \\ 1.6000000000000000 \\ 1.8000000000000000 \\ 2.0000000000000000 \end{bmatrix}, \quad YY = \begin{bmatrix} 0.500000000000000 \\ 0.829298806102213 \\ 1.214087852350423 \\ 1.648940818452943 \\ 2.127229773242783 \\ 2.640859343211129 \\ 3.179941816703143 \\ 3.732400315821681 \\ 4.283484106130412 \\ 4.815176603278762 \\ 5.305472351203669 \end{bmatrix}$$

가변-단계-크기 예측자 수정자 방법 (Variable Step-Size Predictor-Corrector Methods)

Runge–Kutta–Fehlberg 방법은 오차 제어를 위해 자주 사용된다. 이는 각 단계에서 부가적인 비용이 거의 없이 비교될 수 있으며, 지역오차에 연관될 수 있는 두 개의 근사들을 제공하기 때문이다. 예측자 수정자 기법들은 항상 각 단계에서 두 개의 근사들을 생성하기 때문에 적응적인 오차 제어를 위한 자연스러운 후보들이다.

절차를 입증하기 위해 예측자로 명시적 Adams–Bashforth 4단계 방법을 사용하고, 수정자로는 함축적 Adams–Moulton 3단계 방법을 사용하는 가변-단계-크기 예측자 수정자 방법을 구축한다.

Adams–Bashforth 4단계 방법은 (t_{i-3}, t_{i+1})에 있는 μ_i에 대한 다음 방정식으로부터 얻을 수 있다.

$$y(t_{i+1}) = y(t_i) + \frac{h}{24}[55f(t_i, y(t_i)) - 59f(t_{i-1}, y(t_{i-1})) + 37f(t_{i-2}, y(t_{i-2})) - 9f(t_{i-3}, y(t_{i-3}))] + \frac{251}{720}y^{(5)}(\hat{\mu}_i)h^5$$

근사 $w_0, w_1, \ldots, w_i$들이 모두 정확하다고 가정하고, 단단계 방법들의 경우에서처럼 z가 초기 조건 $z(t_i) = w_i$를 만족하는 미분방정식에 대한 해라고 하자. 그러면 (t_{i-3}, t_i)에 있는 $\tilde{\mu}_i$에 대해서

$$z(t_{i+1}) - w_{i+1,p} = \frac{251}{720}z^{(5)}(\hat{\mu}_i)h^5, \qquad \hat{\mu}_i \in (t_{i-3}, t_i). \tag{5.3}$$

Adams–Moulton 3단계 방법의 유사한 분석을 통해 (t_{i-2}, t_{i+1})에 있는 $\tilde{\mu}_i$에 대해서 다음과 같은 지역오차를 제공한다.

$$z(t_{i+1}) - w_{i+1} = -\frac{19}{720}z^{(5)}(\tilde{\mu}_i)h^5, \qquad \tilde{\mu}_i \in (t_{i-2}, t_{i+1}) \tag{5.4}$$

더 진행하기 위해서 h의 작은 값들에 대해서

$$z^{(5)}(\hat{\mu}_i) \approx z^{(5)}(\tilde{\mu}_i)$$

라는 가정을 해야 하고, 오차 제어 기법의 유효성은 직접적으로 이 가정에 의존한다.

만약 식 (5.3)으로부터 식 (5.4)를 빼고, $z^{(5)}(\mu_i) \approx z^{(5)}(\tilde{\mu}_i)$를 가정하면,

$$w_{i+1} - w_{i+1,p} = \frac{h^5}{720}[251z^{(5)}(\hat{\mu}_i) + 19z^{(5)}(\tilde{\mu}_i)] \approx \frac{3}{8}h^5 z^{(5)}(\tilde{\mu}_i).$$

따라서

$$z^{(5)}(\tilde{\mu}_i) \approx \frac{8}{3h^5}(w_{i+1} - w_{i+1,p}).$$

식 (5.4)로부터 $h^5 z^{(5)}(\tilde{\mu}_i)$와 관련되는 항을 제거하기 위해서 이 결과를 사용하면 오차

$$|z(t_{i+1}) - w_{i+1}| \approx \frac{19h^5}{720} \cdot \frac{8}{3h^5}|w_{i+1} - w_{i+1,p}| = \frac{19|w_{i+1} - w_{i+1,p}|}{270}$$

에 대한 근사를 제공한다.

이 표현은 $w_0, w_1, \ldots, w_i$들이 각각 $y(t_0), y(t_1), \cdots, y(t_i)$의 정확한 값들이라는 가정하에서 유도되었는데, 이 사실은 이것이 지역오차에 대한 근사라는 것을 의미한다. 단단계 방법들의 경우에서처럼, 전역오차는 차수가 더 낮아서 원래의 초깃값 문제

$$y(a) = \alpha \text{ 이고 } a \le t \le b \text{ 일 때, } y'(t) = f(t, y)$$

에 대한 해인 함수 y의 전역오차는

$$|y(t_{i+1} - w_{i+1})| \approx \frac{|z(t_{i+1}) - w_{i+1}|}{h} \approx \frac{19|w_{i+1} - w_{i+1,p}|}{270h}$$

에 의해서 산정될 수 있다.

이제 새로운 단계 크기 qh로 새로운 근사 $w_{i+1}^{(0)}$과 w_{i+1}를 생성하는 상황을 다시 고려한다고 가정하자. 전역오차를 ϵ 내로 제어하기 위해서,

$$\frac{|z(t_i + qh) - \hat{w}_{i+1} \text{ (단계 크기 } qh\text{를 사용해서)}|}{qh} < \epsilon$$

가 되도록 q를 선택하려고 한다. 그러나 식 (5.4)로부터

$$\frac{|z(t_i + qh) - \hat{w}_{i+1} \text{ (}qh\text{를 사용해서)}|}{qh} = \frac{19}{720}|z^{(5)}(\tilde{\mu}_i)|q^4h^4 \approx \frac{19}{720}\left[\frac{8}{3h^5}|w_{i+1} - w_{i+1,p}|\right]q^4h^4$$

따라서

$$\frac{19}{720}\left[\frac{8}{3h^5}|w_{i+1} - w_{i+1,p}|\right]q^4h^4 = \frac{19}{270}\frac{|w_{i+1} - w_{i+1,p}|}{h}q^4 < \epsilon$$

로 q를 선택해야 한다. 또한 단계 크기를 h에서 qh로 바꾸어야 하는데, 여기서 q는

$$q < \left(\frac{270}{19}\frac{h\epsilon}{|w_{i+1} - w_{i+1,p}|}\right)^{1/4} \approx 2\left(\frac{h\epsilon}{|w_{i+1} - w_{i+1,p}|}\right)^{1/4}$$

를 만족한다.

이 전개 과정에서 근사에 대해서 몇 가지를 가정하였고, 실제로는 q를 보수적으로 선택하여 보통은

$$q = 1.5\left(\frac{h\epsilon}{|w_{i+1} - w_{i+1,p}|}\right)^{1/4}.$$

다단계 방법을 위한 단계 크기의 변화는 단단계 방법을 위했을 때보다 함숫값 계산에 관한 한 비용이 더욱 많이 드는데, 이는 새로운 동등 간격에 대한 시작 값들을 계산해야 하기 때문이다. 따라서 전역오차가 $\epsilon/10$과 ϵ 사이에 있을 때는 언제나 단계 크기 변화를 무시하는 것이 통상적인 방법이다. 즉,

$$\frac{\epsilon}{10} < \frac{|y(t_{i+1}) - w_{i+1}|}{h} \approx \frac{19}{270h}|w_{i+1} - w_{i+1,p}| < \epsilon$$

게다가 유일하게 정확한 근사가 너무 큰 단계 크기로 귀착되지 않는다는 것을 보장하기 위해서 q에는 일반적으로 상한이 정해진다. 프로그램 VPRCOR56은 이에 대한 안전 조치로 앞 단계 크기의 네 배인 상한을 정해 두었다.

예제 5.6.2 다음과 같은 초깃값 문제

$$y(0) = 0.5\text{이고}, \ 0 \le t \le 2\text{일 때}, \ y' = y - t^2 + 1$$

의 해에 대한 근사들을 구하라. Adam 가변-단계-크기 예측자 수정자 방법을 사용하여 구하고, 이때 공차 $TOL = 10^{-5}$, 최대 단계 크기 $h_{max} = 0.25$, 최소 단계 크기 $h_{min} = 0.01$ 값을 사용하라. 이 문제의 실제 해는 $y(t) = (t+1)^2 = 0.5e^t$과 같다. 실제 해와 근사해를 비교해 보자.

풀이 근사들을 구하기 위해 프로그램 VPRCOR56을 사용해서 구한 결과들을 열거하는데, 이 문제는 해 $y(t) = (t+1)^2 = 0.5e^t$를 가진다. 입력에는 공차 $TOL = 10^{-5}$, 최대 단계 크기 $h_{max} = 0.25$, 최소 단계 크기 $h_{min} = 0.01$이 포함된다. [표 5.14]는 초깃값 문제

$$y(0) = 0.5\text{이고}, \ 0 \le t \le 2\text{일 때}, \ y' = y - t^2 + 1$$

의 해에 대한 근사 결과이다.

t_i	$y_i = y(t_i)$	w_i	h_i	σ_i	$\lvert y(t_i) - w_i\rvert$
0.1257017	0.7002323	0.7002318	0.1257017	4.051×10^{-6}	0.0000005
0.2514033	0.9230960	0.9230949	0.1257017	4.051×10^{-6}	0.0000011
0.3771050	1.1673894	1.1673877	0.1257017	4.051×10^{-6}	0.0000017
0.5028066	1.4317502	1.4317480	0.1257017	4.051×10^{-6}	0.0000022
0.6285083	1.7146334	1.7146306	0.1257017	4.610×10^{-6}	0.0000028
0.7542100	2.0142869	2.0142834	0.1257017	5.210×10^{-6}	0.0000035
0.8799116	2.3287244	2.3287200	0.1257017	5.913×10^{-6}	0.0000043
1.0056133	2.6556930	2.6556877	0.1257017	6.706×10^{-6}	0.0000054
1.1313149	2.9926385	2.9926319	0.1257017	7.604×10^{-6}	0.0000066
1.2570166	3.3366642	3.3366562	0.1257017	8.622×10^{-6}	0.0000080
1.3827183	3.6844857	3.6844761	0.1030100	9.777×10^{-6}	0.0000097
1.4857283	3.9697541	3.9697433	0.1030100	7.029×10^{-6}	0.0000108
1.5887383	4.2527830	4.2527711	0.1030100	7.029×10^{-6}	0.0000120
1.6917483	4.5310269	4.5310137	0.1030100	7.029×10^{-6}	0.0000133
1.7947583	4.8016639	4.8016488	0.1030100	7.029×10^{-6}	0.0000151
1.8977683	5.0615660	5.0615488	0.1030100	7.760×10^{-6}	0.0000172
1.9233262	5.1239941	5.1239764	0.0255579	3.918×10^{-8}	0.0000177
1.9488841	5.1854932	5.1854751	0.0255579	3.918×10^{-8}	0.0000181
1.9744421	5.2460056	5.2459870	0.0255579	3.918×10^{-8}	0.0000186
2.0000000	5.3054720	5.3054529	0.0255579	3.918×10^{-8}	0.0000191

표 5.14

5.6 연습문제

1. 초깃값 문제

$$y' = \sqrt{2 - y^2}e^t, \quad for\ 0 \le t \le 0.8, \qquad y(0) = 0$$

이 실제 해 $y(t) = \sqrt{2}\sin(e^t - 1)$을 가진다.

a. 공차 $TOL = 10^{-4}$로 Runge–Kutta 방법을 사용해서 w_1을 구하라. 근사해를 실제 해와 비교하라.

b. 공차 $TOL = 10^{-4}$로 Adams 가변 단계 크기 예측자 수정자 방법과 사차 Runge–Kutta 방법에 의한 시작 값들을 사용해서 w_4를 구하라. 근사해를 실제 해와 비교하라.

2. 공차 $TOL = 10^{-4}$를 가지는 Runge–Kutta–Fehlberg 방법을 사용해서 다음 초깃값 문제에 대한 해를 근사하라.

a. $h_{max} = 0.05,\ h_{min} = 0.02$이고 $y(1) = 1$일 때 $1 \le t \le 1.2$에 대해서 $y' = (y/t)^2 + (y/t)$

b. $h_{max} = 0.25,\ h_{min} = 0.02$이고 $y(0) = 0$일 때 $0 \le t \le 1$에 대해서 $y' = \sin t + e^{-t}$

3. 공차 $TOL = 10^{-4}$를 가지는 Adams 가변 단계 크기 예측자 수정자 방법을 사용해서 연습문제 3의 초깃값 문제에 대한 해를 근사하라.

4. 전기 회로가 일정한 저항 $R_0 = 2.1$ ohms의 저항기를 직렬로 가지는 일정한 커패시턴스 $C = 1.1$ farads의 커패시터로 구성된다. 전압 $\epsilon(t) = 110\sin t$가 시각 $t = 0$에 인가된다. 저항기에 열이 누적될 때, 저항은 전류 i의 함수가 되고

$$R(t) = R_0 + ki, \qquad k = 0.9$$

이며 i에 대한 미분방정식은 다음과 같이 된다.

$$\left(1 + \frac{2k}{R_0}i\right)\frac{di}{dt} + f1R_0Ci = \frac{1}{R_0C}\frac{d\varepsilon}{dt}$$

$i(0) = 0$으로 가정하고, 2초 후에 전류 i를 구하라.

5.7 연립방정식을 위한 방법

초깃값 문제의 해를 근사하기 위한 수치해법들의 가장 통상적인 적용은 단 하나의 초깃값 문제보다는 연립 미분방정식 시스템을 관심의 대상으로 한다. 그러면 왜 이 장의 대부분에서는 단 하나의 방정식 풀이를 고려하는 데 시간을 보내고 있는가? 답은 간단하다. 초깃값 문제의 시스템의 해를 근사하기 위해서는 단 하나의 문제를 푸는 데 사용하는 기법들을 연이어 적용한다. 수학에서 흔히 그렇게 하는 것처럼 시스템을 위한 방법들에 대한 핵심은 더 쉬운 문제들을 점검하고 그것을 더욱 복잡한 상황을 처리하기 위해 변형하는 데서 찾을 수 있다.

일차 초깃값 문제의 m차 시스템은 초기 조건들

$$u_1(a) = \alpha_1, \;\; u_2(a) = \alpha_2, \;\; \ldots, \;\; u_m(a) = \alpha_m$$

을 가지고, $a \le t \le b$에 대해서 다음 형태를 가진다.

$$\begin{aligned} \frac{du_1}{dt} &= f_1(t, u_1, u_2, \ldots, u_m) \\ \frac{du_2}{dt} &= f_2(t, u_1, u_2, \ldots, u_m) \\ &\vdots \\ \frac{du_m}{dt} &= f_m(t, u_1, u_2, \ldots, u_m) \end{aligned}$$

이 목적은 모든 초기 조건을 함께 가진 미분방정식의 시스템에 만족하는 m개의 함수 $u_1, u_2, \ldots, u_m$들을 찾는 것이다.

일차미분방정식의 시스템을 풀기 위한 방법은 이 장에서 앞서 제시하였던 단 하나의 일차방정식에 대한 방법을 일반화한 것이다. 예를 들어, 고전적인 사차 Runge–Kutta 방법은 다음에 의해 주어진다. $i = 0, 1, \ldots, N-1$일 때,

$$\begin{aligned} w_0 &= \alpha \\ k_1 &= hf(t_i, w_i) \\ k_2 &= hf\left(t_i + \frac{h}{2}, w_i + \frac{1}{2}k_1\right) \\ k_3 &= hf\left(t_i + \frac{h}{2}, w_i + \frac{1}{2}k_2\right) \\ k_4 &= hf(t_{i+1}, w_i + k_3) \\ w_{i+1} &= w_i + \frac{1}{6}[k_1 + 2k_2 + 2k_3 + k_4] \end{aligned}$$

를 사용해서 다음 일차 초깃값 문제를 푼다.

$$y(a) = \alpha\text{이고 } a \le t \le b\text{일 때,} \;\; y'(t) = f(t, y)$$

이것은 다음과 같이 일반화된다.

정수 $N > 0$을 선택해서 $h = (b-a)/N$으로 둔다. 구간 $[a, b]$를 다음 격자점들을 갖는 N개의 부구간들로 분할하라.

$$j = 0, 1, \ldots, N\text{일 때,} \;\; t_j = a + jh$$

$u_i(t_j)$에 대한 근사를 표시하기 위해서 $j = 0, 1, \ldots, N$과 $i = 0, 1, \cdots, m$에 대해 표기 w_{ij}를 사용하라. 즉 w_{ij}는 j번째 격자점 t_j에서 시스템의 i번째 해 $u_i(t)$를 근사할 것이다. 초기 조건들에 대해서 다음과 같이 설정하라.

$$w_{1,0} = \alpha_1, \;\; w_{2,0} = \alpha_2, \;\; \ldots, \;\; w_{m,0} = \alpha_m$$

[그림 5.4]는 이 표기에 대해 설명한다.

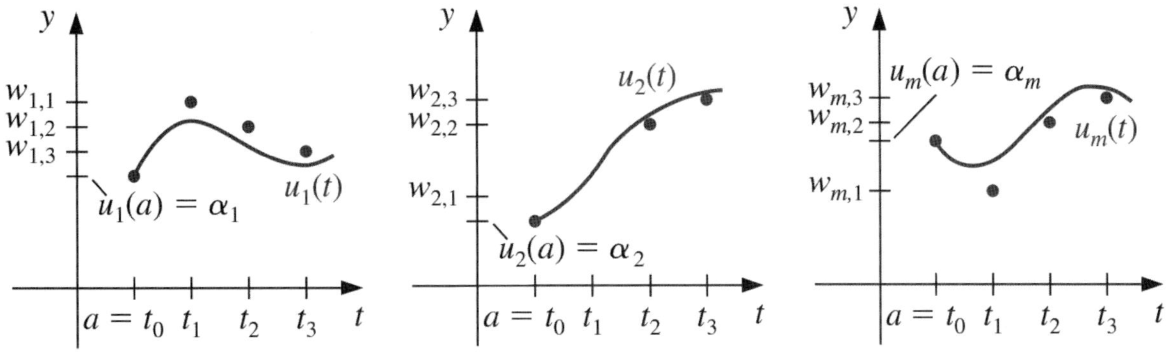

그림 5.4

값 $w_{1,j}, w_{2,j}, \ldots, w_{m,j}$ 가 이미 계산되었다고 가정하자. $i = 1, 2, \ldots, m$ 에 대해서 다음을 계산하면,

$$k_{1,j} = hf_i(t_j, w_{1,j}, w_{2,j}, \ldots, w_{m,j})$$

$w_{1,j+1}, w_{2,j+1}, \ldots, w_{m,j+1}$ 을 구하고, i 에 대해서 다음을 계산한다.

$$k_{2,i} = hf_i\left(t_j + \frac{h}{2}, w_{1,j} + \frac{1}{2}k_{1,1}, w_{2,j} + \frac{1}{2}k_{1,2}, \ldots, w_{m,j} + \frac{1}{2}k_{1,m}\right)$$

그 후 다음 모든 항들을 결정한다.

$$k_{3,i} = hf_i\left(t_j + \frac{h}{2}, w_{1,j} + \frac{1}{2}k_{2,1}, w_{2,j} + \frac{1}{2}k_{2,2}, \ldots, w_{m,j} + \frac{1}{2}k_{2,m}\right)$$

마지막으로 다음 모든 항들을 계산한다.

$$k_{4,i} = hf_i(t_j + h, w_{1,j} + k_{3,1}, w_{2,j} + k_{3,2}, \ldots, w_{m,j} + k_{3,m})$$

이 값들을 결합하면, 각 $i = 1, 2, \ldots, m$ 에 대해서 다음을 얻는다.

$$w_{i,j+1} = w_{i,j} + \frac{1}{6}[k_{1,i} + 2k_{2,i} + 2k_{3,i} + k_{4,i}].$$

모든 값 $k_{1,1}, k_{1,2}, \ldots, k_{1,m}$ 을 먼저 계산하고 난 후에 $k_{2,i}$ 형태의 항들을 결정할 수 있다는 것을 주목하자. 일반적으로 $k_{i+1,j}$ 의 모든 항을 구하기 위해서는 각 $k_{l,1}, k_{l,2}, \ldots, k_{l,m}$ 을 먼저 계산해 두어야 한다.

예제 5.7.1 키르히호프 법칙에 의해 닫힌 전기 회로 둘레로 모든 순간적인 전압의 합은 0이다. 이것은 저항 R ohms(Ω), 커패시턴스 C farads (F), 인덕턴스 L henrys (H) 그리고 전압 제공원 $\varepsilon(t)$ 볼트(V)를 담고 있는 닫힌 회로에서 전류 $I(t)$ 가

$$LI'(t) + RI(t) + \frac{1}{C}\int I(t)dt = \varepsilon(t)$$

를 만족해야 한다는 것을 의미한다. [그림 5.5]에서 보는 회로의 왼쪽과 오른쪽 루프에서의 전류 $I_1(t)$ 와 $I_2(t)$ 는 다음 연립방정식에 대한 해이다.

$$2I_1(t) + 6[I_1(t) \quad I_2(t)] + 2I_1'(t) = 12$$

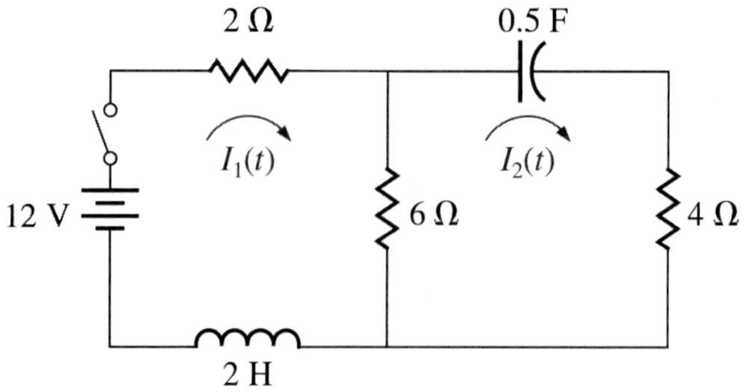

그림 5.5

$$\frac{1}{0.5}\int I_2(t)dt + 4I_2(t) + 6[I_2(t) - I_1(t)] = 0$$

회로의 스위치는 시각 $t = 0$에서 닫혀 있다고 가정하라. 이것은 $I_1(0)$와 $I_2(0) = 0$임을 의미한다. 첫 방정식에서 $I_1(t)$에 대해 풀고, 두 번째 방정식을 미분한 후, $I_1(t)$에 대해 대입하여

$$\begin{aligned} I_1' &= f_1(t, I_1, I_2) = -4I_1 + 3I_2 + 6, \qquad & I_1(0) = 0 \\ I_2' &= f_2(t, I_1, I_2) = 0.6I_1' - 0.2I_2 = -2.4I_1 + 1.6I_2 + 3.6, \qquad & I_2(0) = 0 \end{aligned}$$

를 얻는다.

이 시스템에 대한 정확한 해는

$$\begin{aligned} I_1(t) &= -3.375e^{-2t} + 1.875e^{-0.4t} + 1.5, \\ I_2(t) &= -2.25e^{-2t} + 2.25e^{-0.4t}. \end{aligned}$$

$h = 0.1$이며 이 시스템에 대해 사차 Runge–Kutta 방법을 적용할 것이다. $\omega_{1,0} = I_1(0) = 0,\ \omega_{2,0} = I_2(0) = 0$이므로

$$\begin{aligned} k_{1,1} &= hf_1(t_0, w_{1,0}, w_{2,0}) = 0.1f_1(0,0,0) = 0.1[-4(0) + 3(0) + 6] = 0.6, \\ k_{1,2} &= hf_2(t_0, w_{1,0}, w_{2,0}) = 0.1f_2(0,0,0) = 0.1[-2.4(0) + 1.6(0) + 3.6] = 0.36, \\ k_{2,1} &= hf_1\left(t_0 + \frac{1}{2}h, w_{1,0} + \frac{1}{2}k_{1,1}, w_{2,0} + \frac{1}{2}k_{1,2}\right) = 0.1f_1(0.05, 0.3, 0.18) = 0.1[-4(0.3) + 3(0.18) + 6] = 0.534 \\ k_{2,2} &= hf_2\left(t_0 + \frac{1}{2}h, w_{1,0} + \frac{1}{2}k_{1,1}, w_{2,0} + \frac{1}{2}k_{1,2}\right) = 0.1f_1(0.05, 0.3, 0.18) = 0.1[-2.4(0.3) + 1.6(0.18) + 3.6] = 0.3168 \end{aligned}$$

유사한 방식으로 나머지 항목들을 생성하면

$$\begin{aligned} k_{3,1} &= (0.1)f_1(0.05, 0.267, 0.1584) = 0.54072 \\ k_{3,2} &= (0.1)f_2(0.05, 0.267, 0.1584) = 0.321264 \\ k_{4,1} &= (0.1)f_1(0.1, 0.54072, 0.321264) = 0.4800912 \end{aligned}$$

그리고

$$k_{4,2} = (0.1)f_2(0.1, 0.54072, 0.321264) = 0.28162944$$

을 생산한다. 따라서

$$I_1(0.1) \approx w_{1,1} = w_{1,0} + \frac{1}{6}[k_{1,1} + 2k_{2,1} + 2k_{3,1} + k_{4,1}]$$

$$=0+\frac{1}{6}[0.6+2(0.534)+2(0.54072)+0.4800912]=0.5382552$$

와

$$I_2(0.1)\approx w_{2,1}=w_{2,0}+\frac{1}{6}[k_{1,2}+2k_{2,2}+2k_{3,2}+k_{4,2}]=0.3196263$$

[표 5.15]에 있는 나머지 항목들은 유사한 방식으로 생성된다.

t_j	$w_{1,j}$	$w_{2,j}$	$\lvert I_1(t_j)-w_{1,j}\rvert$	$\lvert I_2(t_j)-w_{2,j}\rvert$
0.0	0	0	0	0
0.1	0.5382550	0.3196263	0.8285×10^{-5}	0.5803×10^{-5}
0.2	0.9684983	0.5687817	0.1514×10^{-4}	0.9596×10^{-5}
0.3	1.310717	0.7607328	0.1907×10^{-4}	0.1216×10^{-4}
0.4	1.581263	0.9063208	0.2098×10^{-4}	0.1311×10^{-4}
0.5	1.793505	1.014402	0.2193×10^{-4}	0.1240×10^{-4}

표 5.15

MATLAB으로 실행 가능한 방법을 미분방정식들의 시스템에 이용할 수 있다. 예를 들어 `ode45`를 예제 5.7.1에 사용하려면 우선 다음 명령을 포함하는 `F.m`으로 우변항을 정의해야 한다.

```
function dy = F(t,y)
dy = zeros(2,1);
dy(1) = -4*y(1) + 3*y(2) + 6;
dy(2) = -2.4*y(1) + 1.6*y(2) + 3.6;
```

그런 다음 미분방정식들의 시스템을 우항에 만든다.

```
FF = @F
```

그리고 해를 근사하고자 하는 t값들을 정의한다.

```
tspan = [0 0.1 0.2 0.3 0.4 0.5]
```

아래 명령은 주어진 t값들에 대해 시스템의 해를 계산한다. [0 0]이 의미하는 것은 초기 조건으로, $I_1(0)=0, I_2(0)=0$이다.

```
[T,YY] = ode45(FF,tspan,[0 0])
```

MATLAB은 각 t값들에 대해 배열 T와, 첫 번째 열에 $I_1(t)$과 두 번째 열에 $I_2(t)$를 가진 근사해 YY를 출력한다.

$$T=\begin{bmatrix}0\\0.100000000000000\\0.200000000000000\\0.300000000000000\\0.400000000000000\\0.500000000000000\end{bmatrix},\quad YY=\begin{bmatrix}0&0\\0.538263922676270&0.319632054268176\\0.968513005638230&0.568791683477228\\1.310736555252393&0.760744806883952\\1.581284356153020&0.906333359733513\\1.793527044389029&1.014415449337470\end{bmatrix}$$

고차미분방정식들 (Higher-Order Differential Equations)

전기 회로와 진동하는 시스템처럼 많은 중요한 물리적 시스템들은 일차 이상의 미분방정식으로 된 초깃값 문제와 관련되어 있다. 이 문제들을 풀기위해 새로운 기법들이 요구되지는 않는다. 이는 변수들을 다른 이름으로 나타냄으로써 고차미분방정식을 연립일차미분방정식들로 표현하며, 이미 논의한 방법들 중의 하나를 적용할 수 있기 때문이다.

일반적인 m차 초깃값 문제가 $a \le t \le b$ 에 대해서

$$y^{(m)}(t) = f(t, y, y', \ldots, y^{(m-1)})$$

형태를 가지고, 초기 조건들은 다음과 같다.

$$y(a) = \alpha_1, \;\; y'(a) = \alpha_2, \quad \ldots, \;\; y^{(m-1)}(a) = \alpha_m$$

이를 연립일차미분방정식들로 전환하기 위해서

$$u_1(t) = y(t), \;\; u_2(t) = y'(t), \ldots, u_m(t) = y^{(m-1)}(t)$$

를 정의하자. 이 표기를 사용해서 다음과 같은 일차 시스템을 얻을 수 있다.

$$\begin{aligned}
\frac{du_1}{dt} &= \frac{dy}{dt} = u_2 \\
\frac{du_2}{dt} &= \frac{dy'}{dt} = u_3 \\
&\vdots \\
\frac{du_{m-1}}{dt} &= \frac{dy^{(m-2)}}{dt} = u_m
\end{aligned}$$

그리고

$$\frac{du_m}{dt} = \frac{dy^{(m-1)}}{dt} = y^{(m)} = f(t, y, y', \ldots, y^{(m-1)}) = f(t, u_1, u_2, \ldots, u_m)$$

이며, 초기 조건들은 다음과 같다.

$$u_1(a) = y(a) = \alpha_1, \;\; u_2(a) = y'(a) = \alpha_2, \ldots, u_m(a) = y^{(m-1)}(a) = \alpha_m$$

예제 5.7.2 이차미분방정식으로 된 다음 초깃값 문제를 고려하자.

$$y(0) = -0.4\text{이고} \;\; y'(0) = -0.6\text{이며}, \;\; 0 \le t \le 1\text{일 때}, \quad y'' - 2y' + 2y = e^{2t} \sin t$$

이를 일차 초깃값 문제로 표현하고, 사차 Runge–Kutta 방법을 사용하여 $h = 0.1$ 일 때의 해의 근사를 찾아라.

풀이 $u_1(t) = y(t), u_2(t) = y'(t)$라 하자. 이렇게 하면 원래 미분방정식을 초기 조건 $u_1(0) = -0.4$와 $u_2(0) = -0.6$을 가지는 시스템

$$\begin{aligned}
u_1'(t) &= u_2(t) \\
u_2'(t) &= e^{2t} \sin t - 2u_1(t) + 2u_2(t)
\end{aligned}$$

로 변환된다. 사차 Runge–Kutta 방법으로 $h = 0.1$을 사용해서 이 문제에 대한 해를 근사해보자. 초기 조건들은 $w_{1,0} = -0.4$와 $w_{2,0} = -0.6$이다. $j = 0$인 Runge–Kutta 계수방정식들이

$$\begin{aligned}
k_{1,1} &= hf_1(t_0, w_{1,0}, w_{2,0}) = hw_{2,0} = -0.06 \\
k_{1,2} &= hf_2(t_0, w_{1,0}, w_{2,0}) = h[e^{2t_0} \sin t_0 - 2w_{1,0} + 2w_{2,0}] = -0.04
\end{aligned}$$

$$\begin{aligned}
k_{2,1} &= hf_1\left(t_0+\frac{h}{2}, w_{1,0}+\frac{1}{2}k_{1,1}, w_{2,0}+\frac{1}{2}k_{1,2}\right) = h\left[w_{2,0}+\frac{1}{2}k_{1,2}\right] = -0.062 \\
k_{2,2} &= hf_2\left(t_0+\frac{h}{2}, w_{1,0}+\frac{1}{2}k_{1,1}, w_{2,0}+\frac{1}{2}k_{1,2}\right) \\
&= h\left[e^{2(t_0+0.05)}\sin(t_0+0.05)-2\left(w_{1,0}+\frac{1}{2}k_{1,1}\right)+2\left(w_{2,0}+\frac{1}{2}k_{2,1}\right)\right] \\
&= -0.031524092 \\
k_{3,1} &= h\left[w_{2,0}+\frac{1}{2}k_{2,2}\right] = -0.061628322 \\
k_{3,2} &= h\left[e^{(t_0+0.05)}\sin(t_0+0.05)-2\left(w_{1,0}+\frac{1}{2}k_{2,1}\right)+2\left(w_{2,0}+\frac{1}{2}k_{2,2}\right)\right] \\
&= -0.031524092 \\
k_{4,1} &= h[w_{2,0}+k_{3,2}] = -0.063152409
\end{aligned}$$

이고,

$$k_{4,2} = h[e^{2(t_0+0.1)}\sin(t_0+0.1)-2(w_{1,0}+k_{3,1})+2(w_{2,0}+k_{3,2})] = -0.021786373.$$

따라서

$$\begin{aligned}
w_{1,1} &= w_{1,0}+\frac{1}{6}(k_{1,1}+2k_{2,1}+2k_{3,1}+k_{4,1}) = -0.46173334 \\
w_{2,1} &= w_{2,0}+\frac{1}{6}(k_{1,2}+2k_{2,2}+2k_{3,2}+k_{4,2}) = -0.63163124
\end{aligned}$$

값 $w_{1,1}$은 $u_1(0.1) = y(0.1) = 0.2e^{2(0.1)}(\sin 0.1 - 2\cos 0.1)$로 근사되고, 값 $w_{2,1}$은 $u_2(0.1) = y'(0.1) = 0.2e^{2(0.1)}(4\sin 0.1 - 3\cos 0.1)$로 근사된다.

사차 Runge–Kutta 방법을 사용해서 구한 $j = 0, 1, \ldots, 10$에 대한 값 $w_{1,j}$와 $w_{2,j}$를 [표 5.16]에 나타내었고, $u_1(t) = 0.2e^{2t}(\sin t - 2\cos t)$와 $u_2(t) = 0.2e^{2t}(4\sin t - 3\cos t)$의 실젯값들과도 비교하였다.

t_j	$y(t_j) = u_1(t_j)$	$w_{1,j}$	$y'(t_j) = u_2(t_j)$	$w_{2,j}$	$\lvert y(t_j) - w_{1,j}\rvert$	$\lvert y'(t_j) - w_{2,j}\rvert$
0.0	−0.40000000	−0.40000000	−0.60000000	−0.60000000	0	0
0.1	−0.46173297	−0.46173334	−0.63163105	−0.63163124	3.7×10^{-7}	7.75×10^{-7}
0.2	−0.52555905	−0.52555988	−0.64014866	−0.64014895	8.3×10^{-7}	1.01×10^{-6}
0.3	−0.58860005	−0.58860144	−0.61366361	−0.61366381	1.39×10^{-6}	8.34×10^{-7}
0.4	−0.64661028	−0.64661231	−0.53658220	−0.53658203	2.03×10^{-6}	1.79×10^{-7}
0.5	−0.69356395	−0.69356666	−0.38873906	−0.38873810	2.71×10^{-6}	5.96×10^{-7}
0.6	−0.72114849	−0.72115190	−0.14438322	−0.14438087	3.41×10^{-6}	7.75×10^{-7}
0.7	−0.71814890	−0.71815295	0.22899243	0.22899702	4.05×10^{-6}	2.03×10^{-6}
0.8	−0.66970677	−0.66971133	0.77198383	0.77199180	4.56×10^{-6}	5.30×10^{-6}
0.9	−0.55643814	−0.55644290	1.5347686	1.5347815	4.76×10^{-6}	9.54×10^{-6}
1.0	−0.35339436	−0.35339436	2.5787466	2.5787663	4.50×10^{-6}	1.34×10^{-5}

표 5.16

5.7 연습문제

1. 사차 Runge–Kutta 방법을 사용해서 다음과 같은 연립일차미분방정식들의 해를 근사하고 그 결과를 실제 해들과 비교하라.

   a. $u_1(0) = 1$일 때 $0 \le t \le 1$에 대해서 $u_1' = 3u_1 + 2u_2 - (2t^2 + 1)e^{2t}$;
   $u_2(0) = 1$일 때 $0 \le t \le 1$에 대해서 $u_2' = 4u_1 + u_2 + (t^2 + 2t - 4)e^{2t}$;
   $h = 0.2$; 실제 해 $u_1(t) = \frac{1}{3}e^{5t} - \frac{1}{3}e^{-t} + e^{2t}$, $u_2(t) = \frac{1}{3}e^{5t} + \frac{2}{3}e^{-t} + t^2 e^{2t}$.

   b. $u_1(0) = 0$일 때 $0 \le t \le 2$에 대해서 $u_1' = -4u_1 - 2u_2 + \cos t + 4\sin t$;
   $u_2(0) = -1$일 때 $0 \le t \le 2$에 대해서 $u_2' = 3u_1 + u_2 - 3\sin t$;
   $h = 0.1$; 실제 해 $u_1(t) = 2e^{-t} - 2e^{-2t} + \sin t$, $u_2(t) = -3e^{-t} + 2e^{-2t}$.

   c. $u_1(0) = 1$일 때 $0 \le t \le 2$에 대해서 $u_1' = u_2$;
   $u_2(0) = 0$일 때 $0 \le t \le 2$에 대해서 $u_2' = -u_1 - 2e^t + 1$;
   $h = 0.5$; 실제 해 $u_1(t) = \cos t + \sin t - e^t + 1$, $u_2(t) = -\sin t + \cos t - e^t$, $u_3(t) = -\sin t + \cos t$.

   d. $u_1(0) = 0$일 때 $0 \le t \le 1$에 대해서 $u_1' = u_2 - u_3 + t$;
   $u_2(0) = 1$일 때 $0 \le t \le 1$에 대해서 $u_2' = 3t^2$;
   $u_3(0) = -1$일 때 $0 \le t \le 1$에 대해서 $u_3' = u_2 + e^{-t}$;
   $h = 0.1$; 실제 해 $u_1(t) = -0.05t^5 + 0.25t^4 + t + 2 - e^{-t}$, $u_2(t) = t^3 + 1$, $u_3(t) = 0.25t^4 + t - e^{-t}$.

2. 시스템들에 대한 Runge–Kutta 방법을 사용해서 다음과 같은 고차미분방정식들의 해를 근사하고 그 결과들을 실제 해들과 비교하라.

   a. $y(0) = y'(0) = 0$, $h = 0.1$일 때 $0 \le t \le 1$에 대해서 $y'' - 2y' + y = te^t - t$;
   실제 해 $y(t) = \frac{1}{6}t^3 e^t - te^t + 2e^t - t - 2$.

   b. $y(1) = 1$, $y'(1) = 0$, $h = 0.1$일 때 $1 \le t \le 2$에 대해서 $t^2 y'' - 2ty' + 2y = t^3 \ln t$;
   실제 해 $y(t) = \frac{1}{6}t^3 e^t - te^t + 2e^t - t - 2$.

   c. $y(0) = 1$, $y'(0) = 2$, $y''(0) = 0$, $h = 0.2$일 때 $0 \le t \le 3$에 대해서 $y''' + 2y'' - y' - 2y = e^t$;
   실제 해 $y(t) = \frac{43}{36}e^t + \frac{1}{4}e^{-t} - \frac{4}{9}e^{-2t} + \frac{1}{6}te^t$.

   d. $y(1) = 0$, $y'(1) = 1$, $y''(1) = 3$, $h = 0.1$일 때 $1 \le t \le 2$에 대해서 $t^3 y''' - t^2 y'' + 3ty' - 4y = 5t^3 \ln t + 9t^3$;
   실제 해 $y(t) = -t^2 + t\cos(\ln t) + t\sin(\ln t) + t^3 \ln t$.

3. Adams 사차 예측자 수정자 방법을 바꾸어서 연립 일차 방정식들의 근사해를 구하라.

4. 연습문제 3에서 개발한 방법을 사용해서 연습문제 1을 반복하라.

5. 경쟁하는 종들의 개체수 동역학을 예측하기 위한 수학적 모델들의 연구는 A.J.Lotka와 V.Volterra에 의해 금세기 초기에 출판된 독립적인 연구들에 그 기원을 둔다. 시각 t에 그것의 개체 수가 $x_2(t)$인 포식자와 그것의 개체 수가 $x_1(t)$인 먹이, 이 두 종들의 개체 수를 예측하는 문제를 고려하라. 먹이는 항상 적절한 먹거리 공급을 가지고 있으며, 어느 시각에 그것의 출생률은 그 시각에 살아 있는 먹이의 개체 수에 비례해서, 즉 출생률(먹이)은 $K_1 x_1(t)$인 것으로 가정할 것이다. 먹이의 사망률은 먹이와 포식자 둘 다 그 시각에 살아 있는 개체 수에 의존한다. 단순하게 사망률(먹이)$=K_2 x_1(t) x_2$라고 가정한다. 한편 포식자의 출생률은 그것의 먹거리 공급 $x_1(t)$

뿐만 아니라 재생산 목적을 위해 이용할 수 있는 포식자들의 수에도 의존한다. 이로 인해 출생률(포식자)은 $K_3x_1(t)x_2(t)$라고 가정한다. 포식자의 사망률은 그 시각에 살아 있는 포식자의 수에 단순히 비례해서, 즉 사망률(포식자)=$K_4x_2(t)$가 될 것이다. $x_1'(t)$와 $x_2'(t)$가 각각 먹이와 포식자 개체 수에서의 시각에 관한 변화를 나타내기 때문에 문제는 비선형미분방정식들의 시스템

$$x_1'(t) = k_1x_1(t) - k_2x_1(t)x_2(t), \qquad x_2'(t) = k_3x_1(t)x_2(t) - k_4x_2(t)$$

에 의해서 표현된다. 먹이의 초기 개체 수가 1000이고 포식자는 500 그리고 상수들이 $K_1 = 3,\ K_2 = 0.002,\ k_3 = 0.0006$ 및 $k_4 = 0.5$라고 가정하여, $0 \le t \le 4$일 때 이 시스템을 풀어라. 이 개체 수 모델에 대한 안정적인 해가 있는가? 있다면, x_1과 x_2의 값들에 대해서 해가 안정적인가?

6. 연습문제 5에서 포식자-먹이 모델에서의 개체 수를 예측하는 문제를 고려했다. 이 유형의 다른 문제는 동일한 먹거리 공급을 두고 경쟁하는 두 종들에 관한 것이다. 만약 시각 t에 살아 있는 종들의 수를 $x_1(t)$와 $x_2(t)$로 표시한다면, 비록 각 종의 출생률이 단순히 그 시각에 살아 있는 종들의 수에 비례한다고 하더라도 각 종의 사망률은 두 종들의 개체 수에 비례한다고 가정된다. 특별한 두 종의 개체 수가 다음 두 방정식에 의해서 기술된다고 가정할 것이다.

$$\frac{dx_1(t)}{dt} = x_1(t)[4 - 0.0003x_1(t) - 0.0004x_2(t)]$$

과

$$\frac{dx_2(t)}{dt} = x_2(t)[2 - 0.0002x_1(t) - 0.0001x_2(t)]$$

만약 각 종의 초기 개체 수가 10000이라고 가정해보자. $0 \le t \le 4$일 때, 이 시스템에 대한 해를 구하라. 이 개체 수 모델에 대한 안정된 해가 있는가? 그렇다면, x_1과 x_2의 값들에 대해서 해가 안정적인가?

5.8 강성미분방정식

초깃값 문제에 대한 해를 근사하기 위한 모든 방법들은 문제의 해에 대한 고차도함수가 관련되는 오차항들을 가진다. 만약 도함수에 대해 합리적으로 한계를 정할 수 있다면, 그 방법은 근사의 정확성을 추정하기 위해 사용할 수 있는 예측 가능한 오차한계를 가질 것이다. 비록 단계들이 증가함에 따라 도함수가 커진다 하더라도 해의 크기도 또한 커진다고 한다면, 그 오차는 상대적으로 제어할 수 있다. 그러나 문제들은 흔히 도함수의 크기는 증가하고 해는 증가하지 않는 곳에서 발생하는데 이 상황에서는 오차가 너무 크게 증대되어 그것이 계산을 망치게 된다. 이런 문제가 발생하기 쉬운 초깃값 문제를 강성 방정식이라 부른다.

강성미분방정식들의 정확한 해의 성격은 c가 큰 양의 상수이고, e^{-ct} 형태의 항을 가지는 것으로 규명된다. 이것은 다만 보통 해의 한 부분으로, 과도해(transient solution)라 부르고 해의 더욱 중요한 부분은 정상 상태 해(steady-state solution)라 부른다. 강성 방정식의 과도적인 부분은 t가 증가함에 따라 신속하게 0으로 감소할 것이지만, 이 항의 n차 도함수가 크기 $c^n e^{-ct}$를 가지기 때문에 도함수는 좀처럼 신속하게 사그러들지 않는다. 사실 오차항에 있는 그 도함수는 t가 아닌, 0과 t 사이에 있는 수에서 계산되기 때문에 도함수 항들은 t가 증가함에 따라 증가하는데 정말로 매우 급속하게 증가할 것이다. 다행히 강성 방정식들은 일반적으로 방정식이 유도되는 물리적 문제로부터 예측될 수 있고 조심하면 오차는 통제할 수 있다. 이 절에서는 오차를 제어하는 방식을 다룬다.

예제 5.8.1 초깃값 문제의 시스템

$$u_1' = 9u_1 + 24u_2 + 5\cos t - \frac{1}{3}\sin t, \qquad u_1(0) = \frac{4}{3}$$
$$u_2' = -24u_1 - 51u_2 - 9\cos t + \frac{1}{3}\sin t, \qquad u_2(0) = \frac{2}{3}$$

은 다음과 같은 유일한 해를 갖는다.

$$u_1(t) = 2e^{-3t} - e^{-39t} + \frac{1}{3}\cos t, \qquad u_2(t) = -e^{-3t} + 2e^{-39t} - \frac{1}{3}\cos t$$

해에 있는 과도항 e^{-39t} 때문에 이 문제가 강성 시스템이 된다. 시스템에 사차 Runge–Kutta 방법을 적용하면 [표 5.17]에 열거된 결과가 나온다. 이를 $h = 0.05$로 하여 정확한 근사를 구한다. 그러나 단계 크기를 $h = 0.1$로 증가하면 표에서 보듯이 결과가 엉망이 된다.

t	Exact $u_1(t)$	$w_1(t)$ $h=0.05$	$w_1(t)$ $h=0.1$	Exact $u_2(t)$	$w_2(t)$ $h=0.05$	$w_2(t)$ $h=0.1$
0.1	1.793061	1.712219	−2.645169	−1.032001	−0.8703152	7.844527
0.2	1.423901	1.414070	−18.45158	−0.8746809	−0.8550148	38.87631
0.3	1.131575	1.130523	−87.47221	−0.7249984	−0.7228910	176.4828
0.4	0.9094086	0.9092763	−934.0722	−0.6082141	−0.6079475	789.3540
0.5	0.7387877	0.7387506	−1760.016	−0.5156575	−0.5155810	3520.00
0.6	0.6057094	0.6056833	−7848.550	−0.4404108	−0.4403558	15697.84
0.7	0.4998603	0.4998361	−34989.63	−0.3774038	−0.3773558	69979.87
0.8	0.4136714	0.4136490	−155979.4	−0.3229535	−0.3229078	311959.5
0.9	0.3416143	0.3415939	−695332.0	−0.2744088	−0.2744088	1390664.
1.0	0.2796748	0.2796568	−3099671.	−0.2298877	−0.2298511	6199352.

표 5.17

비록 강성(stiffness)이 보통 미분방정식들의 시스템과 연관된다 하더라도 강성 시스템에 적용된 특별한 수치해법의 근사 특성은 그 방법을 단순한 시험방정식

$$y(0) = \alpha\text{인}, \quad y' = \lambda y$$

에 적용하여 생산된 오차를 점검함으로써 예측할 수 있는데, 여기서 λ는 음의 실수이다. 이 방정식에 대한 해는 과도해 $e^{\lambda t}$를 가지며, 정상 상태 해는 0이므로 방법의 근사 특성을 쉽게 결정할 수 있다 (강성 시스템들과 연관된 반올림오차를 더욱 완전하게 논의하기 위해서는 λ 가 음의 허수부를 가지는 복소수가 되는 시험방정식에 대해 점검해야 한다)

단일 단계법(One-Step Method)

다음과 같은 시험방정식에 Euler 방법을 적용한다고 가정하자. $i = 0, 1, 2, \ldots, N$에 대해서 $h = (b-a)/N$이고 $t_j = jh$라 하면

$$w_0 = \alpha$$

그리고

$$w_{j+1} = w_j + h(\lambda w_j) = (1 + h\lambda) w_j$$

따라서

$$j = 0, 1, \ldots, N-1\text{에 대해서}, \quad w_{j+1} = (1+h\lambda)^{j+1} w_0 = (1+h\lambda)^{j+1}\alpha \tag{5.5}$$

임을 의미한다. 정확한 해가 $y(t) = \alpha e^{\lambda t}$이므로, 절대오차는

$$|y(t_j) = w_j| = |e^{jh\lambda} - (1+h\lambda)^j||\alpha| = |(e^{h\lambda})^j - (1+h\lambda)^j||\alpha|$$

이고, 정확성은 $1 + h = \lambda$ 항이 얼마나 $e^{h\lambda}$를 잘 근사하는가에 의해 결정된다. $\lambda < 0$일 때, 정확한 해 $(e^{h\lambda})^j$는 j가 증가함에 따라 0으로 감쇄되지만, 식 (5.5)에 의해서 근사는 단지 만약 $|1 + h\lambda| < 1$일 때에만 이 특성을 가질 것이다. 이것을 Euler 방법에 대한 초기 조건에 반올림오차 δ_0가 포함되었다고 가정하자.

$$w_0 = \alpha + \delta_0$$

j번째 단계에서 반올림오차는

$$\delta_j = (1 + h\lambda)^j \delta_0$$

만약 $\lambda < 0$이면, 반올림오차가 커지는 것을 제어하기 위한 조건은 절대오차를 제어하기 위한 다음의 조건과 같다.

$$h < 2/|\lambda|$$

예제 5.8.2 해 $y = \frac{1}{3}e^{-30t}$를 갖는 미분방정식

$$y' = -30y, \qquad 0 \le t \le 1.5, \qquad y(0) = \frac{1}{3}$$

을 테스트하라. $t = 1.5$ 일 때 $h = 0.1$을 사용하여 얻은 Euler 방법, 사차 Runge–Kutta 방법, Adams 수정 예측자 방법의 결과가 [표 5.18]에 주어져 있다.

Exact solution	9.54173×10^{-21}
Euler's method	-1.09225×10^{4}
Runge–Kutta method	3.95730×10^{1}
Predictor-Corrector method	8.03840×10^{5}

표 5.18

이러한 상황은 다른 단단계 방법들과 유사하다. 일반적으로 시험방정식에 적용될 때, 차분 방법

$$w_{j+1} = Q(h\lambda)w_j$$

를 주는 특성을 가지는 함수 Q가 존재한다. 이 방법의 정확성은 $Q(h\lambda)$가 얼마나 $e^{h\lambda}$를 잘 근사하는가에 달려 있고, $|Q(h\lambda)| > 1$이면 오차는 한없이 증가할 것이다.

다단계 방법(Multistep Methods)

방법이 언제 안정적이 될지를 결정하는 문제는 다단계 방법들의 경우에 더욱 복잡한데, 각 단계마다 앞 단계에서 구한 근사들의 상호 작용에 기인하기 때문이다. 명시적 다단계 방법들은 예측자-수정자 방법들에서처럼 안정성 문제를 가지는 경향이 있는데 이는 명시적 기법들과 연관되어 있기 때문이다. 강성 시스템들에 대해 사용하는 기법들은 함축적 다단계 방법들이다. 일반적으로 w_{i+1}은 반복적으로 비선형방정식 또는 비선형시스템을 주로 뉴턴 방법으로 풀어서 구한다. 절차를 설명하기 위해서 다음 함축적 기법을 고려하자.

정리 5.8.3 **[함축적 사다리꼴 방법 (Implicit Trapezoidal Method)]**

$i = 0, 1, \ldots, N-1$일 때,

$$\begin{aligned} w_0 &= \alpha \\ w_{j+1} &= w_j + \frac{h}{2}[f(t_{j+1}, w_{j+1}) + f(t_j, w_j)] \end{aligned}$$

이 기법을 사용해서 w_1을 결정하려면 Newton 방법으로 방정식

$$0 = F(w) = w - w_0 - \frac{h}{2}[f(t_0, w_0) + f(t_1, w)] = w - \alpha - \frac{h}{2}[f(a, \alpha) + f(t_1, w)]$$

의 근을 구한다. 이 해를 근사하기 위해서는 $w_1^{(0)}$(보통 w_0)를 선택하고 Newton 방법을 적용한 후, $|w_1^{(k)} - w_1^{(k-1)}|$이 충분히 작을 때까지

$$w_1^{(k)} = w_1^{(k-1)} - \frac{F\left(w_1^{(k-1)}\right)}{F'\left(w_1^{(k-1)}\right)} = w_1^{(k-1)} - \frac{w_1^{(k-1)} - \alpha - \frac{h}{2}\left[f(a, \alpha) + f\left(t_1, w_1^{(k-1)}\right)\right]}{1 - \frac{h}{2}f_y\left(t_1, w_1^{(k-1)}\right)}$$

를 구하여 $w_1^{(k)}$를 얻는다. 보통 세 번 또는 네 번만 반복하면 된다. w_1에 대한 만족스러운 근사를 결정하고 나면 같은 방법을 반복해서 w_2 등을 구한다. TRANPNT58에는 이 기법을 구현하는 절차가 통합되어 있다.

할선법을 Newton 방법의 대안으로 사용할 수 있지만 그때에는 w_{i+1}에 대한 두 개의 서로 다른 초기 근사가 요구된다. 이것들을 결정하기 위해서 보통 $w_{j+1}^{(0)} = w_j$로 두고 명시적 다단계 방법으로 $w_{j+1}^{(1)}$을 구한다. 연립강성

방정식들을 풀어야 할 때에는 Newton 방법이나 할선법을 일반화하여 사용해야 한다. 이 주제에 대해서는 10장에서 다룬다.

예제 5.8.4 강성 초깃값 문제

$$y(0) = -1\text{이고},\ \ 0 \le t \le 1\text{에 대해서},\ \ y' = 5e^{5t}(y-t)^2 + 1$$

는 해 $y(t) = t - e^{-5t}$를 가진다. 강성의 효과들을 보여주기 위해 사다리꼴 방법과 사차 Runge–Kutta 방법 둘 다에 대해서 $h = 0.25$일 때 $N = 4$를 $h = 0.2$일 때 $N = 5$를 적용한다.

사다리꼴 방법은 [표 5.19]에서 보는 바와 같이 $h = 0.2$에 대해 Runge–Kutta가 하는 것처럼 $M = 10$과 $TOL = 10^{-6}$을 사용했을 때 두 경우 모두에서 제대로 된 결과를 보여준다.

	Runge–Kutta	Method ($h = 0.2$)	Trapezoidal	Method ($h = 0.2$)
t_i	w_i	$\lvert y(t_i) - w_i \rvert$	w_i	$\lvert y(t_i) - w_i \rvert$
0.0	-1.0000000	0	-1.0000000	0
0.2	-0.1488521	1.9027×10^{-2}	-0.1414969	2.6383×10^{-2}
0.4	0.2684884	3.8237×10^{-3}	0.2748614	1.0197×10^{-2}
0.6	0.5519927	1.7798×10^{-3}	0.5539828	3.7700×10^{-3}
0.7	0.7822857	6.0131×10^{-4}	0.7830720	1.3876×10^{-3}
1.0	0.9934905	2.2845×10^{-4}	0.9937726	5.1050×10^{-4}

표 5.19

그러나 $h = 0.25$에 대해서 Runge–Kutta 방법은 [표 5.20]에서 보는 바와 같이 부정확한 결과를 주는 것을 볼 수 있다.

	Runge–Kutta	Method ($h = 0.25$)	Trapezoidal	Method ($h = 0.25$)
t_i	w_i	$\lvert y(t_i) - w_i \rvert$	w_i	$\lvert y(t_i) - w_i \rvert$
0.0	-1.0000000	0	-1.0000000	0
0.25	0.4014315	4.37936×10^{-1}	0.0054557	4.1961×10^{-2}
0.5	3.4374753	3.01956	0.4267572	8.8422×10^{-3}
0.75	1.44639×10^{23}	1.44639×10^{23}	0.7291528	2.6706×10^{-3}
1.0	Overflow		0.9940199	7.5790×10^{-4}

표 5.20

MATLAB은 강성 시스템을 풀기 위한 특별한 함수를 가지고 있다. 이 절의 시작에서 보였던 예처럼 강성 시스템을 풀기 위해서 `ode15s`를 사용한다.

$$u_1' = 9u_1 + 24u_2 + 5\cos t - \frac{1}{3}\sin t, \qquad u_1(0) = \frac{4}{3},$$
$$u_2' = -24u_1 - 51u_2 - 9\cos t + \frac{1}{3}\sin t, \qquad u_2(0) = \frac{2}{3}$$

우리는 먼저 시스템의 우변을 `F1.m`이라는 M-file을 생성하여 정의한다.

```
function dy = F1(t,y)
dy = zeros(2,1);
dy(1) = 9*y(1)+24*y(2)+5*cos(t)-sin(t)/3;
dy(2) = -24*y(1)-51*y(2)-9*cos(t)+sin(t)/3;
```

그리고 `F1.m`을 MATLAB에 다음과 같이 입력한다.

```
F3 = @F1
```

초깃값 $u_1(0) = 4/3$와 $u_2(0) = 2/3$은 다음과 같이 정의한다.

```
y10 = 4/3, y20 = 2/3
```

그리고 근사하고 싶은 t값들을 다음과 같이 정의한다.

```
tspan = [0 0.1 0.2 0.3 0.4 0.5 0.6 0.7 0.8 0.9 1.0]
```

MATLAB은 다음의 명령어를 통해 t값은 T 정렬에, YY의 첫 번째 열에는 $u_1(t)$값을, 두 번째 열에는 $u_2(t)$값을 출력한다.

```
[T,YY]=ode15s(F3,tspan,[y10 y20])
```

$$T = \begin{bmatrix} 0 \\ 0.100000000000000 \\ 0.200000000000000 \\ 0.300000000000000 \\ 0.400000000000000 \\ 0.500000000000000 \\ 0.600000000000000 \\ 0.700000000000000 \\ 0.800000000000000 \\ 0.900000000000000 \\ 1.000000000000000 \end{bmatrix}, \quad YY = \begin{bmatrix} 1.333333333333333 & 0.666666666666667 \\ 1.792822173096780 & -1.031510588260698 \\ 1.423841705229490 & -0.874543162822479 \\ 1.131606544984823 & -0.725026524390037 \\ 0.909737405881405 & -0.608356645400698 \\ 0.739488715596804 & -0.515984454184929 \\ 0.606600245598731 & -0.440862764215503 \\ 0.500693300085545 & -0.377829713594847 \\ 0.414374560936528 & -0.323304488389232 \\ 0.342214086384561 & -0.274706988032098 \\ 0.280123638387467 & -0.230112384428887 \end{bmatrix}$$

5.8 연습문제

1. Euler 방법을 사용해서 다음 강성 초깃값 문제를 풀고 결과들을 실제 해와 비교하라.

   a. $y(0) = e,\ h = 0.1$일 때 $0 \le t \le 1$에 대해서 $y' = -9y$
   실제 해 $y(t) = e^{1-9t}$.

   b. $y(0) = \dfrac{1}{3},\ h = 0.1$일 때 $0 \le t \le 1$에 대해서 $y' = -20(y - t^2) + 2t;$
   실제 해 $y(t) = t^2 + \dfrac{1}{3}e^{-20t}$.

   c. $y(0) = 1,\ h = 0.25$일 때 $0 \le t \le 2$에 대해서 $y' = -20y + 20\sin t + \cos t;$
   실제 해 $y(t) = \sin t + e^{-20t}$.

   d. $y(0) = \sqrt{2},\ h = 0.1$일 때 $0 \le t \le 1$에 대해서 $y' = (50/y) - 50y;$
   실제 해 $y(t) = (1 + e^{-100t})^{1/2}$.

2. Admams 사차 예측자-수정자 방법으로 연습문제 1을 반복하라.

3. 공차 10^{-5}의 사다리꼴 방법으로 연습문제 1을 반복하라.

4. 후향 Euler 1단계 방법이

$$i = 0, 1, \ldots, N-1 \text{ 에 대해서 } \quad w_{i+1} = w_i + hf(t_{i+1}, w_{i+1})$$

   으로 정의된다. Newton 방법을 통합한 후향 Euler 방법을 통해 연습문제 1을 반복해서 w_{i+1}를 구하라.

5. 다음 미분방정식

$$\frac{dp(t)}{dt} = rb(1 - p(t))$$

   는 출생률이 b인 사회에서의 비국교도들의 비율 $p(t)$를 연구하기 위한 모델로 만들어진 것인데, 여기서 r은 적어도 그 부모 중의 한 명이 국교도일 때 그 자손이 비국교도가 될 비율을 나타낸다. $p(0) = 0.01$, $b = 0.02$, $r = 0.1$이 주어졌을 때 t의 적분값들에 대해 Euler 방법을 사용해서 $p(t)$에 대한 근사를 구한 후, $p(50)$에 대한 근사를 실젯값과 비교하라. 또한, 사다리꼴 방법을 사용해서 $p(50)$에 대한 다른 근사를 구하는데, $h = 1$년으로 가정한다.

제 6 장

선형연립방정식의 해를 구하기 위한 직접해법

6.1 개요

연립방정식은 다양한 성질이 상호 작용하는 물리 문제를 표현하는 데에 사용된다. 연립방정식의 각 변수는 연구 대상인 성질을 나타내고, 방정식은 변수들 간의 상호 작용을 기술한다. 모든 방정식이 선형인 경우가 가장 다루기 쉽다. 보통 변수의 개수는 방정식의 개수와 같은데, 그 이유는 이 경우에만 유일한 해가 존재할 수 있기 때문이다.

모든 물리 문제가 미지수의 개수와 같은 수의 선형연립방정식으로 표현될 수는 없지만, 많은 문제의 해는 이런 형태를 가지고 있거나 이런 연립방정식으로 근사시킬 수 있다. 실제로 이 방법만이 물리 문제에 대한 정량적인 정보를 얻는 유일한 방법인 경우가 많다.

이 장에서는 n 개의 미지수를 갖는 n 개의 선형연립방정식으로 된 연립방정식의 근사해를 구하는 직접적인 방법(direct method)에 대해 살펴보기로 하자. 직접적인 방법은 연립방정식의 정확해를 구하는 방법 중 한 가지이며, 모든 계산이 반올림오차의 영향 없이 수행됐을 때 정확한 해가 구해지는 방법을 말한다. 하지만 일반적으로 반올림오차를 피할 수 없기 때문에 연립방정식의 근사해를 구하는 데 있어서 한정된 자릿수에 의한 오차를 주의 깊게 살펴봐야 하며 이 오차가 최소화되도록 계산해야 한다.

6.2 가우스 소거법

선형대수나 행렬 이론을 배운 적이 있는 학생은 선형연립방정식의 해를 체계적으로 구하는 가장 기초적인 방법인 가우스 소거법을 알고 있을 것이다. 가우스 소거법에서 첫 번째 방정식은 하나의 변수만을 가지고 있으며, 두 번째 방정식은 이 변수와 다른 변수 하나를 더 가지고 있고, 세 번째 방정식은 이 두 변수와 다른 변수 하나를 더 가지고 있는 등의 방식으로 여러 개의 방정식에서 변수들을 소거해 나간다. 그런 다음, 첫 번째 방정식에서 하나의 변수에 대한 해를 구하고, 그 해를 이용해 두 번째 방정식이 하나의 변수만 갖도록 바꾸어서 두 번째 변수에 대한 해를 구한다. 이런 방식으로 모든 변수의 값을 구하게 된다. 연립방정식 $E_1, E_2, \ldots, E_n$ 에는 세 가지 연산이 허용된다.

정리 6.2.1 **[연립방정식에 적용되는 연산 (Operations on Systems of Equations)]**

- 방정식 E_i에 0이 아닌 상수 λ를 곱한 식을 E_i 대신 사용할 수 있다. 이 연산을 $(\lambda E_i) \to (E_i)$로 표기한다.
- 방정식 E_j에 임의의 상수 λ를 곱하고, 방정식 E_i와 더해서 나온 결과를 E_i 대신 사용할 수 있다. 이 연산을 $(E_i + \lambda E_j) \to (E_i)$로 표기한다.
- 방정식 (E_i)와 (E_j)의 위치를 서로 바꿀 수 있다. 이 연산을 $(E_i) \leftrightarrow (E_j)$로 표기한다.

이 연산들을 적절히 사용하여 주어진 선형연립방정식의 해를 보다 쉽게 구할 수 있으며 같은 해를 갖는 선형연립방정식으로 변환시킬 수 있다. 다음 예제에서 연산 적용의 예를 살펴보기로 하자.

예제 6.2.2 네 개의 방정식

$$\begin{aligned}
E_1 &: \; x_1 + x_2 + 3x_4 = 4 \\
E_2 &: \; 2x_1 + x_2 - x_3 + x_4 = 1 \\
E_3 &: \; 3x_1 - x_2 - x_3 + 2x_4 = -3 \\
E_4 &: \; -x_1 + 2x_2 + 3x_3 - x_4 = 4
\end{aligned} \tag{6.1}$$

을 $x_1,\ x_2,\ x_3,\ x_4$에 대하여 풀어 보자. E_1을 이용하여 $(E_2 - 2E_1) \to (E_2)$, $(E_3 - 3E_1) \to (E_3)$, $(E_4 + E_1) \to (E_4)$를 수행함으로써 $E_2,\ E_3,\ E_4$에 있는 미지수 x_1을 소거한다. 이 결과로

$$\begin{aligned}
E_1 &: \; x_1 + x_2 + 3x_4 = 4 \\
E_2 &: \; -x_2 - x_3 - 5x_4 = -7 \\
E_3 &: \; -4x_2 - x_3 - 7x_4 = -15 \\
E_4 &: \; 3x_2 + 3x_3 + 2x_4 = 8
\end{aligned}$$

를 얻는다. 간단하게 나타내기 위해서 새로 만들어진 방정식에 다시 $E_1,\ E_2,\ E_3,\ E_4$ 표기를 사용하였다.

새로 얻은 연립방정식에서 E_2를 사용하여 $(E_3 - 4E_2) \to (E_3)$, $(E_4 + 3E_2) \to (E_4)$를 수행함으로써 $E_3,\ E_4$에 있는 x_2를 소거하면

$$\begin{aligned}
E_1 &: \; x_1 + x_2 + 3x_4 = 4 \\
E_2 &: \; -x_2 - x_3 - 5x_4 = -7 \\
E_3 &: \; 3x_3 + 13x_4 = 13 \\
E_4 &: \; -13x_4 = -13
\end{aligned} \tag{6.2}$$

를 얻는다. 마지막으로 얻은 연립방정식은 삼각형 모양을 가지고 있는데, 후치 대입법(backward substitution)을 사용하면 미지수들의 값을 구할 수 있다. E_4 방정식으로부터 $x_4 = 1$이 되므로, E_3를 x_3에 대하여 풀면

$$x_3 = \frac{1}{3}(13 - 13x_4) = \frac{1}{3}(13 - 13) = 0$$

이 된다. 같은 방법을 계속 적용하면, E_2로부터

$$x_2 = -(-7 + 5x_4 + x_3) = -(-7 + 5 + 0) = 2$$

를 얻고, E_1로부터

$$x_1 = 4 - 3x_4 - x_2 = 4 - 3 - 2 = -1$$

을 얻는다. 따라서 해는 $x_1 = -1,\ x_2 = 2,\ x_3 = 0,\ x_4 = 1$이 된다. 이 값들은 원래의 방정식들을 만족시킴을 쉽게 증명할 수 있다.

행렬과 벡터 (Matrices and Vectors)

[예제 6.2.2]의 계산을 수행할 때, 각 단계에서 모든 방정식을 완전한 형태로 쓸 필요는 없다. 즉, 각 변수는 언제나 같은 열에 머물러 있기 때문에 변수 x_1, x_2, x_3, x_4를 쓸 필요는 없다. 각 단계에서의 연립방정식은 미지수인 변수의 계수와 방정식 우변의 값만이 다를 뿐이다. 이런 이유로, 선형연립방정식은 행렬(matrix)로도 표현된다. 행렬은 이차원 배열을 말하는데, 행렬에서는 원소의 값뿐만 아니라 원소의 위치도 중요한 의미를 갖는다. 행렬은 연립방정식의 해를 구하는 데에 필요한 모든 정보를 간결한 형태로 가지고 있다.

$n \times m$ 행렬은 A처럼 영문 대문자로 표기하고, i행 j열의 원소는 a_{ij}처럼 영문 소문자에 이중 첨자를 사용하여 표기한다. 다음은 행렬 표기의 예이다.

$$A = [a_{ij}] = \begin{bmatrix} a_{11} & a_{12} & \cdots & a_{1m} \\ a_{21} & a_{22} & \cdots & a_{2m} \\ \vdots & \vdots & \ddots & \vdots \\ a_{n1} & a_{n2} & \cdots & a_{nm} \end{bmatrix}$$

예제 6.2.3 다음 행렬의 크기 및 각 원소를 확인하라.

$$A = \begin{bmatrix} 2 & -1 & 7 \\ 3 & 1 & 0 \end{bmatrix}$$

풀이 행렬 A는 원소 $a_{11} = 2$, $a_{12} = -1$, $a_{13} = 7$, $a_{21} = 3$, $a_{22} = 1$, $a_{23} = 0$를 갖는 2×3 행렬이다. ■

$1 \times n$ 행렬 $A = [a_{11} \ \ a_{12} \ \ \cdots \ \ a_{1n}]$은 n차원 행 벡터(row vector)라고 하고 $n \times 1$ 행렬

$$A = \begin{bmatrix} a_{11} \\ a_{21} \\ \vdots \\ a_{n1} \end{bmatrix}$$

은 n차원 열 벡터(column vector)라고 한다. 벡터에서는 보통 불필요한 첨자는 생략되고, 진하게 쓴 영문 소문자로 표기한다. 따라서,

$$\mathbf{x} = \begin{bmatrix} x_1 \\ x_2 \\ \vdots \\ x_n \end{bmatrix}$$

은 열 벡터를 나타내고, $\mathbf{y} = [y_1 \ \ y_2 \ \ \cdots \ \ y_n]$은 행 벡터를 나타낸다.

n개의 미지수 x_1, x_2, $\ldots$, x_n를 가지고 있는 n개의 식으로 되어 있는 선형연립방정식은 다음과 같은 형태를 가지고 있다.

$$\begin{gathered} a_{11}x_1 + a_{12}x_2 + \cdots + a_{1n}x_n = b_1 \\ a_{21}x_1 + a_{22}x_2 + \cdots + a_{2n}x_n = b_2 \\ \vdots \\ a_{n1}x_1 + a_{n2}x_2 + \cdots + a_{nn}x_n = b_n \end{gathered}$$

이 선형연립방정식은 먼저 행렬 A와 벡터 b

$$A = [a_{ij}] = \begin{bmatrix} a_{11} & a_{12} & \cdots & a_{1n} \\ a_{21} & a_{22} & \cdots & a_{2n} \\ \vdots & \vdots & \ddots & \vdots \\ a_{n1} & a_{n2} & \cdots & a_{nn} \end{bmatrix}, \quad \mathbf{b} = \begin{bmatrix} b_1 \\ b_2 \\ \vdots \\ b_n \end{bmatrix}$$

을 만든 다음, 이 두 행렬을 결합하여 $n \times (n+1)$ 확대 행렬(augmented matrix)

$$[A, \mathbf{b}] = \begin{bmatrix} a_{11} & a_{12} & \cdots & a_{1n} & \vdots & b_1 \\ a_{21} & a_{22} & \cdots & a_{2n} & \vdots & b_2 \\ \vdots & \vdots & \ddots & \vdots & \vdots & \vdots \\ a_{n1} & a_{n2} & \cdots & a_{nn} & \vdots & b_n \end{bmatrix}$$

로 표기할 수 있다. 이 확대행렬에서 미지수의 계수와 방정식 우변의 값은 수직의 점선으로 분리되어 있다. [예제 6.2.2]에서 사용된 연산을 행렬로 표기된 연립방정식에 적용하려면 먼저 확대행렬

$$\begin{bmatrix} 1 & 1 & 0 & 3 & \vdots & 4 \\ 2 & 1 & -1 & 1 & \vdots & 1 \\ 3 & -1 & -1 & 2 & \vdots & -3 \\ -1 & 2 & 3 & -1 & \vdots & 4 \end{bmatrix}$$

를 만들어야 한다. 이 확대행렬에 대하여 예제에서 사용된 연산을 적용하면, 행렬

$$\begin{bmatrix} 1 & 1 & 0 & 3 & \vdots & 4 \\ 0 & -1 & -1 & -5 & \vdots & -7 \\ 0 & -4 & -1 & -7 & \vdots & -15 \\ 0 & 3 & 3 & 2 & \vdots & 8 \end{bmatrix} \text{이고, 따라서} \begin{bmatrix} 1 & 1 & 0 & 3 & \vdots & 4 \\ 0 & -1 & -1 & -5 & \vdots & -7 \\ 0 & 0 & 3 & 13 & \vdots & 13 \\ 0 & 0 & 0 & -13 & \vdots & -13 \end{bmatrix}.$$

위의 오른쪽 행렬은 이 행렬이 나타내는 선형연립방정식으로 변환될 수 있으며, x_1, x_2, x_3, x_4에 대한 해가 구해진다. 이 과정에서 사용된 절차를 후치 대입 가우스 소거법(Gaussian elimination with backward substitution)이라고 한다.

선형연립방정식

$$\begin{aligned} E_1: \quad & a_{11}x_1 + a_{12}x_2 + \cdots + a_{1n}x_n = b_1 \\ E_2: \quad & a_{21}x_1 + a_{22}x_2 + \cdots + a_{2n}x_n = b_2 \\ & \vdots \\ E_n: \quad & a_{n1}x_1 + a_{n2}x_2 + \cdots + a_{nn}x_n = b_n \end{aligned}$$

에 대한 일반적인 가우스 소거 절차도 마찬가지 방법으로 다루어진다. 먼저, 확대행렬

$$\tilde{A} = [A, \mathbf{b}] = \begin{bmatrix} a_{11} & a_{12} & \cdots & a_{1n} & \vdots & a_{1,n+1} \\ a_{21} & a_{22} & \cdots & a_{2n} & \vdots & a_{2,n+1} \\ \vdots & \vdots & \ddots & \vdots & \vdots & \vdots \\ a_{n1} & a_{n2} & \cdots & a_{nn} & \vdots & a_{n,n+1} \end{bmatrix}$$

을 만든다. 여기서 A는 계수에 의해 형성된 행렬을 표시하고, $(n+1)$번째 열의 원소들은 $\mathbf{b}$의 값들을 나타낸다. 즉, 각 $i=1,\ 2,\ \ldots,\ n$에 대하여 $a_{i,n+1}=b_i$이다.

a_{11}이 0이 아니라고 가정해보자. 첫 번째 열의 a_{11} 아래에 있는 원소들을 0으로 변환시키기 위해 $k=2,\ 3,\ \ldots,\ n$에 대하여 적절한 승수 m_{k1}을 사용하여 $(E_k-m_{k1}E_1)\to(E_k)$ 연산을 수행한다. 먼저 이 열의 대각 원소인 a_{11}을 피벗 원소로 정한다. k번째 행에 대한 승수는 $m_{k1}=a_{k1}/a_{11}$으로 정의된다. $k=2,\ 3,\ \ldots,\ n$에 대하여 $(E_k-m_{k1}E_1)\to(E_k)$ 연산을 수행하면 각 행에 있는 x_1의 계수가 소거된다. 즉, 0으로 변환되어 다음과 같은 행렬을 얻는다.

$$\begin{bmatrix} a_{11} & a_{12} & \cdots & a_{1n} & \vdots & b_1 \\ a_{21} & a_{22} & \cdots & a_{2n} & \vdots & b_2 \\ \vdots & \vdots & \ddots & \vdots & \vdots & \vdots \\ a_{n1} & a_{n2} & \cdots & a_{nn} & \vdots & b_n \end{bmatrix} \begin{matrix} E_2-m_{21}E_1\to E_2 \\ E_3-m_{31}E_1\to E_3 \\ \vdots \\ E_n-m_{n1}E_1\to E_n \end{matrix} \begin{bmatrix} a_{11} & a_{12} & \cdots & a_{1n} & \vdots & b_1 \\ 0 & a_{22} & \cdots & a_{2n} & \vdots & b_2 \\ \vdots & \vdots & \ddots & \vdots & \vdots & \vdots \\ 0 & a_{n2} & \cdots & a_{nn} & \vdots & b_n \end{bmatrix}$$

$2,\ 3,\ \ldots,\ n$번째 행의 항목들이 변하지만, 표기의 편의상 i행 j열의 항목을 같은 기호 a_{ij}로 표기하기로 한다. 피벗 원소 a_{22}가 0이 아니면, 승수 $m_{k2}=a_{k2}/a_{22}$를 만들고 $k=3,\ \ldots,\ n$에 대하여 $(E_k-m_{k2}E_2)\to E_k$를 수행하여 다음 행렬을 얻는다.

$$\begin{bmatrix} a_{11} & a_{12} & \cdots & a_{1n} & \vdots & b_1 \\ 0 & a_{22} & \cdots & a_{2n} & \vdots & b_2 \\ \vdots & \vdots & \ddots & \vdots & \vdots & \vdots \\ 0 & a_{n2} & \cdots & a_{nn} & \vdots & b_n \end{bmatrix} \begin{matrix} E_3-m_{32}E_2\to E_3 \\ \vdots \\ E_n-m_{n2}E_2\to E_n \end{matrix} \begin{bmatrix} a_{11} & a_{12} & \cdots & a_{1n} & \vdots & b_1 \\ 0 & a_{22} & \cdots & a_{2n} & \vdots & b_2 \\ \vdots & \vdots & \ddots & \vdots & \vdots & \vdots \\ 0 & 0 & \cdots & a_{nn} & \vdots & b_n \end{bmatrix}$$

그 다음, 행 $i=3,\ \ldots,\ n-1$에 대하여 이런 절차를 차례로 적용한다. 피벗 원소 a_{ij}가 0이 아니라는 조건 아래 승수를 $m_{ki}=a_{ki}/a_{ii}$로 정의하고 각 $k=i+1,\ i+2,\ \ldots,\ n$에 대하여

$$(E_k-m_{ki}E_i)\to(E_k)$$

연산을 수행한다. 이렇게 하면 $i=1,\ 2,\ \ldots,\ n-1$의 각 행 i행 아래의 x_i가 소거된다. 이 결과

$$\tilde{\tilde{A}}=\begin{bmatrix} a_{11} & a_{12} & \cdots & a_{1n} & \vdots & a_{1,n+1} \\ 0 & a_{22} & \cdots & a_{2n} & \vdots & a_{2,n+1} \\ \vdots & \ddots & \ddots & \vdots & \vdots & \vdots \\ 0 & \cdots & 0 & a_{nn} & \vdots & a_{n,n+1} \end{bmatrix}$$

형태의 행렬이 얻어진다. 이 행렬에서는 첫 번째 행을 제외한 모든 행의 계수는 $\tilde{A}$ 행렬의 계수와 일치하지 않게 된다. 이 행렬 $\tilde{\tilde{A}}$는 원래의 연립방정식과 같은 해를 갖는 선형 연립방정식을 나타낸다. 새로운 선형연립방정식은 아래와 같이 삼각형 모양을 가지고 있다.

$$\begin{aligned} a_{11}x_1+a_{12}x_2+\cdots+a_{1n}x_n &= a_{1,n+1} \\ a_{22}x_2+\cdots+a_{2n}x_n &= a_{2,n+1} \\ \ddots \quad \vdots \qquad & \quad \vdots \\ a_{nn}x_n &= a_{n,n+1} \end{aligned}$$

따라서, 후치 대입을 할 수 있다. n번째 방정식을 x_n에 대하여 풀면

$$x_n = \frac{a_{n,n+1}}{a_{nn}}$$

이 된다. 다음 이 x_n의 값을 사용하여 $n-1$번째 방정식을 x_{n-1}에 대하여 풀면

$$x_{n-1} = \frac{a_{n-1,n+1} - a_{n-1,n}x_n}{a_{n-1,n-1}}$$

이 된다. 이 과정을 계속하면, 각 $i = n-1, n-2, \ldots, 2, 1$에 대하여

$$x_i = \frac{a_{i,n+1} - (a_{i,i+1}x_{i+1} + \cdots + a_{i,n}x_n)}{a_{ii}} = \frac{a_{i,n+1} - \sum_{j=i+1}^{n} a_{ij}x_j}{a_{ii}}$$

를 얻는다.

이 방법은 i번째 단계에서 피벗 원소 a_{ii}가 0이면 적용할 수가 없게 된다. 그 이유는 승수 $m_{ki} = a_{ki}/a_{ii}$를 정의할 수 없게 되거나 (이는 어떤 $i < n$에 대하여 $a_{ii} = 0$이면 발생함), 후치 대입을 할 수 없기 때문이다. $(a_{nn} = 0)$ 그러나 이 경우 해가 반드시 없다는 것을 의미하지 않는 않으므로 해를 찾는 방법을 수정하여야 한다. 다음 예제에 이런 경우가 설명되어 있다.

예제 6.2.4 다음의 선형연립방정식

$$\begin{aligned}
E_1 &: \; x_1 - x_2 + 2x_3 + x_4 = -8 \\
E_2 &: \; 2x_1 - 2x_2 + 3x_3 - 3x_4 = -20 \\
E_3 &: \; x_1 + x_2 + x_3 = -2 \\
E_4 &: \; x_1 - x_2 + 4x_3 + 3x_4 = 4
\end{aligned}$$

를 살펴보자. 확대행렬과 가우스 소거법을 사용하여 해를 구하라.

풀이 이 연립방정식에 대한 확대행렬은

$$\begin{bmatrix} 1 & -1 & 2 & -1 & \vdots & -8 \\ 2 & -2 & 3 & -3 & \vdots & -20 \\ 1 & 1 & 1 & 0 & \vdots & -2 \\ 1 & -1 & 4 & 3 & \vdots & 4 \end{bmatrix}$$

이다. 이 확대행렬에

$$(E_2 - 2E_1) \to (E_2), \;\; (E_3 - E_1) \to (E_3), \;\; (E_4 - E_1) \to (E_4)$$

연산을 적용하면

$$\begin{bmatrix} 1 & -1 & 2 & -1 & \vdots & -8 \\ 0 & 0 & -1 & -1 & \vdots & -4 \\ 0 & 2 & -1 & 1 & \vdots & 6 \\ 0 & 0 & 2 & 4 & \vdots & 12 \end{bmatrix}$$

을 얻는다. 이 행렬의 a_{22} 원소가 0이므로, 이 형태로는 위의 절차를 계속할 수 없다. 그러나 $(E_i) \leftrightarrow (E_p)$ 연산이 허용되므로, a_{32}, a_{42} 원소를 순서대로 0이 아닌지를 검사한다. $a_{32} \neq$이므로, $(E_2) \leftrightarrow (E_3)$ 연산을 수행하여 새 행렬

$$\left[\begin{array}{cccc:c} 1 & -1 & 2 & -1 & -8 \\ 0 & 2 & -1 & 1 & 6 \\ 0 & 0 & -1 & -1 & -4 \\ 0 & 0 & 2 & 4 & 12 \end{array}\right]$$

을 얻는다. 변수 x_2 가 이미 E_3, E_4 에서 소거되었으므로, $(E_4 + 2E_3) \to (E_4)$ 연산을 적용하여

$$\left[\begin{array}{cccc:c} 1 & -1 & 2 & -1 & -8 \\ 0 & 2 & -1 & 1 & 6 \\ 0 & 0 & -1 & -1 & -4 \\ 0 & 0 & 0 & 2 & 4 \end{array}\right]$$

을 얻는다. 마지막으로, 후치 대입을 적용하여 다음 결과를 얻는다.

$$\begin{aligned} x_4 &= \frac{4}{2} = 2, \quad x_3 = \frac{[-4 - (-1)x_4]}{-1} = 2 \\ x_2 &= \frac{[6 - (-1)x_3 + x_4)]}{2} = 3, \quad x_1 = \frac{[-8 - (-1)x_2 + 2x_3 + (-1)x_4)]}{1} = -7. \end{aligned}$$

■

MATLAB를 이용하여 AA라 불리는 초기 확대행렬을 정의하기 위해서 행렬을 행별로 입력한다. 각 행의 원소들 사이에는 공간을 두고 AA의 행들 사이에는 세미콜론을 통해 분리한다. 그러므로 [예제 6.2.4]의 행렬은

```
AA = [1 -1 2 -1 -8; 2 -2 3 -3 -20; 1 1 1 0 -2; 1 -1 4 3 4]
```

와 같이 입력하고 이에 대한 출력은

$$AA = \begin{bmatrix} 1 & -1 & 2 & -1 & -8 \\ 2 & -2 & 3 & -3 & -20 \\ 1 & 1 & 1 & 0 & -2 \\ 1 & -1 & 4 & 3 & 4 \end{bmatrix}.$$

MATLAB에서 $(E_j + mE_i) \to (E_j)$ 연산은 다음과 같은 명령어를 통해 수행한다.

```
AA(j,:) = AA(j,:) + m * AA(i,:)
```

`AA(k,l)` 라는 표기는 k행 l열 원소를 의미한다. MATLAB에서 : 의 사용은 행 전체 혹은 열 전체를 의미한다. 예를 들어 k번째 행을 m으로 곱하는 것은 `m * A(k,:)`로 수행된다. 비슷하게, l번째 열을 m으로 곱하는 것은 `m * A(:,l)`로 수행된다. 그러므로 AA의 첫 번째 행의 두 배를 두 번째 행에서 빼는 것은 다음과 같은 명령어를 통해 수행된다.

```
AA(2,:) = AA(2,:)-2*AA(1,:)
```

이에 대한 결과는

$$AA = \begin{bmatrix} 1 & -1 & 2 & -1 & -8 \\ 0 & 0 & -1 & -1 & -4 \\ 1 & 1 & 1 & 0 & -2 \\ 1 & -1 & 4 & 3 & 4 \end{bmatrix}.$$

AA의 세 번째 행에서 첫 번째 행을 뺀 것과 네 번째 행에서 첫 번째 행을 뺀 것은 다음을 통해 계산된다.

```
AA(3,:) = AA(3,:)-AA(1,:)
AA(4,:) = AA(4,:)-AA(1,:)
```

이에 대한 출력은

$$AA = \begin{bmatrix} 1 & -1 & 2 & -1 & -8 \\ 0 & 0 & -1 & -1 & -4 \\ 0 & 2 & -1 & 1 & 6 \\ 0 & 0 & 2 & 4 & 12 \end{bmatrix}.$$

변수 x_1은 두 번째, 세 번째, 네 번째 방정식에서 제거되었다. a_{22}가 0이므로 0이 아닌 행을 a_{22} 위치로 옮겨야 한다. 2행과 3행을 바꾸기 위해서 2행을 임시행 벡터 B에 저장한 후에 3행을 2행으로 옮기고 임시 행벡터 B를 3행에 옮긴다. 이는 다음과 같이 수행된다.

```
B = AA(2,:)
AA(2,:) = AA(3,:)
AA(3,:) = B
```

이에 대한 출력은

$$AA = \begin{bmatrix} 1 & -1 & 2 & -1 & -8 \\ 0 & 2 & -1 & 1 & 6 \\ 0 & 0 & -1 & -1 & -4 \\ 0 & 0 & 2 & 4 & 12 \end{bmatrix}.$$

이 행렬에 대한 가우스 소거법의 마지막 연산은 네 번째 행에 세 번째 행의 2배를 더하는 것이다.

```
AA(4,:) = AA(4,:)+2*AA(3,:)
```

이는

$$AA = \begin{bmatrix} 1 & -1 & 2 & -1 & -8 \\ 0 & 2 & -1 & 1 & 6 \\ 0 & 0 & -1 & -1 & -4 \\ 0 & 0 & 0 & 2 & 4 \end{bmatrix}.$$

후치 대입을 위해 해를 가지게 될 벡터 **x**를 정의한다. 벡터 **x**를 **0**벡터로 초기화 하고 이는 후치 대입 과정을 통해 대체 될 것이다.

```
x = [0 0 0 0]
```

그러면 **x**의 네 번째 열의 0을 다음과 같이 대체한다.

```
x(4) = AA(4,5)/AA(4,4)
```

$$x = 0\,0\,0\,2,$$

```
x(3) = (AA(3,5) - AA(3,4)*x(4))/AA(3,3)
```

$$x = 0\,0\,2\,2,$$

```
x(2) = (AA(2,5) - (AA(2,3)*x(3)+AA(2,4)*x(4)))/AA(2,2)
```

$$x = 0\,3\,2\,2,$$

```
x(1) = (AA(1,5) - (AA(1,2)*x(2)+AA(1,3)*x(3)+AA(1,4)*x(4)))/AA(1,1)
```

는 마침내 해

$$x = -7\,3\,2\,2$$

가 된다. 이는 $x_1 = -7,\ x_2 = 3,\ x_3 = 2,\ x_4 = 2$이다.

[예제 6.2.4] 에서 피벗 원소 중 하나가 0일 때 어떻게 해야 하는지 설명하였다. 만약 i번째 피벗 원소가 0이면, 그 행렬의 i번째 열에서 i번째 행 아래의 0이 아닌 첫 원소를 찾아 행 교환을 하여 새로운 행렬을 만든다. 그런 다음 이전처럼 절차를 계속한다. 만일 0이 아닌 원소가 없으면 절차는 중단되며, 이런 경우 연립방정식의 유일한 해는 존재하지 않는다. 즉, 해가 없거나 혹은 무한개의 해를 갖는다. GAUSEL61 프로그램은 후치 대입 가우스 소거법을 구현한 것으로 필요한 경우 행 교환을 한다.

연산 횟수 (Operation Counts)

위의 프로그램의 계산은 저장 장소로서 오직 하나의 $n \times (n+1)$ 배열만을 사용하여 수행된다. 이는 각 단계에서 a_{ij}의 이전 값을 새 값으로 치환함으로써 이루어진다. 또한, 승수들은 0값을 갖는 a_{ki}의 위치에 저장된다. a_{ki}는 $i < n,\ k = i+1, i+2, \ldots, i+n$일 때 0이다. 그러므로 원래의 행렬 A의 주대각선 아래는 승수로, 주대각선과 주대각선 위는 최종 행렬의 0이 아닌 값으로 대치된다. 이 값들은 원래의 행렬 A를 수반하는 다른 선형연립방정식의 해를 구하는 데에 사용될 수 있는데, 여기에 대해서는 6.5절에서 논의된다.

계산을 완료하는 데에 필요한 시간과 계산의 반올림오차는 모두 기본적인 문제를 푸는 데에 필요한 부동소수점 산술 연산의 횟수에 의해 결정된다. 일반적으로 컴퓨터에서 곱셈과 나눗셈을 수행하는 데 필요한 시간은 서로 비슷하고 덧셈과 뺄셈을 수행하는데 필요한 시간보다 훨씬 크다. 실제의 수행 시간의 차이는 계산에 사용된 컴퓨터에 따라 다르겠으나, 덧셈/뺄셈의 수행 횟수와 곱셈/나눗셈의 수행 횟수는 서로의 시간 차이 때문에 따로 측정해야 한다. 산술 연산의 총횟수는 다음과 같이 크기 n에 의해 결정된다.

$$\text{곱셈/나눗셈 :}\ \frac{n^3}{3} + n^2 - \frac{n}{3}$$

$$\text{덧셈/뺄셈 :}\ \frac{n^3}{3} + \frac{n^2}{2} - \frac{5n}{6}$$

n 값이 큰 경우, 곱셈/나눗셈의 총횟수는 덧셈/뺄셈의 총횟수와 마찬가지로 대략 $n^3/3$, 즉 $O(n^3)$이 된다. 따라서, 계산의 양과 계산 시간은 [표 6.1]에 보인 것처럼 n이 커짐에 따라 n^3에 비례하여 증가한다.

n	곱셈/나눗셈	덧셈/뺄셈
3	17	11
10	430	375
50	44,150	42,875
100	343,300	338,250

표 6.1

6.2 연습문제

1. 가우스 소거법과 두 자릿수 반올림을 하여 다음 선형연립방정식의 해를 구하라. 방정식의 순서를 바꾸지 말고 풀어라(각 연립방정식의 정확한 해는 $x_1 = 1$, $x_2 = -1$, $x_3 = 3$ 이다.)

   a. $$\begin{aligned} x_1 - x_2 + x_3 &= 8, \\ 2x_1 + 5x_2 + 2x_3 &= 3, \\ x_1 + 2x_2 + 4x_3 &= 11. \end{aligned}$$

   b. $$\begin{aligned} 4x_1 + x_2 + 2x_3 &= 9, \\ 2x_1 + 4x_2 - x_3 &= -5, \\ x_1 + x_2 - 3x_3 &= -9. \end{aligned}$$

2. MATLAB의 `long format`을 이용하여 가우스 소거법을 사용하여 다음 선형연립방정식의 해를 구하라.

   a. $$\begin{aligned} \frac{1}{4}x_1 + \frac{1}{5}x_2 + \frac{1}{6}x_3 &= 9, \\ \frac{1}{3}x_1 + \frac{1}{4}x_2 + \frac{1}{5}x_3 &= 8, \\ \frac{1}{2}x_1 + x_2 + 2x_3 &= 8. \end{aligned}$$

   b. $$\begin{aligned} 3.333x_1 + 15920x_2 + 10.333x_3 &= 15913, \\ 2.222x_1 + 16.71x_2 + 9.612x_3 &= 28.544, \\ 1.5611x_1 + 5.1791x_2 + 1.6852x_3 &= 8.4254. \end{aligned}$$

   c. $$\begin{aligned} x_1 + \frac{1}{2}x_2 + \frac{1}{3}x_3 + \frac{1}{4}x_4 &= \frac{1}{6}, \\ \frac{1}{2}x_1 + \frac{1}{3}x_2 + \frac{1}{4}x_3 + \frac{1}{5}x_4 &= \frac{1}{7}, \\ \frac{1}{3}x_1 + \frac{1}{4}x_2 + \frac{1}{5}x_3 + \frac{1}{6}x_4 &= \frac{1}{8}, \\ \frac{1}{4}x_1 + \frac{1}{5}x_2 + \frac{1}{6}x_3 + \frac{1}{7}x_4 &= \frac{1}{9}. \end{aligned}$$

   d. $$\begin{aligned} 2x_1 + x_2 - x_3 + x_4 - 3x_5 &= 7, \\ x_1 + \quad + 2x_3 - x_4 + x_5 &= 2, \\ 2x_2 - x_3 + x_4 - x_5 &= -5, \\ 3x_1 + x_2 - 4x_3 + \quad - 5x_5 &= 6, \\ x_1 - x_2 - x_3 - x_4 + x_5 &= 3. \end{aligned}$$

3. 어떤 생물계에 n종의 동물과 m개의 식량원이 있다고 하자. $j = 1, 2 \ldots, n$에 대하여 x_j는 j번째 종의 동물을 나타내고, b_i는 i번째 식량의 일별 공급량(daily supply)을 나타낸다고 하자. a_{ij}는 j번째 종의 한 동물에 의한 i번째 식량의 평균 소모량을 나타낸다고 하자. 선형연립방정식

$$\begin{gathered} a_{11}x_1 + a_{12}x_2 + \cdots + a_{1n}x_n = b_1 \\ a_{21}x_1 + a_{22}x_2 + \cdots + a_{2n}x_n = b_2 \\ \vdots \\ a_{m1}x_1 + a_{m2}x_2 + \cdots + a_{mn}x_n = b_m \end{gathered}$$

   은 일일 식량 공급량이 각 종의 일일 평균 식량 소비량과 일치하는 평형을 나타낸다.

   a.

$$A = [a_{ij}] = \begin{bmatrix} 1 & 2 & 0 & 3 \\ 1 & 0 & 2 & 2 \\ 0 & 0 & 1 & 1 \end{bmatrix}$$

   $x = (x_j) = [1000, 500, 350, 400]$, $b = (b_i) = [3500, 2700, 900]$이라고 하자. 일일 평균 식량 소비량을 충족시킬 충분한 식량이 있는가?

   b. 식량 공급이 식량 소비를 충족하면서 이 생물계에 더할 수 있는 각 종의 최대 동물 수는 얼마인가?

   c. 만약 첫 번째 종이 없어지면, 현재의 식량 공급으로 얼마나 더 많은 남은 종의 동물을 먹일 수가 있는가?

   d. 만약 두 번째 종이 없어지면, 현재의 식량 공급으로 얼마나 더 많은 남은 종의 동물을 먹일 수가 있는가?

6.3 피보팅 전략

모든 산술 계산을 정확하게 수행할 수 있다면, 6.2절에서 이 장을 마칠 수 있을 것이다. 이제, 가우스 소거법을 사용하여 연립방정식을 풀 때 몇 회의 계산이 필요한지 알 수 있으므로, 이로부터 우리가 사용하는 계산 장치가 적절한 시간 내에 해를 구할 수 있을 것인지 판단할 수 있어야 한다. 그러나 실제 상황에 있어서는 정확한 산술 계산이 불가능하고, $O(n^3)$의 많은 산술 계산 때문에 계산상의 반올림오차를 고려하여야 한다. 실제로 다음의 예제에서 볼 수 있듯이 아주 작은 연립방정식에 대해서도 반올림오차가 계산에 많이 들어가게 된다. 이 절에서는 이런 오차의 영향을 줄이기 위해 가우스 소거법에서 어떻게 계산을 수행할 것인지에 대해서 논의한다.

가우스 소거법을 유도할 때, 피벗 원소 a_{ii}가 0이면 행 교환이 필요함을 보았다. 이러한 행 교환은 $(E_i) \leftrightarrow (E_p)$의 형태를 갖는다. 여기에서 p는 $a_{pi} \neq 0$인 i보다 큰 최소의 정수이다. 유한 자릿수 산술 때문에 발생하는 반올림오차를 줄이기 위해서 피벗 원소가 0이 아닌 경우에도 행 교환을 할 필요가 종종 있다.

만일 a_{ii}의 크기가 a_{ki}에 비해 작으면, 승수(multiplier)

$$m_{ki} = \frac{a_{ki}}{a_{ii}}$$

의 크기가 1보다 훨씬 크게 된다. a_{kl}을 계산할 때, a_{il}항 중 하나의 계산에 도입된 반올림오차에 m_{ki}가 곱해져서, 원래의 오차가 더욱 커지게 된다. 또한, a_{ii}가 작은 경우, 후치 대입을 하여

$$x_i = \frac{b_i - \sum_{j=i+1}^{n} a_{ij}}{a_{ii}}$$

를 구할 때, a_{ii}로 나누게 되면 분자의 오차는 대단히 커지게 된다. 이런 난점이 다음 예제에 설명되어 있다.

예제 6.3.1 선형연립방정식

$$\begin{aligned} E_1: &\quad 0.003000x_1 + 59.14x_2 = 59.17 \\ E_2: &\quad 5.291x_1 - 6.130x_2 = 46.78 \end{aligned}$$

의 해는 $x_1 = 10.00$, $x_2 = 1.000$이다. 이 연립방정식에 반올림을 하는 네 자리 산술을 사용하여 가우스 소거법을 적용하여 보자.

풀이 첫 번째 피벗 원소는 $a_{11} = 0.003000$으로 크기가 작으며, 이에 따른 승수는

$$m_{21} = \frac{5.291}{0.003000} = 1763.\bar{6}$$

으로 반올림하면 1764가 된다. $(E_2 - m_{21}E_1) \rightarrow (E_2)$ 연산을 수행하고 반올림을 하면 정확한 계수로 표현된 연립방정식

$$\begin{aligned} 0.003000x_1 + 59.14x_2 &= 59.17 \\ -104309.37\bar{6}x_2 &= -104309.37\bar{6} \end{aligned}$$

대신

$$\begin{aligned} 0.003000x_1 + 59.14x_2 &= 59.17 \\ -104300x_2 &\approx -104400 \end{aligned}$$

을 얻는다. $m_{21}a_{13}$과 a_{23}의 크기 차이에 의해 반올림 오차가 발생하였지만, 오차는 아직 전파되지는 않았다. 후치대입을 하여 얻은

$$x_2 \approx 1.001$$

은 실젯값 $x_2 = 1.000$에 가까운 근사치이다. 그러나 작은 피벗 원소 $a_{11} = 0.003000$ 때문에

$$x_1 \approx \frac{59.17 - (59.14)(1.001)}{0.003000} = -10.00$$

이 되어, 원래의 작은 오차 0.001은 $59.14/0.003000 \approx 20000$배로 확대된다. 이로 인해 근삿값은 실젯값 $x_1 = 10.00$과 거리가 멀어지게 된다. ([그림 6.1] 참조)

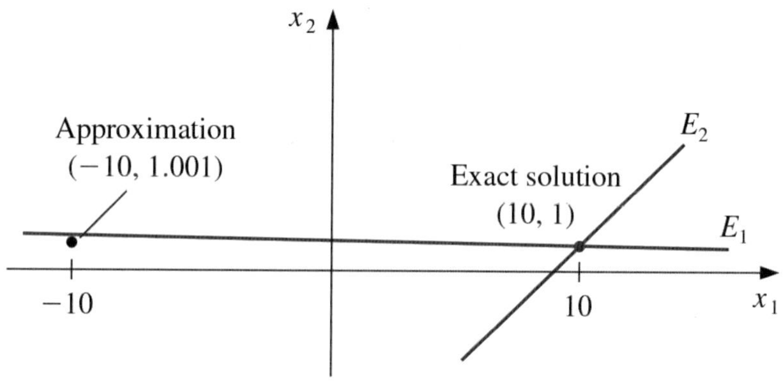

그림 6.1

이는 분명히 일부러 만들어낸 예제이고 그래프를 살펴보면 오차가 왜 쉽게 발생하는지를 쉽게 설명할 수 있지만, 약간만 연립방정식이 커져도 언제 아주 큰 반올림오차가 발생할지 예측하기 아주 어려워진다. ■

부분 피보팅 (Partial Pivoting)

[예제 6.3.1]는 $i \le k \le n$, $i \le j \le n$인 원소 a_{kj} 값에 비해 피벗 원소 a_{ii}가 작을 때 어떻게 문제가 발생하는지를 보여 준다. 이런 문제를 해결하기 위해, a_{pp} 보다 큰 a_{pq}를 피벗 원소로 선택하여 i행과 p행을 교환하는 피보팅을 행한다. 가장 간단한 선택 방법은 i번째 단계에서 대각선 아래에 있는 같은 열의 절댓값이 제일 큰 원소를 택하는 것이다. 다시 말하면

$$|a_{pi}| = \max_{i \le k \le n} |a_{ki}|$$

를 만족하는 가장 작은 $p \ge i$를 찾아서 $(E_i) \leftrightarrow (E_p)$ 연산을 수행하는 것이다. 이 경우, 열 교환은 사용되지 않는다.

예제 6.3.2 선형연립방정식

$$\begin{aligned} E_1: &\quad 0.003000x_1 + 59.14x_2 = 59.17 \\ E_2: &\quad 5.291x_1 - 6.130x_2 = 46.78 \end{aligned}$$

을 다시 살펴보자. 부분 피보팅과 반올림을 하는 네 자리 산술연산을 사용하여 가우스 소거법을 적용해 보자. 또한 실제 해 $x_1 = 10.00$과 $x_2 = 1.000$와 비교해 보자.

풀이 위에 설명된 피보팅 절차를 적용하면 먼저

$$\max\{|a_{11}|, |a_{21}|\} = \max\{|0.003000|, |5.291|\} = |5.291| = |a_{21}|$$

을 찾는다.

다음 $(E_2) \leftrightarrow (E_1)$을 적용하면 연립방정식

$$\begin{aligned} E_1 : &\quad 5.291x_1 - 6.130x_2 = 46.78 \\ E_2 : &\quad 0.003000x_1 + 59.14x_2 = 59.17 \end{aligned}$$

을 얻는다. 이 연립방정식에 대한 승수는

$$m_{21} = \frac{a_{21}}{a_{11}} = 0.0005670$$

이 되고, $(E_2 - m_{21}E_1) \rightarrow (E_2)$ 연산을 이 연립방정식에 적용하면

$$\begin{aligned} 5.291x_1 - 6.130x_2 &\approx 46.78 \\ 59.14x_2 &\approx 59.14 \end{aligned}$$

을 얻는다. 후치 대입을 행하면 정확한 값을 갖는 네 자릿수의 답 $x_1 = 10.00$, $x_2 = 1.000$을 얻는다. ■

크기 조정 부분 피보팅 (Scaled Partial Pivoting)

대부분의 연립방정식은 부분 피보팅으로 충분하지만, 부분 피보팅이 적합하지 않은 경우도 있다. 예를 들어, 첫 방정식의 모든 원소에 10^4이 곱해진 것을 제외하고는 [예제 6.3.1, 예제 6.3.2]과 같은 선형연립방정식

$$\begin{aligned} E_1 : &\quad 30.00x_1 + 591400x_2 = 591700 \\ E_2 : &\quad 5.291x_1 - 6.130x_2 = 46.78 \end{aligned}$$

을 살펴보자. 네 자릿수 산술을 사용한 부분 피보팅을 적용하면 행 교환이 일어나지 않기 때문에 [예제 6.3.1]와 같은 결과를 얻게 된다. 이런 연립방정식에는 크기 조정 부분 피보팅 (scaled column pivoting)이 필요하다. 이 절차의 첫 단계에서는 각 행에 대하여 크기 조정 비율 (scale factor)

$$s_k = \max_{1 \le j \le n} |a_{kj}|$$

를 정의한다. 첫 번째 열에 0이 오게 하는 적절한 행 교환은

$$\frac{|a_{p1}|}{s_p} = \max_{1 \le k \le n} \frac{|a_{k1}|}{s_k}$$

인 첫 정수를 선택하여 $(E_1) \leftrightarrow (E_p)$ 연산을 수행함으로써 이루어진다. 크기 조정 (scaling)은 행 교환을 위한 비교를 하기 전에 각 행의 최대 원소들의 상대적 크기 (relative magnitude)가 1이 되도록 보장하기 위한 것이다.
같은 방법으로,

$$E_k - m_{ki}E_i \rightarrow E_k \quad (k = i+1, \ldots, n)$$

연산을 수행하여 변수 x_i를 소거하기 전에

$$\frac{|a_{pi}|}{s_p} = \max_{1 \le k \le n} \frac{|a_{ki}|}{s_k}$$

인 최소의 정수 $p \le i$를 찾아, $i \ne p$이면 행 교환 $E_i \leftrightarrow E_p$를 수행한다. 크기 조정 비율 $s_1, s_2, \ldots, s_n$은 이 절차를 시작할 때 한 번만 계산하면 되고, 행 교환이 일어나면 같이 교환하여야 한다는 점을 유의하기 바란다.

프로그램 GAUSPP63에서는 비교만을 위해서 크기 조정이 행해지므로 크기 조정 비율로 나눔으로 인해 연립방정식에 반올림오차가 발생하지 않는다.

예제 6.3.3 [예제 6.3.1]의 연립방정식에 크기 조정 부분 피보팅을 적용하면

$$s_1 = \max\{|30.00|, |591400|\}, \quad s_2 = \max\{|5.291|, |-6.130|\} = 6.130$$

을 얻는다. 따라서,

$$\frac{|a_{11}|}{s_1} = \frac{30.00}{591400} = 0.5073 \times 10^{-4}, \quad \frac{a_{21}}{s_2} = \frac{5.291}{6.130} = 0.8631$$

이 되어 $(E_1) \leftrightarrow (E_2)$의 교환 연산이 일어난다 새로 얻은 연립방정식에 가우스 소거법을 적용하면 정확한 결과 $x_1 = 10.00$과 $x_2 = 1.000$을 얻는다.

예제 6.3.4 세 자릿수 반올림 산술을 사용하여 크기 조정 부분 피보팅으로 다음 선형 연립방정식의 해를 구하라.

$$\begin{aligned} 2.11x_1 - 4.21x_2 + 0.921x_2 &= 2.01 \\ 4.01x_1 + 10.2x_2 - 1.12x_3 &= -3.09 \\ 1.09x_1 + 0.987x_2 + 0.832x_3 &= 4.21 \end{aligned}$$

풀이 가장 큰 계수들이 크기 조정 계수를 제공한다. 그러므로 $s_1 = 4.21$, $s_2 = 10.2$, $s_3 = 1.09$이다. 세 자릿수 반올림을 사용하면

$$\frac{|a_{11}|}{s_1} = \frac{2.11}{4.21} = 0.501, \quad \frac{|a_{21}|}{s_2} = \frac{4.01}{10.2} = 0.393, \quad \frac{|a_31|}{s_3} = \frac{1.09}{1.09} = 1$$

이 된다. 확대행렬 $\hat{A}$는 다음과 같이 정의된다.

$$\hat{A} = \begin{bmatrix} 2.11 & -4.21 & 0.921 & \vdots & 2.01 \\ 4.01 & 10.2 & -1.12 & \vdots & -3.09 \\ 1.09 & 0.987 & 0.832 & \vdots & 4.21 \end{bmatrix}$$

$|a_{31}|/s_3$이 가장 크기 때문에 $(E_1) \leftrightarrow (E_3)$을 수행한다.

$$\hat{A} = \begin{bmatrix} 1.09 & 0.987 & 0.832 & \vdots & 4.21 \\ 4.01 & 10.2 & -1.12 & \vdots & -3.09 \\ 2.11 & -4.21 & 0.921 & \vdots & 2.01 \end{bmatrix}$$

첫 번째 열을 위한 승수는 $m_{21} = 3.68$, $m_{31} = 1.94$이고 세 자릿수 반올림을 사용하여 $(E_2) - m_{21}(E_1)$과 $(E_3) - m_{31}(E_1)$을 수행하면

$$\hat{A} = \begin{bmatrix} 1.09 & 0.987 & 0.832 & \vdots & 4.21 \\ 0 & 6.57 & -4.18 & \vdots & -18.6 \\ 0 & -6.12 & -0.689 & \vdots & -6.16 \end{bmatrix}$$

이다.

$$\frac{|a_{22}|}{s_2} = \frac{6.57}{10.2} = 0.644 < \frac{|a_{32}|}{s_3} = \frac{6.12}{4.21} = 1.45,$$

이기 때문에 $(E_2) \leftrightarrow (E_3)$을 수행하면

$$\hat{A} = \begin{bmatrix} 1.09 & 0.987 & 0.832 & \vdots & 4.21 \\ 0 & -6.12 & -0.689 & \vdots & -6.16 \\ 0 & 6.57 & -4.18 & \vdots & -18.6 \end{bmatrix}$$

이제 승수 $m_{32} = 6.57/(-6.12) = -1.07$을 계산하고 세 자릿수 반올림을 사용하여 $(E_3) - m_{32}(E_2)$를 수행하면

$$\hat{A} = \begin{bmatrix} 1.09 & 0.987 & 0.832 & \vdots & 4.21 \\ 0 & -6.12 & -0.689 & \vdots & -6.16 \\ 0 & 0 & -4.92 & \vdots & -25.2 \end{bmatrix}$$

를 얻는다. 세 자릿수 반올림 산술자를 마지막 행렬에 적용하여 후치 대입을 수행하면 다음 결과를 얻는다.

$$x_1 = -0.413, \;\; x_2 = 0.430, \;\; x_3 = 5.12.$$

■

크기 조정 부분 피보팅은 가우스 소거 절차에

$$\frac{3}{2}n(n-1)$$

번 비교와

$$\frac{n(n+1)}{2} - 1$$

번의 나눗셈을 추가시킨다. 비교에는 가산/감산보다 약간 많은 시간이 소요된다. 기본적인 가우스 소거 절차는 $n^3/3$ 번의 곱셈/나눗셈과 $n^3/3$ 번의 덧셈/뺄셈을 사용하므로, n이 큰 경우 크기 조정 부분 피보팅을 사용하여도 추가되는 계산 시간은 그리 크지 않다.

최대 피보팅 (Complete Pivoting)

크기 조정 부분 피보팅으로도 해결되지 않는 계산상의 난점이 있는 경우에는 최대(maximal) 또는 완전(total/full) 피보팅을 사용하면 된다. 최대 피보팅은 i번째 단계에서 최대 크기의 항목을 찾기 위하여, 모든 $k = i, i+1, \ldots, n$과 $j = i, i+1, \ldots, n$에 대하여 a_{kj}를 탐색한다. 이 항목을 피벗 위치로 이동시키기 위하여 행 교환 및 열 교환을 모두 수행한다. 최대 피보팅을 가우스 소거 절차에 사용하면

$$\frac{n(n-1)(2n+5)}{6}$$

번의 비교에 필요한 시간이 추가된다. 이 시간은 대략 일반 가우스 소거 절차의 덧셈/뺄셈 양의 두 배이다.

6.3 연습문제

1. 표준 가우스 소거법을 사용하여 다음 선형연립방정식을 풀기 위해 요구되는 행 교환을 찾아라.
   a. $x_1 - 5x_2 + x_3 = 7$
   $10x_1 + 20x_3 = 6$
   $5x_1 - x_3 = 4$

   b. $x_1 + x_2 - x_3 = 1$
   $x_1 + x_2 + 4x_3 = 2$
   $2x_1 - x_2 + 2x_3 = 3$

2. 크기 조정 부분 피보팅을 사용한 가우스 소거법으로 1번 문제를 반복하라.

3. 세 자릿수 버림 산술(chopping arithmetic)을 사용하는 가우스 소거법으로 다음 선형연립방정식들의 해를 구하고 그 결과를 실제 해와 비교하라.
   a. $0.03x_1 + 58.9x_2 = 59.2$
   $5.31x_1 - 6.10x_2 = 47.0$
   실제 해 : $x_1 = 10,\ x_2 = 1$

   b. $58.9x_1 + 0.03x_2 = 59.2$
   $-6.10x_1 + 5.31x_2 = 47.0$
   실제 해 : $x_1 = 1,\ x_2 = 10$

   c. $3.03x_1 - 12.1x_2 + 14x_3 = -119$
   $-3.03x_1 + 12.1x_2 - 7x_3 = 120$
   $6.11x_1 - 14.2x_2 + 21x_3 = -139$
   실제 해 : $x_1 = 0,\ x_2 = 10,\ x_3 = \frac{1}{7}$

4. 부분 피보팅(partial pivoting)을 사용한 가우스 소거법으로 세 번 문제를 반복하라.

5. $|\alpha| < 10$인 다음 선형연립방정식을 살펴보자.

$$\begin{aligned} 2x_1 + \quad x_2 + \quad 3x_3 &= 1 \\ 4x_1 + \quad 6x_2 + \quad 8x_3 &= 5 \\ 6x_1 + \quad \alpha x_2 + \quad 10x_3 &= 5 \end{aligned}$$

   크기 조정 부분 피보팅을 사용하여 이 연립방정식을 풀 때, 다음 어느 α값에 대하여 행 교환이 필요 없는가?

   a. $\alpha = 6$

   b. $\alpha = 9$

   c. $\alpha = -3$

6.4 선형대수와 역행렬

이 장의 첫 부분에서 행렬이 선형연립방정식을 다루는 데에 편리하게 사용됨을 보았다. 그러나 이 외에도 선형대수에는 근사법의 연구에 적용할 수 있는 재료가 풍부하다. 이 절에서는 이론과 응용에 필요한 몇 가지의 기본적인 표기와 결과를 소개하고자 한다. 여기서 취급하는 모든 내용은 학부 수준의 행렬 이론을 배운 사람이면 잘 알고 있는 것들이다. 따라서 이 절을 제외시킬 수 있으나, 앞으로 자주 요구되는 선형대수의 결과를 살펴보기 위해 읽어보기 바란다.

두 행렬 A, B의 크기가 $n\times m$으로 같고 각 $i=1,\ 2,\dots,\ n$과 $j=1,\ 2,\dots,\ m$에 대하여 $a_{ij}=b_{ij}$이면, 행렬 A, B는 같다고 한다. 이 정의에 따르면 다음의 두 행렬은 차원이 서로 다르므로 같지 않다.

$$\begin{bmatrix} 2 & -1 & 7 \\ 3 & 1 & 0 \end{bmatrix} \neq \begin{bmatrix} 2 & 3 \\ -1 & 1 \\ 7 & 0 \end{bmatrix}$$

행렬의 연산 (Matrix Arithmetic)

A, B가 $n\times m$ 행렬이고 λ가 실수라고 하면,

- $A+B$로 표시되는 A와 B의 합은 각 원소가 $a_{ij}+b_{ij}$인 $n\times m$ 행렬
- λA로 표시되는 λ와 A의 스칼라 곱(scalar product)은 각 원소가 λa_{ij}인 $n\times m$ 행렬

예제 6.4.1 다음 행렬에 대해서 $A+B$와 λA를 구하라.

$$A=\begin{bmatrix} 2 & -1 & 7 \\ 3 & 1 & 0 \end{bmatrix},\quad B=\begin{bmatrix} 4 & 2 & -8 \\ 0 & 1 & 6 \end{bmatrix},\quad \lambda=-2$$

풀이

$$A+B=\begin{bmatrix} 2+4 & -1+2 & 7-8 \\ 3+0 & 1+1 & 0+6 \end{bmatrix}=\begin{bmatrix} 6 & 1 & -1 \\ 3 & 2 & 6 \end{bmatrix},$$

$$\lambda A=\begin{bmatrix} -2(2) & -2(-1) & -2(7) \\ -2(3) & -2(1) & -2(0) \end{bmatrix}=\begin{bmatrix} -4 & 2 & -14 \\ -6 & -2 & 0 \end{bmatrix}.$$

두 행렬의 곱 (Matrix-Matrix Products)

A가 $n\times m$ 행렬이고 B가 $m\times p$ 행렬이면, AB로 표기되는 두 행렬의 곱은 각 원소 c_{ij}가 $i=1,\ 2,\dots,\ n$과 $j=1,\ 2,\dots,\ m$에 대하여

$$c_{ij}=\sum_{k=1}^{m} a_{ik}b_{kj}=a_{i1}b_{1j}+a_{i2}b_{2j}+\cdots+a_{im}b_{mj}$$

인 $n \times p$인 행렬 C이다. c_{ij}의 계산은 A의 i행 원소들과 B의 j열 원소들을 곱하여 합하는 것으로 볼 수 있다. 다시 말해서,

$$[a_{i1}, a_{i2}, \ldots, a_{im}] \begin{bmatrix} b_{1j} \\ b_{2j} \\ \vdots \\ b_{mj} \end{bmatrix} = [c_{ij}]$$

이다. 여기에서

$$c_{ij} = a_{i1}b_{1j} + a_{i2}b_{2j} + \cdots + a_{im}b_{mj} = \sum_{k=1}^{m} a_{ik}b_{kj}$$

이다. 이것을 살펴보면 행렬의 곱 AB를 정의할 때 왜 A의 열 수와 B의 행 수가 같아야 하는지를 알 수 있다.

예제 6.4.2 다음 행렬 A와 $\mathbf{b}$에 대해서 곱 $A\mathbf{b}$를 구하라.

$$A = \begin{bmatrix} 3 & 2 \\ -1 & 1 \\ 6 & 4 \end{bmatrix} \text{ 이고, } \mathbf{b} = \begin{bmatrix} 3 \\ -1 \end{bmatrix}$$

풀이 A의 차원은 3×2이고 $\mathbf{b}$의 차원은 2×1이므로 곱은 3×1이 된다. 즉, 3 행을 가진 벡터가 된다. 계산하면

$$3(3) + 2(-1) = 7, \quad (-1)(3) + 1(-1 = 4, \quad 6(3) + 4(-1) = 14$$

이므로

$$A\mathbf{b} = \begin{bmatrix} 3 & 2 \\ -1 & 1 \\ 6 & 4 \end{bmatrix} \begin{bmatrix} 3 \\ -1 \end{bmatrix} = \begin{bmatrix} 7 \\ -4 \\ 14 \end{bmatrix}.$$

■

다음 예제는 여러 상황에서의 곱연산에 대해 고려해 볼 것이다.

예제 6.4.3 다음 행렬들의 모든 가능한 곱을 구하라.

$$A = \begin{bmatrix} 3 & 2 \\ -1 & 1 \\ 1 & 4 \end{bmatrix}, \quad B = \begin{bmatrix} 2 & 1 & -1 \\ 3 & 1 & 2 \end{bmatrix}, \quad C = \begin{bmatrix} 2 & 1 & 0 & 1 \\ -1 & 3 & 2 & 1 \\ 1 & 1 & 2 & 0 \end{bmatrix}, D = \begin{bmatrix} 1 & -1 \\ 2 & -1 \end{bmatrix}$$

풀이 이 행렬들의 크기는

$$A : 3 \times 2, \quad B : 2 \times 3, \quad C : 3 \times 4, \quad D : 2 \times 2$$

이고 다음의 가능한 곱들과 차원은

$$AB : 3 \times 3, \quad BA : 2 \times 2, \quad AD : 3 \times 2, \quad BC : 2 \times 4, \quad DB : 2 \times 3, \quad DD : 2 \times 2$$

이며 이들의 곱은

$$AB = \begin{bmatrix} 12 & 5 & 1 \\ 1 & 0 & 3 \\ 14 & 5 & 7 \end{bmatrix}, \quad BA = \begin{bmatrix} 4 & 1 \\ 10 & 15 \end{bmatrix}, \quad AD = \begin{bmatrix} 7 & -5 \\ 1 & 0 \\ 9 & -5 \end{bmatrix},$$

$$BC = \begin{bmatrix} 2 & 4 & 0 & 3 \\ 7 & 8 & 6 & 4 \end{bmatrix}, \quad DB = \begin{bmatrix} -1 & 0 & -3 \\ 1 & 1 & -4 \end{bmatrix}, \quad DD = \begin{bmatrix} -1 & 0 \\ 0 & -1 \end{bmatrix}.$$

정방행렬 (square matrix)

행 수와 열 수가 같은 행렬을 정방행렬(square matrix)이라 한다. 대각행렬(diagonal matrix)는 $i \neq j$ 인 d_0 는 모두 0 인 정방행렬 $D = (d_{ij})$ 를 말한다. n 차의 항등행렬(identity matrix) $I_n = [\delta_{ij}]$ 는 각 원소가

$$\delta_{ij} = \begin{cases} 1, & (i = j) \\ 0, & (i \neq j) \end{cases}$$

인 대각행렬이다. 항등행렬 I_n 의 크기가 분명한 경우, 일반적으로 간단히 I 로 표기한다. 예를 들어, 항등행렬의 크기가 삼차라면

$$I = \begin{bmatrix} 1 & 0 & 0 \\ 0 & 1 & 0 \\ 0 & 0 & 1 \end{bmatrix}$$

이 된다. A 가 $n \times n$ 행렬이라면, $AI = IA = A$ 가 된다.

$n \times n$ 상삼각 행렬(upper triangular matrix), $U = [u_{ij}]$ 는 주대각행렬을 기준으로 윗부분이 0이 아닌 원소들로 구성된 행렬이다. 즉, 각 $j = 1, 2, \ldots, n$ 이고 $i = j+1, j+2, \ldots, n$ 에 대해서

$$u_{ij} = 0.$$

비슷한 개념으로 하삼각 행렬(lower triangular matrix), $L = [l_{ij}]$ 는 각 $j = 1, 2, \ldots, n$ 이고 $i = 1, 2, \ldots, j-1$ 에 대해서

$$l_{ij} = 0$$

이다. (대각행렬은 상삼각 행렬임과 동시에 하삼각 행렬이기도 하다.).

[예제 6.4.3]에서 행렬의 곱 AB 와 BA 가 정의된 경우에도 일반적으로 AB 와 BA 가 같지 않음을 보았다. 그러나 곱에 관련된 다른 산술 성질들은 성립한다. 예를 들면, 행렬 A, B, C 가 적절한 크기를 가지고 있고, λ 를 스칼라라고 할 때

$$A(BC) = (AB)C, \quad A(B+C) = AB + AC, \quad \lambda(AB) = (\lambda A)B = A(\lambda B)$$

가역행렬 (Inverse Matrices)

$n \times n$ 행렬 A 에 대하여 $AA^{-1} = A^{-1}A = I$ 인 $n \times n$ 행렬 A^{-1} 이 존재하는 경우가 있다. 이 경우, 행렬 A 를 가역행렬(invertible matrix) 또는 비특이 행렬(nonsingular matrix)라고 한다. 행렬 A^{-1} 은 A 의 역행렬(inverse matrix)이라고 한다.

예제 6.4.4

$$A = \begin{bmatrix} 1 & 2 & -1 \\ 2 & 1 & 0 \\ -1 & 1 & 2 \end{bmatrix}, \quad B = \frac{1}{9}\begin{bmatrix} -2 & 5 & -1 \\ 4 & -1 & 2 \\ -3 & 3 & 3 \end{bmatrix}$$

인 두 행렬 A, B에 대하여

$$AB = \begin{bmatrix} 1 & 2 & -1 \\ 2 & 1 & 0 \\ -1 & 1 & 2 \end{bmatrix} \cdot \frac{1}{9} \begin{bmatrix} 1 & 2 & -1 \\ 2 & 1 & 0 \\ -1 & 1 & 2 \end{bmatrix} = \begin{bmatrix} 1 & 0 & 0 \\ 0 & 1 & 0 \\ 0 & 0 & 1 \end{bmatrix}$$

이고

$$BA = \frac{1}{9} \begin{bmatrix} 1 & 2 & -1 \\ 2 & 1 & 0 \\ -1 & 1 & 2 \end{bmatrix} \cdot \begin{bmatrix} 1 & 2 & -1 \\ 2 & 1 & 0 \\ -1 & 1 & 2 \end{bmatrix} = \begin{bmatrix} 1 & 0 & 0 \\ 0 & 1 & 0 \\ 0 & 0 & 1 \end{bmatrix}$$

이므로, A와 B는 $B = A^{-1}$이고 $A = B^{-1}$인 비특이 행렬이다.

지금 이런 행렬 연산을 소개하는 이유는 선형연립방정식

$$\begin{aligned} a_{11}x_1 + a_{12}x_2 + \cdots + a_{1n}x_n &= b_1 \\ a_{21}x_1 + a_{22}x_2 + \cdots + a_{2n}x_n &= b_1 \\ \vdots \qquad\qquad & \quad \vdots \\ a_{n1}x_1 + a_{n2}x_2 + \cdots + a_{nn}x_n &= b_1 \end{aligned}$$

행렬 방정식 $A\mathbf{x} = \mathbf{b}$로 볼 수 있기 때문이다. 여기에서

$$A = \begin{bmatrix} a_{11} & a_{12} & \cdots & a_{1n} \\ a_{21} & a_{22} & \cdots & a_{2n} \\ \vdots & \vdots & & \vdots \\ a_{n1} & a_{n2} & \cdots & a_{nn} \end{bmatrix}, \quad \mathbf{x} = \begin{bmatrix} x_1 \\ x_2 \\ \vdots \\ x_n \end{bmatrix}, \quad \mathbf{b} = \begin{bmatrix} b_1 \\ b_2 \\ \vdots \\ b_n \end{bmatrix}.$$

A가 비특이 행렬이면, 선형연립방정식 $A\mathbf{x} = \mathbf{b}$의 해는

$$\mathbf{x} = A^{-1}(A\mathbf{x}) = A^{-1}\mathbf{b}$$

가 된다. 그러나 A^{-1}을 구하는 데에 필요한 연산의 횟수가 대단히 많으므로 일반적으로 $A\mathbf{x} = \mathbf{b}$의 해를 구하는 것보다 A^{-1}을 구하는 것이 더 어렵다. 그렇다 하더라도 개념을 이해하기 위해 역행렬을 구하는 방법을 설명하기로 한다.

예제 6.4.5 다음 행렬의 역행렬을 구해 보자.

$$A = \begin{bmatrix} 1 & 2 & -1 \\ 2 & 1 & 0 \\ -1 & 1 & 2 \end{bmatrix}$$

풀이 행렬 A의 역행렬을 구하기 위해 먼저 곱 행렬 AB를 살펴보자. 여기에서 B는 임의의 3×3행렬이다.

$$\begin{aligned} AB &= \begin{bmatrix} 1 & 2 & -1 \\ 2 & 1 & 0 \\ -1 & 1 & 2 \end{bmatrix} \begin{bmatrix} b_{11} & b_{12} & b_{13} \\ b_{21} & b_{22} & b_{23} \\ b_{31} & b_{32} & b_{33} \end{bmatrix} \\ &= \begin{bmatrix} b_{11} + 2b_{21} - b_{31} & b_{12} + 2b_{22} - b_{32} & b_{13} + 2b_{23} - b_{33} \\ 2b_{11} + b_{21} & 2b_{12} + b_{22} & 2b_{13} + b_{23} \\ -b_{11} + b_{21} + 2b_{31} & -b_{12} + b_{22} + 2b_{32} & -b_{13} + b_{23} + 2b_{33} \end{bmatrix}. \end{aligned}$$

만일 $B = A^{-1}$이라면, $AB = I$이므로

$$\begin{aligned} b_{11}+2b_{21}-b_{31}&=1, & b_{12}+2b_{22}-b_{32}&=0, & b_{13}+2b_{23}-b_{33}&=0\\ 2b_{11}+b_{21}&=0, & 2b_{12}+b_{22}&=1, & 2b_{13}+b_{23}&=0\\ -b_{11}+b_{21}+2b_{31}&=0, & -b_{12}+b_{22}+2b_{32}&=0, & -b_{13}+b_{23}+2b_{33}&=1 \end{aligned}$$

이 되어야 한다.

새 연립방정식의 계수는 모두 같다. 이 연립방정식의 유일한 변화는 방정식의 우변에 발생했다. 그 결과, 각 연립방정식에 대한 행렬을 결합하여 만든 큰 확대행렬

$$\begin{bmatrix} 1 & 2 & -1 & : & 1 & 0 & 0\\ 2 & 1 & 0 & : & 0 & 1 & 0\\ -1 & 1 & 2 & : & 0 & 0 & 1 \end{bmatrix}$$

에 대하여 계산을 할 수 있다. 먼저, $(E_2-E_1)\to(E_1)$과 $(E_3+E_1)\to(E_3)$ 연산을 수행하면

$$\begin{bmatrix} 1 & 2 & -1 & : & 1 & 0 & 0\\ 0 & -3 & 2 & : & -2 & 1 & 0\\ 0 & 3 & 1 & : & 1 & 0 & 1 \end{bmatrix}$$

을 얻는다. 다음, $(E_3+E_2)\to(E_3)$ 연산을 수행하면

$$\begin{bmatrix} 1 & 2 & -1 & : & 1 & 0 & 0\\ 0 & -3 & 2 & : & -2 & 1 & 0\\ 0 & 0 & 3 & : & -1 & 1 & 1 \end{bmatrix}$$

을 얻는다. 세 개의 확대행렬에 후치 대입을 수행하면

$$\begin{bmatrix} 1 & 2 & -1 & : & 1\\ 0 & -3 & 2 & : & -2\\ 0 & 0 & 3 & : & -1 \end{bmatrix},\quad \begin{bmatrix} 1 & 2 & -1 & : & 0\\ 0 & -3 & 2 & : & 1\\ 0 & 0 & 3 & : & 1 \end{bmatrix},\quad \begin{bmatrix} 1 & 2 & -1 & : & 0\\ 0 & -3 & 2 & : & 0\\ 0 & 0 & 3 & : & 1 \end{bmatrix}$$

이 되어, 결국

$$\begin{aligned} b_{11}&=-\frac{2}{9}, & b_{12}&=\frac{5}{9}, & b_{13}&=-\frac{1}{9}\\ b_{21}&=\frac{4}{9}, & b_{22}&=-\frac{1}{9}, & b_{23}&=\frac{2}{9}\\ b_{31}&=-\frac{1}{3}, & b_{32}&=\frac{1}{3}, & b_{33}&=\frac{1}{3} \end{aligned}$$

을 얻는다. 이들이 곧 역행렬 A^{-1}의 각 원소이다. 즉, A의 역행렬은

$$A^{-1}=\begin{bmatrix} -2/9 & 5/9 & -1/9\\ 4/9 & -1/9 & 2/9\\ -1/3 & 1/3 & 1/3 \end{bmatrix}=\frac{1}{9}\begin{bmatrix} -2 & 5 & -1\\ 4 & -1 & 2\\ -3 & 3 & 3 \end{bmatrix}.$$

■

전치 행렬 (Transpose of a Matrix)

$n \times m$ 행렬 $A = [a_{ij}]$의 전치 행렬(transpose matrix)은 $m \times n$ 행렬 $A^t = [a_{ij}]$이다. 만일 정방행렬 A가 전치 행렬 A^t와 같으면 행렬 A는 대칭(symmetric)이다.

예제 6.4.6 다음 행렬에 대해서 전치 행렬을 구해보고, 대칭인지 여부를 확인해 보자.

$$A = \begin{bmatrix} 7 & 2 & 0 \\ 3 & 5 & -1 \\ 0 & 5 & -6 \end{bmatrix}, \quad B = \begin{bmatrix} 2 & 4 & 7 \\ 3 & -5 & -1 \end{bmatrix}, \quad C = \begin{bmatrix} 6 & 4 & -3 \\ 4 & -2 & 0 \\ -3 & 0 & 1 \end{bmatrix}$$

풀이

$$A^t = \begin{bmatrix} 7 & 3 & 0 \\ 2 & 5 & 5 \\ 0 & -1 & -6 \end{bmatrix}, \quad B^t = \begin{bmatrix} 2 & 3 \\ 4 & -5 \\ 7 & -1 \end{bmatrix}, \quad C^t = \begin{bmatrix} 6 & 4 & -3 \\ 4 & -2 & 0 \\ -3 & 0 & 1 \end{bmatrix}$$

$C = C^t$이므로, 행렬 C는 대칭이다. ■

전치 행렬과 관련된 다음의 연산들이 성립한다.

> **정리 6.4.7** [전치 행렬의 성질 (Transpose Facts)]
>
> (i) $(A^t)^t = A$
>
> (ii) $(A+B))^t = A^t + B^t$
>
> (iii) $(AB)^t = B^t A^t$
>
> (iv) 만일 A^{-1}이 존재하면, $(A^{-1})^t = (A^t)^{-1}$

행렬의 행렬식 (Matrix Determinants)

정방행렬의 행렬식(determinant)은 선형연립방정식의 해의 존재 유무와 유일성을 판단하는 데에 유용하다. 행렬 A의 행렬식은 det A 또는 $|A|$로 나타낸다.

> **정리 6.4.8** [행렬의 행렬식 (Determinant of a Matrix)]
>
> (i) 1×1 행렬 $A = [a]$의 행렬식은 $\det A = a$이다.
>
> (ii) A가 $n \times n$ 행렬일 때, 소행렬식(minor) M_{ij}는 행렬 A에서 i행과 j열을 제외시킨 $(n-1) \times (n-1)$ 부분 행렬의 행렬식이다. 그러면, A의 행렬식은
>
> $$\det\ A = \sum_{i=1}^{n} (-1)^{i+j} a_{ij} M_{ij},\ (i = 1, 2, \ldots, n)$$
>
> 또는
>
> $$\det\ A = \sum_{j=1}^{n} (-1)^{i+j} a_{ij} M_{ij},\ (j = 1, 2, \ldots, n)$$
>
> 으로 나타낼 수 있다.

소행렬식으로 확대하여 일반 $n\times n$ 행렬의 행렬식을 계산하는 데에 $O(n!)$ 의 곱셈/나눗셈과 덧셈/뺄셈이 필요하다. 비교적 작은 n값에 대해서도, 계산 횟수는 다루기 힘들 정도로 많다. 다행히 행렬식의 정확한 값이 필요한 경우는 아주 드물며 행렬식의 근삿값을 구하는 효과적인 방법들이 존재한다.

어떤 행과 어떤 열을 선택하느냐에 따라 $\det A$는 $2n$가지의 다른 정의를 가진 것처럼 보이지만 이들 정의는 모두 같은 행렬식 값을 갖는다. 다음 예제에서는 이러한 정의의 유연성이 이용된다. 가장 많은 0을 갖는 행이나 열을 따라 $\det A$를 계산을 하는 것이 가장 편리하다.

예제 6.4.9 행렬 A가 다음과 같이 주어졌을 때, 0이 많은 부분의 행과 열을 사용하여 행렬식을 구하라.

$$A=\begin{bmatrix} 2 & -1 & 3 & 0 \\ 4 & -2 & 7 & 0 \\ -3 & -4 & 1 & 5 \\ 6 & -6 & 8 & 0 \end{bmatrix}$$

풀이 $\det A$를 계산하려면, 네 번째 열을 중심으로 전개하는 것이 가장 쉽다.

$$\begin{aligned}
\det A &= -a_{14}M_{14}+a_{24}M_{24}-a_{34}M_{34}+a_{44}M_{44}=-5M_{34} \\
&= -5\det\begin{bmatrix} 2 & -1 & 3 \\ 4 & -2 & 7 \\ 6 & -6 & 8 \end{bmatrix} \\
&= -5\left\{2\det\begin{bmatrix} -2 & 7 \\ -6 & 8 \end{bmatrix}-(-1)\det\begin{bmatrix} 4 & 7 \\ 6 & 8 \end{bmatrix}+3\det\begin{bmatrix} 4 & -2 \\ -6 & -6 \end{bmatrix}\right\} \\
&= -5\{2(-16+42)-(-1)(32-42)+3(-24+12)\}=-30
\end{aligned}$$

■

다음의 행렬식의 성질은 선형연립방정식과 가우스 소거법을 행렬식과 관련짓는 데에 유용하다.

정리 6.4.10 **[행렬식의 특징 (Determinant Facts)]**

$n\times n$ 행렬 A에 대하여

(i) 전부 0인 원소를 갖는 행이나 열이 있으면 $\det A=0$이다.

(ii) $\tilde{A}$가 A에 $i\neq k$인 $(E_i)\leftrightarrow(E_k)$ 연산을 적용하여 얻은 행렬이라고 하면 $\det\tilde{A}=-\det A$이다.

(iii) 행렬 A의 두 행 또는 두 열이 같으면, $\det A=0$이다.

(iv) $\tilde{A}$가 행렬 A에 $(\lambda E_i)\to(E_i)$ 연산을 적용하여 얻은 행렬이라고 하면 $\det\tilde{A}=\lambda\det A$이다.

(v) $\tilde{A}$가 행렬 A에 $i\neq k$인 $(E_i+\lambda E_k)\to(E_i)$ 연산을 적용하여 얻은 행렬이라고 하면 $\det\tilde{A}=\det A$이다.

(vi) B가 $n\times n$ 행렬이라면, $\det AB=\det A\cdot\det B$이다.

(vii) $\det A^t=\det A$이다.

(viii) A^{-1}이 존재하면, $A^{-1}=\frac{1}{\det A}$이다.

(ix) A가 상삼각 행렬이나 하삼각 행렬이나 대각행렬이면 $\det A=a_{11}\cdot a_{22}\cdots a_{nn}$이다.

예제 6.4.11 행렬식의 특징 (ii), (iv), (v), (vi)과 MATLAB을 사용하여 다음 행렬의 행렬식을 구해보자.

$$A=\begin{bmatrix} 2 & 1 & -1 & 1 \\ 1 & 1 & 0 & 3 \\ -1 & 2 & 3 & -1 \\ 3 & -1 & -1 & 2 \end{bmatrix}.$$

풀이 행렬 A는 MATLAB에서 다음과 같이 정의할 수 있다.

```
A=[2 1 -1 1; 1 1 0 3; -1 2 3 -1; 3 -1 -1 2]
```

Opereation	MATLAB Command	Effect
$\frac{1}{2}E_1 \to E_1$	$A1(1,:) = A(1,:)/2$	$\det A1 = \frac{1}{2}\det A$
$E_2 - E_1 \to E_2$	$A2(2,:) = A1(2,:) - A1(1,:)$	$\det A2 = \det A1 = \frac{1}{2}\det A$
$E_3 + E_1 \to E_3$	$A3(3,:) = A2(3,:) + A2(1,:)$	$\det A3 = \det A2 = \frac{1}{2}\det A$
$E_4 - 3E_1 \to E_4$	$A4(4,:) = A3(4,:) - 3 * A3(1,:)$	$\det A4 = \det A3 = \frac{1}{2}\det A$
$2E_2 \to E_2$	$A5(2,:) = 2 * A4(2,:)$	$\det A5 = 2\det A4 = \det A$
$E_3 - \frac{5}{2}E_2 \to E_3$	$A6(3,:) = A5(3,:) - 2.5 * A5(2,:)$	$\det A6 = \det A5 = \det A$
$E_4 + \frac{5}{2}E_2 \to E_4$	$A7(4,:) = A6(4,:) + 2.5 * A6(2,:)$	$\det A7 = \det A6 = \det A$
$E_3 \leftrightarrow E_4$	$B = A7(3,:), A8(3,:) = A7(4,:), A8(4,:) = B$	$\det A8 = -\det A7 = -\det A$

표 6.2

[표 6.2]의 순서대로 연산을 수행하면

$$A8=\begin{bmatrix} 1 & 1/2 & -1/2 & 1/2 \\ 0 & 1 & 1 & 5 \\ 0 & 0 & 3 & 13 \\ 0 & 0 & 0 & -13 \end{bmatrix}.$$

행렬식 성질 (ix)에 의해 $\det A8 = 1\cdot 1\cdot 3\cdot -13 = -39$이므로 $\det A = -\det A8 = 39$이다. ■

비특이성, 가우스 소거법, 선형연립방정식, 행렬식을 관련지어 동치를 나타내는 중요한 결과는 다음과 같다.

정리 6.4.12 [$n\times n$ 행렬에 관한 동등한 표현들(**Equivalent Statements about an** $n\times n$ **Matrix** A)]

(i) 방정식 $A\mathrm{x}=0$이 유일한 해 $\mathrm{x}=0$을 갖는다.

(ii) 연립방정식 $A\mathrm{x}=\mathrm{b}$가 임의의 n차원 열 벡터 b에 대해 유일한 해를 갖는다.

(iii) 행렬 A가 비특이 행렬이다. 즉, A^{-1}이 존재한다.

(iv) $\det A \neq 0$이다.

(v) 임의의 n차원 열 벡터 b에 대하여 연립방정식 $A\mathrm{x}=\mathrm{b}$에 행 교환을 하는 가우스 소거법을 적용할 수 있다.

MATLAB은 행렬의 연산에 대해서 바로 수행할 수 있는 수많은 명령어들을 가지고 있다. 예를 들어 행렬 A와 B, 스칼라 a에 대해서 연산이 가능할 때 다음의 MATLAB 명령어들이 사용될 수 있다.

- A와 B를 더할 때 : $A+B$
- A와 B를 곱할 때 : $A*B$
- A와 a를 곱할 때 : $a*A$
- A의 전치 행렬을 구할 때 : A'
- A의 역행렬을 구할 때 : inv$A$
- A의 행렬식을 구할 때 : det(A)

6.4 연습문제

1. 다음 행렬 곱을 구하라.

a. $\begin{bmatrix} 1 & 0 & 0 \\ -1 & 1 & 0 \\ 2 & 3 & 1 \end{bmatrix} \cdot \begin{bmatrix} 1 & 0 & 0 \\ 2 & 2 & 0 \\ 1 & -1 & 1 \end{bmatrix}$　b. $\begin{bmatrix} 1 & 0 & 0 \\ 2 & 1 & 0 \\ -2 & -1 & 1 \end{bmatrix} \cdot \begin{bmatrix} 1 & -1 & 2 \\ 0 & 1 & 3 \\ 0 & 0 & 2 \end{bmatrix}$

c. $\begin{bmatrix} 1 & 0 & 0 \\ 0 & 1 & 0 \\ 0 & -2 & 1 \end{bmatrix} \cdot \begin{bmatrix} 1 & 0 & 0 \\ 2 & 1 & 0 \\ -3 & 0 & 1 \end{bmatrix}$　d. $\begin{bmatrix} 2 & -1 & 4 \\ 0 & -1 & 2 \\ 0 & 0 & 3 \end{bmatrix} \cdot \begin{bmatrix} 3 & -3 & 4 \\ 0 & 1 & 1 \\ 0 & 0 & 2 \end{bmatrix}$

2. 다음의 행렬들에 대하여

i 전치 행렬을 구하라.

ii 어느 행렬이 비특이 행렬인지 결정하고 역행렬을 구하라.

a. $\begin{bmatrix} 4 & 2 & 6 \\ 3 & 0 & 7 \\ -2 & -1 & -3 \end{bmatrix}$　b. $\begin{bmatrix} 1 & 2 & 0 \\ 2 & 1 & -1 \\ 3 & 1 & 1 \end{bmatrix}$

c. $\begin{bmatrix} 4 & 0 & 0 \\ 0 & 0 & 0 \\ 0 & 0 & 3 \end{bmatrix}$　d. $\begin{bmatrix} 1 & 1 & -1 & 1 \\ 1 & 2 & -4 & -2 \\ 2 & 1 & 1 & 5 \\ -1 & 0 & -2 & -4 \end{bmatrix}$

e. $\begin{bmatrix} 4 & 0 & 0 & 0 \\ 6 & 7 & 0 & 0 \\ 9 & 11 & 1 & 0 \\ 5 & 4 & 1 & 1 \end{bmatrix}$　f. $\begin{bmatrix} 2 & 0 & 1 & 2 \\ 1 & 1 & 0 & 2 \\ 2 & -1 & 3 & 1 \\ 3 & -1 & 4 & 3 \end{bmatrix}$

3. 연습문제 2의 행렬식을 구하고, 비특이 행렬에 대한 역행렬의 행렬식을 구하라.

4. 같은 계수를 갖는 네 개의 3×3 선형연립방정식이 있다.

$$\begin{aligned} 2x_1 - 3x_2 + x_3 &= 2 \\ x_1 + x_2 - x_3 &= -1 \\ -x_1 + x_2 - 3x_3 &= 0 \end{aligned} \qquad \begin{aligned} 2x_1 - 3x_2 + x_3 &= 6 \\ x_1 + x_2 - x_3 &= 4 \\ -x_1 + x_2 - 3x_3 &= 5 \end{aligned}$$

$$2x_1 - 3x_2 + x_3 = 0 \qquad 2x_1 - 3x_2 + x_3 = -1$$

$$\begin{aligned} x_1 + x_2 - x_3 &= 1 \qquad & x_1 + x_2 - x_3 = 0 \\ -x_1 + x_2 - 3x_3 &= -3 \qquad & -x_1 + x_2 - 3x_3 = 0 \end{aligned}$$

a. 확대행렬에 대하여 가우스 소거법을 적용하여 각 선형연립방정식의 해를 구하라.

$$\begin{bmatrix} 2 & -3 & 1 & : & 2 & 6 & 0 & -1 \\ 1 & 1 & -1 & : & -1 & 4 & 1 & 0 \\ -1 & 1 & -3 & : & 0 & 5 & -3 & 0 \end{bmatrix}$$

b. 행렬 $A = \begin{bmatrix} 2 & -3 & 1 \\ 1 & 1 & -1 \\ -1 & 1 & -3 \end{bmatrix}$ 의 역행렬을 구한 다음, 이 역행렬을 곱하여 선형연립방정식의 해를 구하라.

c. 어느 방법이 더 많은 연산을 요구하는가?

5. 다음 문장이 참임을 보여라. 참이 아니면 반례(counterexample)를 보여라.

a. 두 대칭 행렬의 곱은 대칭이다.

b. 비특이 대칭 행렬의 역 행렬은 비특이 대칭 행렬이다.

c. $A,\ B$가 $n \times n$ 행렬이면, $(AB)^t = A^t B^t$ 이다.

6. a. 두 $n \times n$ 하삼각 행렬의 곱은 하삼각 행렬임을 보여라

b. 두 $n \times n$ 하삼각 행렬의 곱은 하삼각 행렬임을 보여라.

c. $n \times n$ 비특이 하삼각 행렬의 역행렬은 하삼각 행렬임을 보여라.

7. 다음 선형연립방정식

$$\begin{aligned} a_{11}x_1 + a_{12}x_2 + a_{13}x_3 &= b_1 \\ a_{21}x_1 + a_{22}x_2 + a_{23}x_3 &= b_2 \\ a_{31}x_1 + a_{32}x_2 + a_{33}x_3 &= b_3 \end{aligned}$$

에 크래머의 법칙(Cramer's Rule)을 적용하면

$$x_1 = \frac{1}{D} \det \begin{bmatrix} b_1 & a_{12} & a_{13} \\ b_2 & a_{22} & a_{23} \\ b_3 & a_{32} & a_{33} \end{bmatrix} \equiv \frac{D_1}{D}, \quad x_2 = \frac{1}{D} \det \begin{bmatrix} a_{11} & b_1 & a_{13} \\ a_{21} & b_2 & a_{23} \\ a_{31} & b_3 & a_{33} \end{bmatrix} \equiv \frac{D_2}{D},$$

$$x_3 = \frac{1}{D} \det \begin{bmatrix} a_{11} & a_{12} & b_1 \\ a_{21} & a_{22} & b_2 \\ a_{31} & a_{32} & b_3 \end{bmatrix} \equiv \frac{D_3}{D}, \quad D = \det \begin{bmatrix} a_{11} & a_{12} & a_{13} \\ a_{21} & a_{22} & a_{23} \\ a_{31} & a_{32} & a_{33} \end{bmatrix}.$$

a. 크래머 법칙을 이용하여 다음 선형연립방정식의 해를 구하라.

$$\begin{aligned} 2x_1 + 3x_2 - x_3 &= 4 \\ x_1 - 2x_2 + x_3 &= 6 \\ x_1 - 12x_2 + 5x_3 &= 10 \end{aligned}$$

b. 다음 선형연립방정식

$$\begin{aligned} 2x_1 + 3x_2 - x_3 &= 4 \\ x_1 - 2x_2 + x_3 &= 6 \\ -x_1 - 12x_2 + 5x_3 &= 9 \end{aligned}$$

의 해가 존재하지 않음을 보여라. D_1, D_2, D_3을 계산하라.

c. 다음 선형연립방정식

$$\begin{aligned} 2x_1 + 3x_2 - x_3 &= 4 \\ x_1 - 2x_2 + x_3 &= 6 \\ -x_1 - 12x_2 + 5x_3 &= 10 \end{aligned}$$

은 무한개의 해를 가지고 있음을 보여라. D_1, D_2, D_3을 계산하라.

d. $D = 0$인 3×3 선형연립방정식이 해를 가지고 있다고 하자. 왜 $D_1 = D_2 = D_3 = 0$이 되어야 하는지 설명하라.

8. 인구 물결(Population Wave)이라는 논문에서, Bernadelli[Ber]는 자연 수명이 3년인 일종의 단순한 딱정벌레를 가정하였다. 이 종의 암컷은 첫 번째 해의 생존율이 1/2, 두 번째와 세 번째 해의 생존율이 1/3이고, 3년이 지나기 전에 평균 여섯 마리의 암컷을 낳는다. 확률적인 의미에서, 행렬은 한 마리의 암컷이 이 종의 암컷 인구에 기여하는 것을 보여준다. 행렬 $A = [a_{ij}]$에서, a_{ij}는 나이가 j인 한 암컷이 다음 해에 나이가 i인 암컷의 인구에 기여하는 것을 나타낸다. 즉,

$$D = \det \begin{bmatrix} 0 & 0 & 6 \\ 1/2 & 0 & 0 \\ 0 & 1/3 & 0 \end{bmatrix}.$$

a. 암컷 한 마리의 2년 동안의 기여는 A^2의 원소로부터 결정할 수 있고 3년간의 기여는 A^3의 원소로부터 결정할 수 있다. A^2, A^3을 계산하고, n년 동안의 한 암컷의 기여를 일반적으로 말하라. 여기서 n은 양의 정수이다.

b. 각 연령의 암컷의 마릿수가 6000마리라고 할 때, 미래의 딱정벌레의 마릿수에 어떤 변화가 일어날 것인가를 a의 결론을 이용하여 설명하라.

c. A^{-1}을 계산하고, 이 역행렬이 이 종의 마릿수가 갖는 중요성을 설명하라.

9. 먹이 사슬(food chain)은 생체의 환경적 오염 물질의 확산 및 축적을 결정하는 분야의 중요한 연구 주제이다. 먹이 사슬에 세 개의 고리(link)가 있다고 하자. 첫 번째 고리는 두 번째 고리인 초식 동물 h_1, $h_2, \ldots,$ h_m의 먹이가 되는 식물 $v_1, v_2, \ldots,$ v_n으로 구성되어 있다. 세 번째 고리는 두 번째 고리의 모든 초식 동물을 먹이로 취하는 육식동물 c_1, $c_2, \ldots,$ c_k로 구성되어 있다. 다음 행렬

$$A = \begin{bmatrix} a_{11} & a_{12} & \cdots & a_{1m} \\ a_{21} & a_{22} & \cdots & a_{2m} \\ \vdots & \vdots & & \vdots \\ a_{n1} & a_{n2} & \cdots & a_{nm} \end{bmatrix}$$

의 원소 a_{ij} 는 초식동물 h_j 가 먹는 식물 v_i 의 총량을 나타내고,

$$B = \begin{bmatrix} b_{11} & b_{12} & \cdots & b_{1k} \\ b_{21} & b_{22} & \cdots & b_{2k} \\ \vdots & \vdots & & \vdots \\ b_{m1} & b_{m2} & \cdots & b_{mk} \end{bmatrix}$$

의 원소 b_{ij} 는 육식동물 c_j 가 잡아먹는 초식식물 h_i 의 총수를 나타낸다고 하자.

a. 궁극적으로 육식동물 c_j 에게 먹히는 식물 v_i 의 수는 행렬 AB 의 i 행 j 열의 원소로 나타냄을 보여라.

b. 행렬 A^{-1}, B^{-1}, $AB^{-1} = B^{-1}A^{-1}$ 과 관련된 물리적 의미는 무엇인가?

10. 안내점(guide point)으로 각각 $(x_0+\alpha_0, y_0+\beta_0)$, $(x_1+\alpha_1, y_1+\beta_1)$ 을 갖는 $(x(0), y(0)) = (x_0, y_0)$, $(x(1), y(1)) = (x_1, y_1)$ 을 통한 삼차 Hermite 다항식의 매개변수 형태 $(x(t), y(t))$ 는

$$x(t) = [2(x_0 - x_1) + 3(\alpha_0 + \alpha_1)]t^3 + [3(x_1 - x_0) - \alpha_1 - 2\alpha_0)]t^2 + \alpha_0 t + x_0$$
$$X(t) = [2(y_0 - y_1) + 3(\beta_0 + \beta_1)]t^3 + [3(y_1 - y_0) - \beta_1 - 2\beta_0)]t^2 + \beta_0 t + y_0$$

로 주어짐을 3.6절에서 보았다. 베지어(Bezier)의 삼차다항식은

$$\hat{x}(t) = [2(x_0 - x_1) + 3(\alpha_0 + \alpha_1)]t^3 + [3(x_1 - x_0) - 3(\alpha_1 + \alpha_0)]t^2 + 3\alpha_0 t + x_0$$
$$\hat{y}(t) = [2(y_0 - y_1) + 3(\beta_0 + \beta_1)]t^3 + [3(y_1 - y_0) - 3(\beta_1 + \beta_0)]t^2 + 3\beta_0 t + y_0$$

의 형태를 갖는다.

a. 다음의 행렬이 헤르미트다항식의 계수를 베지어 다항식의 계수로 매핑함을 보여라.

$$A = \begin{bmatrix} 7 & 4 & 4 & 0 \\ -6 & -3 & -6 & 0 \\ 0 & 0 & 3 & 0 \\ 0 & 0 & 0 & 1 \end{bmatrix}$$

b. 베지어 다항식의 계수를 헤르미트다항식의 계수로 매핑하는 행렬 B 를 구하라.

11. 다음과 같이 표현된 2×2 선형복소수연립방정식 $(A + iB)(x + iy) = c + id$ 를 살펴보자.

$$(a_{11} + ib_{11})(x_1 + iy_1) + (a_{12} + ib_{12})(x_2 + iy_2) = c_1 + id_1$$
$$(a_{21} + ib_{21})(x_1 + iy_1) + (a_{22} + ib_{22})(x_2 + iy_2) = c_2 + id_2$$

a. 복소수의 성질을 이용하여 이 연립방정식을 4×4 실수연립방정식으로 변환시켜라.

실수 부분 : $Ax - By = c$

허수 부분 : $Bx + Ay = d$

b. 다음 선형연립방정식의 해를 구하라.

$$(1 - 2i)(x_1 + iy_1) + (3 + 2i)(x_2 + iy_2) = 5 + 2i$$
$$(2 + i)(x_1 + iy_1) + (4 + 3i)(x_2 + iy_2) = 4 - i$$

6.5 행렬의 분해

가우스 소거법은 선형연립방정식의 해를 직접 구하는 주요 도구이다. 따라서, 다른 목적으로 가우스 소거법이 사용될 수 있다는 것이 그리 놀라운 일이 아니다. 이 절에서는 가우스 소거법을 사용하여 $A\mathbf{x} = \mathbf{b}$ 형태의 연립방정식의 해를 구하는 절차가, 행렬 A를 다루기 쉬운 행렬의 곱으로 분해하는 데 쓰일 수 있다는 것을 보게 될 것이다. 행렬의 분해는 특히 $A = LU$ 형태를 갖고 있을 때 유용하다. 여기에서 L은 하삼각 행렬, U는 상삼각 행렬을 나타낸다. 모든 행렬이 이 형태로 표현되지는 않지만, 수치해석의 응용에서 자주 나타나는 많은 행렬들은 이런 형태를 갖는다.

6.2절에서 가우스 소거법을 임의의 비특이 연립방정식 $A\mathbf{x} = \mathbf{b}$에 적용하여 $\mathbf{x}$를 구하는 데에 $O(n^3/3)$의 연산이 필요하다는 것을 알았다. 하지만 상삼각 행렬로 된 선형연립방정식의 해를 구하는 데에는 $O(n^2)$의 연산이 소요되는 후치 대입만 필요하다. 하삼각 행렬에 대해서도 똑같다.

A가 L은 하삼각 행렬이고 U는 상삼각 행렬인 $A = LU$ 형태의 삼각 행렬로 분해된다고 가정하자. 그러면 두 단계 과정으로 $\mathbf{x}$를 쉽게 구할 수 있다.

- 먼저, $\mathbf{y} = U\mathbf{x}$로 정의하고 $\mathbf{y}$에 대하여 연립방정식 $L\mathbf{y} = \mathbf{b}$를 푼다.
  L은 하삼각 행렬이므로 이 식으로부터 $\mathbf{y}$를 구하는 데는 $O(n^2)$의 연산이 필요하다.
- 일단 $\mathbf{y}$가 구해지면, 해 $\mathbf{x}$를 구하기 위해 상삼각 행렬 연립방정식 $U\mathbf{x} = \mathbf{y}$를 푸는 데는
  추가로 $O(n^2)$의 연산이 필요하다.

이는 연립방정식 $A\mathbf{x} = \mathbf{b}$의 해를 구하는 데에 필요한 연산이 $O(n^3/3)$에서 $O(n^2)$로 줄어들었음을 의미한다.

예제 6.5.1 $n = 20,\ n = 100,\ n = 1000$일 때, $O(n^3/3)$와 $O(n^2)$를 필요로 하는 기술을 사용하여 선형 방정식의 답을 결정하기 위해 필요한 작동 횟수의 근삿값을 구하라.

풀이 [표 6.3]에 계산의 결과가 주어진다.

n	$n^3/3$	$2n^2$	Reduction
10	$3.\bar{3} \times 10^2$	2×10^2	40%
100	$3.\bar{3} \times 10^5$	2×10^4	94%
1000	$3.\bar{3} \times 10^8$	2×10^6	99.4%

표 6.3

■

당연히 행렬 분해에 의한 연산 횟수의 감소에는 대가가 있다. 즉, 특정 행렬 L과 U를 계산하는 데에 $O(n^3/3)$의 연산이 필요하다. 그러나 일단 행렬 분해가 구해지면 어떤 수의 벡터 $\mathbf{b}$에 대해서도 행렬 A와 관련된 연립방정식의 해를 간단한 방법으로 구할 수 있다.

$n \times n$ 행렬인 A의 LU를 얻기 위해,

- $A\mathbf{x} = \mathbf{b}$ 형식의 선형 방정식을 푸는 가우스 소거법을 이용한다.
- 만약 가우스 소거법이 행 교환 없이 일어난다면
  - 상삼각 행렬 U는 가우스 소거법이 완벽할 때 결과를 얻는다.
  - 가우스 소거법이 완벽하게 수행되었을 때 하삼각 행렬 L은 정확히 한 행에 하나의 1,
    한 열에 하나의 1을 갖고 그 외에는 모두 0이다.

예제 6.5.2 다음과 같은 6.2절에서 다루었던 선형연립방정식을 LU 분해를 하고, 이 분해를 이용하여 해를 찾아라.

$$\begin{aligned} x_1 + x_2 + 3x_4 &= 4 \\ 2x_1 + x_2 - x_3 + x_4 &= 1 \\ 3x_1 - x_2 - x_3 + 2x_4 &= -3 \\ -x_1 + 2x_2 + 3x_3 - x_4 &= 4 \end{aligned}$$

풀이 $(E_2-2E_1) \to (E_2), (E_3-3E_1) \to (E_3), (E_4-(-1)E_1) \to (E_4), (E_3-4E_2) \to (E_3), (E_4-(-3)E_2) \to (E_4)$의 연산을 순서대로 적용하면 이 연립방정식은 상삼각 형태인

$$\begin{aligned} x_1 + x_2 + 3x_4 &= 4 \\ -x_2 - x_3 + 5x_4 &= -7 \\ 3x_3 + 13x_4 &= 13 \\ -13x_4 &= -13 \end{aligned}$$

으로 변환된다. U를 이 계수들을 원소로 갖는 상삼각 행렬, L을 대각선 상에는 1을 그리고 대각선 아래에는 승수(multiplier) m_{kj}를 원소로 갖는 하삼각 행렬이라고 하자. 그러면 행렬 A는 다음과 같이 분해된다.

$$A = \begin{bmatrix} 1 & 1 & 0 & 3 \\ 2 & 1 & -1 & 1 \\ 3 & -1 & -1 & 2 \\ -1 & 2 & 3 & -1 \end{bmatrix} = \begin{bmatrix} 1 & 0 & 0 & 0 \\ 2 & 1 & 0 & 0 \\ 3 & 4 & 1 & 0 \\ -1 & -3 & 0 & -1 \end{bmatrix} \begin{bmatrix} 1 & 1 & 0 & 3 \\ 0 & -1 & -1 & -5 \\ 3 & 0 & 3 & 13 \\ 0 & 0 & 0 & -13 \end{bmatrix} = LU$$

일단 이렇게 분해가 되면, 행렬 A가 관련된 어떤 연립방정식도 쉽게 풀 수 있다. 예를 들면,

$$\begin{bmatrix} 1 & 0 & 0 & 0 \\ 2 & 1 & 0 & 0 \\ 3 & 4 & 1 & 0 \\ -1 & -3 & 0 & 1 \end{bmatrix} \begin{bmatrix} 1 & 1 & 0 & 3 \\ 0 & -1 & -1 & -5 \\ 0 & 0 & 3 & 13 \\ 0 & 0 & 0 & -13 \end{bmatrix} \begin{bmatrix} x_1 \\ x_2 \\ x_3 \\ x_4 \end{bmatrix} = \begin{bmatrix} 8 \\ 7 \\ 14 \\ -7 \end{bmatrix}$$

의 해를 구하기 위해, 먼저 $\mathbf{y} = U\mathbf{x}$를 대입한다. 그러면 $L\mathbf{y} = \mathbf{b}$, 즉,

$$\begin{bmatrix} 1 & 0 & 0 & 0 \\ 2 & 1 & 0 & 0 \\ 3 & 4 & 1 & 0 \\ -1 & -3 & 0 & 1 \end{bmatrix} \begin{bmatrix} y_1 \\ y_2 \\ y_3 \\ y_4 \end{bmatrix} = \begin{bmatrix} 8 \\ 7 \\ 14 \\ -7 \end{bmatrix}$$

이 된다. 전치 대입법을 사용하여 이 연립방정식을 풀면

$$\begin{aligned} y_1 &= 8; \\ 2y_1 + y_2 &= 7, \quad \text{이므로} \quad y_2 = 7 - 2y_1 = -9; \\ 3y_1 + 4y_2 + y_3 &= 14, \quad \text{이므로} \quad y_3 = 14 - 3y_1 - 4y_2 = 26; \\ -y_1 - 3y_2 + y_4 &= -7, \quad \text{이므로} \quad y_4 = -7 + y_1 + 3y_2 = -26; \end{aligned}$$

이 된다. 다음은 $U\mathbf{x} = \mathbf{y}$를 풀어 원래의 연립방정식의 해 $\mathbf{x}$를 구한다. 즉,

$$\begin{bmatrix} 1 & 1 & 0 & 3 \\ 0 & -1 & -1 & -5 \\ 0 & 0 & 3 & 13 \\ 0 & 0 & 0 & -13 \end{bmatrix} \begin{bmatrix} x_1 \\ x_2 \\ x_3 \\ x_4 \end{bmatrix} = \begin{bmatrix} 8 \\ -9 \\ 26 \\ -26 \end{bmatrix}$$

위의 연립방정식에 후치 대입법을 적용시키면 $x_4 = 2$, $x_3 = 0$, $x_2 = -1$, $x_1 = 3$을 얻는다.

$A = LU$의 분해에서, 다음의 방정식을 사용하여 L의 첫 열과 U의 첫 행을 생성한다.

$$l_{11}u_{11} = a_{11}, \ \ l_{j1} = \frac{a_{j1}}{u_{11}}, \ \ u_{1j} = \frac{a_{1j}}{l_{11}}$$

각 $i = 2, 3, \ldots, n-1$에 대하여 대각 원소 u_{ii}와 l_{ii}를 선택하고 L의 i번째 행의 나머지 원소들을 생성시킨다. 요구되는 방정식은

$$l_{ii}u_{ii} = a_{ii} - \sum_{k=1}^{i-1} l_{ik}u_{ki}$$

$$l_{ji} = \frac{1}{u_{ii}}\left[a_{ji} - \sum_{k=1}^{i-1} l_{jk}u_{ki}\right], \quad u_{ij} = \frac{1}{l_{ii}}\left[a_{ij} - \sum_{k=1}^{i-1} l_{ik}u_{kj}\right], \quad (j = i+1, i+2, \ldots, n)$$

이다. 마지막으로, l_{nn}과 u_{nn}은

$$l_{nn}u_{nn} = a_{nn} - \sum_{k=1}^{n-1} l_{nk}u_{kn}$$

을 만족하도록 선택된다.

프로그램 LUFACT64에서는 행렬을 삼각 행렬의 곱으로 분해하기 위한 일반적인 절차가 수행된다. 새로운 행렬 L과 U가 만들어지지만, 새 행렬의 원소는 더 이상 필요 없게 된 A의 원소를 대체하게 된다. 따라서 새 행렬은 $i = 2, 3, \ldots, n$과 $j = 1, 2, \ldots, i-1$에 대하여 $a_{ij} = l_{ij}$가 되고, $i = 1, 2, \ldots, n$과 $j = i+1, i+2, \ldots, n$에 대하여 $a_{ij} = u_{ij}$가 된다.

치환 행렬 (Permutation Matrices)

행렬의 분해는 많은 연산을 단 한 번만 수행해도 되므로 A를 포함하는 많은 선형연립방정식을 푸는 데에 유용하다. $LU\mathbf{x} = \mathbf{b}$를 풀기 위해, 먼저 $L\mathbf{y} = \mathbf{b}$를 풀어 $\mathbf{y}$를 구한다. L은 하삼각 행렬이므로,

$$y_1 = \frac{b_1}{l_{11}}$$

$$y_i = \frac{1}{l_{ii}}\left[b_i - \sum_{j=1}^{i-1} l_{ij}y_j\right], \quad (i = 2, 3, \ldots, n).$$

일단 $\mathbf{y}$가 전치 대입법에 의해 구해지면 상삼각 연립방정식 $U\mathbf{x} = \mathbf{y}$는 다음 식에 의한 후치 대입법으로 풀어진다.

$$x_n = \frac{y_n}{u_{nn}}, \quad x_i = \frac{1}{u_{ii}}\left[y_i - \sum_{j=i+1}^{n} u_{ij}xj\right]$$

이 전의 논의에서 A는 $A\mathbf{x} = \mathbf{b}$ 형태의 선형연립방정식이 행 교환이 필요없는 가우스 소거법으로 풀 수 있는 행렬이라고 가정하였다. 실제적인 관점에서 볼 때, 이런 행렬의 분해는 한정된 자릿수 산술 사용으로 발생하는 반올림오차를 제어하기 위한 행 교환이 필요 없는 경우에만 유용하다. 비록 근사법을 사용할 때 많이 접하게 되는 연립방정식들은 이런 형태이지만, 행 교환이 필요한 경우는 행렬 분해는 수정되어야 한다. 이에 대한 논의를 주어진 행렬의 행을 재배치(rearrangement) 혹은 치환(permutation)해야 하는 부류의 행렬에 대한 소개로부터 시작하자.

$n \times n$ 치환 행렬(permutation matrix) P는 정확히 한 행에 하나의 1, 한 열의 하나의 1을 갖고 그 외는 모두 0인 행렬이다.

예제 6.5.3 행렬

$$P = \begin{bmatrix} 1 & 0 & 0 \\ 0 & 0 & 1 \\ 0 & 1 & 0 \end{bmatrix}$$

는 3×3 치환 행렬이다. 어떤 3×3 행렬 A에 P를 왼쪽에서 곱하면 A의 두 번째 행과 세 번째 행이 교환된다. 즉,

$$PA = \begin{bmatrix} 1 & 0 & 0 \\ 0 & 0 & 1 \\ 0 & 1 & 0 \end{bmatrix} \begin{bmatrix} a_{11} & a_{12} & a_{13} \\ a_{21} & a_{22} & a_{23} \\ a_{31} & a_{32} & a_{33} \end{bmatrix} = \begin{bmatrix} a_{11} & a_{12} & a_{13} \\ a_{31} & a_{32} & a_{33} \\ a_{21} & a_{22} & a_{23} \end{bmatrix}$$

마찬가지로, P를 오른쪽에서 곱하면 A의 두 번째 열과 세 번째 열이 교환된다.

치환 행렬은 가우스 소거법과 관련하여 두 가지의 유용한 성질을 가지고 있다.

- 첫 번째 성질은 앞의 예제에서 설명된 것으로, 만일 $k_1, \ldots, k_n$이 정수 $1, \ldots, n$의 치환(permutation)이라면 치환 행렬 $P = [p_{ij}]$는

$$p_{ij} = \begin{cases} 1, & j = k_i \\ 0, & \text{otherwise} \end{cases}$$

  으로 정의되어,

$$PA = \begin{bmatrix} a_{k_1,1} & a_{k_1,2} & \cdots & a_{k_1,n} \\ a_{k_2,1} & a_{k_2,2} & \cdots & a_{k_2,n} \\ \vdots & \vdots & & \vdots \\ a_{k_n,1} & a_{k_n,2} & \cdots & a_{k_n,n} \end{bmatrix}.$$

- 두 번째 성질은 P가 치환 행렬이라면 P^{-1}이 존재하고, $P^{-1} = P^t$가 되는 것이다.

예제 6.5.4 다음과 같이 정의된 행렬 A를 $A = (P^tL)U$ 형태로 분해하라.

$$A = \begin{bmatrix} 0 & 0 & -1 & 1 \\ 1 & 1 & -1 & 2 \\ -1 & -1 & 2 & 0 \\ 1 & 2 & 0 & 2 \end{bmatrix}$$

풀이 이 행렬의 a_{11}이 0이므로, LU 분해를 할 수 없다. 그러나 행 교환 $(E_1) \leftrightarrow (E_2)$를 한 다음 $(E_3 + E_1) \rightarrow E_3$와 $(E_4 - E_1) \rightarrow E_4$ 연산을 하면

$$\begin{bmatrix} 1 & 1 & -1 & 2 \\ 0 & 0 & -1 & 1 \\ 0 & 0 & 1 & 2 \\ 0 & 1 & 1 & 0 \end{bmatrix}$$

을 얻는다. 그 다음, 행 교환 $(E_2) \leftrightarrow (E_4)$를 하고 나서 $(E_4 + E_3) \rightarrow E_4$ 연산을 하면

$$U = \begin{bmatrix} 1 & 1 & -1 & 2 \\ 0 & 1 & 1 & 0 \\ 0 & 0 & 1 & 2 \\ 0 & 0 & 0 & 3 \end{bmatrix}$$

을 얻는다. 행 교환 $(E_1) \leftrightarrow (E_2)$와 $(E_2) \leftrightarrow (E_4)$에 해당하는 치환 행렬은

$$P = \begin{bmatrix} 0 & 1 & 0 & 0 \\ 0 & 0 & 0 & 1 \\ 0 & 0 & 1 & 0 \\ 1 & 0 & 0 & 0 \end{bmatrix}$$

이다. PA에 행교환 없이 가우스 소거법을 적용하면, LU 분해

$$PA = \begin{bmatrix} 1 & 0 & 0 & 0 \\ 1 & 1 & 0 & 0 \\ -1 & 0 & 1 & 0 \\ 0 & 0 & -1 & 1 \end{bmatrix} \begin{bmatrix} 1 & 1 & -1 & 2 \\ 0 & 1 & 1 & 0 \\ 0 & 0 & 1 & 2 \\ 0 & 0 & 0 & 3 \end{bmatrix} = LU$$

을 얻는다. 그러므로

$$A = P^{-1}(LU) = P^t(LU) = (P^tL)U = \begin{bmatrix} 0 & 0 & -1 & 1 \\ 1 & 0 & 0 & 0 \\ -1 & 0 & 1 & 0 \\ 1 & 1 & 0 & 0 \end{bmatrix} \begin{bmatrix} 1 & 1 & -1 & 2 \\ 0 & 1 & 1 & 0 \\ 0 & 0 & 1 & 2 \\ 0 & 0 & 0 & 3 \end{bmatrix} = LU$$

이 된다. ■

MATLAB에서는 U가 상삼각 행렬이고 L이 하삼각 행렬이고 P가 치환 행렬일 때 $A = PLU$ 형태에서 LU를 얻을 수 있는 `lu(A)` 명령어가 존재한다. MATLAB에서 제공하는 행렬 P는 우리가 P^t라 부르는 행렬임에 주의하라. [예제 6.5.4]의 행렬에 이 명령어를 적용하기 위해 먼저 A를 다음과 같이 정의한다.

```
A = [0 0 -1 1; 1 1 -1 2; -1 -1 1 0; 1 2 0 2]
```

그리고 다음과 같이

```
[L, P, U] = lu(A)
```

적용하면 MATLAB은 다음을 출력한다.

$$L = \begin{bmatrix} 1 & 0 & 0 & 0 \\ 1 & 1 & 0 & 0 \\ -1 & 0 & 1 & 0 \\ 0 & 0 & -1 & 1 \end{bmatrix}, \quad U = \begin{bmatrix} 1 & 1 & -1 & 2 \\ 0 & 1 & 1 & 0 \\ 0 & 0 & 1 & 2 \\ 0 & 0 & 0 & 3 \end{bmatrix}, \quad P = \begin{bmatrix} 0 & 0 & 0 & 1 \\ 1 & 0 & 0 & 0 \\ 0 & 0 & 1 & 0 \\ 0 & 1 & 0 & 0 \end{bmatrix}$$

이 L, U, P 행렬들로 $A = PLU$를 얻는다.

6.5 연습문제

1. 다음의 분해된 선형연립방정식의 해를 구하라.

a. $\begin{bmatrix} 1 & 0 & 0 \\ 0 & 0 & 1 \\ 0 & 1 & 0 \end{bmatrix} \begin{bmatrix} 1 & 0 & 0 \\ 0 & 0 & 1 \\ 0 & 1 & 0 \end{bmatrix} \begin{bmatrix} x_1 \\ x_2 \\ x_3 \end{bmatrix} = \begin{bmatrix} 2 \\ -1 \\ 1 \end{bmatrix}$

b. $\begin{bmatrix} 2 & 0 & 0 \\ -1 & 1 & 1 \\ 3 & 2 & -1 \end{bmatrix} \begin{bmatrix} 1 & 1 & 1 \\ 0 & 1 & 2 \\ 0 & 0 & 1 \end{bmatrix} \begin{bmatrix} x_1 \\ x_2 \\ x_3 \end{bmatrix} = \begin{bmatrix} -1 \\ 3 \\ 0 \end{bmatrix}$

2. 다음 행렬을, 모든 i에 대하여 $l_{ii} = 1$인 LU 분해하라.

a. $\begin{bmatrix} 2 & -1 & 1 \\ 3 & 3 & 9 \\ 3 & 3 & 5 \end{bmatrix}$

b. $\begin{bmatrix} 1.012 & -2.132 & 3.104 \\ -2.132 & 4.096 & -7.013 \\ 3.104 & -7.013 & 0.014 \end{bmatrix}$

c. $\begin{bmatrix} 2 & 0 & 1 & 0 \\ 1 & 1.5 & 0 & 0 \\ 0 & -3 & 0.5 & 0 \\ 2 & -2 & 1 & 1 \end{bmatrix}$

d. $\begin{bmatrix} 2.1756 & 4.0231 & -2.1732 & 5.1967 \\ -4.0231 & 6.0000 & 0 & 1.1973 \\ -1.0000 & -5.2107 & 1.1111 & 0 \\ 6.0235 & 7.0000 & 0 & -4.1561 \end{bmatrix}$

3. 다음 행렬에 대하여 $A = P^t LU$ 형태의 분해를 하라.

a. $A = \begin{bmatrix} 0 & 2 & 3 \\ 1 & 1 & -1 \\ 0 & -1 & 1 \end{bmatrix}$

b. $A = \begin{bmatrix} 1 & 2 & -1 \\ 1 & 2 & 2 \\ 2 & -1 & 4 \end{bmatrix}$

c. $A = \begin{bmatrix} 1 & -2 & 3 & 0 \\ 3 & -6 & 9 & 3 \\ 2 & 1 & 4 & 1 \\ 1 & -2 & 2 & -2 \end{bmatrix}$

d. $A = \begin{bmatrix} 1 & -2 & 3 & 0 \\ 1 & -2 & 3 & 1 \\ 1 & -2 & 2 & -2 \\ 2 & 1 & 3 & -1 \end{bmatrix}$

4. P를 치환 행렬, L을 대각 원소가 모두 1인 하삼각 행렬, U를 상삼각 행렬이라고 하고 $A = P^t LU$를 살펴보자.

a. 주어진 행렬 A에 대한 $P^t LU$를 계산하는 데에 필요한 연산 횟수를 구하라.

b. P가 k번의 행 교환을 하는 치환 행렬이라고 할 때

$$\det P = \det P^t = (-1)^k$$

임을 보여라.

c. $\det A = \det P^t \det L \det U = (-1)^k \det U$ 를 사용하여 행렬 분해로 $\det A$를 계산하는 데에 필요한 연산 횟수를 구하라.

d. 다음 행렬에 대한 $\det A$와 사용된 연산 횟수를 구하라.

$$A = \begin{bmatrix} 0 & 2 & 1 & 4 & -1 & 3 \\ 1 & 2 & -1 & 3 & 4 & 0 \\ 0 & 1 & 1 & -1 & 2 & -1 \\ 2 & 3 & -4 & 2 & 0 & 5 \\ 1 & 1 & 1 & 3 & 0 & 2 \\ -1 & -1 & 2 & -1 & 2 & 0 \end{bmatrix}$$

6.6 특수행렬을 위한 기법

이 장은 주로 선형연립방정식의 해를 구하기 위한 가우스 소거법의 효과적인 적용에 관한 것이지만, 많은 결과가 광범위하게 응용된다. 가우스 소거법을 이 장의 차의 축이라고 비유 한다면 바퀴도 동등한 관심사가 되며 이 방법은 수치해석의 연구에서 여러 가지 형태로 응용된다. 이 절에서는 이 책의 다른 장에서 사용되는 특수행렬 몇 가지를 살펴보자.

완전 대각 우위 (Strict Diagonal Dominance)

$n \times n$ 행렬 A가 각 $i = 1, 2, \ldots, n$에 대하여

$$|a_{ii}| > \sum_{j=1, j\neq i}^{n} |a_{ij}|$$

를 만족하면 행렬 A를 완전 대각 우위(strictly diagonally dominant) 행렬이라 한다.

예제 6.6.1 다음의 행렬

$$A = \begin{bmatrix} 7 & 2 & 0 \\ 3 & 5 & -1 \\ 0 & 5 & -6 \end{bmatrix}, \quad B = \begin{bmatrix} 6 & 4 & -3 \\ 4 & -2 & 0 \\ -3 & 0 & 1 \end{bmatrix}$$

을 살펴보자. 비대칭 행렬 A는 $|7| > |2| + |0|$, $|5| > |3| + |-1|$, $|-6| > |0| + |5|$이므로 완전 대각 우위 행렬이다. 대칭 행렬 B는 첫 번째 행의 대각 원소의 절댓값이 $|6| < |4| + |-3| = 7$이므로 완전 대각 우위 행렬이 아니다. A^t의 가운데 행이 $[2\ 5\ 5]$이므로 A^t가 완전 대각 우위 행렬이 아니고, $B^t = B$이므로 B^t도 완전 대각 우위 행렬이 아닌 것은 흥미로운 사실이다.

정리 6.6.2 [완전 대각 우위 행렬 (Strictly Diagonally Dominant Matrices)]

완전 대각 우위 행렬은 역행렬을 가지고 있다. 더욱이 행 교환이나 열 교환 없이 $A\mathbf{x} = \mathbf{b}$ 형태를 갖는 선형연립방정식의 유일한 해를 구하기 위해 가우스 소거법을 적용할 수 있고, 반올림오차의 증가에 대해 계산은 안정되어 있다.

양정치행렬 (Positive Definite Matrices)

행렬 A가 대칭이고 0이 아닌 모든 n차원 열 벡터 x에 대해 $\mathbf{x}^t A\mathbf{x} > 0$이면 A를 양정치행렬(positive definite matrix)이라고 한다. 이 정의를 사용하여 어떤 행렬이 양정치행렬인지 판정하기는 어렵다. 다행히 행렬이 이런 중요한 부류에 속하는지를 쉽게 판정하는 기준이 있다.

정리 6.6.3 [양정치행렬의 성질 **(Positive Definite Matrix Properties)**]

A는 $n \times n$ 양정치행렬이라고 하면,

(i) A는 역행렬을 가지고 있다.

(ii) 각 $i = 1, 2, \ldots, n$에 대하여 $a_{ii} > 0$이다.

(iii) $\max_{1 \le k,j \le n} |a_{kj}| \le \max_{1 \le i \le n} |a_{ii}|$를 만족시킨다.

(iv) $i \ne j$에 대하여 $(a_{ij})^2 < a_{ii}a_{jj}$를 만족시킨다.

이 책에서의 양정치행렬의 정의는 행렬이 대칭일 것을 요구하지만 모든 사람들이 이 조건을 요구하는 것은 아니다. 예를 들면, Golub와 Van Loan [GV]의 책은 행렬에 관한 표준서인데 양정치행렬에 대한 조건으로 0이 아닌 각 벡터 x에 대하여 $\mathbf{x}^t A\mathbf{x} > 0$만을 요구한다. 이 책에서는 양정치행렬이라고 하지만 [GV]에서는 양정치 대칭 행렬이라고 부른다. 다른 책을 볼 때에는 이 차이점을 유의하기 바란다.

다음의 결과는 앞에서 설명한 완전 대각 우위 행렬처럼 양정치행렬에 대한 동치 조건을 말하고 있다.

정리 6.6.4 [양정치행렬의 동등성 **(Positive Definite Matrix Equivalences)**]

$n \times n$ 행렬 A에 대한 다음 문장들은 서로 동치이다.

(i) A는 양정치행렬이다.

(ii) 모든 피벗 원소(pivot element)가 양인 선형연립방정식 $A\mathbf{x} = \mathbf{b}$에 행 교환이 없는 가우스 소거법을 적용할 수 있다. (이는 반올림오차의 증가에 대하여 계산이 안정됨을 보장한다.)

(iii) A를 LL' 형태로 분해시킬 수 있다. 여기에서 L은 양의 대각 원소를 갖는 하삼각 행렬이다.

(iv) A를 LDL' 형태로 분해시킬 수 있다. 여기에서 L은 대각 원소가 1인 하삼각 행렬, 그리고 D는 양의 대각 원소를 갖는 대각 행렬이다.

(v) 각 $i = 1, 2, \ldots, n$에 대하여

$$\det A = \begin{bmatrix} a_{11} & a_{12} & \cdots & a_{1i} \\ a_{21} & a_{22} & \cdots & a_{2i} \\ \vdots & \vdots & & \vdots \\ a_{i1} & a_{i2} & \cdots & a_{ii} \end{bmatrix} > 0$$

예제 6.6.5 다음 대칭 행렬이 양정치행렬임을 보여라.

$$A = \begin{bmatrix} 2 & -1 & 0 \\ -1 & 2 & -1 \\ 0 & -1 & 2 \end{bmatrix}$$

풀이

$$\det[2] = 2 > 0, \quad \det\begin{bmatrix} 2 & -1 \\ -1 & 2 \end{bmatrix} = 4 - 1 = 3 > 0,$$

이고

$$\begin{aligned} \det\begin{bmatrix} 2 & -1 & 0 \\ -1 & 2 & -1 \\ 0 & -1 & 2 \end{bmatrix} &= 2\det\begin{bmatrix} 2 & -1 \\ -1 & 2 \end{bmatrix} - (-1)\det\begin{bmatrix} -1 & -1 \\ 0 & 2 \end{bmatrix} \\ &= 2(4-1) + (-2+0) = 4 > 0, \end{aligned}$$

따라서 (v)에 의해 A는 양정치이다. ■

예제 6.6.6 다음 양정치행렬을 LDL^t 분해하라.

$$A = \begin{bmatrix} 4 & -1 & 1 \\ -1 & 4.25 & 2.75 \\ 1 & 2.75 & 3.5 \end{bmatrix}$$

풀이 행렬 A의 LDL^t 분해는 원소가 1인 하삼각 행렬 L을 가진다. 따라서

$$\begin{aligned} A = \begin{bmatrix} a_{11} & a_{12} & a_{13} \\ a_{21} & a_{22} & a_{23} \\ a_{31} & a_{32} & a_{33} \end{bmatrix} &= \begin{bmatrix} 1 & 0 & 0 \\ l_{21} & 1 & 0 \\ l_{31} & l_{32} & 1 \end{bmatrix}\begin{bmatrix} d_1 & 0 & 0 \\ 0 & d_2 & 0 \\ 0 & 0 & d_3 \end{bmatrix}\begin{bmatrix} 1 & l_{21} & l_{31} \\ 0 & 1 & l_{32} \\ 0 & 0 & 1 \end{bmatrix} \\ &= \begin{bmatrix} d_1 & d_1 l_{21} & d_1 l_{31} \\ d_1 l_{21} & d_2 + d_1 l_{21}^2 & d_2 l_{32} + d_1 l_{21} l_{31} \\ d_1 l_{31} & d_1 l_{21} l_{31} + d_2 l_{32} & d_1 l_{31}^2 + d_2 l_{32}^2 + d_3 \end{bmatrix} \end{aligned}$$

따라서

$$\begin{aligned} &a_{11} : \ 4 = d_1 \Longrightarrow d_1 = 4, && a_{21} : \ -1 = d_1 l_{21} \Longrightarrow l_{21} = -0.25 \\ &a_{31} : \ l = d_1 l_{31} \Longrightarrow l_{31} = 0.25, && a_{22} : \ 4.25 = d_2 + d_2 l_{21}^2 \Longrightarrow d_2 = 4 \\ &a_{32} : \ 2.75 = d_1 l_{21} l_{31} + d_2 l_{32} \Longrightarrow l_{32} = 0.75, && a_{33} : \ 3.5 = d_1 l_{31}^2 + d_2 l_{32}^2 + d_3 \Longrightarrow d_2 = 4, \end{aligned}$$

을 가지며

$$A = LDL^t = \begin{bmatrix} 1 & 0 & 0 \\ -0.25 & 1 & 0 \\ 0.25 & 0.75 & 1 \end{bmatrix}\begin{bmatrix} 4 & 0 & 0 \\ 0 & 4 & 0 \\ 0 & 0 & 1 \end{bmatrix}\begin{bmatrix} 1 & -0.25 & 0.25 \\ 0 & 1 & 0.75 \\ 0 & 0 & 1 \end{bmatrix}.$$

■

행 교환 없이 가우스 소거법을 적용할 수 있는 대칭 행렬 A는 어느 것이든지 LDL^t 형태로 분해할 수 있다. 이런 일반적인 경우에는 L은 대각 원소가 모두 1인 하삼각 행렬이고, D는 가우스 소거법을 사용할 때의 피벗 원소가 대각선 상에 있는 대각행렬이다. 이 결과는 대칭 행렬이 흔하고, 쉽게 확인이 되므로 광범위하게 응용된다.

양정치행렬의 (iii)의 분해($A = LL^t$)는 촐레스키 분해로 알려져 있다. 다음 예제에서 살펴보자.

예제 6.6.7 다음 양정치행렬의 촐레스키 분해(LL^t)를 해보아라.

$$A = \begin{bmatrix} 4 & -1 & 1 \\ -1 & 4.25 & 2.75 \\ 1 & 2.75 & 3.5 \end{bmatrix}$$

풀이 행렬 A의 촐레스키 분해 LL^t은

$$\begin{aligned} A = \begin{bmatrix} a_{11} & a_{12} & a_{13} \\ a_{21} & a_{22} & a_{23} \\ a_{31} & a_{32} & a_{33} \end{bmatrix} &= \begin{bmatrix} l_{11} & 0 & 0 \\ l_{21} & l_{22} & 0 \\ l_{31} & l_{32} & l_{33} \end{bmatrix} \begin{bmatrix} l_{11} & l_{21} & l_{31} \\ 0 & l_{22} & l_{32} \\ 0 & 0 & l_{33} \end{bmatrix} \\ &= \begin{bmatrix} l_{11}^2 & l_{11}l_{21} & l_{11}l_{31} \\ l_{11}l_{21} & l_{21}^2 + l_{22}^2 & l_{21}l_{31} + l_{22}l_{32} \\ l_{11}l_{31} & l_{21}l_{31} + l_{22}l_{32} & l_{31}^2 + l_{32}^2 + l_{33}^2 \end{bmatrix} \end{aligned}$$

따라서

$$\begin{aligned} &a_{11} :\ 4 = l_{11}^2 \Longrightarrow l_{11} = 2, && a_{21} :\ -1 = l_{11}l_{21} \Longrightarrow l_{21} = -0.5 \\ &a_{31} :\ l = l_{11}l_{31} \Longrightarrow l_{31} = 0.5, && a_{22} :\ 4.25 = l_{21}^2 + l_{22}^2 \Longrightarrow l_{22} = 2 \\ &a_{32} :\ 2.75 = l_{21}l_{31} + l_{22}l_{32} \Longrightarrow l_{32} = 1.5, && a_{33} :\ 3.5 = l_{31}^2 + l_{32}^2 + l_{33}^2 \Longrightarrow l_{33} = 1, \end{aligned}$$

을 가지며

$$A = LL^t = \begin{bmatrix} 2 & 0 & 0 \\ -0.5 & 2 & 0 \\ 0.5 & 1.5 & 1 \end{bmatrix} \begin{bmatrix} 2 & -0.5 & 0.5 \\ 0 & 2 & 1.5 \\ 0 & 0 & 1 \end{bmatrix}.$$

■

MATLAB으로 LDL^t와 촐레스키(LL^t)을 계산할 수 있다. 예를 들어, 행렬 A를

```
A=[4 -1 1; -1 4.25 2.75; 1 2.75 3.5]
```

로 정의하면,

```
[L, D]=ldl(A)
```

에서 다음을 얻는다.

$$L = \begin{bmatrix} 1.000000000000000 & 0 & 0 \\ -0.250000000000000 & 1.000000000000000 & 0 \\ 0.250000000000000 & 0.750000000000000 & 1.000000000000000 \end{bmatrix}, \quad D = \begin{bmatrix} 4 & 0 & 0 \\ 0 & 4 & 0 \\ 0 & 0 & 1 \end{bmatrix}.$$

그리고 chol함수를 통해

```
L=chol(A)
```

다음 결과를 얻는다.

$$L = \begin{bmatrix} 2.000000000000000 & -0.500000000000000 & 0.500000000000000 \\ 0 & 2.000000000000000 & 1.500000000000000 \\ 0 & 0 & 1.000000000000000 \end{bmatrix}.$$

띠 행렬 (Band matrix)

마지막 특수한 행렬은 띠 행렬(band matrix)이다. 많은 응용에서 띠 행렬은 완전 대각 우위 행렬이거나 양정치행렬이다. 이러한 성질의 조합은 아주 유용하다.

$n \times n$ 행렬에 대하여 $1 < p,\ q < n$이고, $p \le j - i$ 또는 $q \le i - j$일 때 $a_{ij} = 0$인 정수 p, q가 존재하면 이 행렬을 띠 행렬이라고 한다. 개수 p는 0이 아닌 원소가 들어있는 주 대각선을 포함한 주 대각선 위쪽의 대각선의 수를 나타낸다. 개수 q는 0이 아닌 원소가 들어 있는 주 대각선을 포함한 주 대각선 아래쪽의 대각선의 수를 나타낸다. 띠의 폭(bandwidth)은 $w = p + q - 1$인데 이는 0이 아닌 원소가 들어있는 대각선의 수를 나타낸다.

예를 들면, 다음 행렬은 띠 행렬로서 $p = 3,\ q = 2$이고, 띠의 넓이는 $3 + 2 - 1 = 4$이다.

$$A = \begin{bmatrix} 7 & 2 & 1 & 0 \\ 3 & 5 & -3 & -2 \\ 0 & 4 & 6 & -1 \\ 0 & 0 & 5 & 8 \end{bmatrix}.$$

삼대각 행렬 (Tridiagonal matrix)

띠 행렬의 0이 아닌 원소는 모두 대각선을 중심으로 모여 있다. 실제로 흔히 발생하는 띠 행렬의 특별한 두 가지 경우는 $p = q = 2$와 $p = q = 4$이다. $p = q = 2$이고, 띠의 넓이가 3인 행렬은 다음과 같은 형태를 가지고 있기 때문에 삼대각 행렬(tridiagonal matrix)이라고 한다.

$$\begin{bmatrix} \alpha_1 & \gamma_1 & 0 & \cdots & 0 \\ \beta_1 & \alpha_2 & \gamma_2 & \ddots & \vdots \\ 0 & \beta_2 & \alpha_3 & \ddots & 0 \\ \vdots & \ddots & \ddots & \ddots & \gamma_{n-1} \\ 0 & \cdots & 0 & \beta_n & \alpha_n \end{bmatrix}$$

삼대각 행렬의 원소는 주로 0이 많으므로 보통 각 원소의 첨자를 이중 첨자에서 단일 첨자로 바꾸어 표현한다. 삼대각 행렬은 초기치 문제의 구간별 선형근사(piecewise linear approximation)의 연구와 관련하여 11장에서 다시 나타난다. $p = q = 4$인 경우도 11장에서 근사 함수가 삼차 Spline의 형태를 갖는 경계치 문제의 해를 구하기 위해 사용된다. 띠 행렬은 많은 수의 0이 규칙적으로 나타나기 때문에 아주 간단히 분해를 할 수 있다.

예제 6.6.8 다음과 같은 대칭 행렬을 LU 분해하라.

$$\begin{bmatrix} 2 & -1 & 0 & 0 \\ -1 & 2 & -1 & 0 \\ 0 & -1 & 2 & -1 \\ 0 & 0 & -1 & 2 \end{bmatrix}.$$

풀이 A의 LU 분해는

$$A = \begin{bmatrix} a_{11} & 0 & 0 & 0 \\ a_{21} & a_{22} & a_{23} & 0 \\ 0 & a_{32} & a_{33} & a_{34} \\ 0 & 0 & a_{43} & a_{44} \end{bmatrix} = \begin{bmatrix} l_{11} & 0 & 0 & 0 \\ l_{21} & l_{22} & 0 & 0 \\ 0 & l_{32} & l_{33} & 0 \\ 0 & 0 & l_{43} & l_{44} \end{bmatrix} \begin{bmatrix} 1 & u_{12} & 0 & 0 \\ 0 & 1 & u_{23} & 0 \\ 0 & 0 & 1 & u_{34} \\ 0 & 0 & 0 & 1 \end{bmatrix}$$

$$= \begin{bmatrix} l_{11} & l_{11}u_{12} & 0 & 0 \\ l_{21} & l_{22}+l_{21}u_{12} & l_{22}u_{23} & 0 \\ 0 & l_{32} & l_{33}+l_{32}u_{23} & l_{33}u_{34} \\ 0 & 0 & l_{43} & l_{44}+l_{43}u_{34} \end{bmatrix}.$$

따라서

$$\begin{aligned} &a_{11}:\ 2 = l_{11} \Longrightarrow l_{11} = 2, && a_{21}:\ -1 = l_{11}u_{12} \Longrightarrow u_{12} = -\frac{1}{2} \\ &a_{21}:\ -1 = l_{21} \Longrightarrow l_{21} = -1, && a_{22}:\ 2 = l_{22} + l_{21}u_{12} \Longrightarrow l_{22} = \frac{3}{2} \\ &a_{23}:\ -1 = l_{22}u_{23} \Longrightarrow l_{23} = -\frac{2}{3}, && a_{32}:\ -1 = l_{32} \Longrightarrow l_{32} = -1, \\ &a_{33}:\ 2 = l_{33} + l_{32}u_{23} \Longrightarrow l_{33} = \frac{4}{3}, && a_{34}:\ -1 = l_{33}u_{34} \Longrightarrow u_{34} = -\frac{3}{4}, \\ &a_{43}:\ -1 = l_{43} \Longrightarrow l_{43} = -1, && a_{44}:\ 2 = l_{44} + l_{43}u_{34} \Longrightarrow l_{44} = \frac{5}{4}. \end{aligned}$$

■

예제 6.6.9 다음의 삼대각연립방정식을 [예제 6.6.8]에서 구한 LU 분해를 이용하여 해를 찾아라.

$$\begin{aligned} 2x_1 - x_2 \qquad\qquad &= 1 \\ -x_1 + 2x_2 - x_3 \qquad &= 0 \\ -x_2 + 2x_3 - x_4 &= 0 \\ -x_3 + 2x_4 &= 1 \end{aligned}$$

풀이 $\mathbf{y} = U\mathbf{x}$라 하고, 이 문제를 풀기 위해 전방 대입을 사용하면

$$L\mathbf{y} = \begin{bmatrix} 2 & 0 & 0 & 0 \\ -1 & \frac{3}{2} & 0 & 0 \\ 0 & -1 & \frac{4}{3} & 0 \\ 0 & 0 & -1 & \frac{5}{4} \end{bmatrix} \begin{bmatrix} y_1 \\ y_2 \\ y_3 \\ y_4 \end{bmatrix} = \begin{bmatrix} 1 \\ 0 \\ 0 \\ 1 \end{bmatrix}.$$

이는

$$\begin{aligned} 2y_1 = 1 \quad &\leftrightarrow \quad y_1 = \frac{1}{2}, \\ -1y_1 + \frac{3}{2}y_2 = 0 \quad &\leftrightarrow \quad y_2 = \frac{1}{3}, \\ -y_2 + \frac{4}{3}y_3 = 0 \quad &\leftrightarrow \quad y_3 = \frac{1}{4}, \\ -y_3 + \frac{5}{4}y_4 = 1 \quad &\leftrightarrow \quad y_4 = 1. \end{aligned}$$

따라서 $\mathbf{y} = \left(\frac{1}{2}, \frac{1}{3}, \frac{1}{4}, 1\right)'$.

$U\mathbf{x} = \mathbf{y}$를 풀기 위해 후방 대입을 이용하면

$$U\mathbf{x} = \begin{bmatrix} 1 & -\frac{1}{2} & 0 & 0 \\ 0 & 1 & -\frac{2}{3} & 0 \\ 0 & 0 & 1 & -\frac{3}{4} \\ 0 & 0 & 0 & 1 \end{bmatrix} \begin{bmatrix} x_1 \\ x_2 \\ x_3 \\ x_4 \end{bmatrix} = \begin{bmatrix} \frac{1}{2} \\ \frac{1}{3} \\ \frac{1}{4} \\ 1 \end{bmatrix} = LU.$$

이는

$$\begin{aligned} x_4 &= 1, \\ x_3 + \frac{3}{4}x_4 &= \frac{1}{4} \quad \leftrightarrow \quad x_3 = 1, \\ x_2 - \frac{2}{3}x_3 &= \frac{1}{3} \quad \leftrightarrow \quad x_2 = 1, \\ x_1 - \frac{1}{2}x_2 &= \frac{1}{2} \quad \leftrightarrow \quad x_1 = 1. \end{aligned}$$

따라서 $\mathbf{x} = \left(1, 1, 1, 1\right)'$. ■

삼대각 분해는 각 $i = 1, 2, \ldots, n$에 대하여 $l_i \neq 0$일 때마다 적용할 수 있다. 이를 만족시킬 수 있는 두 가지 조건은 연립방정식의 계수 행렬(coefficient matrix)이 양정치행렬이거나 또는 완전 대각 우위 행렬이어야 하는 것이다. 이 방법의 적용을 보장하는 추가 조건은 다음과 같다.

정리 6.6.10 [비특이 삼대각 행렬 **(Nonsingular Tridiagonal Matrices)**]

A가 각 $i = 2, 3, \ldots, n-1$에 대하여 $a_{i,i-1} \neq 0$, $a_{i,i+1} \neq 0$인 삼대각 행렬이라고 하자. 만일 각 $i = 2, 3, \ldots, n-1$에 대하여 $|a_{11}| > |a_{12}|$, $|a_{nn}| > |a_{n,n-1}|$이고, $|a_{ii}| \geq |a_{i,i-1}| + |a_{i,i+1}|$이면, A는 비특이 행렬이고, l_i의 값은 각 $i = 1, 2, \ldots, n$에 대하여 0이 아니다.

6.6 연습문제

1. 다음 행렬들 중에서 어느 것이 (i) 대칭 행렬, (ii) 특이 행렬, (iii) 완전 대각 우위 행렬, (iv) 양정치행렬인지 결정하라.

a. $\begin{bmatrix} 2 & 1 \\ 1 & 3 \end{bmatrix}$

b. $\begin{bmatrix} 2 & 1 & 0 \\ 0 & 3 & 0 \\ 1 & 0 & 4 \end{bmatrix}$

c. $\begin{bmatrix} 4 & 2 & 6 \\ 3 & 0 & 7 \\ -2 & -1 & -3 \end{bmatrix}$

d. $\begin{bmatrix} 4 & 0 & 0 & 0 \\ 6 & 7 & 0 & 0 \\ 9 & 11 & 1 & 0 \\ 5 & 4 & 1 & 1 \end{bmatrix}$

2. 삼대각연립방정식에 대한 Crout 분해를 사용하여 다음 선형연립방정식의 해를 구하라.

a.

$$\begin{aligned} x_1 - x_2 \quad &= 0 \\ -2x_1 + 4x_2 - 2x_3 &= -1 \\ -x_2 + 2x_3 &= 1.5 \end{aligned}$$

b.

$$\begin{aligned} x2_1 - x_2 \quad &= 3 \\ -x_1 + 2x_2 - x_3 &= -3 \\ -x_2 + 2x_3 &= 1 \end{aligned}$$

3. A와 B가 $n \times n$ 양정치행렬일 때 다음 어느 것이 양정치 행렬인가?

a. $-A$　　b. A^t　　c. $A + B$

d. A^2　　e. $A - B$

4. 다음 행렬

$$A = \begin{bmatrix} \alpha & 1 & 0 \\ \beta & 2 & 1 \\ 0 & 1 & 2 \end{bmatrix}$$

가 다음 행렬이 되기 위한 α와 β의 값을 구하라.

a. 특이 행렬　　b. 완전 대각 우위 행렬

c. 대칭 행렬　　d. 양정치행렬

5. Dorn과 Burdick[DB]의 논문에서 과일 파리(fruit flies: Drosophila melanogaster)의 세 돌연변이를 교배시켜 얻은 과일 파리의 평균 날개 길이는 다음 대칭 행렬로 표현할 수 있다.

$$A = \begin{bmatrix} 1.59 & 1.69 & 2.13 \\ 1.69 & 1.31 & 1.72 \\ 2.13 & 1.72 & 1.85 \end{bmatrix}$$

이 행렬의 a_{ij}는 i 형태의 수놈과 j 형태의 암놈을 교배시켜 얻은 새끼의 평균 날개 길이이다.

a. 이 행렬이 대칭이라는 점은 어떤 물리적 의미를 갖는가?

b. 이 행렬은 양정치행렬인가? 양정치행렬이라면 양정치행렬임을 증명하고, 아니면 $\mathbf{x}^t A\mathbf{x} \leq 0$인 0이 아닌 벡터 $\mathbf{x}$를 구하라.

제 7 장

선형방정식의 해를 구하기 위한 반복법

7.1 개요

6장에서는 직접적인 방법을 이용한 선형방정식의 근사해에 대하여 다루었다. 이 장에서는 몇 가지 잘 알려진 반복법(iterative techniques)에 대하여 다루고자 한다. 이 방법을 사용하기 위해서는 초기 근사가 필요하다. 이 장에서 소개될 방법들은 정확한 산술적 계산을 하더라도 정확한 해를 구할 수 없다. 하지만 대부분의 경우 반복법은 직접법에 비해 계산량이 훨씬 적고 반올림오차를 줄여주기 때문에 보다 효율적이다. 특히 0인 원소가 큰 비중을 차지하는 희소 행렬(sparse matrix)에서는 더욱 그렇다.

반복법의 수렴성을 이해하기 위해서는 선형대수학에 대한 추가적인 지식이 필요하다. 가장 먼저, 반복법의 목적은 정확한 해에서 허용된 오차 내에 존재하는 근사해를 결정하는 것이기 때문에 두 벡터가 서로 얼마나 접근해 있는지를 판단할 척도가 필요하다.

7.2절에서는 노름(norm)의 개념을 이용하여 두 벡터 사이의 거리를 여러 가지 형태로 표현할 수 있음을 보여준다. 또한 노름 개념이 행렬 사이의 거리를 표현하는 데까지 확장될 수 있음도 살펴본다. 7.3절에서는 행렬의 고윳값(eigenvalue)과 고유벡터(eigenvector)에 대하여 설명하고, 이 개념들과 반복법의 수렴성 사이의 연관성에 대하여 다룬다.7.4절에서는 기본적인 Jacobi 및 Gauss–Seidel 반복법에 대하여 다룬다. 반복법과 관련된 행렬의 가장 큰 고윳값의 크기에 대하여 분석하여, 방법론의 수렴 가능성에 대하여 예측하는 조건을 결정할 수 있다. 7.5절에서는 SOR 방법에 대하여 소개한다. 이는 Jacobi나 Gauss–Seidel방법에 비하여 근사오차를 줄이기 때문에 반복법에 흔히 적용된다. 7.6절에서는 선형시스템의 근사해를 구하기 위한 반복법 혹은 직접법을 적용하는 데에 반드시 고려해야 할 요소에 대하여 논의한다. 공액경사법(conjugate gradient method)은 7.7절에서 소개된다. 이 방법은 사전조율(preconditioning)을 이용한 희소, 양정치(sparse, positive-definite) 행렬에 적용되는 가장 많이 사용되는 방법이다.

7.2 벡터의 수렴

두 실수 x와 y 사이의 거리는 $|x-y|$로 주어진다. 2장에서 근사해의 정확성을 예측하고 언제 근사해가 충분히 정확해졌는지 판단하고 중단 기법을 사용하여 근을 구하는 것을 보았다. 연립방정식을 푸는 반복법도 비슷한 논리를 이용하므로, 먼저 n차원 벡터 사이의 거리를 결정하는 방법에 대하여 알아보자.

벡터 노름(Vector Norms)

$\mathbb{R}^n$을 실수 계수를 가지는 n차원 열 벡터의 집합이라고 하자. 벡터를 원소로 표현할 때, 6.4절에서 사용된 전치행렬에 대한 표현을 사용하면 공간을 절약할 수 있는 이점이 있다. 예를 들어, 벡터

$$\mathbf{x} = \begin{bmatrix} x_1 \\ x_2 \\ \vdots \\ x_n \end{bmatrix}$$

를 $\mathbf{x} = (x_1, x_2, \ldots, x_n)^t$로 표기한다.

정리 7.2.1 **[$\mathbb{R}^n$에서의 벡터의 노름 (Vector Norm on $\mathbb{R}^n$)]**

$\mathbb{R}^n$에서의 벡터의 노름은 다음과 같은 성질을 가지는 $\mathbb{R}^n$으로부터 $\mathbb{R}$로의 함수 $\|\cdot\|$이다.

(i) 모든 $\mathbf{x} \in \mathbb{R}^n$에 대하여, $\|\mathbf{x}\| \geq 0$이다.

(ii) $\|\mathbf{x}\| = 0$와 $\mathbf{x} = (0, 0, \ldots, 0)^t \equiv \mathbf{0}$은 동치이다.

(iii) 모든 $\alpha \in \mathbb{R}$과 $\mathbf{x} \in \mathbb{R}^n$에 대하여 $\|\alpha\mathbf{x}\| = |\alpha|\|\mathbf{x}\|$이다.

(iv) 모든 $\mathbf{x}, \mathbf{y} \in \mathbb{R}^n$에 대하여, $\|\mathbf{x}+\mathbf{y}\| \leq \|\mathbf{x}\| + \|\mathbf{y}\|$이다.

우리의 목적을 위하여 $\mathbb{R}^n$에서 정의되는 특정한 두 노름만 필요하다. 벡터 $\mathbf{x} = (x_1, x_2, \ldots, x_n)^t$에 대한 l_2와 l_∞ 노름은 다음과 같이 정의된다.

$$\|\mathbf{x}\|_2 = \left\{\sum_{i=1}^{n} x_i^2\right\}^{1/2} \quad \text{와} \quad \|\mathbf{x}\|_\infty = \max_{1 \leq i \leq n} |x_i|.$$

$\mathbf{x}$가 $\mathbb{R}^1 \equiv \mathbb{R}$, $\mathbb{R}^2$, 혹은 $\mathbb{R}^3$에 있을 때, l_2 노름은 원점에서부터의 일반적인 거리를 의미하기 때문에 벡터 $\mathbf{x}$의 유클리디안 노름이라고 불린다. 예를 들어, 벡터 $\mathbf{x} = (x_1, x_2, x_3)^t$의 l_2 노름은 점 $(0,0,0)$과 (x_1, x_2, x_3)을 잇는 선분의 길이로 주어지며, 이는 두 점 사이의 가장 가까운 길의 거리이다. [그림 7.1]은 $\mathbb{R}^2$와 $\mathbb{R}^3$에서 l_2 노름이 1보다 작은 벡터들의 경계를 보여준다. [그림 7.2]는 l_∞에 대해 비슷한 설명을 보이고 있다.

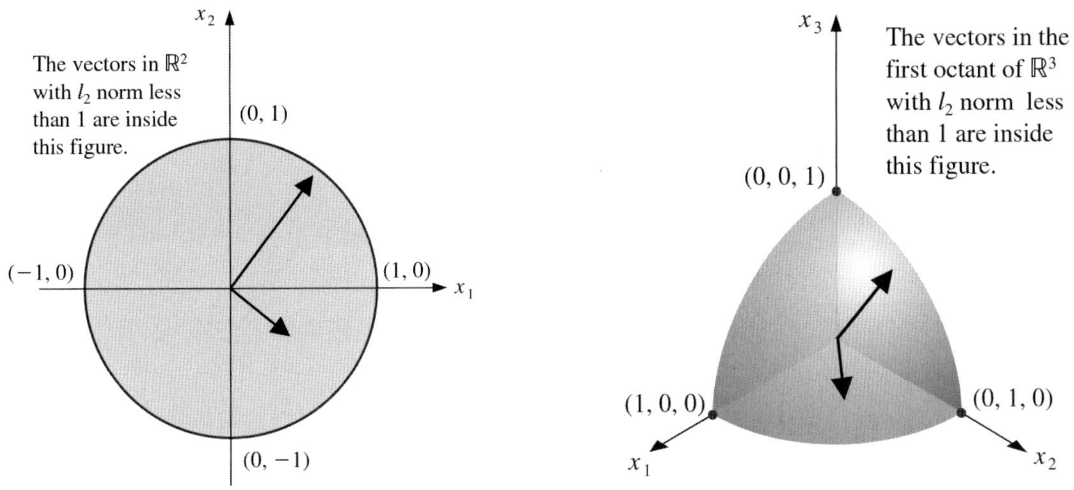

그림 7.1

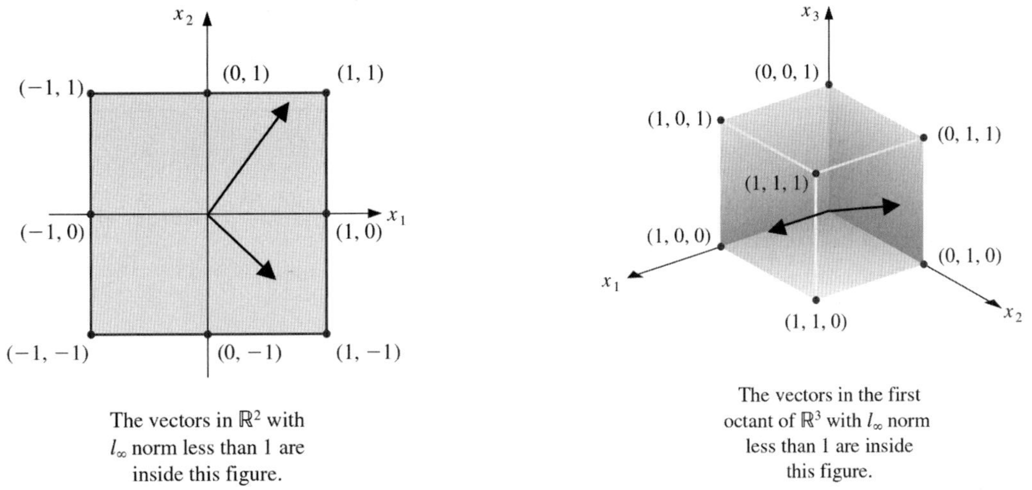

그림 7.2

예제 7.2.2 $\mathbb{R}^3$ 에서 벡터 $\mathbf{x} = (-1, 1, -2)^t$ 의 l_2 노름과 l_∞ 노름을 구하라.

풀이 벡터 $\mathbf{x} = (-1, 1, -2)^t$ 의 l_2 노름은

$$\|\mathbf{x}\|_2 = \sqrt{(-1)^2 + (1)^2 + (-2)^2} = \sqrt{6}$$

이며 l_∞ 노름은

$$\|\mathbf{x}\|_\infty = \max\{|-1|, |1|, |-2|\} = 2$$

이다. 이 예제에서는 $\|\mathbf{x}\|_\infty < \|\mathbf{x}\|_2$ 이다. ■

$\|\mathbf{x}\|_\infty$ 가 $\mathbb{R}^n$ 에서 노름이라는 것을 보이는 것은, 실수에서의 절댓값이 노름이라는 보이는 것에서부터 당연하게 만족한다. l_2 노름에 경우에도 [정리 7.2.1] 의 처음 세 성질에 대해 증명하는 것은 쉬우나, 네 번째 성질인

$$\|\mathbf{x} + \mathbf{y}\|_2 \leq \|\mathbf{x}\|_2 + \|\mathbf{y}\|_2,$$

은 보이기 조금 어렵다. 이 부등식을 보이기 위해서는 모든 $\mathbf{x} = (x_1, x_2, \ldots, x_n)^t$ 와 $\mathbf{y} = (y_1, y_2, \ldots, y_n)^t$ 에 대한 다음 Cauchy–Buniakowsky–Schwarz 부등식이 필요하다.

$$\sum_{i=1}^{n} |x_i y_i| \le \left\{ \sum_{i=1}^{n} x_i^2 \right\}^{1/2} \left\{ \sum_{i=1}^{n} y_i^2 \right\}^{1/2} \tag{7.1}$$

이는 다음과 같은 이유로 $\|\mathbf{x}+\mathbf{y}\|_2 \le \|\mathbf{x}\|_2 + \|\mathbf{y}\|_2$ 를 성립시킨다.

$$\begin{aligned}\|\mathbf{x}+\mathbf{y}\|_2^2 &= \sum_{i=1}^{n} x_i^2 + 2\sum_{i=1}^{n} x_i y_i + \sum_{i=1}^{n} y_i^2 \le \sum_{i=1}^{n} x_i^2 + 2\sum_{i=1}^{n} |x_i y_i| + \sum_{i=1}^{n} y_i^2 \\ &\le \sum_{i=1}^{n} x_i^2 + 2\left\{ \sum_{i=1}^{n} x_i^2 \right\}^{1/2} \left\{ \sum_{i=1}^{n} y_i^2 \right\}^{1/2} + \sum_{i=1}^{n} y_i^2 = (\|\mathbf{x}\|_2 + \|\mathbf{y}\|_2)^2\end{aligned}$$

벡터 사이의 거리 (Distance between Vectors $\mathbb{R}^n$)

벡터의 노름은 벡터와 원점 사이의 거리에 대한 측도를 주기에, 두 벡터 사이의 거리는 벡터의 노름의 차이로 주어진다.

정리 7.2.3 [벡터 사이의 거리 (Distance between Vectors)]

만약 $\mathbf{x} = (x_1, x_2, \ldots, x_n)^t$ 와 $\mathbf{y} = (y_1, y_2, \ldots, y_n)^t$ 가 $\mathbb{R}^n$ 안의 벡터라면, $\mathbf{x}$ 와 $\mathbf{y}$ 사이의 l_2 와 l_∞ 거리는 다음과 같이 정의한다.

$$\|\mathbf{x}-\mathbf{y}\|_2 = \left\{ \sum_{i=1}^{n} (x_i - y_i)^2 \right\}^{1/2}, \quad \|\mathbf{x}-\mathbf{y}\|_\infty = \max_{1\le i\le n} |x_i - y_i|$$

예제 7.2.4 선형연립방정식

$$\begin{aligned} 3.3330x_1 &+ 15920x_2 &- 10.333x_3 &= 15913 \\ 2.2220x_1 &+ 16.710x_2 &+ 9.6120x_3 &= 28.544 \\ 1.5611x_1 &+ 5.1791x_2 &+ 1.6852x_3 &= 8.4254 \end{aligned}$$

는 $(x_1, x_2, x_3)^t = (1.000, 1.000, 1.000)^t$ 를 실제 해로 가지고 있다. 부분 피보팅을 사용하여 다섯 자리 산술로 가우스 소거법을 적용하면 근사해는

$$\tilde{\mathbf{x}} = (\tilde{x}_1, \tilde{x}_2, \tilde{x}_3)^t = (1.2001, 0.99991, 0.92538)^t.$$

실제 해와 근사해의 l_2 와 l_∞ 거리를 구하라.

풀이 $\mathbf{x}$ 에 대한 근삿값 $\tilde{\mathbf{x}}$ 의 정확성에 대한 측정은

$$\begin{aligned}\|\mathbf{x}-\tilde{\mathbf{x}}\|_\infty &= \max\{|1.0000 - 1.2001|, |1.0000 - 0.99991|, |1.0000 - 0.92538|\} \\ &= \max\{0.2001, 0.00009, 0.07462\} = 0.2001\end{aligned}$$

과

$$\|\mathbf{x}-\tilde{\mathbf{x}}\|_2 = \left[(1.0000 - 1.2001)^2 + (1.0000 - 0.9991)^2 + (1.0000 - 0.92538)^2\right]^{1/2}$$

$$= \left[(0.2001)^2 + (0.00009)^2 + (0.07462)^2\right]^{1/2} = 0.21356$$

으로 주어진다. 비록 $\tilde{x}_2$와 $\tilde{x}_3$은 x_2와 x_3에 비해 양호한 근삿값이지만, $\tilde{x}_1$은 x_1에 비해 좋은 근삿값이 되지 못하며, 두 가지의 노름에서 $|x_1 - \tilde{x}_1|$ 값이 지배적이다. ■

$\mathbb{R}^n$의 거리 개념은 벡터 수열(sequence of vectors)의 극한(limit)을 정의하는 데에 사용된다. 임의의 $\epsilon > 0$에 대하여

$$\|\mathbf{x}^{(k)} - \mathbf{x}\| < \epsilon \quad (\text{모든 } k \geq N(\epsilon)\text{에 대하여})$$

을 만족하는 정수 $N(\epsilon)$가 존재하면, $\mathbb{R}^n$ 상의 벡터 수열 $\{\mathbf{x}^{(k)}\}_{k=1}^{\infty}$는 노름 $\|\cdot\|$에 대하여 $\mathbf{x}$로 수렴한다고 한다.

예제 7.2.5 $\mathbf{x}^{(k)} \in \mathbb{R}^4$에 대해서

$$\mathbf{x}^{(k)} = \left(x_1^{(k)}, x_2^{(k)}, x_3^{(k)}, x_4^{(k)}\right)^t = \left(1, 2 + \frac{1}{k}, \frac{3}{k^2}, e^{-k}\sin k\right)^t$$

로 정의되어 있다. $\mathbf{x}^{(k)}$가 l_∞ 노름에 대해서 $\mathbf{x} = (1, 2, 0, 0)^t$로 수렴함을 보여라.

풀이

$$\lim_{k\to\infty} 1 = 1, \quad \lim_{k\to\infty} (2 + 1/k) = 2, \quad \lim_{k\to\infty} 3/k^2 = 0, \text{ 그리고 } \lim_{k\to\infty} e^{-k}\sin k = 0$$

이므로 주어진 임의의 ϵ에 대해서도 $|x_1^{(k)} - 1|$, $|x_2^{(k)} - 2|$, $|x_3^{(k)} - 0|$, $|x_4^{(k)} - 0|$이 모두 ϵ보다 적게 되는 정수 $N(\epsilon)$을 찾을 수 있다. 이는 $\|\cdot\|_\infty$에 대하여 수열 $\{\mathbf{x}^{(k)}\}$가 $(1, 2, 0, 0)^t$에 수렴함을 의미한다. ■

[예제 7.2.5]에서 각 $i = 1, 2, \ldots, n$에 대하여 수열 $\{x_i^{(k)}\}_{k=1}^{\infty}$가 $\mathbf{x}$의 i번째 원소인 x_i에 수렴할 때에만 벡터 수열 $\{x_i^{(k)}\}$가 노름 $\|\cdot\|$에 대하여 벡터 $\mathbf{x}$에 수렴한다는 사실을 묵시적으로 사용하였다. 이는 노름 $\|\cdot\|_\infty$에 대한 수렴 여부를 비교적 쉽게 결정할 수 있게 한다. [예제 7.2.5]의 수열이 l_2 노름에 관하여 $(1, 2, 0, 0)^t$에 수렴함을 직접적으로 보이는 것은 상당히 복잡하다. 그러나 j가

$$\|\mathbf{x}\|_\infty = \max_{i=1,\cdots,n} |x_i| = |x_j|$$

의 성질을 갖고 있는 인덱스라고 하자. 그러면

$$\|\mathbf{x}\|_\infty^2 = |x_j|^2 = x_j^2 \leq \sum_{i=1}^{n} x_i^2 = \|\mathbf{x}\|_2^2, \qquad \|\mathbf{x}\|_2^2 = \sum_{i=1}^{n} x_i^2 \leq \sum_{i=1}^{n} x_j^2 = nx_j^2 = n\|\mathbf{x}\|_\infty^2.$$

이 부등식은 벡터 수열 $\{\mathbf{x}^{(k)}\}$가 각 $i = 1, 2, \ldots, n$에 대하여 $\lim_{k\to\infty} x_i^{(k)} = x_i$일 때만 $\mathbb{R}^n$에서 $\|\cdot\|_2$에 관하여 $\mathbf{x}$로 수렴함을 의미한다. 그 이유는 바로 이때 벡터 수열이 l_∞ 노름에서 수렴하기 때문이다.

실제로 $\mathbb{R}^2$ 상의 모든 노름이 수렴에 관하여 동등하다는 것을 보일 수 있다. 즉 $\|\cdot\|$과 $\|\cdot\|'$이 $\mathbb{R}^n$ 상의 임의의 두 노름이고, $\{\mathbf{x}^{(k)}\}$이 $\|\cdot\|$에 관하여 극한값(limit) $\mathbf{x}$를 갖는다면, $\{\mathbf{x}^{(k)}\}_{k=1}^{\infty}$은 $\|\cdot\|'$에 대해서도 극한값 $\mathbf{x}$를 갖는다. 벡터 수열은 각 원소 수열이 수렴하면 l_∞ 노름에서도 수렴하므로 다음의 사실이 성립한다.

정리 7.2.6 [벡터 수열의 수렴 (**Vector Sequence Convergence**)]

다음은 동치이다.

(i) 벡터 수열 $\{\mathbf{x}^{(k)}\}$가 어떤 노름에서 $\mathbf{x}$로 수렴한다.

(ii) 벡터 수열 $\{\mathbf{x}^{(k)}\}$가 모든 노름에서 $\mathbf{x}$로 수렴한다.

(iii) 각 $i = 1, 2, \ldots, n$에 대하여 $\lim_{k\to\infty} x_i^{(k)} = x_i$이다. x_i는 $\mathbf{x}$의 i번째 원소이다.

행렬의 노름과 거리 (**Matrix Norms and Distances**)

이번에 소개할 내용 중에는 $n \times n$ 행렬의 거리를 결정하는 방법이 필요하다. 여기에도 노름이 사용된다.

정리 7.2.7 [행렬의 노름 (**Matrix Norm**)]

모든 $n \times n$ 행렬의 집합 상의 행렬의 노름은 이 집합 상에서 정의된 실수 함수 $\|\cdot\|$인데, $n \times n$ 행렬 A, B와 모든 실수 α에 대하여 다음을 만족한다.

(i) $\|A\| \geq 0$

(ii) A의 모든 원소가 0일 때만 $\|A\| = 0$

(iii) $\|\alpha A\| = |\alpha|\|A\|$

(iv) $\|A + B\| \leq \|A\| + \|B\|$

(v) $\|AB\| \leq \|A\|\|B\|$

이 행렬 노름에 관한 $n \times n$ 행렬 A, B 간의 거리는 $\|A - B\|$이다. 행렬의 노름은 여러 가지 방식으로 얻을 수 있으나, 여기서는 벡터 노름의 자연적 결과인 것들만 취급한다.

정리 7.2.8 [행렬의 자연 노름 (**Natural Matrix Norm**)]

만일 $\|\cdot\|$이 $\mathbb{R}^n$ 상에서의 벡터 노름이면 $\|\cdot\|$으로 주어지는 $n \times n$ 행렬 집합 상의 행렬의 자연 노름은 다음과 같이 정의된다.

$$\|A\| = \max_{\|\mathbf{x}\|=1} \|A\mathbf{x}\|$$

따라서 l_2, l_∞ 행렬의 자연 노름은

$$\|A\|_2 = \max_{\|\mathbf{x}\|_2=1} \|A\mathbf{x}\|_2, \ (l_2 \text{ 노름})$$

$$\|A\|_\infty = \max_{\|\mathbf{x}\|_\infty=1} \|A\mathbf{x}\|_\infty, \ (l_\infty \text{ 노름})$$

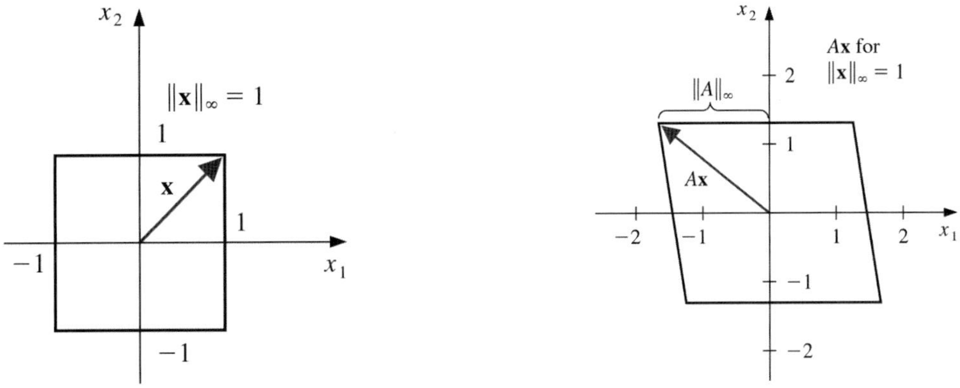

그림 7.3

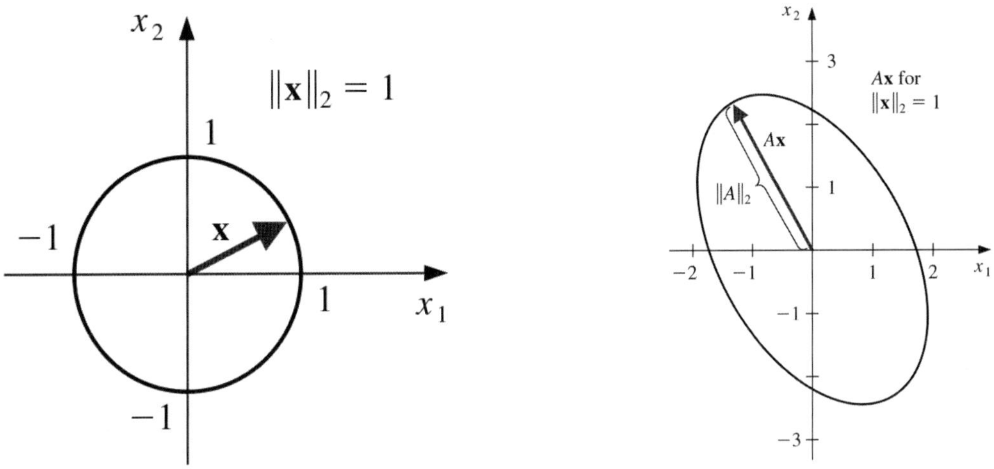

그림 7.4

의 형태를 갖는다. $n = 2$일 때 이 노름들은 [그림 7.3]과 [그림 7.4]에 보이는 것과 같은 기하학적 표현을 갖는다.

행렬의 l_∞ 노름은 행렬의 원소에 관한 표현을 가지고 있는데 이는 노름의 계산을 특별히 용이하게 한다. 행렬의 l_2 노름은 그리 쉽게 결정되지는 않지만 다음 절에서 이 노름을 찾는 다른 방법을 살펴보자.

정리 7.2.9 [행렬의 l_∞ 노름 (l_∞ **Matrix Norm Characterization**)]

$$\|A\|_\infty = \max_{1\le i\le n} \sum_{j=1}^{n} |a_{ij}|$$

예제 7.2.10 행렬 A의 $\|A\|_\infty$를 결정하라.

$$A = \begin{bmatrix} 1 & 2 & -1 \\ 0 & 3 & -1 \\ 5 & -1 & 1 \end{bmatrix}$$

풀이 행렬 A에 대해서,

$$\sum_{j=1}^{3}|a_{1j}| = |1|+|2|+|-1| = 4,\quad \sum_{j=1}^{3}|a_{2j}| = |0|+|3|+|-1| = 4,\quad \sum_{j=1}^{3}|a_{3j}| = |5|+|-1|+|1| = 7$$

이므로,

$$\|A\|_\infty = \max\{4,4,7\} = 7$$

■

7.2 연습문제

1. 다음 벡터들의 $\|\mathbf{x}\|_\infty$ 와 $\|\mathbf{x}\|_2$ 를 구하라.

   a. $\mathbf{x} = \left(3, -4, 0, \dfrac{3}{2}\right)^t$

   b. $\mathbf{x} = (2, 1, -3, 4)^t$

   c. $\mathbf{x} = (\sin k, \cos k, 2^k)^t$ (고정된 양의 정수 k에 대하여)

   d. $\mathbf{x} = \left(\dfrac{4}{k+1}, \dfrac{2}{k^2}, k^2e^{-k}\right)^t$ (고정된 양의 정수 k에 대하여)

2. a. $\|\cdot\|_1$ 이 l_1 노름이라고 하는 $\mathbb{R}^n$ 상의 노름임을 증명하라. 여기에서

$$\|\mathbf{x}\|_1 = \sum_{i=1}^{n}|x_i|.$$

   b. 연습문제 1 의 벡터들에 대한 $\|\mathbf{x}\|_1$ 을 구하라.

3. 다음 행렬들의 $\|\mathbf{x}\|_\infty$ 을 구하라.

   a. $\begin{bmatrix} 10 & 15 \\ 0 & 1 \end{bmatrix}$　　b. $\begin{bmatrix} 10 & 0 \\ 15 & 1 \end{bmatrix}$

   c. $\begin{bmatrix} 2 & -1 & 0 \\ -1 & 2 & -1 \\ 0 & -1 & 2 \end{bmatrix}$　　d. $\begin{bmatrix} 4 & -1 & 7 \\ -1 & 4 & 0 \\ 7 & 0 & 4 \end{bmatrix}$

4. $\|A\|_1 = \max\limits_{\|\mathbf{x}\|_1=1} \|A\mathbf{x}\|_1$ 로 정의된 행렬 l_1 노름은 다음 공식

$$\|A\|_1 = \max_{a\le j\le n}\sum_{i=1}^{n}|a_{ij}|$$

   을 사용하여 구할 수 있다. 여기서 l_1 벡터 노름은 연습문제 2 에서 정의되어 있다. 연습문제 3 의 행렬들에 대한 l_1 노름을 구하라.

7.3 고윳값와 고유벡터

$n \times m$ 행렬은 m차원 벡터를 n차원 벡터로 변환시키는 행렬 곱을 사용하는 함수라고 할 수 있다. 그러므로 $n \times n$ 행렬 A는 n차원 벡터 집합에서 자신으로의 함수이다. 이 경우, 0이 아닌 어떤 벡터 $\mathbf{x}$에 대해서 $\mathbf{x}$와 $A\mathbf{x}$가 평행하게 되는데 이는 $A\mathbf{x} = \lambda\mathbf{x}$ 또는 $(A - \lambda I)\mathbf{x} = 0$인 상수 λ가 존재함을 의미한다. 이 상수 λ와 반복법의 수렴 가능성은 밀접한 관계를 가지고 있다. 이 절에서는 이 관계를 살펴보기로 한다.

$n \times n$ 정방행렬 A에 대하여, A의 특성 다항식(characteristic polynomial)은

$$p(\lambda) = \det(A - \lambda I)$$

로 정의된다. 행렬식이 정의된 방식 때문에 p는 n차다항식으로 주어지며, 많아도 n개의 서로 다른 해를 가진다. 이 해는 복소수일 수도 있다. p의 이러한 해를 행렬 A의 고윳값(eigenvalue)이라 부른다.

λ가 고윳값이면 $\det(A - \lambda I) = 0$이 되며, 6.4절의 끝 부분에 수록된 결과에 의하면 이는 $A - \lambda I$가 특이행렬(singular matrix)임을 의미한다. 따라서, $(A - \lambda I)\mathbf{x} = 0$으로 정의된 선형방정식은 영 벡터가 아닌 해를 갖게 된다. 만일 $(A - \lambda I)\mathbf{x} = 0$이고 $\mathbf{x} \neq 0$이면, $\mathbf{x}$를 고윳값 λ에 대한 고유벡터(eigenvector)라고 한다.

만일 $\mathbf{x}$가 고윳값 λ에 대한 고유벡터라면, $A\mathbf{x} = \lambda\mathbf{x}$가 되므로, 행렬 A는 벡터 $\mathbf{x}$를 λ배로 만드는 함수가 된다. λ가 실수이고 $\lambda > 1$이면, A는 $\mathbf{x}$를 λ배로 늘리는 효과를 가져온다. 만일 $0 < \lambda < 1$이면, A는 $\mathbf{x}$를 λ배로 축소시키게 된다. $\lambda < 0$이면, 효과는 비슷하지만 방향은 반대가 된다. ([그림 7.5] 참조) [그림 7.5]에서 $\mathbf{x}$의 크기는 (a)-(d) 모두 같다.

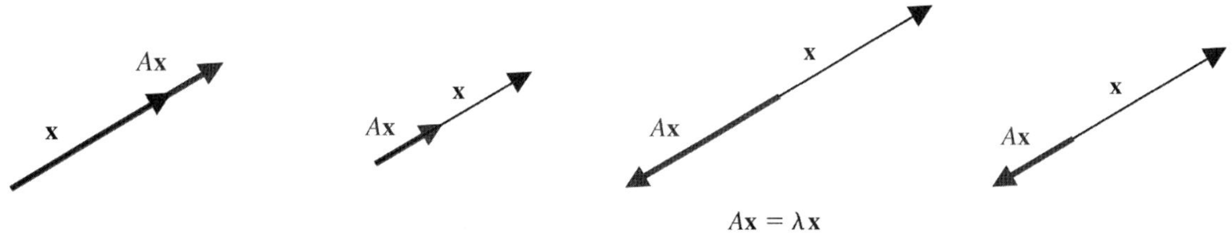

그림 7.5 (a) $\lambda > 1$ (b) $1 > \lambda > 0$ (c) $\lambda < -1$ (d) $-1 < \lambda < 0$

예제 7.3.1 행렬 A에 대한 고윳값과 고유벡터를 구하라.

$$A = \begin{bmatrix} 2 & 0 & 0 \\ 1 & 1 & 2 \\ 1 & -1 & 4 \end{bmatrix}$$

풀이 A의 특성다항식은

$$\begin{aligned} p(\lambda) = \det(A - \lambda I) &= \det \begin{bmatrix} 2-\lambda & 0 & 0 \\ 1 & 1-\lambda & 2 \\ 1 & -1 & 4-\lambda \end{bmatrix} \\ &= -(\lambda^3 - 7\lambda^2 + 16\lambda - 12) = -(\lambda - 3)(\lambda - 2)^2 \end{aligned}$$

이다. 그러므로 고윳값은 $\lambda_1 = 3,\ \ \lambda_2 = 2$인 두 개이다.

$\lambda_1 = 3$에 따른 고유벡터 $\mathbf{x}_1 \neq \mathbf{0}$는 벡터-행렬 방정식 $(A - 3 \cdot I)\mathbf{x}_1 = \mathbf{0}$의 해이다. 그러므로

$$\begin{bmatrix} 0 \\ 0 \\ 0 \end{bmatrix} = \begin{bmatrix} -1 & 0 & 0 \\ 1 & -2 & 2 \\ 1 & -1 & 1 \end{bmatrix} \cdot \begin{bmatrix} x_1 \\ x_2 \\ x_3 \end{bmatrix} = \begin{bmatrix} -x_1 \\ x_1 - 2x_2 + 2x_3 \\ x_1 - x_2 + x_3 \end{bmatrix},$$

이고, 이는 $x_1 = 0, \quad x_2 = x_3$ 임을 의미한다. x_3 의 임의의 0이 아닌 값은 고윳값 $\lambda_1 = 3$에 대한 고유벡터를 생성한다. 예를 들어 $x_3 = 1$일 때, 고유벡터는 $\mathbf{x}_1 = (0, 1, 1)^t$ 이다. $\lambda = 3$에 해당하는 A의 고유벡터는 0이 아닌 $\mathbf{x}_1$ 의 배수이다.

$\lambda_2 = 2$에 따른 고유벡터 $\mathbf{x}_2 \neq \mathbf{0}$는 벡터-행렬 방정식 $(A - 2 \cdot I)\mathbf{x}_2 = \mathbf{0}$의 해이다. 그러므로

$$\begin{bmatrix} 0 \\ 0 \\ 0 \end{bmatrix} = \begin{bmatrix} 0 & 0 & 0 \\ 1 & -1 & 2 \\ 1 & -1 & 2 \end{bmatrix} \cdot \begin{bmatrix} x_1 \\ x_2 \\ x_3 \end{bmatrix} = \begin{bmatrix} 0 \\ x_1 - x_2 + 2x_3 \\ x_1 - x_2 + 2x_3 \end{bmatrix}.$$

이 경우에는 고유벡터는 다음 방정식

$$x_1 - x_2 + 2x_3 = 0$$

만을 만족하고 이는 다양한 방법으로 해결 가능하다. 예를 들어, $x_1 = 0$일 때 $x_2 = 2x_3$이고, 이에 따라 하나를 선택하면 $\mathbf{x}_2 = (0, 2, 1)^t$ 이다. 또한 $x_2 = 0$이라 선택하면 $x_1 = -2x_3$ 이다. 그러므로 $\mathbf{x}_3 = (-2, 0, 1)^t$ 는 $\lambda_2 = 2$에 대해 $\mathbf{x}_2$ 의 배수가 아닌 두 번째 고유벡터가 된다.

고윳값 $\lambda_2 = 2$에 대한 A의 고유벡터는 하나의 전체 평면을 생성한다. 이 평면은 임의의 상수 α, β에 대해서 적어도 하나의 상수는 0이 아닐 때, 다음과 같은 형식의 모든 벡터를 나타낸다.

$$\alpha \mathbf{x}_2 + \beta \mathbf{x}_3 = (-2\beta, 2\alpha, \alpha + \beta)^t$$

■

다음 예제는 어떤 매우 단순한 행렬도 실 고윳값을 가지지 않을 수 있음을 나타낸다.

예제 7.3.2 행렬 B가 다음과 같다고 하자. 이때, $B\mathbf{x}$와 평행한 영이 아닌 벡터 $\mathbf{x} \in \mathbb{R}^2$ 가 존재하지 않음을 보여라.

$$B = \begin{bmatrix} 0 & 1 \\ -1 & 0 \end{bmatrix}.$$

풀이 B의 고윳값은 다음의 특성방정식

$$0 = \det(B - \lambda I) - \det \begin{bmatrix} -\lambda & 1 \\ -1 & -\lambda \end{bmatrix} = \lambda^2 + 1$$

을 만족하는 해이다. 그러므로 B의 고윳값은 $\lambda_1 = i, \ \lambda_2 = -i$와 같이 복소수이다. λ_1에 따른 고유벡터 $\mathbf{x}$는 다음을 만족해야 한다.

$$\begin{bmatrix} 0 \\ 0 \end{bmatrix} = \begin{bmatrix} -i & 1 \\ -1 & -i \end{bmatrix} \begin{bmatrix} x_1 \\ x_2 \end{bmatrix} = \begin{bmatrix} -ix_1 + x_2 \\ -x_1 - ix_2 \end{bmatrix}.$$

즉, $0 = -ix_1 + x_2$ 이므로 $x_2 = ix_1$ 이고 $\lambda_1 = i$에 대한 고유벡터는 $(1, i)^t$ 이다. 비슷한 방법으로 $\lambda_2 = -i$에 대한 고유벡터는 $(1, -i)^t$ 이다.

만약 $\mathbf{x}$가 B의 고유벡터이면, 정확히 하나의 원소는 실수이고 나머지는 복소수가 된다. 결과적으로 실수 상수λ와 $B\mathbf{x} = \lambda\mathbf{x}$를 만족하는 0이 아닌 벡터 $\mathbf{x} \in \mathbb{R}$ 는 존재하지 않는다. 그러므로 $B\mathbf{x}$와 평행한 벡터 $\mathbf{x} \in \mathbb{R}^2$ 는 존재하지 않는다. ■

MATLAB은 행렬에 대해서 고윳값과 고유벡터를 바로 계산할 수 있는 방법을 제공한다. 먼저 행렬 A를

```
A = [1 0 2; 0 1 -1; -1 1 1]
```

로 정의하고 특성방정식은

```
p=poly(A)
```

로 정의하면 출력 값은

$$p = 1.0000 \quad -3.0000 \quad 6.0000 \quad -4.0000$$

이 숫자들은 특성방정식의 내림차순 계수들이다. 그러므로

$$p(\lambda) = \lambda^3 - 3\lambda^2 + 6\lambda - 4$$

이제 고윳값을 얻기 위해서

```
roots(p)
```

를 통해 방정식의 근을 계산할 수 있다. 고윳값을 구하는 데 가장 직접적인 방법은 `eig` 명령어를 사용하는 것이다.

```
eig(A)
```

만약 해당하는 고유벡터 값을 원하면

```
[V,D] = eig(A)
```

와 같이 `eig`를 입력한다. 이는 다음의 행렬 V와 벡터 D를 생성한다. 한 줄에 나타내기 위해서 반올림 한다.

$$V = \begin{matrix} -0.70710678 & -0.70710678 & 0.70710678 \\ 0.35355339 + 0.00000000i & 0.35355339 - 0.00000000i & 0.70710678 \\ -0.00000000 - 0.61237244i & -0.00000000 + 0.61237244i & 0.00000000 \end{matrix}$$

$$D = \begin{matrix} 0.9999999999999999 + 1.732050807568876i \\ 0.9999999999999999 - 1.732050807568876i \\ 1.000000000000000 \end{matrix}$$

D의 행들은 고윳값이고 V의 열들은 이 값들에 해당하는 A의 고유벡터들이다.

여기에서 고윳값과 고유벡터의 개념을 특정한 계산의 편의를 위해 도입하였지만 이 개념을 물리적 시스템의 연구에 자주 나타난다. 실제로 이는 충분한 관심의 대상이므로 9장에서 이들의 수치적인 근사에 대하여 다룰 것이다.

스펙트럼 반경 (Spectral Radius)

행렬 A의 스펙트럼 반경 $\rho(A)$는

$$\rho(A) = \max|\lambda| \quad (\text{여기에서 } \lambda\text{는 } A\text{의 고윳값})$$

으로 정의된다. (주의 : 복소수 $\lambda = \alpha + \beta i$에 대해서 $|\lambda| = \sqrt{\alpha^2 + \beta^2}$이다)

예제 7.3.3 다음 행렬들의 스펙트럼 반경을 구하라

$$A = \begin{bmatrix} 2 & 0 & 0 \\ 1 & 1 & 2 \\ 1 & -1 & 4 \end{bmatrix} \text{ 와 } B = \begin{bmatrix} 0 & 1 \\ -1 & 0 \end{bmatrix}$$

풀이 [예제 7.3.1]에서 A의 고윳값들은 $\lambda_1 = 3,\ \ \lambda_2 = 2$임을 구했다. 그러므로

$$\rho(A) = \max\{|3|, |2|\} = 3$$

이고 [예제 7.3.2]에서 B의 고윳값들은 $\lambda_1 = i,\ \ \lambda_2 = -i$임을 구했다. 그러므로

$$\rho(B) = \max\{\sqrt{1^2}, \sqrt{(-1)^2}\} = 1.$$

■

스펙트럼 반경은 행렬의 노름과 밀접하게 관련되어 있다.

정리 7.3.4 **[행렬의 l_2 노름에 대한 특성화 (l_2 Matrix Norm Characterization)]**

A가 $n \times n$ 행렬이면

(i) $\|A\|_2 = [\rho(A^t A)]^{1/2}$

(ii) 임의의 자연 노름에 대해서 $\rho(A) \le \|A\|$

이 결과의 첫 번째는 7.2절의 끝 부분에서 언급했던 행렬 l_2 노름을 결정하는 계산법이다.

예제 7.3.5 행렬 A가

$$A = \begin{bmatrix} 1 & 1 & 0 \\ 1 & 2 & 1 \\ -1 & 1 & 2 \end{bmatrix}$$

이면

$$A^t A = \begin{bmatrix} 1 & 1 & -1 \\ 1 & 2 & 1 \\ 0 & 1 & 2 \end{bmatrix} \begin{bmatrix} 1 & 1 & 0 \\ 1 & 2 & 1 \\ -1 & 1 & 2 \end{bmatrix} = \begin{bmatrix} 3 & 2 & -1 \\ 2 & 6 & 4 \\ -1 & 4 & 5 \end{bmatrix}$$

이 된다. 행렬 A의 l_2 노름을 구해보자.

풀이 $\rho(A^t A)$를 계산하기 위해 $A^t A$의 고윳값을 구해야 한다.

$$0 = \det(A^t A - \lambda I) = \det \begin{bmatrix} 3-\lambda & 2 & -1 \\ 2 & 6-\lambda & 4 \\ -1 & 4 & 5-\lambda \end{bmatrix} = -\lambda^3 + 14\lambda^2 - 42\lambda = -\lambda(\lambda^2 - 14\lambda + 42)$$

구해진 고윳값은

$$\lambda = 0, \quad \lambda = 7 + \sqrt{7}, \quad \lambda = 7 - \sqrt{7}$$

이 된다. 따라서

$$\|A\|_2 = \sqrt{\rho(A^t A)} = \sqrt{\max\{0, 7-\sqrt{7}, 7+\sqrt{7}\}} = \sqrt{7+\sqrt{7}} \approx 3.106.$$

■

MATLAB을 사용해서 [예제 7.3.5]를 풀어보자. 먼저

```
A = [1 1 0; 1 2 1; -1 1 2]
```

와 같이 A를 정의하고 이것의 전치행렬과 A^tA를 구하라. A^tA의 고윳값은

```
u = eig(A'*A)
```

를 통해

$$\begin{aligned} u &= 0.000000000000003 \\ &\ 4.354248688935409 \\ &\ 9.645751311064592 \end{aligned}$$

와 같이 구할 수 있다. 가장 큰 고윳값의 제곱근은 A의 l_2 노름이고 MATLAB에서

```
sqrt(u(3))
```

명령어를 통해 결괏값 3.105760987433610을 제공한다. A의 l_2 노름 또한 다음과 같이 바로 계산할 수 있다.

```
norm(A)
```

A의 l_∞ 노름은 `norm(A,inf)`로 구할 수 있다.

수렴하는 행렬들 (Convergent Matrices)

행렬에 대한 반복법을 공부할 때, 행렬의 제곱이 언제 작아지는가를 아는 것이 아주 중요하다. (다시 말해, 언제 모든 원소가 0에 접근하는지를 아는 것) 모든 $i = 1, 2, \ldots, n$과 $j = 1, 2, \ldots, n$에 대하여

$$\lim_{k\to\infty} (A^k)_{ij} = 0$$

이 성립하면 $n \times n$ 행렬 A는 수렴한다고 말한다.

예제 7.3.6 다음 행렬 A가 수렴하는지 보여라.

$$A = \begin{bmatrix} 1/2 & 0 \\ 1/4 & 1/2 \end{bmatrix}$$

풀이 A의 제곱을 계산하면 다음을 얻는다.

$$A^2 = \begin{bmatrix} 1/4 & 0 \\ 1/4 & 1/4 \end{bmatrix}, \quad A^3 = \begin{bmatrix} 1/8 & 0 \\ 3/16 & 1/8 \end{bmatrix}, \quad A^4 = \begin{bmatrix} 1/16 & 0 \\ 1/8 & 1/16 \end{bmatrix}$$

일반적으로는 다음과 같다.

$$A^k = \begin{bmatrix} (1/2)^k & 0 \\ k/2^{k+1} & (1/2)^k \end{bmatrix}$$

$$\lim_{k\to\infty} (1/2)^k = 0, \quad \lim_{k\to\infty} k/2^{k+1} = 0$$

이 성립하므로 A는 수렴하는 행렬이다. ■

행렬의 스펙트럼 반경과 행렬의 수렴 사이에는 다음과 같은 중요한 관계가 존재한다.

정리 7.3.7 [수렴 행렬의 동등성 **(Convergent Matrix Equivalences)**]

다음은 동치이다.

(i) A는 수렴하는 행렬이다.

(ii) 어떤 자연 노름에 대하여 $\lim_{n\to\infty} \|A^n\| = 0$이다.

(iii) 모든 자연 노름에 대하여 $\lim_{n\to\infty} \|A^n\| = 0$이다.

(iv) $\rho(A) < 1$이다.

(v) 모든 $\mathbf{x}$에 대하여 $\lim_{n\to\infty} A^n\mathbf{x} = \mathbf{0}$이다.

7.3 연습문제

1. 다음 행렬에 대하여 고윳값와 상응하는 고유벡터를 계산하라.

a. $\begin{bmatrix} 2 & -1 \\ -1 & 2 \end{bmatrix}$ b. $\begin{bmatrix} 0 & 1 \\ 1 & 1 \end{bmatrix}$ c. $\begin{bmatrix} 0 & 1/2 \\ 1/2 & 0 \end{bmatrix}$

d. $\begin{bmatrix} 1 & 1 \\ -2 & -2 \end{bmatrix}$ e. $\begin{bmatrix} 2 & 1 & 0 \\ 1 & 2 & 0 \\ 0 & 0 & 3 \end{bmatrix}$ f. $\begin{bmatrix} -1 & 2 & 0 \\ 0 & 3 & 4 \\ 0 & 0 & 7 \end{bmatrix}$

g. $\begin{bmatrix} 2 & 1 & 1 \\ 2 & 3 & 2 \\ 1 & 1 & 2 \end{bmatrix}$ h. $\begin{bmatrix} 3 & 2 & -1 \\ 1 & -2 & 2 \\ 2 & 0 & 4 \end{bmatrix}$

2. 연습문제 1의 각 행렬에 대하여 스펙트럼 반경을 구하라.

3. 다음의 행렬 A_1는 수렴하지 않으나 A_2는 수렴함을 보여라.

$$A_1 = \begin{bmatrix} 1 & 0 \\ 1/4 & 1/2 \end{bmatrix}, \quad A_2 = \begin{bmatrix} 1/2 & 0 \\ 16 & 1/2 \end{bmatrix}$$

4. λ가 행렬의 A의 고윳값이고 $\|\cdot\|$를 벡터 노름이라고 하면 λ와 관련된 $\|\mathbf{x}\| = 1$인 고유벡터 $\mathbf{x}$가 존재함을 보여라.

5. A가 대칭 행렬이면 $\|A\|_2 = p(A)$임을 보여라.

6. λ가 $n \times n$ 행렬의 고윳값이고 $\mathbf{x} \neq 0$은 상응하는 고유벡터라고 하자.

a. λ가 A^t의 고윳값도 됨을 보여라.

b. $k \geq 1$인 어떤 정수에 대해서도 고유벡터가 $\mathbf{x}$인 A^k의 고윳값임을 보여라.

c. 만일 A^{-1}이 존재하면 $1/\lambda$는 고유벡터가 $\mathbf{x}$인 A^{-1}의 고윳값임을 보여라.

d. $\alpha \neq \lambda$가 주어졌다고 하자. 만일 $(A - \alpha I)^{-1}$가 존재하면, $1/(\lambda - \alpha)$는 고유벡터가 $\mathbf{x}$인 $(A - \alpha I)^{-1}$의 고윳값임을 보여라.

7.4 Jacobi와 Gauss-Seidel 방법

이 절에서는 기초적인 Jacobi와 Gauss–Seidel 반복법에 대하여 살펴보기로 하자. 이 방법들은 18세기 후반으로 거슬러 올라가는 고전적인 방법이나, 오늘날에도 행렬이 크고 많은 수의 0 원소가 예측할 수 있는 위치에 있는 행렬이 수반되는 문제에 적용된다. 예를 들면, 이런 형태의 문제들은 큰 집적회로의 연구나 경계치 문제나 편미분 방정식의 수치해석에 흔히 나타난다.

일반 반복법 (General Iteration Methods)

$n \times n$ 선형연립방정식 $A\mathbf{x} = \mathbf{b}$의 해를 구하기 위한 반복법은 해 $\mathbf{x}$에 대한 초기 근사해 $\mathbf{x}^{(0)}$로부터 시작하여 $\mathbf{x}$로 수렴하는 벡터 수열 $\{\mathbf{x}^{(k)}\}_{k=1}^{\infty}$를 생성시킨다. 이들 반복법은 연립방정식 $A\mathbf{x} = \mathbf{b}$를 어떤 $n \times n$ 행렬 T와 벡터 $\mathbf{c}$에 대한 $\mathbf{x} = T\mathbf{x} + \mathbf{c}$ 형태의 등가 연립방정식으로 변환시키는 과정을 가지고 있다.

초기 벡터 $\mathbf{x}^{(0)}$가 선택된 후, 근사해인 벡터의 수열은 각 $k = 1, 2, 3, \cdots$에 대하여

$$\mathbf{x}^{(k)} = T\mathbf{x}^{(k-1)} + \mathbf{c}$$

를 계산함으로써 생성된다.

다음 결과는 행렬 T의 고윳값와 반복법의 수렴 가능성 사이의 중요한 관계를 제공한다.

정리 7.4.1 [수렴과 스펙트럼 반경 (Convergence and the Spectral Radius)]

$\mathbb{R}^n$ 상의 임의의 $\mathbf{x}^{(0)}$에 대해서 수열

$$\mathbf{x}^{(k)} = T\mathbf{x}^{(k-1)} + \mathbf{c}$$

는 $\rho(T) < 1$일 때 $\mathbf{x} = T\mathbf{x} + \mathbf{c}$의 유일한 해로 수렴한다.

Jacobi 방법 (Jacobi's Method)

Jacobi 반복법은 $a_{ii} \neq 0$이라고 할 때, $A\mathbf{x} = \mathbf{b}$의 i번째의 식을 x_i에 대해 풀면

$$x_i = \sum_{\substack{j=1 \\ j\neq i}}^{n} \left(-\frac{a_{ij}x_j}{a_{ii}} \right) + \frac{b_i}{a_{ii}}, \qquad (i = 1, 2, \ldots, n)$$

가 되고, $k \geq 1$일 때, $x_i^{(k)}$는 $\mathbf{x}^{(k-1)}$의 원소로부터 다음과 같이 구해진다.

$$x_i^{(k)} = \frac{\sum_{\substack{j=1 \\ j\neq i}}^{n} \left(-a_{ij}x_j^{(k-1)} \right) + b_i}{a_{ii}}, \qquad (i = 1, 2, \ldots, n) \tag{7.2}$$

예제 7.4.2 다음과 같이 주어진 선형연립방정식 $A\mathbf{x} = \mathbf{b}$는 $\mathbf{x} = (1, 2, -1, 1)^t$를 유일해로 갖는다.

$$\begin{array}{rrrrrr}
E_1: & 10x_1 - & x_2 + & 2x_3 & = & 6 \\
E_2: & -x_1 + & 11x_2 - & x_3 + & 3x_4 = & 25 \\
E_3: & 2x_1 - & x_2 + & 10x_3 - & x_4 = & -11 \\
E_4: & & 3x_2 - & x_3 + & 8x_4 = & 15
\end{array}$$

Jacobi 반복 기법을 사용하여 $\mathbf{x}^{(k)}$ 에서 $\mathbf{x}$로의 근삿값을 찾아라. 이때, 시작은 $\mathbf{x}^{(0)} = (0,0,0,0)^t$ 로 하고,

$$\frac{\|\mathbf{x}^{(k)} - \mathbf{x}^{(k-1)}\|_\infty}{\|\mathbf{x}^{(k)}\|_\infty} < 10^{-3}$$

을 만족할 때까지 반복하라.

풀이 $A\mathbf{x} = \mathbf{b}$를 $\mathbf{x} = T\mathbf{x} + \mathbf{c}$ 형태로 변환시키기 위해 E_i를 x_i에 대하여 풀면

$$\begin{aligned}
x_1 &= \quad\quad\quad\quad \frac{1}{10}x_2 - \frac{1}{5}x_3 \quad\quad\quad + \frac{3}{5} \\
x_2 &= \frac{1}{11}x_1 + \quad\quad\quad \frac{1}{11}x_3 - \frac{3}{11}x_4 + \frac{25}{11} \\
x_3 &= -\frac{1}{5}x_1 + \frac{1}{10}x_2 \quad\quad\quad + \frac{1}{10}x_4 - \frac{11}{10} \\
x_4 &= \quad\quad\quad - \frac{3}{8}x_2 + \frac{1}{8}x_3 \quad\quad\quad + \frac{15}{8}
\end{aligned}$$

을 얻는다. 그러면 $A\mathbf{x} = \mathbf{b}$는

$$T = \begin{bmatrix} 0 & \frac{1}{10} & -\frac{1}{5} & 0 \\ \frac{1}{11} & 0 & \frac{1}{11} & -\frac{3}{11} \\ -\frac{1}{5} & \frac{1}{10} & 0 & \frac{1}{10} \\ 0 & -\frac{3}{8} & \frac{1}{8} & 0 \end{bmatrix}, \quad \mathbf{c} = \begin{bmatrix} \frac{3}{5} \\ \frac{25}{11} \\ -\frac{11}{10} \\ \frac{15}{8} \end{bmatrix}$$

인 $\mathbf{x} = T\mathbf{x} + \mathbf{c}$의 형태를 갖는다. 초기의 근사해로 $\mathbf{x}^{(0)} = (0,0,0,0)^t$를 택하면, $\mathbf{x}^{(1)}$은

$$\begin{aligned}
x_1^{(1)} &= \quad\quad\quad\quad \frac{1}{10}x_2(0) - \frac{1}{5}x_3(0) \quad\quad\quad + \frac{3}{5} = 0.60000 \\
x_2^{(1)} &= \frac{1}{11}x_1(0) + \quad\quad\quad \frac{1}{11}x_3(0) - \frac{3}{11}x_4(0) + \frac{25}{11} = 2.2727 \\
x_3^{(1)} &= -\frac{1}{5}x_1(0) + \frac{1}{10}x_2(0) \quad\quad\quad + \frac{1}{10}x_4(0) - \frac{11}{10} = -1.1000 \\
x_4^{(1)} &= \quad\quad\quad - \frac{3}{8}x_2(0) + \frac{1}{8}x_3(0) \quad\quad\quad + \frac{15}{8} = 1.8750
\end{aligned}$$

이 된다. 추가의 반복 $\mathbf{x}^{(k)} = \left(x_1^{(k)}, x_2^{(k)}, x_3^{(k)}, x_4^{(k)}\right)^t$도 같은 방법으로 얻는데, 그 결과는 [표 7.1]에 수록되어 있다. 10회 반복 후에 중지한다는 결정은 다음의 기준에 근거한다.

$$\frac{\|\mathbf{x}^{(10)} - \mathbf{x}^{(9)}\|_\infty}{\|\mathbf{x}^{(10)}\|_\infty} = \frac{8.0 \times 10^{-4}}{1.9998} < 10^{-3}$$

$\mathbf{x} = (1, 2, -1, 1)^t$ 임을 알고 있으므로, $\|\mathbf{x}^{(10)} - \mathbf{x}\|_\infty \approx 0.0002$이다. ■

이 방법은 A를 대각선 부분(diagonal part)과 비대각선 부분(off-diagonal part)으로 분해하여서 $\mathbf{x}^{(k)} = T\mathbf{x}^{(k-1)} + \mathbf{c}$의 형태로 나타낼 수 있다. 이를 보기 위해 D를 A와 같은 대각 원소를 갖는 대각행렬, $-L$을 A의 대각선 아래

k	1	2	3	4	5	6	7	8	9	10
$x_1^{(k)}$	0.6000	1.0473	0.9326	1.0152	0.9890	1.0032	0.9981	1.0006	0.9997	1.0001
$x_2^{(k)}$	2.2727	1.7159	2.0530	1.9537	2.0114	1.9922	2.0023	1.9987	2.0004	1.9998
$x_3^{(k)}$	−1.1000	−0.8052	−1.0493	−0.9681	−1.0103	−0.9945	−1.0020	−0.9990	−1.0004	−0.9998
$x_4^{(k)}$	1.8750	0.8852	1.1309	0.9739	1.0214	0.9944	1.0036	0.9989	1.0006	0.9998

표 7.1

부분과 같은 하삼각 행렬, $-U$를 A의 대각선 윗부분과 같은 상삼각 행렬이라고 하자. 이 표기를 사용하면,

$$A = \begin{bmatrix} a_{11} & a_{12} & \cdots & a_{1n} \\ a_{21} & a_{22} & \cdots & a_{2n} \\ \vdots & \vdots & & \vdots \\ a_{n1} & a_{n2} & \cdots & a_{nn} \end{bmatrix}$$

는 다음과 같이 분해된다.

$$A = \begin{bmatrix} a_{11} & 0 & \cdots & 0 \\ 0 & a_{22} & \ddots & \vdots \\ \vdots & \ddots & \ddots & 0 \\ 0 & \cdots & 0 & a_{nn} \end{bmatrix} - \begin{bmatrix} 0 & \cdots & \cdots & 0 \\ -a_{21} & \ddots & & \vdots \\ \vdots & \ddots & \ddots & 0 \\ -a_{n1} & \cdots & -a_{n,n-1} & 0 \end{bmatrix} - \begin{bmatrix} 0 & -a_{12} & \cdots & -a_{1n} \\ \vdots & \ddots & \ddots & \vdots \\ \vdots & & \ddots & -a_{n-1,n} \\ 0 & \cdots & \cdots & 0 \end{bmatrix}$$
$$= D - L - U.$$

방정식 $A\mathbf{x} = \mathbf{b}$ 즉, $(D - L - U)\mathbf{x} = \mathbf{b}$는

$$D\mathbf{x} = (L + U)\mathbf{x} + \mathbf{b}.$$

만일 D^{-1}이 존재한다면, 각 i에 대하여 $a_{ii} \neq 0$이면

$$\mathbf{x} = D^{-1}(L + U)\mathbf{x} + D^{-1}\mathbf{b}.$$

이렇게 하여 $T_j = D^{-1}(L + U)$, $c_j = D^{-1}\mathbf{b}$로 놓으면 Jacobi 반복법의 행렬 형태

$$\mathbf{x}^{(k)} = T_j\mathbf{x}^{(k-1)} + \mathbf{c}_j$$

가 얻어진다.

Gauss–Seidel 방법 (The Gauss–Seidel Method)

식 (7.2)을 살펴보면 Jacobi 방법의 개선이 가능함을 알 수 있다. 이 식에서 $x^{(k-1)}$의 모든 원소들이 $x_i^{(k)}$ 각각의 계산에 사용되었다. $\mathbf{x}^{(k)}$의 원소 $x_1^{(k)}, \ldots, x_i^{(k)}$가 이미 계산되었고 이들은 $x_1^{(k-1)}, \ldots, x_{i+1}^{(k-1)}$보다 실제 해 $x_1, \ldots, x_{i-1}$에 더 가까운 근사해일 것이므로, 가장 최근에 계산된 이 값들을 사용하여 $x_i^{(k)}$를 계산할 수 있다. 즉, 각 $i = 1, 2, \ldots, n$에 대하여

$$x_i^{(k)} = \frac{-\sum_{j=1}^{i-1}\left(a_{ij}x_j^{(k)}\right) - \sum_{j=i+1}^{n}\left(a_{ij}x_j^{(k-1)}\right) + b_i}{a_{ii}} \tag{7.3}$$

을 사용할 수 있다. 이렇게 수정된 방법을 Gauss–Seidel 반복법이라고 하며 다음 예제에서 설명된다.

예제 7.4.3 [예제 7.4.2]에서는 Jacobi 반복법을 사용하여 다음 선형연립방정식의 해를 구하였다.

$$\begin{aligned} 10x_1 - x_2 + 2x_3 \quad &= 6 \\ -x_1 + 11x_2 - x_3 + 3x_4 &= 25 \\ 2x_1 - x_2 + 10x_3 - x_4 &= -11 \\ 3x_2 - x_3 + 8x_4 &= 15 \end{aligned}$$

이번에는 Gauss-Seidel 방법으로 문제의 해를 구해보자.

풀이 식 (7.3)에 기술된 대로 Gauss–Seidel 방법을 사용하면 다음 방정식을 얻는다.

$$\begin{aligned} x_1^{(k)} &= \frac{1}{10}x_2^{(k-1)} - \frac{1}{5}x_3^{(k-1)} + \frac{3}{5} \\ x_2^{(k)} &= \frac{1}{11}x_1^{(k-1)} + \frac{1}{11}x_3^{(k-1)} - \frac{3}{11}x_4^{(k-1)} + \frac{25}{11} \\ x_3^{(k)} &= -\frac{1}{5}x_1^{(k-1)} + \frac{1}{10}x_2^{(k-1)} + \frac{1}{10}x_4^{(k-1)} - \frac{11}{10} \\ x_4^{(k)} &= -\frac{3}{8}x_2^{(k-1)} + \frac{1}{8}x_3^{(k-1)} + \frac{15}{8} \end{aligned}$$

$\mathbf{x}^{(0)} = (0,0,0,0)^t$ 으로 놓고, [표 7.2]의 Gauss–Seidel 반복(iterate)을 얻는다.

$$\|\mathbf{x}^{(5)} - \mathbf{x}^{(4)}\|_\infty = 0.0008 < 10^{-3}$$

이므로, $\mathbf{x}^{(5)}$를 양호한 근사해로 받아들인다. [예제 7.4.2]에서 사용한 Jacobi 방법은 같은 정확도를 얻는 데에 두 배의 반복이 필요하다. ■

k	0	1	2	3	4	5
$x_1^{(k)}$	0	0.6000	1.0300	1.0065	1.0009	1.0001
$x_2^{(k)}$	0	2.3272	2.0370	2.0036	2.0003	2.0000
$x_3^{(k)}$	0	−0.9873	−1.014	−1.0025	−1.0003	−1.0000
$x_4^{(k)}$	0	0.8789	0.9844	0.9983	0.9999	1.0000

표 7.2

Gauss–Seidel 방법을 행렬 형태로 쓰려면, 식 (7.3)의 양변에 a_{ii}를 곱하고, 모든 k번째 반복 항들을 모으면, 각 $i = 1, 2, \ldots, n$에 대하여

$$a_{i1}x_1^{(k)} + a_{i2}x_2^{(k)} + \cdots + a_{ii}x_i^{(k)} = -a_{i,i+1}x_{i+1}^{(k-1)} - \cdots - a_{in}x_n^{(k-1)} + b_i$$

을 얻는다. 모든 n개의 방정식을 쓰면

$$\begin{aligned} a_{11}x_1^{(k)} &= -a_{12}x_2^{(k-1)} - a_{13}x_3^{(k-1)} - \cdots - a_{1n}x_n^{(k-1)} + b_1 \\ a_{21}x_1^{(k)} + a_{22}x_2^{(k)} &= -a_{23}x_3^{(k-1)} - \cdots - a_{2n}x_n^{(k-1)} + b_2 \\ &\vdots \\ a_{n1}x_1^{(k)} + a_{n2}x_2^{(k)} + \cdots + a_{nn}x_n^{(k)} &= b_n \end{aligned}$$

이 된다. 앞에서 사용한 D, L, U 의 정의를 사용하면, Gauss–Seidel 방법은

$$(D-L)\mathbf{x}^{(k)} = U\mathbf{x}^{(k-1)} + \mathbf{b}$$

만일 $(D-L)^{(-1)}$ 이 존재한다면

$$\mathbf{x}^{(k)} = T_g\mathbf{x}^{(k-1)} + \mathbf{c}_g, \qquad (k = 1, 2, \ldots)$$

으로 표현된다. 여기에서, $T_g = (D-L)^{-1}U$, $c_g = (D-L)^{-1}\mathbf{b}$ 이다.

$$\det(D-L) = a_{11} \cdot a_{22} \cdots a_{nn}$$

이므로, 하삼각 행렬 $D-L$은 각 $i = 1, 2, \ldots, n$에 대하여 정확히 $a_{ii} \neq 0$일 때 비특이행렬이 된다.

위의 논의와 [예제 7.4.2, 7.4.3]의 결과에 의하면 Gauss–Seidel 방법은 Jacobi 방법보다 우수하다고 생각할 수 있다. 이는 대부분의 경우 사실이지만, Jacobi 방법은 수렴하나 Gauss–Seidel 방법은 수렴하지 않는 선형연립방정식들이 있다. 그러나 만일 A가 완전 대각 우위 행렬이면, 어떤 $\mathbf{b}$와 $\mathbf{x}^{(0)}$를 선택하여도, Jacobi 방법과 Gauss–Seidel 방법 모두 $A\mathbf{x} = \mathbf{b}$의 유일한 해로 수렴하게 된다.

7.4 연습문제

1. $\mathbf{x}^{(0)} = \mathbf{0}$을 사용하여 다음 선형연립방정식들에 대한 Jacobi 방법의 처음 두 반복을 구하라.

a.

$$\begin{aligned}
3x_1 - x_2 + x_3 &= 1,\\
3x_1 + 6x_2 + 2x_3 &= 0,\\
3x_1 + 3x_2 + 7x_3 &= 4.
\end{aligned}$$

b.

$$\begin{array}{cccccccc}
4x_1 - & x_2 & & -x_4 & & & = & 0,\\
-x_1 + & 4x_2 & -x_3 & & -x_5 & & = & 5,\\
& -x_2 & +4x_3 & & & -x_6 & = & 0,\\
-x_1 & & & +4x_4 & -x_5 & & = & 6,\\
& -x_2 & & -x_4 & +4x_5 & -x_6 & = & -2,\\
& & -x_3 & & -x_5 & +4x_6 & = & 6.
\end{array}$$

2. Gauss–Seidel 방법을 사용하여 연습문제 1을 반복하라.

3. A가 완전 대각 우위 행렬일 때, $\|T_j\|_\infty < 1$이 성립함을 보여라.

7.5 SOR 방법

SOR방법은 Jacobi 방법이나 Gauss–Seidel 방법과 유사하지만, 근사 오차를 더 신속하게 줄이기 위하여 스케일링 인자(scaling factor)를 사용한다. 앞 절에서 살펴본 고전적인 방법과는 대조적으로, SOR 방법은 더 최근에 도입되었다. SOR 방법은 공식

$$x_i^{(k)} = (1-\omega)x_i^{(k-1)} + \frac{\omega}{a_{ii}}\left[b_i - \sum_{j=1}^{i-1} a_{ij}x_j^{(k)} - \sum_{j=i+1}^{n} a_{ij}x_j^{(k-1)}\right]$$

으로 근사해 $\mathbf{x}^{(k)}$를 계산하는 일종의 이완법(relaxation method)이다. 여기서 ω는 스케일링 인자이다.

$\omega = 1$이면 Gauss–Seidel 방법이 된다. $0 < \omega < 1$이면 이 절차는 under-relaxation method라고 하며, Gauss–Seidel 방법으로 수렴하지 않는 연립방정식을 수렴시키기 위해 사용된다.

$\omega > 1$이면 이 절차는 over-relaxation method라고 하며 Gauss–Seidel 방법으로 수렴되는 시스템들의 수렴을 가속시키기 위해 사용된다, 이 방법은 Successive Over-Relaxation을 줄여서 SOR 방법이라고 하는데, 편미분방정식의 수치해를 구할 때 나타나는 선형연립방정식의 해를 구하는 데에 사용된다.

SOR 방법의 행렬 형태를 얻기 위해, 앞의 식을 다음과 같이 다시 쓴다.

$$a_{ii}x_i^{(k)} + \omega\sum_{j=1}^{i-1} a_{ij}x_j^{(k)} = (1-\omega)a_{ii}x_i^{(k-1)} - \omega\sum_{j=i+1}^{n} a_{ij}x_j^{(k-1)} + \omega b_i$$

벡터 형태로는

$$(D-\omega L)\mathbf{x}^{(k)} = [(1-\omega)D + \omega U]\mathbf{x}^{(k-1)} + \omega\mathbf{b}$$

이 된다. 만일 $(D-\omega L)^{-1}$이 존재하면,

$$\mathbf{x}^{(k)} = T_\omega\mathbf{x}^{(k-1)} + \mathbf{c}_\omega,$$

를 얻는다. 여기에서 $T_\omega = (D-\omega L)^{-1}[(1-\omega)D + \omega U]$, $\mathbf{c}_\omega = \omega(D-\omega L)^{-1}\mathbf{b}$이다.

예제 7.5.1 다음 선형연립방정식 $A\mathbf{x} = \mathbf{b}$는

$$\begin{aligned} 4x_1 + 3x_2 \quad\quad &= 24 \\ 3x_1 + 4x_2 - x_3 &= 30 \\ -x_2 + 4x_3 &= -24 \end{aligned}$$

$(3, 4, -5)^t$를 해로 가지고 있다. Gauss–Seidel 방법과 $\omega = 1.25$인 SOR 방법을 이용하여 이 연립방정식의 해를 구해보자. 이 두 방법 모두에 $\mathbf{x}^{(0)} = (1, 1, 1)^t$를 사용하기로 한다.

풀이 각 $k = 1, 2, \ldots$에 대하여 Gauss–Seidel 방법의 방정식은

$$\begin{aligned} x_1^{(k)} &= -0.75x_2^{(k-1)} + 6 \\ x_2^{(k)} &= -0.75x_1^{(k)} + 0.25x_3^{(k-1)} + 7.5 \\ x_3^{(k)} &= 0.25x_2^{(k)} - 6 \end{aligned}$$

이 되고, $\omega = 1.25$ 인 SOR 방법의 방정식은

$$\begin{aligned} x_1^{(k)} &= -0.25x_1^{(k-1)} - 0.9375x_2^{(k-1)} + 7.5 \\ x_2^{(k)} &= -0.9375x_1^{(k)} - 0.25x_2^{(k-1)} + 0.3125x_3^{(k-1)} + 9.375 \\ x_3^{(k)} &= 0.3125x_2^{(k)} - 0.25x_3^{(k-1)} - 7.5 \end{aligned}$$

이 된다. 각 방법의 7회 반복 결과가 [표 7.3]과 [표 7.4]에 수록되어 있다. 소수점 이하 일곱 자리의 정확성을 얻기 위해, $\omega = 1.25$ 인 SOR은 14번의 반복이 필요한 반면, Gauss–Seidel 방법은 34번의 반복이 필요하다.

k	0	1	2	3	4	5	6	7
$x_1^{(k)}$	1	5.250000	3.1406250	3.0878906	3.0549316	3.0343323	3.0214577	3.0134110
$x_2^{(k)}$	1	3.812500	3.8828125	3.9267578	3.9542236	3.9713898	3.9821186	3.9888241
$x_3^{(k)}$	1	−5.046875	−5.0292969	−5.0183105	−5.0114441	−5.00071526	−5.0044703	−5.0027940

표 7.3

k	0	1	2	3	4	5	6	7
$x_1^{(k)}$	1	6.312500	2.6223145	3.1333027	2.9570512	3.0037211	2.9963276	3.0000498
$x_2^{(k)}$	1	3.35195313	3.9585266	4.0102646	4.0074838	4.0029250	4.0009262	4.0002586
$x_3^{(k)}$	1	−6.66501465	−4.6004238	−5.0966863	−4.9734897	−5.0057135	−4.9982822	−5.0003486

표 7.4

■

SOR 방법의 한 가지 분명한 문제점은 ω의 적절한 값을 어떻게 결정할 것인가이다. 일반적인 $n \times n$ 선형연립방정식에 대한 이 문제의 완전한 답은 알려져 있지 않지만, 상황에 따라 다음 결과를 사용할 수 있다.

정리 7.5.2 [SOR 방법의 수렴 (SOR Convergence)]

만일 A가 양정치행렬이고, $0 < \omega < 2$이면, 초기 근사해 벡터 $\mathbf{x}^{(0)}$로 어떤 값을 선택하여도 SOR 방법은 수렴한다. 또한 A가 동시에 삼대각 행렬이라면 $\rho(T_g) = [\rho(T_j)]^2 < 1$이 되고, SOR 방법에 대한 ω의 최적값은

$$\omega = \frac{2}{1 + \sqrt{1 - [\rho(T_j)]^2}}$$

이 된다. ω로 이 값을 택하면, $\rho(T_\omega) = \omega - 1$이 된다.

예제 7.5.3 다음 행렬을 SOR 방법으로 풀 때 최적의 ω 값을 찾아라.

$$A = \begin{bmatrix} 4 & 3 & 0 \\ 3 & 4 & -1 \\ 0 & -1 & 4 \end{bmatrix}$$

풀이 행렬 A는 양정치행렬이고,

$$T_j = D^{-1}(L+U) = \begin{bmatrix} \frac{1}{4} & 0 & 0 \\ 0 & \frac{1}{4} & 0 \\ 0 & 0 & \frac{1}{4} \end{bmatrix} \begin{bmatrix} 0 & -3 & 0 \\ -3 & 0 & 1 \\ 0 & 1 & 0 \end{bmatrix} = \begin{bmatrix} 0 & -0.75 & 0 \\ -0.75 & 0 & 0.25 \\ 0 & 0.25 & 0 \end{bmatrix}$$

이므로,

$$\det(T_j - \lambda I) = -\lambda(\lambda^2 - 0.625), \qquad \rho(T_j) = \sqrt{0.625}$$

을 얻는다. 따라서, ω의 최적값은

$$\omega = \frac{2}{1+\sqrt{1-[\rho(T_j)]^2}} = \frac{2}{1+\sqrt{1-0.625}} \approx 1.24$$

가 된다. 이로부터 [예제 7.5.1]에서 $\omega = 1.25$를 사용한 SOR 방법이 신속한 수렴을 한 이유를 알 수 있다. ■

7.5 연습문제

1. $\mathbf{x}^{(0)} = \mathbf{0}$을 사용하여 다음 선형연립방정식에 대한 $\omega = 1.1$인 SOR 방법의 첫 2회 반복을 구하라.

a.
$$\begin{aligned} 3x_1 - x_2 + x_3 &= 1 \\ 3x_1 + 6x_2 + 2x_3 &= 0 \\ 3x_1 + 3x_2 + 7x_3 &= 4 \end{aligned}$$

b.
$$\begin{aligned} 10x_1 - x_2 &= 9 \\ -x_1 + 10x_2 - 2x_3 &= 7 \\ -2x_2 + 10x_3 &= 6 \end{aligned}$$

c.
$$\begin{aligned} 10x_1 + 5x_2 &= 6 \\ 5x_1 + 10x_2 - 4x_3 &= 25 \\ -4x_2 - 2x_3 - x_4 &= -11 \\ -x_3 + 5x_4 &= -11 \end{aligned}$$

2. l_∞ 노름의 허용치를 $TOL = 10^{-3}$으로 하고 $\omega = 1.2$인 SOR 방법을 사용하여 1번 문제의 선형연립방정식을 풀어라.

3. 1번 문제의 행렬 가운데 삼대각 양정치행렬에 대하여 최적의 ω를 사용한 SOR 방법을 적용하라.

7.6 오차의 한계와 반복적 개선

이 절에서는 직접법이나 반복법을 사용하여 선형연립방정식을 풀 때 발생하는 근사의 오차에 대하여 살펴보자. 이러한 연립방정식의 근사해를 구하는 데에는 전적으로 우월한 방법은 없지만 행렬이 어떤 조건을 만족시킬 경우에는 다른 방법보다 좋은 결과를 얻을 수 있는 방법들이 있다.

만일 $\tilde{\mathbf{x}}$가 $A\mathbf{x} = \mathbf{b}$의 해 $\mathbf{x}$에 대한 근사치이고, $\mathbf{r} = \mathbf{b} - A\tilde{\mathbf{x}}$로 정의된 잔차 벡터(residual vector)에 대하여, $\|\mathbf{b} - A\tilde{\mathbf{x}}\|$가 작은 특성을 가지고 있으면, $\|\mathbf{x} - \tilde{\mathbf{x}}\|$ 또한 작아야 된다는 것은 직관적으로 타당한 것 같다. 그러나 이는 대부분의 경우에는 성립하지만 실제로 흔히 발생하는 어떤 연립방정식은 이러한 특성을 가지고 있지 않다.

예제 7.6.1 다음의 선형연립방정식 $A\mathbf{x} = \mathbf{b}$는 유일한 해 $\mathbf{x} = (1, 1)^t$를 갖는다.

$$\begin{bmatrix} 1 & 1 \\ 1.0001 & 2 \end{bmatrix} \begin{bmatrix} x_1 \\ x_2 \end{bmatrix} = \begin{bmatrix} 3 \\ 3.0001 \end{bmatrix}$$

부정확한 근사해 $\tilde{\mathbf{x}} = (3, -0.0001)^t$에 대한 잔차 벡터를 구하라.

풀이 부정확한 근사해 $\tilde{\mathbf{x}} = (3, -0.0001)^t$가 잔차 벡터

$$\mathbf{b} - A\tilde{\mathbf{x}} = \begin{bmatrix} 3 \\ 3.0001 \end{bmatrix} - \begin{bmatrix} 1 & 2 \\ 1.0001 & 2 \end{bmatrix} \begin{bmatrix} 3 \\ -0.0001 \end{bmatrix} = \begin{bmatrix} 0.0002 \\ 0 \end{bmatrix}$$

를 가지므로 $\|\mathbf{b} - A\tilde{\mathbf{x}}\|_\infty = 0.0002$가 된다. 잔차 벡터의 노름은 작지만, 근사해 $\tilde{\mathbf{x}} = (3, -0.0001)^t$는 양호한 근사해가 될 수 없음이 분명하다. 실제로 $\|\mathbf{x} - \tilde{\mathbf{x}}\|_\infty = 2$이다. ■

[예제 7.6.1]은 다음 두 직선의 교점을 나타내는 연립방정식의 해를 생각해보면 쉽게 알 수 있다.

$$l_1 : \ x_1 + 2x_2 = 3, \quad l_2 : \ 1.0001x_1 + 2x_2 = 3.0001$$

점 $(3, -0.0001)$은 l_2 상에 있고, 두 선은 거의 평행하다. 이는 $(3, -0.0001)$이 이 연립방정식의 해인 교점 $(1, 1)$과는 상당히 떨어져 있지만 l_2에 아주 가깝게 위치하고 있다는 것을 의미한다. ([그림 7.6] 참조)

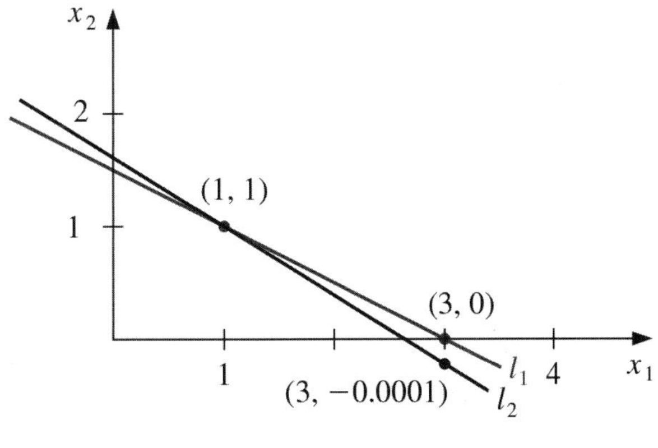

그림 7.6

[예제 7.6.1]은 얼핏 보면 고난도의 문제로 보이지만 실제로는 그렇지 않다. 두 선이 거의 일치해 있지 않다면 작은 잔차 벡터는 정확한 근사해를 의미한다고 할 수 있을 것이다. 일반적인 경우에서는 이런 문제가 언제 일어날

것인가 판단하는 데에 연립방정식의 기하학적 배치를 사용하기는 어렵다. 그러나 행렬과 역행렬의 노름을 이용하여 이런 정보를 얻을 수 있다.

정리 7.6.2 [잔차 벡터 오차한계 **(Residual Vector Error Bounds)**]

$\tilde{\mathbf{x}}$를 $A\mathbf{x} = \mathbf{b}$의 근사해, A를 비특이 행렬이라고 하면, 어떠한 자연 노름에 대해서도,

$$\|\mathbf{x} - \tilde{\mathbf{x}}\| \leq \|\mathbf{b} - A\tilde{\mathbf{x}}\| \cdot \|A^{-1}\|$$

이 성립하고, $\mathbf{x} \neq 0$, $\mathbf{b} \neq 0$이면

$$\frac{\|\mathbf{x} - \tilde{\mathbf{x}}\|}{\|\mathbf{x}\|} \leq \|A\| \cdot \|A^{-1}\| \frac{\|\mathbf{b} - A\tilde{\mathbf{x}}\|}{\|\mathbf{b}\|}, \quad (\text{단, } \mathbf{x} \neq \mathbf{0}, \ \mathbf{b} \neq \mathbf{0})$$

가 성립한다.

이는 $\|A^{-1}\|$와 $\|A\| \cdot \|A^{-1}\|$가 잔차 벡터와 근사해의 정확도 사이의 관계를 나타냄을 의미한다. 일반적으로 상대오차 $\|\mathbf{x} - \tilde{\mathbf{x}}\|/\|\mathbf{x}\|$가 가장 중요한 것으로서, 이 오차는 이 근사해의 상대 잔차 $\|\mathbf{b} - A\tilde{\mathbf{x}}\|/\|\mathbf{b}\|$와 $\|A\| \cdot \|A^{-1}\|$의 곱으로 한정되어 있다. 임의의 편리한 노름이 이 근사해에 사용될 수 있는데, 유일한 요구 조건은 이 노름이 모든 과정에서 일관성 있게 사용되어야 한다는 것이다.

조건수 (Condition Numbers)

노름 $\|\cdot\|$에 대한 비특이 행렬 A의 조건수(condition number) $K(A)$는

$$K(A) = \|A\| \cdot \|A^{-1}\|$$

이다. 이 표기를 사용하여 앞의 결과의 부등식을 다음과 같이 다시 표현할 수 있다.

$$\|\mathbf{x} - \tilde{\mathbf{x}}\| \leq K(A) \frac{\|\mathbf{b} - A\tilde{\mathbf{x}}\|}{\|A\|}, \quad \frac{\|\mathbf{x} - \tilde{\mathbf{x}}\|}{\|\mathbf{x}\|} \leq K(A) \frac{\|\mathbf{b} - A\tilde{\mathbf{x}}\|}{\|\mathbf{b}\|}$$

어떠한 비특이 행렬 A와 자연 노름 $\|\cdot\|$에 대해서도

$$1 = \|I\| = \|A \cdot A^{-1}\| \leq \|A\| \cdots \|A^{-1}\| = K(A)$$

가 성립한다. $K(A)$가 1에 가까우면 행렬 A는 호행위(Well-behaved) 또는 호조건(well-conditioned) 행렬이라고 하고, $K(A)$가 1보다 상당히 크면 호행위 행렬이 악조건(ill-conditioned) 행렬이라고 한다. 이 경우의 조건은 잔차 벡터가 작으면 좋은 근사해가 얻어짐을 의미하는 상대적 안전성(relative security)을 말한다.

예제 7.6.3 [예제 7.6.1]에서 취급한 연립방정식에 대한 행렬

$$A = \begin{bmatrix} 1 & 2 \\ 1.0001 & 2 \end{bmatrix}$$

의 노름은 $\|A\|_\infty = 3.0001$이었다. 이 행렬에 대한 조건수를 구하라.

풀이 이 노름은 크다고 할 수는 없으나

$$A^{-1} = \begin{bmatrix} -10000 & 10000 \\ 5000.5 & -5000 \end{bmatrix}$$

이므로, $\|A^{-1}\|_\infty = 20000$ 이다. 무한 노름에 대하여 $K(A) = (20000)(3.0001) = 60002$ 가 된다. 분명히 이 예제의 조건 수(condition number)의 크기는 근사해의 잔차에 의거하여 정확도에 대한 성급한 결론을 내릴 수 없게 한다. ■

반복적 개선 (Iterative Refinement)

MATLAB에서는 [예제 7.6.3]의 행렬에 대한 조건수 $K_\infty(A)$는 `cond` 명령어를 통해서 계산 될 수 있다. l_∞ 조건수를 얻기 위하여

```
cond(A,inf)
```

를 사용하라. MATLAB의 출력값은

$$ans = 6.000199999999003e + 004$$

`cond`의 기본 값은 l_2 조건수 이다. 즉 `cond(A)`나 `cond(A,2)`는 동일하게

$$K_2(A) = 5.000100002987370e + 004$$

를 준다.

근사해의 잔차는 근사해의 정확도를 개선하는 데에도 사용된다. $\tilde{x}$는 선형연립방정식 $A\mathbf{x} = \mathbf{b}$의 근사해이고, $\mathbf{r} = \mathbf{b} - A\mathbf{x}$는 $\tilde{x}$에 대한 잔차라고 하자. 연립방정식 $A\mathbf{y} = \mathbf{r}$의 근사해 $\tilde{y}$를 살펴보자.

$$\tilde{\mathbf{y}} \approx A^{-1}\mathbf{r} = A^{-1}(\mathbf{b} - \mathbf{A}\tilde{\mathbf{x}}) = A^{-1}\mathbf{b} - A^{-1}A\tilde{\mathbf{x}} = \mathbf{x} - \tilde{\mathbf{x}}$$

이므로,

$$\mathbf{x} \approx \tilde{x} + \tilde{y}$$

가 된다. 새로운 근사해 $\tilde{\mathbf{x}} + \tilde{\mathbf{y}}$ 보다 $A\mathbf{x} = \mathbf{b}$의 해에 더 가까운 경우가 많으며 $\tilde{\mathbf{y}}$는 원래의 행렬과 동일한 행렬 A에 대한 것이므로 쉽게 결정할 수 있다. 이를 반복적 개선(iterative refinement 또는 iterative improvement)이라고 하며 다음 예제에 설명되어 있다. 정확도를 높이기 위해서는 잔차 벡터의 계산에 2배 자릿수의 산술(double-digit arithmetic)을 사용하여야 한다. 이 방법도 프로그램 ITREFN74로 구현할 수 있다.

예제 7.6.4 다음 선형연립방정식

$$\begin{bmatrix} 3.3330 & 15920 & -10.333 \\ 2.2220 & 16.710 & 9.6120 \\ 1.5611 & 5.1791 & 1.6852 \end{bmatrix} \begin{bmatrix} x_1 \\ x_2 \\ x_3 \end{bmatrix} = \begin{bmatrix} 15913 \\ 28.544 \\ 8.4254 \end{bmatrix}$$

은 정확한 해 $\mathbf{x} = (1,1,1)^t$를 갖는다. 5 자릿수의 산술로 가우스 소거법을 사용하면 다음과 같은 확대행렬을 차례로 얻는다.

$$\begin{bmatrix} 3.3330 & 15920 & -10.333 & \vdots & 15913 \\ 0 & -10596 & 16.501 & \vdots & 10580 \\ 0 & -7451.4 & 6.5250 & \vdots & -7444.9 \end{bmatrix} \text{이고,} \quad \begin{bmatrix} 3.3330 & 15920 & -10.333 & \vdots & 15913 \\ 0 & -10596 & 16.501 & \vdots & -10580 \\ 0 & 0 & -5.0790 & \vdots & -4.7000 \end{bmatrix}$$

이 연립방정식의 근사해는

$$\tilde{\mathbf{x}} = (1.2001, 0.99991, 0.92538)^t.$$

10자릿수 산술로 계산하면 $\tilde{x}$에 대한 잔차 벡터는

$$\begin{aligned}\mathbf{r} = \mathbf{b} - A\tilde{\mathbf{x}} &= \begin{bmatrix}15913\\28.544\\8.4254\end{bmatrix} - \begin{bmatrix}3.3330 & 15920 & -10.333\\2.2220 & 16.710 & 9.6120\\1.5611 & 5.1791 & 1.6852\end{bmatrix}\begin{bmatrix}1.20001\\0.99991\\0.92538\end{bmatrix}\\ &= \begin{bmatrix}15913\\28.544\\8.4254\end{bmatrix} - \begin{bmatrix}15913.00518\\28.26987086\\8.611560367\end{bmatrix} = \begin{bmatrix}-0.00518\\0.27413\\-0.18616\end{bmatrix}\end{aligned}$$

다섯 자리 산술로 가우스 소거법을 사용하면 $A\mathbf{y} = \mathbf{r}$에 대한 근사해는 $\tilde{\mathbf{y}}$는

$$\tilde{\mathbf{y}} = (-0.20008, 8.9987 \times 10^{-5}, 0.074607)^t$$

이 되고, $A\mathbf{x} = \mathbf{b}$에 대한 원래의 근사해 $\tilde{\mathbf{x}} = (1.2001, 0.99991, 0.92538)^t$ 보다 훨씬 좋은 근사해인

$$\begin{aligned}\tilde{\mathbf{x}} + \tilde{\mathbf{y}} &= (1.2001, 0.99991, 0.92538)^t + (-0.20008, 8.9987 \times 10^{-5}, 0.074607)^t\\ &= (1.0000, 1.0000, 0.99999)^t\end{aligned}$$

를 얻는다. 반복을 계속하려면 물론 초깃값으로 $\tilde{\mathbf{x}}$보다는 $\tilde{\mathbf{x}} + \tilde{\mathbf{y}}$을 사용하여야 한다.

7.6 연습문제

1. 다음 행렬들의 $\|\cdot\|_\infty$에 대한 조건수(condition number)를 구하라.

a. $\begin{bmatrix}1/2 & 1/3\\1/3 & 1/4\end{bmatrix}$ b. $\begin{bmatrix}3.9 & 1.6\\6.8 & 2.9\end{bmatrix}$ c. $\begin{bmatrix}1 & 2\\1.0001 & 2\end{bmatrix}$

d. $\begin{bmatrix}1.003 & 58.09\\5.550 & 321.8\end{bmatrix}$ e. $\begin{bmatrix}1 & -1 & -1\\0 & 1 & -1\\0 & 0 & -1\end{bmatrix}$ f. $\begin{bmatrix}0.04 & 0.01 & -0.01\\0.2 & 0.5 & -0.2\\1 & 2 & 4\end{bmatrix}$

2. 다음의 선형연립방정식 $A\mathbf{x} = \mathbf{b}$는 $\mathbf{x}$를 실제 해, $\tilde{\mathbf{x}}$를 근사해로 가지고 있다. 연습문제의 1의 결과를 이용하여,

$$\|\mathbf{x} - \tilde{\mathbf{x}}\|_\infty, \text{ 와 } K_\infty(A)\frac{\|\mathbf{b} - A\tilde{\mathbf{x}}\|_\infty}{\|A\|_\infty}$$

를 계산하라.

a.
$$\frac{1}{2}x_1 + \frac{1}{3}x_2 = \frac{1}{63}$$
$$\frac{1}{3}x_1 + \frac{1}{4}x_2 = \frac{1}{168}$$
$$\mathbf{x} = \left(\frac{1}{7}, -\frac{1}{6}\right)^t, \ \tilde{\mathbf{x}} = (0.142, -0.166)^t$$

b.
$$\begin{aligned}3.9x_1 &+1.6x_2 &= 5.5\\6.8x_1 &+2.9x_2 &= 9.7\end{aligned}$$
$$\mathbf{x} = (1,1)^t, \ \tilde{\mathbf{x}} = (0.98, 1.1)^t$$

c.

$$\begin{aligned} x_1 \quad +2x_2 &= 3 \\ 1.0001x_1 \quad +2x_2 &= 3.0001 \end{aligned}$$

$\mathbf{x} = (1,1)^t,\ \tilde{\mathbf{x}} = (0.96, 1.02)^t$

d.

$$\begin{aligned} 1.003x_1 \quad +58.09x_2 &= 68.12 \\ 5.550x_1 \quad +321.8x_2 &= 377.3 \end{aligned}$$

$\mathbf{x} = (10,1)^t,\ \tilde{\mathbf{x}} = (-10, 1)^t$

e.

$$\begin{aligned} x_1 \quad -x_2 \quad -x_3 &= 5.5 \\ x_2 \quad -x_3 &= 0 \\ -x_3 &= \pi \end{aligned}$$

$\mathbf{x} = (0, -\pi, -\pi)^t,$

$\tilde{\mathbf{x}} = (-0.1, -3.15, -3.14)^t$

f.

$$\begin{aligned} 0.04x_1 + \quad 0.01x_2 - \quad 0.01x_3 &= 0.06 \\ 0.2x_1 + \quad 0.5x_2 \quad -x_3 &= 0 \\ x_1 + \quad 2x_2 + \quad 4x_3 &= 11 \end{aligned}$$

$\mathbf{x} = (1.827586, 0.6551724, 1.965517)^t,$

$\tilde{\mathbf{x}} = (1.8, 0.64, 1.9)^t$

3. $\begin{bmatrix} 1 & 2 \\ 1.00001 & 2 \end{bmatrix} \begin{bmatrix} x_1 \\ x_2 \end{bmatrix} = \begin{bmatrix} 3 \\ 3.00001 \end{bmatrix}$ 로 주어진 선형연립방정식 $A\mathbf{x} = \mathbf{b}$는 $(1,1)^t$를 해로 가지고 있다.

7자릿수 반올림 산술을 사용하여 변형된 연립방정식 $\begin{bmatrix} 1 & 2 \\ 1.000011 & 2 \end{bmatrix} \begin{bmatrix} x_1 \\ x_2 \end{bmatrix} = \begin{bmatrix} 3.00001 \\ 3.00003 \end{bmatrix}$ 의 해를 구하고, A와

b의 변화를 **x**의 변화와 비교하라.

7.7 공액경사법

Hestenes와 Stiefel[HS]의 공액경사법은 원래 $n \times n$ 양정치 선형연립방정식의 해를 구하기 위한 직접해법으로 개발되었다. 직접해법으로서 이 방법은 피보팅 가우스 소거법보다 열등하다. 그 이유는 두 방법 모두 해를 결정하기 위해 n번의 주요 단계가 요구되는데 공액경사법의 각 단계는 가우스 소거법보다 계산량이 많기 때문이다. 그러나 공액경사법은 0이 아닌 원소가 예측 가능한 패턴으로 나타나는 큰 희소 연립방정식을 풀기 위한 반복적 근사법으로 사용될 때 아주 유용하다. 이 문제는 경계치 문제의 해를 구할 때 자주 나타난다. 계산이 효율적이 되도록 행렬을 사전 조율하면 $\sqrt{n}$단계만으로 좋은 결과를 얻는다. 이러한 방식으로 이 방법은 가우스 소거법이나 앞에서 언급한 반복 해법보다 선호된다. 이 절에서는 행렬 A는 양정치행렬로 가정한다. 내적(inner product)의 표기로

$$\langle \mathbf{x}, \mathbf{y} \rangle = \mathbf{x}^t \mathbf{y} \tag{7.4}$$

를 사용한다. 여기에서 $\mathbf{x}$와 $\mathbf{y}$는 n차원 벡터이다. 그리고 선형대수의 몇 가지 표준 결과도 추가로 필요하다. 이 자료에 대한 요약은 9.2절에서 찾아보기 바란다. 다음 결과는 전치 행렬의 특성으로부터 쉽게 도출된다.

정리 7.7.1 [내적의 성질 (**Inner Product Properties**)]

벡터 $\mathbf{x}$, $\mathbf{y}$, $\mathbf{z}$, 및 실수 α에 대하여 다음이 성립한다.

(i) $\langle \mathbf{x}, \mathbf{y} \rangle = \langle \mathbf{y}, \mathbf{x} \rangle$
(ii) $\langle \alpha\mathbf{x}, \mathbf{y} \rangle = \langle \mathbf{x}, \alpha\mathbf{y} \rangle = \alpha\langle \mathbf{x}, \mathbf{y} \rangle$
(iii) $\langle \mathbf{x}+\mathbf{z}, \mathbf{y} \rangle = \langle \mathbf{x}, \mathbf{y} \rangle + \langle \mathbf{z}, \mathbf{y} \rangle$
(iv) $\langle \mathbf{x}, \mathbf{x} \rangle \geq 0$
(v) $\mathbf{x} = \mathbf{0}$이면 $\langle \mathbf{x}, \mathbf{x} \rangle = 0$

A의 양정치행렬일 때, $\mathbf{x} = 0$이 아니면 $\langle \mathbf{x}, A\mathbf{x} \rangle = \mathbf{x}^t A\mathbf{x} > 0$이 성립한다. 그리고 A는 대칭이므로 $\mathbf{x}^t A\mathbf{y} = \mathbf{x}^t A^t \mathbf{y} = (A\mathbf{x})^t$가 되며 따라서 내적에 대한 결과에 추가하여, 각 $\mathbf{x}$, $\mathbf{y}$에 대하여

$$\langle \mathbf{x}, A\mathbf{y} \rangle = \langle A\mathbf{x}, \mathbf{y} \rangle \tag{7.5}$$

가 성립한다. 다음 결과는 공액경사법의 개발에 사용되는 기본적인 도구이다.

정리 7.7.2 [최소화 조건 (**Minimizing Condition for Positive Definite Matrices**)]

벡터 $\mathbf{x}$가

$$g(\mathbf{x}) = \langle \mathbf{x}, A\mathbf{x} \rangle - 2\langle \mathbf{x}, \mathbf{b} \rangle$$

를 최소화시킬 때에만 양정치 선형연립방정식 $A\mathbf{x} = \mathbf{b}$의 해이다. 그리고 어떠한 $\mathbf{x}$와 $\mathbf{v} \neq 0$에 대해서도 함수 $g(\mathbf{x} + t\mathbf{v})$는 $t = \langle \mathbf{v}, \mathbf{b} - A\mathbf{x} \rangle / \langle \mathbf{v}, A\mathbf{v} \rangle$일 때 최솟값을 갖는다.

공액경사법을 시작하기 위해 $A\mathbf{x}^* = \mathbf{b}$에 대한 근사해인 $\mathbf{x}$와 근사를 개선하기 위해 $\mathbf{x}$로부터 어느 방향으로 움직일 것인지를 나타내는 $\mathbf{v} \neq 0$를 선택한다. $\mathbf{r} = \mathbf{b} - A\mathbf{x}$를 $\mathbf{x}$에 대한 잔차 벡터라고 하고

$$t = \frac{\langle \mathbf{v}, \mathbf{b} - A\mathbf{x} \rangle}{\langle \mathbf{v}, A\mathbf{v} \rangle} = \frac{\langle \mathbf{v}, \mathbf{r} \rangle}{\langle \mathbf{v}, A\mathbf{v} \rangle}$$

이라고 하자. $\mathbf{r} \neq 0$ 이고 $\mathbf{v}$ 와 $\mathbf{r}$ 이 서로 직교하지 않으면 $\mathbf{x} + t\mathbf{v}$ 는 $g(x)$ 보다 g 에 대한 작은 값을 만들고 아마도 $\mathbf{x}$ 보다 $\mathbf{x}^*$ 에 더 가깝게 된다. 이는 다음 방법을 제안한다.

$\mathbf{x}^{(0)}$ 을 $\mathbf{x}^*$ 에 대한 초기 근사해라고 하고 $\mathbf{v}^{(1)} \neq \mathbf{0}$ 을 초기 탐색 방향이라고 하자. $k = 1, 2, 3, \ldots$ 에 대하여

$$t_k = \frac{\langle \mathbf{v}^{(k)}, \mathbf{b} - A\mathbf{x}^{(k-1)} \rangle}{\langle \mathbf{v}^{(k)}, A\mathbf{v}^{(k)} \rangle}$$
$$\mathbf{x}^{(k)} = \mathbf{x}^{(k-1)} + t_k \mathbf{v}^{(k)}$$

을 계산하고 다음 탐색 방향 $\mathbf{v}^{(k+1)}$ 을 선택한다. 목적은 근사 수열 $\{\mathbf{x}^{(k)}\}$ 가 빠르게 $\mathbf{x}^*$ 로 수렴하도록 이를 선택하는 것이다. 탐색 방향을 선택하기 위해 g 를 $\mathbf{x} = (x_1, x_2, \ldots, x_n)^t$ 의 원소들의 함수로 보기로 하자. 그러면

$$g(x_1, x_2, \ldots, x_n) = \langle \mathbf{x}, A\mathbf{x} \rangle - 2\langle \mathbf{x}, \mathbf{b} \rangle = \sum_{i=1}^{n} \sum_{j=1}^{n} a_{ij} x_i x_j - 2 \sum_{i=1}^{n} x_i b_i.$$

원소 변수 x_k 에 대하여 편미분을 취하면

$$\frac{\partial g}{\partial x_k}(\mathbf{x}) = 2 \sum_{i=1}^{n} a_{ki} x_i - 2b_k.$$

그러므로 g 의 기울기는

$$\nabla g(\mathbf{x}) = \left(\frac{\partial g}{\partial x_1}(\mathbf{x}), \frac{\partial g}{\partial x_2}(\mathbf{x}), \ldots, \frac{\partial g}{\partial x_n}(\mathbf{x}) \right)^t = 2(A\mathbf{x} - \mathbf{b}) = -2\mathbf{r}$$

이 되는데 여기에서 벡터 $\mathbf{r}$ 은 $\mathbf{x}$ 에 대한 잔차 벡터이다.

다변수 미적분학으로부터 $g(\mathbf{x})$ 가 가장 심하게 감소하는 방향이 $-\nabla g(\mathbf{x})$ 의 방향이라는 것을 알고 있다. 즉, 잔차 벡터 $\mathbf{r}$ 의 방향이다.

$$\mathbf{v}^{(k+1)} = \mathbf{r}^{(k)} = \mathbf{b} - A\mathbf{x}^{(k)}$$

을 선택한 이 방법을 최대경사하강법(method of steepest descent)라고 한다. 10.4절에서 이 방법이 비선형방정식이나 최적화 문제에 대해 장점을 가지고 있다는 것을 알게 되겠지만 수행속도가 느리기 때문에 선형 방정식에는 사용하지 않는다.

다른 접근 방법은

$$\langle \mathbf{v}^{(i)}, A\mathbf{v}^{(j)} \rangle = 0, \qquad i \neq j$$

을 만족시키는 0이 아닌 방향 벡터 세트 $\{\mathbf{v}^{(1)}, \ldots, \mathbf{v}^{(n)}\}$ 를 사용한다. 이를 A 직교조건이라고 하는데 벡터 세트 $\{\mathbf{v}^{(1)}, \ldots, \mathbf{v}^{(n)}\}$ 는 A 직교한다고 한다. 양정치행렬 A 에 대한 A 직교 벡터 세트가 일차독립임을 보이는 것은 어려운 일이 아니다. 이 탐색 방향 세트를 사용하면

$$t_k = \frac{\langle \mathbf{v}^{(k)}, \mathbf{b} - A\mathbf{x}^{(k-1)} \rangle}{\langle \mathbf{v}^{(k)}, A\mathbf{v}^{(k)} \rangle} = \frac{\langle \mathbf{v}^{(k)}, \mathbf{r}^{(k-1)} \rangle}{\langle \mathbf{v}^{(k)}, A\mathbf{v}^{(k)} \rangle}$$

과 $\mathbf{x}^{(k)} = \mathbf{x}^{(k-1)} + t_k \mathbf{v}^{(k)}$ 를 얻는다.

다음 결과는 탐색 방향에 대한 이 선택이 정확한 산술을 사용한다고 가정할 경우 직접법이 정확한 해를 생성하도록 최대 n 단계 이내에 수렴을 가져옴을 보이고 있다.

정리 7.7.3 **[A-직교성 수렴 (A- Orthogonality Convergence)]**

$\{\mathbf{v}^{(1)}, \ldots, \mathbf{v}^{(n)}\}$를 양정치행렬 A에 대한 A-직교하는 0이 아닌 벡터 집합이라 하고 $\mathbf{x}^{(0)}$을 임의로 선택했다고 하자. $k = 1, 2, \ldots, n$에 대하여

$$t_k = \frac{\langle \mathbf{v}^{(k)}, \mathbf{b} - A\mathbf{x}^{(k-1)} \rangle}{\langle \mathbf{v}^{(k)}, A\mathbf{v}^{(k)} \rangle}, \quad \mathbf{x}^{(k)} = \mathbf{x}^{(k-1)} + t_k \mathbf{v}^{(k)}$$

으로 정의하자. 그러면 정확한 산술을 사용하면 $A\mathbf{x}^{(n)} = \mathbf{b}$가 성립한다.

예제 7.7.4 양정치행렬 A를

$$A = \begin{bmatrix} 4 & 3 & 0 \\ 3 & 4 & -1 \\ 0 & -1 & 4 \end{bmatrix}$$

을 살펴보자. $\{\mathbf{v}^{(1)}, \mathbf{v}^{(2)}, \mathbf{v}^{(3)}\}$이 A-직교 세트임을 보이고, A-직교성 수렴이 세 번 만에 실제 해를 제공하는 것을 보여라.

풀이 $\mathbf{v}^{(1)} = (1, 0, 0)^t$, $\mathbf{v}^{(2)} = (-3/4, 1, 0)^t$, $\mathbf{v}^{(3)} = (-3/7, 4/7, 1)^t$라고 하자. 직접적인 계산을 사용하면

$$\langle \mathbf{v}^{(1)}, A\mathbf{v}^{(2)} \rangle = \mathbf{v}^{(1)t} A\mathbf{v}^{(2)} = (1, 0, 0) \begin{bmatrix} 4 & 3 & 0 \\ 3 & 4 & -1 \\ 0 & -1 & 4 \end{bmatrix} \begin{bmatrix} -\frac{3}{4} \\ 1 \\ 0 \end{bmatrix} = 0$$

$$\langle \mathbf{v}^{(1)}, A\mathbf{v}^{(3)} \rangle = (1, 0, 0) \begin{bmatrix} 4 & 3 & 0 \\ 3 & 4 & -1 \\ 0 & -1 & 4 \end{bmatrix} \begin{bmatrix} -\frac{3}{7} \\ \frac{4}{7} \\ 1 \end{bmatrix} = 0$$

$$\langle \mathbf{v}^{(2)}, A\mathbf{v}^{(3)} \rangle = \left(-\frac{3}{4}, 1, 0 \right) \begin{bmatrix} 4 & 3 & 0 \\ 3 & 4 & -1 \\ 0 & -1 & 4 \end{bmatrix} \begin{bmatrix} -\frac{3}{7} \\ \frac{4}{7} \\ 1 \end{bmatrix} = 0$$

을 얻는다. 그러면 $\langle \mathbf{v}^{(1)}, \mathbf{v}^{(2)}, \mathbf{v}^{(3)} \rangle$는 A 직교 세트가 된다. 선형연립방정식

$$\begin{bmatrix} 4 & 3 & 0 \\ 3 & 4 & -1 \\ 0 & -1 & 4 \end{bmatrix} \begin{bmatrix} x_1 \\ x_2 \\ x_3 \end{bmatrix} = \begin{bmatrix} 24 \\ 30 \\ -24 \end{bmatrix}$$

은 정확한 해 $\mathbf{x}^* = (3, 4, -5)^t$를 갖는다. 이 해의 근삿값을 구하기 위해 $\mathbf{x}^{(0)} = (0, 0, 0)^t$라고 하자. $\mathbf{b} = (24, 30, -24)$이므로

$$\mathbf{r}^{(0)} = \mathbf{b} - A\mathbf{x}^{(0)} = \mathbf{b} = (24, 30, -24)^t$$

이 된다. 따라서

$$\langle \mathbf{v}^{(1)}, \mathbf{r}^{(0)} \rangle = \mathbf{v}^{(1)t} \mathbf{r}^{(0)} = 24, \quad \langle \mathbf{v}^{(1)}, A\mathbf{v}^{(1)} \rangle = 4, \qquad t_0 = \frac{24}{4} = 6$$

을 얻는다. 그러므로

$$\mathbf{x}^{(1)} = \mathbf{x}^{(0)} + t_0 \mathbf{v}^{(1)} = (0, 0, 0)^t + 6(1, 0, 0)^t = (6, 0, 0)^t$$

이 된다. 계속하면

$$\mathbf{r}^{(1)} = \mathbf{b} - A\mathbf{x}^{(1)} = (0, 12, -24)^t; \quad t_1 = \frac{\langle \mathbf{v}^{(2)}, \mathbf{r}^{(1)} \rangle}{\langle \mathbf{v}^{(2)}, A\mathbf{v}^{(2)} \rangle} = \frac{12}{7/4} = \frac{48}{7}$$

$$\mathbf{x}^{(2)} = \mathbf{x}^{(1)} + t_1 \mathbf{v}^{(2)} = (6, 0, 0)^t + \frac{48}{7}\left(-\frac{3}{4}, 1, 0\right)^t = \left(\frac{6}{7}, \frac{48}{7}, 0\right)^t$$

$$\mathbf{r}^{(2)} = \mathbf{b} - A\mathbf{x}^{(2)} = \left(0, 0, -\frac{120}{7}\right) : \quad t_2 = \frac{\langle \mathbf{v}^{(3)}, \mathbf{r}^{(2)} \rangle}{\langle \mathbf{v}^{(3)}, A\mathbf{v}^{(3)} \rangle} = \frac{-120/7}{24/7} = -5$$

$$\mathbf{x}^{(3)} = \mathbf{x}^{(2)} - t_2 \mathbf{v}^{(3)} = \left(\frac{6}{7}, \frac{48}{7}, 0\right)^t + (-5)\left(-\frac{3}{7}, \frac{4}{7}, 1\right)^t = (3, 4, -5)^t$$

을 얻는다. $n = 3$번 이 방법을 적용하였으므로 이것이 실제 해이다. ■

정리 7.7.5 [공액경사법 (The Conjugate Gradient Method)]

$A\mathbf{x} = \mathbf{b}$의 선형시스템이 주어졌을 때 초기 근삿값 $\mathbf{x}^{(0)}$을 선택하고

$$\mathbf{r}^{(0)} = \mathbf{b} - A\mathbf{x}^{(0)}, \quad \mathbf{v}^{(1)} = \mathbf{r}^{(0)}.$$

모든 $k = 1, 2, \ldots, n-1$에 대하여 다음을 구하라.

$$\begin{aligned} t_k &= \frac{\|\mathbf{r}^{(k-1)}\|_2^2}{\langle \mathbf{v}^{(k)}, A\mathbf{v}^{(k)} \rangle}, \\ \mathbf{x}^{(k)} &= \mathbf{x}^{(k-1)} + t_k \mathbf{v}^{(k)}, \\ \mathbf{r}^{(k)} &= \mathbf{r}^{(k-1)} - t_k A\mathbf{v}^{(k)}, \\ \mathbf{v}^{(k+1)} &= \mathbf{r}^{(k)} + \frac{\|\mathbf{r}^{(k)}\|_2^2}{\|\mathbf{r}^{(k-1)}\|_2^2} \mathbf{v}^{(k)}. \end{aligned}$$

그러면 $\{\mathbf{v}^{(1)}, \mathbf{v}^{(2)}, \ldots, \mathbf{v}^{(n)}\}$은 A-직교 집합이다. 게다가 정확한 계산을 사용한다고 가정할 때, 만약

$$t_n = \frac{\langle \mathbf{r}^{(n-1)}, \mathbf{r}^{(n-1)} \rangle}{\langle \mathbf{v}^{(n)}, A\mathbf{v}^{(n)} \rangle}, \mathbf{x}^{(n)} = \mathbf{x}^{(n-1)} + t_n \mathbf{v}^{(n)}$$

이면 $\mathbf{x}^{(n)}$은 $A\mathbf{x} = \mathbf{b}$의 실제 해 이다.

예제 7.7.6

$$\begin{aligned} 4x_1 + 3x_2 \qquad &= 24 \\ 3x_1 + 4x_2 - x_3 &= 30 \\ -x_2 + 4x_3 &= -24 \end{aligned}$$

으로 주어진 선형연립방정식 $A\mathbf{x} = \mathbf{b}$는 $(3,\ 4, -5)^t$를 해로 가지고 있으며 7.5절의 [예제 7.7.4]에서 다루었다. 그 예제에서 Gauss-Seidel 방법과 SOR 방법 모두를 사용하였다. 이제 사전 조율이 없는 공액경사법을 사용하여 보자.

풀이 이에 따라 $C = C^{-1} = I$가 된다. $\mathbf{x}^{(0)} = (0,\ 0,\ 0)^t$라고 하자. 그러면

$$\begin{aligned} \mathbf{r}^{(0)} &= \mathbf{b} - A\mathbf{x}^{(0)} = \mathbf{b} = (24,\ 30, -24)^t \\ \mathbf{w} &= C^{-1}\mathbf{r}^{(0)} = (24,\ 30, -24)^t \\ \mathbf{v}^{(1)} &= C^{-t}\mathbf{w} = (24,\ 30, -24)^t \\ \alpha &= \langle \mathbf{w}, \mathbf{w} \rangle = 2052 \end{aligned}$$

을 얻는다. $k = 1$로 하고 첫 반복을 시작하자. 그러면

$$\begin{aligned} \mathbf{r}^{(0)} &= \mathbf{b} - A\mathbf{x}^{(0)} = \mathbf{b} = (24,\ 30, -24)^t \\ \mathbf{w} &= C^{-1}\mathbf{r}^{(0)} = (24,\ 30, -24)^t \\ \mathbf{v}^{(1)} &= C^{-t}\mathbf{w} = (24,\ 30, -24)^t \\ \alpha &= \langle \mathbf{w}, \mathbf{w} \rangle = 2052 \end{aligned}$$

을 얻는다.

$$\begin{aligned} \mathbf{u} &= A\mathbf{v}^{(1)} = (186.0,\ 216.0, -126.0)^t \\ t_1 &= \frac{\alpha}{\langle \mathbf{v}^{(1)}, \mathbf{u} \rangle} = 0.1469072165 \\ \mathbf{x}^{(1)} &= \mathbf{x}^{(0)} + t_1\mathbf{v}^{(1)} = (3.525773196,\ 4.407216495, -3.525773196)^t \\ \mathbf{r}^{(1)} &= \mathbf{r}^{(0)} - t_1\mathbf{u} = (-3.32474227,\ -1.73195876, -5.48969072)^t \\ \mathbf{w} &= C^{-1}\mathbf{r}^{(1)} = \mathbf{r}^{(1)} \\ \beta &= \langle \mathbf{w}, \mathbf{w} \rangle = 44.19029651 \\ s_1 &= \frac{\beta}{\alpha} = 0.02153523222 \\ \mathbf{v}^{(2)} &= C^{-t}\mathbf{w} + s_1\mathbf{v}^{(1)} = (-2.807896697, -1.085901793, -6.006536293)^t \end{aligned}$$

으로 정하자. 이제 두 번째 반복을 시작할 준비가 되었다. 이에 의해

$$\alpha = \beta = 44.19029651$$

을 얻는다.

$$\begin{aligned} \mathbf{u} &= A\mathbf{v}^{(2)} = (-14.48929217, -6.760760967, -22.94024338)^t \\ t_2 &= 0.2378157758 \\ \mathbf{x}^{(2)} &= (2.858011121,\ 4.148971939, -4.954222164)^t \\ \mathbf{r}^{(2)} &= (0.121039698,\ -0.124143281, -0.034139402)^t \\ \mathbf{w} &= C^{-1}\mathbf{r}^{(2)} = \mathbf{r}^{(2)} \\ \beta &= 0.03122766148 \\ s_2 &= 0.0007066633163 \\ \mathbf{v}^{(3)} &= (0.1190554504, -0.1249106480, -0.03838400086)^t \\ \alpha &= \beta = 0.03122766148 \end{aligned}$$

으로 정하자. 마지막으로 세 번째 반복에서

$$\mathbf{u} = A\mathbf{v}^{(3)} = (0.1014898976, -0.1040922099, -0.0286253554)^t$$

$$\begin{aligned} t_3 &= 1.192628008 \\ \mathbf{x}^{(3)} &= (2.999999998,\ 4.000000002, -4.999999998)^t \\ \mathbf{r}^{(3)} &= (0.36 \times 10^{-8},\ 0.39 \times 10^{-8}, -0.141 \times 10^{-8})^t \end{aligned}$$

을 얻는다. ■

7.7 연습문제

1. 선형연립방정식

$$\begin{aligned} x_1 + \frac{1}{2}x_2 &= \frac{5}{21} \\ \frac{1}{2}x_1 + \frac{1}{3}x_2 &= \frac{11}{84} \end{aligned}$$

은 $(x_1,\ x_2)^t = \left(\frac{1}{6},\ \frac{1}{7}\right)^t$ 를 해로 가지고 있다.

a. 두 자릿수 반올림 산술로 가우스 소거법을 사용하여 위의 선형연립방정식을 풀어라.

b. 두 자릿수 반올림 산술로 공액경사법($C = C^{-1} = I$)을 사용하여 위의 선형연립방정식을 풀어라.

c. 어느 방법이 더 좋은 해를 얻는가?

d. $C^{-1} = D^{-1/2}$ 로 선택하라. 이 선택으로 공액경사법이 더 나은 해를 얻는가?

2. 선형연립방정식

$$\begin{aligned} 0.1x_1 + 0.2x_2 &= 0.3 \\ 0.2x_1 + 113x_2 &= 113.2 \end{aligned}$$

은 $(x_1,\ x_2)^t = (1,\ 1)^t$ 를 해로 가지고 있다. 이 선형연립방정식에 대하여 1번 문제를 반복하라.

3. 선형연립방정식

$$\begin{aligned} x_1 + \frac{1}{2}x_2 + \frac{1}{3}x_3 &= \frac{5}{6} \\ \frac{1}{2}x_1 + \frac{1}{3}x_2 + \frac{1}{4}x_3 &= \frac{5}{12} \\ \frac{1}{3}x_1 + \frac{1}{4}x_2 + \frac{1}{5}x_3 &= \frac{17}{60} \end{aligned}$$

은 $(1, -1,\ 1)^t$ 를 해로 가지고 있다.

a. 세 자릿수 반올림 산술로 가우스 소거법을 사용하여 위의 선형연립방정식을 풀어라.

b. 세 자릿수 반올림 산술로 공액경사법($C = C^{-1} = I$)를 사용하여 위의 선형연립방정식을 풀어라.

c. 피보팅을 사용하면 a 문제의 해가 개선되는가?

d. $C^{-1} = D^{-1/2}$ 를 사용하여 b 문제를 반복하라. b 문제의 해가 개선되는가?

4. 컴퓨터로 단일정도(single precision) 산술을 사용하여 세 번 문제를 반복하라.

5. 다음 각 선형연립방정식에 대하여 $(C = C^{-1} = I)$로 한 공액경사법을 두 단계만 수행하라.

a.

$$\begin{aligned} 3x_1 - x_2 + x_3 &= 1, \\ -x_1 + 6x_2 + 2x_3 &= 0, \\ x_1 + 2x_2 + 7x_3 &= 4. \end{aligned}$$

b.

$$\begin{aligned} 10x_1 - x_2 + &= 9, \\ -x_1 + 10x_2 - 2x_3 &= 7, \\ - 2x_2 + 10x_3 &= 6. \end{aligned}$$

c.

$$\begin{aligned} 10x_1 + 5x_2 &= 6, \\ 5x_1 + 10x_2 - 4x_3 &= 25, \\ - 4x_2 + 8x_3 - x_4 &= -11, \\ - x_3 + 5x_4 &= -11. \end{aligned}$$

d.

$$\begin{aligned} 4x_1 + x_2 - x_3 + x_4 &= -2, \\ x_1 + 4x_2 - x_3 - x_4 &= -1, \\ -x_1 - 2x_2 + 5x_3 + x_4 &= 0, \\ x_1 - x_2 + x_3 + 3x_4 &= 1. \end{aligned}$$

e.

$$\begin{aligned} 4x_1 + x_2 + x_3 + x_5 &= 6, \\ x_1 + 3x_2 + x_3 - x_4 &= 6, \\ x_1 + x_2 + 5x_3 - x_4 - x_5 &= 6, \\ 2x_2 - x_3 + 4x_4 &= 6, \\ x_1 - x_3 + 4x_5 &= 6. \end{aligned}$$

f.

$$\begin{aligned} 4x_1 - x_2 - x_4 &= 0, \\ -x_1 + 4x_2 - x_3 - x_5 &= 5, \\ - x_2 + 4x_3 - x_6 &= 0, \\ -x_1 + 4x_4 - x_5 &= 6, \\ - x_2 - x_4 + 4x_5 - x_6 &= -2, \\ - x_3 - x_5 + 4x_6 &= 6. \end{aligned}$$

6. $C^{-1} = D^{-1/2}$을 사용하여 연습문제 5를 반복하라.

7. l_∞ 노름에서 $TOL = 10^{-3}$으로 하고 연습문제 5를 반복하라.

8. $C^{-1} = D^{-1/2}$을 사용하여 연습문제 7를 반복하라.

9. (i) Jacobi 방법 (ii) Gauss–Seidel 방법 (iii) $\omega = 1.3$인 SOR 방법 (iv) $C^{-1} = D^{-1/2}$인 사전조율을 사용한 공액경사법을 사용하여 선형연립방정식 $A\mathbf{x} = \mathbf{b}$의 해를 l_∞ 노름에서 10^{-5} 이내에서 구하라.

a.

$$a_{i,j} = \begin{cases} 4, & j = i, \quad i = 1, 2, \ldots, 16\text{일 때} \\ -1, & \begin{cases} j = i + 1, & i = 1, 2, 3, 5, 6, 7, 9, 10, 11, 13, 14, 15\text{일 때} \\ j = i - 1, & i = 2, 3, 4, 6, 7, 8, 10, 11, 12, 14, 15, 16\text{일 때} \\ j = i + 4, & i = 1, 2, \ldots, 20\text{일 때} \\ j = i - 4, & i = 5, 6, \ldots, 16\text{일 때} \end{cases} \\ 0, & \text{기타} \end{cases}$$

$$\begin{aligned} \mathbf{b} = (&1.902207, 1.051143, 1.175689, 3.480083, 0.819600, -0.264419 \\ &- 0.412789, 1.175689, 0.913337, -0.150209, -0.264419, 1.051143 \\ &1.966694, 0.913337, 0.819600, 1.902207)^t \end{aligned}$$

b.

$$a_{i,j} = \begin{cases} 4, & j=i, \quad i=1,2,\ldots,25\text{일 때} \\ -1, & \begin{cases} j=i+1, & i=\begin{cases} 1,2,3,4,6,7,8,9,11,12,13,14\text{일 때} \\ 16,17,18,19,21,22,23,24\text{일 때} \end{cases} \\ j=i-1, & i=\begin{cases} 2,3,4,5,7,8,9,10,12,13,14,15\text{일 때} \\ 17,18,19,20,22,23,24,25\text{일 때} \end{cases} \\ j=i+5, & i=1,2,\ldots,20\text{일 때} \\ j=i-5, & i=6,7,\ldots,25\text{일 때} \end{cases} \\ 0, & \text{기타} \end{cases}$$

$\mathbf{b} = (1,\ 0, -1,\ 0,\ 2,\ 1,\ 0, -1,\ 0,\ 2,\ 1,\ 0, -1,\ 0,\ 2,\ 1,\ 0, -1,\ 0,\ 2,\ 1,\ 0, -1,\ 0,\ 2)^t$

c.

$$a_{i,j} = \begin{cases} 2i, & j=i, \quad i=1,2,\ldots,40 \\ -1, & \begin{cases} j=i+1, & i=1,2,\ldots,39\text{일 때} \\ j=i-1, & i=2,3,\ldots,40\text{일 때} \end{cases} \\ 0, & \text{기타} \end{cases}$$

$b_i = 1.5i - 6,\ (i = 1, 2, \ldots, 40)$

10. $C^{-1} = I$ 인 공액경사법을 사용하여 7.5절의 연습문제 4b의 선형연립방정식의 해를 구하라.

11.

$$A_1 = \begin{bmatrix} 4 & -1 & 0 & 0 \\ -1 & 4 & -1 & 0 \\ 0 & -1 & 4 & -1 \\ 0 & 0 & -1 & 4 \end{bmatrix}, \quad -I = \begin{bmatrix} -1 & 0 & 0 & 0 \\ 0 & -1 & 0 & 0 \\ 0 & 0 & -1 & 0 \\ 0 & 0 & 0 & -1 \end{bmatrix}, \quad O = \begin{bmatrix} 0 & 0 & 0 & 0 \\ 0 & 0 & 0 & 0 \\ 0 & 0 & 0 & 0 \\ 0 & 0 & 0 & 0 \end{bmatrix}$$

이라고 하자. 분해된 형태의 16×16 행렬 A는 다음과 같다.

$$A = \begin{bmatrix} A_1 & -I & 0 & 0 \\ -I & A_1 & -I & 0 \\ 0 & -I & A_1 & -I \\ 0 & 0 & -I & A_1 \end{bmatrix}$$

$b = (1,\ 2,\ 3,\ 4,\ 5,\ 6,\ 7,\ 8,\ 9,\ 0,\ 1,\ 2,\ 3,\ 4,\ 5,\ 6)^t$ 라고 하자.

a. 허용오차를 0.05로 한 공액경사법을 사용하여 $A\mathbf{x} = \mathbf{b}$ 의 해를 구하라.

b. 허용오차를 0.05로 하고 $C^{-1} = D^{-1/2}$ 으로 사전조율된 공액경사법을 사용하여 $A\mathbf{x} = \mathbf{b}$ 의 해를 구하라.

c. a와 b의 방법이 다른 반복 횟수를 요구하는 허용오차가 있는가?

12. a. 양정치행렬과 관련된 0이 아닌 A 직교 벡터 세트가 선형 독립임을 보여라.

b. $\{\mathbf{v}^{(1)},\ \mathbf{v}^{(2)},\ \ldots,\ \mathbf{v}^{(n)}\}$ 이 $\mathcal{R}^n$ 에서 0이 아닌 A 직교 벡터 세트이고 각 $i = 1,\ 2,\ \ldots,\ n$ 에 대하여 $\mathbf{z}^t\mathbf{v}^{(0)} = 0$ 라고 하면 $\mathbf{z} = 0$ 임을 보여라.

제 8 장

근사 이론

8.1 개요

근사 이론은 두 가지 형태의 문제와 관련이 있다. 첫 번째 형태는 함수가 명시적으로 주어졌지만 다항식과 같은 단순한 형태의 함수 표현을 찾고자 할 때 발생하는 문제이다. 두 번째 형태는 주어진 데이터에 함수를 맞추는 것으로서 그 데이터를 표현하는 데에 사용될 수 있는 어떤 부류의 함수들 중에서 데이터를 표현하는 데에 사용할 수 있는 가장 적절한 함수를 찾는 것과 관련된 문제이다. 이 장에서는 두 번째 문제부터 살펴보기로 하자.

8.2 이산최소자승근사법

실험 데이터가 [표 8.1]과 같이 주어졌을 때, 표에 나타나지 않는 점에서의 함숫값을 예측하는 문제를 살펴보자.

x_i	y_i	x_i	y_i
1	1.3	6	8.8
2	3.5	7	10.1
3	4.2	8	12.5
4	5.0	9	13.0
5	7.0	10	15.6

표 8.1

보간법을 사용하려면 각 $i = 1,\ 2,\ \ldots,\ 10$에 대하여 x_i에서 y_i의 값을 갖는 함수가 필요하다. [그림 8.1]은 [표 8.1]의 값들에 대한 그래프이다. 이 그래프로부터 x와 y의 실제 관계는 선형인 것을 알 수 있다.

그러나 데이터의 오차 때문에 정확히 데이터와 일치하는 직선은 없을 것이다. 이 경우, 근사 함수가 정확히 데이터와 일치해야 한다는 것은 불합리한 요구이다. 실제로 그러한 함수를 찾으려 하면 있어서는 안 될 진동 (oscillation)이 포함되게 된다. 이 다항식은 분명히 많은 데이터 점 사이의 정보에 대한 부정확한 예측이다.

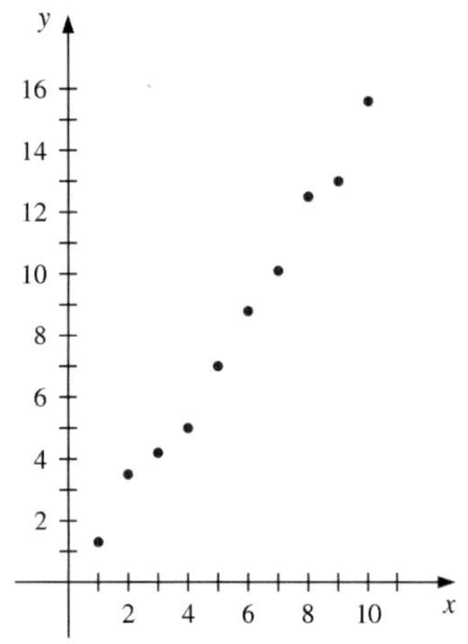

그림 8.1

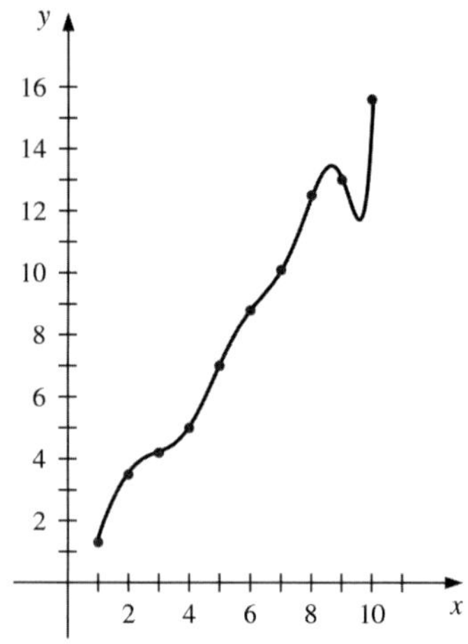

그림 8.2

이런 형태의 문제에 대한 보다 나은 접근 방법은 각 점에서 데이터와 정확히 일치하지는 않지만 최선의 근사선을 찾는 것이다.

$a_1x_i + a_0$는 근사선 상의 i번째 값을 나타내고 y_i는 i번째의 주어진 y값을 나타낸다고 하자. 그러면, 데이터의 x값에는 오차가 없다고 가정하면 $|y_i - (a_1x_i + a_0)|$는 이 근사선을 사용할 때 i번째 점에서의 오차에 대한 측정을 나타낸다. 절대적인 의미에서 최선의 근사선에 대한 식을 찾으려면

$$E_\infty(a_0, a_1) = \max_{1\le i\le 10} |y_i - (a_1x_i + a_0)|$$

을 최소로 만드는 a_0와 a_1의 값이 필요하다. 이는 흔히 최소최대 문제(minimax problem)로 알려진 것으로서 기초적인 방법으로는 풀리지 않는다. 최선의 근사선을 결정하기 위한 다른 접근 방법은

$$E_1(a_0, a_1) = \sum_{i=1}^{10} |y_i - (a_1x_i + a_0)|$$

을 최소로 만드는 a_0와 a_1의 값을 찾는 것이다. 이 양을 절대 편차(absolute deviation)라 한다. 두 변수를 갖는 함수를 최소화하려면, 함수의 편미분을 0으로 하여 만든 연립방정식을 풀어야 한다. 절대 편차의 경우에서는

$$0 = \frac{\partial}{\partial a_0}\sum_{i=1}^{10} |y_i - (a_1x_i + a_0)|,\ 0 = \frac{\partial}{\partial a_1}\sum_{i=1}^{10} |y_i - (a_1x_i + a_0)|$$

을 만족시키는 a_0와 a_1을 찾아야 한다. 이 방법의 어려움은 이 절대치 함수(absolute value function)가 0에서 미분할 수 없고, 이 두 방정식의 해가 반드시 얻어지지는 않는다는 데에 있다.

선형 최소자승법 (Linear Least Squares)

이 문제에 대한 해결법인 최소자승법은 관련된 오차가 주어진 y값과 근사선 상의 y값의 차를 제곱해서 모두 합한 것일 때 최선의 근사선을 구하는 것이다. 따라서, 최소자승 오차의 합

$$E_2(a_0, a_1) = \sum_{i=1}^{10} |y_i - (a_1x_i + a_0)|^2 = \sum_{i=1}^{10}(y_i - (a_1x_i + a_0))^2$$

을 최소로 만드는 상수 a_0와 a_1을 찾아야 한다.

최소자승법은 최선의 선형근사를 구하는 가장 편리한 방법으로서, 이 방법이 많이 사용되는 데는 중요한 이론적 이유가 있다. 최소최대법은 오차가 큰 데이터에 너무 큰 가중치를 주는 반면, 절대 편차법은 여러 점에서의 오차를 단순히 평균하여 근사선에서 크게 벗어난 데이터에 충분한 가중치를 주지 않는다. 최소자승법은 다른 데이터보다 근사선에서 벗어난 데이터에 충분히 큰 가중치를 주지만 그 데이터가 근사에 큰 영향을 미치지는 않게 한다.

최선의 최소자승선을 데이터 군 $\{(x_1,\ y_1)\}_{i=1}^{m}$ 에 맞추는 일반적인 문제는 매개변수 $a_0,\ a_1$ 에 대한 오차의 합

$$E_2(a_0, a_1) = \sum_{i=1}^{m}(y_i - (a_1x_i + a_0))^2$$

을 최소화시키는 것이다. 이 오차의 합이 최소가 되려면

$$\begin{aligned} 0 &= \frac{\partial}{\partial a_0}\left(\sum_{i=1}^{m}(y_i - (a_1x_i + a_0))^2\right) = 2\sum_{i=1}^{m}(y_i - a_1x_i - a_0)(-1) \\ 0 &= \frac{\partial}{\partial a_1}\left(\sum_{i=1}^{m}(y_i - (a_1x_i + a_0))^2\right) = 2\sum_{i=1}^{m}(y_i - a_1x_i - a_0)(-x_i) \end{aligned}$$

를 만족시켜야 한다. 이 식들은 정규 방정식(normal equation)

$$a_0 \cdot m + a_1\sum_{i=1}^{m}x_i = \sum_{i=1}^{m}y_i, \qquad a_0\sum_{i=1}^{m}x_i + a_1\sum_{i=1}^{m}x_i^2 = \sum_{i=1}^{m}x_iy_i$$

로 단순화된다. 이 연립방정식의 해는 다음과 같다.

정리 8.2.1 [선형 최소자승법 **(Linear Least Sqaures)**]

주어진 데이터 군 $\{(x_i,\ y_i)\}_{i=1}^{m}$ 에 대한 선형 최소자승 해는 $y = a_1x + a_0$ 의 형태를 갖는다. 여기에서

$$\begin{aligned} a_0 &= \frac{(\sum_{i=1}^{m}x_i^2)(\sum_{i=1}^{m}y_i) - (\sum_{i=1}^{m}x_iy_i)(\sum_{i=1}^{m}x_i)}{m(\sum_{i=1}^{m}x_i^2) - (\sum_{i=1}^{m}x_i)^2} \\ a_1 &= \frac{m(\sum_{i=1}^{m}x_iy_i) - (\sum_{i=1}^{m}x_i)(\sum_{i=1}^{m}y_i)}{m(\sum_{i=1}^{m}x_i^2) - (\sum_{i=1}^{m}x_i)^2}. \end{aligned}$$

예제 8.2.2 [표 8.1]의 데이터에 대하여 살펴보자. 이 데이터에 대한 최소자승 근사선을 구하기 위해 [표 8.2]의 세 번째, 네 번째 열을 추가하고 각 열의 합을 구한다.

풀이 [표 8.2]는 다음과 같다.

정규방정식을 풀면

$$a_1 = \frac{10(572.4) - 55(81)}{10(385) - (55)^2} = 1.538,\ a_0 = \frac{385(81) - 55(572.4)}{10(385) - (55)^2} = -0.360$$

이 얻어진다. 따라서 $P(x) = 1.538x - 0.360$ 이 된다. 이 선의 그래프와 데이터 점들이 [그림 8.3]에 나타나 있다. 각 데이터 점에서의 최소자승 근삿값은 [표 8.2]의 마지막 열에 수록되어 있다. ■

x_i	y_i	x_i^2	x_iy_i	$P(x_i) = 1.538x_i - 0.360$
1	1.3	1	1.3	1.18
2	3.5	4	7.0	2.72
3	4.2	9	12.6	4.25
4	5.0	16	20.0	5.79
5	7.0	25	35.0	7.33
6	8.8	36	52.8	8.87
7	10.1	49	70.7	10.41
8	12.5	64	100.0	11.94
9	13.0	81	117.0	13.48
10	15.6	100	156.0	15.02
55	81.0	385	572.4	$E = \sum_{i=1}^{10}(y_i - P(x_i))^2 \approx 2.34$

표 8.2

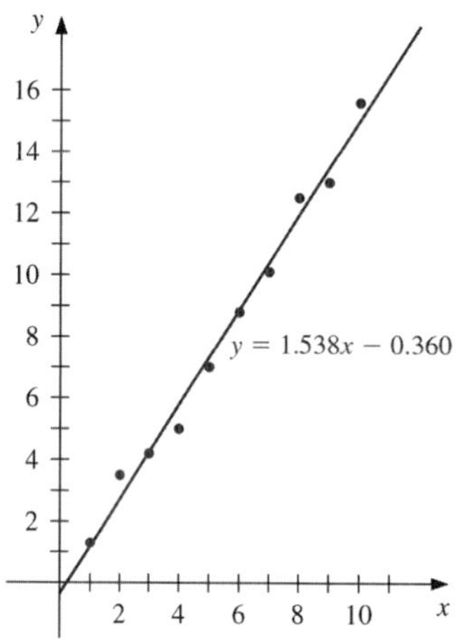

그림 8.3

최소자승 다항식 (Polynomial Least Squares)

최소자승법을 이용하여 $n < m-1$차 대수 다항식

$$P_n(x) = a_nx^n + a_{n-1}x^{n-1} + \cdots + a_1x + a_0$$

으로 데이터 군 $\{(x_i,\ y_i) \mid i = 1, 2, \ldots, m\}$의 근삿값을 구하는 문제도 비슷하게 처리된다. 여기에는 최소자승 오차의 합

$$E_2 = \sum_{i=1}^{m}(y_i - P_n(x_i))^2$$

을 최소화시키도록 상수 $a_0, a_1, \ldots, a_n$을 선택해야 한다.

E_2가 최소화되려면, 각 $j = 0, 1, \ldots, n$에 대하여 $\partial E_2/\partial a_j = 0$이 되어야 한다. 이에 따라 다음과 같이 $n+1$개의 미지수 a_j를 갖는 $n+1$개의 정규 방정식이 생성된다.

$$a_0(\sum_{i=1}^{m} x_i^0) + a_1(\sum_{i=1}^{m} x_i^1) + a_2(\sum_{i=1}^{m} x_i^2) + \cdots + a_n(\sum_{i=1}^{m} x_i^n) \quad = \quad (\sum_{i=1}^{m} y_ix_i^0)$$

$$\begin{aligned} a_0(\sum_{i=1}^{m} x_i^1) + a_1(\sum_{i=1}^{m} x_i^2) + a_2(\sum_{i=1}^{m} x_i^3) + \cdots + a_n(\sum_{i=1}^{m} x_i^{n+1}) &= (\sum_{i=1}^{m} y_i x_i^1) \\ &\vdots \\ a_0(\sum_{i=1}^{m} x_i^n) + a_1(\sum_{i=1}^{m} x_i^{n+1}) + a_2(\sum_{i=1}^{m} x_i^{n+2}) + \cdots + a_n(\sum_{i=1}^{m} x_i^2 n) &= (\sum_{i=1}^{m} y_i x_i^n) \end{aligned}$$

이 정규 방정식은 x_i가 서로 다른 경우 유일한 해를 갖는다.

예제 8.2.3 [표 8.2]의 첫 두 행에 있는 데이터를 이차 이산 최소자승 다항식에 맞추어 보자.

풀이 이 문제에서 $n = 1$, $m = 5$, 그리고 세 개의 정규 방정식은

$$\begin{aligned} 5a_0 + \quad 2.5a_1 + \ 1.875a_2 &= 8.7680 \\ 2.5a_0 + \ 1.875a_1 + 1.5625a_2 &= 5.4514 \\ 1.875a_0 + 1.5625a_1 + 1.3828a_2 &= 4.4015 \end{aligned}$$

MATLAB을 사용하여 이 시스템을 풀기 위하여, 먼저 행렬 A와 시스템의 우변에 해당하는 벡터 **b**를 정의하자. **b**는 열 벡터이기 때문에 각 원소들은 세미콜론으로 구분된다.

```
A = [5 2.5 1.875; 2.5 1.875 1.5626; 1.875 1.5625 1.3828]
b = [8.7680; 5.4514; 4.4015]
```

그러면 `linsolve` 명령어를 사용하여 이차 최소자승 다항식의 각각의 계수들을 구할 수 있다.

$$\begin{aligned} a &= 1.005075518975769 \\ &\quad 0.864675848193855 \\ &\quad 0.843164151806143 \end{aligned}$$

따라서, [표 8.2]의 데이터에 맞춘 이차 최소자승 다항식을 근사적으로

$$P_2(x) = 1.0051 + 0.86468x + 0.84316x^2$$

가 되며, 이 다항식의 그래프는 [그림 8.4]에 나와 있다.

MATLAB에서 다항식은 `polyfit` 명령어를 통해서 또한 계산 될 수 있다. 먼저 x와 y 값들을

```
x = [0 0.25 0.50 0.75 1.00];
y = [1.0000 1.2840 1.6487 2.1170 2.7183]
```

와 같이 정의하고 `polyfit` 명령어를 사용하여

```
p = polyfit(x,y,2)
```

계산한다.

주어진 x_i 값에 대한 근삿값은 [표 8.2]에 수록되어 있다.

i	1	2	3	4	5
x_i	0	0.25	0.50	0.75	1.00
y_i	1.0000	1.2840	1.6487	2.1170	2.7183
$P(x_i)$	1.0051	1.2740	1.6482	2.1279	2.7129
$y_i - P(x_i)$	-0.0051	0.0100	0.0005	-0.0109	0.0054

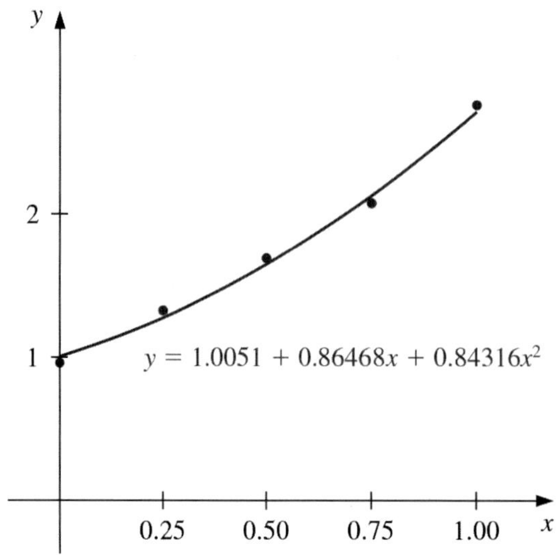

그림 8.4

오차의 합

$$\sum_{i=1}^{5}(y_i - P(x_i))^2 = 2.74 \times 10^{-4}$$

은 이차다항식을 사용하여 얻을 수 있는 최솟값이다.

8.2 연습문제

1. [예제 8.6.2]의 데이터에 대한 선형 최소자승 다항식을 계산하라.

2. [예제 8.6.1]의 데이터에 대한 이차 최소자승 다항식을 계산하고 두 다항식의 오차의 합 E_2를 비교하라.

3. 다음 표의 데이터에 대한 일차, 이차, 삼차 최소자승 다항식을 구하라. 각 경우의 오차 E_2를 계산하라. 데이터와 다항식의 그래프를 그려라.

x_i	1.0	1.1	1.3	1.5	1.9	2.1
y_i	1.84	1.96	2.21	2.45	2.94	3.18

4. 다음 표의 데이터에 대한 일차, 이차, 삼차 최소자승 다항식을 구하라. 각 경우의 오차 E_2를 계산하라. 데이터와 다항식의 그래프를 그려라.

x_i	0	0.15	0.31	0.5	0.6	0.75
y_i	1.0	1.004	1.031	1.117	1.223	1.422

5. 다음과 같은 데이터가 주어져 있다.

x_i	4.0	4.2	4.5	4.7	5.1	5.5	5.9	6.3	6.8	7.1
y_i	102.56	113.18	130.11	142.05	167.53	195.14	224.87	256.73	299.50	326.72

a. 일차 최소자승 다항식을 구하고 오차를 계산하라.

b. 일차 최소자승 다항식을 구하고 오차를 계산하라.

c. 삼차 최소자승 다항식을 구하고 오차를 계산하라.

6. 다음의 데이터에 대하여 연습문제 5를 풀어라.

x_i	0.2	0.3	0.6	0.9	1.1	1.3	1.4	1.6
y_i	0.050446	0.098426	0.33277	0.72660	1.0972	1.5697	1.8487	2.5015

7. Hooke의 법칙에 의하면 균일한 물질로 만든 스프링에 힘을 가했을 때의 스프링의 길이는 다음 그림에 보인 것과 같이 가한 힘의 선형 함수이다.

a. $E = 5.3$인치이고 다음 표에 주어진 것처럼 파운드로 표시된 추의 무게 $F(l)$에 대한 길이 l은 인치로 측정되었다고 하자. k에 대한 최소자승 근사를 구하라.

$F(l)$	l
2	7.0
4	9.4
6	12.3

b. 추가의 측정으로 다음과 같은 추가의 데이터를 얻었다. 이 데이터를 사용하여 k에 대한 새로운 최소자승 근사를 구하라. a.의 결과와 b.의 결과 중 어느 것이 전체 실험 데이터와 잘 일치하는가?

$F(l)$	l
3	8.3
5	11.3
8	14.4
10	15.9

8. 대환초(Great Barrier Reef)에 살고 있는 물고기의 숫자와 종 사이의 관계를 밝히기 위하여, P.Sale과 R.Dybdahl[SD]은 2년에 걸쳐 데이터를 수집한 다음 이 데이터에 대한 최소자승 근사다항식을 구하였다. x를 물고기의 숫자, y를 종이라고 하고 다음 데이터에 대한 선형 최소자승 근사다항식을 구하라.

x	y	x	y	x	y
13	11	29	12	60	14
15	10	30	14	62	21
16	11	31	16	64	21
21	12	36	17	70	24
22	12	40	13	72	17
23	13	42	14	100	23
25	13	55	22	130	34

9. 다음 표에는 20명의 수학과 전산학 전공 학생의 평균 학점과 고등학교 때의 ACT(American College Testing Program)의 수학 분야 성적이 수록되어 있다. 이 데이터에 대한 그래프를 그리고 이 데이터들에 대한 최소자승 식을 구하라. ACT 성적이 대학의 평균 학점을 예측할 수 있는 좋은 지표라고 생각하는가?

ACT 점수	학점 평균	ACT 점수	학점 평균
28	3.84	29	3.75
25	3.21	28	3.65
28	3.23	27	3.87
27	3.63	29	3.75
28	3.75	21	1.66
33	3.20	28	3.12
28	3.41	28	2.96
29	3.38	26	2.92
23	3.53	30	3.10
27	2.03	24	2.81

8.3 연속최소자승근사

$f \in C[a,b]$라 하고 오차

$$P_n(x) = a_n x^n + a_{n-1}x^{n-1} + \cdots + a_1 x + a_0 = \sum_{k=0}^{n} a_k x^k$$

을 최소화시키는 최고 n차인 다항식

$$E(a_0, a_1, \ldots, a_n) = \int_a^b (f(x) - P_n(x))^2 dx = \int_a^b \left(f(x) - \sum_{k=0}^{n} a_k x^k \right)^2 dx$$

를 구하자.

계수 a_0, a_1, ⋯, a_n이 전체오차 E를 최소화 시킬 필요조건은

$$\frac{\partial E}{\partial a_j}(a_0, a_1, \ldots, a_n) = 0 \qquad (j = 0, 1, \ldots, n)$$

이다. 위 식의 적분을 전개하면

$$E = \int_a^b (f(x))^2 dx - 2\sum_{k=0}^{n} a_k \int_a^b x^k f(x)dx + \int_a^n \left(\sum_{k=0}^{n} a_k x^k \right)^2 dx$$

이 되므로,

$$\frac{\partial E}{\partial a_j}(a_0, a_1, \ldots, a_n) = -2\int_a^b x^j f(x)dx + 2\sum_{k=0}^{n} a_k \int_a^b x^{j+k} dx$$

이 된다. 이를 0으로 놓고 다시 정리하면 $n+1$개의 미지수 a_0, a_1, ⋯, a_n에 대하여 풀어야 할 $(n+1)$개의 선형 정규 방정식(normal equation)

$$\sum_{k=0}^{n} a_k \int_a^b x^{j+k} dx = \int_a^b x^j f(x)dx, \quad (j = 0, 1, \ldots, n)$$

을 얻는다. $f \in C[a,b]$이면 이 정규 방정식은 유일한 해를 갖는다.

예제 8.3.1 구간 $[0,1]$ 상의 함수 $f(x) = \sin \pi x$에 대한 이차 최소자승 근사 다항식을 구하라.

풀이 $P_2(x) = a_2 x^2 + a_1 x + a_0$에 대한 정규 방정식은

$$\begin{aligned}
a_0 \int_0^1 1dx + a_1 \int_0^1 xdx + a_2 \int_0^1 x^2 dx &= \int_0^1 \sin \pi x dx \\
a_0 \int_0^1 xdx + a_1 \int_0^1 x^2 dx + a_2 \int_0^1 x^3 dx &= \int_0^1 x \sin \pi x dx \\
a_0 \int_0^1 x^2 dx + a_1 \int_0^1 x^3 dx + a_2 \int_0^1 x^4 dx &= \int_0^1 x^2 \sin \pi x dx
\end{aligned}$$

이다. 적분을 수행하면

$$a_0 + \frac{1}{2}a_1 + \frac{1}{3}a_2 = \frac{2}{\pi}, \quad \frac{1}{2}a_0 + \frac{1}{3}a_1 + \frac{1}{4}a_2 = \frac{1}{\pi}, \quad \frac{1}{3}a_0 + \frac{1}{4}a_1 + \frac{1}{5}a_2 = \frac{\pi^2 - 4}{\pi^3}$$

을 얻는다. 세 개의 미지수를 가지고 있는 이 방정식을 풀면

$$a_0 = \frac{12\pi^2 - 120}{\pi^3} \approx -0.050465, \quad a_1 = -a_2 = \frac{720 - 60\pi^2}{\pi^3} \approx 4.12251$$

을 얻는다. 따라서 $[0,1]$ 상의 $f(x) = \sin \pi x$ 에 대한 이차 최소자승 근사다항식은

$$P_2(x) = -4.12251x^2 + 4.12251x - 0.050465$$

가 된다. ([그림 8.5] 참조)

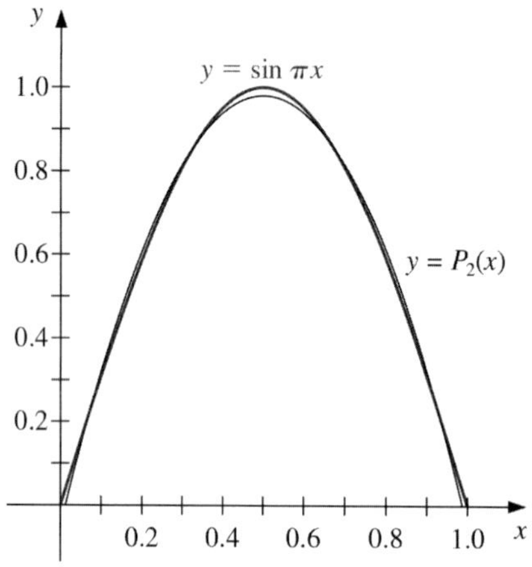

그림 8.5

[예제 8.3.1]은 최소자승 근사다항식을 구할 때의 어려움을 보이고 있다. 미지수 $a_0, a_1, \cdots, a_n$ 을 갖는 $(n+1)\times(n+1)$ 선형연립방정식의 해를 구해야 된다. 또한 이 선형연립방정식의 계수는

$$\int_a^b x^{j+k} dx = \frac{b^{j+k+1} - a^{j+k+1}}{j+k+1}$$

의 형태를 갖는다. 이 선형연립방정식에 대한 행렬은 Hilbert 행렬이라고 하는데 이는 반올림오차의 어려움을 보여주는 고전적인 예이다.

[예제 8.3.1]에서 사용된 방법의 또 하나의 단점은 3.2절에서 Lagrange 다항식을 처음 소개했을 때 발생했던 상황과 유사한 것이다. 가장 적절한 근사다항식의 차수를 알지 못하며 n차다항식을 얻기 위한 계산이 더 높은 차수의 최선의 다항식을 얻기 위해 요구되는 계산량을 줄이지 못한다. 이 두 문제는 $n+1$ 개의 미지수를 가지고 있는 $n+1$ 개의 방정식을 하나의 미지수만을 가지고 있는 $n+1$ 개의 방정식으로 변환시키는 방법으로 해결된다. 이렇게 하면 문제는 쉽게 풀리지만, 이 방법에는 새로운 개념이 필요하다.

일차독립 함수 (Linearly Independent Functions)

함수 집합 $\{\phi_0, \phi_1, \ldots, \phi_n\}$ 이 모든 $x \in [a,b]$ 에 대하여 $c_0 = c_1 = \cdots = c_n = 0$ 일 때만

$$c_0\phi_0(x) + c_1\phi_1(x) + \cdots + c_n\phi_n(x) = 0$$

을 만족하면, 이 함수 집합은 일차독립이라고 한다. 이를 만족하지 못하는 함수의 집합은 일차 종속이라고 한다.

일차독립인 함수 집합이 우리가 다룰 기본적인 함수이며, 근사를 위해 우리가 사용하고 있는 함수가 다항식이므로 다음 결과는 아주 중요한 것이다.

> **정리 8.3.2** [일차독립인 다항식의 집합 **(Lineaerly Independent Sets of Polynomials)**]
>
> 각 $j = 0, 1, \ldots, n$에 대하여 ϕ_j가 j차인 다항식이라고 하면, $\{\phi_0, \phi_1, \ldots, \phi_n\}$은 임의의 구간 $[a, b]$에서 일차 독립이다.

다음 예제에서 설명된 상황은 훨씬 더 일반적인 경우에 성립되는 사실을 보이고 있다. Π_n을 최고 n차인 모든 다항식의 집합이라고 하자. 만일 $\{\phi_0(x), \phi_1(x), \ldots, \phi_n(x)\}$가 Π_n에 있는 일차독립인 다항식의 집합이라고 하면, Π_n 내의 각 다항식은 $\{\phi_0(x), \phi_1(x), \ldots, \phi_n(x)\}$의 일차 조합(linear combination)으로 유일하게 나타낼 수 있다.

예제 8.3.3 $\phi_0(x) = 2$, $\phi_1(x) = x - 3$, $\phi_2(x) = x^2 + 2x + 7$이라고 하자. 이 다항식들은 어떠한 구간 $[a, b]$에서도 일차독립이다. $Q(x) = a_0 + a_1 x + a_2 x^2$라고 하자. 이제 $Q(x) = c_0\phi_0(x) + c_1\phi_1(x) + c_2\phi_2(x)$를 만족시키는 상수 c_0, c_1, c_2가 존재함을 보이자.

풀이 먼저

$$1 = \frac{1}{2}\phi_0(x), \quad x = \phi_1(x) + 3 = \phi_1(x) + \frac{3}{2}\phi_0(x)$$

$$\begin{aligned} x^2 &= \phi_2(x) - 2x - 7 = \phi_2(x) - 2\left(\phi_1(x) + \frac{3}{2}\phi_0(x)\right) - 7\left(\frac{1}{2}\phi_0(x)\right) \\ &= \phi_2(x) - 2\phi_1(x) - \frac{13}{2}\phi_0(x) \end{aligned}$$

가 성립하므로,

$$\begin{aligned} Q(x) &= a_0\left(\frac{1}{2}\phi_0(x)\right) + a_1\left(\phi_1(x) + \frac{3}{2}\phi_0(x)\right) + a_2\left(\phi_2(x) - 2\phi_1(x) - \frac{13}{2}\phi_0(x)\right) \\ &= \left(\frac{1}{2}a_0 + \frac{3}{2}a_1 - \frac{13}{2}a_2\right)\phi_0(x) + (a_1 - 2a_2)\phi_1(x) + a_2\phi_2(x) \end{aligned}$$

가 성립한다. 따라서 어떠한 이차다항식도 ϕ_0, ϕ_1, $\phi_2(x)$의 일차 조합으로 나타낼 수 있다 ■

직교성 함수 (Orthogonal Functions)

일반적인 함수의 근사를 논의하는 데에는 가중치 함수(weight function)와 직교성(orthogonality)의 개념이 필요하다. 구간 I의 모든 x에 대하여 $w(x) \geq 0$이지만, I의 어떠한 부분 구간 상에서도 w가 정확히 0은 아니라면 적분 가능 함수 w를 구간 I 상의 가중치 함수(weight function)라고 한다. 가중치 함수는 구간의 특정 부분에서의 근사에 다른 비중의 중요성을 부여하기 위하여 사용한다. 예를 들어, 가중치 함수

$$w(x) = \frac{1}{\sqrt{1 - x^2}}$$

는 구간 $(-1, 1)$의 중심 부분에서는 강조하지 않고, $|x|$이 1에 가까울 때 강조한다. 이 가중치 함수는 다음 절에서 사용하게 된다.

$\{\phi_0(x), \phi_1(x), \ldots, \phi_n(x)\}$ 를 일차독립인 함수의 집합, w 를 구간 $[a,b]$ 에서의 가중치라고 하고, $f \in C[a,b]$ 에 대하여, 오차

$$E(a_0, \ldots, a_n) = \int_a^b w(x) \left(f(x) - \sum_{k=0}^{n} a_k \phi_k(x) \right)^2 dx$$

를 최소화시키는 일차 조합

$$P(x) = \sum_{k=0}^{n} a_k \phi_k(x)$$

를 찾아보자. 이 문제는 $w(x) \equiv 1$, 그리고 각 $k = 0, 1, \ldots, n$ 에 대하여 다음 $\phi_k(x) = x^k$ 인 특수한 경우에서는 이 절의 첫 부분에서 살펴본 상황과 같아진다. 이 문제에 대한 정규 방정식은 각 $j = 0, 1, \ldots, n$ 에 대하여

$$0 = \frac{\partial E}{\partial a_j}(a_0, \ldots, a_n) = 2\int_a^b w(x) \left(f(x) - \sum_{k=0}^{n} a_k \phi_k(x) \right) \phi_j(x) dx$$

가 성립한다는 사실로부터 유도된다. 정규 방정식은 다음과 같다.

$$\int_a^b w(x) f(x) \phi_j(x) dx = \sum_{k=0}^{n} a_k \int_a^b w(x) \phi_k(x) \phi_j(x) dx, \quad (j = 0, 1, \ldots, n)$$

함수 $\phi_0, \phi_1, \ldots, \phi_n$ 을 어떤 양의 수 $a_0, a_1, \ldots, a_n$ 에 대하여

$$\int_a^b w(x) \phi_k(x) \phi_j(x) dx = \begin{cases} 0, & (j \neq k) \\ \alpha_k > 0, & (j = k) \end{cases} \tag{8.1}$$

만족시키도록 선택할 수 있다면, 정규 방정식은 $j = 0, 1, \ldots, n$ 에 대하여

$$\int_a^b w(x) f(x) \phi_j(x) dx = a_j \int_a^b w(x) [\phi_j(x)]^2 dx = a_j \alpha_j$$

이 되어 해는

$$a_j = \frac{1}{\alpha_j} \int_a^b w(x) f(x) \phi_j(x) dx$$

가 된다. 따라서 식 (8.1)을 만족시키도록 $\phi_0, \phi_1, \ldots, \phi_n$ 을 선택하면 최소자승 근사 문제는 아주 간략해진다.

함수의 집합 $\{\phi_0, \phi_1, \ldots, \phi_n\}$ 이 어떤 양의 수 $a_0, a_1, \ldots, a_n$ 에 대하여

$$\int_a^b w(x) \phi_j(x) \phi_k(x) dx = \begin{cases} 0, & (j \neq k) \\ \alpha_k > 0, & (j = k) \end{cases}$$

를 만족시키면, 이 함수들은 가중치 함수 w 에 대하여 구간 $[a,b]$ 에서 직교한다고 한다. 그리고 각 $k = 0, 1, \ldots, n$ 에 대하여 $a_k = 1$ 이면, 이 함수들은 정규 직교(orthogonal) 한다고 한다.

앞의 설명과 더불어, 이 정의는 다음을 의미한다.

정리 8.3.4 **[직교함수에 대한 최소자승 근사 (Least Squares for Orthogonal Functions)]**

만일 $\{\phi_0, \phi_1, \ldots, \phi_n\}$이 구간 $[a, b]$에서 가중치 함수 w에 대한 직교 함수의 집합이라면, 구간 $[a, b]$에서 w에 대한 최소자승 근사는

$$P(x) = \sum_{k=0}^{n} a_k \phi_k(x)$$

이다. 여기에서

$$a_k = \frac{\int_a^b w(x)\phi_k(x)f(x)dx}{\int_a^b w(x)(\phi_k(x))^2 dx} = \frac{1}{\alpha_k}\int_a^b w(x)\phi_k(x)f(x)dx$$

이다.

다음 결과는 Gram–Schmidt 절차에 기초한 것으로서 구간 $[a, b]$에서 가중치 함수 w에 대한 직교다항식을 만드는 순환적 절차 (recursive procedure)를 설명한다.

정리 8.3.5 **[직교다항식의 순환적 생성 (Generating Sets of Orthogonal Polynomials)]**

다음과 같이 정의된 다항식의 집합 $\{\phi_0, \phi_1, \ldots, \phi_n\}$은 구간 $[a, b]$에서 가중치 함수 w에 대하여 일차독립이며 또 직교한다.

$$\phi_0(x) \equiv 1, \quad \phi_1(x) = x - B_1$$

여기에서

$$B_1 = \frac{\int_a^b xw(x)(\phi_0(x))^2 dx}{\int_a^b w(x)(\phi_0(x))^2 dx}$$

이다. $k \geq 2$에 대해서는

$$\phi_k(x) = (x - B_k)\phi_{k-1}(x) - C_k\phi_{k-2}(x)$$

이다. 여기에서

$$B_k = \frac{\int_a^b xw(x)(\phi_{k-1}(x))^2 dx}{\int_a^b w(x)(\phi_{k-1}(x))^2 dx}, \quad C_k = \frac{\int_a^b xw(x)\phi_{k-1}(x)\phi_{k-2}(x)dx}{\int_a^b w(x)(\phi_{k-2}(x))^2 dx}$$

이다. 또한 임의의 $(k < n)$차다항식 $Q_k(x)$에 대해서

$$\int_a^b w(x)\phi_n(x)Q_k(x)dx = 0.$$

예제 8.3.6 Legendre 다항식 집합 $\{P_n(x)\}$는 가중치 함수 $w(x) \equiv 1$에 대하여 구간 $[-1, 1]$에서 직교한다. Legendre 다항식의 고전적 정의에 의하면, 각 n에 대하여 $P_n(1) = 1$이어야 하고, 순환 관계를 이용하여 $n \geq 2$에 대한 다항식 $P_n(x)$를 생성한다. 여기의 논의에서는 이러한 정규화(normalization)는 필요 없으며, 두 경우에서 생성된 최소자승 근사 다항식들은 근본적으로 동일하다. 순환적 절차를 사용하면 $P_0(x) \equiv 1$이므로

$$B_1 = \frac{\int_{-1}^{1} x dx}{\int_{-1}^{1} dx} = 0, \quad P_1(x) = (x - B_1)P_0(x) = x$$

가 된다. 또한

$$B_2 = \frac{\int_{-1}^{1} x^3 dx}{\int_{-1}^{1} x^2 dx} = 0, \quad C_2 = \frac{\int_{-1}^{1} x^2 dx}{\int_{-1}^{1} 1 dx} = \frac{1}{3}$$

이므로,

$$P_2(x) = (x - B_2)P_1(x) - C_2 P_0(x) = (x - 0)x - \frac{1}{3} \cdot 1 = x^2 - \frac{1}{3}$$

이 된다. [그림 8.6]에 나와 있는 더 높은 차수의 Legendre 다항식도 같은 방법으로 유도할 수 있다. 그러나 적분이 매우 복잡할 수 있다. MATLAB의 적분 명령어 quad를 사용하면 B_k와 C_k를 계산할 수 있다. 예를 들어,

```
B3 = quad(inline('x.*(x.^2-1/3).^2','x'),-1,1)/
     quad(inline('(x.^2-1/3).^2','x'),-1,1)
```

는

$$B3 = 3.903127820947816e - 017$$

를 생성한다. 근사적으로 $B_3 = 0$이고

```
C3 = quad(inline('x.*(x.^2-1/3).*x','x'),-1,1)
     quad(inline('x.^2','x'),-1,1)
```

는

$$C3 = 0.266666666666667$$

를 생성한다. 즉, $C_3 = 4/15$이다. 그러므로

$$P_3(x) = xP_2(x) - \frac{4}{15}P_1(x) = x^3 - \frac{1}{3}x - \frac{4}{15}x = x^3 - \frac{3}{5}x$$

이고 다음 Legendre 다항식들은

$$P_4(x) = x^4 - \frac{6}{7}x^2 + \frac{3}{35} \text{ 와 } P_5(x) = x^5 - \frac{10}{9}x^3 + \frac{5}{21}x$$

이다.

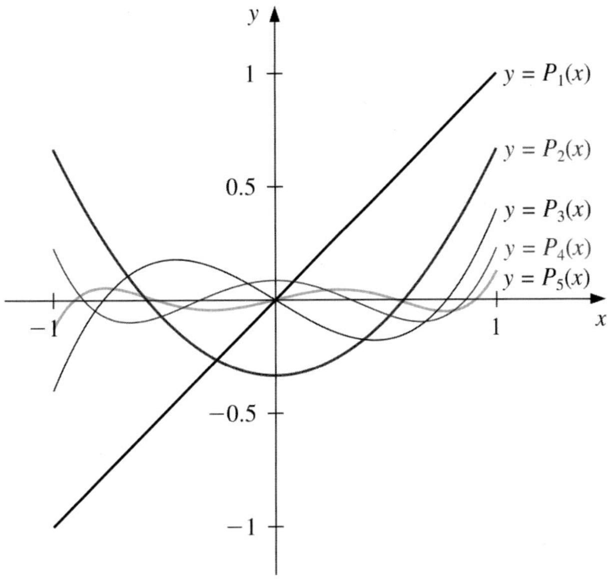

그림 8.6

8.3 연습문제

1. 다음 함수들에 대하여 명시된 구간에서의 선형 최소자승 다항식 근사를 구하라.

   a. $f(x) = x^2 + 3x + 2,\ [0,1]$
   b. $f(x) = x^3,\ [0,2]$
   c. $f(x) = \dfrac{1}{x},\ [1,3]$
   d. $f(x) = e^x,\ [0,2]$
   e. $f(x) = \dfrac{1}{2}\cos x + \dfrac{1}{3}\sin 2x,\ [0,1]$
   f. $f(x) = x\ln x,\ [1,3]$

2. 다음 함수들에 대하여 구간 $[-1,1]$ 에서의 선형 최소자승 다항식 근사를 구하라.

   a. $f(x) = x^2 - 2x + 3$
   b. $f(x) = x^3$
   c. $f(x) = 1/(x+2)$
   d. $f(x) = e^x$
   e. $f(x) = \dfrac{1}{2}\cos x + \dfrac{1}{3}\sin 2x$
   f. $f(x) = \ln(x+2)$

3. Gram–Schmidt 절차를 사용하여 다음 구간에 대한 $\phi_0(x), \phi_1(x), \phi_2(x), \phi_3(x)$ 를 구하라.

   a. $[0,1]$
   b. $[0,2]$
   c. $[1,3]$

8.4 Chebyshev 다항식

Chebyshev 다항식 $\{T_n(x)\}$는 가중치 함수

$$w(x) = (1-x^2)^{-1/2} = \frac{1}{\sqrt{1-x^2}}$$

에 대하여 구간 $(-1,1)$에서 직교한다. 앞 절의 방법으로 이 다항식을 구할 수도 있지만, 이 다항식에 대한 정의를 먼저 내린 다음 필요한 직교성을 가지고 있는 다항식임을 보이는 것이 더 쉽다.
$x \in [-1,1]$에 대하여, $n \geq 0$에서 $T_n(x)$를 다음과 같이 정의하자.

$$T_n(x) = \cos(n \arccos x).$$

이 정의만으로는 각 n에 대한 $T_n(x)$가 x에 관한 다항식인지가 명확하지 않지만 이제 이를 보이기로 하자. 먼저

$$T_0(x) = \cos 0 = 1, \quad T_1(x) = \cos(n \arccos x) = x$$

임을 알 수 있다. $n \geq 1$에 대해서는 $\theta = \arccos x$를 대입하면 이 식은 $\theta \equiv [0,\pi]$에 대하여

$$T_n(x) = T_n(\theta(x)) \equiv T_n(\theta) = \cos(n\theta).$$

으로 변한다. 순환 관계식은

$$T_{n+1}(\theta) = \cos(n\theta+\theta) = \cos(n\theta)\cos\theta - \sin(n\theta)\sin\theta$$
$$T_{n-1}(\theta) = \cos(n\theta-\theta) = \cos(n\theta)\cos\theta + \sin(n\theta)\sin\theta$$

로부터 유도된다. 이 두 식을 더하면

$$T_{n+1}(\theta) + T_{n-1}(\theta) = 2x\cos(n\theta)\cos\theta = 2\cos\theta \cdot T_n(\theta).$$

가 된다. 다시 변수를 x로 치환하면, 각 $n \geq 1$에 대하여

$$T_{n+1}(x) = 2xT_n(x) - T_{n-1}(x).$$

를 얻는다. $T_0(x)$와 $T_1(x)$가 모두 x에 대한 다항식이므로 $T_{n+1}(x)$도 각 n에 대한 x의 다항식이 된다.

정리 8.4.1 [Chebyshev 다항식 (Chebyshev Polynomials)]

$$T_0(x) = 1, \quad T_1(x) = x$$

이고, $n \geq 1$에 대해서 $T_{n+1}(x)$는

$$T_{n+1}(x) = 2xT_n(x) - T_{n-1}(x)$$

로 주어진 $n+1$차다항식이다.

이 순환 관계식은 $T_n(x)$가 n차다항식임을 의미한다. $n \geq 1$일 때, 최고차항의 계수는 2^{n-1}이다. 다음 차수의 Chebyshev 다항식은

$$\begin{aligned} T_2(x) &= 2xT_1(x) - T_0(x) = 2x^2 - 1 \\ T_3(x) &= 2xT_2(x) - T_1(x) = 4x^3 - 3x \\ T_4(x) &= 2xT_3(x) - T_2(x) = 8x^4 - 8x^2 + 1. \end{aligned}$$

[그림 8.7]은 T_1, T_2, T_3, T_4의 그래프를 보이고 있다. 각 그래프는 원점 아니면 x축에 관하여 대칭이고, 구간 $[-1, 1]$에서 최댓값으로는 1, 최솟값으로는 -1을 갖는다.

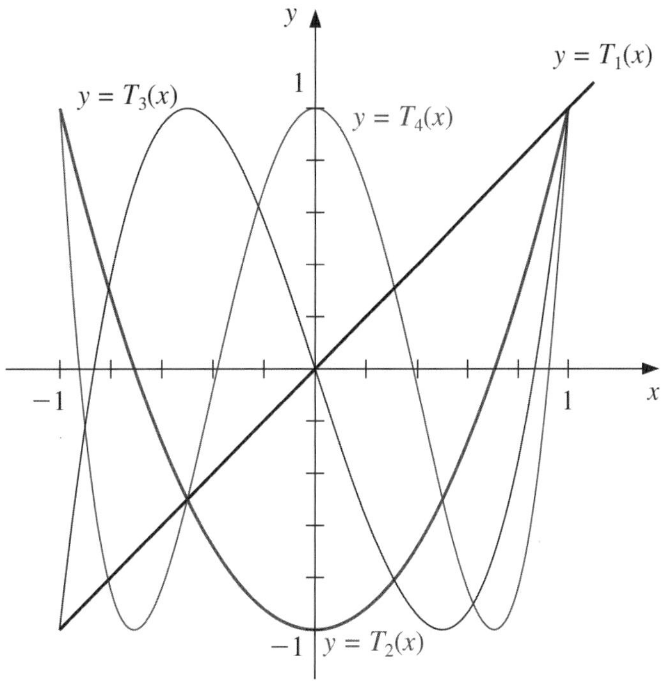

그림 8.7

Chebyshev 다항식의 직교성을 보이기 위해

$$\int_{-1}^{1} w(x)T_n(x)T_m(x)dx = \int_{-1}^{1} \frac{T_n(x)T_m(x)}{\sqrt{1-x^2}}dx = \int_{-1}^{1} \frac{\cos(n \arccos x)\cos(m \arccos x)}{\sqrt{1-x^2}}dx$$

를 살펴보자. $\theta = \arccos x$로 치환하면

$$d\theta = -\frac{1}{\sqrt{1-x^2}}dx$$

가 되어 위 식은

$$\int_{-1}^{1} \frac{T_n(x)T_m(x)}{\sqrt{1-x^2}}dx = -\int_{\pi}^{0} \cos(n\theta)\cos(m\theta)d\theta = \int_{0}^{\pi} \cos(n\theta)\cos(m\theta)d\theta.$$

$n \neq m$이라고 하면

$$\cos(n\theta)\cos(m\theta) = \frac{1}{2}(\cos(n+m)\theta + \cos(n-m)\theta)$$

이므로,

$$\begin{aligned}\int_{-1}^{1}\frac{T_n(x)T_m(x)}{\sqrt{1-x^2}}dx &= \frac{1}{2}\int_0^{\pi}\cos((n+m)\theta)d\theta+\frac{1}{2}\int_0^{\pi}\cos((n-m)\theta)d\theta \\ &= \left[\frac{1}{2(n+m)}\sin((n+m)\theta)+\frac{1}{2(n-m)}\sin((n-m)\theta)\right]_0^{\pi}=0\end{aligned}$$

이 된다. 같은 방법으로

$$\int_{-1}^{1}\frac{(T_n(x))^2}{\sqrt{1-x^2}}dx=\frac{\pi}{2}, \quad (n\geq 1)$$

이 성립함을 보일 수 있다.

Chebyshev 다항식에 관한 중요한 결과 중 하나는 영(zero)과 극한값(extrema)에 관한 것이다. 이 결과들은 다항식과 그 미분에 대입을 함으로써 쉽게 증명할 수 있다.

정리 8.4.2 [Chebyshev 다항식의 영과 극한값 (Zeros and Extrema of Chebyshev Polynomials)]

$n\geq 1$ 일 때 n차 Chebyshev 다항식 $T_n(x)$는 $[-1,1]$ 상의

$$\bar{x}_k=\cos\left(\frac{2k-1}{2n}\pi\right), \quad (k=1,2,\ldots,n)$$

에서 n개의 단순 영을 갖는다. 그리고 $n+1$개의 점에서

$$\bar{x}'_k=\cos\left(\frac{k\pi}{n}\right), \quad (k=0,1,\ldots,n)$$

에서 절대 극한값

$$T_n(\bar{x}'_k)=(-1)^k, \quad (k=0,1,\ldots,n)$$

을 갖는다.

$n\geq 1$ 일 때, 최고차 항의 계수가 1인 단위(monic) Chebyshev 다항식 $\tilde{T}_n(x)$은 Chebyshev 다항식 $T_n(x)$를 최고차 항의 계수 2^{n-1}로 나누어서 얻는다. 따라서,

$$\tilde{T}_0(x)=1, \quad \tilde{T}_n(x)=2^{1-n}T_n(x) \quad (n\geq 1).$$

각 $n\geq 2$에 대해서 이 다항식들은 다음의 순환 관계식

$$\tilde{T}_2(x)=x\tilde{T}_1(x)-\frac{1}{2}\tilde{T}_0(x), \quad \tilde{T}_{n+1}(x)=x\tilde{T}_n(x)-\frac{1}{4}\tilde{T}_{n-1}(x)$$

을 만족한다. $\tilde{T}_n$은 T_n의 배수이므로, $\tilde{T}_n$도

$$\bar{x}_k=\cos\left(\frac{2k-1}{2n}\pi\right), \quad (k=1,2,\ldots,n)$$

에서 영을 갖는다. 또한 $\tilde{T}_n$은

$$\bar{x}'_k=\cos\left(\frac{k\pi}{n}\right), \quad (k=0,1,\ldots,n)$$

에서 극한값

$$\tilde{T}_n(\bar{x}'_k) = \frac{(-1)^k}{2^{n-1}}, \quad (k = 0, 1, \cdots, n)$$

을 갖는다. $\tilde{\Pi}_n$ 을 모든 n 차 단위 다항식의 집합을 나타낸다고 하자. 다항식 $\tilde{T}_n(x)$ 를 $\tilde{\Pi}_n$ 의 다른 다항식과 구분하는 다음과 같은 중요한 최소화 성질이 있다.

> **정리 8.4.3** **[단위 Chebyshev 다항식의 최소화 성질 (Minimum Property of Monic Chebyshev Polynomials)]**
>
> $n \geq 1$ 일 때 다항식 $\tilde{T}_n(x)$ 는 모든 $P_n \in \tilde{\Pi}_n$ 에 대하여
>
> $$\frac{1}{2^{n-1}} = \max_{x \in [-1,1]} |\tilde{T}_n(x)| \leq \max_{x \in [-1,1]} |P_n(x)|$$
>
> 을 만족시킨다. 그리고, 등식은 $P_n = \tilde{T}_n$ 일 때만 성립한다.

Lagrange 보간법 오차 최소화 (Minimizing Lagrange Interpolation Error)

이 결과는 Lagrange 보간법의 오차를 최소화시키기 위한 보간점의 위치를 결정하는 데에 사용된다. 구간 $[-1, 1]$ 에 적용된 Lagrange 다항식의 오차 형태를 살펴보면, 만일 $x_0, x_1, \ldots, x_n$ 이 구간 $[-1, 1]$ 상의 서로 다른 숫자이고 또 $f \in C^{n+1}[-1, 1]$ 이면, 각 $x \in [-1, 1]$ 에 대하여

$$f(x) - P(x) = \frac{f^{(n+1)}(\xi(x))}{(n+1)!}(x - x_0) \cdots (x - x_n)$$

을 만족시키는 숫자 $\xi(x)$ 가 구간 $(-1, 1)$ 상에 존재함을 알 수 있다. 여기에서 $P(x)$ 는 Lagrange 보간다항식이다. $\xi(x)$ 는 조정할 수 없으므로, 보간점 $x_0, x_1, \ldots, x_n$ 을 잘 배치하여 오차를 최소화시키는 것은 모든 구간 $[-1, 1]$ 에서

$$(x - x_0)(x - x_1) \cdots (x - x_n) = \tilde{T}_{n+1}(x)$$

일 때 얻어진다. x_k 를 $\tilde{T}_{n+1}$ 의 $(k+1)$ 번째 영이 되도록 선택했을 때, 즉, x_k 가

$$\bar{x}_{k+1} = \cos \frac{2k+1}{2(n+1)}\pi$$

일 때, $|(x - x_0)(x - x_1) \cdots (x - x_n)|$ 의 최댓값은 최소가 된다.

$$\max_{x \in [-1,1]} \left|\tilde{T}_{n+1}(x)\right| = \frac{1}{2^n}$$

이므로, 이는 구간 $[-1, 1]$ 에서 $x_1, x_2, \ldots, x_n$ 을 어떻게 선택하든지

$$\begin{aligned} \frac{1}{2^n} &= \max_{x \in [-1,1]} |(x - \bar{x}_1)(x - \bar{x}_2) \cdots (x - \bar{x}_{n+1})| \\ &\leq \max_{x \in [-1,1]} |(x - x_0)(x - x_1) \cdots (x - x_n)| \end{aligned}$$

이 성립됨을 의미한다.

정리 8.4.4 **[Lagrange 보간법 오차 최소화 (Minimizing Lagrange Interpolation Error)]**

만일 $P(x)$가 $T_{n+1}(x)$의 근에서 보간점을 갖는 최고 n차인 보간 다항식이라면, 어떠한 $f \in C^{n+1}[-1,1]$에 대해서도

$$\max_{x\in[-1,1]} |f(x) - P(x)| \le \frac{1}{2^n(n+1)!} \max_{x\in[-1,1]} |f^{(n+1)}(x)|.$$

임의의 구간에서 보간 오차 최소화 (Minimizing Interpolation Error on Arbitrary Intervals)

보간 오차를 최소화시키는 보간점을 선택하는 기법은 다음 예에서 보이는 것처럼 구간 $[-1,1]$ 상의 숫자 x_k를 구간 $[a,b]$에 상응하는 숫자로 변환시키는 변수 변환

$$\tilde{x} = \frac{1}{2}((b-a)x + a + b)$$

를 이용하여 일반 폐구간 $[a,b]$로 쉽게 확장시킬 수 있다.

예제 8.4.5 $f(x) = xe^x$를 구간 $[0, 1.5]$ 상의 함수라고 하자. 네 개의 등간격 보감점을 가지는 Lagrange 다항식과 네 번째 Chebyshev 다항식의 영에 의해 주어지는 보간점의 Lagrange 다항식을 비교하자.

풀이 먼저, 등간격의 보간점 $x_0 = 0,\ x_1 = 0.5,\ x_2 = 1,\ x_3 = 1.5$를 사용하면,

$$\begin{aligned} L_0(x) &= -1.3333x^3 + 4.0000x^2 - 3.6667x + 1, \\ L_1(x) &= -4.0000x^3 - 10.000x^2 + 6.0000x, \\ L_2(x) &= -4.0000x^3 + 8.0000x^2 - 3.0000x, \\ L_3(x) &= 1.3333x^3 - 2.0000x^2 + 0.66667x. \end{aligned}$$

을 가지고 아래와 같은 다항식을 생성한다.

$$\begin{aligned} P_3(x) &= L_0(x)(0) + L_1(x)(0.5e^{0.5}) + L_2(x)(e^1) + L_3(x)(1.5e^{1.5}) \\ &= 1.3875x^3 + 0.057570x^2 + 1.2730x. \end{aligned}$$

두 번째 보간다항식을 구하기 위해, Chebyshev 다항식 $\tilde{T}_4$의 영에 의해 주어진 노드를 사용한다.
먼저 각 $k = 0, 1, 2, 3$에 대하여, 이 영 $\bar{x}_k = \cos((2k+1)/8)\pi$를 선형변환

$$\tilde{x}_k = \frac{1}{2}[(1.5-0)\bar{x}_k + (1.5+0)] = 0.75 + 0.75\bar{x}_k$$

를 사용하여 $[-1,1]$에서 $[0,1.5]$로 이동시키면

$$\tilde{x}_0 = \cos\frac{\pi}{8} = 0.92388,\ \tilde{x}_1 = \cos\frac{3\pi}{8} = 0.38268,\ \tilde{x}_2 = \cos\frac{5\pi}{8} = -0.38268,\ \text{그리고}$$
$$\tilde{x}_3 = \cos\frac{7\pi}{8} = -0.92388,$$

에서

$$\bar{x}_0 = 1.44291, \quad \bar{x}_1 = 1.03701, \quad \bar{x}_2 = 0.46299, \quad \bar{x}_3 = 0.05709.$$

를 얻는다. 이 노드들에 대한 Lagrange 다항식의 계수는

$$\begin{aligned}\tilde{L}_0(x) &= 1.8142x^3 - 2.8249x^2 - 1.0264x - 0.049728,\\ \tilde{L}_1(x) &= -4.3799x^3 + 8.5977x^2 - 3.4026x + 0.16705,\\ \tilde{L}_2(x) &= -4.3799x^3 - 11.112x^2 + 7.1738x - 0.37415,\\ \tilde{L}_3(x) &= -1.8142x^3 + 5.3390x^2 - 4.7976x + 1.2568.\end{aligned}$$

이다. 이 다항식에 대한 함숫값은 [표 8.3]의 두 번째 행에 주어져 있다. 이 노드들에 대한 최고 삼차의 보간다항식은

$$\tilde{P}_3 = 1.3811x^3 + 0.044652x^2 + 1.3031x - 0.014352.$$

[표 8.3]는 여러 x 값과 $f(x)$, $P_3(x)$, $\tilde{P}_3(x)$의 값을 가지고 있다.

x	$f(x) = xe^x$	$P_3(x)$	$\lvert xe^x - P_3(x)\rvert$	$\tilde{P}_3(x)$	$\lvert xe^x - \tilde{P}_3(x)\rvert$
0.15	0.1743	0.1969	0.0226	0.1868	0.0125
0.25	0.3210	0.3435	0.0225	0.3358	0.0148
0.35	0.4967	0.5121	0.0154	0.5064	0.0097
0.65	1.245	1.233	0.012	1.231	0.014
0.75	1.588	1.572	0.016	1.571	0.017
0.85	1.989	1.976	0.013	1.974	0.015
1.15	3.632	3.650	0.018	3.644	0.012
1.25	4.363	4.391	0.028	4.382	0.019
1.35	5.208	5.237	0.029	5.224	0.016

표 8.3

표의 중간 근처에서 $P_3(x)$을 사용한 오차가 $\tilde{P}_3(x)$를 사용한 오차보다 작더라도, $\tilde{P}_3(x)$을 사용한 최고 오차 0.019가 $P_3(x)$를 사용한 최고 오차 0.0290보다 작다 ([그림 8.8] 참조).

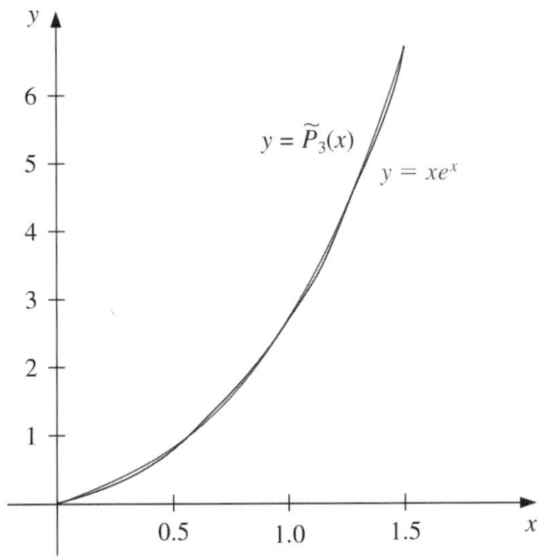

그림 8.8

8.4 연습문제

1. $\tilde{T}_3$ 의 영을 사용하여 구간 $[-1, 1]$ 상의 다음 함수들에 대한 이차보간다항식을 구하라.

   a. $f(x) = e^x$

   b. $f(x) = \sin x$

   c. $f(x) = \ln(x+2)$

   d. $f(x) = x^4$

2. $\tilde{T}_4$ 의 영을 사용하여 연습문제 1 의 함수들에 대한 삼차보간다항식을 구하라.

3. 각 Chebyshev 다항식 $\tilde{T}_n$ 에 대하여 $\displaystyle\int_{-1}^{1} \frac{|T_n(x)|^2}{\sqrt{1-x^2}} dx = \frac{\pi}{2}$ 가 성립함을 보여라.

8.5 유리함수의 근사

대수다항식(algebraic polynomial) 부류는 근사에 사용할 때 몇 가지 뚜렷한 장점을 가지고 있다. 폐구간에서 임의의 허용치 이내로 연속함수를 근사시키는 수많은 다항식이 있으며, 다항식들은 임의의 값에 대하여 쉽게 계산된다. 또한, 다항식의 미분 및 적분이 존재하며 쉽게 구할 수 있다. 근사에 다항식을 사용하는 것의 단점은 진동(oscillation)하기 쉽다는 것이다. 오차의 한계는 최대근사오차에 의해 결정되므로, 다항식근사에서 진동이 발생하며 오차의 한계가 평균근사오차를 훨씬 초과하게 된다. 이제 근사오차를 모든 근사구간에 걸쳐 균등하게 분삭시키는 방법을 살펴보자.

N차 유리함수(rational function) r은

$$r(x) = \frac{p(x)}{q(x)}$$

의 형태를 가지고 있다. 여기에서 $p(x)$와 $q(x)$는 다항식으로서 p와 q의 차수의 합은 N이다.

모든 다항식은 유리함수이므로($q(x) \equiv 1$인 경우), 유리함수에 의한 근사오차의 한계는 다항식에 의한 근사보다 크지 않게 된다. 그러나 분모와 분자의 차수가 같거나 비슷한 유리함수는 다항식에 의한 근사보다 같은 양의 계산으로 우수한 결과를 얻을 수 있다. 유리함수의 또 다른 장점은 근사구간부분에서 무한대의 불연속을 갖는 함수를 효율적으로 근사할 수 있다는 것이다. 일반적으로 다항식근사는 이런 경우에 사용할 수 없다.

Pad*é* 근사 (Pad*é* Approximation)

r을 영을 포함한 폐구간 I에서 정의된 함수 f를 근사하는데에 사용할

$$r(x) = \frac{p(x)}{q(x)} = \frac{p_0 + p_1 x + \cdots + p_n x^n}{q_0 + q_1 x + \cdots + q_m x^m}$$

형태의 $N = n + m$차 유리함수라고 하자. r이 0에서 정의되려면 $q_0 \neq 0$이어야 한다. 실제로 $q_0 = 1$로 가정할 수 있다. 만일 이것이 만족되지 않으면 단순히 $p(x)$를 $p(x)/q_0$로, $q(x)$를 $q(x)/q_0$로 치환하면 된다. 결과적으로, r에 의한 f의 근사에 $N+1$개의 매개변수 $q_1, q_2, \ldots, q_m, p_0, p_1, \ldots, p_n$을 사용할 수 있다.

Pad*é* 근사법은 각 $k = 0, 1, \ldots, N$에 대하여 $f^{(k)}(0) = r^{(k)}(0)$이 되도록 $N+1$개의 매개변수를 선택한다. Pad*é* 근사는 Taylor 다항식근사를 유리함수로 확장시킨 것이다. 실제로, $n = N$, $m = 0$이면, Pad*é* 근사는 0을 중심으로 전개한 N차 Taylor 다항식 즉, N차 Maclaurin 다항식이 된다.

$f(x)$와 $r(x)$의 차이

$$f(x) - r(x) = f(x) - \frac{p(x)}{q(x)} = \frac{f(x)q(x) - p(x)}{q(x)} = \frac{f(x)\sum_{i=0}^{m} q_i x^i - \sum_{i=0}^{n} p_i x^i}{q(x)}$$

를 살펴보자. 그리고 f는 Maclaurin 급수 전개 $f(x) = \sum_{i=1}^{\infty} a_i x^i$를 가지고 있다고 가정한다. 그러면

$$f(x) - r(x) = \frac{\sum_{i=0}^{\infty} a_i x^i \sum_{i=0}^{m} q_i x^i - \sum_{i=0}^{n} p_i x^i}{q(x)}$$

가 된다. 이제, 각 $k = 0, 1, \ldots, N$에 대하여

$$f^{(k)}(0) - r^{(k)}(0) = 0, \quad (k = 0, 1, \ldots, N) \tag{8.2}$$

을 만족하는 상수 $q_1, q_2, \cdots, q_m$과 $p_0, p_1, p_2, \cdots, p_n$을 찾아야 한다. 이는 $f - r$이 0에서 $N+1$개의 영을 갖는 것과 같다. 그러므로 식 (8.3)의 우변에 있는 분자

$$(a_0 + a_1 x + \cdots)(1 + q_1 x + \cdots + q_m x^m) - (p_0 + p_1 x + \cdots + p_n x^n)$$

가 N차 이하의 항을 갖지 않도록 $q_1, q_2, \cdots, q_m$과 $p_0, p_1, p_2, \cdots, p)n$을 선택한다.

합의 간단한 표지를 위해, $p_{n+1}=p_{n+2}=\cdots=p_N=0$, $q_{m+1}=q_{m+2}=\cdots=q_N=0$이라고 정의하자. 그러면 x^k의 계수는

$$\left(\sum_{i=0}^{k} a_i q_{k-i}\right) - p_k$$

가 되고, Padé 근사에 대한 유리함수는 $N+1$개의 미지수 $q_1, q_2, \cdots, q_m, p_0, p_1, p_2, \cdots, p_n$를 가지고 있는 선형방정식

$$\sum_{i=0}^{k} a_i q_{k-i} = p_k, \quad (k=0,1,\cdots,N)$$

의 해로부터 얻을 수 있다.

Padé 근사법은 프로그램 PADEMD81을 사용하여 구현할 수 있다.

예제 8.5.1

$$e^{-x} = \sum_{i=0}^{\infty} \frac{(-1)^i}{i!} x^i$$

에 대한 $n=3$, $m=2$인 오차 Padé 근사는 다음 식

$$\left(1 - x + \frac{x^2}{2} - \frac{x^3}{6} + \cdots\right)(1 + q_1 x + q_2 x^2) - (p_0 + p_1 x + p_2 x^2 + p_3 x^3)$$

의 $k=0, 1, \cdots, 5$에 대한 x^k의 계수가 0이 되도록 $p_0, p_1, p_2, p_3, q_1, q_2$를 선택하여 구한다.

풀이 위 식을 전개하여 차수대로 항을 모으면

$$\begin{array}{llll} x^5: & -\frac{1}{120}+\frac{1}{24}q_1-\frac{1}{6}q_2=0; & x^2: & \frac{1}{2}-q_1+q_2 \quad = p_2; \\ x^4: & \frac{1}{24}-\frac{1}{6}q_1+\frac{1}{2}q_2=0; & x^1: & -1+q_1 \quad = p_1; \\ x^3: & -\frac{1}{6}+\frac{1}{2}q_1-q_2 \ = p_3; & x^0: & 1 \quad = p_0. \end{array}$$

을 얻는다. MATLAB을 이용해 다른 계수들을 결정하기 위하여 다음과 같이 A와 b를 정의하자.

```
A = [1 0 -1 0 0; -1 1 0 -1 0; 0.5 -1 0 0 1; -1/6 0.5 0 0 0;
    1/24 -1/6 0 0 0]
b = [1; -1/2; 1/6; -1/24; 1/120]
```

그리고 `linsolve` 명령을 적용하면

```
linsolve(A,b)
```

다음과 같은 결과를 얻을 수 있다.

$$\begin{aligned} ans = & 0.400000000000000 \\ & 0.050000000000000 \\ & -0.600000000000000 \\ & 0.150000000000000 \\ & 0.016666666666667 \end{aligned}$$

이 값들을 분수로 나타내면 각각 다음과 같다.

$$\frac{2}{5}, \frac{1}{20}, -\frac{3}{5}, \frac{3}{20}, \quad \text{그리고} \quad -\frac{1}{60},$$

x	e^{-x}	$P_5(x)$	$\lvert e^{-x}-P_5(x)\rvert$	$r(x)$	$\lvert e^{-x}-r(x)\rvert$
0.2	0.81873075	0.81873067	8.64×10^{-8}	0.81873075	7.55×10^{-9}
0.4	0.67032005	0.67031467	5.38×10^{-6}	0.67031963	4.11×10^{-7}
0.6	0.54881164	0.54875200	5.96×10^{-5}	0.54880763	4.00×10^{-6}
0.8	0.44932896	0.44900267	3.26×10^{-4}	0.44930966	1.93×10^{-5}
1.0	0.36787944	0.36666667	1.21×10^{-3}	0.36781609	6.33×10^{-5}

표 8.4

그러므로 Padé 근사는 다음과 같다.

$$r(x)=\frac{1-\frac{3}{5}x+\frac{3}{20}x^2-\frac{1}{60}x^3}{1+\frac{2}{5}x+\frac{1}{20}x^2}$$

[표 8.4]는 $r(x)$와 오차 Maclaurin 급수 $P_5(x)$의 값을 수록하고 있다. 이 예제에서 Padé근사가 확실하게 우수하다.

■

연속분수 근사법 (Continued Fraction Approximation)

[예제 8.5.1] $P_5(x)$와 $r(x)$의 계산에 필요한 산술연산의 횟수를 계산하여 보자. $P_5(x)$를 내포된 승산(nested multiplication)으로 표현하면

$$\begin{aligned}P_5(x)=&1-x+\frac{1}{2}x^2-\frac{1}{6}x^3+\frac{1}{24}x^4-\frac{1}{120}x^5\\=&\left(\left(\left(\left(-\frac{1}{120}x+\frac{1}{24}\right)x-\frac{1}{6}\right)x+\frac{1}{2}\right)x-1\right)x+1.\end{aligned}$$

이 된다. $1,\ x,\ x^2,\ x^3,\ x^4,\ x^5$의 계수가 십진수로 표기되었다고 사정하면, 내포된 승산으로 표현된 $P_5(x)$를 계산하는 데에는 다섯 번의 승산과 다섯 번의 가/감산이 필요하다. 내포된 승산으로 $r(x)$를 표현하면

$$r(x)=\frac{\left(\left(-\frac{1}{60}+\frac{3}{20}\right)x-\frac{3}{5}\right)x+1}{\left(\frac{1}{20}x+\frac{2}{5}\right)x+1}$$

가 되어, $r(x)$를 한 번 계산하는 데에는 다섯 번의 승산과 다섯 번의 가/감산 그리고 한 번의 제산이 필요하다. 따라서, 계산향으로 보면 다항식근사가 유리하다. 그러나 $r(x)$를 연속 제산으로 다시 표현하면

$$\begin{aligned}r(x)=&\frac{1-\frac{3}{5}x+\frac{3}{20}x^2-\frac{1}{60}x^3}{1+\frac{2}{5}x+\frac{1}{20}x^2}\\=&\frac{-\frac{1}{3}x^3+3x^2-12x+20}{x^2+8x+20}\\=&-\frac{1}{3}x+\frac{17}{3}+\frac{\left(-\frac{152}{3}x-\frac{280}{3}\right)}{x^2+8x+20}\\=&-\frac{1}{3}x+\frac{17}{3}+\frac{-\frac{152}{3}}{\left(\frac{x^2+8x+20}{x+\frac{35}{19}}\right)}\end{aligned}$$

즉,

$$r(x)=-\frac{1}{3}x+\frac{17}{3}+\frac{-\frac{152}{3}}{x+\frac{117}{19}+\frac{\frac{3125}{361}}{\left(x+\frac{35}{19}\right)}}$$

가 된다. 이 형태로 표현하면 $r(x)$를 한 번 계산하는 데에 한 번의 승산, 다섯 번의 가/감산, 두 번의 제산의 필요하다. 만일 승산과 제산에 필요한 계산량이 대략 같다고 하면, $P_5(x)$의 값을 구하는 데에 필요한 계산량은 $r(x)$의 값을

구하는 데에 필요한 계산량보다 훨씬 많다. 이런 형태로 유리함수의 근가를 표현하는 것을 연속분수근사(continued fraction approximation)라고 한다. 이는 표현의 계산효율 때문에 많이 사용되고 있는 고전적인 근사법이다. 그러나 이는 특수화된 기법의 하나로 여기에서는 더 이상 다루지 않기로 한다.

[예제 8.5.1]의 유리함수 근사가 같은 차수의 다항식근사보다 더 우수한 결과를 얻었지만, 유리함수 근사의 정확도는 경우에 따라 많이 변화한다. 0.2에서의 근사는 8×10^{-9} 이내의 정확도를 갖지만, 1.0에서의 근사과 실젯값은 겨우 7×10^{-5} 이내에서 일치한다. 이렇게 정확도가 변하하는 것은 Padé 근사가 e^{-x}의 Taylor 전개에 기초한 것이므로 예상된 결과이다. Taylor 전개로 표현하면 $[0.2, 1.0]$에서 정확도가 크게 변한다.

보다 균일한 정확도를 갖는 근사를 위해서는 좀 더 균일한 행동을 보이는 부류인 Chebyshev 다항식을 이용한다. 일반적인 Chebyshev 유리함수 근사법은 Padé 근사에서 x^k의 항이 k차 Chebyshev 다항식이 T_k로 대치되는 것을 제외하고는 Padé 근사와 같은 방식으로 수행된다. 이 방법에 대한 소개 및 좀 더 자세한 내용을 원하는 독자는 Burden과 Faires[BF]의 533 – 537쪽을 참조하기 바란다.

8.5 연습문제

1. 구간 $[-\pi, \pi]$에서 $f(x) = x^2$에 대한 연속 최소자승 삼각다항식 $S_2(x)$를 구하라.

2. $f(x) = e^{2x}$에 대한 모든 이차 Padé 근사를 구하라. $i = 1, 2, 3, 4, 5$에 대하여, $x_i = 0.2i$에서의 결과를 실젯값 $f(x_i)$와 비교하라.

3. $f(x) = x\ln(x+1)$에 대한 모든 삼차 Padé 근사를 구하라. $i = 1, 2, 3, 4, 5$에 대하여, $x_i = 0.2i$에서의 결과를 실젯값 $f(x_i)$와 비교하라.

4. 다음 유리함수를 연속분수형태로 표현하라.
   a. $\dfrac{x^2+3x+2}{x^2-x+1}$
   b. $\dfrac{4x^2+3x-7}{2x^3+x^2-x+5}$
   c. $\dfrac{2x^3-3x^2+4x-5}{x^2+2x+4}$
   d. $\dfrac{2x^3+x^2-x+3}{3x^3+2x^2-x+1}$

5. 수학 라이브러리에 포함시킬 목적으로 $f(x) = e^x$를 정확히 근사시키기 위하여 먼저 이들의 영역을 제한하자. 주어진 실수 x를 $\ln\sqrt{10}$으로 나누면 다음과 같은 관계식을 얻는다.

$$x = M\ln\sqrt{10} + s \quad (M\text{은 정수, } s\text{는 } |s| \le \frac{1}{2}\ln\sqrt{10}\text{을 만족하는 실수})$$

   a. $e^x = e^s 10^{M/2}$임을 보여라.
   b. $n = m = 3$를 사용하여 e^x에 대한 유리함수근사를 구하라. $0 \le |s| \le \frac{1}{2}\ln\sqrt{10}$일 때 오차를 추정하라.
   c. a와 b 그리고

$$\frac{1}{\ln\sqrt{10}} = 0.8685889638, \qquad \sqrt{10} = 3.162277660$$

   을 이용하여 e^x의 구현을 설계하라.

8.6 삼각다항식근사

삼각 함수는 주기성을 갖는 함수를 근사시키는 데에 사용된다. 주기성을 갖는 함수란 모든 x에 대하여 $f(x+T)=f(x)$을 만족하는 상수 T가 존재하는 함수를 말한다. 일반적으로 $T=2\pi$가 되도록 주어진 문제를 변환시켜 근사를 구간 $[-\pi,\pi]$로 한정시킬 수 있다.

각 양의 정수 n에 대하여, n차 이하의 삼각다항식의 집합 T_n은 $\{\phi_0,\phi_1,\ldots,\phi_{2n-1}\}$의 모든 선형 조합의 집합이다. 여기에서,

$$\begin{aligned} \phi_0(x) &= \frac{1}{2}, \\ \phi_k(x) &= \cos kx, && k=1,2,\ldots,n, \\ \phi_{n+k}(x) &= \sin kx, && k=1,2,\ldots,n-1. \end{aligned}$$

이다. ($\phi_{2n}(x)=(1/\sqrt{\pi})\sin nx$를 이 집합에 포함시키는 책도 있다.)

집합 $\{\phi_0,\phi_1,\ldots,\phi_{2n-1}\}$은 구간 $[-\pi,\pi]$상에서 가중치 함수 $w(x)\equiv 1$에 대하여 정규 직교한다. 예로 $k\neq j$이라면

$$\int_{-\pi}^{\pi}\phi_{n+k}(x)\phi_j(x)dx=\int_{-\pi}^{\pi}\sin kx\cos jx dx.$$

가 된다. 삼각항등식

$$\sin kx\cos jx=\frac{1}{2}\sin(k+j)x+\frac{1}{2}\sin(k-j)x$$

를 이용하면 $\cos(k+j)\pi=\cos(k+j)(-\pi)$, $\cos(k-j)(-\pi)$이므로

$$\begin{aligned} \int_{-\pi}^{\pi}\phi_{n+k}(x)\phi_j(x)dx &= \frac{1}{2}\int_{-\pi}^{\pi}(\sin(k+j)x+\sin(k-j)x)dx \\ &= \frac{1}{2}\left[\frac{-\cos(k+j)x}{k+j}-\frac{\cos(k-j)x}{k-j}\right]_{-\pi}^{\pi} \end{aligned}$$

을 얻는다. cos 함수는 우함수이므로,

$$\cos(k+j)\pi=\cos(k+j)(-\pi),\qquad \cos(k-j)\pi=\cos(k-j)(-\pi),$$

이고

$$\int_{-\pi}^{\pi}\phi_{n+k}(x)\phi_j(x)dx=0.$$

이다. 이는 $k=j>0$을 만족하므로,

$$\int_{-\pi}^{\pi}\sin jx\cos jx dx=\left[\frac{1}{2j}(\sin jx)^2\right]_{-\pi}^{\pi}=0.$$

$\{\phi_0,\phi_1,\ldots,\phi_{2n-1}\}$로부터 다른 가능성에 대한 직교성을 보이는 것 또한 유사한 방법을 사용할 수 있는데, 다음의 삼각항등식

$$\begin{aligned} \sin jx\cos kx &= \frac{1}{2}(\sin(j+k)x+\sin(j-k)x), \\ \sin jx\sin kx &= \frac{1}{2}(\cos(j-k)x-\cos(j+k)x), \\ \cos jx\cos kx &= \frac{1}{2}(\cos(j+k)x+\cos(j-k)x). \end{aligned} \tag{8.3}$$

중에서 적절한 것을 사용하여 곱을 합으로 변환시킨다.

직교삼각다항식 (Orthogonal Trigonometric Polynomials)

$f \in C[-\pi, \pi]$가 주어지면, T_n의 함수에 의한 연속 최소자승 근사는

$$S_n(x) = \frac{a_0}{2} + a_n \cos nx + \sum_{k=1}^{n-1}(a_k \cos kx + b_k \sin kx).$$

로 정의된다. 여기에서 집합 $\{\phi_0, \phi_1, \ldots, \phi 2n-1\}$은 구간 $[-\pi, \pi]$상에서 가중치 함수 $w(x) \equiv 1$에 대하여 정규 직교하므로, 8.3에 필요한 적절한 계수는 다음과 같다.

$$a_k = \frac{\int_{-\pi}^{\pi} f(x)\cos kx dx}{\int_{-\pi}^{\pi} (\cos kx)^2 dx} = \frac{1}{\pi}\int_{-\pi}^{\pi} f(x)\cos kx dx, \quad k = 0, 1, 2, \ldots, n, \tag{8.4}$$

이고

$$b_k = \frac{\int_{-\pi}^{\pi} f(x)\sin kx dx}{\int_{-\pi}^{\pi} (\sin kx)^2 dx} = \frac{1}{\pi}\int_{-\pi}^{\pi} f(x)\sin kx dx, \quad k = 1, 2, \ldots, n-1. \tag{8.5}$$

이다. $n \to \infty$일 때, S_n의 극한값을 $f(x)$의 푸리에(Fourier) 급수라고 한다. 푸리에 급수는 물리 문제에서 발생하는 여러 가지 상미분방정식이나 편미분방정식의 해를 표현하는 데에 사용된다.

예제 8.6.1 T_n으로부터

$$f(x) = |x|, \quad -\pi < x < \pi.$$

를 근사시키는 삼각다항식을 구하라.

풀이 먼저 계수를 찾아야 한다. $k = 1, 2, \ldots, n$에 대하여

$$\begin{aligned} a_0 &= \frac{1}{\pi}\int_{-\pi}^{\pi} |x| dx = -\frac{1}{\pi}\int_{-\pi}^{0} x dx + \frac{1}{\pi}\int_{0}^{\pi} x dx = \frac{2}{\pi}\int_{0}^{\pi} x dx = \pi, \\ a_k &= \frac{1}{\pi}\int_{-\pi}^{\pi} |x| \cos kx dx = \frac{2}{\pi}\int_{0}^{\pi} x \cos kx dx = \frac{2}{\pi k^2}\left[(-1)^k - 1\right], \end{aligned}$$

이고

$$b_k = \frac{1}{\pi}\int_{-\pi}^{\pi} |x| \sin kx dx = 0, \quad k = 1, 2, \ldots, n-1.$$

b_k들은 $g(x) = |x| \sin kx$이 기함수(odd function)이므로 $[-a, a]$ 범위에서 0이다. 그러므로 f를 근사시키는 T_n으로부터의 삼각다항식은

$$S_n(x) = \frac{\pi}{2} + \frac{2}{\pi}\sum_{k=1}^{n} \frac{(-1)^k - 1}{k^2} \cos kx.$$

[그림 8.9]은 $f(x) = |x|$에 대한 처음 몇 개의 삼각다항식을 보이고 있다. ■

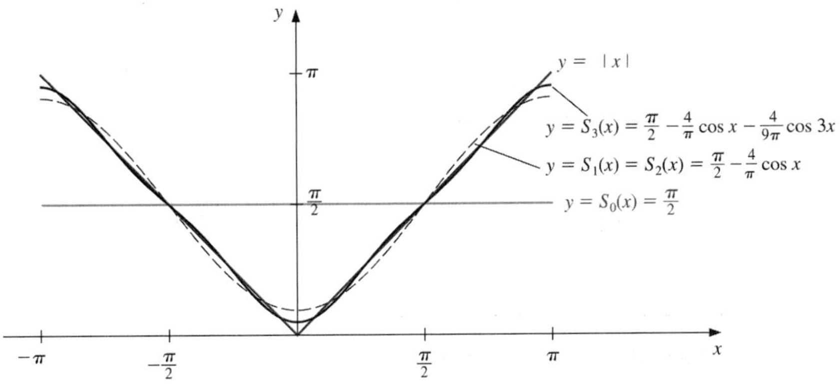

그림 8.9

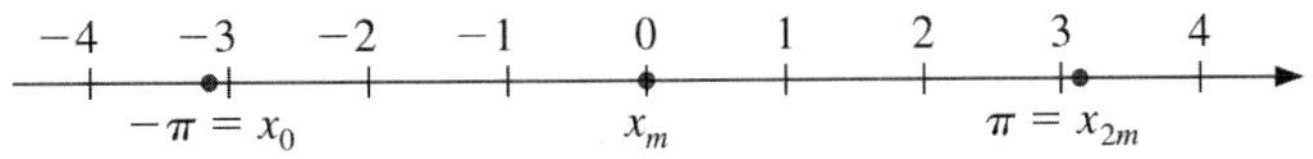

그림 8.10

이산삼각다항식 (Disretel Trigonometric Polynomials)

등간격 점에서의 데이터가 주어졌을 때, 많은 양의 데이터에 대한 최소자승 근사와 보간을 구하는 데에 유용한 이산 푸리에 급수가 있다. $2m$ 개의 데이터 쌍 $\{(x_j, y_j)\}_{j=0}^{2m-1}$ 이 주어졌다고 하자. 여기에서 x_j 는 폐구간을 등간격으로 분할한다. [그림 8.10] 처럼 구간은 $[-\pi, \pi]$ 이고

$$x_j = -\pi + \left(\frac{j}{m}\right)\pi \quad j = 0, 1, \ldots, 2m-1$$

라고 하자. 만일 이렇게 할 수 없는 경우에는 선형변환을 사용하여 데이터를 이러한 형태로 변환시킨다.

삼각다항식근사의 목표는

$$E(S_n) = \sum_{j=0}^{2m-1} (y_j - S_n(x_j))^2.$$

를 최소화시키는 T_n 의 삼각다항식 $S_n(x)$ 를 결정하는 것이다. 즉, 전체오차

$$E(S_n) = \sum_{j=0}^{2m-1} \left[y_j - \left(\frac{a_0}{2} + a_n \cos nx_j + \sum_{k=1}^{n-1} (a_k \cos kx_j + b_k \sin kx_j) \right) \right]^2.$$

가 최소가 되도록 상수 $a_0, a_1, \ldots, a_n$ 과 $b_1, b_2, \ldots, b_{n-1}$ 을 구해야 한다.

구간 $[-\pi, \pi]$ 에서 등간격점 $\{x_j\}_{j=0}^{2m-1}$ 상의 합에 대하여 이 집합이 직교한다는 사실을 사용하여 이 상들을 간단히 구할 수 있다. 즉, $k \neq l$ 이면

$$\sum_{j=0}^{2m-1} \phi_k(x_j)\phi_l(x_j) = 0.$$

임을 이용하여 상수를 구한다. 직교성은 r, m 이 $r < 2m$ 인 양수이면

$$\sum_{j=0}^{2m-1} \cos rx_j = 0, \qquad \sum_{j=0}^{2m-1} \sin rx_j = 0.$$

이 성립한다는 사실로부터 증명할 수 있다(Burden과 Faires [BF]에 증명이 나와 있다.)
합계

$$S_n(x) = \frac{a_0}{2} + a_n \cos nx + \sum_{k=1}^{n-1}(a_k \cos kx + b_k \sin kx),$$

$k = 0, 1, \ldots, n$에 대한 a_k와 $k = 1, 2, \ldots, n-1$에 대한 b_k를 구하려면 a_k와 b_k에 관한 E의 편미분을 0으로 놓음으로써 최소자승의 합

$$E(A_0, \ldots, a_n, b_1, \ldots, b_{n-1}) = \sum_{j=0}^{2m-1} (y_j - S_n(x_j))^2$$

를 최소화시켜야 한다. 이는 곧

$$\begin{aligned} a_k &= \frac{1}{m}\sum_{j=0}^{2m-1} y_j \cos kx_j, \quad k = 0, 1, \ldots, n, \\ b_k &= \frac{1}{m}\sum_{j=0}^{2m-1} y_j \sin kx_j, \quad k = 1, 2, \ldots, n-1. \end{aligned}$$

임을 의미한다.

예제 8.6.2 구간 $[-\pi, \pi]$에서 $f(x) = 2x^2 - 9$에 대한 이차이산최소자승삼각다항식 $S_2(x)$를 구하라.

풀이 $m = 2(2) - 1 = 3$이므로 노드들은

$$x_j = \pi + \frac{j}{m}\pi, \quad y_j = f(x_j) = 2x_j^2 - 9, \quad j = 0, 1, 2, 3, 4, 5.$$

삼각 다항식은

$$S_2(x) = \frac{1}{2}a_0 + a_2 \cos 2x + (a_1 \cos x + b_1 \sin x),$$

이고

$$\begin{aligned} a_k &= \frac{1}{3}\sum_{j=0}^{5} y_j \cos kx_j, \quad k = 0, 1, 2, \\ b_1 &= \sum_{j=0}^{5} y_j \sin x_j. \end{aligned}$$

여기에서 계수들은

$$\begin{aligned} a_0 &= \frac{1}{3}\left(f(-\pi) + f\left(-\frac{2\pi}{3}\right) + f\left(-\frac{\pi}{3}\right) + f(0) + f\left(\frac{\pi}{3}\right) + f\left(\frac{2\pi}{3}\right)\right) = -4.10944566, \\ a_1 &= \frac{1}{3}\left(f(-\pi)\cos(-\pi) + f\left(-\frac{2\pi}{3}\right)\cos\left(-\frac{2\pi}{3}\right) + f\left(-\frac{\pi}{3}\right)\cos\left(-\frac{\pi}{3}\right)\right. \\ &+ \left. f(0)\cos 0 + f\left(\frac{\pi}{3}\right)\cos\left(\frac{\pi}{3}\right) + f\left(\frac{2\pi}{3}\right)\cos\left(\frac{2\pi}{3}\right)\right) = -8.77298169, \\ a_2 &= \frac{1}{3}\left(f(-\pi)\cos(-2\pi) + f\left(-\frac{2\pi}{3}\right)\cos\left(-\frac{4\pi}{3}\right) + f\left(-\frac{\pi}{3}\right)\cos\left(-\frac{2\pi}{3}\right)\right. \\ &+ \left. f(0)\cos 0 + f\left(\frac{\pi}{3}\right)\cos\left(\frac{2\pi}{3}\right) + f\left(\frac{2\pi}{3}\right)\cos\left(\frac{4\pi}{3}\right)\right) = 2.92432723, \end{aligned}$$

$$\begin{aligned} b_1 &= \frac{1}{3}\left(f(-\pi)\sin(-\pi) + f\left(-\frac{2\pi}{3}\right)\sin\left(-\frac{\pi}{3}\right) + f\left(-\frac{\pi}{3}\right)\left(-\frac{\pi}{3}\right) + f(0)\sin 0\right. \\ &+ \left. f\left(\frac{\pi}{3}\right)\left(\frac{\pi}{3}\right) + f\left(\frac{2\pi}{3}\right)\left(\frac{2\pi}{3}\right)\right) = 0. \end{aligned}$$

이다. 그러므로

$$S_2(x) = \frac{1}{2}(-4.10944562) - 8.77298169\cos x + 2.92432723\cos 2x.$$

[그림 8.11]은 $f(x)$와 이산최소자승삼각다항식 $S_2(x)$을 보여준다.

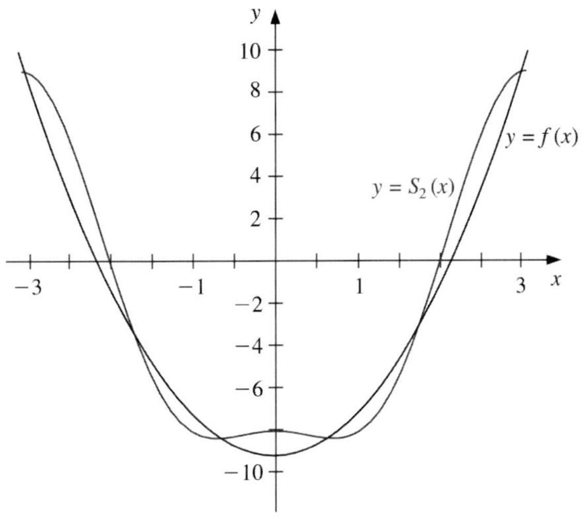

그림 8.11

8.6 연습문제

1. 다음 식에 대한 연속최소자승삼각다항식 $S_n(x)$를 구하라.

$$f(x) = \begin{cases} 0 & \text{if } \pi < x \le 0, \\ 1 & \text{if } 0 < x < \pi \end{cases}$$

2. 주어진 m, n값을 사용하여 다음 함수들에 대한 구간 $[-\pi, \pi]$에서의 이산최소자승삼각다항식 $S_n(x)$를 구하라.

   a. $f(x) = \cos 2x,\ m = 4, n = 2$
   b. $f(x) = \cos 3x,\ m = 4, n = 2$
   c. $f(x) = \sin\frac{1}{2}x + 2\cos\frac{1}{3}x,\ m = 6, n = 3$
   d. $f(x) = x^2\cos x,\ m = 6, n = 3$

8.7 고속푸리에변환

$2m$ 개의 데이터 점 $\{(x_j, y_j)\}_{j=0}^{2m-1}$ 상에서의 보간삼각다항식은 이 데이터 점들에 대한 T_m 으로부터의 최소자승 다항식이다. $n < m$ 일 때 최소자승삼각다항식은

$$S_n(x) = \frac{a_0}{2} + a_n \cos nx + \sum_{k=1}^{n-1}(a_k \cos kx + b_k \sin kx)$$

임을 보았다. 여기에서

$$a_k = \frac{1}{m}\sum_{j=0}^{2m-1} y_j \cos kx_j \qquad (k = 0, 1, \ldots, n)$$

$$b_k = \frac{1}{m}\sum_{j=0}^{2m-1} y_j \sin kx_j \qquad (k = 1, 2, \ldots, n-1)$$

이다. 약간의 수정을 가하면, $n = m$ 일 때의 이 형태를 보간에 사용할 수 있다. 보간을 위하여 a_m 항을 $a_m/2$ 로 바꾸어 균형을 맞춘다. 그러면 보간다항식은

$$S_m(x) = \frac{a_0 + a_m \cos mx}{2} + \sum_{k=1}^{m-1}(a_k \cos kx + b_k \sin kx)$$

의 형태를 갖는다. 여기에서 계수 a_k 와 b_k 는 식 8.4와 식8.5에 주어졌다.

삼각다항식을 사용하여 많은 양의 등간격 데이터에 보간을 구하면 아주 정확한 결과를 얻을 수 있다. 이 기법은 디지털 필터, 안테나 필드 패턴, 양자 역학, 광학, 일부 시뮬레이션 문제 등의 분야에 적절한 근사 방법이다. 1960년대 중반까지 이 기법은 근사의 상수를 결정하는 데 필요한 산술 계산량 때문에 광범위하게 사용되지 못했다. 직접 계산 방법을 사용하면 $2m$ 개의 데이터 점에 대한 보간은 대략 $(2m)^2$ 번의 곱셈과 $(2m)^2$ 번의 덧셈이 필요하다. 삼각함수보간을 필요로 하는 분야에서 수천 개의 데이터 점에 대한 근사는 흔히 나타난다. 따라서, 직접적인 방법으로 상수들을 구하려면 수 백만 번의 곱셈과 덧셈이 필요하다. 이렇게 많은 계산은 계산 시간이 많이 걸리므로 현실적으로 불가능하고, 근사의 반올림오차도 아주 커진다.

1965년 Cooley와 Tucky[CT]는 보간삼각다항식의 상수를 계산하는 다른 방법을 제안하였다. 이 방법은 m 을 적절히 선택하면 $O(m \log_2 m)$ 의 곱셈과 $O(m \log_2 m)$ 의 덧셈으로 상수를 계산할 수 있다. 수천 개의 데이터 점을 갖는 문제에 이 방법을 적용하면 수백만 번의 계산이 수천 번의 계산으로 줄어든다. 이 방법은 실제로 Cooley와 Tucky의 논문이 발표되기 수년 전에 발견되었는데 대부분의 연구가들이 이를 간과하고 있었다.(Brigham[Brigh. pp. 8-9]은 이 방법의 역사에 대하여 간결하지만 재미있는 요약을 설명하고 있다.)

Cooley와 Tucky의 방법은 일반적으로 고속푸리에변환(FFT: fast fourier transformation) 알고리즘으로 알려져 있으며, 보간 삼각 다항식의 사용에 혁명을 일으켰다. 이 방법은 사용되는 데이터 점의 개수가 쉽게 나누어질 수 있게 2의 거듭제곱이 되도록 문제를 구성한다.

데이터 점의 개수 2m과 고속푸리에변환에 사용된 삼각다항식의 차수와의 관계를 이용하여 몇 가지 표기를 단순화시킬 수 있다. 2m개의 노드는 $j = 0, 1, \ldots, 2m-1$ 에 대하여

$$x_j = -\pi + \left(\frac{j}{m}\right)\pi, \qquad (j = 0, 1, \ldots, 2m-1)$$

으로 주어지고, 계수는 $k = 0, 1, \ldots, m$ 에 대하여

$$a_k = \frac{1}{m}\sum_{j=0}^{2m-1} y_j \cos kx_j, \qquad b_k = \frac{1}{m}\sum_{j=0}^{2m-1} y_j \sin kx_j$$

로 주어진다. 표기의 편의 상 b_0와 b_m을 표기에 추가시켰지만 이들의 값은 0으로 결과에 영향을 미치지 않는다.

고속푸리에변환은 a_k, b_k를 직접 계산하지 않고, 공식

$$F(x) = \frac{1}{m}\sum_{k=0}^{2m-1} c_k e^{ikx}$$

의 복소 계수 c_k를 계산한다. 여기에서

$$c_k = \sum_{j=0}^{2m-1} y_j e^{\pi ijk/m}$$

이다.

일단 c_k가 결정되면, a_k와 b_k를 환산할 수 잇다, 이 환산에는 Euler 공식을 사용하는데, Euler 공식이란 모든 실수 z에 대하여

$$e^{iz} = \cos z + i\sin z$$

임을 말한다. 여기에서 복소수 i는 $i^2 = -1$을 만족한다. 그러면 각 $k = 0, 1, \ldots, m$에 대하여

$$x_j = -\pi + \left(\frac{j}{m}\right)\pi$$

가 되므로

$$\frac{1}{m}c_k e^{-i\pi k} = a_k + ib_k$$

가 된다. 고속푸리에변환의 연산 횟수가 줄어드는 것은 계수 c_k를 한꺼번에 계산할 수 있기 때문에 가능하다. 다음 예제는 이 기법을 설명한다.

예제 8.7.1 $j = 0, 1, \ldots, 7$에 대하여 $x_j = -\pi + j\pi/4$이라 할 때, $8 = 2^3$의 데이터 점들 $\{(x_j, y_j)\}_{j=1}^{7}$ 에서의 고속푸리에변환을 고려하자. $2m = 8$ 인 경우, $m = 4 = 2^2$이다.

$S_n(x) = \frac{a_0}{2} + a_n\cos nx + \sum_{k=1}^{n-1}(a_k\cos kx + b_k\sin kx)$에 의해서

$$a_k = \frac{1}{4}\sum_{j=0}^{7} y_j\cos kx_j \text{ 와 } b_k = \frac{1}{4}\sum_{j=0}^{7} y_j\sin kx_j, \quad k = 0, 1, 2, 3, 4$$

일 때,

$$S_4(x) = \frac{a_0 + a_4\cos 4x}{2} + \sum_{k=1}^{3}(a_k\cos kx + b_k\sin kx)$$

를 갖는다. 푸리에변환을

$$c_k = \sum_{j=0}^{7} y_j e^{ik\pi j/4}, \;\; k = 0, 1, \ldots, 7$$

일 때,

$$\frac{1}{4}\sum_{j=0}^{7} c_k e^{ikx}$$

라 정의 하자. 그러면 $\frac{1}{m}c_k e^{i\pi k} = a_k + ib_k$ 에 의해서 $k = 0, 1, 2, 3, 4$ 에 대해서

$$\frac{1}{4}c_k e^{-ik\pi} = a_k + ib_k$$

이다. 직접 계산하면 복소 상수 c_k 는 다음과 같다.

$$\begin{aligned}
c_0 &= y_0 + y_1 + y_2 + y_3 + y_4 + y_5 + y_6 + y_7;\\
c_1 &= y_0 + \left(\frac{i+1}{\sqrt{2}}\right) y_1 + iy_2 + \left(\frac{i-1}{\sqrt{2}}\right) y_3 - y_4 - \left(\frac{i+1}{\sqrt{2}}\right) y_5 - iy_6 - \left(\frac{i-1}{\sqrt{2}}\right) y_7;\\
c_2 &= y_0 + iy_1 - y_2 - iy_3 + y_4 + iy_5 - y_6 - iy_7;\\
c_3 &= y_0 + \left(\frac{i-1}{\sqrt{2}}\right) y_1 - iy_2 + \left(\frac{i+1}{\sqrt{2}}\right) y_3 - y_4 - \left(\frac{i-1}{\sqrt{2}}\right) y_5 + iy_6 - \left(\frac{i+1}{\sqrt{2}}\right) y_7;\\
c_4 &= y_0 - y_1 + y_2 - y_3 + y_4 - y_5 + y_6 - y_7;\\
c_5 &= y_0 - \left(\frac{i+1}{\sqrt{2}}\right) y_1 + iy_2 - \left(\frac{i-1}{\sqrt{2}}\right) y_3 - y_4 + \left(\frac{i+1}{\sqrt{2}}\right) y_5 - iy_6 + \left(\frac{i-1}{\sqrt{2}}\right) y_7;\\
c_6 &= y_0 - iy_1 - y_2 + iy_3 + y_4 - iy_5 - y_6 + iy_7;\\
c_7 &= y_0 - \left(\frac{i-1}{\sqrt{2}}\right) y_1 - iy_2 - \left(\frac{i+1}{\sqrt{2}}\right) y_3 - y_4 + \left(\frac{i-1}{\sqrt{2}}\right) y_5 + iy_6 + \left(\frac{i+1}{\sqrt{2}}\right) y_7.
\end{aligned}$$

데이터 점들의 집합의 크기가 작으므로, 이 방정식에서 많은 y_j 의 계수들이 1 또는 -1 이다. 이런 빈도는 큰 집합에 대한 적용에서는 줄어들 것이다. 그러므로 이 예에서는 필요하지 않을지라도, 연산의 횟수를 정확히 세기 위해서는 1또는 -1 을 곱셈을 포함해야 한다. 이러한 이해 안에서, 각각의 방정식에 대한 직접계산은 8번의 곱셈과 7번의 덧셈/뺄셈을 필요로 한다. 즉, $c_0, c_1, \ldots, c_7$ 을 구하기 위해서는 전부 64번의 곱셈과 56 덧셈/뺄셈이 필요하다.

고속푸리에변환과정을 적용하기 위해, 우선

$$\begin{aligned}
d_0 &= \tfrac{c_0+c_4}{2} = y_0 + y_2 + y_4 + y_6; & d_4 &= \tfrac{c_2+c_6}{2} = y_0 - y_2 + y_4 - y_6;\\
d_1 &= \tfrac{c_0-c_4}{2} = y_1 + y_3 + y_5 + y_7; & d_5 &= \tfrac{c_2-c_6}{2} = i(y_1 - y_3 + y_5 - y_7);\\
d_2 &= \tfrac{c_1+c_5}{2} = y_0 + iy_2 - y_4 - iy_6; & d_6 &= \tfrac{c_3+c_7}{2} = y_0 - iy_2 - y_4 + iy_6;\\
d_3 &= \tfrac{c_1-c_5}{2} & d_7 &= \tfrac{c_3-c_7}{2}\\
&= \left(\tfrac{i+1}{\sqrt{2}}\right)(y_1 + iy_3 - y_5 - iy_7); & &= \left(\tfrac{i-1}{\sqrt{2}}\right)(y_1 - iy_3 - y_5 + iy_7).
\end{aligned}$$

를 정의한다. 그리고

$$\begin{aligned}
e_0 &= \tfrac{d_0+d_4}{2} = y_0 + y_4; & e_4 &= \tfrac{d_2+d_6}{2} = y_0 - y_4;\\
e_1 &= \tfrac{d_0-d_4}{2} = y_2 + y_6; & e_5 &= \tfrac{d_2-d_6}{2} = i(y_2 - y_6);\\
e_2 &= \tfrac{id_1+d_5}{2} = i(y_1 + y_5); & e_6 &= \tfrac{id_3+d_7}{2} = \left(\tfrac{i-1}{\sqrt{2}}\right)(y_1 - y_5);\\
e_3 &= \tfrac{id_1-d_5}{2} = i(y_3 + y_7); & e_7 &= \tfrac{id_3-d_7}{2} = i\left(\tfrac{i-1}{\sqrt{2}}\right)(y_3 - y_7).
\end{aligned}$$

를 정의하고 마지막으로,

$$\begin{aligned}
f_0 &= \tfrac{e_0+e_4}{2} = y_0; & f_4 &= \tfrac{((i+1)/\sqrt{2})e_2+e_6}{2} = \left(\tfrac{i-1}{\sqrt{2}}\right) y_1;\\
f_1 &= \tfrac{e_0-e_4}{2} = y_4; & f_5 &= \tfrac{((i+1)/\sqrt{2})e_2-e_6}{2} = \left(\tfrac{i-1}{\sqrt{2}}\right) y_5;\\
f_2 &= \tfrac{ie_1+e_5}{2} = iy_2; & f_6 &= \tfrac{((i-1)/\sqrt{2})e_3+e_7}{2} = \left(\tfrac{-i-1}{\sqrt{2}}\right) y_3;\\
f_3 &= \tfrac{ie_1-e_5}{2} = iy_6; & f_7 &= \tfrac{((i-1)/\sqrt{2})e_3-e_7}{2} = \left(\tfrac{-i-1}{\sqrt{2}}\right) y_7.
\end{aligned}$$

각 $c_0, \ldots, c_7$, $d_0, \ldots, d_7$, $e_0, \ldots, e_7$, $f_0, \ldots, f_7$ 을 계산하기 위해 필요한 상수들은 각 데이터 점들에서 독립적으로 존재한다. 이 점들은 $m = 4$ 라는 사실에만 의존한다. 각 m 에 대한 유일한 상수 집합 $\{c_k\}_{k=0}^{2m-1}$, $\{d_k\}_{k=0}^{2m-1}$,

$\{e_k\}_{k=0}^{2m-1}$, $\{f_k\}_{k=0}^{2m-1}$ 이 존재한다. 이 과정에서 다른 특별한 적용은 필요하지 않고 다음의 계산들만이 요구된다. f_k는:

$$\begin{aligned} f_0 &= y_0; \quad f_1 = y_4; \quad f_2 = iy_2; \quad f_3 = iy_6; \\ f_4 &= \left(\frac{i-1}{\sqrt{2}}\right) y_1; \ f_5 = \left(\frac{i-1}{\sqrt{2}}\right) y_5; \ f_6 = -\left(\frac{i+1}{\sqrt{2}}\right) y_3; \ f_7 = -\left(\frac{i+1}{\sqrt{2}}\right) y_7. \end{aligned}$$

일단 f_k를 알면, e_k를 구할 수 있다.

$$\begin{aligned} e_0 &= f_0 + f_1; \quad e_1 = -i(f_2 + f_3); \quad e_2 = -\left(\frac{i-1}{\sqrt{2}}\right)(f_4 + f_5); \\ e_3 &= -\left(\frac{i+1}{\sqrt{2}}\right)(f_6 + f_7); \quad e_4 = f_0 - f_1; \\ e_5 &= f_2 - f_3; \quad e_6 = f_4 - f_5, \quad e_7 = f_6 - f_7. \end{aligned}$$

그러면 d_k도 구할 수 있다.

$$\begin{aligned} d_0 &= e_0 + e_1; \quad d_1 = -i(e_2 + e_3); \quad d_2 = e_4 + e_5; \quad d_3 = -i(e_6 + e_7); \\ d_4 &= e_0 - e_1; \quad d_5 = e_2 - e_3; \quad d_6 = e_4 - e_5; \quad d_7 = e_6 - e_7. \end{aligned}$$

마지막으로 c_k를 구하면

$$\begin{aligned} c_0 &= d_0 + d_1; \quad c_1 = d_2 + d_3; \quad c_2 = d_4 + d_5; \quad c_3 = d_6 + d_7; \\ c_4 &= d_0 - d_1; \quad c_5 = d_2 - d_3; \quad c_6 = d_4 - d_5; \quad c_7 = d_6 - d_7. \end{aligned}$$

이다.

이런 방법으로 상수 $c_0, c_1, \ldots, c_7$을 계산하면 연산 횟수는 [표 8.5]에 나와 있다. 실제로 계산에 필요하지 않을지라도, 1 또는 -1을 곱셈하는 횟수가 포함되어 있음에 주의하라.

c_k를 구할 때 곱셈/나눗셈이 없는 것은 어떤 m에 대하여 상수 $\{c_k\}_{k=0}^{2m-1}$가 $\{d_k\}_{k=0}^{2m-1}$에 의해서 같은 방법으로 계산되어 진다는 사실을 반영한다.

$$k = 0, 1, \ldots, m-1, \qquad c_k = d_{2k} + d_{2k+1}, \ c_{k+m} = d_{2k} - d_{2k+1}$$

그러므로 복잡한 곱셈이 포함되지 않는다. 상수 $c_0, c_1, \ldots, c_7$의 직접계산은 64번의 곱셈/나눗셈과 56번의 덧셈/뺄셈을 필요로 한다. 고속푸리에변환기법은 이를 24번의 곱셈/나눗셈 과 24번의 덧셈/뺄셈으로 줄여준다.

Step	Multiplications/Divisions	Addition/Subtractions
(The f_k :)	8	0
(The e_k :)	8	8
(The d_k :)	8	8
(The c_k :)	0	8
Total	24	24

표 8.5

프로그램 FFTRN82는 어떤 양의 정수 p에 대하여 $m = 2^p$일 때 고속푸리에변환을 수행한다. m이 다른 형태일 때에는 이 기법을 수정할 수 있다.

예제 8.7.2 $f(x) = 2x^2 - 9$일 때, 데이터 $\{(x_j, f(x_j))\}_{j=0}^3$에 대해서, 구간 $[-\pi, \pi]$ 위의 이차삼각다항식보간법을 구하라.

$$k = 0, 1, 2\text{에 대해서 } a_k = \frac{1}{2}\sum_{j=0}^{3} f(x_j)\cos(kx_j) \text{ 이고 } b_1 = \frac{1}{2}\sum_{j=0}^{3} f(x_j)\sin(x_j)$$

풀이

$$\begin{aligned}
a_0 &= \frac{1}{2}\left(f(-\pi) + f\left(-\frac{\pi}{2}\right) + f(0) + f\left(\frac{\pi}{2}\right)\right) = -3.19559339, \\
a_1 &= \frac{1}{2}\left(f(-\pi)\cos(-\pi) + f\left(-\frac{\pi}{2}\right)\cos\left(-\frac{\pi}{2}\right) + f(0)\cos(0) + f\left(\frac{\pi}{2}\right)\cos(\frac{\pi}{2})\right) \\
&= -9.86960441, \\
a_2 &= \frac{1}{2}\left(f(-\pi)\cos(-2\pi) + f\left(-\frac{\pi}{2}\right)\cos(-\pi) + f(0)\cos(0) + f\left(\frac{\pi}{2}\right)\cos(\pi)\right) \\
&= 4.93480220, \\
b_1 &= \frac{1}{2}\left(f(-\pi)\sin(-\pi) + f\left(-\frac{\pi}{2}\right)\sin\left(-\frac{\pi}{2}\right) + f(0)\sin(0) + f\left(\frac{\pi}{2}\right)\sin\left(\frac{\pi}{2}\right)\right) = 0.
\end{aligned}$$

이고, 그러므로

$$S_2(x) - \frac{1}{2}(-3.199559339 + 4.93480220\cos 2x - 9.86960441\cos x$$

이다. [그림 8.12]은 $f(x)$와 삼각다항보간식 $S_2(x)$를 보여준다. ■

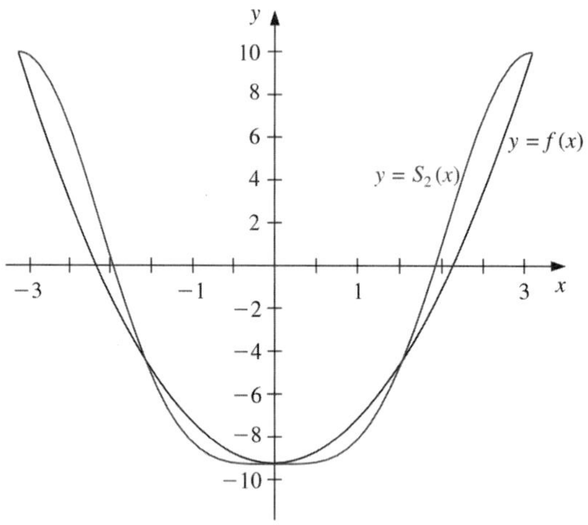

그림 8.12

8.7 연습문제

1. 구간 $[-\pi, \pi]$에서 다음 함수들에 대한 이차삼각보간다항식 $S_2(x)$를 구하고 $f(x) - S_2(x)$ 그래프를 그려라.

   a. $f(x) = \pi(x - \pi)$ b. $f(x) = x(\pi - x)$

   c. $f(x) = |x|$ d. $f(x) = \begin{cases} -1, & -\pi \le x \le 0 \\ 1, & 0 < x \le \pi \end{cases}$

2. 구간 $[-\pi, \pi]$에서 $f(x) = x(\pi - x)$에 대한 사차삼각보간다항식 $S_4(x)$를 구하라.

3. 고속푸리에변환을 사용하여 구간 $[-\pi, \pi]$에서 다음 함수들에 대한 사차삼각보간다항식을 구하라.

   a. $f(x) = \pi(x - \pi)$ b. $f(x) = |x|$

   c. $f(x) = \cos \pi x - 2 \sin \pi x$ d. $f(x) = x \cos x^2 + e^x \cos e^x$

4. a. 구간 $[0, 1]$에서 $f(x) = x^2 \sin x$에 대한 사차삼각보간다항식 $S_4(x)$를 구하라.

   b. $\int_0^1 S_4(x)dx$를 계산하라. c. b의 적분과 $\int_0^1 x^2 \sin x dx$를 비교하라

5. 연습문제 3에서 구한 근사를 사용하여 다음 적분을 근사하라. 근사 결과를 실젯값과 비교하라.

   a. $\int_{-\pi}^{\pi} \pi(x - \pi)dx$ b. $\int_{-\pi}^{\pi} |x|dx$

   c. $\int_{-\pi}^{\pi} (\cos \pi x - 2 \sin \pi x)dx$ d. $\int_{-\pi}^{\pi} (x \cos x^2 + e^x \cos e^x)dx$

6. FFTRNS82를 사용하여 구간 $[-\pi, \pi]$에서 $f(x) = x^2 \cos x$의 16차삼각보간다항식을 구하라.

제 **9** 장

고윳값의 근사

9.1 개요

고윳값과 고유벡터는 일차연립방정식의 근사해를 구하는 반복법의 수렴과 관련하여 7장에서 소개하였다. $n \times n$ 행렬 A의 고윳값을 결정하기 위해서는 다음과 같은 특성다항식을 0으로 놓고 풀어야 한다.

$$p(\lambda) = \det(A - \lambda I)$$

$n \times n$ 행렬의 행렬식을 구하는 데는 많은 계산이 소요되며, $p(\lambda)$의 근을 근사적으로 구하는 일도 어렵다. 이 장에서는 행렬의 고윳값을 근사적으로 구하는 다른 방법들에 대해 알아보기로 한다.

9.2 고윳값의 분리

7장에서 일차연립방정식의 해를 구하는 반복법은 주어진 문제와 연관된 모든 고윳값의 크기가 1보다 크면 수렴하지 않음을 알았다. 이 경우 고윳값의 크기가 정확히 얼마인지는 중요하지 않고 복소수 평면상에서 어느 영역에 위치하는지가 관건이 된다. 고윳값을 정확히 알아야 할 경우에도, 근사해를 구하는 첫 번째 단계로 고윳값이 위치한 영역을 결정하게 된다. 이 중요한 결과는 S.A.Geršgorin 에 의해 알려졌다.

정리 9.2.1 **[Geršgorin 원 정리 (Geršgorin Circle Theorem)]**

A를 $n \times n$ 행렬, R_i를 중심이 a_{ii}이고 반지름이 $\sum_{j=1, j\neq i}^{n} |a_{ij}|$인 복소수 평면상의 원이라고 하자. 즉,

$$R_i = \left\{ z \in \mathbb{C} \middle| |z - a_{ii}| \le \sum_{j=1, j\neq i}^{n} |a_{ij}| \right\}$$

여기서 $\mathbb{C}$는 복소수 평면을 나타낸다. A의 고윳값은 $R = \bigcup_{i=1}^{n} R_i$ 안에 포함된다. 또한 나머지 $(n \cdot k)$개의 원과 겹치지 않는 k개의 원의 합집합은 정확히 k개의 고윳값을 포함한다.

예제 9.2.2 다음의 행렬 A를 보자.

$$A \begin{bmatrix} 4 & 1 & 1 \\ 0 & 2 & 1 \\ -2 & 0 & 9 \end{bmatrix}$$

풀이 Geršgorin 정리에 따른 원은 다음과 같다 ([그림 9.1] 참조).

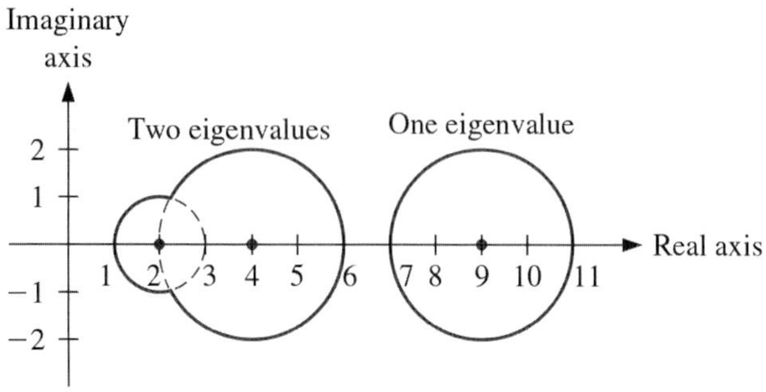

그림 9.1

$$R_1 = \left\{z \in \mathbb{C} \middle| |z-4| \le 2\right\}, \quad R_2 = \left\{z \in \mathbb{C} \middle| |z-2| \le 1\right\}, \quad R_3 = \left\{z \in \mathbb{C} \middle| |z-9| \le 2\right\}$$

R_1과 R_2는 R_3과 겹치지 않으므로, $R_1 \bigcup R_2$는 두 개, R_3는 한 개의 고윳값을 포함한다. 또한 $p(A) = \max_{1 \le i \le 3} |\lambda_i|$이므로 $7 \le p(A) \le 11$이 된다. ■

고윳값을 구할 때에도, 근사할 때 많은 기법들이 반복적이다. 초기 근사를 제공하기에, 이들이 어떤 위치에 있는지 구하는 것이 근사에 있어서 첫 번째 단계이다. 고윳값과 고유벡터에 대한 추가적인 결과들을 고려하기 전에 선형대수의 몇 가지 정의와 결과를 설명한다. 참고에 용이하도록 이 장에서 사용될 모든 선형대수를 여기에서 모두 다룬다. 주어지지 않은 많은 결과들의 증명은 연습문제에 있고, 기본적인 선형대수 교과서에서 찾을 수 있다. (예를 들어, [ND],[Poo],[DG]). 첫 번째 정의와 결과는 8장에서 함수에 대한 선형독립에 대한 정의와 유사하다. 실제로, 이 절에서 보는 많은 것들이 그 절에서 다루었던 것들과 유사하다. $\{\mathbf{x}_1, \mathbf{x}_2, \mathbf{x}_3, \ldots, \mathbf{x}_k\}$를 벡터들의 집합이라 하자. 각 $i = 0, 1, \ldots, k$에 대해서

$$\mathbf{0} = \alpha_1\mathbf{x}_1 + \alpha_2\mathbf{x}_2 + \alpha_3\mathbf{x}_3 + \cdots + \alpha_k\mathbf{x}_k$$

를 만족하는 해가 오직 $\alpha_i = 0$ 밖에 없을 때 이를 선형독립이라 한다. 그렇지 않으면 이를 선형 종속이라 한다. 영벡터를 포함하는 그 어떠한 벡터들의 집합도 선형종속임에 주의하라.

> **정리 9.2.3** **[벡터의 유일한 표현 (Unique Representation of Vectors)]**
>
> 만약 $\{\mathbf{v}^{(1)}, \mathbf{v}^{(2)}, \mathbf{v}^{(3)}, \ldots, \mathbf{v}^{(n)}, \}$이 R^n에서 일차독립인 n개의 벡터 집합이면, $\mathbf{x} \in R^n$에 속한 모든 벡터에 대해
>
> $$\mathbf{x} = \beta_1\mathbf{v}^{(1)} + \beta_2\mathbf{v}^{(2)} + \beta_3\mathbf{v}^{(3)} + \cdots + \beta_n\mathbf{v}^{(n)}$$
>
> 을 만족하는 유일한 상수의 집합 $\beta_1, \beta_2, \ldots, \beta_n$이 존재한다.

R^n에서 일차독립인 임의의 n개의 벡터의 모임을 R^n의 기저(**basis**)라고 한다.

예제 9.2.4 $\mathbf{v}^{(1)} = (1,0,0)^t, \mathbf{v}^{(2)} = (-1,1,1)^t, \mathbf{v}^{(3)} = (0,4,2)^t$ 라고 하자.

풀이 $\alpha_1, \alpha_2, \alpha_3$ 이

$$\mathbf{0} = \alpha_1\mathbf{v}^{(1)} + \alpha_2\mathbf{v}^{(2)} + \alpha_3\mathbf{v}^{(3)}$$

을 만족하는 상수라면

$$\begin{aligned}(0,0,0)^t &= \alpha_1(1,0,0)^t + \alpha_2(-1,1,1)^t + \alpha_3(0,4,2)^t \\ &= (\alpha_1 - \alpha_2, \alpha_2 + 4\alpha_3, \alpha_2 + 2\alpha_3)^t\end{aligned}$$

이므로

$$\alpha_1 - \alpha_2 = 0, \qquad \alpha_2 + 4\alpha_3 = 0, \qquad \alpha_2 + 2\alpha_3 = 0$$

이 된다. 이 방정식의 유일한 해는 $\alpha_1 = \alpha_2 = \alpha_3 = 0$ 이므로, 집합 $\{\mathbf{v}^{(1)}, \mathbf{v}^{(2)}, \mathbf{v}^{(3)}\}$ 은 R^3 에서 일차 독립이 되고, 따라서 R^3 의 기저가 된다. R^3 에서 임의의 벡터 $\mathbf{x} = (x_1, x_2, x_3)^t$ 는 다음과 같이 표현될 수 있다.

$$\mathbf{x} = \beta_1\mathbf{v}^{(1)} + \beta_2\mathbf{v}^{(2)} + \beta_3\mathbf{v}^{(3)}$$

이때 $\beta_1 = x_1 - x_2 + 2x_3, \quad \beta_2 = 2x_3 - x_2, \quad \beta_3 = \frac{1}{2}(x_2 - x_3)$ 이다. ■

다음의 결과는 다음 절에서 고윳값을 근사시키는 멱 방법(Power method)을 개발하는 데 사용된다.

정리 9.2.5 **[고유벡터의 선형독립 (Linear Independence of Eigenvectors)]**

A가 행렬이고 $\lambda_1, \ldots, \lambda_k$ 가 A 의 서로 다른 고윳값들이고 이에 관련된 고유벡터가 $\mathbf{x}^{(1)}, \mathbf{x}^{(2)}, \ldots, \mathbf{x}^{(k)}$ 이면. $\{\mathbf{x}^{(1)}, \mathbf{x}^{(2)}, \ldots, \mathbf{x}^{(k)}\}$ 는 선형독립이다.

예제 9.2.6

$$\begin{bmatrix} 2 & 0 & 0 \\ 1 & 1 & 2 \\ 1 & -1 & 4 \end{bmatrix}$$

행렬의 고유벡터들을 사용하여 R^3 의 기저들을 형성할 수 있음을 보여라.

풀이 7.3절에서 A 의 특성방정식

$$p(\lambda) = p(A - \lambda I) = (\lambda - 3)(\lambda - 2)^2$$

을 구했다. 그러므로 두 개의 다른 고윳값 $\lambda_1 = 3, \quad \lambda_2 = 2$ 을 가지고, $\lambda_2 = 2$ 에 따른 선형독립인 두 개의 고유벡터 $\mathbf{x}_2 = (0,2,1)^t, \mathbf{x}_3 = (-2,0,1)^t$ 를 가진다. 고유벡터들이 구별된 고윳값들을 갖는다면 앞선 결과

$$\{\mathbf{x}_1, \mathbf{x}_2, \mathbf{x}_3\} = \{(0,1,1)^t,\ (0,2,1)^t,\ (-2,0,1)^t\}$$

는 선형 독립이다. 그러나 그렇지 않기 때문에, 만약

$$(0,0,0)^t = \alpha_1(0,1,1)^t + \alpha_2(0,2,1)^t + \alpha_3(-2,0,1)^t = (-2\alpha_3, \alpha_1 + 2\alpha_2, \alpha_1 + \alpha_2 + \alpha_3)^t$$

이라면 첫 번째 원소는 $\alpha_3 = 0$임을 의미한다. 두 번째 세 번째 원소들은

$$0 = \alpha_1 + 2\alpha_2 \text{ 와 } 0 = \alpha_1 + \alpha_2 \text{ 즉, } \alpha_2 = (\alpha_1 + 2\alpha_2) - (\alpha_1 + \alpha_2) = 0$$

와 $\alpha_1 = -\alpha_2 = 0$을 의미한다. 그러므로 벡터 집합은 선형 독립이고 R^3의 기저를 형성한다. ■

$n \times n$ 행렬의 고유벡터들은 항상 R^3의 기저를 형성하지는 않는다. 선형독립인 고유벡터의 수가 행렬의 크기와 맞지 않는 경우 고윳값을 구하는 근사 방법은 어려울 것이다.

직교 벡터 (Orthogonal Vectors)

8.3절에서 함수의 직교와 정규 직교에 대해 고려하였다. 이러한 성질들을 가진 벡터들은 비슷한 방법으로 정의되었다. 벡터의 집합 $\{\mathbf{v}^{(1)}, \mathbf{v}^{(2)}, \ldots, \mathbf{v}^{(n)}\}$이 모든 $i \neq j$에 대해 $(\mathbf{v}^{(i)})^t\mathbf{v}^{(j)} = 0$을 만족하면 직교**(orthogonal)**한다고 한다. 또한 모든 $i = 1, 2, \ldots, n$에 대해 $(\mathbf{v}^{(i)})^t\mathbf{v}^{(i)} = 1$이 되면 이 벡터 집합은 정규 직교**(orthogonal)**한다고 한다. $\mathbf{x}^t\mathbf{x} = \|\mathbf{x}\|_2^2$이므로 직교 벡터의 집합 $\{\mathbf{v}^{(1)}, \mathbf{v}^{(2)}, \ldots, \mathbf{v}^{(n)}\}$은 다음의 조건을 만족할 때만 정규 직교한다.

$$\text{모든 } i = 1, 2, \ldots, n \text{ 에 대해 } \|\mathbf{v}^{(i)}\|_2 = 1$$

> **정리 9.2.7** [직교 벡터들의 선형독립 (**Linear Independence of Orthogonal Vectors**)]
> 0이 아닌 벡터들의 직교집합은 선형독립이다.

예제 9.2.8 벡터 $\mathbf{v}_1 = (0, 4, 2)^t, \mathbf{v}_2 = (-5, -1, 2)^t, \mathbf{v}_3 = (1, -1, 2)^t$은 직교집합을 이룬다.

풀이 이 벡터들의 경우

$$\|\mathbf{v}_1\|_2 = 2\sqrt{5}, \quad \|\mathbf{v}_2\|_2 = \sqrt{30}, \quad \|\mathbf{v}_3\|_2 = \sqrt{6}$$

이 된다. 벡터

$$\begin{aligned}
\mathbf{u}_1 &= \frac{\mathbf{v}_1}{\|\mathbf{v}_1\|_2} = \left(\frac{0}{2\sqrt{5}}, \frac{4}{2\sqrt{5}}, \frac{2}{2\sqrt{5}}\right)^t = \left(0, \frac{2\sqrt{5}}{5}, \frac{\sqrt{5}}{5}\right)^t, \\
\mathbf{u}_2 &= \frac{\mathbf{v}_2}{\|\mathbf{v}_2\|_2}\left(\frac{-5}{\sqrt{30}}, \frac{-1}{\sqrt{30}}, \frac{2}{\sqrt{30}}\right)^t = \left(-\frac{\sqrt{30}}{6}, -\frac{\sqrt{30}}{30}, \frac{\sqrt{30}}{15}\right)^t, \\
\mathbf{u}_3 &= \frac{\mathbf{v}_3}{\|\mathbf{v}_3\|_2}\left(\frac{1}{\sqrt{6}}, \frac{-1}{\sqrt{6}}, \frac{2}{\sqrt{6}}\right)^t = \left(\frac{\sqrt{6}}{6}, -\frac{\sqrt{6}}{6}, \frac{\sqrt{6}}{3}\right)^t
\end{aligned}$$

은 정규 직교집합을 이룬다. 왜냐하면 이 벡터들은 $\mathbf{v}_1, \mathbf{v}_2, \mathbf{v}_3$에서 직교성을 부여받고, 또한 $\|\mathbf{u}_1\|_2 = \|\mathbf{u}_2\|_2 = \|\mathbf{u}_3\|_2 = 1$이기 때문이다. ■

8장에서 무게함수에 대하여 직교인 다항식들의 집합을 구축하기 위해서 Gram–Schmidt 과정을 설명했다. $\mathbb{R}^n$에서 n개의 선형독립인 벡터들의 집합이 주어졌을 때, $\mathbb{R}^n$의 직교 기저를 구축하기 위해 비슷한 과정을 사용한다. 이 또한 Gram–Schomidt 방법이라고 알려져 있다.

정리 9.2.9 **[Gram–Schmidt 직교화 (Gram–Schmidt Orthogonalization)]**

$\{\mathbf{x}_1, \mathbf{x}_2, \ldots, \mathbf{x}_k\}$ 를 $\mathbb{R}^n$ 의 k 개 선형독립인 벡터들의 집합이라 하자. 그러면 $\{\mathbf{v}_1, \mathbf{v}_2, \ldots, \mathbf{v}_k\}$ 는 다음과 같이 정의 되고 이는 직교이다.

$$\mathbf{v}_1 = \mathbf{x}_1, \quad \mathbf{v}_2 = \mathbf{x}_2 - \left(\frac{\mathbf{v}_1^t\mathbf{x}_2}{\mathbf{v}_1^t\mathbf{v}_1}\right), \quad \mathbf{v}_3 = \mathbf{x}_3 - \left(\frac{\mathbf{v}_1^t\mathbf{x}_3}{\mathbf{v}_1^t\mathbf{v}_1}\right)\mathbf{v}_1 - \left(\frac{\mathbf{v}_2^t\mathbf{x}_3}{\mathbf{v}_2^t\mathbf{v}_2}\right)\mathbf{v}_2,$$

그리고 일반적으로 $j = 2, \ldots, k$ 에 대하여 $\mathbf{v}_j = \mathbf{x}_j - \sum_{i=1}^{j-1}\left(\frac{\mathbf{v}_i^t\mathbf{x}_j}{\mathbf{v}_i^t\mathbf{v}_i}\right)\mathbf{v}_i$ 이다.

이 결과를 보이기 위하여 각 $1 \le i \le k$ 와 $1 \le j \le k$ 에 대하여 $i \ne j$ 일 때 $\mathbf{v}_i^t\mathbf{v}_j = 0$ 임을 간단히 확인하라. 벡터들의 직교집합 $\{\mathbf{x}_1, \mathbf{x}_2, \ldots, \mathbf{x}_k\}$ 가 $\mathbb{R}^n$ 의 기저가 될 때, 즉 $k = n$ 일 때, 구축된 벡터들은 $\mathbb{R}^n$ 의 기저가 된다. 이에 의해서 다음과 같이 간단히 정의함으로써, 정규직교기저 $\{\mathbf{u}_1, \mathbf{u}_2, \ldots, \mathbf{u}_n\}$ 를 형성할 수 있다. 각 $i = 1, 2, \ldots, n$ 에 대하여,

$$\mathbf{u}_i = \frac{\mathbf{v}_i}{\|\mathbf{v}_i\|_2}$$

다음의 예제는 $\mathbb{R}^3$ 의 선형독립이 세 개의 벡터로 부터 어떻게 $\mathbb{R}^3$ 의 정규직교기저가 구축되는지를 보여준다.

예제 9.2.10 [예제 9.2.6] 에서 행렬의 고유벡터 였던 선형독립인 벡터들

$$\mathbf{x}_1 = (0,1,1)^t, \quad \mathbf{x}_2 = (0,2,1)^t, \quad \mathbf{x}_3 = (-2,0,1)^t$$

로 부터 Gram-Schmidt 방법을 사용하여 정규직교벡터들의 집합을 구하라.

풀이 직교 벡터 $\mathbf{v}_1, \mathbf{v}_2, \mathbf{v}_3$ 들은 다음과 같다.

$$\begin{aligned}
\mathbf{v}_1 &= \mathbf{x}_1 = (0,1,1)^t \\
\mathbf{v}_2 &= (0,2,1)^t - \left(\frac{((0,1,1)^t)^t(0,2,1)^t}{((0,1,1)^t)^t(0,1,1)^t}\right)(0,1,1)^t = (0,2,1)^t - \frac{3}{2}(0,1,1)^t \\
&= \left(0, \frac{1}{2}, -\frac{1}{2}\right)^t \\
\mathbf{v}_3 &= (-2,0,1)^t - \left(\frac{((0,1,1)^t)^t(-2,0,1)^t}{((0,1,1)^t)^t(0,1,1)^t}\right)(0,1,1)^t \\
&\quad - \left(\frac{((0,\frac{1}{2},-\frac{1}{2})^t)^t(-2,0,1)^t}{((0,\frac{1}{2},-\frac{1}{2})^t)^t(0,\frac{1}{2},-\frac{1}{2})^t}\right)\left(0,\frac{1}{2},-\frac{1}{2}\right)^t \\
&= (-2,0,1)^t - \left(0,\frac{1}{2},\frac{1}{2}\right)^t + \left(0,\frac{1}{2},-\frac{1}{2}\right)^t = (-2,0,0)^t
\end{aligned}$$

이 벡터들의 l_2 노름은

$$\|\mathbf{v}_1\|_2 = \sqrt{2}, \quad \|\mathbf{v}_2\|_2 = \frac{\sqrt{2}}{2}, \quad \|\mathbf{v}_3\|_2 = 2.$$

그러므로 직교 벡터들에 따른 직교 정규 벡터들의 집합은

$$\mathbf{u}_1 = \frac{\mathbf{v}_1}{\|\mathbf{v}_1\|_2} = \left(0, \frac{\sqrt{2}}{2}, \frac{\sqrt{2}}{2}\right)^t, \quad \mathbf{u}_2 = \frac{\mathbf{v}_2}{\|\mathbf{v}_2\|_2} = \left(0, \frac{\sqrt{2}}{2}, -\frac{\sqrt{2}}{2}\right)^t, \quad \mathbf{u}_3 = \frac{\mathbf{v}_3}{\|\mathbf{v}_3\|_2} = (-1,0,0)^t.$$

■

직교행렬 (Orthogonal Matrices)

이제 벡터들의 집합과 이 벡터들을 열로 사용하여 구성된 행렬들 사이의 연관성에 대해 고려하자. 특별한 행렬들의 집합에 대한 결과들에 대해 먼저 고려하자. 다음 정의의 용어는 직교행렬들의 열들은 벡터들의 직교집합이라는 사실을 따른다.

행렬 Q는 이것의 열들 $\{\mathbf{q}_1^t, \mathbf{q}_2^t, \ldots, \mathbf{q}_n^t\}$이 R^n에서 정규직교집합을 형성할 때 직교라 한다. 다음은 직교행렬들의 중요한 성질이다.

> **정리 9.2.11** [직교행렬 성질 (Orthogonal Matix Properties)]
>
> Q가 $n \times n$ 직교행렬이라 가정하자. 그러면
>
> (i) Q는 가역이고 $Q^{-1} = Q^t$이다.
>
> (ii) R^n에 있는 어떤 벡터 $\mathbf{x}, \mathbf{y}$도 $(Q\mathbf{x})^t Q\mathbf{y} = \mathbf{x}^t\mathbf{y}$이다.
>
> (iii) R^n에 있는 어떤 벡터 $\mathbf{x}$도 $\|Q\mathbf{x}\|_2 = \|\mathbf{x}\|_2$이다.

게다가, **(i)**는 역도 성립한다. 즉,

· 역행렬이 $Q^{-1} = Q^t$이면 직교이다. 6.5절에서 설명한 치환행렬은 이와 같은 성질에 의해서 직교행렬이다.

앞의 결과에서 (iii) 성질은 다음과 같이 표현된다.

· 직교행렬은 l_2 노름을 보존한다. 이 성질의 즉각적인 결과처럼 모든 직교행렬 Q는 $\|Q\|_2 = 1$이다.

예제 9.2.12 직교행렬 Q를 [예제 9.2.10]의 정규직교벡터집합을 이용하여 다음과 같이 구성할 수 있다.

$$Q = \begin{bmatrix} \mathbf{u}^{(1)} & \mathbf{u}^{(2)} & \mathbf{u}^{(3)} \end{bmatrix} = \begin{bmatrix} 0 & 0 & -1 \\ \frac{\sqrt{2}}{2} & \frac{\sqrt{2}}{2} & 0 \\ \frac{\sqrt{2}}{2} & -\frac{\sqrt{2}}{2} & 0 \end{bmatrix}$$

풀이 여기서

$$QQ^t = \begin{bmatrix} 0 & 0 & -1 \\ \frac{\sqrt{2}}{2} & \frac{\sqrt{2}}{2} & 0 \\ \frac{\sqrt{2}}{2} & -\frac{\sqrt{2}}{2} & 0 \end{bmatrix} \cdot \begin{bmatrix} 0 & \frac{\sqrt{2}}{2} & \frac{\sqrt{2}}{2} \\ 0 & \frac{\sqrt{2}}{2} & -\frac{\sqrt{2}}{2} \\ -1 & 0 & 0 \end{bmatrix} = \begin{bmatrix} 1 & 0 & 0 \\ 0 & 1 & 0 \\ 0 & 0 & 1 \end{bmatrix}$$

이 된다. 또한 $Q^tQ = I$도 성립한다. 그러므로 $Q^t = Q^{-1}$이 된다. ■

유사행렬 (Similar Matrices)

다음의 정의는 행렬의 고윳값을 구하는 데 필요한 많은 방법들의 기초를 제공한다. 두 개의 $n \times n$ 행렬, A, B에 대해 $A = S^{-1}BS$를 만족하는 행렬 S가 존재하면 두 행렬 A와 B는 유사(similar) 하다고 한다. 유사행렬의 중요한 특성은 고윳값을 공유한다는 것이다.

정리 9.2.13 **[유사행렬의 고윳값과 고유벡터 (Eigenvalues and Eigenvectors of Similar Matrices)]**

A와 B가 유사한 $n \times n$ 행렬이고 λ가 고유벡터 $\mathbf{x}$에 관련된 A의 고윳값이라고 하자. 그러면 λ는 B의 고윳값도 된다. 또한 $A = S^{-1}BS$이면 $S\mathbf{x}$는 λ와 행렬 B에 연관된 고유 벡터가 된다.

$n \times n$ 행렬 A가 대각행렬과 유사할 때 특별히 유사성의 중요성이 드러난다. 즉, 대각행렬 D와 가역행렬 S가 다음과 같이 존재할 때를 의미한다.

$$A = S^{-1}DS \text{ 또는 동등하게 } D = SAS^{-1}$$

이러한 경우에 행렬은 대각화가능하다고 이야기한다. 다음은 대각화가능행렬에 대한 특성을 나타낸다.

정리 9.2.14 **[대각행렬에 유사한 행렬 (Matrices Similar to Diagonal Matrices)]**

$n \times n$ 행렬 A는 대각행렬 D와 유사하다는 것은 A가 n개의 선형독립인 고유벡터를 가지고 있다는 것과 동치이다. 이 경우에는 다음과 같은 조건하에서 $D = S^{-1}AS$를 정의한다.
- S의 열들은 고유벡터들로 이루어져 있다.
- D의 i번째 대각 원소는 S의 i번째 열에 해당하는 A의 고윳값이다.

예제 9.2.15 이 절의 [예 9.2.6]과 7.3절에서 보았던 것과 같이 행렬

$$A = \begin{bmatrix} 2 & 0 & 0 \\ 1 & 1 & 2 \\ 1 & -1 & 4 \end{bmatrix}$$

의 특성 방정식은

$$p(\lambda) = p(A - \lambda I) = (\lambda - 3)(\lambda - 2)^2$$

이다. $\lambda_1 = 3$에 대한 고유 벡터는 $\mathbf{x}_1 = (0,1,1)^t$이고 $\lambda_2 = 2$에 대한 고유벡터는 $\mathbf{x}_2 = (0,2,1)^t$, $\mathbf{x}_3 = (-2,0,1)^t$이다. 얼마나 많은 대각 행렬들이 A와 유사한가?

풀이 A와 유사한 다른 대각행렬들의 수는 고윳값들을 대각에 나열할 수 있는 경우의 수이다. 2가 A의 특성방정식의 중근 이므로, 다음과 같이 세 개의 다른 대각행렬이 존재한다.

$$D_1 = \begin{bmatrix} 3 & 0 & 0 \\ 0 & 2 & 0 \\ 0 & 0 & 2 \end{bmatrix}, \quad D_2 = \begin{bmatrix} 2 & 0 & 0 \\ 0 & 3 & 0 \\ 0 & 0 & 2 \end{bmatrix}, \quad D_3 = \begin{bmatrix} 2 & 0 & 0 \\ 0 & 2 & 0 \\ 0 & 0 & 3 \end{bmatrix}.$$

만약 구별된 세 개의 고윳값이 존재한다면 여섯 개의 다른 대각행렬이 존재할 것이다. ■

대칭 행렬에 대한 다음의 결과들은 임의의 행렬에 대한 특잇값분해를 구축할 때 9.6절에서 사용될 것이다. 대칭행렬은 대각화 가능하다는 사실과 대각화에서 사용되는 행렬이 직교라는 사실에 의해서 특성화된다.

정리 9.2.16 [대칭행렬의 대각화 (**Diagonalization of Symmetric Matrices**)]

$n \times n$ 행렬 A는 대칭행렬이다. 이것은 $A = QDQ^{-1} = QDQ^t$를 만족하는 직교행렬 Q와 대각행렬 D가 존재한다는 것과 동치이다.

대칭 행렬들의 대각화 성질로부터 다음의 결과들을 얻을 수 있다.

정리 9.2.17 [대칭 행렬의 고윳값 (**Eigenvalues of Symmetric Matrices**)]

A가 $n \times n$ 대칭 행렬이라고 하자.

(i) A의 고윳값을 대각선상의 항목으로 하는 대각행렬을 D라 하면, $D = P^{-1}AP = P^t$를 만족하는 직교행렬 P가 존재한다.

(ii) 정규 직교집합을 이루는 n개의 고유벡터가 A에 대해 존재하며, 이 벡터들은 (i)에서 기술한 행렬 P의 열이 된다.

(iii) 고윳값은 모두 실수이다.

(iv) A의 모든 고윳값이 양수일 때만 A는 양정치(positive definite)이다.

이 절의 마지막 결과는 양정치행렬의 고윳값에 관한 것이다. 6장에서 모든 0이 아닌 벡터 $\mathbf{x}$에 대해 $\mathbf{x}^t Ax > 0$이면 대칭행렬 A를 양정치라고 했던 것을 기억하라. 다음의 성질들 때문에 적용에서 양정치행렬들이 중요하다.

정리 9.2.18 [양정치행렬들의 고윳값 (**Eigenvalues of Positive Definite Matrices**)]

대칭행렬 A는 양정치이다. 이것은 A의 모든 고윳값이 양이라는 것과 동치이다.

예제 9.2.19 행렬

$$A = \begin{bmatrix} 2 & -1 & 0 \\ -1 & 2 & -1 \\ 0 & -1 & 2 \end{bmatrix}$$

은 모든 영이 아닌 벡터 $\mathbf{x}$에 대해서 다음과 같으므로 양정치임을 보일 수 있다.

$$\begin{aligned} \mathbf{x}^t A\mathbf{x} &= (x_1, x_2, x_3) \begin{bmatrix} 2 & -1 & 0 \\ -1 & 2 & -1 \\ 0 & -1 & 2 \end{bmatrix} (x_1, x_2, x_3)^t \\ &= (x_1, x_2, x_3)(2x_1 - x_2, -x_1 + 2x_2 - x_3, -x_2 + 2x_3)^t \\ &= x_1^2 + (x_1^2 - 2x_1x_2 + x_2^2) + (x_2^2 - 2x_2x_3 + x_3^2) + x_3^2 \\ &= x_1^2 + (x_1 - x_2)^2 + (x_2 - x_3)^2 + x_3^2. \end{aligned}$$

그러므로 $\mathbf{x}^t A\mathbf{x} \geq 0$이고 만약 0이면 마지막 식의 모든 항들은 0이 되어야 한다. 즉, $x_1 = x_2 = x_3 = 0$. 그러나 A가 양정치임을 이용하면 더 쉽다. A의 특성방정식은

$$\rho(\lambda) = (2-\lambda)^3 - 2(2-\lambda) = (2-\lambda)(\lambda^2 - 4\lambda + 2),$$

이고, 그러므로 대칭행렬 $\mathbf{A}$의 고윳값들은 $\lambda_1 = 2, \lambda_2 = 2+\sqrt{2}, \lambda_3 = 2-\sqrt{2}$이다. 모두 양이므로 A는 양정치이다.

9.2 연습문제

1. 다음의 3×3 행렬에 대해 고윳값과 고유벡터를 구하라. 세 개의 일차독립 고유벡터로 된 집합이 존재하는가?

a. $$A = \begin{bmatrix} 2 & -3 & 6 \\ 0 & 3 & -4 \\ 0 & 2 & -3 \end{bmatrix}$$

b. $$A = \begin{bmatrix} 1 & 0 & 0 \\ -1 & 0 & 1 \\ -1 & -1 & 2 \end{bmatrix}$$

c. $$A = \begin{bmatrix} 2 & 0 & 1 \\ 0 & 2 & 0 \\ 1 & 0 & 2 \end{bmatrix}$$

d. $$A = \begin{bmatrix} 2 & -1 & -1 \\ -1 & 2 & -1 \\ -1 & -1 & 2 \end{bmatrix}$$

e. $$A = \begin{bmatrix} 1 & 1 & 1 \\ 1 & 1 & 0 \\ 1 & 0 & 1 \end{bmatrix}$$

f. $$A = \begin{bmatrix} 2 & 1 & 1 \\ 1 & 2 & 1 \\ 1 & 1 & 2 \end{bmatrix}$$

2. 연습문제 1 c, d, e, f의 행렬들은 대칭적이다.

a. 이들 중 양정치인 것이 있는가?

b. 연습문제 1의 고유벡터를 이용하여 $Q^t AQ = D$를 만족하는 직교행렬 Q를 구하라. D는 대각행렬이다.

3. Geršgorin 원 정리를 이용하여 다음 행렬의 고윳값의 한계를 결정하라.

a. $$\begin{bmatrix} 1 & 0 & 0 \\ -1 & 0 & 1 \\ -1 & -1 & 2 \end{bmatrix}$$

b. $$\begin{bmatrix} 4 & -1 & 0 \\ -1 & 4 & -1 \\ -1 & -1 & 4 \end{bmatrix}$$

c. $$\begin{bmatrix} 3 & 2 & 1 \\ 2 & 3 & 0 \\ 1 & 0 & 3 \end{bmatrix}$$

d. $$\begin{bmatrix} 4.75 & 2.25 & -0.25 \\ 2.25 & 4.75 & 1.25 \\ -0.25 & 1.25 & 4.75 \end{bmatrix}$$

4. R_3의 임의의 네 개 벡터는 일차 종속임을 보여라.

5. 영이 아닌 직교 벡터의 집합 $\{\mathbf{v}_1, \ldots, \mathbf{v}_k\}$가 일차독립임을 보여라.

6. Q를 직교행렬이라고 하자.

a. Q의 열들이 벡터의 직교집합을 형성함을 보여라.

b. $\|Q\|_2 = \|Q^t\|_2 = 1$임을 보여라.

7. $\|\mathbf{v}_1, \ldots, \mathbf{v}_n\|$이 $\mathbb{R}^n$ 상의 정규 직교 영 벡터의 집합이라고 하자. $\mathbf{x}$는 $\mathbb{R}^n$ 상에 있다고 하자. $c_k = \mathbf{v}_k^t \mathbf{x}$라고 할 때 $\mathbf{x} = \sum_{k=1}^{n} c_k \mathbf{v}_k$ 임을 보여라.

8. A가 n개의 서로 다른 고윳값을 갖는 $n \times n$ 행렬이면, A는 n개의 일차독립 고유벡터를 가짐을 보여라.

9. 6.6절의 연습문제에서 세 가지 파리를 교접하여 만든 과실 파리의 평균 날개 길이를 나타내는 다음의 대칭행렬이 사용 되었다.

$$A = \begin{bmatrix} 1.59 & 1.69 & 2.13 \\ 1.69 & 1.31 & 1.72 \\ 2.13 & 1.72 & 1.85 \end{bmatrix}$$

a. 이 행렬의 고윳값과 관련 고유벡터를 구하라.

b. 이 절의 결과를 이용하여 6.6절의 연습문제에 답하라. 이 행렬은 양정치인가?

9.3 멱 방법

멱 방법(Power method)은 행렬의 우위 고윳값 결정에 사용되는 반복적인 방법이다. 우위 고윳값(dominant eigenvalue)이란 가장 크기가 큰 고윳값이다. 이 방법에 약간의 수정을 가하면 다른 고윳값을 결정하는 데도 사용할 수 있다. 멱 방법의 유용한 점은 고윳값은 물론 관련 고유벡터도 구해준다는 것이다. 사실상 멱 방법은 다른 방법에 의해 얻어진 고윳값에 대한 고유벡터를 구하는 데 종종 사용된다.

멱 방법을 적용하기 위해서 $n \times n$ 행렬 A가 n개의 고윳값 $\lambda_1, \lambda_2, \ldots, \lambda_n$과 이에 관련된 일차독립 고유벡터 $\{\mathbf{v}^{(1)}, \mathbf{v}^{(2)}, \mathbf{v}^{(3)}, \ldots, \mathbf{v}^{(n)}\}$을 가지는 것으로 가정한다. 또한 A의 가장 큰 고윳값은 오직 λ_1 한 개이며, $|\lambda_1| > |\lambda_2| \geq |\lambda_3| \geq \cdots \geq |\lambda_n| \geq 0$이라고 가정한다.

$\mathbf{x}$가 R^n 상의 임의의 벡터라면 $\{\mathbf{v}^{(1)}, \mathbf{v}^{(2)}, \mathbf{v}^{(3)}, \ldots, \mathbf{v}^{(n)}\}$이 일차 독립이라는 사실에서 다음을 만족하는 상수 $\beta_1, \beta_2, \ldots, \beta_n$이 존재함을 알 수 있다.

$$\mathbf{x} = \sum_{j=1}^{n} \beta_j \mathbf{v}^{(j)}$$

이 등식의 양변을 $A, A^2, \ldots, A^k$로 곱하면 다음을 얻을 수 있다.

$$\begin{aligned}
A\mathbf{x} &= \sum_{j=1}^{n} \beta_j A\mathbf{v}^{(j)} = \sum_{j=1}^{n} \beta_j \lambda_j \mathbf{v}^{(j)} \\
A^2\mathbf{x} &= \sum_{j=1}^{n} \beta_j \lambda_j A\mathbf{v}^{(j)} = \sum_{j=1}^{n} \beta_j \lambda_j^2 \mathbf{v}^{(j)} \\
&\vdots \\
A^k\mathbf{x} &= \sum_{j=1}^{n} \beta_j \lambda_j^k \mathbf{v}^{(j)}
\end{aligned}$$

마지막 등식의 우변의 각 항에서 λ_1^k를 빼내면

$$A^k\mathbf{x} = \sum_{j=1}^{n} \beta_j \left(\frac{\lambda_j}{\lambda_1}\right)^k \mathbf{v}^{(j)}$$

가 된다. 모든 $j = 2, 3, \ldots, n$에 대해 $|\lambda_1| > |\lambda_j|$이므로 $\lim_{k\to\infty} \left(\frac{\lambda_j}{\lambda_1}\right)^k = 0$이 되고

$$\lim_{k\to\infty} A^k\mathbf{x} = \lim_{k\to\infty} \lambda_1^k \beta_1 \mathbf{v}^{(1)}.$$

이 수열은 $|\lambda_1| < 1$ 일 때, 0에 수렴하고 $|\lambda_1| \geq 1$ 일 때, 발산한다. 물론 $\beta_1 \neq 0$일 때이다. $A^k\mathbf{x}$의 제곱 크기를 적절히 조정해서 극한을 유한의 0이 아닌 값으로 만들 수 있다. 크기 조정은 $\mathbf{x}$를 $\|\cdot\|_\infty$에 상대적인 단위 벡터 $\mathbf{x}^{(0)}$가 되도록 선택하고 $\mathbf{x}^{(0)}$의 성분 $x_{p_0}^{(0)}$이 다음을 만족하도록 선택해 시작한다.

$$x_{p_0}^{(0)} = 1 = \|\mathbf{x}^{(0)}\|_\infty$$

$\mathbf{y}^{(1)} = A\mathbf{x}^{(0)}$이라 하고 $\mu^{(1)} = y_{p_0}^{(1)}$으로 정의하자. 이렇게 표기하면

$$\mathbf{x}^{(0)} = \sum_{j=1}^{n} \beta_j \mathbf{v}^{(j)}, \qquad A\mathbf{x}^{(0)} = \sum_{j=1}^{n} \beta_j A\mathbf{v}^{(j)} = \sum_{j=1}^{n} \beta_j \lambda_j \mathbf{v}^{(j)}$$

이기 때문에, 다음이 성립한다.

$$\mu^{(1)} = y_{p_0}^{(1)} = \frac{y_{p_0}^{(1)}}{x_{p_0}^{(0)}} = \frac{\beta_1\lambda_1 v_{p_0}^{(1)} + \sum_{j=2}^{n}\beta_j\lambda_j v_{p_0}^{(j)}}{\beta_1 v_{p_0}^{(1)} + \sum_{j=2}^{n}\beta_j v_{p_0}^{(j)}} = \lambda_1\left[\frac{\beta_1 v_{p_0}^{(1)} + \sum_{j=2}^{n}\beta_j(\lambda_j/\lambda_1)v_{p_0}^{(j)}}{\beta_1 v_{p_0}^{(1)} + \sum_{j=2}^{n}\beta_j v_{p_0}^{(j)}}\right]$$

p_1 이 다음을 만족하는 최소정수라고 하자.

$$\left|y_{p_1}^{(1)}\right| = \|\mathbf{y}^{(1)}\|_\infty$$

$\mathbf{x}^{(1)}$ 은 다음과 같이 정의된다.

$$\mathbf{x}^{(1)} = \frac{1}{y_{p_1}^{(1)}}\mathbf{y}^{(1)} = \frac{1}{y_{p_1}^{(1)}}A\mathbf{x}^{(0)}$$

이러한 과정을 각 단계에서 반복하여 $\mathbf{x}^{(m-1)}, \mathbf{y}^{(m)}, \mu^{(m)}, y_{p_m}^{(m)}$ 을 계산한다. 스칼라 수열 $\mu^{(m)}$ 은 λ_1 에 수렴하게 되고, 벡터 수열 $\mathbf{x}^{(m-1)}$ 은 λ_1 과 관련된 A 의 고유벡터에 수렴하게 된다.

수렴의 가속 (Accelerating Convergence)

$|y_{p_m}^{(m)}| = \|\mathbf{y}^{(m)}\|_\infty$ 를 만족하는 최소정수 p_m 을 선택하면 첨자 크기가 결국은 변하지 않게 된다. 이 $\{\mu^{(m)}\}_{m=1}^{\infty}$ 이 λ_1 에 수렴하는 비율은 $|\lambda_j/\lambda_1|^m$(여기서 $j = 2, 3, \ldots, n$)에 의해, 특히 $|\lambda_2/\lambda_1|^m$ 에 의해 결정된다. 즉, 수렴의 차수는 $O(|\lambda_2/\lambda_1|^m)$ 이 된다. 또한 큰 m 에 대해 다음을 만족하는 상수 K 가 존재한다.

$$|\mu^{(m)} - \lambda_1| \approx K\left|\frac{\lambda_2}{\lambda_1}\right|^m$$

이는 다음을 의미한다.

$$\lim_{m\to\infty}\frac{|\mu^{(m+1)} - \lambda_1|}{|\mu^{(m)} - \lambda_1|} \approx \left|\frac{\lambda_2}{\lambda_1}\right| < 1$$

수열 $\{|\mu^{(m)}|\}$ 은 λ^1 에 일차 수렴하므로 Aitken의 Δ^2 방법을 이용하여 수렴 속도를 빠르게 할 수 있다.

실제로는 멱 방법이 수렴하기 위해 행렬이 n 개의 서로 다른 고윳값을 가질 필요는 없다. 행렬이 1보다 큰 배율(multiplicity) r 을 갖는 유일한 우위 고윳값 λ_1 을 갖고, $\mathbf{v}^{(1)}, \mathbf{v}^{(2)}, \ldots, \mathbf{v}^{(r)}$ 이 λ_1 에 관련된 일차독립 고유벡터이면, 이 방법은 λ_1 에 수렴한다. 벡터의 수열 $\{\mathbf{x}^{(m)}\}_{m=0}^{\infty}$ 은 이 경우 노름1의 λ_1 의 고유 벡터에 수렴하는데, 이것은 초기 벡터 $\mathbf{x}^{(0)}$ 의 선택에 종속되며 $\mathbf{v}^{(1)}, \mathbf{v}^{(2)}, \ldots, \mathbf{v}^{(r)}$ 의 일차 결합이 된다.

멱 방법의 단점은 시작 단계에서 주어진 행렬이 단일한 우위 고윳값을 갖는 지를 알 수 없다는 것과, 그렇지 않을 경우 이 방법이 고윳값에 수렴하지 않을 수도 있다는 것이다. 단일 우위 고윳값이 존재한다 하더라도, 고윳값과 관련된 고유벡터로부터 0이 아닌 기여값을 포함하도록 표현하려면 어떻게 $\mathbf{x}^{(0)}$ 를 선택해야 하는지도 알 수 없다.

프로그램 POWERM91은 멱 방법을 구현한 것이다.

예제 9.3.1 행렬

$$A = \begin{bmatrix} -4 & 14 & 0 \\ -5 & 13 & 0 \\ -1 & 0 & 2 \end{bmatrix}$$

는 고윳값 $\lambda_1 = 6, \lambda_2 = 3, \lambda_3 = 2$ 를 가지므로 멱 방법은 수렴한다. 이 예에서는 멱 방법을 설명하기 위한 몇 개의 MATLAB 명령을 보이기로 한다.

풀이 이와 같이 계속하여

$$\mathbf{y}^{(2)} = A\mathbf{x}^{(1)} = A(1, 0.8, 0.1)^t = (7.2, 5.4, -0.8)^t$$
$$\mu^{(2)} = y_1^{(2)} = 7.2, \quad \mathbf{x}^{(2)} = \frac{1}{7.2}\mathbf{y}^{(2)} = (1, 0.75, -0.\bar{1})^t$$

를 얻는다. 이러한 방법으로 계속한 결과가 [표 9.1]과 같다. 표의 마지막 열은 Aitken의 Δ^2 방법을 $\mu^{(m)}$에 대해 적용해 생성한 수열 $\hat{\mu}^{(m)}$을 나타낸다.

우위 고윳값 6의 근삿값은 $\hat{\mu}^{(10)} = 6.000000$이고 근사단위고유벡터는 $(1, 0.714316, -0.249895)^t$이다. 이 고윳값의 근삿값은 마지막 자리까지 정확하지만, 고유벡터의 근삿값은 참값 $(1, 0.714286, -0.25)^t$에 비해 상당히 부정확하다. ■

m	$\left(x^{(m)}\right)^t$	$\mu^{(m)}$	$\hat{\mu}^{(m)}$
0	$(1, 1, 1)$		
1	$(1, 0.8, 0.1)$	10	6.266667
2	$(1, 0.75, -0.111)$	7.2	6.062473
3	$(1, 0.730769, -0.188034)$	6.5	6.015054
4	$(1, 0.722200, -0.220850)$	6.230769	6.004202
5	$(1, 0.718182, -0.235915)$	6.111000	6.000855
6	$(1, 0.716216, -0.243095)$	6.054546	6.000240
7	$(1, 0.715247, -0.246588)$	6.027027	6.000058
8	$(1, 0.714765, -0.248306)$	6.013453	6.000017
9	$(1, 0.714525, -0.249157)$	6.006711	6.000003
10	$(1, 0.714405, -0.249579)$	6.003352	6.000000
11	$(1, 0.714346, -0.249790)$	6.001675	
12	$(1, 0.714316, -0.249895)$	6.000837	

표 9.1

MATLAB은 멱 방법을 계산에 사용할 수 있다. 예를 들어, 만약 행렬 A와 벡터 $\mathbf{x}^{(0)}$를

```
A = [-4 14 0; -5 13 0; -1 0 2]
x0 = [1; 1; 1]
```

위와 같이 정의하면

```
y1 = A*x0
```

이고 이는 $y^{(1)}$을 제공한다. 그러므로 $\mu^{(1)} = y_{p_0}^{(1)} = 10,\ p_1 = 1$이다. 그러면

```
x1 = 0.1*y1
y2 = A*x1
```

는 벡터 $y2 \equiv \mathbf{y}^{(2)} = (7.2000, 5.4000, -0.8000)^t$를 생성한다. 그러므로 고윳값의 근사는 $\mu^{(2)} = y_{p_1}^{(2)} = y_1^{(2)} = 7.2$이다.

대칭행렬 (Symmetric Matrices)

A가 대칭이면 벡터 $\mathbf{x}^{(m)}, \mathbf{y}^{(m)}$과 스칼라 $\mu^{(m)}$의 선택 방법을 변경해 수열 $\{\mu^{(m)}\}_{m=1}^{\infty}$이 우위 고윳값 λ_1에 수렴하는 속도를 크게 개선시킬 수 있다. 우선 $\|\mathbf{x}^{(0)}\|_2 = 1$인 $\mathbf{x}^{(0)}$을 선택한다. 각 $m = 1, 2, \ldots$에 대해서 다음과 같이

정의한다.

$$\mu^{(m)} = \left(\mathbf{x}^{(m-1)}\right)^t A\mathbf{x}^{(m-1)}, \qquad \mathbf{x}^{(m)} = \frac{1}{\|A\mathbf{x}^{(m-1)}\|_2} A\mathbf{x}^{(m-1)}$$

멱 방법의 수렴률이 $O((\lambda_2/\lambda_1)^m)$ 인데 반해, 대칭 행렬에 대해 수정된 이 방법의 수렴률은 $O((\lambda_2/\lambda_1)^{2m})$ 이 된다. 프로그램 SYMPWR92는 이러한 대칭 멱 방법을 구현한 것이다.

예제 9.3.2 행렬

$$A = \begin{bmatrix} 4 & -1 & 1 \\ -1 & 3 & -2 \\ 1 & -2 & 3 \end{bmatrix}$$

는 고윳값 $\lambda_1 = 6, \lambda_2 = 3, \lambda_3 = 1$ 을 갖는 대칭 행렬이다.

풀이 [표 9.2]와 [표 9.3]은 $\mathbf{y}^{(0)} = \mathbf{x}^{(0)} = (1, 0, 0)^t$ 로 가정했을 때, 멱 방법과 대칭 방법의 처음 10단계를 보이고 있다. 대칭 멱 방법이 훨씬 좋은 결과를 보이고 있다. 멱 방법으로 구한 근사 고유벡터는 $(1, 0, 0)^t$ 로 수렴하고 있다. 이 벡터의 경우 $\|(1, -1, 1)^t\|_\infty = 1$ 이다. 대칭 멱 방법의 경우 병렬 벡터 $(\sqrt{3}/3, -\sqrt{3}/3, \sqrt{3}/3)^t$ 에 수렴하고 있는데, $\|(\sqrt{3}/3, -\sqrt{3}/3, \sqrt{3}/3)^t\|_2 = 1$ 이기 때문이다. ■

m	${y^{(m)}}^t$	$\mu^{(m)}$	$x^{(m)}$
0			$(1, 0, 0)^t$
1	$(4, -1, 1)^t$	4	$(1, -0.25, 0.25)^t$
2	$(4.5, -2.25, 2.25)^t$	4.5	$(1, -0.5, 0.5)^t$
3	$(5, -3.5, 3.5)^t$	5	$(1, -0.7, -0.7)^t$
4	$(5.4, -4.5, 4.5)^t$	5.4	$(1, -0.83\bar{3}, 0.83\bar{3})^t$
5	$(5.66\bar{6}, -5.166\bar{6}, 5.166\bar{6})^t$	$5.66\bar{6}$	$(1, -0.911765, 0.911765)^t$
6	$(5.823529, -5.558824, 5.558824)^t$	5.823529	$(1, -0.954545, 0.954545)^t$
7	$(5.909091, -5.772727, 5.772727)^t$	5.909091	$(1, -0.976923, 0.976923)^t$
8	$(5.953846, -5.884615, 5.884615)^t$	5.953846	$(1, -0.988372, 0.988372)^t$
9	$(5.976744, -5.941861, 5.941861)^t$	5.976744	$(1, -0.994163, 0.994163)^t$
10	$(5.988327, -5.970817, 5.970817)^t$	5.988327	$(1, -0.997076, 0.997076)^t$

표 9.2

다음의 MATLAB 명령은 [표 9.3]의 처음 두 행을 계산하는 과정을 보이고 있다. A 와 $\mathbf{x}^{(0)}$ 을 다음과 같이 정의하자.

```
A = [4 -1 1; -1 3 -2; 1 -2 3]
x0 = [1; 0; 0]
```

그러면

```
y1 = A*x0
n1 = norm(y1,2)
x1 = 1/n1*y1
```

은 벡터 $\mathbf{y}^{(1)}$ 의 l_2 노름

$$n1 = 4.242640687119285$$

m	${y^{(m)}}^t$	$\mu^{(m)}$	$x^{(m)}$
0	$(1,0,0)^t$		$(1,0,0)^t$
1	$(4,-1,1)^t$	4	$(0.942809,-0.235702,0.235702)^t$
2	$(4.242641,-2.121320,2.121320)^t$	5	$(0.816497,-0.408248,0.408248)^t$
3	$(4.082483,-2.857738,2.857738)^t$	5.666667	$(0.710669,-0.497468,0.497468)^t$
4	$(3.837613,-3.198011,3.198011)^t$	5.909091	$(0.646997,-0.539164,0.539164)^t$
5	$(3.666314,-3.342816,3.342816)^t$	5.976744	$(0.612836,-0.558763,0.558763)^t$
6	$(3.568871,-3.406650,3.406650)^t$	5.994152	$(0.595247,-0.568190,0.568190)^t$
7	$(3.517370,-3.436200,3.436200)^t$	5.998536	$(0.586336,-0.572805,0.572805)^t$
8	$(3.490952,-3.450359,3.450359)^t$	5.999634	$(0.581852,-0.575086,0.575086)^t$
9	$(3.477580,-3.457283,3.457283)^t$	5.999908	$(0.579603,-0.576220,0.576220)^t$
10	$(3.470854,-3.460706,3.460706)^t$	5.999977	$(0.578477,-0.576786,0.576786)^t$

표 9.3

를 생성하고 $x1 \equiv \mathbf{x}^{(1)} = (0.942809041582063, -0.235702260395516, 0.235702260395516)^t$ 이다.

$\mu^{(1)} = (\mathbf{y}^{(1)})\mathbf{x}^{(0)} = 4$ 는

```
mu1 =y1'*x0
```

를 사용하여 구할 수 있다. 그러면 $\mathbf{y}^{(2)} = A\mathbf{x}^{(1)}$ 은

```
y2 = A*x1
```

을 통하여 구할 수 있고, 이 결과로 벡터 $\mathbf{y}^{(2)} = (4.242640687119286, -2.121320343559643, 2.121320343559643)^t$ 를 얻는다. $\mathbf{x}^{(2)}$ 를 구하기 위해 MABLAB의 명령어

```
n2 = norm(y2,2)
x2 = 1/n2*y2
```

를 사용하면

$$\|\mathbf{y}^{(2)}\|_2 = 5.196152422706632,$$
$$\mathbf{x}^{(2)} = (0.816496580927726, -0.408248290463863, 0.408248290463863)^t$$

을 얻는다. 그러면

```
mu2 = y2'*x1
```

는 근사고윳값

$$mu2 = 5.000000000000001$$

을 생성한다.

역 멱 방법 (Inverse Power Method)

역 멱 방법(Inverse Power method)은 멱 방법을 수정한 것으로 어떤 주어진 수 q에 가장 가까운 A의 고윳값을 결정하는 데 사용된다.

행렬 A가 고윳값 $\lambda_1,\dots,\lambda_n$과 일차독립 고유벡터 $\mathbf{v}^{(1)},\mathbf{v}^{(2)},\dots,\mathbf{v}^{(n)}$을 갖는다고 하자. 모든 $i=1,2,\dots,n$에 대해서, $q\neq\lambda_i$ 일 때, $(A-qI)^{-1}$의 고윳값은

$$\frac{1}{\lambda_1-q}, \frac{1}{\lambda_2-q}, \dots, \frac{1}{\lambda_n-q}$$

이고 고유벡터는 $\mathbf{v}^{(1)}, \mathbf{v}^{(2)}, \ldots, \mathbf{v}^{(n)}$ 이다. $(A-qI)^{-1}$ 에 멱 방법을 적용하면

$$\begin{aligned} \mathbf{y}^{(m)} &= (A-qI)^{-1}\mathbf{x}^{(m-1)} \\ \mu^{(m)} &= y_{p_{m-1}}^{(m)} = \frac{y_{p_{m-1}}^{(m)}}{x_{p_{m-1}}^{(m-1)}} = \frac{\sum_{j=1}^{n} \beta_j \frac{1}{(\lambda_j - q)^m} v_{p_{m-1}}^{(j)}}{\sum_{j=1}^{n} \beta_j \frac{1}{(\lambda_j - q)^{m-1}} v_{p_{m-1}}^{(j)}} \\ \mathbf{x}^{(m)} &= \frac{\mathbf{y}^{(m)}}{\mathbf{y}_{p_m}^{(m)}} \end{aligned}$$

이 된다. 각 단계에서 p_m 은 $|y_{p_m}^{(m)}| = \|\mathbf{y}^{(\mathbf{m})}\|_\infty$ 를 만족하는 정수이다. 수열 $\{\mu^{(m)}\}$ 은 $1/(\lambda_k - q)$ 에 수렴하는데, 여기서

$$\frac{1}{|\lambda_k - q|} = \max_{1 \le i \le n} \frac{1}{|\lambda_i - q|}$$

이고, λ_k 가 q 에 가장 가까운 A 의 고윳값이다.

$1/(\lambda_k - q)$ 이 $(A-qI)^{-1}$ 의 유일한 우위 고윳값 (다중 고윳값일 수도 있음)이라면 q 의 선택이 수렴을 결정한다. q 가 고윳값 λ_k 에 가까울수록 수렴이 빠른데 이는 수렴 속도가

$$O\left(\left|\frac{(\lambda - q)^{-1}}{(\lambda_k - q)^{-1}}\right|^m\right) = O\left(\left|\frac{\lambda_k - q}{\lambda - q}\right|^m\right)$$

이기 때문이다. 여기서 λ 는 q 에 두 번째로 가까운 A 의 고윳값이다.

벡터 $\mathbf{y}^{(m)}$ 은 식

$$(A-qI)\mathbf{y}^{(m)} = \mathbf{x}^{(m-1)}$$

에서 구한다. 이 연립방정식은 핵심화 전략을 이용하는 Gauss 소거법으로 풀면 된다.

역 멱 방법은 각 단계에서 $n \times n$ 연립방정식을 풀어야 하지만 곱수를 보관해 계산과정을 줄일 수 있다. q 는 Gerschgorin 정리나 고윳값을 지역화하는 다른 방법을 이용해 선택한다.

q 값은 고유벡터에 대한 초기 근사 $\mathbf{x}^{(0)}$ 에서 얻는다.

$$q = \frac{\mathbf{x}^{(0)t} A \mathbf{x}^{(0)}}{\mathbf{x}^{(0)t}\mathbf{x}^{(0)}}$$

여기서 q 는 $\mathbf{x}$ 가 고윳값 λ 에 대한 A 의 고유벡터이면 $A\mathbf{x} = \lambda\mathbf{x}$ 라는 사실을 이용해 선택한 것이다. 즉, $\mathbf{x}^t A\mathbf{x} = \lambda\mathbf{x}^t\mathbf{x}$ 에서

$$\lambda = \frac{\mathbf{x}^t A\mathbf{x}}{\mathbf{x}^t\mathbf{x}} = \frac{\mathbf{x}^t A\mathbf{x}}{\|\mathbf{x}\|_2^2}$$

가 되므로, 이를 이용한 것이다. q 가 고윳값 λ 에 가까우면 수렴 속도는 매우 빠르다. 사실상 이 방법은 종종 이 기법이나 기타 다른 기법에 의해 고윳값 q 의 근삿값을 구했을 때 고유벡터를 근사시키기 위해 사용된다.

역 멱 방법은 일차 수렴하므로 수렴의 가속화를 위해 Aitken의 Δ^2 방법을 이용할 수 있다. 다음의 예는 q 가 고윳값에 가까울 때, 역 멱 방법이 빨리 수렴함을 보여준다.

예제 9.3.3 $\mathbf{x}^{(0)} = (1,1,1)^t$ 로 다음 행렬에 역 멱 방법을 적용하라.

$$q = \frac{\mathbf{x}^{(0)t} A\mathbf{x}^{(0)}}{\mathbf{x}^{(0)t}\mathbf{x}^{(0)}} = \frac{19}{3} \text{ 일 때 } A = \begin{bmatrix} -4 & 14 & 0 \\ -5 & 13 & 0 \\ -1 & 0 & 2 \end{bmatrix}$$

그리고 Aitken의 Δ^2 방법을 사용하여 수렴 속도를 빠르게 하라.

풀이 [예 1]에서 초기 벡터 $\mathbf{x}^{(0)} = (1,1,1)^t$를 사용하여 이 행렬에 멱 방법을 적용하였다. 그 예에서 근사고윳값 $\mu^{(12)} = 6.000837$과 고유벡터 $(\mathbf{x}^{(12)})^t = (1, 0.714316, -0.249895)^t$를 얻었다.

역 멱 방법을 위해서

$$A - qI = \begin{bmatrix} -4-\frac{19}{3} & 14 & 0 \\ -5 & 13-\frac{19}{3} & 0 \\ -1 & 0 & 2-\frac{19}{3} \end{bmatrix} = \begin{bmatrix} -\frac{31}{3} & 14 & 0 \\ -5 & \frac{20}{3} & 0 \\ -1 & 0 & -\frac{13}{3} \end{bmatrix}$$

를 고려하자. 이 방법은 먼저 $\mathbf{x}^{(0)} = (1,1,1)^t$로 $(A-qI)\mathbf{y}^{(1)} = \mathbf{x}^{(0)}$를 풀어서 $\mathbf{y}^{(1)}$를 구한다. 이는

$$\mathbf{y}^{(1)} = \left(-\frac{33}{5}, -\frac{24}{5}, \frac{84}{65}\right)^t = (-6.6, -4.8, 1.292\overline{307692})^t$$

이다. 그러므로

$$\|\mathbf{y}^{(1)}\|_\infty = 6.6, \quad \mathbf{x}^{(1)} = \frac{1}{-6.6}\mathbf{y}^{(1)} = (1, 0.7272727, -0.1958042)^t, \text{와}$$

$$\mu^{(1)} = -\frac{1}{6.6} + \frac{19}{3} = 6.1818182$$

이다. 차후의 결과들은 [표 9.4]에 나와 있고 오른쪽열에는 $\mu^{(m)}$에 적용한 Aiken의 Δ^2 방법의 결과가 나열되어 있다. 이것들을 멱 방법을 사용하여 얻은 결과들보다 분명히 우월하다. ■

m	$\mathbf{x}^{(m)t}$	$\mu^{(m)}$	$\hat{\mu}^{(m)}$
0	$(1,1,1)$		
1	$(1, 0.7272727, -0.1958042)$	6.1818182	6.000098
2	$(1, 0.7155172, -0.2450520)$	6.0172414	6.000001
3	$(1, 0.7144082, -0.2495224)$	6.0017153	6.000000
1	$(1, 0.7142980, -0.2499534)$	6.0001714	6.000000
1	$(1, 0.7142869, -0.2499954)$	6.0000171	
1	$(1, 0.7142858, -0.2499996)$	6.0000017	

표 9.4

다음의 MATLAB 명령어는 역 멱 방법을 사용하여 [표 9.4]의 첫 번째 두 행을 생성한다.

```
A = [-4 14 0; -5 13 0; -1 0 2]
x0 = [1; 1; 1]
```

초깃값

$$q = (\mathbf{x}^{(0)})^t(A\mathbf{x}^{(0)})/((\mathbf{x}^{(0)})^t\mathbf{x}^{(0)})$$

을 계산하기 위하여

```
q = x0'*(A*x0)/(x0'*x0)
```

를 사용하여

$$q = 6.333333333333333$$

을 얻는다. 항등행렬 $I-3$은 다음과 같이 주어진다.

```
I3 = eye(3)
```

그리고

```
AQ = A -q*I3
```

로 행렬을 얻는다. 선형시스템$(A-qI)\mathbf{y}^{(1)}=\mathbf{x}^{(0)}$를 풀기 위하여

```
y1 = linsolve(AQ,x0)
```

를 사용하고 이는

$$y1 = \begin{array}{l} -6.5999999999999953 \\ -4.799999999999964 \\ 1.292307692307682 \end{array}$$

를 준다. $\mathbf{x}^{(1)}$과 $\mu^{(1)}$을

```
c = y1(1)
x1 = 1/c*y1
mu1 = q + 1/c
```

와 같이 구하면 첫 고유 근삿값 $\mu^{(1)}$=mu1=$6.\overline{18}$를 얻는다.

수축 방법 (Deflation Methods)

고윳값들 중에 하나만 계산되면 나머지 고윳값들의 근사를 얻을 때 많은 기법들을 사용할 수 있다. 우리는 수축 기법에 제한을 둘 것이다. 이것들은 A에서 알려진 고윳값은 B에서는 0으로 대체되는 것을 제외하고는 A와 같은 고윳값들을 갖는 새로운 행렬 B를 생성하는 데 관여되어 있다. 다음의 결과들은 이 과정을 정당화한다.

정리 9.3.4 [수축 행렬의 고윳값과 고유벡터 (Eigenvalues and Eigenvectors of Deflated Matrices)]

A의 고윳값이 $\lambda_1, \lambda_2, \ldots, \lambda_n$, 이에 관련된 고유벡터가 $\mathbf{v}^{(1)}, \mathbf{v}^{(2)}, \ldots, \mathbf{v}^{(n)}$이라 하고, λ_1이 1의 배수라 하자. $\mathbf{x}$가 $\mathbf{x}^t\mathbf{v}^{(1)}=1$을 만족하는 임의의 벡터라면 행렬

$$B = A - \lambda_1 \mathbf{v}^{(1)}\mathbf{x}^t$$

는 고윳값 $0, \lambda_2, \lambda_3, \ldots, \lambda_n$, 고유벡터 $\mathbf{v}^{(1)}, \mathbf{w}^{(2)}, \mathbf{w}^{(3)}, \ldots, \mathbf{w}^{(n)}$을 갖는다. $i=2,3,\ldots,n$에 대해 $\mathbf{v}^{(i)}$와 $\mathbf{w}^{(i)}$는 다음 식을 만족한다.

$$\mathbf{v}^{(i)} = (\lambda_i - \lambda_1)\mathbf{w}^{(i)} + \lambda_1(\mathbf{x}^t\mathbf{w}^{(i)})\mathbf{v}^{(1)}$$

Wielandt의 수축에서는

$$\mathbf{x} = \frac{1}{\lambda_1 v_i^{(1)}}(a_{i1}, a_{i2}, \ldots, a_{in})^t$$

이다. 여기서 $v_i^{(1)}$는 $\mathbf{v}^{(1)}$은 0이 아닌 원소이고, a_{i1}, a_{i2}, a_{in}은 A의 i번째 행렬의 원소이다. 이 경우

$$\mathbf{x}^t\mathbf{v}^{(1)} = \frac{1}{\lambda_1 v_i^{(1)}}(a_{i1}, a_{i2}, \ldots a_{in})(v_1^{(1)}, v_2^{(1)}, \ldots, v_n^{(1)})^t = \frac{1}{\lambda_1 v_i^{(1)}}\sum_{j=1}^{n} a_{ij}v_j^{(1)}$$

이 된다. 여기서 합은 $A\mathbf{v}^{(1)}$의 i번째 원소이다. $A\mathbf{v}^{(1)}=\lambda_1\mathbf{v}^{(1)}$이므로

$$\sum_{j=1}^{n} a_{ij}v_j^{(1)} = \lambda_1 v_i^{(1)}, \quad \text{따라서} \quad \mathbf{x}^t\mathbf{v}^{(1)} = \frac{1}{\lambda_1 v_i^{(1)}}(\lambda_1 v_i^{(1)}) = 1$$

그러므로 $\mathbf{x}$는 수축 행렬의 고윳값에 관련된 결과의 가정을 만족시킨다. 또한 $B = A - \lambda_1 \mathbf{v}^{(1)}\mathbf{x}^t$의 i번째 행의 원소들은 모두 0이 된다.

만약 $\lambda \neq 0$이 고윳값이고 관련 고유벡터가 $\mathbf{w}$라면 $B\mathbf{w} = \lambda\mathbf{w}$를 만족하므로 $\mathbf{w}$의 i번째 원소도 0이 된다. 결론적으로 행렬 B의 i번째 열은 곱 $B\mathbf{w} = \lambda\mathbf{w}$에 아무런 영향을 미치지 못한다. 그러므로 행렬 B 대신 B의 i번째 행과 열을 제거한 $(n-1)\times(n-1)$행렬 B'을 사용할 수 있다. 행렬 B'의 고윳값은 $\lambda_2, \lambda_3, \ldots, \lambda_n$이다. $|\lambda_2| > |\lambda_3|$이면 멱 방법을 B'에 적용해서 이 새로운 우위 고윳값과 λ_2에 관련된 고유벡터 $\mathbf{w}^{(2)'}$를 구할 수 있다. 행렬 B에 관련 고유벡터 $\mathbf{w}^{(2)'}$는 $(n-1)$-차원 벡터 $\mathbf{w}^{(2)'}$의 원소 $w_{i-1}^{(2)'}$와 $w_i^{(2)'}$ 사이에 0을 넣어 구한다. $\mathbf{v}^{(2)}$는 $\mathbf{w}^{(2)}$를 이용해 계산한다.

예제 9.3.5 대칭 행렬

$$A = \begin{bmatrix} 4 & -1 & 1 \\ -1 & 3 & -2 \\ 1 & -2 & 3 \end{bmatrix}$$

의 고윳값은 $\lambda_1 = 6$, $\lambda_2 = 3$, $\lambda_3 = 1$이다. 우위 고윳값 $\lambda_1 = 6$과 관련 단위 고유벡터 $\mathbf{v}^{(1)} = (1, -1, 1)^t$가 이미 계산되었다면 λ_2는 다음과 같은 과정을 통해 얻을 수 있다.

풀이

$$\mathbf{x} = \frac{1}{6}\begin{bmatrix} 4 \\ -1 \\ 1 \end{bmatrix} = \left(\frac{2}{3}, -\frac{1}{6}, \frac{1}{6}\right)^t$$

$$\mathbf{v}^{(1)}\mathbf{x}^t = \begin{bmatrix} 1 \\ -1 \\ 1 \end{bmatrix}\left[\frac{2}{3}, -\frac{1}{6}, \frac{1}{6}\right] = \begin{bmatrix} \frac{2}{3} & -\frac{1}{6} & \frac{1}{6} \\ -\frac{2}{3} & \frac{1}{6} & -\frac{1}{6} \\ \frac{2}{3} & -\frac{1}{6} & \frac{1}{6} \end{bmatrix}$$

$$B = A - \lambda_1\mathbf{v}^{(1)}\mathbf{x}^t = \begin{bmatrix} 4 & -1 & 1 \\ -1 & 3 & 2 \\ 1 & -2 & 3 \end{bmatrix} - \begin{bmatrix} \frac{2}{3} & -\frac{1}{6} & \frac{1}{6} \\ -\frac{2}{3} & \frac{1}{6} & -\frac{1}{6} \\ \frac{2}{3} & -\frac{1}{6} & \frac{1}{6} \end{bmatrix} = \begin{bmatrix} 0 & 0 & 0 \\ 3 & 2 & -1 \\ -3 & -1 & 2 \end{bmatrix}$$

첫 번째 열과 행을 제거하면

$$B' = \begin{bmatrix} 2 & -1 \\ -1 & 2 \end{bmatrix}$$

이 된다. B'의 고윳값은 $\lambda_2 = 3$, $\lambda_3 = 1$이다. $\lambda_2 = 3$에 대해 고유벡터 $\mathbf{w}^{(2)'}$는 다음의 2원일차연립방정식을 풀어 얻는다.

$$(B' - 3I)\mathbf{w}^{(2)'} = \mathbf{0}, \quad \text{따라서} \quad \mathbf{w}^{(2)'} = (1, -1)^t$$

첫 번째 성분으로 0을 추가하면, $\mathbf{w}^{(2)} = (0, 1, -1)^t$이 되고

$$\mathbf{v}^{(2)} = (3-6)(0,1,-1)^t + 6\left[\left(\frac{2}{3}, -\frac{1}{6}, \frac{1}{6}\right)(0,1,-1)^t\right](1,-1,1)^t = (-2,-1,1)^t.$$

■

수축기법을 이용하여 주어진 행렬의 모든 고윳값과 고유벡터의 근삿값을 얻을 수 있지만 반올림오차가 발생할 수 있다. 다음의 두 절에서는 유사성 변환을 기반으로 한 기법이 소개된다. 모든 고윳값들의 근삿값이 요구될 경우는 다음 두 절의 방법을 사용하는 것이 바람직하다.

9.3 연습문제

1. 다음의 행렬에 멱 방법을 적용했을 때 처음 세 번 반복한 결과를 보여라.

a. $\begin{bmatrix} 2 & 1 & 1 \\ 1 & 2 & 1 \\ 1 & 1 & 2 \end{bmatrix}$, $\mathbf{x}^{(0)} = (1, -1, 2)^t$

b. $\begin{bmatrix} 1 & 1 & 1 \\ 1 & 1 & 0 \\ 1 & 0 & 1 \end{bmatrix}$, $\mathbf{x}^{(0)} = (-1, 0, 1)^t$

c. $\begin{bmatrix} 1 & -1 & 0 \\ -2 & 4 & -2 \\ 0 & -1 & 2 \end{bmatrix}$, $\mathbf{x}^{(0)} = (-1, 2, 1)^t$

d. $\begin{bmatrix} 4 & 1 & 1 & 1 \\ 1 & 3 & -1 & 1 \\ 1 & -1 & 2 & 0 \\ 1 & 1 & 0 & 2 \end{bmatrix}$, $\mathbf{x}^{(0)} = (1, -2, 0, 3)^t$

e. $\begin{bmatrix} 5 & -2 & -\frac{1}{2} & \frac{3}{2} \\ -2 & 5 & \frac{3}{2} & -\frac{1}{2} \\ -\frac{1}{2} & \frac{3}{2} & 5 & -2 \\ \frac{3}{2} & -\frac{1}{2} & -2 & 5 \end{bmatrix}$, $\mathbf{x}^{(0)} = (1, 1, 0, -3)^t$

f. $\begin{bmatrix} -4 & 0 & \frac{1}{2} & \frac{1}{2} \\ \frac{1}{2} & -2 & 0 & \frac{1}{2} \\ \frac{1}{2} & \frac{1}{2} & 0 & 0 \\ 0 & 1 & 1 & 4 \end{bmatrix}$, $\mathbf{x}^{(0)} = (0, 0, 0, 1)^t$

2. 역 멱 방법을 이용하여 연습문제 1을 반복하라.

3. 다음의 행렬에 대칭 멱 방법을 적용했을 때, 처음 세 번 반복한 결과를 보여라.

a. $\begin{bmatrix} 2 & 1 & 1 \\ 1 & 2 & 1 \\ 1 & 1 & 2 \end{bmatrix}$, $\mathbf{x}^{(0)} = (1, -1, 2)^t$

b. $\begin{bmatrix} 1 & 1 & 1 \\ 1 & 1 & 0 \\ 1 & 0 & 1 \end{bmatrix}$, $\mathbf{x}^{(0)} = (-1, 0, 1)^t$

c. $\begin{bmatrix} 4.75 & 2.25 & -0.25 \\ 2.25 & 4.75 & 1.25 \\ -0.25 & 1.25 & 4.75 \end{bmatrix}$, $\mathbf{x}^{(0)} = (0, 1, 0)^t$

d. $\begin{bmatrix} 4 & 1 & -1 & 0 \\ 1 & 3 & -1 & 0 \\ -1 & -1 & 5 & 2 \\ 0 & 0 & 2 & 4 \end{bmatrix}$, $\mathbf{x}^{(0)} = (0, 1, 0, 0)^t$

e. $\begin{bmatrix} 4 & 1 & 1 & 1 \\ 1 & 3 & -1 & 1 \\ 1 & -1 & 2 & 0 \\ 1 & 1 & 0 & 2 \end{bmatrix}$, $\mathbf{x}^{(0)} = (1, 0, 0, 0)^t$

f. $\begin{bmatrix} 5 & -2 & -\frac{1}{2} & \frac{3}{2} \\ -2 & 5 & \frac{3}{2} & -\frac{1}{2} \\ -\frac{1}{2} & \frac{3}{2} & 5 & -2 \\ \frac{3}{2} & -\frac{1}{2} & -2 & 5 \end{bmatrix}$, $\mathbf{x}^{(0)} = (1, 1, 0, -3)^t$

4. 멱 방법과 Wielandt 수축을 이용하여 연습문제 1의 행렬에 대해 두 번째로 가장 우위인 고윳값을 근사시켜라. $\|\mathbf{x}^{(m)} - \mathbf{x}^{(m-1)}\|_\infty < 10^{-4}$가 되거나, 반복 횟수가 25번을 초과할 때까지 반복하라.

5. 멱 방법과 Aitken의 Δ^2 기법을 이용하여 연습문제 1의 행렬에 대해 우위인 고윳값을 근사시켜라. $\|\mathbf{x}^{(m)} - \mathbf{x}^{(m-1)}\|_\infty < 10^{-4}$가 되거나, 반복 횟수가 25번을 초과할 때까지 반복하라.

6. 대칭 멱 방법을 이용하여 연습문제 3의 행렬에 대해 우위인 고윳값을 근사시켜라. $\|\mathbf{x}^{(m)} - \mathbf{x}^{(m-1)}\|_\infty < 10^{-4}$가 되거나, 반복 횟수가 25번을 초과할 때까지 반복하라.

7. 연습문제 1의 행렬에 대해 역 멱 방법을 적용하라. $\|\mathbf{x}^{(m)} - \mathbf{x}^{(m-1)}\|_2 < 10^{-4}$가 되거나, 반복 횟수가 25번을 초과할 때까지 반복하라.

8. λ_1이 A에서 절댓값으로 가장 큰 값이고, $\mathbf{v}^{(1)}$이 λ_1에 대한 A의 관련 고유벡터이고, $\mathbf{x} = 1/\lambda_1 v_i^{(1)}(a_{i1}, a_{i2}, \ldots, a_{in})^t$ 일 때, $B = A - \lambda_1 \mathbf{v}^{(1)}\mathbf{x}^t$의 i번째 행이 0임을 보여라.

9. 6.4절의 연습문제와 7.3절의 문제와 유사하게 한 딱정벌레 종의 수명이 4년이고, 암컷의 첫 해 생존율이 $\frac{1}{2}$, 둘째 해 생존율이 $\frac{1}{4}$, 셋째 해 생존율이 $\frac{1}{8}$이라고 가정하자. 또한 평균적으로 한 암컷은 3년 째에 두 마리 암컷을, 4년 째에 네 마리 암컷을 낳는다고 하자. 한 마리 암컷이 한 해에 다음 해의 암컷 인구에 미치는 영향을 기술하는 행렬은 다음과 같다.

$$A = \begin{bmatrix} 0 & 0 & 2 & 4 \\ \frac{1}{2} & 0 & 0 & 0 \\ 0 & \frac{1}{4} & 0 & 0 \\ 0 & 0 & \frac{1}{8} & 0 \end{bmatrix}$$

여기서 i번째 행 j번째 열의 값은 나이 j인 암컷이 다음 해에 나이 i인 암컷 인구에 미치는 확률적 기여를 나타낸다.

a. Geršgorin 원 정리를 이용하여 A의 모든 고윳값을 포함하는 복소평면상의 영역을 결정하라.

b. 멱 방법을 사용하여 행렬의 우위 고윳값과 그에 관련된 고유벡터를 결정하라.

c. Wielandt 수축을 이용하여 A의 나머지 고윳값과 고유벡터를 구하라.

d. A의 특성다항식과 뉴턴 방법을 이용하여 A의 나머지 고윳값과 고유벡터를 구하라.

e. 이 딱정벌레의 인구를 장기적으로 예측하라.

9.4 Householder 방법

다음 절에서는 QR방법을 이용하여 대칭 3선대각행렬을 거의 대각인 유사한 행렬로 감축한다. 감축된 행렬의 대각 원소는 양쪽 행렬의 고윳값의 근삿값이 된다. 이 절에서는 앨튼 하우스홀더(Alton Householder)가 고안한 방법을 이용하여 임의의 대칭행렬을 유사한 3선대각행렬로 감축하는 문제를 다룬다. 이 절과 다음 절의 내용은 관련이 깊지만, Householder방법은 고윳값 근사 외에도 광범위하게 응용된다.

Houesholder방법은 주어진 대칭행렬 A와 유사한 대칭 3선대각행렬 B를 찾는다. Schur의 정리에 따르면 대칭 행렬 A는 대각행렬 D와 유사한데 그 이유는 $D = Q^{-1}AQ = Q^tAQ$를 만족하는 직교행렬 Q가 존재하기 때문이다. 그렇지만 행렬 Q가 존재하기 때문이다. 그렇지만 행렬 Q(그리고 결과적으로 D)는 일반적으로 계산하기가 어려워, 대신 Householder방법을 사용하게 된다.

$w \in \mathbb{R}^n$이고 $\mathbf{w}^t\mathbf{w} = 1$이라 하자. $n \times n$ 행렬

$$P = I - 2\mathbf{w}\mathbf{w}^t$$

를 Householder 변환행렬(Householder transformation)이라고 한다. Householder 변환행렬은 라운드오프오차에 대해 매우 안정적인 방법으로 벡터나 행렬의 열의 일부 원소들을 선별적으로 0으로 만든다. Householer 변환행렬의 중요한 특성은 다음과 같다.

정리 9.4.1 [Householder 변환행렬 (Householder Transformations)]

$P = 1 - 2\mathbf{w}\mathbf{w}^t$가 Householder 변환행렬이라면 P는 대칭이고 직교이어서 $P^{-1} = P$가 된다.

Householder 방법은 $A^{(2)} = P^{(1)}AP^{(1)}$이 각 $j = 3, 4, \ldots, n$에 대해

$$a_{j1}^{(2)} = 0$$

이 되는 변환행렬 $P^{(1)}$을 결정하면서 시작한다. 대칭성에 의해 $j = 3, 4, \ldots, n$에 대해 $a_{1j}^{(2)} = 0$도 성립한다. $\mathbf{w}^t\mathbf{w} = 1$이 되도록 벡터 $\mathbf{w} = (w_1, w_2, \ldots, w_n)^t$를 선택하여, 행렬

$$A^{(2)} = P^{(1)}AP^{(1)} = (I - 2\mathbf{w}\mathbf{w}^t)A(I - 2\mathbf{w}\mathbf{w}^t)$$

의 첫 번째 행과 열을 A와 동일하게 만들고 첫 번째 열의 3번째 행부터 n번째 행까지의 모든 항목이 0이 되도록 한다. 즉

$$a_{11}^{(2)} = a_{11},\ j = 3, 4, \ldots, n\text{에 대해 } a_{j1}^{(2)} = 0$$

는 n개 미지수 $w_1, w_2, \ldots, w_n$에 대한 n개의 조건이 된다. $w_1 = 0$으로 설정하면 $a_{11}^{(2)} = a_{11}$임이 보장된다. 여기서

$$P^{(1)} = I - 2\mathbf{w}\mathbf{w}^t$$

가

$$P^{(1)}(a_{11}, a_{21}, \ldots, a_{n1})^t = (a_{11}, \alpha, 0, \ldots, 0)^t \tag{9.1}$$

를 만족시켜야 한다. 여기서 α는 나중에 선택된다. 표기를 단순화시키기 위해서

$$\hat{\mathbf{w}} = (w_2, w_3, \ldots, w_n)^t, \quad \hat{\mathbf{y}} = (a_{21}, a_{31}, \ldots, a_{n1})^t$$

이라 하고 $\hat{P}$가 $(n-1) \times (n-1)$ Householder 변환행렬

$$\hat{P} = I_{n-1} - 2\hat{\mathbf{w}}\hat{\mathbf{w}}^t$$

라 하자. 식 (9.1)은

$$P^{(1)} \begin{bmatrix} a_{11} \\ a_{21} \\ a_{31} \\ \vdots \\ a_{n1} \end{bmatrix} = \begin{bmatrix} 1 & \vdots & 0 & \cdots & \cdots & 0 \\ \cdots & \cdots & \cdots & \cdots & \cdots & \cdots \\ 0 & \vdots & & & & \\ \vdots & \vdots & & \hat{P} & & \\ 0 & \vdots & & & & \end{bmatrix} \cdot \begin{bmatrix} a_{11} \\ \\ \mathbf{y} \\ \\ \end{bmatrix} = \begin{bmatrix} a_{11} \\ \\ \hat{P}\hat{\mathbf{y}} \\ \\ \end{bmatrix} = \begin{bmatrix} a_{11} \\ \alpha \\ 0 \\ \vdots \\ 0 \end{bmatrix}$$

이 되고

$$\hat{P}\hat{\mathbf{y}} = (I_{n-1} - 2\hat{\mathbf{w}}\hat{\mathbf{w}}^t)\hat{\mathbf{y}} = \hat{\mathbf{y}} - 2\hat{\mathbf{w}}(\hat{\mathbf{w}}^t\hat{\mathbf{y}}) \tag{9.2}$$

가 성립한다. $r = \hat{\mathbf{w}}^t\hat{\mathbf{y}}$라 하면

$$(\alpha, 0, \ldots, 0)^t = (a_{21} - 2rw_2, a_{31} - 2rw_3, \ldots, a_{n1} - 2rw_n)^t$$

가 된다. 원소별로 비교하면

$$\alpha = a_{21} - 2rw_2, \quad 0 = a_{j1} - 2rw_j, \quad j = 3, \ldots, n$$

이 된다. 그러므로

$$2rw_2 = a_{21} - \alpha, \quad 2rw_j = a_{j1}, \quad j = 3, \ldots, n \tag{9.3}$$

이 된다. 식 (9.3)의 각 식의 양변을 제곱해 합하면

$$4r^2 \sum_{j=2}^{n} w_j^2 = (a_{21} - \alpha)^2 + \sum_{j=3}^{n} a_{j1}^2$$

이 된다. $\mathbf{w}^t\mathbf{w} = 1$이고 $w_1 = 0$이므로 $\sum_{j=2}^{n} w_j^2 = 1$이고

$$4r^2 = \sum_{j=2}^{n} a_{j1}^2 - 2\alpha a_{21} + \alpha^2 \tag{9.4}$$

이 된다. 식 (9.2)와 P가 직교라는 사실에서

$$\alpha^2 = (\alpha, 0, \ldots, 0)(\alpha, 0, \ldots, 0)^t = (\hat{P}\hat{\mathbf{y}})^t\hat{P}\hat{\mathbf{y}} = \hat{\mathbf{y}}^t\hat{P}^t\hat{P}\hat{\mathbf{y}} = \hat{\mathbf{y}}^t\hat{\mathbf{y}}$$

이다. 그러므로

$$\alpha^2 = \sum_{j=2}^{n} a_{j1}^2$$

이고, 식 (9.4)에 대입하면

$$2r^2 = \sum_{j=2}^{n} a_{j1}^2 - \alpha a_{21}$$

이 된다. $a_{21}=a_{31}=\cdots=a_{n1}=0$일 때만 $2r^2=0$이 되므로

$$\alpha=-(\text{sgn}a_{21})\Big(\sum_{j=2}^{n}a_{j1}^2\Big)^{\frac{1}{2}}$$

로 선택하면

$$2r^2=\sum_{j=2}^{n}a_{j1}^2+|a_{21}|\Big(\sum_{j=2}^{n}a_{j1}^2\Big)^{\frac{1}{2}}$$

이 된다. 이 α와 $2r^2$을 이용해 식 (9.3)을 풀면

$$w_2=\frac{a_{21}-\alpha}{2r},\quad w_j=\frac{a_{j1}}{2r},\quad j=3,\ldots,n$$

이 된다. $P^{(1)}$의 선택을 정리하면

$$\begin{aligned}\alpha &= -(\text{sgn}a_{21})\Big(\sum_{j=2}^{n}a_{j1}^2\Big)^{\frac{1}{2}},\quad r=\Big(\frac{1}{2}\alpha^2-\frac{1}{2}a_{21}\alpha\Big)^{\frac{1}{2}},\\ w_1 &= 0,\quad w_2=\frac{a_{21}-\alpha}{2r},\quad w_j=\frac{a_{j1}}{2r},\quad j=3,\cdots,n\end{aligned}$$

이다. 이 값들을 이용하면

$$A^{(2)}=P^{(1)}AP^{(1)}=\begin{bmatrix} a_{11}^{(2)} & a_{12}^{(2)} & 0 & \cdots & 0\\ a_{21}^{(2)} & a_{22}^{(2)} & a_{23}^{(2)} & \cdots & a_{2n}^{(2)}\\ 0 & a_{32}^{(2)} & a_{33}^{(2)} & \cdots & a_{3n}^{(2)}\\ \vdots & \vdots & \vdots & & \vdots\\ 0 & a_{n2}^{(2)} & a_{n3}^{(2)} & \ldots & a_{nn}^{(2)}\end{bmatrix}$$

이다. 이렇게 $P^{(1)}$을 구하고 $A^{(2)}$를 계산한 후 $k=2,3,\ldots,n-2$에 대해 다음과 같이 계속 반복한다.

$$\begin{aligned}\alpha &= -\text{sgn}(a_{k+1,k}^{(k)})\Big(\sum_{j=k+1}^{n}(a_{jk}^{(k)})^2\Big)^{\frac{1}{2}},\quad r=\Big(\frac{1}{2}\alpha^2-\frac{1}{2}\alpha a_{k+1,k}^{(k)}\Big)^{\frac{1}{2}},\\ w_1^{(k)} &= w_2^{(k)}=\cdots=w_k^{(k)}=0,\quad w_{k+1}^{(k)}=\frac{a_{k+1,k}^{(k)}-\alpha}{2r}\\ w_j^{(k)} &= \frac{a_{jk}^{(k)}}{2r},\quad j=k+2,k+3,\ldots,n,\\ P^{(k)} &= I-2\mathbf{w}^{(k)}\cdot(\mathbf{w}^{(k)})^t,\quad A^{(k+1)}=P^{(k)}A^{(k)}P^{(k)},\end{aligned}$$

여기서

$$A^{(k+1)}=\begin{bmatrix} a_{11}^{(k+1)} & a_{12}^{(k+1)} & 0 & \cdots & \cdots & \cdots & 0\\ a_{21}^{(k+1)} & \ddots & \ddots & \ddots & & & \vdots\\ 0 & \ddots & \ddots & \ddots & 0 & \cdots & 0\\ \vdots & \ddots & a_{k+1,k}^{(k+1)} & a_{k+1,k+1}^{(k+1)} & a_{k+1,k+2}^{(k+1)} & \cdots & a_{k+1,n}^{(k+1)}\\ \vdots & & 0 & \vdots & \ddots & & \vdots\\ \vdots & & \vdots & \vdots & & \ddots & \vdots\\ 0 & \cdots & 0 & a_{n,k+1}^{(k+1)} & \cdots & \cdots & a_{nn}^{(k+1)}\end{bmatrix}$$

이다. 이러한 방식으로 계속하면 삼중대각대칭행렬 $A^{(n-1)}$ 이 형성된다. 여기서

$$A^{(n-1)} = P^{(n-2)}P^{(n-3)}\dots P^{(1)}AP^{(1)}\dots P^{(n-3)}P^{(n-2)}.$$

예제 9.4.2 4×4 행렬

$$A = \begin{bmatrix} 4 & 1 & -2 & 2 \\ 1 & 2 & 0 & 1 \\ -2 & 0 & 3 & -2 \\ 2 & 1 & -2 & -1 \end{bmatrix}$$

는 대칭이다. Householder 변환을 적용한 첫 번째 결과는 다음과 같다.

풀이

$$\begin{aligned}
\alpha &= -(1)\Big(\sum_{j=2}^{4} a_{j1}^2\Big)^{\frac{1}{2}} = -3, \quad r = \Big(\frac{1}{2}(-3)^2 - \frac{1}{2}(1)(-3)\Big)^{\frac{1}{2}} = \sqrt{6}, \\
\mathbf{w} &= \Big(0, \frac{\sqrt{6}}{3}, -\frac{\sqrt{6}}{6}, \frac{\sqrt{6}}{6}\Big)^t, \\
P^{(1)} &= \begin{bmatrix} 1 & 0 & 0 & 0 \\ 0 & 1 & 0 & 0 \\ 0 & 0 & 1 & 0 \\ 0 & 0 & 0 & 1 \end{bmatrix} - 2\Big(\frac{\sqrt{6}}{6}\Big)^2 \begin{bmatrix} 0 \\ 2 \\ -1 \\ 1 \end{bmatrix} \cdot \begin{bmatrix} 0 & 2 & -1 & 1 \end{bmatrix} \\
&= \begin{bmatrix} 1 & 0 & 0 & 0 \\ 0 & 1 & 0 & 0 \\ 0 & 0 & 1 & 0 \\ 0 & 0 & 0 & 1 \end{bmatrix} - \frac{1}{3} \begin{bmatrix} 0 & 0 & 0 & 0 \\ 0 & 4 & -2 & 2 \\ 0 & -2 & 1 & -1 \\ 0 & 2 & -1 & 1 \end{bmatrix} = \begin{bmatrix} 1 & 0 & 0 & 0 \\ 0 & -\frac{1}{3} & \frac{2}{3} & -\frac{2}{3} \\ 0 & \frac{2}{3} & \frac{2}{3} & \frac{1}{3} \\ 0 & -\frac{2}{3} & \frac{1}{3} & \frac{2}{3} \end{bmatrix} \\
A^{(2)} &= P^{(1)}AP^{(1)} = \begin{bmatrix} 4 & -3 & 0 & 0 \\ -3 & \frac{10}{3} & -\frac{5}{3} & 0 \\ 0 & -\frac{5}{3} & -\frac{33}{25} & \frac{68}{75} \\ 0 & 0 & \frac{68}{75} & \frac{149}{75} \end{bmatrix}
\end{aligned}$$

두 번째 반복을 계속하면

$$\begin{aligned}
\alpha &= -\frac{5}{3}, \; r = \frac{2\sqrt{5}}{3}, \; \mathbf{w} = \Big(0, 0, 2\sqrt{5}, \frac{\sqrt{5}}{5}\Big)^t \\
P^{(2)} &= \begin{bmatrix} 1 & 0 & 0 & 0 \\ 0 & 1 & 0 & 0 \\ 0 & 0 & -\frac{3}{5} & -\frac{4}{5} \\ 0 & 0 & -\frac{4}{5} & -\frac{3}{5} \end{bmatrix}
\end{aligned}$$

가 되고 대칭 삼중대각행렬은

$$A^{(3)} = P^{(2)}A^{(1)}P^{(2)} = \begin{bmatrix} 4 & -3 & 0 & 0 \\ -3 & \frac{10}{3} & -\frac{5}{3} & 0 \\ 0 & -\frac{5}{3} & -\frac{33}{25} & \frac{68}{75} \\ 0 & 0 & \frac{68}{75} & \frac{149}{75} \end{bmatrix}.$$

다음 절에서는 QR방법을 이용하여 $A^{(n-1)}$ 의 고윳값을 구하는 방법을 설명한다. $A^{(n-1)}$ 에서 구한 고윳값은 원래 행렬 A 의 결과와 동일하다. ■

9.4 연습문제

1. Householder 방법을 이용하여 다음의 행렬을 삼중대각행렬로 변환하라.

a. $\begin{bmatrix} 12 & 10 & 4 \\ 10 & 8 & -5 \\ 4 & -5 & 3 \end{bmatrix}$

b. $\begin{bmatrix} 2 & -1 & -1 \\ -1 & 2 & -1 \\ -1 & -1 & 2 \end{bmatrix}$

c. $\begin{bmatrix} 1 & 1 & 1 \\ 1 & 1 & 0 \\ 1 & 0 & 1 \end{bmatrix}$

d. $\begin{bmatrix} 4.75 & 2.25 & -2.25 \\ 2.25 & 4.75 & 1.25 \\ -0.25 & 1.25 & 4.75 \end{bmatrix}$

2. Householder 변환에서 $P = I - 2\mathbf{w}\mathbf{w}^t$ 라고 가정하라.

a. P가 대칭임을 보여라.

b. P가 직교임을 보여라.

9.5 QR 방법

9.5절에서 다룬 수축기법은 일반적으로 라운드-오프 오차가 커지기 때문에 행렬의 모든 고윳값을 구하는 것에는 적합하지 않다. 이 절에서는 대칭행렬의 모든 고윳값을 한꺼번에 근사하는 데 사용하는 행렬축약기법인 QR 방법에 대해 다룰 것이다. QR방법은 삼중대각 형태의 대칭행렬에 대해 적용된다. 즉, 대상행렬의 0이 아닌 원소는 대각선과 대각선 바로 위 또는 아래에 위치한다. 대상행렬이 이러한 형태가 아니면 Householder 방법을 적용해 대칭삼중대각행렬로 변형한 수 QR방법을 적용한다. 이 절의 남은 부분에서 고윳값을 구하기 위한 대칭행렬은 모두 삼중대각행렬이라고 가정하자. 만약 A를 그러한 행렬이라고 하면, A의 원소들을 다음과 같이 간단히 표기할 수 있다.

$$A = \begin{bmatrix} a_1 & b_2 & 0 & \cdots & 0 \\ b_2 & a_2 & b_3 & \ddots & \vdots \\ 0 & b_3 & a_3 & \ddots & 0 \\ \vdots & \ddots & \ddots & \ddots & b_n \\ 0 & \cdots & 0 & b_n & a_n \end{bmatrix}. \tag{9.5}$$

$b_2 = 0$ 또는 $b_n = 0$이면 1×1 행렬 $[a_1]$ 또는 $[a_n]$에서 바로 A의 고윳값 a_1 또는 a_n을 얻게 된다. QR방법은 하단주대각요소들의 값을 $b_2 \approx 0$ 또는 $b_n \approx 0$이 될 때까지 성공적으로 줄일 수 있다는 점에서 유리하다.

$2 < j < n$일 때 $b_j = 0$인 원소가 있다면 A 대신에 다음과 같은 작은 행렬을 이용하여 문제를 풀 수 있다.

$$\begin{bmatrix} a_1 & b_2 & 0 & \cdots & 0 \\ b_2 & a_2 & b_3 & \ddots & \vdots \\ 0 & b_3 & a_3 & \ddots & 0 \\ \vdots & \ddots & \ddots & \ddots & b_{j-1} \\ 0 & \cdots & 0 & b_{j-1} & a_{j-1} \end{bmatrix}, \quad \begin{bmatrix} a_j & b_{j+1} & 0 & \cdots & 0 \\ b_{j+1} & a_{j+1} & b_{j+2} & \ddots & \vdots \\ 0 & b_{j+2} & a_{j+2} & \ddots & 0 \\ \vdots & \ddots & \ddots & \ddots & b_n \\ 0 & \cdots & 0 & b_n & a_n \end{bmatrix}. \tag{9.6}$$

b_j가 모두 0이 아니면 QR방법은 다음과 같이 행렬의 수열 $A = A^{(1)}, A^{(2)}, A^{(3)}, \ldots$을 만들어 나간다.

- $A^{(1)}$는 행렬의 곱 $A^{(1)} = Q^{(1)}R^{(1)}$로 분해되며, 이때 $Q^{(1)}$은 직교, $R^{(1)}$은 상부삼각행렬이다.
- $A^{(2)}$는 $A^{(2)} = R^{(1)}Q^{(1)}$로 정의된다.

일반적으로 $A^{(i)}$는 직교행렬 $Q^{(i)}$와 상부삼각행렬 $R^{(i)}$의 곱으로 $A^{(i)} = Q^{(i)}R^{(i)}$와 같이 분해된다. $A^{i+1)}$은 $R^{(i)}$와 $Q^{(i)}$를 반대로 곱해 $A^{(i+1)} = R^{(i)}Q^{(i)}$로 구한다. $Q^{(i)}$는 직교행렬이므로 $R^{(I)} = Q^{(i)^t}A^{(i)}$이고

$$A^{(i+1)} = R^{(i)}Q^{(i)} = (Q^{(i)^t}A^{(i)})Q^{(i)} = Q^{(i)^t}A^{(i)}Q^{(i)} \tag{9.7}$$

가 성립한다. 이는 $A^{(i+1)}$이 $A^{(i)}$과 동일한 고윳값을 가지는 대칭행렬이 됨을 의미한다. $R^{(i)}$와 $Q^{(i)}$의 정의에 따라 $A^{(i+1)}$도 삼중대각이다. 귀납법을 계속 적용해나가면, $A^{(i+1)}$은 원래 행렬 A와 같은 고윳값을 가지고 $A^{(i+1)}$은 A의 고윳값을 대각선에 포함하는 대각행렬이 된다.

회전 행렬 (Rotation Matrices)

분할행렬 $Q^{(i)}$와 $R^{(i)}$를 구하는 방법을 알아보기 위해 먼저 회전행렬에 대하여 알아보자. 회전행렬 P는 단위행렬과 많아야 네 개의 원소만 다른 직교행렬이다. 어떠한 θ와 $i \neq j$에 대하여 이들 네 원소는

$$p_{ii} = p_{jj} = \cos\theta, \qquad p_{ij} = -p_{ji} = \sin\theta$$

의 형태가 된다.

임의의 회전행렬 P에 대해, 행렬 AP는 A와 i번째 열만 다르고, 행렬 PA는 A와 i번째와 j번째 행렬만 다르다. 임의의 $i \neq j$에 대해 곱 PA의 원소 $(PA)_{ij}$가 0이 되도록 각도 θ를 선택할 수 있다. 게다가, 모든 회전행렬 P는 정의에 의하여 $PP^t = I$를 만족하는 직교행렬이다.

예제 9.5.1 삼중대각행렬

$$A = \begin{bmatrix} 3 & 1 & 0 \\ 1 & 3 & 1 \\ 0 & 1 & 3 \end{bmatrix}.$$

에 대하여 PA가 두 번째 열과 첫 번째 행에 0 원소를 가지는 회전행렬 P를 찾아라.

풀이 P는 다음과 같은 형태를 가진다.

$$P = \begin{bmatrix} \cos\theta & \sin\theta & 0 \\ -\sin\theta & \cos\theta & 0 \\ 0 & 0 & 1 \end{bmatrix}, \quad PA = \begin{bmatrix} 3\cos\theta + \sin\theta & \cos\theta + 3\sin\theta & \sin\theta \\ -3\sin\theta + \cos\theta & -\sin\theta + 3\cos\theta & \cos\theta \\ 0 & 1 & 3 \end{bmatrix}.$$

각도 θ는 $-3\sin\theta + \cos\theta = 0$으로 정한다. 즉 $\tan\theta = \frac{1}{3}$이 된다. 우리는 θ가 제 1사분면에 있기를 원하기 때문에,

$$\cos\theta = \frac{3\sqrt{10}}{10}, \quad \sin\theta = \frac{\sqrt{10}}{10}$$

그리고

$$PA = \begin{bmatrix} \frac{3\sqrt{10}}{10} & \frac{\sqrt{10}}{10} & 0 \\ -\frac{\sqrt{10}}{10} & \frac{3\sqrt{10}}{10} & 0 \\ 0 & 0 & 1 \end{bmatrix} \begin{bmatrix} 3 & 1 & 0 \\ 1 & 3 & 1 \\ 0 & 1 & 3 \end{bmatrix} = \begin{bmatrix} \sqrt{10} & \frac{3}{5}\sqrt{10} & \frac{1}{10}\sqrt{10} \\ 0 & \frac{4}{5}\sqrt{10} & \frac{3}{10}\sqrt{10} \\ 0 & 1 & 3 \end{bmatrix}.$$

구해진 행렬이 대칭도 직교도 아님에 주목하자. ■

$A^{(1)}$을 $A^{(1)} = Q^{(1)}R^{(1)}$으로 분할하기 위해 이러한 회전행렬을 $n-1$개 곱하여

$$R^{(1)} = P_n P_{n-1} \cdots P_2 A^{(1)}$$

을 구한다. 우선 회전행렬 P_2를

$$p_{11} = p_{22} = \cos\theta_2, \quad p_{12} = -p_{21} = \sin\theta_2$$

가 되도록 선택한다. 여기서,

$$\sin\theta_2 = \frac{b_2}{\sqrt{b_2^2 + a_1^2}}, \quad \cos\theta_2 = \frac{a_1}{\sqrt{b_2^2 + a_1^2}}$$

이다. 그러면, 행렬

$$A_2^{(1)} = P_2 A^{(1)}$$

은 $(2, 1)$의 위치, 즉 두 번째 행 첫 번째 열이 0이 된다. 왜냐하면, $A_2^{(1)}$의 $(2, 1)$ 항목은

$$(-\sin\theta_2)a_1 + (\cos\theta_2)b_2 = \frac{-b_2 a_1}{\sqrt{b_2^2 + a_1^2}} + \frac{a_1 b_2}{\sqrt{b_2^2 + a_1^2}} = 0$$

이기 때문이다.

곱셈 $P_2 A^{(1)}$은 $A^{(1)}$의 행 1과 2에 모두 영향을 주므로, 새 행렬의 위치 $(1, 3)$, $(1, 4)$, …, $(1, n)$은 0일 필요가 없다. 그렇지만 $A^{(1)}$이 삼중대각행렬이므로 $A_2^{(1)}$의 $(1, 4)$, $\cdots$, $(1, n)$의 위치의 원소들은 0이 된다. 첫 번째 행 세 번째 열, 즉 $(1, 3)$ 위치의 원소만 0이 아닐 수 있다.

일반적으로 행렬 P_k는 행렬 $A_k^{(1)} = P_k A_{k-1}^{(1)}$의 $(k, k-1)$ 위치가 0이 되도록 선택되고, 이 결과 $(k-1, k+1)$ 위치의 원소는 0이 아닌 값을 갖게 된다. 행렬 $A_k^{(1)}$의 형태는 다음과 같다.

$$A_k^{(1)} = \begin{bmatrix} z_1 & q_1 & r_1 & 0 & \cdots & \cdots & \cdots & \cdots & 0 \\ 0 & \ddots & \ddots & \ddots & & & & & \vdots \\ 0 & \ddots & \ddots & \ddots & \ddots & & & & \vdots \\ \vdots & \ddots & 0 & z_{k-1} & q_{k-1} & r_{k-1} & \ddots & & \vdots \\ \vdots & & \ddots & 0 & x_k & y_k & 0 & \ddots & \vdots \\ \vdots & & & \ddots & b_{k+1} & a_{k+1} & b_{k+2} & \ddots & 0 \\ \vdots & & & & \ddots & \ddots & \ddots & \ddots & 0 \\ \vdots & & & & & \ddots & \ddots & \ddots & b_n \\ 0 & \cdots & \cdots & \cdots & \cdots & \cdots & 0 & b_n & a_n \end{bmatrix}$$

P_{k+1}의 형태는 다음과 같다.

$$P_{k+1} = \left[\begin{array}{c|cc|c} I_{k-1} & \multicolumn{2}{c|}{O} & O \\ \hline & c_{k+1} & s_{k+1} & \\ O & & & O \\ & -s_{k+1} & c_{k+1} & \\ \hline O & \multicolumn{2}{c|}{O} & I_{n-k-1} \end{array}\right] \begin{array}{l} \\ \leftarrow \text{행 } k \\ \\ \\ \\ \end{array} \tag{9.8}$$

$\uparrow$ 열 k

여기서 O는 해당 부분의 원솟값이 모두 0임을 의미한다.

P_{k+1}에서 상수 $c_{k+1} = \cos\theta_{k+1}$과 $s_{k+1} = \sin\theta_{k+1}$은 $A_{k+1}^{(1)}$의 $(k+1, k)$ 위치의 원소가 0이 되도록 선택된다. 즉,

$$-s_{k+1}x_k + c_{k+1}b_{k+1} = 0$$

이 된다. $c_{k+1}^2 + s_{k+1}^2 = 1$이므로 이 방정식의 해는

$$s_{k+1} = \frac{b_{k+1}}{\sqrt{b_{k+1}^2 + x_k^2}}, \quad c_{k+1} = \frac{x_k}{\sqrt{b_{k+1}^2 + x_k^2}}$$

이 된다. 행렬 $A_{k+1}^{(1)}$ 은 다음과 같은 형태를 갖게 된다.

$$A_{k+1}^{(1)} = \begin{bmatrix} z_1 & q_1 & r_1 & 0 & \cdots & \cdots & \cdots & \cdots & 0 \\ 0 & \ddots & \ddots & \ddots & & & & & \vdots \\ 0 & \ddots & \ddots & \ddots & \ddots & & & & \vdots \\ \vdots & \ddots & 0 & z_k & q_k & r_k & \ddots & & \vdots \\ \vdots & & \ddots & 0 & x_{k+1} & y_{k+1} & 0 & \ddots & \vdots \\ \vdots & & & \ddots & b_{k+2} & a_{k+2} & b_{k+2} & \ddots & 0 \\ \vdots & & & & \ddots & \ddots & \ddots & \ddots & 0 \\ \vdots & & & & & \ddots & \ddots & \ddots & b_n \\ 0 & \cdots & \cdots & \cdots & \cdots & \cdots & 0 & b_n & a_n \end{bmatrix} \tag{9.9}$$

이러한 방식으로 수열 $P_2, \ldots, P_n$ 을 만들어 나가면 다음과 같은 상부삼각행렬이 만들어진다.

$$R^{(1)} \equiv A_n^{(1)} = \begin{bmatrix} z_1 & q_1 & r_1 & 0 & \cdots & 0 \\ 0 & \ddots & \ddots & \ddots & \ddots & \vdots \\ \vdots & \ddots & \ddots & \ddots & \ddots & 0 \\ \vdots & & \ddots & \ddots & \ddots & r_{n-2} \\ \vdots & & & \ddots & z_{n-1} & q_{n-1} \\ 0 & \cdots & \cdots & \cdots & 0 & x_n \end{bmatrix}. \tag{9.10}$$

$Q^{(1)} = P_2^t P_3^t \cdots P_n^t$ 로 정의되는 직교행렬은

$$A^{(2)} = R^{(1)}Q^{(1)} = R^{(1)}P_2^t P_3^t \cdots P_n^t = P_n \cdots P_2 A P_2^t P_3^t \cdots P_n^t$$

를 만족시킨다. 행렬 $A^{(2)}$ 는 삼중대각행렬이고 일반적으로 대각선 외의 원소의 크기는 $A^{(1)}$ 에서 보다 작아진다. 이러한 방식으로 $A^{(3)}$, $A^{(4)}$ 등을 만들어간다.

예제 9.5.2 예제 9.5.1에서 주어졌던 행렬에 QR 방법을 한 번 적용해보자:

$$A = \begin{bmatrix} 3 & 1 & 0 \\ 1 & 3 & 1 \\ 0 & 1 & 3 \end{bmatrix}.$$

풀이 $A^{(1)} = A$ 로, P_2 는 예제 9.5.1에서 주어진 회전행렬을 나타낸다고 가정하자. QR 방법을 소개하면서 사용한 표기법을 이용하면 다음과 같이 나타낼 수 있다.

$$\begin{aligned} A_2^{(1)} = P_2 A^{(1)} &= \begin{bmatrix} \frac{3\sqrt{10}}{10} & \frac{\sqrt{10}}{10} & 0 \\ -\frac{\sqrt{10}}{10} & \frac{3\sqrt{10}}{10} & 0 \\ 0 & 0 & 1 \end{bmatrix} \begin{bmatrix} 3 & 1 & 0 \\ 1 & 3 & 1 \\ 0 & 1 & 3 \end{bmatrix} \\ &= \begin{bmatrix} \sqrt{10} & \frac{3}{5}\sqrt{10} & \frac{\sqrt{10}}{10} \\ 0 & \frac{4\sqrt{10}}{5} & \frac{3\sqrt{10}}{10} \\ 0 & 1 & 3 \end{bmatrix} \equiv \begin{bmatrix} z_1 & q_1 & r_1 \\ 0 & x_2 & y_2 \\ 0 & b_3^{(1)} & a_3^{(1)} \end{bmatrix}. \end{aligned}$$

이 과정을 계속해나가면 다음과 같은 결과를 얻을 수 있다.

$$s_3 = \frac{b_3^{(1)}}{\sqrt{x_2^2 + \left(b_3^{(1)}\right)^2}} = 0.36761 \quad \text{그리고} \quad c_3 = \frac{x_2}{\sqrt{x_2^2 + \left(b_3^{(1)}\right)^2}} = 0.92998$$

그러므로

$$R^{(1)} \equiv A_3^{(1)} = P_3 A_2^{(1)} = \begin{bmatrix} 1 & 0 & 0 \\ 0 & 0.92998 & 0.36761 \\ 0 & -0.36761 & 0.92998 \end{bmatrix} \begin{bmatrix} \sqrt{10} & \frac{3}{5}\sqrt{10} & \frac{\sqrt{10}}{10} \\ 0 & \frac{4\sqrt{10}}{5} & \frac{3\sqrt{10}}{10} \\ 0 & 1 & 3 \end{bmatrix}$$
$$= \begin{bmatrix} \sqrt{10} & \frac{3}{5}\sqrt{10} & \frac{\sqrt{10}}{10} \\ 0 & 2.7203 & 1.9851 \\ 0 & 0 & 2.4412 \end{bmatrix}$$

가 성립하고,

$$Q^{(1)} = P_2^t P_3^t = \begin{bmatrix} \frac{3\sqrt{10}}{10} & \frac{\sqrt{10}}{10} & 0 \\ -\frac{\sqrt{10}}{10} & \frac{3\sqrt{10}}{10} & 0 \\ 0 & 0 & 1 \end{bmatrix} \begin{bmatrix} 1 & 0 & 0 \\ 0 & 0.92998 & 0.36761 \\ 0 & -0.36761 & 0.92998 \end{bmatrix}$$
$$= \begin{bmatrix} 0.94868 & -0.29409 & 0.11625 \\ 0.31623 & 0.88226 & -0.34874 \\ 0 & 0.36761 & 0.92998 \end{bmatrix}$$

이 된다. 계속해서 계산하면 다음과 같은 결과를 얻게 된다.

$$A^{(2)} = R^{(1)} Q^{(1)} = \begin{bmatrix} \sqrt{10} & \frac{3}{5}\sqrt{10} & \frac{\sqrt{10}}{10} \\ 0 & 2.7203 & 1.9851 \\ 0 & 0 & 2.4412 \end{bmatrix} \begin{bmatrix} 0.94868 & -0.29409 & 0.11625 \\ 0.31623 & 0.88226 & -0.34874 \\ 0 & 0.36761 & 0.92998 \end{bmatrix}$$
$$= \begin{bmatrix} 3.6 & 0.86024 & 0 \\ 0.86024 & 3.12973 & 0.89740 \\ 0 & 0.89740 & 2.27027 \end{bmatrix}.$$

$A^{(2)}$의 대각이 아닌 요소들은 $A^{(1)}$의 것보다 약 14% 정도 작게 되고, 우리는 효과가 크지는 않는 축약된 형태를 얻게 된다. 이를 0.001보다 작게 만들이 위해서는 QR 방법을 13번 적용해야 한다. 이것의 결과는 다음과 같이 주어진다.

$$A^{(13)} = \begin{bmatrix} 4.4139 & 0.01941 & 0 \\ 0.01941 & 3.0003 & 0.00095 \\ 0 & 0.00095 & 1.5858 \end{bmatrix}.$$

이는 $\left(A^{(13)}\right)_{33}$의 고윳값이 1.5858로 근사됨을 보여준다. 나머지 고윳값들은 축약된 행렬

$$\begin{bmatrix} 4.4139 & 0.01941 \\ 0.01941 & 3.0003 \end{bmatrix}$$

를 이용해 근사할 수 있으며, 그 근삿값은 4.4142와 3.0000이다. ■

수렴의 가속 (Accerating Convergence)

A의 고윳값이 상이한 계수들 $|\lambda_1| > |\lambda_2| > \cdots > |\lambda_n|$을 가진다면, 행렬 $A^{(i+1)}$에서 항목 $b_{j+1}^{(i+1)}$의 0에 대한 수렴률을 $|\lambda_{j+1}/\lambda_j|$에 종속되고 이 수렴률이 항목 $a_j^{(i+1)}$이 j번째 고윳값 λ_j에 수렴하는 속도를 결정한다. 그러므로 $|\lambda_{j+1}/\lambda_j|$가 1에 가까워지면 수렴 속도는 느려질 수 있다.

수렴을 가속화시키기 위해, 9.3절에서 소개된 역 멱 방법에서와 유사한 이동기법(shifting technique)이 사용된다 .A의 고윳값과 가까운 상수 σ를 선택하여 분할하는 내용을 $Q^{(i)}$와 $R^{(i)}$ 다음과 같이 선택한다.

$$A^{(i)} - \sigma I = Q^{(i)} R^{(i)} \tag{9.11}$$

이에 따라 $A^{(i+1)}$은 다음과 같이 정의된다.

$$A^{(i+1)} = R^{(i)} Q^{(i)} + \sigma I \tag{9.12}$$

이러한 수정의 결과 $b_{j+1}^{(i+1)}$의 0으로의 수렴률은 $|(\lambda_{j+1} - \sigma)/(\lambda_j - \sigma)|$에 종속되므로, σ가 λ_{j+1}에 가깝고 λ_j에는 가깝지 않다면, $a_j^{(i+1)}$의 λ_j로의 수렴률은 크게 개선된다.

각 단계에서 σ의 값은 A가 서로다른 계수 $b_n^{(i+1)}$가 n보다 작은 모든 정수 j에 대해서 $b_j^{(i+1)}$ 보다 0에 빠르게 수렴하도록 바꾼다. $b_n^{(i+1)}$이 충분히 작다면, $\lambda_n \approx a_n^{(i+1)}$으로 가정하고 행렬의 n번째 행과 열을 삭제해서 같은 방법으로 λ_{n-1}을 근사할 수 있다. 이 과정은 각 고윳값의 근삿값이 결정될 때까지 계속한다.

각 i번 째 단계에서, 이동기법은 $a_n^{(i)}$에 가장 가깝고 행렬

$$E^{(i)} = \begin{bmatrix} a_{n-1}^{(i)} & b_n^{(i)} \\ \\ b_n^{(i)} & a_n^{(i)} \end{bmatrix}$$

의 고윳값인 이동상수 σ_i를 결정한다. 이 이동은 요소 σ_i에 의해서 A의 고윳값을 변화시키며 보통 삼차의 수렴률을 가지게 된다. 이 방법은 $b_n^{(i+1)} \approx 0$이 될 때까지 이동을 계속하고, 고윳값 λ_n을 근사하기 위하여 $a_n^{(i+1)}$에 이동값을 더하게 된다.

같은 계수에 대해 A가 고윳값을 가진다면, 임의의 $j \neq n$에 대해서 $b_j^{(i+1)}$은 $b_n^{(i+1)}$보다 빠르게 0으로 수렴하게 된다. 이 경우, 차수가 줄어든 행렬의 짝을 이용해서 문제를 축소하기 위하여 식 (9.6)에서 소개된 분리기법이 사용될 수 있다.

예제 9.5.3 다음의 행렬

$$A = \begin{bmatrix} 3 & 1 & 0 \\ 1 & 3 & 1 \\ 0 & 1 & 3 \end{bmatrix} = \begin{bmatrix} a_1^{(1)} & b_2^{(1)} & 0 \\ b_2^{(1)} & a_2^{(1)} & b_3^{(1)} \\ 0 & b_3^{(1)} & a_3^{(1)} \end{bmatrix}$$

를 고려해보자.

풀이 이동을 위한 가속인자를 찾으려면 행렬

$$\begin{bmatrix} a_2^{(1)} & b_3^{(1)} \\ b_3^{(1)} & a_3^{(1)} \end{bmatrix} = \begin{bmatrix} 3 & 1 \\ 1 & 3 \end{bmatrix}$$

의 고윳값을 구해야 하며, 그 결과는 $\mu_1 = 4$, $\mu_2 = 2$이다. 이 경우, $a_3^{(1)} = 3$에 가장 가까운 고윳값의 선택은 임의적이므로 $\sigma_1 = \mu_2 = 2$를 최초의 값으로 선택한다. 그러면

$$\begin{bmatrix} d_1 & b_2^{(1)} & 0 \\ b_2^{(1)} & d_2 & b_3^{(1)} \\ 0 & b_3^{(1)} & d_3 \end{bmatrix} = \begin{bmatrix} 1 & 1 & 0 \\ 1 & 1 & 1 \\ 0 & 1 & 1 \end{bmatrix}$$

가 된다. 이를 계속하면

$$x_1 = 1, \quad y_1 = 1, \quad z_1 = \sqrt{2}, \quad c_2 = \frac{1}{2}\sqrt{2}, \quad s_1 = \frac{1}{2}\sqrt{2},$$

$$q_1 = \sqrt{2}, \quad x_2 = 0, \quad r_1 = \frac{1}{2}\sqrt{2}, \quad \text{그리고} \quad y_2 = \frac{\sqrt{2}}{2}$$

가 되므로

$$A_2^{(1)} = \begin{bmatrix} z_1 & q_1 & r_1 \\ 0 & x_2 & y_2 \\ 0 & b_3 & a_3 \end{bmatrix} = \begin{bmatrix} \sqrt{2} & \sqrt{2} & \frac{\sqrt{2}}{2} \\ 0 & 0 & \frac{\sqrt{2}}{2} \\ 0 & 1 & 1 \end{bmatrix}$$

가 된다. 또한

$$z_2 = 1, \quad c_3 = 0, \quad s_3 = 1, \quad q_2 = 1, \quad \text{그리고} \quad x_3 = -\frac{\sqrt{2}}{2}$$

이므로 (9.10)에 의해서

$$R^{(1)} = A_3^{(1)} = \begin{bmatrix} z_1 & q_1 & r_1 \\ 0 & z_2 & q_2 \\ 0 & 0 & x_3 \end{bmatrix} = \begin{bmatrix} \sqrt{2} & \sqrt{2} & \frac{\sqrt{2}}{2} \\ 0 & 1 & 1 \\ 0 & 0 & -\frac{\sqrt{2}}{2} \end{bmatrix}$$

이다. 또한

$$\begin{aligned} Q^{(1)} = P_2^t P_3^t &= \begin{bmatrix} c_2 & -s2 & 0 \\ s_2 & c_2 & 0 \\ 0 & 0 & 1 \end{bmatrix} \begin{bmatrix} 1 & 0 & 0 \\ 0 & c_3 & -s_3 \\ 0 & s_3 & c_3 \end{bmatrix} \\ &= \begin{bmatrix} \frac{\sqrt{2}}{2} & -\frac{\sqrt{2}}{2} & 0 \\ \frac{\sqrt{2}}{2} & \frac{\sqrt{2}}{2} & 0 \\ 0 & 0 & 1 \end{bmatrix} \begin{bmatrix} 1 & 0 & 0 \\ 0 & 0 & -1 \\ 0 & 1 & 0 \end{bmatrix} = \begin{bmatrix} \frac{\sqrt{2}}{2} & 0 & \frac{\sqrt{2}}{2} \\ \frac{\sqrt{2}}{2} & 0 & -\frac{\sqrt{2}}{2} \\ 0 & 1 & 0 \end{bmatrix}. \end{aligned}$$

이 된다. 그러므로

$$A^{(2)} = R^{(1)}Q^{(1)} = \begin{bmatrix} \sqrt{2} & \sqrt{2} & \frac{\sqrt{2}}{2} \\ 0 & 1 & 1 \\ 0 & 0 & -\frac{\sqrt{2}}{2} \end{bmatrix} \begin{bmatrix} \frac{\sqrt{2}}{2} & 0 & \frac{\sqrt{2}}{2} \\ \frac{\sqrt{2}}{2} & 0 & -\frac{\sqrt{2}}{2} \\ 0 & 1 & 0 \end{bmatrix}$$

이며 이는 다음을 의미한다.

$$A^{(2)} = \begin{bmatrix} 2 & \frac{\sqrt{2}}{2} & 0 \\ \frac{\sqrt{2}}{2} & 1 & -\frac{\sqrt{2}}{2} \\ 0 & -\frac{\sqrt{2}}{2} & 0 \end{bmatrix} = \begin{bmatrix} a_1^{(2)} & b_2^{(2)} & 0 \\ b_2^{(2)} & a_2^{(2)} & b_3^{(2)} \\ 0 & b_3^{(2)} & a_3^{(2)} \end{bmatrix}.$$

이로써 QR 방법의 한 단계가 완료되었다. 그러나 $b_2^{(2)} = \sqrt{2}/2$와 $b_3^{(2)} = -\sqrt{2}/2$가 모두 작지 않으므로, QR 방법을 다시 반복해야 한다. 이 반복에서는 다음 행렬

$$\begin{bmatrix} a_2^{(2)} & b_3^{(2)} \\ b_3^{(2)} & a_3^{(2)} \end{bmatrix} = \begin{bmatrix} 1 & -\frac{\sqrt{2}}{2} \\ -\frac{\sqrt{2}}{2} & 0 \end{bmatrix}$$

의 고윳값 $\frac{1}{2} \pm \frac{1}{2}\sqrt{3}$을 계산하며, $a_3^{(2)}$에 가장 가까운 고윳값인 $\sigma_2 = \frac{1}{2} - \frac{1}{2}\sqrt{3}$을 선택한다. 계산의 결과는

$$A^{(3)} = \begin{bmatrix} 2.6720277 & 0.37597448 & 0 \\ 0.37597448 & 1.4736080 & 0.030396964 \\ 0 & 0.030396964 & -0.047559530 \end{bmatrix}$$

이 된다. 만약 $b_3^{(3)} = 0.030396964$이 충분히 작다면 고윳값의 근삿값은 다음과 같이 구할 수 있다.

$$\lambda_3 \approx a_3^{(3)} + \sigma_1 + \sigma_2 = -0.047559530 + 2 + \frac{1}{2} - \frac{1}{2}\sqrt{3} \approx 1.5864151$$

세 번째 행과 열을 제거하면

$$A^{(3)} = \begin{bmatrix} 2.6720277 & 0.37597448 \\ 0.37597448 & 1.4736080 \end{bmatrix}$$

이 된다. 이 행렬의 고윳값은 $\mu_1 = 2.7802140$, $\mu_2 = 1.3654218$ 이다. 여기에 이동값을 더하면

$$\lambda_1 \approx 4.4141886, \quad \lambda_2 \approx 2.9993964$$

가 얻어진다. 행렬 A 의 실제 고윳값은 4.41420, 3.00000, 1.58579 이므로 QR 방법은 두 번의 반복만에 네 자리 유효숫자를 갖는 결과를 얻게 해 준 셈이다. ■

행렬의 QR 분해는 MATLAB 에서 `qr`함수를 이용하여 실행할 수 있다. QR 방법의 완전한 설명은 Wilkinson 의 논문에서 볼 수 있다 [WIl] 또는 [WR]. 해당 논문에서는 행렬이 대칭이 아닐 경우에 사용할 수 있는 방법 또한 제시하고 있다.

9.5 연습문제

1. 다음 행렬에 대해 QR 방법을 2단계까지 반복하라.

a. $\begin{bmatrix} 2 & -1 & 0 \\ -1 & 2 & -1 \\ 0 & -1 & 2 \end{bmatrix}$

b. $\begin{bmatrix} 3 & 1 & 0 \\ 1 & 4 & 2 \\ 0 & 2 & 1 \end{bmatrix}$

c. $\begin{bmatrix} 4 & -1 & 0 \\ -1 & 3 & -1 \\ 0 & -1 & 2 \end{bmatrix}$

d. $\begin{bmatrix} 1 & 1 & 0 & 0 \\ 1 & 2 & -1 & 0 \\ 0 & -1 & 3 & 1 \\ 0 & 0 & 1 & 4 \end{bmatrix}$

e. $\begin{bmatrix} -2 & 1 & 0 & 0 \\ 1 & 23 & -1 & 0 \\ 0 & 0 & 1 & 3 \end{bmatrix}$

f. $\begin{bmatrix} 0.5 & 0.25 & 0 & 0 \\ 0.25 & 0.8 & 0.4 & 0 \\ 0 & 0.4 & 0.6 & 0.1 \\ 0 & 0 & 0.1 & 1 \end{bmatrix}$

2. QR 방법을 이용하여 다음 행렬의 모든 고윳값을 구하라. 모든 비대각 원소가 10^{-5}보다 작아질 때까지 반복하라.

a. $\begin{bmatrix} 2 & -1 & 0 \\ -1 & -1 & -2 \\ 0 & -2 & 3 \end{bmatrix}$

b. $\begin{bmatrix} 3 & 1 & 0 \\ 1 & 4 & 2 \\ 0 & 2 & 3 \end{bmatrix}$

c. $\begin{bmatrix} 4 & 2 & 0 & 0 & 0 \\ 2 & 4 & 2 & 0 & 0 \\ 0 & 2 & 4 & 2 & 0 \\ 0 & 0 & 2 & 4 & 2 \\ 0 & 0 & 0 & 2 & 4 \end{bmatrix}$

d. $\begin{bmatrix} 5 & -1 & 0 & 0 & 0 \\ -1 & 4.5 & 0.2 & 0 & 0 \\ 0 & 0.2 & 1 & -0.4 & 0 \\ 0 & 0 & -0.4 & 3 & 1 \\ 0 & 0 & 0 & 1 & 3 \end{bmatrix}$

3. QRSYMT96에 주어진 QR 방법을 이용하여 TOL=10^{-5}로 하여 연습문제 1의 행렬의 모든 고윳값을 구하라.

4. INVPWR93에 주어진 역 멱 방법을 이용하여 TOL=10^{-5}로 하여 연습문제 1의 행렬의 모든 고유벡터를 구하라.

5. 예제 9.5.3에서 행렬

$$A = \begin{bmatrix} 3 & 1 & 0 \\ 1 & 3 & 1 \\ 0 & 1 & 3 \end{bmatrix}$$

에 대하여 QR 방법에 이동계수 $\sigma_1 = 2$에 대한 가속기법을 적용해보았으나, $\sigma_1 = 4$를 이용할 수도 있었다. 해당 계수를 이용하여 예제를 다시 풀어보아라.

a. 벡터 $\mathbf{x} = (x_1, x_2)'$에 회전 행렬 $\begin{bmatrix} \cos\theta & -\sin\theta \\ \sin\theta & \cos\theta \end{bmatrix}$를 적용하면 $||\cdot||_2$에 대비한 크기를 변경시키지 않으면서 각도 θ만큼 $\mathbf{x}$를 회전시키는 기하학적 효과가 있음을 보여라.

b. $||\cdot||_\infty$에 대비한 $\mathbf{x}$의 크기를 회전 행렬에 의해 변경시킬 수 있음을 보여라.

6. P를 회전 행렬이라고 하고, $j < i$에 대해 $p_{ii} = p_{jj} = \cos\theta$, $p_{ii} = p_{ji} = \sin\theta$라고 하자. 임의의 $n \times n$ 행렬 A에 대해 다음이 성립함을 보여라.

$$(AP)_{pq} = \begin{cases} a_{pq}, & q \neq i, j \\ (\cos\theta)a_{pj} + (\sin\theta)a_{pi}, & q = j \\ (\cos\theta)a_{pi} - (\sin\theta)a_{pj}, & q = i \end{cases}$$

$$(PA)_{pq} = \begin{cases} a_{pq}, & p \neq i, j \\ (\cos\theta)a_{jq} + (\sin\theta)a_{iq}, & p = j \\ (\cos\theta)a_{jq} - (\sin\theta)a_{iq}, & p = i \end{cases}$$

7. 대칭 행렬 A에 대한 **Jacobi**의 방법은

$$A_1 = A, \quad A_2 = P_1 A_1 P_1^t$$

형태로 기술되며, 일반적으로

$$A_{i+1} = P_i A_i P_i^t$$

이다. 행렬 A_{i+1}은 대학 행렬 형태이고, P_i는 A_i의 수많은 비–대각 원소를 제거하기 위해 선택된 회전 행렬이다. $j \neq k$일 때 $a_{i,k}$와 $a_{j,k}$는 0으로 설정된다고 가정하자. $a_{ij} \neq Q_{kk}$이면

$$(P_i)_{jj} = (P_i)_{kk} = \sqrt{\frac{1}{2}\left(1 + \frac{b}{\sqrt{c^2 + b^2}}\right)}$$
$$(P_i)_{kj} = \frac{c}{2(P_i)_{jj}\sqrt{c^2 + b^2}} = -(P_i)_{jk}$$

이다. 여기서

$$c = 2a_{jk}\text{sgn}(a_{jj} - a_{kk})\text{이고} \quad b = |a_{jj} - a_{kk}|$$

이다. 또는 $a_{jj} = a_{kk}$라면

$$(P_i)_{jj} = (P_i)_{kk} = \frac{\sqrt{2}}{2}$$

이고

$$(P_i)_{kj} = -(P_i)_{jk} = \frac{\sqrt{2}}{2}$$

이다. Jacobi의 방법은 $a_{21} = 0$로 설정하고, 그 다음에 차례대로 a_{31}, a_{32}, a_{41}, a_{42}, $a_{43}, \ldots$, $a_{n,1}, \ldots$, $a_{n,n-1}$을 0으로 결정해 호출한다. 이러한 식으로

$$\sum_{i=1}^{n}\sum_{j=1}^{n} |a_{ij}^{(k)}|$$

의 값이 충분히 작은 행렬 A_k가 계산될 때까지 반복한다. 그러면, A의 고윳값은 A_k의 대각 원소로부터 근사될 수 있다. Jocobi 방법을 이용하여 연습문제 3번을 반복하라.

9.6 특잇값분해

6장에서 선형시스템 $A\mathbf{x} = \mathbf{b}$를 풀 때 행렬 A가 $\mathbf{b}$가 변함에 따라 A를 반복적으로 사용하면 얼마나 효과적으로 분해할 수 있는지를 알아보았다. 이 절에서는 일반적인 $m \times n$ 행렬의 분해를 위한 기법을 알아볼 것이다. 이 기법은 데이터의 최소자승법, 이미지 압축, 신호처리, 통계를 포함한 다양한 분야에서 사용된다.

우리가 다루는 일반적인 $m \times n$ 행렬 A의 분해는 특잇값분해(singular value decomposition)라 한다. 이 분해는

$$A = USV^t$$

의 형태를 가지게 되는데, 이때 U는 $m \times m$ 직교행렬, V는 $n \times n$ 직교행렬, S는 주대각열에 0인 원소가 존재하지 않는 $m \times n$ 행렬이다. 많은 상황에서 m은 n보다 매우 크기 때문에 이 절에서 우리는 $m \geq n$를 가정하도록 하자.

특잇값분해는 수학자들에 의해 19세기 후반에 고안된 오래된 방법이다. 하지만 이 기법의 효과적인 적용을 위한 알고리즘이 개발되어 계산능력이 충분해지는 20세기 후반 이후에 본격적으로 활용되기 시작했다. 1960년 대와 1970년대에 Gene Golub (1932–2007)에 의하여 고안된 일련의 논문들은 특잇값분해의 연구에 중요한 역할을 했다 (특히 [GK]와 [GR]). [Stew2]안에 나오는 인터넷 주소를 통하여 이용 가능한 G. W. Stewart의 논문에서 이 기법의 역사를 볼 수 있다.

다음은 선형대수학의 기본적인 결과 중 하나이다.

> **정리 9.6.1** [선형독립행 및 열 (**Linear Independent Rows and Columns**)]
>
> $m \times n$ 행렬 A의 선형독립행의 개수는 선형독립열의 개수와 같다.

다음 결과는 A를 특잇값분해를 함에 있어서 AA^t와 A^tA 행렬에 대한 유용한 정보가 된다.

> **정리 9.6.2** [행렬 AA^t와 A^tA (**Matrices** AA^t **and** A^tA)]
>
> A를 $m \times n$ 행렬이라 가정하자.
>
> (i) AA^t와 A^tA는 대칭이다.
>
> (ii) AA^t와 A^tA의 고윳값들은 음수가 아닌 실수이다.
>
> (iii) AA^t와 A^tA의 영이 아닌 고윳값은 모두 같다.

$m \times n$ 행렬 A의 특잇값분해 (**Constructing a singular Value Decomposition for an** $m \times n$ **Matrix** A)

정방형이 아닌, 즉 행과 열의 개수가 다른 행렬 A는 $A\mathbf{x}$와 $\mathbf{x}$의 크기가 다르기 때문에 고윳값을 가질 수 없다. 하지만 정방행렬의 고윳값을 구하는 것과 같은 행위를 정방형이 아닌 행렬을 위해 하는 방법이 몇 가지 고안되어 있다. 일반적인 행렬에 대한 고윳값분해에 있어 가장 중요한 것 중 하나는 이런 상황에서의 고윳값과 고유벡터에 대한 일반화이다.

우리의 목적은 $m \geq n$인 $m \times n$ 행렬 A의 다음과 같은 형태로 분해하는 것임을 상기하자.

$$A = USV^t$$

이때, U는 $m \times m$ 직교행렬, V는 $n \times n$ 직교행렬, 그리고 S는 $m \times n$ 대각행렬이다. 즉 S의 0이 아닌 원소는 $(S)_{ii} \equiv s_i \geq 0,\ i = 1, \ldots, n$에서만 존재한다.

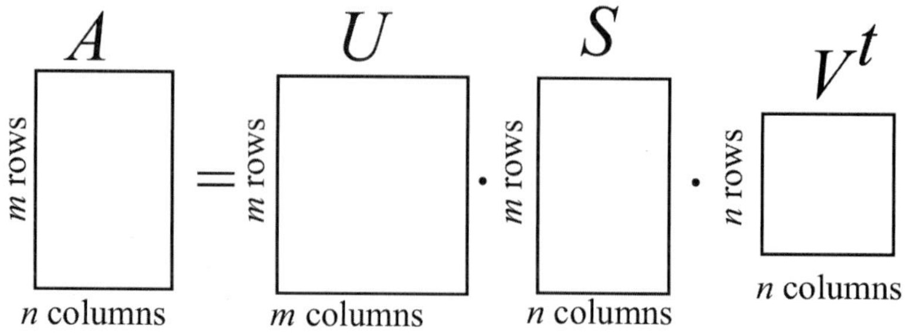

그림 9.2

$A = USV^t$의 분해에서의 S 결정 **(Constructing S in the Factorization $A = USV^t$)**

대칭 $n \times n$ 행렬 A^tA의 고윳값을 찾음으로써 행렬 S를 결정하도록 하겠다. 식 (ii)의 결과에 의해서, 이것의 모든 고윳값은 음이 아닌 실수이다. 이 고윳값들을 내림차순으로 정리하면

$$s_1^2 \geq s_2^2 \geq \cdots \geq s_k^2 > s_{k+1} = \cdots s_n = 0$$

이 된다. 이는 s_1^2이 A^tA의 가장 큰 고윳값이고 s_k^2이 가장 작은 고윳값임을 의미한다. A^tA의 고윳값의 양의 제곱근은 S의 대각요소가 되며 이들을 고윳값(single value)이라 부른다. 즉,

$$S = \begin{bmatrix} s_1 & 0 & \cdots & 0 \\ 0 & s_2 & \ddots & \vdots \\ \vdots & \ddots & \ddots & 0 \\ 0 & \cdots & 0 & s_n \\ 0 & \cdots & \cdots & 0 \\ \vdots & & & \vdots \\ 0 & \cdots & \cdots & 0 \end{bmatrix}$$

이며, $k < i \leq n$일 때 $s_0 = 0$가 된다.

예제 9.6.3 다음 5×3 행렬 A의 고윳값을 결정하라.

$$A = \begin{bmatrix} 1 & 0 & 1 \\ 0 & 1 & 0 \\ 0 & 1 & 1 \\ 0 & 1 & 0 \\ 1 & 1 & 0 \end{bmatrix}$$

풀이 먼저

$$A^t = \begin{bmatrix} 1 & 0 & 0 & 0 & 1 \\ 0 & 1 & 1 & 1 & 1 \\ 1 & 0 & 1 & 0 & 0 \end{bmatrix} \quad \text{이므로} \quad A^tA = \begin{bmatrix} 2 & 1 & 1 \\ 1 & 4 & 1 \\ 1 & 1 & 2 \end{bmatrix}$$

이 된다. A^tA의 특성방정식은

$$\rho(A^tA) = \lambda^3 - 8\lambda^2 + 17\lambda - 10 = (\lambda-5)(\lambda-2)(\lambda-1)$$

이기 때문에 A^tA의 고윳값은 $\lambda_1 = s_1^2 = 5$, $\lambda_2 = s_2^2 = 5$, $\lambda_3 = s_3^2 = 1$이 된다. 그렇기 때문에 A의 고윳값은 $s_1 = \sqrt{5}$, $s_2 = \sqrt{2}$, $s_3 = 1$이 되며, A의 고윳값 분해는 다음과 같다.

$$S = \begin{bmatrix} \sqrt{5} & 0 & 0 \\ 0 & \sqrt{2} & 0 \\ 0 & 0 & 1 \\ 0 & 0 & 0 \\ 0 & 0 & 0 \end{bmatrix}$$

■

$A = USV^t$의 분해에서의 V 결정 (Constructing U in the Factorization $A = USV^t$)

$n \times n$ 행렬 A^tA는 대칭이기 때문에 A^tA는 대각화 가능하며 다음과 같이 분해될 수 있다.

$$A^tA = VDV^t$$

이때, D는 대각요소들이 A^tA의 고윳값으로 구성된 $n \times n$ 대각행렬이며 V는 i번째 열이 D의 i번째 요소인 고윳값에 대응하는 l_2노름이 1인 고유벡터은 $n \times n$ 직교행렬이다. 어떤 대각행렬인지는 대각요소의 순서에 달려있으므로 우리는 내림차순으로 정렬된 D로 가정하자. 이는 $D = S^tS$를 만족시킨다.

$\mathbf{v}_1$, $\mathbf{v}_2$, $\cdots$, $\mathbf{v}_n$으로 표기되는 열은 D의 대각요소에 있는 고윳값들에 대응되는 $n \times n$ 직교행렬 V의 정규직교 고유행렬이다. A^tA의 여러 고윳값들은 대응하는 고유벡터들을 유일하게 결정하지 못하므로, D는 유일하게 정의되지만 V는 그러지 않을 수 있다. 이런 문제와 상관없이 우리는 어떠한 V를 결정할 수 있다.

$A = USV^t$의 분해에서의 U 결정 (Constructing U in the Factorization $A = USV^t$)

$m \times m$ 직교행렬 U를 결정하기 위하여 먼저 영이 아닌 값 $s_1 \geq s_2 \geq \cdots \geq s_k > 0$과 이에 대응하는 V의 열벡터 $\mathbf{v}_1, \mathbf{v}_2, \ldots, \mathbf{v}_k$에 대해 고려해보자. 먼저 다음과 같이 $\mathbf{u}_i$, $i = 1, 2, \ldots, k$를 정의하자.

$$\mathbf{u}_i = \frac{1}{s_i}A\mathbf{v}_i \tag{9.13}$$

이들을 U의 m개의 열 중 처음 k개로 사용하자. A가 $m \times n$ 행렬이고 각각 $\mathbf{v}_i$가 $n \times 1$ 차원이므로 $\mathbf{u}_i$는 $m \times 1$ 차원을 가지게 된다. 게다가 각 $1 \leq i \leq k$와 $1 \leq j \leq k$에 대해서 $\mathbf{v}_1, \mathbf{v}_2, \ldots, \mathbf{v}_n$은 A^tA의 고유벡터들이며 다음과 같은 정규 직교집합을 구성하게 된다.

$$\begin{aligned}\mathbf{u}_i^t\mathbf{u}_j &= \left(\frac{1}{s_i}A\mathbf{v}_i\right)^t \frac{1}{s_j}A\mathbf{v}_j = \frac{1}{s_is_j}\left(\mathbf{v}_i^tA^t\right)A\mathbf{v}_j = \frac{1}{s_is_j}\mathbf{v}_i^t\left(A^tA\mathbf{v}_j\right) = \frac{1}{s_is_j}\mathbf{v}_i^t\left(s_j^2\mathbf{v}_j\right) \\ &= \frac{s_j}{s_i}\mathbf{v}_i^t\mathbf{v}_j = \begin{cases} 0 & i \neq j, \\ 1 & i = j. \end{cases}\end{aligned}$$

그러므로 U의 처음 k개 열은 AA^t의 고유벡터들의 정규 직교집합을 구성한다, U가 $m \times m$ 행렬이기 때문에 $m-k$개의 U의 열이 추가적으로 필요하다. 이를 해결하기 위하여 먼저 처음 k개의 열의 벡터를 더 했을 때 정규 직교벡터를 구성할 $m-k$개의 벡터를 찾아야 한다. 이러한 추가적인 벡터들은 선형독립이며 $m \times m$ 행렬 AA^t의 고윳값 0에 대응되는 정규화된 고유벡터이다.

행렬 U는 $k=m$이 아닌 한 유일하지 않으며 A^tA의 모든 고윳값이 유일할 때만 유일하게 결정된다. 유일성이 보장되지 않는다해도 상관없으며, 오로지 이러한 직교행렬 U만 찾을 수 있으면 된다.

$A = USV^t$ 분해의 검증 (Verifying the Factorization $A = USV^t$

이러한 과정이 실제로 $A = USV^t$로 분해되는지를 검증하기 위하여, 먼저 직교행렬의 전치행렬이 역행렬인지를 살펴보자(368 페이지의 결과 (i)을 참고하라). 이를 통하여 $A = USV^t$를 보이는 대신 $AV = US$를 보이는 것으로 같은 증명을 대신 할 수 있다.

직교벡터 $\mathbf{v}_1, \mathbf{v}_2, \cdots, \mathbf{v}_n$은 $\mathbb{R}^n$의 기저를 형성하며 $A = \mathbf{v}_i = s_i\mathbf{u}_i,\ i = 1, \cdots, k$ 이고 $A\mathbf{v}_i = \mathbf{0},\ i = k+1, \cdots, n$이다. S가 k보다 아래인 행에 모두 영을 가지는 행렬이므로, US 또한 k번째 행렬 아래로는 모두 영이 된다. 그러므로 벡터곱을 계산할 때 오로지 처음 k개의 행렬만을 고려해도 된다. 그러면 다음이 성립한다.

$$
\begin{aligned}
AV &= A[\mathbf{v}_1\mathbf{v}_2\cdots\mathbf{v}_k\mathbf{v}_{k+1}\cdots\mathbf{v}_n] \\
&= [A\mathbf{v}_1 A\mathbf{v}_2\cdots A\mathbf{v}_k A\mathbf{v}_{k+1}\cdots A\mathbf{v}_n] \\
&= [s_1\mathbf{u}_1 s_2\mathbf{u}_2\cdots s_k\mathbf{u}_k\mathbf{0}\cdots\mathbf{0}] \\
&= [\mathbf{u}_1\mathbf{u}_2\cdots\mathbf{u}_k\mathbf{0}\cdots\mathbf{0}]
\begin{bmatrix}
s_1 & 0 & \cdots & 0 & 0 & \cdots & 0 \\
0 & \ddots & \ddots & \vdots & \vdots & & \vdots \\
\vdots & \ddots & \ddots & \vdots & \vdots & & \vdots \\
0 & \cdots & 0 & s_k & 0 & \cdots & 0 \\
0 & \cdots & \cdots & 0 & 0 & \cdots & 0 \\
\vdots & & & \vdots & & & \vdots \\
0 & \cdots & \cdots & 0 & 0 & \cdots & 0
\end{bmatrix} = US.
\end{aligned}
$$

이것으로 A의 특잇값분해에 대한 검증이 끝났다.

예제 9.6.4 다음 5×3 행렬 A의 고윳값 분해를 구하라.

$$
A = \begin{bmatrix} 1 & 0 & 1 \\ 0 & 1 & 0 \\ 0 & 1 & 1 \\ 0 & 1 & 0 \\ 1 & 1 & 0 \end{bmatrix}.
$$

풀이 예제 9.6.3에서 보았듯, A의 고윳값은 $s_1 = \sqrt{5},\ s_2 = \sqrt{2},\ s_3 = 1$이며

$$
S = \begin{bmatrix} \sqrt{5} & 0 & 0 \\ 0 & \sqrt{2} & 0 \\ 0 & 0 & 1 \\ 0 & 0 & 0 \\ 0 & 0 & 0 \end{bmatrix}
$$

이다. $s_1 = \sqrt{5}$, $s_2 = \sqrt{2}$, $s_3 = 1$에 대응하는 A^tA의 고유행렬은 각각 $(1,2,1)^t$, $(1,-1,1)^t$, $(-1,0,1)^t$이다. 이 벡터들을 정규화하고 이들을 V의 열로 사용하면 다음과 같다.

$$V = \begin{bmatrix} \frac{\sqrt{6}}{6} & \frac{\sqrt{3}}{3} & -\frac{\sqrt{2}}{2} \\ \frac{\sqrt{6}}{3} & -\frac{\sqrt{3}}{3} & 0 \\ \frac{\sqrt{6}}{6} & \frac{\sqrt{3}}{3} & \frac{\sqrt{2}}{2} \end{bmatrix} \quad \text{그리고} \quad V^t = \begin{bmatrix} \frac{\sqrt{6}}{6} & \frac{\sqrt{6}}{3} & -\frac{\sqrt{6}}{6} \\ \frac{\sqrt{3}}{3} & -\frac{\sqrt{3}}{3} & \frac{\sqrt{3}}{3} \\ -\frac{\sqrt{2}}{2} & 0 & \frac{\sqrt{2}}{2} \end{bmatrix}$$

그러므로 U의 처음 세 행렬은 다음과 같다.

$$\begin{aligned} \mathbf{u}_1 &= \frac{1}{\sqrt{5}} \cdot A\left(\frac{\sqrt{6}}{6}, \frac{\sqrt{6}}{3}, \frac{\sqrt{6}}{6}\right)^t = \left(\frac{\sqrt{30}}{15}, \frac{\sqrt{30}}{15}, \frac{\sqrt{30}}{10}, \frac{\sqrt{30}}{15}, \frac{\sqrt{30}}{10}\right)^t \\ \mathbf{u}_2 &= \frac{1}{\sqrt{2}} \cdot A\left(\frac{\sqrt{3}}{3}, -\frac{\sqrt{3}}{3}, \frac{\sqrt{3}}{3}\right)^t = \left(\frac{\sqrt{6}}{3}, -\frac{\sqrt{6}}{6}, 0, -\frac{\sqrt{6}}{6}, 0\right)^t \\ \mathbf{u}_3 &= 1 \cdot A\left(-\frac{\sqrt{2}}{2}, 0, \frac{\sqrt{2}}{2}\right)^t = \left(0, 0, \frac{\sqrt{2}}{2}, 0, -\frac{\sqrt{2}}{2}\right)^t. \end{aligned}$$

U의 나머지 두 열을 결정하기 위하여, 먼저 5×5 행렬 AA^t의 고윳값 0에 대응되는 직교고유벡터 $\mathbf{x}_4$와 $\mathbf{x}_5$가 필요하다. 두 벡터는 다음을 만족한다.

$$\mathbf{x}_4 = (1,1,-1,1,-1)^t, \qquad \mathbf{x}_5 = (0,1,0,-1,0)^t$$

이를 정규화하면

$$\mathbf{u}_4 = \left(\frac{\sqrt{5}}{5}, \frac{\sqrt{5}}{5}, -\frac{\sqrt{5}}{5}, \frac{\sqrt{5}}{5}, -\frac{\sqrt{5}}{5}\right), \qquad \mathbf{u}_5 = \left(0, \frac{\sqrt{2}}{2}, 0, -\frac{\sqrt{2}}{2}, 0\right)^t$$

이 된다. 이는 행렬 U를 만들며 특잇값분해는 다음과 같이 결정된다.

$$\begin{aligned} A &= USV^t \\ &= \begin{bmatrix} \frac{\sqrt{30}}{15} & \frac{\sqrt{6}}{3} & 0 & \frac{\sqrt{5}}{5} & 0 \\ \frac{\sqrt{30}}{15} & -\frac{\sqrt{6}}{6} & 0 & \frac{\sqrt{5}}{5} & \frac{\sqrt{2}}{2} \\ \frac{\sqrt{30}}{10} & 0 & \frac{\sqrt{2}}{2} & -\frac{\sqrt{5}}{5} & 0 \\ \frac{\sqrt{30}}{15} & -\frac{\sqrt{6}}{6} & 0 & \frac{\sqrt{5}}{5} & -\frac{\sqrt{2}}{2} \\ \frac{\sqrt{30}}{10} & 0 & -\frac{\sqrt{2}}{2} & -\frac{\sqrt{5}}{5} & 0 \end{bmatrix} \begin{bmatrix} \sqrt{5} & 0 & 0 \\ 0 & \sqrt{2} & 0 \\ 0 & 0 & 1 \\ 0 & 0 & 0 \\ 0 & 0 & 0 \end{bmatrix} \begin{bmatrix} \frac{\sqrt{6}}{6} & \frac{\sqrt{6}}{3} & \frac{\sqrt{6}}{6} \\ \frac{\sqrt{3}}{3} & -\frac{\sqrt{3}}{3} & \frac{\sqrt{3}}{3} \\ -\frac{\sqrt{2}}{2} & 0 & \frac{\sqrt{2}}{2} \end{bmatrix}. \end{aligned}$$

■

MATLAB은 특잇값분해를 svd명령어를 통해 실행한다. 우리의 예제에 있는 행렬에 대해 실행하기 위하여 먼저 다음과 같이 설정하자.

```
A = [1 0 1; 0 1 0; 0 1 1; 0 1 0; 1 1 0]
```

그러면 다음 명령어는 U, S, V를 생성한다.

```
[U, S, V] = svd(A)
```

행렬 U는 페이지를 벗어나지 않게 하기 위하여 반올림을 취해서 나타내었다.

$$U = \begin{bmatrix} 0.36514837 & -0.81649658 & 0.00000000 & 0.41153421 & 0.17504169 \\ 0.36514837 & 0.40824829 & 0.00000000 & 0.13476900 & 0.82573441 \\ 0.54772256 & 0.00000000 & -0.70710679 & -0.41153421 & -0.17504169 \\ 0.36514837 & 0.40824829 & 0.00000000 & 0.68829942 & -0.47565103 \\ 0.54772256 & 0.00000000 & 0.70710679 & -0.41153421 & -0.17504169 \end{bmatrix},$$

$$S = \begin{bmatrix} 2.236067977499789 & 0 & 0 \\ 0 & 1.414213562373095 & 0 \\ 0 & 0 & 1.000000000000000 \\ 0 & 0 & 0 \\ 0 & 0 & 0 \end{bmatrix},$$

$$V = \begin{bmatrix} 0.408248290463863 & -0.577350269189626 & 0.707106781186547 \\ 0.816496580927726 & 0.577350269189626 & 0.000000000000000 \\ 0.408248290463863 & -0.577350269189625 & -0.707106781186548 \end{bmatrix}.$$

최소자승근사법 (Least Squares Approximation)

많은 분야에서 특잇값분해가 이용이 되는데, 그 중에 하나가 자료맞춤을 위한 최소자승다항식을 찾기 위한 대안이다. A를 $m > n$인 $m \times n$ 행렬로 가정하고 $\mathbf{b} \in \mathbb{R}$이라고 하자. 최소자승의 목적은 $\|A\mathbf{x} - \mathbf{b}\|_2$을 최소로하는 벡터 $\mathbf{x} \in \mathbb{R}^n$를 찾는 것이다.

A의 특잇값분해를 이미 안다고 가정하자. 그러면

$$A = USV^t$$

이며 이 때, U는 $m \times m$ 직교행렬, V는 $n \times n$ 직교행렬, S는 첫 $k \leq n$행에 영이 아닌 특잇값이 내림차순으로 주대각성분에 들어가고 나머지는 0을 가지는 $m \times n$ 행렬이다. U와 V는 둘 다 직교이므로 직교행렬의 성질 (iii)에 의하여 $U^{-1} = U^t$, $V^{-1} = V^t$가 성립하며 l_2 노름이 유지된다. 또한,

$$\|A\mathbf{x} - \mathbf{b}\|_2 = \|USV^t\mathbf{x} - UU^t\mathbf{b}\|_2 = \|U(SV^t\mathbf{x} - U^t\mathbf{b}\|_2 = \|SV^t\mathbf{x} - U^t\mathbf{b}\|_2$$

이 된다. $\mathbf{z} = V^t\mathbf{x}$이고 $\mathbf{c} = U^t\mathbf{b}$라고 하자. 그러면 $S\mathbf{z} = (s_1z_1, s_2z_2, \ldots, s_kz_k, 0, \ldots, 0)^t$이고

$$\begin{aligned} \|A\mathbf{x} - \mathbf{b}\|_2 = \|S\mathbf{z} - \mathbf{c}\|_2 &= \|(s_1z_1 - c_1, s_2z_2 - c_2, \ldots, s_kz_k - c_k, -c_{k+1}, \ldots, -c_m)^t\|_2 \\ &= \left\{ \sum_{i=1}^{k} (s_iz_i - c_i)^2 + \sum_{i=k+1}^{m} (c_i)^2 \right\}^{1/2} \end{aligned}$$

이다. 노름은 $\mathbf{z}$를 다음과 같이 정할 때 최소가 된다.

$$z_i = \left\{ \begin{array}{cc} \frac{c_i}{s_i}, & i = 1, 2, \ldots, k \\ \text{임의의 값}, & i = k+1, k+2, \ldots, m \end{array} \right\}.$$

$\mathbf{c} = U^t\mathbf{b}$와 $\mathbf{x} = V\mathbf{z}$ 둘 다 계산하기 용이하기 때문에, 최소자승해 또한 찾기 쉽다. 그리고 근사오차는 다음과 같이 주어진다.

$$\|A\mathbf{x} - \mathbf{b}\|_2 = \left\{ \sum_{i=k+1}^{m} c_i^2 \right\}^{1/2}$$

예제 9.6.5 특잇값분해를 사용하여 표 9.5에서의 값에 대한 이차 최소자승다항식을 결정하라.

풀이

이 문제는 8.2절에서 일반적인 등식을 이용하여 해결했었다. 여기서는 먼저 A, $\mathbf{x}$, $\mathbf{b}$의 적절한 형태를 찾아보자. 해당 예제에서는 다음 등식의 계수 a_0, a_1, a_2를 찾는 것으로 묘사했다.

$$P_2(x) = a_0 + a_1x + a_2x^2$$

i	x_i	y_i
1	0	1.0000
2	0.25	1.2840
3	0.50	1.6487
4	0.75	2.1170
5	1.00	2.7183

표 9.5

이를 행렬 형식으로 나타내기 위하여 다음과 같이 가정하자.

$$\mathbf{a} = \begin{bmatrix} a_0 \\ a_1 \\ a_2 \end{bmatrix}, \quad \mathbf{b} = \begin{bmatrix} y_0 \\ y_1 \\ y_2 \\ y_3 \\ y_4 \end{bmatrix} = \begin{bmatrix} 1.0000 \\ 1.2840 \\ 1.6487 \\ 2.1170 \\ 2.7183 \end{bmatrix},$$

$$A = \begin{bmatrix} 1 & x_0 & x_0^2 \\ 1 & x_1 & x_1^2 \\ 1 & x_2 & x_2^2 \\ 1 & x_3 & x_3^2 \end{bmatrix} = \begin{bmatrix} 1 & 0 & 0 \\ 1 & 0.25 & 0.0625 \\ 1 & 0.5 & 0.25 \\ 1 & 0.75 & 0.5625 \\ 1 & 1 & 1 \end{bmatrix}.$$

A의 특잇값분해 $A = USV^t$는 다음과 같은 형태를 가지게 된다.

$$U = \begin{bmatrix} -0.2945 & -0.6327 & 0.6314 & -0.0143 & -0.3378 \\ -0.3466 & -0.4550 & -0.2104 & 0.2555 & 0.7505 \\ -0.4159 & -0.1942 & -0.5244 & -0.6809 & -0.2250 \\ -0.5025 & 0.1497 & -0.3107 & 0.6524 & -0.4505 \\ -0.6063 & 0.5767 & 0.4308 & -0.2127 & 0.2628 \end{bmatrix},$$

$$S = \begin{bmatrix} 2.7117 & 0 & 0 \\ 0 & 0.9371 & 0 \\ 0 & 0 & 0.1627 \\ 0 & 0 & 0 \\ 0 & 0 & 0 \end{bmatrix}, \quad V^t = \begin{bmatrix} -0.7987 & -0.4712 & -0.3742 \\ -0.5929 & 0.5102 & 0.6231 \\ 0.1027 & -0.7195 & 0.6869 \end{bmatrix}.$$

그러므로

$$\mathbf{c} = U^t \begin{bmatrix} y_0 \\ y_1 \\ y_2 \\ y_3 \\ y_4 \end{bmatrix} = \begin{bmatrix} -0.2945 & -0.6327 & 0.6314 & -0.0143 & -0.3378 \\ -0.3466 & -0.4550 & -0.2104 & 0.2555 & 0.7505 \\ -0.4159 & -0.1942 & -0.5244 & -0.6809 & -0.2250 \\ -0.5025 & 0.1497 & -0.3107 & 0.6524 & -0.4505 \\ -0.6063 & 0.5767 & 0.4308 & -0.2127 & 0.2628 \end{bmatrix}^t \begin{bmatrix} 1 \\ 1.284 \\ 1.6487 \\ 2.117 \\ 2.7183 \end{bmatrix}$$

$$= \begin{bmatrix} -4.1372 \\ 0.3473 \\ 0.0099 \\ -0.0059 \\ 0.0155 \end{bmatrix}$$

이며 **z**는 다음을 만족한다.

$$z_1 = \frac{c_1}{s_1} = \frac{-4.1372}{2.7117} = -1.526, \quad z_2 = \frac{c_2}{s_2} = \frac{0.3473}{0.9371} = 0.3706,$$
$$z_3 = \frac{c_3}{s_3} = \frac{0.0099}{0.1627} = 0.0609$$

이는 $P_2(x)$의 최소자승계수를 다음과 같이 결정한다.

$$\begin{bmatrix} a_0 \\ a_1 \\ a_2 \end{bmatrix} = \mathbf{a} = V\mathbf{z} = \begin{bmatrix} -0.7987 & -0.5929 & 0.1027 \\ -0.4712 & 0.5102 & -0.7195 \\ -0.3742 & 0.6231 & 0.6869 \end{bmatrix} \begin{bmatrix} -1.526 \\ 0.3706 \\ 0.0609 \end{bmatrix} = \begin{bmatrix} 1.005 \\ 0.8642 \\ 0.8437 \end{bmatrix}$$

이는 8.2절에서 다뤘던 예제의 결과와 일치한다. 이 값을 사용한 최소자승오차는 **c**의 마지막 두 요소를 사용해 다음과 같이 구할 수 있다.

$$E = \|A\mathbf{a} - \mathbf{b}\|_2^2 = c_4^2 + c_5^2 = (-0.0059)^2 + (0.0155)^2 = 3.07 \times 10^{-4}$$

■

다른 응용들 (Other Applications)

다양한 응용들에 있어서 특잇값분해의 중요성의 이유는 매우 작은 크기의 행렬을 이용해서 $m \times n$ 행렬의 가장 중요한 특성들을 구할 수 있다는 것이다. 특잇값이 S의 대각부분에 내림차순으로 정렬되기 때문에 오로지 S의 첫 k 행과 열을 유지하는 것만으로 행렬 A를 근사할 수 있다. $m \times n$ 행렬 A에 대한 고윳값분해를 나타내는 그림 9.2를 다시 떠올려보자.

$n \times n$ 행렬 S를 가장 중요한 특잇값을 포함한 $k \times k$ 행렬 S_k로 대체하자. 이것은 오로지 영이 아닌 값들에 대해서만 행해지지만, 상대적으로 작은 특잇값들 또한 제거할 수 있다. 특잇값분해의 과정에 따라 대응하는 $k \times n$ 행렬 U_k와 $m \times k$ 행렬 V_k^t를 결정하자. 이는 그림 9.3에서 어두운 부분으로 나타내어진다.

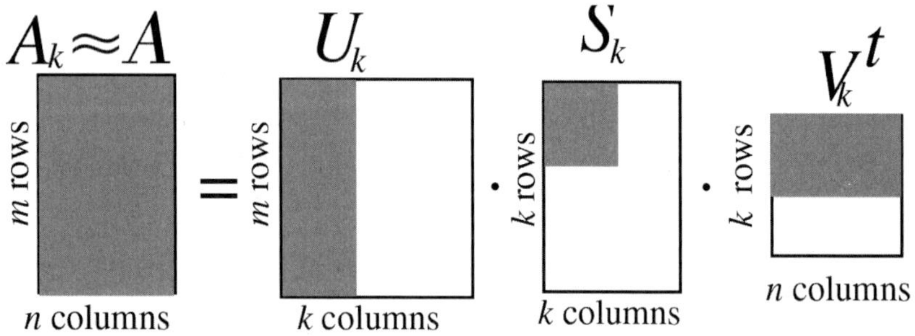

그림 9.3

새로운 행렬 $A_k = U_k S_k V_k^t$는 여전히 $m \times n$ 차원이며 $m \cdot n$개의 저장 공간이 필요하다. 하지만 분해된 형태에서는 U_k를 위해서 $m \cdot k$, S_k를 위해서 k, V_k^t를 위해서 $n \cdot k$, 총 $k(m + n + 1)$개의 저장 공간이 필요하다.

예를 들어 $m = 2n$, $k = n/3$으로 가정해보자. 원래 행렬 A는 $mn = 2n^2$의 데이터를 가지게 된다. 하지만 분해를 통해 만들어진 A_k는 오로지 U_k를 위해 $mk = 2n^2/3$, S_k를 위해 k, V_k^t를 위해 $nk = n^2/3$개, 총 $(n/3)(3n + 1)$개의 저장 공간이 필요하다. 이는 약 50% 정도의 저장 공간을 줄일 수 있으며, 이러한 과정을 데이터 압축(data compression)이라 부른다.

예제 9.6.4에서 우리는

$$A = \begin{bmatrix} 1 & 0 & 1 \\ 0 & 1 & 0 \\ 0 & 1 & 1 \\ 0 & 1 & 0 \\ 1 & 1 & 0 \end{bmatrix} = USV^t = \begin{bmatrix} \frac{\sqrt{30}}{15} & \frac{\sqrt{6}}{3} & 0 & \frac{\sqrt{5}}{5} & 0 \\ \frac{\sqrt{30}}{15} & -\frac{\sqrt{6}}{6} & 0 & \frac{\sqrt{5}}{5} & \frac{\sqrt{2}}{2} \\ \frac{\sqrt{30}}{10} & 0 & \frac{\sqrt{2}}{2} & -\frac{\sqrt{5}}{5} & 0 \\ \frac{\sqrt{30}}{15} & -\frac{\sqrt{6}}{6} & 0 & \frac{\sqrt{5}}{5} & -\frac{\sqrt{2}}{2} \\ \frac{\sqrt{30}}{10} & 0 & -\frac{\sqrt{2}}{2} & -\frac{\sqrt{5}}{5} & 0 \end{bmatrix} \times \begin{bmatrix} \sqrt{5} & 0 & 0 \\ 0 & \sqrt{2} & 0 \\ 0 & 0 & 1 \\ 0 & 0 & 0 \\ 0 & 0 & 0 \end{bmatrix} \begin{bmatrix} \frac{\sqrt{6}}{6} & \frac{\sqrt{6}}{3} & \frac{\sqrt{6}}{6} \\ \frac{\sqrt{3}}{3} & -\frac{\sqrt{3}}{3} & \frac{\sqrt{3}}{3} \\ -\frac{\sqrt{2}}{2} & 0 & \frac{\sqrt{2}}{2} \end{bmatrix}.$$

가 됨을 보였다. 이 분해에 대한 줄어든 행렬은 다음과 같다.

$$U_3 = \begin{bmatrix} \frac{\sqrt{30}}{15} & \frac{\sqrt{6}}{3} & 0 \\ \frac{\sqrt{30}}{15} & -\frac{\sqrt{6}}{6} & 0 \\ \frac{\sqrt{30}}{10} & 0 & \frac{\sqrt{2}}{2} \\ \frac{\sqrt{30}}{15} & -\frac{\sqrt{6}}{6} & 0 \\ \frac{\sqrt{30}}{10} & 0 & -\frac{\sqrt{2}}{2} \end{bmatrix}, \quad S_3 = \begin{bmatrix} \sqrt{5} & 0 & 0 \\ 0 & \sqrt{2} & 0 \\ 0 & 0 & 1 \end{bmatrix},$$

$$V_3^t = \begin{bmatrix} \frac{\sqrt{6}}{6} & \frac{\sqrt{6}}{3} & \frac{\sqrt{6}}{6} \\ \frac{\sqrt{3}}{3} & -\frac{\sqrt{3}}{3} & \frac{\sqrt{3}}{3} \\ -\frac{\sqrt{2}}{2} & 0 & \frac{\sqrt{2}}{2} \end{bmatrix}.$$

그러므로

$$S_3V_3^t = \begin{bmatrix} \frac{\sqrt{30}}{6} & \frac{\sqrt{30}}{3} & \frac{\sqrt{30}}{6} \\ \frac{\sqrt{6}}{3} & -\frac{\sqrt{6}}{3} & \frac{\sqrt{6}}{3} \\ -\frac{\sqrt{2}}{2} & 0 & \frac{\sqrt{2}}{2} \end{bmatrix}, \quad A_3 = U_3S_3V_3^t \begin{bmatrix} 1 & 0 & 1 \\ 0 & 1 & 0 \\ 0 & 1 & 1 \\ 0 & 1 & 0 \\ 1 & 1 & 0 \end{bmatrix} \equiv A$$

가 된다.

위의 과정에서 계산들은 정확한 산술을 통해 계산되었기 때문에, A_3은 정확히 원래 행렬 A와 일치하지만, 일반적으로는 다섯 자리 산술이 사용되기 때문에 정확하게 일치되지 않는다. 데이터 압축을 통해 만들어진 행렬 A_k가 원래 행렬 A가 다를지의 여부는, A의 고윳값의 상대적인 크기에 달려있다.

데이터 압축은 다양한 분야에 활동된다. 예를 들어, A가 멀리 떨어진 물체의 흑백사진(지구에서 본 위성 사진과 같은)의 픽셀로 이루어진 행렬이라고 가정해보자. 그 사진은 노이즈가 있을 것이다. 즉, 데이터가 실제로 해당 이미지를 나타내지 않고 대기입자, 렌즈의 성능, 재생과정 등으로 인해 손상된 이미지처럼 보여질 것이다. 이런 노이즈 데이터는 A 안에 포함되지만 실제 이미지보다 현저하게 작아야 할 것이다. 이 경우, 큰 특잇값을 이용해 실제 이미지를, 영에 가까운 작은 특잇값을 이용해서 노이즈가 나타날 것이라고 기대할 수 있다. 어떠한 한계점 위에 있는 고윳값만 이용하는 특잇값분해를 이용함으로서 대부분의 노이즈를 제거하고 사이즈가 작고 실제 사진과 더 가까운 실제 이미지를 구할 수 있다. ([AP], 특히 내부의 그림 세 번에 자세한 설명이 나와 있다)

특잇값분해의 다른 중요한 활용으로는 정방행렬의 효과적인 설정값 결정, 행렬의 효과적인 차수의 결정, 신호잡음 제거가 있다. 중요한 주제들에 대한 더 많은 정보와 분해의 기하적인 표현을 얻기위해서, [Ka]의 논문과 그 안에 있는 참고문헌들을 보아라. 이론에 대한 보다 완벽한 설명을 위해서는 Golub과 van Loan의 논문 [GV]를 참고하라.

9.6 연습문제

1. 다음 행렬들의 고윳값을 계산하라.

a. $A = \begin{bmatrix} 2 & 1 \\ 1 & 0 \end{bmatrix}$

b. $A = \begin{bmatrix} 2 & 1 \\ 1 & 1 \\ 0 & 1 \end{bmatrix}$

c. $A = \begin{bmatrix} 2 & 1 \\ -1 & 1 \\ 1 & 1 \\ 2 & -1 \end{bmatrix}$

d. $A = \begin{bmatrix} 1 & 1 & 0 \\ -1 & 0 & 1 \\ 0 & 1 & -1 \\ 1 & 1 & -1 \end{bmatrix}$

2. 연습문제 1에 나온 행렬들에 대해 고윳값 분해를 하라.

3. A가 예제 9.6.3에 나온 행렬이라고 가정하자. A^tA의 고유벡터가 $(1,2,1)^t$, $(1,-1,1)^t$, $(-1,0,1)^t$ 이고 각각에 대응하는 고윳값이 $\lambda_1 = 5$, $\lambda_2 = 2$, $\lambda_3 = 1$ 임을 보여라.

4. A가 $m \times n$ 행렬이라고 가정하자. A^tA와 AA^t가 둘 다 대칭행렬임을 증명하라.

5. A가 $m \times n$ 행렬이라고 가정하자.

a. $\mathbf{v}$가 A^tA의 영이 아닌 고윳값 λ에 대응하는 고유벡터라면, $A\mathbf{v}$가 λ에 대응하는 AA^t의 고유벡터임을 보여라.

b. $\mathbf{v}$가 AA^t의 영이 아닌 고윳값 λ에 대응하는 고유벡터라면, $A^t\mathbf{v}$가 λ에 대응하는 A^tA의 고유벡터임을 보여라.

c. A^tA의 영이 아닌 고윳값은 AA^t의 고윳값임을 보여라.

6. A가 $s_1, s_2, \cdots, s_n$을 특잇값으로 가지는 $n \times n$ 가역행렬이라고 하자.

a. 7.3 에 나온 결과를 이용하여, $\|A\|_2^2 = s_1^2$ 임을 보여라.

b. a를 이용하여 $K_2(A) = \frac{s_1}{s_n}$ 임을 보여라.

7. 다음 표를 이용하여

x_i	1.0	1.1	1.3	1.5	1.9	2.1
y_i	1.84	1.96	2.21	2.45	2.94	3.18

a. 고윳값분해를 써서 이차 최소자승 다항식을 찾아라.

b. 고윳값분해를 써서 삼차 최소자승 다항식을 찾아라.

제 10 장

비선형방정식의 시스템

10.1 개요

이 책의 상당 부분이 연립방정식을 다루고 있지만, 지금까지는 주로

$$a_{i1}x_1 + a_{i2}x_2 + \cdots + a_{in}x_n = b_i, \quad i = 1, 2, \cdots, n$$

형태의 변수 $x_1, x_2, \cdots, x_n$ 을 갖는 일차(linear) 연립방정식이 대상이었다. 이는 비선형연립방정식을 푸는 것이 선형연립방정식을 푸는 것보다 어렵기 때문이었다. 이번 장에서는 보다 일반적인 비선형(nonlinear) 연립방정식의 해를 근사시키는 방법에 대해서 알아보기로 한다.

비선형연립방정식은 풀기 어려운 문제이므로 보통은 일차연립 방정식으로 근사시켜 문제를 푼다. 그러나 결과가 만족스럽지 못할 경우는 직접 비선형 문제를 풀 수 밖에 없다. 가장 직접적인 방법은 2장의 단변수 비선형방정식의 해를 구하는 방법을 변형하여 단변수 대신 연립방정식의 모든 변수를 포함하는 벡터에 대해 문제를 풀도록 하는 것이다. 2장에서 가장 대표적인 방법은 이차 수렴하는 뉴턴 방법이었다. 이 장에서도 우선 이 방법을 수정하여 비선형연립방정식을 풀게 된다. 그러나 이렇게 수정된 뉴턴 방법은 많은 비용을 소모한다. 10.4절에서는 뉴턴 방법처럼 신속히 수렴하지는 못하지만, 보다 쉽게 근사해를 구해주는 수정된 할선법에 대해 알아보기로 한다. 10.5절은 최하향 경사법에 대해 소개한다. 이 방법은 일차 수렴하지만, 보다 수렴이 빠른 방법에서 필요로 하는 시작 근삿값을 필요로 하지 않는다. 그러므로 이 방법은 뉴턴 방법이나 유사한 다른 방법에 대해 양호한 초기 근삿값을 제공하는 역할을 한다. 10.6절은 쉽게 해를 구할 수 있는 문제로부터 원래의 비선형 문제로 이동하기 위해 매개변수를 사용하는 연속 기법을 소개한다.

비선형연립방정식의 형태는 다음과 같다.

$$\begin{aligned}
f_1(x_1, x_2, \cdots, x_n) &= 0 \\
f_2(x_1, x_2, \cdots, x_n) &= 0 \\
\vdots \qquad & \quad \vdots \\
f_n(x_1, x_2, \cdots, x_n) &= 0
\end{aligned}$$

여기서 각 함수는 f_i 는 n-차원 공간 $\mathbb{R}^n$ 의 벡터 $\mathbf{x} = (x_1, x_2, \cdots, x_n)$를 실수축 $\mathbb{R}^n$ 로 사상시키는 함수이다. $n = 2$일 때 비선형연립방정식을 기하학 적으로 표현하면 [그림 10.1]과 같다.

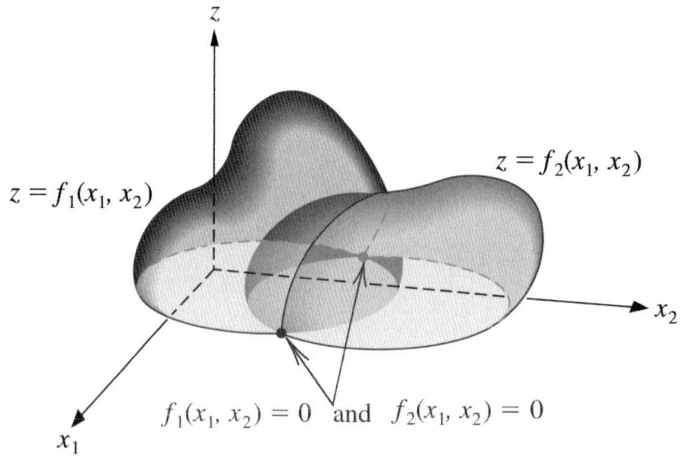

그림 10.1

n 개의 미지수를 갖는 n 개의 비선형 방정식으로 구성된 일반 연립방정식은 함수 $\mathbf{F}$, 즉 $\mathbb{R}^n$ 에서 $\mathbb{R}^n$ 으로의 사상으로 다음과 같이 정의해 표현할 수 있다.

$$\mathbf{F}(x_1, x_2, \ldots, x_n) = (f_1(x_1, x_2, \ldots, x_n), f_2(x_1, x_2, \ldots, x_n), \ldots, f_n(x_1, x_2, \ldots, x_n))^t$$

변수 $x_1, x_2, \cdots, x_n$ 을 벡터로 표현하면 비선형연립방정식은

$$\mathbf{F}(\mathbf{x}) = \mathbf{0}$$

이 된다. 함수 $f_1, f_2, \ldots, f_n$ 은 $\mathbf{F}$ 의 좌표 함수(coordinate functions)이다.

예제 10.1.1 3×3 비선형연립방정식

$$\begin{aligned} 3x - \cos(yz) - \frac{1}{2} &= 0 \\ x^2 - 81(y+0.1)^2 + \sin z + 1.06 &= 0 \\ e^{-xy} + 20z + \frac{1}{3}(10\pi - 3) &= 0 \end{aligned}$$

은 R^3 에서 R 로의 세 개의 좌표 함수 f_1, f_2 그리고 f_3 을 다음과 같이 정의 해 $\mathbf{F}(\mathbf{x}) = \mathbf{0}$ 형태로 표시할 수 있다.

풀이

$$\begin{aligned} f_1(x, y, z) &= 3x - \cos(yz) - \frac{1}{2} \\ f_2(x, y, z) &= x^2 - 81(y+0.1)^2 + \sin z + 1.06 \\ f_3(x, y, z) &= e^{-xy} + 20z + \frac{1}{3}(10\pi - 3) \end{aligned}$$

$\mathbb{R}^3 \to \mathbb{R}^3$ 인 $\mathbf{F}$ 를 정의하면 다음과 같다.

$$\begin{aligned} \mathbf{F}(\mathbf{x}) &= \mathbf{F}(x, y, z) = (f_1(x, y, z), f_2(x, y, z), f_3(x, y, z))^t \\ &= \left(3x - \cos(yz) - \frac{1}{2}, x^2 - 81(y+0.1)^2 + \sin z + 1.06, e^{-xy} + 20z + \frac{1}{3}(10\pi - 3)\right)^t \end{aligned}$$

비선형연립방정식의 해법을 알아보기 전에 $\mathbb{R}^n$ 에서 $\mathbb{R}$, $\mathbb{R}^n$ 에서 $\mathbb{R}^n$ 으로의 함수에 대한 연속성과 미분 가능성에 대해 알아보자. 이는 1.2절에서 $\mathbb{R}$ 에서 $\mathbb{R}$ 로의 함수에 대해 논의한 내용과 유사하다.

f 를 집합 $D \subset \mathbb{R}^n$ 과 사상 $\mathbb{R} \to \mathbb{R}$ 상에서 정의된 함수라 하자. 함수 f 가 $\mathbf{x_0}$ 에서 극한값(limit) L 을 갖는다는 사실은

$$\lim_{\mathbf{x} \to \mathbf{x_0}} f(\mathbf{x}) = L$$

로 표기한다. 이는 임의의 수 $\varepsilon > 0$ 가 주어졌을 때 다음의 성질을 만족하는 수 $\delta > 0$ 가 존재해야 성립한다.

$$|f(\mathbf{x}) - L| < \varepsilon, \text{ 여기서 } \mathbf{x} \in D,\ 0 < \|\mathbf{x} - \mathbf{x}_0\| < \delta$$

여기서 노름은 어느 것을 사용해도 무방하다. δ 의 값은 노름의 선택에 좌우되지만, δ 의 존재 여부는 노름과 무관하다. $\lim_{x \to x_0} F(\mathbf{x})$ 가 존재하고 그 값이 $f(\mathbf{x_0})$ 라면 함수 f 는 $\mathbf{x_0} \in D$ 에서 연속 (continuous)이라고 한다. 또한 D 의 모든 점에서 연속이면 f 는 집합 D 상에서 연속(fontinuois on a set D)이라고 한다. 이를 $f \in C(D)$ 로 표시한다.

$\mathbb{R}^n$ 에서 $\mathbb{R}^n$ 으로의 함수의 극한값과 연속성은 $\mathbb{R}^n$ 에서 $\mathbb{R}$ 로의 좌표 함수를 고려해 정의한다. F 를 $D \subset \mathbb{R}^n$ 에서 $\mathbb{R}^n$ 으로의 함수라 하고

$$\mathbf{F}(\mathbf{x}) = (f_1(\mathbf{x}), f_2(\mathbf{x}), \ldots, f_n(\mathbf{x}))^t$$

라 하자. 모든 $i = 1, 2, \ldots, n$ 에 대해 $\lim_{\mathbf{x} \to \mathbf{x}_0} f_i(\mathbf{x}) = L_i$ 일 때

$$\lim_{x \to 0} \mathbf{F}(\mathbf{x}) = \mathbf{L} = (L_1, L_2, \ldots, L_n)^t$$

로 정의한다. $\lim_{\mathbf{x} \to \mathbf{x_0}} \mathbf{f}_i(\mathbf{x})$ 가 존재하고 그 값이 $\mathbf{F}(\mathbf{x}_0)$ 일 때 함수 $\mathbf{F}$ 는 $\mathbf{x}_0 \in D$ 에서 연속이라고 한다. f 가 D 의 모든 $\mathbf{x}$ 에서 연속이면 $\mathbf{F}$ 는 집합 D 상에서 연속이라고 한다.

MATLAB에서는 함수 solve를 이용하여 연립방정식을 푼다. 예를 들어, 비선형연립방정식

$$\begin{aligned} x + \cos(xyz) &= 1 \\ (1-x)^{1/4} + y + 0.05z^2 - 0.15z &= 1 \\ -x^2 - 0.1y^2 + 0.01y + z &= 1 \end{aligned}$$

의 해는 $x = 0, y = 0.1, z = 1.0$ 이다.

10.2 Taylor 정리

Taylor 정리는 비선형방정식을 선형 방정식으로, 국소적으로 근사하고 미분에 대한 유한차분법을 유도할 때 사용한다.

> **정리 10.2.1 [1변수 함수의 Taylor 정리]**
>
> 함수 f를 1변수에 대한 $\mathbb{R}$에서 $\mathbb{R}$로 가는 매끄러운 함수(smooth function)이라고 하자. 그러면 다음과 같이 Taylor 정리를 나타낼 수 있다.
>
> $$f(x) = f(x_0) + f'(x_0)h + \frac{f''(x_0)}{2}h^2 + \cdots + \frac{f^{(k)}(x_0)}{k!}h^k + R_k(x_0, h), \quad h = x - x_0$$

여기서

$$R_k(x_0, h) = \int_{x_0}^{x} \frac{(x-\tau)^k}{k!} f^{k+1}(\tau)d\tau \tag{10.1}$$

$R_k(x_0, h)$는 나머지항이며 작은 h에 대하여 다음을 만족한다.

$$\lim_{x \to 0} \frac{R_k(x_0, h)}{h^k} = 0$$

이제 본격적으로 Taylor정리를 증명해 보자. 증명은 다음과 같은 미적분학의 기본적인 정리에서 시작한다.

$$\int_{x_0}^{x} f'(\tau)d\tau = f(x) - f(x_0)$$

위 식의 $\int_{x_0}^{x} f'(\tau)d\tau$는 부분적분에 의하여 다음과 같이 정리된다.

$$\begin{aligned} \int_{x_0}^{x} f'(\tau)d\tau &= \int_{x_0}^{x} f'(\tau)(\tau - x)'d\tau = [f'(\tau)(\tau - x)]_{x_0}^{x} - \int_{x_0}^{x} f''(\tau)(\tau - x)d\tau \\ &= f'(\tau) - \int x_0{}^x f''(\tau)(\tau - x)d\tau \end{aligned}$$

이렇게 정리된 식에서 적분식에 다시 한 번 부분적분을 적용하여 계산하면, 다음과 같은 결과를 얻게 된다.

$$\begin{aligned} \int_{x_0}^{x} f'(\tau)d\tau &= f'(\tau) - \int_{x_0}^{x} f''(\tau)(\tau - x)d\tau = f'(\tau) - \int_{x_0}^{x} f''\Big(\frac{1}{2}(\tau - x_0 - h)^2\Big)'d\tau \\ &= f'(\tau) - \Big[f''\Big(\frac{1}{2}(\tau - x_0 - h)^2\Big)\Big]_{x_0}^{X} + \int_{x_0}^{x} f'''(\tau)(\tau - x)^2 d\tau \\ &= f'(\tau) + \frac{1}{2}h^2 f''(\tau) + \int_{x_0}^{x} f'''(\tau)(\tau - x)^2 d\tau \end{aligned}$$

미적분학의 기본정리에, 위에서 얻은 결과를 대입하면 다음과 같은 이차 Taylor 공식이 된다.

$$f(x) = f(x_0) + f'(x_0)h + \frac{1}{2}f''(x_0)h^2 + \frac{1}{2}\int_{x_0}^{x} f'''(\tau)(\tau - x)^2 d\tau$$

이를 $k=2$일 때의 Taylor 정리라고 한다. 그리고 일반적인 k에 대한 Taylor 정리는 부분적분을 반복하면 구할 수 있다. 앞서 기술한 $h \to 0$일 때 $\frac{F_k(x_0,h)}{h^k} \to 0$ 임을 보이자. 구간 $[x_0, x]$에서 r에 대해 우리는 $|x-\tau| \le |h|$와 $f^{k+1}(\tau)$를 얻는다. 이 과정을 계속하면 유계(bounded)하게 된다. 즉, $|f^{k+1}(\tau)| \le M$이다. 그러면

$$\begin{aligned} |R_k(x_0,h)| &= \left|\int_{x_0}^{x} \frac{(x-\tau)^k}{k!} f^{k+1}(\tau)d\tau\right| \le M\left|\int_{x_0}^{x} \frac{(x-\tau)^k}{k!} d\tau\right| \\ &= M\left|\left[-\frac{(x-\tau)^{k+1}}{(k+1)!}\right]_{x_0}^{x}\right| = \frac{M|h|^{k+1}}{(k+1)!} \end{aligned}$$

여기서, $h \to 0$일 때 $|\frac{F_k(x_0,h)}{h^k}| \le |h|\frac{M}{(k+1)!} \to 0$임을 볼 수 있다.

예제 10.2.2 $f(x) = e^x + 1$의 $x_0 = 0$에서 일차 근사식과 이차 근사식을 구해보자.

풀이 $\Rightarrow f(0) = 2, f'(x) = e^x$이므로 $f'(0) = 1$이다. 따라서 $e^x + 1$의 $x_0 = 0$에서 일차식은 $2 + x$, 이차식은 $2 + x + \frac{x^2}{2}$이다. Taylorone.m은 1변수 함수의 일차 근사식과 이차 근사식을 구하는 MATLAB 코드이다. Taylorone.m을 실행하면 그림 10.2 같은 결과를 얻을 수 있다. ■

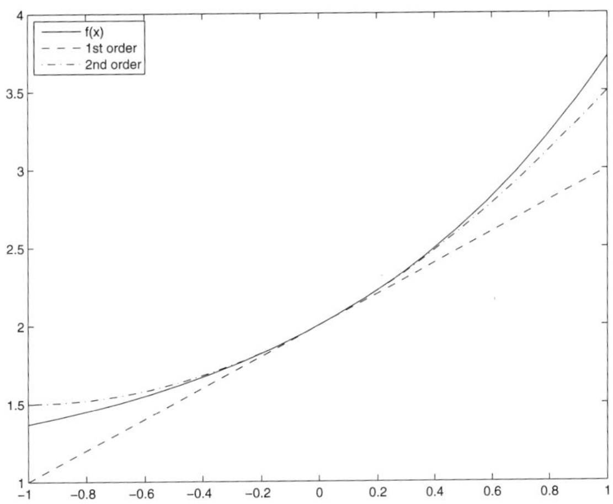

그림 10.2 일차식과 이차식의 비교

예제 10.2.3 Taylor series는 매끄러운 함수의 한 점에서의 값과 모든 미분값을 알 때, 원래 함수의 근사를 구할 수 있는 상당히 유용한 방법이다. 위의 Taylor series 공식을 이용해서 $\frac{4}{5}\pi$가 x_0일 때 cos 함수의 삼차 Taylor 다항식을 구해보자.

풀이 $\cos x$를 한 번 미분하면 $-\sin x$이고 두 번 미분하면 $-\cos x$이므로 일차 Taylor 다항식은 $\cos(\frac{4}{5}\pi) - \sin(\frac{4}{5}\pi)(x - \frac{4}{5}\pi)$, 이차 Taylor 다항식은 $\cos(\frac{4}{5}\pi) - \sin(\frac{4}{5}\pi)(x - \frac{4}{5}\pi) - \frac{\cos(\frac{4}{5}\pi)}{2!}(x - \frac{4}{5}\pi)^2$, 삼차다항식은 $\cos(\frac{4}{5}\pi) - \sin(\frac{4}{5}\pi)(x - \frac{4}{5}\pi) - \frac{\cos(\frac{4}{5}\pi)}{2!}(x - \frac{4}{5}\pi)^2 + \frac{\sin(\frac{4}{5}\pi))}{3!}(x - \frac{4}{5}\pi))^3$ 이다.
TaylorEX.m을 실행하면 그림 10.3 같은 결과를 얻을 수 있다. ■

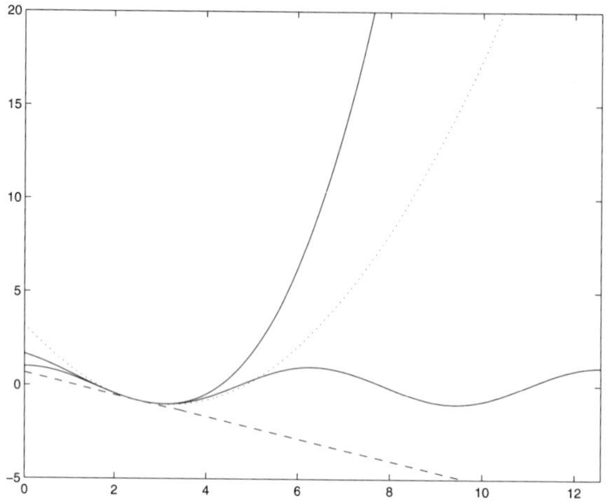

그림 10.3 cos 함수의 Taylor 다항식

정리 10.2.4 **[2변수 함수의 Taylor 정리]**

함수 f가 점 $P=(x_0,y_0)$의 한 근방 $N(P)$에서 연속인 n계 편도함수를 가질 때, 근방 $N(P)$에 속하는 점 $Q=(x,y)$에 대해서 아래식이 성립한다.

$$\begin{aligned} f(x,y) &= f(x_0,y_0)+\Big(\frac{\partial}{\partial x}(x-x_0)+k\frac{\partial}{\partial y}(y-y_0)\Big)f(x_0,y_0) \\ &+\frac{1}{2}\Big(\frac{\partial}{\partial x}(x-x_0)+k\frac{\partial}{\partial y}(y-y_0)\Big)^2 f(x_0,y_0)+\cdots \\ &+\frac{1}{n!}\Big(\frac{\partial}{\partial x}+k\frac{\partial}{\partial y}\Big)^n f(x_0,y_0)+E_n \end{aligned}$$

$$f(x,y)=f(x_0+(x-x_0),y_0+(y-y_0))=f(x_0+\triangle x,y_0+\triangle y)$$

이고

$$z(t)=f(x(t),y(t))=f(x_0+t\triangle x,y_0+t\triangle y)$$

라고 하자. 그러면

$$z(1)=f(x_0+t\triangle x,y_0+t\triangle y)=f(x,y)$$

가 된다. 이때, $z(1)$은 일변수 함수의 테일러 전개에 의해,

$$z(1)=z(0)+z'(0)(1-0)+\frac{1}{2!}(1-0)^2+\cdots+\frac{1}{n!}z^{(n)}(0)(1-0)^n+R_n$$

이 된다.

$$
\begin{aligned}
z(0) &= f(x(0), y(0)) = f(x_0, y_0) \\
z'(t) &= \frac{\partial}{\partial x} f(x(t), y(t)) \triangle x + \frac{\partial}{\partial y} f(x(t), y(t)) \triangle y \\
z'(0) &= \frac{\partial}{\partial x} f(x(0), y(0)) \triangle x + \frac{\partial}{\partial y} f(x(0), y(0)) \triangle y \\
z''(0) &= \frac{\partial^2}{\partial x^2} f(x_0, y_0) \partial x^2 + \frac{\partial}{\partial y}\frac{\partial}{\partial x} f(x_0, y_0) \partial x \partial y + \frac{\partial}{\partial x}\frac{\partial}{\partial y} f(x_0, y_0) \partial y \partial x \\
&\quad + \frac{\partial^2}{\partial y^2} f(x_0, y_0) \partial y^2 = \left(\partial x\left(\frac{\partial}{\partial x}\right) + \partial y\left(\frac{\partial}{\partial y}\right)\right)^2 f(x_0, y_0) \\
&\vdots
\end{aligned}
$$

위의 값들을 $x(1)$ 식에 대입하면,

$$
\begin{aligned}
z(1) &= f(x_0, y_0) + \left(\partial x\left(\frac{\partial}{\partial x}\right) + \partial y\left(\frac{\partial}{\partial y}\right)\right) f(x_0, y_0) \\
&\quad + \frac{1}{2!}\left(\partial x\left(\frac{\partial}{\partial x}\right) + \partial y\left(\frac{\partial}{\partial y}\right)\right)^2 f(x_0, y_0) \\
&\quad + \cdots + \frac{1}{n!}\left(\partial x\left(\frac{\partial}{\partial x}\right) + \partial y\left(\frac{\partial}{\partial y}\right)\right)^n f(x_0, y_0) + E_n
\end{aligned}
$$

2변수 함수의 Taylor 정리를 얻는다.

예제 10.2.5 $f(x, y) = e^{x+y} + 1$ 의 $(x_0, y_0) = (0, 0)$ 에서 일차근사식과 이차근사식을 구해보자.

풀이 $f(0,0) = 2, f_x(x,y) = f_y(x,y) = e^{x+y}$ 이므로 $f_x(0,0) = f_y(0,0) = 1$ 이고, $f_{xx}(x,y) = f_{yy}(x,y) = e^{x+y}$ 이므로 $f_{xx}(0,0) = f_{yy}(0,0) = 1$ 이다. 따라서 $f(x,y)$ 의 $(x_0, y_0) = (0,0)$ 에서 일차식은 $2 + x + y$ 이고 이차식은 $2 + x + y + \frac{(x^2+2xy+y^2)}{2}$ 이다. Taylortwo.m은 2변수 함수의 일차근사식과 이차근사식을 구하는 MATLAB코드이다. Taylortwo.m을 실행하면 그림 10.4 같은 결과를 얻을 수 있다. ■

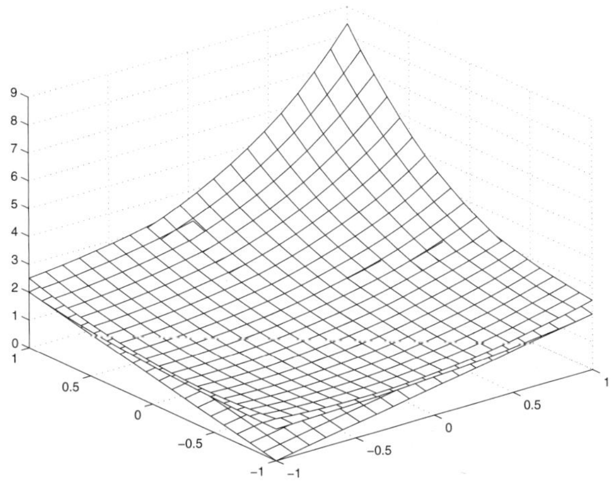

그림 10.4 일차식과 이차식의 비교

정리 10.2.6 **[3변수 함수의 Taylor 정리]**

함수 $f(x,y,z)$가 점 $P=(x_0,y_0,z_0)$의 한 근방 $N(P)$에서 연속인 n계 편도함수를 가질 때, 근방 $N(P)$에 속하는 점 $Q=(x_0+h,y_0+k,z_0+l)$에 대해서 아래식이 성립한다.

$$\begin{aligned} f(x_0+h,y_0+k,z_0+l) &= f(x_0,y_0,z_0)+\Big(h\frac{\partial}{\partial x}+k\frac{\partial}{\partial y}+l\frac{\partial}{\partial z}\Big)f(x_0,y_0,z_0) \\ &+\frac{1}{2}\Big(h\frac{\partial}{\partial x}+k\frac{\partial}{\partial y}+l\frac{\partial}{\partial z}\Big)^2 f(x_0,y_0,z_0)+\cdots \\ &+\frac{1}{(n-1)!}\Big(h\frac{\partial}{\partial x}+k\frac{\partial}{\partial y}+l\frac{\partial}{\partial z}\Big)^{n-1} f(x_0,y_0,z_0) \\ &+\frac{1}{n!}\Big(h\frac{\partial}{\partial x}+k\frac{\partial}{\partial y}+l\frac{\partial}{\partial z}\Big)^{n} f(x_0+\theta h,y_0+\theta k,z_0+\theta l), \\ &0\le t\le 1 \end{aligned}$$

$x=x_0+ht, y=y_0+kt, z=z_0+lt\ (0\le t\le 1)$로 놓으면 $f(x,y,z)$는 t만의 함수가 된다.

$$F(t)=f(x,y,z)=f(x_0+ht,y_0+kt,z_0+lt)$$

으로 놓으면 1변수 함수의 Taclaurin 전개에 의해

$$\begin{aligned} F(t) &= F(0)+F'(0)t+\frac{F''(0)}{2!}t^2+\cdots \\ &\frac{F^{(n-1)}(0)}{(n-1)!}t^{n-1}+\frac{F^n(\theta t)}{n!}T^N,\quad 0<\theta<1 \end{aligned}$$

이 된다. 또한,

$$\frac{d^nF}{dt^n}=\Big(h\frac{\partial}{\partial x}+k\frac{\partial}{\partial y}+l\frac{\partial}{\partial z}\Big)^n f(x,y,z)$$

이므로

$$F^{(n)}(0)=\Big(h\frac{\partial}{\partial x}+k\frac{\partial}{\partial y}+l\frac{\partial}{\partial z}\Big)^n f(x_0,y_0,z_0)$$

이 된다. 따라서

$$\begin{aligned} F(t) &= f(x_0+ht,y_0+kt,z_0+lt) \\ &= f(x_0,y_0,z_0)+t\Big(h\frac{\partial}{\partial x}+k\frac{\partial}{\partial y}+l\frac{\partial}{\partial z}\Big)f(x_0,y_0,z_0) \\ &+\frac{t^2}{2!}\Big(h\frac{\partial}{\partial x}+k\frac{\partial}{\partial y}+l\frac{\partial}{\partial z}\Big)^2 f(x_0,y_0,z_0)+\cdots \\ &+\frac{t^{(n-1)}}{(n-1)!}\Big(h\frac{\partial}{\partial x}+k\frac{\partial}{\partial y}+l\frac{\partial}{\partial z}\Big)^{(n-1)} f(x_0,y_0,z_0) \\ &+\frac{t^n}{n!}\Big(h\frac{\partial}{\partial x}+k\frac{\partial}{\partial y}+l\frac{\partial}{\partial z}\Big)^{n} f(x_0+\theta ht,y_0+\theta kt,z_0+\theta lt),\quad 0<\theta<1 \end{aligned}$$

이 됨을 알 수 있다.

여기서 $t=1$로 놓으면, 3변수 함수의 Taylor 정리를 얻는다.

10.3 연립방정식에 대한 뉴턴 방법

단변수 비선형방정식에 대한 뉴턴 방법에서는

$$f(x) = 0$$

에 대한 해 p를 근사시키기 위해, 초기 근삿값 p_0를 필요로 하며

$$p_k = p_{k-1} - \frac{f(p_{k-1})}{f'(p_{k-1})}, \quad k \geq 1$$

로 정의되는 수열을 생성한다. 이 방법을 수정하여 벡터 방정식

$$\mathbf{F}(\mathbf{x}) = \mathbf{0}$$

의 해 $\mathbf{p}$를 구하려면 우선 초기 근사 벡터 $\mathbf{p}^{(0)}$을 결정해야 한다. 그리고 나서 단변수 뉴턴 방법을 어떻게 벡터 함수 방법으로 수정할 지를 결정해야 한다. 이 벡터 방법은 동일한 수렴 특성을 지녀야 하며, 벡터에선 나눗셈이 정의되어 있지 않으므로 나눗셈을 필요로 하지 않아야 한다. 또한 단변수에 대한 뉴턴 방법의 f의 도함수를 벡터 함수 $\mathbf{F}$에 적당한 다른 것으로 대체해야 한다.

Jacobian 행렬 (The Jacobian Matrix)

단변수 함수 f의 도함수 f'는 독립변수의 변화가 함숫값의 변화에 미치는 영향을 기술한다. 벡터 함수 $\mathbf{F}$는 n개의 상이한 변수 $x_1, x_2, \cdots, x_n$과 n개의 상이한 성분 함수 $f_1, f_2, \cdots, f_n$을 가지며, 이들 각각은 변수 중 하나가 변하면 따라서 변한다. 단변수 뉴턴 방법에서 벡터 형태에 맞게 도함수를 수정할 때 n^2개의 가능한 모든 변화를 고려해야 한다. n^2항목은 $n \times n$행렬로 표현한다. 변수 s_j의 변화 시 성분 함수 f_i의 변화는 편도함수

$$\frac{\partial f_i}{\partial x_j}$$

로 표현된다. 그러므로 단변수 경우의 도함수는 $n \times n$행렬

$$\mathbf{J}(\mathbf{x}) = \begin{bmatrix} \frac{\partial f_1}{\partial x_1} & \frac{\partial f_1}{\partial x_2} & \cdots & \frac{\partial f_1}{\partial x_n} \\ \frac{\partial f_2}{\partial x_1} & \frac{\partial f_2}{\partial x_2} & \cdots & \frac{\partial f_2}{\partial x_n} \\ \vdots & \vdots & & \vdots \\ \frac{\partial f_n}{\partial x_1} & \frac{\partial f_n}{\partial x_2} & \cdots & \frac{\partial f_n}{\partial x_n} \end{bmatrix}$$

에 의해 대체된다. 행렬 $J(\mathbf{x})$는 **Jacobi** 행렬(Jacobian matrix)이라 한다. Jacobi 행렬은 다양한 분석응용에서 사용된다. 특히 변숫값들의 변화가 요구되는 영역상에서 다변수함수의 다중적분에 응용된다. 예를 들어 다중적분을 사각형에서 구 좌표로 변경할 때 이 방법을 사용할 수 있다.

연립방정식을 위한 뉴턴 방법에서는 단변수 경우의 도함수가 벡터환경의 $n \times n$ Jacobi행렬로 바뀌고, 도함수를 분모로 한 나눗셈을 Jacobi 행렬의 역행렬로 대체한다. 결과적으로, 벡터 방정식 $\mathbf{F}(\mathbf{x}) = \mathbf{0}$으로 표현한 비선형연립방정식의 해 $\mathbf{p}$를 찾기 위한 뉴턴방법은, 초기 근삿값 $\mathbf{p}^{(0)}$이 주어졌을 때

$$\mathbf{p}^{(k)} = \mathbf{p}^{(k-1)} - [J(\mathbf{p}^{(k-1)})]^{-1} F(\mathbf{p}^{(k-1)}), \quad k \geq 1$$

이 된다. 이 뉴턴 방법의 단점은 각 반복 단계에서 행렬 $J(\mathbf{p}^{(k-1)})$의 역행렬을 구해야 한다는 것이다. 실제로는 $J(\mathbf{p}^{(k-1)})$의 역행렬을 구하는 대신 다음의 2-단계 연산이 사용된다. 우선 $J(\mathbf{p}^{(k-1)})y^{(k-1)} = -\mathbf{F}(\mathbf{p}^{(k-1)})$을 만족하는 벡터 $\mathbf{y}^{(k-1)}$을 찾는다. 그리고 나서 $\mathbf{p}^{(k-1)}$에 $\mathbf{y}^{(k-1)}$을 더해 새로운 근삿값 $\mathbf{p}^{(k)}$을 얻는다.

예제 10.3.1 비선형연립방정식

$$\begin{aligned} 3x - \cos(yz) - \frac{1}{2} &= 0 \\ x^2 - 81(y+0.1)^2 + \sin z + 1.06 &= 0 \\ e^{-xy} + 20x_3 + \frac{1}{3}(10\pi - 3) &= 0 \end{aligned}$$

의 근사해는 $(0.5,\ 0,\ -0.52359877)^t$이다.

풀이 초기 근삿값을 $\mathbf{p^{(0)}} = (0.1,\ 0.1,\ -0.1)^t$은 R^3에서 R로의 세 개의 좌표 함수 f_1, f_2 그리고 f_3을 다음과 같이 정의 해 $\mathbf{F}(\mathbf{x}) = \mathbf{0}$형태로 표시할 수 있다.

$$\begin{aligned} f_1(x,y,z) &= 3x_1 - \cos(yz) - \frac{1}{2} \\ f_2(x,y,z) &= x_1^2 - 81(y+0.1)^2 + \sin z + 1.06 \\ f_3(x,y,z) &= e^{-xy} + 20z + \frac{1}{3}(10\pi - 3) \end{aligned}$$

일 때

$$\begin{aligned} \mathbf{F}(\mathbf{x}) &= \mathbf{F}(x,y,z) \\ &= (f_1(x,y,z), f_2(x,y,z), f_3(x,y,z))^t \end{aligned}$$

로 하여 근삿값을 얻기 위해 뉴턴 방법을 적용하기로 한다. 이 연립 방정식에 대한 Jacobi행렬은

$$J(x,y,z) = \begin{bmatrix} 3 & z\sin(yz) & y\sin(yz) \\ 2x & -162(y+0.1) & \cos(z) \\ -ye^{-xz} & -xe^{-xy} & 20 \end{bmatrix}$$

이고

$$\begin{bmatrix} p_1^{(k)} \\ p_1^{(k)} \\ p_1^{(k)} \end{bmatrix} = \begin{bmatrix} p_1^{(k-1)} \\ p_1^{(k-1)} \\ p_1^{(k-1)} \end{bmatrix} + \begin{bmatrix} y_1^{(k-1)} \\ y_1^{(k-1)} \\ y_1^{(k-1)} \end{bmatrix}$$

이며

$$\begin{bmatrix} y_1^{(k-1)} \\ y_1^{(k-1)} \\ y_1^{(k-1)} \end{bmatrix} = -\left(J(p_1^{(k-1)}, p_2^{(k-1)}, p_3^{(k-1)})\right)^{-1} \mathbf{F}\left(p_1^{(k-1)}, p_2^{(k-1)}, p_3^{(k-1)}\right)$$

이 된다.

그러므로 k번째 단계에서는 일차연립방정식 $J(\mathbf{p}^{(k-1)})\mathbf{y}^{(k-1)} = -F(\mathbf{p}^{(k-1)})$을 풀어야 한다. 여기서

$$J(\mathbf{p^{(k-1)}}) = \begin{bmatrix} 3 & p_3^{(k-1)} \sin p_2^{(k-1)} p_3^{(k-1)} & p_2^{(k-1)} \sin p_2^{(k-1)} p_3^{(k-1)} \\ 2p_1^{(k-1)} & -162(p_2^{(k-1)} + 0.1) & \cos p_3^{(k-1)} \\ -p_2^{(k-1)} e^{-2p_1^{(k-1)} p_2^{(k-1)}} & -p_1^{(k-1)} e^{-2p_1^{(k-1)} p_2^{(k-1)}} & 20 \end{bmatrix}$$

이고

$$\mathbf{F}(\mathbf{p}^{(k-1)}) = \begin{bmatrix} 3p_1^{(k-1)} - \cos p_2^{(k-1)} p_3^{(k-1)} - \frac{1}{2} \\ \left(p_1^{(k-1)}\right)^2 - 81(p_2^{(k-1)} + 0.1)^2 + \sin p_3^{(k-1)} + 1.06 \\ e^{-p_1^{(k-1)} p_2^{(k-1)}} + 20p_3^{(k-1)} + \frac{1}{3}(10\pi - 3) \end{bmatrix}$$

이다.

위 문제의 MATLAB 코드는 Newtonsys.m으로 다음과 같다.

이를 실행해 보면 다음의 결과를 얻을 수 있고, 수렴함을 확인할 수 있다.

```
----------------------------------------
count        x        y         z
----------------------------------------
1         0.499870 0.019467 -0.521520
2         0.500016 0.001589 -0.523557
3         0.500000 0.000012 -0.523598
4         0.500000 0.000000 -0.523599
5         0.500000 0.000000 -0.523599
----------------------------------------
```

그림 10.5

10.3 연습문제

1. $\mathbf{p}^{(0)} = 0$ 일 때 뉴턴 방법을 이용하여 다음의 비선형연립방정식에 대한 $\mathbf{p}^{(2)}$ 를 계산하라.

a.
$$\begin{aligned} 4x_1^2 - 20x_1 + \tfrac{1}{4}x_2^2 + 8 &= 0,\\ \tfrac{1}{2}x_1x_2^2 + 2x_1 - 5x_2 + 8 &= 0. \end{aligned}$$

b.
$$\begin{aligned} \sin(4\pi x_1x_2) - 2x_2 - x_1 &= 0,\\ \left(\tfrac{4\pi-1}{4\pi}\right)(e^{2x_1} - e) + 4ex_2^2 - 2ex_1 &= 0. \end{aligned}$$

c.
$$\begin{aligned} 3x_1 - \cos(x_2x_3) - \tfrac{1}{2} &= 0,\\ 4x_1^2 - 625x_2^2 + 2x_2 - 1 &= 0,\\ e^{-x_1x_2} + 20x_3 + \tfrac{10\pi-3}{3} &= 0. \end{aligned}$$

d.
$$\begin{aligned} x_1^2 + x_2 - 37 &= 0,\\ x_1 - x_2^2 - 5 &= 0,\\ x_1 + x_2 + x_3 - 3 &= 0, \end{aligned}$$

2. 주어진 정의역에서 뉴턴 방법을 이용하여 다음의 비선형 연립방정식의 해를 구하라. $\|\mathbf{p}^{(k)} - \mathbf{p}^{(k-1)}\|_\infty < 10^{-6}$ 까지 반복하라.

a.
$$\begin{aligned} 3x_1^2 - x_2^2 &= 0,\\ 3x_1x_2^2 - x_1^3 - 1 &= 0. \end{aligned}$$
$\mathbf{p}^{(0)} = (1,1)^t$ 를 사용하라.

b.
$$\begin{aligned} \ln(x_1^2 + x_2^2) - \sin(x_1x_2) &= \ln 2 + \ln\pi,\\ e^{x_1-x_2} + \cos(x_1x_2) &= 0. \end{aligned}$$
$\mathbf{p}^{(0)} = (2,2)^t$ 를 사용하라.

c.
$$\begin{aligned} x_1^3 + x_1^2x_2 - x_1x_3 + 6 &= 0,\\ e^{x_1} + e^{x_2} - x_3 &= 0,\\ x_2^2 - 2x_1x_3 &= 4. \end{aligned}$$
$\mathbf{p}^{(0)} = (-1,-2,1)^t$ 를 사용하라

d.
$$\begin{aligned} 6x_1 - 2\cos(x_2x_3) - 1 &= 0,\\ 9x_2 + \sqrt{x_1^2 + \sin x_3 + 1.06} + 0.9 &= 0,\\ 60x_3 + 3e^{-x_1x_2} + 10\pi - 3 &= 0. \end{aligned}$$
$\mathbf{p}^{(0)} = (0,0,0)^t$ 를 사용하라.

10.4 의사-뉴턴 방법

비선형연립방정식에 대한 뉴턴 방법은 매 반복 단계에서 Jacobi 행렬을 계산하고 이를 이용해 $n \times n$ 선형연립방정식을 풀어야 하는 단점이 있다. 이를 설명하기 위해서 뉴턴 방법의 한 단계에서 필요로 하는 계산량을 알아보기로 하자. $\mathbf{F}(\mathbf{x}) = \mathbf{0}$ 으로 표현된 n 개의 비선형방정식으로 구성된 연립방정식과 관련된 Jacobi 행렬을 구하려면 $\mathbf{F}$의 n 개 성분 함수의 n^2 개 편도함수를 결정하고 계산해야 한다. 대부분의 경우 편도함수를 직접 계산하는 일은 까다롭고 많은 경우에 불가능한다. 이러한 어려움은 편도함수 대신 유한-차분 근사법을 이용해 극복할 수 있다. 예를 들어, h 가 절댓값이 작은 수이고 $\mathbf{e}_k$ 가 k 번째 위치에서만 0이 아닌 원소 1을 갖는 벡터라 할 때

$$\frac{\partial f_j}{\partial x_k} \approx \frac{f_j \mathbf{x} + h\mathbf{e}_k) - f_j(\mathbf{x})}{h}$$

로 표현할 수 있다. 그렇지만, 이 근사 방법 역시 Jacobi 행렬을 근사시키기 위해 최소한 n^2 번 스칼라 함수를 계산해야 하고, 이 근사 Jacobi 행렬을 이용해 일차연립방정식을 푸는 계산량도 $O(n^2)$ 그대로이다. 그러므로 뉴턴 방법의 한 단계를 수행하는 데는 최소한 $n^2 + n$ 번의 스칼라 함수 계산(n^2 번은 Jacobi 행렬 계산 시, n 번은 $\mathbf{F}$ 계산 시)과 일차연립방정식을 풀기 위한 $O(n^2)$ 산술 연산이 필요하다. 이러한 계산량으로 인해 n이 상대적으로 작은 수이고 스칼라 함수가 쉽게 계산되는 경우를 제외하고는 효율적인 방법으로 볼 수 없다.

이 절에서는 할선법을 비선형연립방정식에 맞게 일반화시킨 **Broyden**방법에 대해 설명한다. 이 방법은 매 단계에서 n 번의 스칼라 함수 계산만을 필요로 하며 산술연산의 횟수도 $O(n^2)$ 으로 줄인다. 이 방법은 의사-뉴턴(Quasi-Newton) 알고리즘을 만들어 내는 최소-변화 할선갱신(least-change secant updates) 방법의 범주에 속한다. 이러한 방법들은 뉴턴 방법의 Jacobi 행렬을 각 반복 단계에서 갱신되는 근사 행렬도 대체한다. 이 방법의 단점은 뉴턴 방법의 이차 수렴 성질이 없어지고, 대신 초선형(superlinear)적으로 수렴하게 된다는 것이다. 즉,

$$\lim_{i \to \infty} \frac{||\mathbf{p}^{(i+1)} - \mathbf{p}||}{||\mathbf{p}^{(i)} - \mathbf{p}||} = 0$$

이 된다. 여기서 $\mathbf{p}$는 $\mathbf{F}(\mathbf{x}) = \mathbf{0}$의 해를, $\mathbf{p}^{(i)}$ 와 $\mathbf{p}^{(i+1)}$은 $\mathbf{p}$에 대한 연속적인 근삿값을 의미한다. 대부분의 응용에서, 계산량이 많이 감소되므로, 수렴 성질이 초선형 수렴이 되는 단점은 받아들일 만하다.

의사-뉴턴 방법의 또 하나의 단점은 뉴턴과는 달리 자체-수정(self-correcting)하지 못한다는 것이다. 즉, 뉴턴 방법에서는 일반적으로 연속적인 반복 시 라운드-오프 오차가 수정되지만, 별도의 보완책 없이는 Broyden방법에서는 그렇지 못하다.

$\mathbf{p}^{(0)}$ 가 $\mathbf{F}(\mathbf{x}) = \mathbf{0}$의 해 $\mathbf{p}$에 대한 초기 근삿값이라 하자. 다음 근삿값 $\mathbf{p}^{(1)}$은 뉴턴 방법에서처럼 구할 수도 있고, $J(\mathbf{p}^{(0)})$을 바로 결정하기가 어렵다면 편도함수를 근사시키기 위해 차분방정식을 이용할 수도 있다. 그렇지만 $\mathbf{p}^{(2)}$를 계산하려면 뉴턴 방법 대신 단변수 비선형방정식에 대한 할선법을 써야 한다. 할선법에서는 뉴턴 방법의 $f'(p_1)$ 대신 근삿값

$$f'(p_1) \approx \frac{f(p_1) - f(p_0)}{p_1 - p_0}$$

를 이용한다. 비선형연립방정식의 경우 $\mathbf{p}^{(1)} - \mathbf{p}^{(0)}$이 벡터이므로 몫을 정의하지 못한다. 그러므로 이 방법은 뉴턴 방법의 $J(\mathbf{p}^{(1)})$ 대신 다음의 성질을 갖는 행렬 A_1을 가지고 진행한다.

$$A_1(\mathbf{p}^{(1)} - \mathbf{p}^{(0)}) = F(\mathbf{p}^{(1)}) - F(\mathbf{p}^{(0)})$$

$\mathbb{R}^n$에서 0이 아닌 모든 벡터를 $\mathbf{p}^{(1)} - \mathbf{p}^{(0)}$의 배수와 $\mathbf{p}^{(1)} - \mathbf{p}^{(0)}$의 직교 보수(orthogonal complement) 벡터의 배수의 합으로 표현할 수 있다. 그러므로 행렬 A_l을 유일하게 정의하기 위해 $\mathbf{p}^{(1)} - \mathbf{p}^{(0)}$의 직교 보수에 대한 조치를

명세할 필요가 있다. $\mathbf{p}^{(1)} - \mathbf{p}^{(0)}$에 직교하는 방향으로의 $\mathbf{F}$의 변화에 대한 정보를 얻을 수 없으므로

$$(\mathbf{p}^{(1)} - \mathbf{p}^{(0)})^t\mathbf{z} = 0 \quad \text{일 때} \quad A_1\mathbf{z} = J(\mathbf{p}^{(0)})\mathbf{z}$$

가 되어야 한다. 그러므로 $\mathbf{p}^{(1)}$의 계산에 사용된 $J(\mathbf{p}^{(0)})$을 $\mathbf{p}^{(2)}$의 결정 시 사용할 A_1으로 변경할 때 $\mathbf{p}^{(1)} - \mathbf{p}^{(0)}$에 직교하는 어느 벡터에도 아무런 영향을 주지 않는다.

이러한 조건에 의해 A_1은

$$A_1 = J(\mathbf{p}^{(0)}) + \frac{[\mathbf{F}(\mathbf{p}^{(1)}) - \mathbf{F}(\mathbf{p}^{(0)}) - J(\mathbf{p}^{(0)})(\mathbf{p}^{(1)} - \mathbf{p}^{(0)})]}{||\mathbf{p}^{(1)} - \mathbf{p}^{(0)}||_2^2}(\mathbf{p}^{(1)} - \mathbf{p}^{(0)})^t$$

로 유일하게 정의된다. 이 행렬이 $J(\mathbf{p}^{(1)})$ 대신 사용되어 $\mathbf{p}^{(2)}$는

$$\mathbf{p}^{(2)} = \mathbf{p}^{(1)} - A_1^{-1}\mathbf{F}(\mathbf{p}^{(1)}).$$

$\mathbf{p}^{(2)}$가 결정되면 $A_0 \equiv J(\mathbf{p}^{(0)})$ 대신에 A_1을, $\mathbf{p}^{(1)}$과 $\mathbf{p}^{(0)}$ 대신에 $\mathbf{p}^{(2)}$와 $\mathbf{p}^{(1)}$을 이용하여 $\mathbf{p}^{(3)}$을 결정한다. 이를 일반화 해보자. 즉, $\mathbf{p}^{(i)}$가 결정되었다면 $\mathbf{p}^{(i+1)}$은 다음과 같이 계산된다.

$$A_i = A_{i-1} + \frac{\mathbf{y}_i - A_{i-1}\mathbf{s}_i}{||\mathbf{s}_i||_2^2}\mathbf{s}_i^t \tag{10.2}$$

$$\mathbf{p}^{(i+1)} = \mathbf{p}^{(i)} - A_i^{-1}\mathbf{F}(\mathbf{p}^{(i)}) \tag{10.3}$$

여기서 $\mathbf{s}_i = \mathbf{p}^{(i)} - \mathbf{p}^{(i-1)}$과 $\mathbf{y}_i = \mathbf{F}(\mathbf{p}^{(i)}) - \mathbf{F}(\mathbf{p}^{(i-1)})$은 식을 단순화시키기 위한 표기이다.

이러한 방식으로 계산을 진행하면, 스칼라 함수의 계산 횟수는 $n^2 + n$에서 n번 ($\mathbf{F}(\mathbf{p}^{(i)})$의 계산식)으로 줄어들지만, 관련된 $n \times n$ 일차연립방정식

$$A_i\mathbf{s}_{i+1} = -\mathbf{F}(\mathbf{p}^{(i)})$$

를 푸는 데는 아직도 $O(n^3)$의 계산이 요구된다. 뉴턴 방법의 이차 수렴 성질을 초선형 수렴으로 낮추면서 이러한 방법을 사용하는 것은 정당화될 수 없다. 행렬 역전 공식을 도입하면 방법을 크게 개선시킬 수 있다.

Sherman–Morrison 공식 (Sherman–Morrison Formula)

> **정리 10.4.1 [Sherman–Morrison 공식 (Sherman–Morrison Formula)]**
>
> A가 정칙행렬($\det(A) \neq 0$)이고 $\mathbf{x}$와 $\mathbf{y}$가 $\mathbf{y}^tA^{-1}\mathbf{x} \neq -1$를 만족하는 열 벡터(column vector)라면, $A + \mathbf{x}\mathbf{y}^t$는 정칙행렬이고, $A + \mathbf{x}\mathbf{y}^t$의 역행렬은 다음과 같다.
>
> $$(A + \mathbf{x}\mathbf{y}^t)^{-1} = A^{-1} - \frac{A^{-1}\mathbf{x}\mathbf{y}^tA^{-1}}{1 + \mathbf{y}^tA^{-1}\mathbf{x}}$$

Sherman–Morrison 공식의 증명은 다음과 같다. 다음 식을 고려해 보자.

$$(A + \mathbf{x}\mathbf{y}^t)\mathbf{z} = \mathbf{b} \tag{10.4}$$

양변에 A^{-1}를 곱해서 전개하면,

$$\mathbf{z} + A^{-1}\mathbf{x}\mathbf{y}^t\mathbf{z} = A^{-1}\mathbf{b} \tag{10.5}$$

이고, 양변에 $\mathbf{y}^t$를 곱한 뒤,

$$\mathbf{y}^t\mathbf{z} + \mathbf{y}^t A^{-1}\mathbf{x}\mathbf{y}^t\mathbf{z} = \mathbf{y}^t A^{-1}\mathbf{b}$$

$\mathbf{y}^t\mathbf{z}$에 대해서 정리해 주면,

$$(1 + \mathbf{y}^t A^{-1}\mathbf{x})\mathbf{y}^t\mathbf{z} = \mathbf{y}^t A^{-1}\mathbf{b}$$

$\mathbf{y}^t A^{-1}\mathbf{x} \neq -1$이므로

$$\mathbf{y}^t\mathbf{z} = \frac{\mathbf{y}^t A^{-1}\mathbf{b}}{1 + \mathbf{y}^t A^{-1}\mathbf{x}} \tag{10.6}$$

식 (10.5)에 식 (10.6)을 대입하면

$$\mathbf{z} = A^{-1}\mathbf{b} - A^{-1}\mathbf{x}\mathbf{y}^t\mathbf{z} = A^{-1}\mathbf{b} - A^{-1}\mathbf{x}\frac{\mathbf{y}^t A^{-1}\mathbf{b}}{(1 + \mathbf{y}^t A^{-1}\mathbf{x})} = \left(A^{-1} - \frac{A^{-1}\mathbf{x}\mathbf{y}^t A^{-1}}{1 + \mathbf{y}^t A^{-1}\mathbf{x}}\right)\mathbf{b}.$$

따라서, 식 (10.4)로부터 다음을 얻는다.

$$(A + \mathbf{x}\mathbf{y}^t)^{-1} = A^{-1} - \frac{A^{-1}\mathbf{x}\mathbf{y}^t A^{-1}}{1 + \mathbf{y}^t A^{-1}\mathbf{x}}.$$

이 공식은 A_{i-1}^{-1}에서 바로 A_i^{-1}을 계산할 수 있게 하므로, 매 단계에서 역행렬을 구할 필요가 없게 된다. $A = A_{i-1}$, $\mathbf{x} = (\mathbf{y}_i - A_{i-1}\mathbf{s}_i)/||\mathbf{s}_i||_2^2$, 그리고 $\mathbf{y} = \mathbf{s}_i$라 하면 Sherman-Morrison 공식은

$$\begin{aligned}
A_i^{-1} &= \left(A_{i-1} + \frac{\mathbf{y}_i - A_{i-1}\mathbf{s}_i}{||\mathbf{s}_i||_2^2}\mathbf{s}_i^t\right)^{-1} \\
&= A_{i-1}^{-1} - \frac{A_{i-1}^{-1}\left(\frac{\mathbf{y}_i - A_{i-1}\mathbf{s}_i}{||\mathbf{s}_i||_2^2}\mathbf{s}_i^t\right)A_{i-1}^{-1}}{1 + \mathbf{s}_i^t A_{i-1}^{-1}\left(\frac{\mathbf{y}_i - A_{i-1}\mathbf{s}_i}{||\mathbf{s}_i||_2^2}\right)} \\
&= A_{i-1}^{-1} - \frac{(A_{i-1}^{-1}y_i - \mathbf{s}_i)\mathbf{s}_i^t A_{i-1}^{-1}}{||\mathbf{s}_i||_2^2 + \mathbf{s}_i^t A_{i-1}^{-1}\mathbf{y}_i - ||\mathbf{s}_i||_2^2} \\
&= A_{i-1}^{-1} + \frac{(\mathbf{s}_i - A_{i-1}^{-1}\mathbf{y}_i)\mathbf{s}_i^t A_{i-1}^{-1}}{\mathbf{s}_i^t A_{i-1}^{-1}\mathbf{y}_i}
\end{aligned}$$

임을 의미한다. 이 결과 각 단계에서는 행렬과 벡터를 곱하기만 하면 되므로 $O(n^2)$ 산술계산만이 필요하게 된다. 즉, 일차연립방정식을 풀 때 필요한 A_i의 계산이 생략된다. 프로그램 **BROYM102**는 이 기법을 구현한 것이다.

예제 10.4.2 10.3절에서는 다음의 비선형연립방정식

$$\begin{aligned}
3x - \cos(yz) - \frac{1}{2} &= 0 \\
x^2 - 81(y + 0.1)^2 + \sin z + 1.06 &= 0 \\
e^{xy} + 20z + \frac{1}{3}(10\pi - 3) &= 0
\end{aligned}$$

을 뉴턴 방법으로 풀이하였다.

풀이 이 연립방정식을 위한 Jacobi 행렬은

$$J(x, y, z) = \begin{bmatrix} 3 & z\sin(yz) & y\sin(yz) \\ 2x & -162(y + 0.1) & \cos(z) \\ -ye^{\ xz} & -xe^{\ xy} & 20 \end{bmatrix}$$

이다. $\mathbf{p}^{(0)} = (0.1,\ 0.1,\ 20.1)^t$ 로 하고

$$\begin{aligned} f_1(x,y,z) &= 3x_1 - \cos(yz) - \frac{1}{2} \\ f_2(x,y,z) &= x_1^2 - 81(y+0.1)^2 + \sin z + 1.06 \\ f_3(x,y,z) &= e^{xy} + 20z + \frac{1}{3}(10\pi - 3) \end{aligned}$$

일 때

$$\mathbf{F}(x,y,z) = (f_1(x,y,z), f_2(x,y,z), f_3(x,y,z))^t$$

라고 한다면

$$\mathbf{F}(\mathbf{p}^{(0)}) = \begin{bmatrix} -1.199950 \\ -2.269833 \\ 8.462025 \end{bmatrix}$$

이다.

$$\begin{aligned} A_0 &= J(p_1^{(0)}, p_2^{(0)}, p_3^{(0)}) \\ &= \begin{bmatrix} 3 & 9.999836 \times 10^{-4} & -9.999833 \times 10^{-4} \\ 0.2 & -32.4 & 0.9950042 \\ -9.900498 \times 10^{-2} & -9.900498 \times 10^{-2} & 20 \end{bmatrix} \end{aligned}$$

이므로

$$\begin{aligned} A_0^{-1} &= J(p_1^{(0)}, p_2^{(0)}, p_3^{(0)}) \\ &= \begin{bmatrix} 0.3333332 & 1.023852 \times 10^{-5} & 1.615701 \times 10^{-5} \\ 2.108607 \times 10^{-3} & -3.086883 \times 10^{-2} & 1.535836 \times 10^{-3} \\ 1.660520 \times 10^{-3} & -1.527577 \times 10^{-4} & 5.000768 \times 10^{-2} \end{bmatrix} \end{aligned}$$

이다.

$$\mathbf{p}^{(1)} = \mathbf{p}^{(0)} - A_0^{-1}\mathbf{F}(\mathbf{p})^{(0)} = \begin{bmatrix} 0.4998697 \\ 1.946685 \times 10^{-2} \\ -0.5215205 \end{bmatrix},$$

$$\mathbf{F}(\mathbf{p}^{(1)}) = \begin{bmatrix} -3.394465 \times 10^{-4} \\ -0.3443879 \\ 3.188238 \times 10^{-2} \end{bmatrix},$$

$$\mathbf{y}_1 = \mathbf{F}(\mathbf{p}^{(1)}) - \mathbf{F}(\mathbf{p}^{(0)}) = \begin{bmatrix} 1.199611 \\ 1.925445 \\ -8.430143 \end{bmatrix},$$

$$s_1 = \begin{bmatrix} 0.3998697 \\ -8.053315 \times 10^{-2} \\ -0.4215204 \end{bmatrix},$$

$$\mathbf{s}_1^t A_0^{-1}\mathbf{y}_1 = 0.3424604,$$

$$A_1^{-1} = A_0^{-1} + \frac{1}{0.3424604}[(\mathbf{s}_1 - A_0^{-1}\mathbf{y}_1)\mathbf{s}_1^t A_0^{-1}]$$

$$= \begin{bmatrix} 0.3333781 & 1.11050 \times 10^{-5} & 8.967344 \times 10^{-6} \\ -2.021270 \times 10^{-3} & -3.094849 \times 10^{-2} & 2.196906 \times 10^{-3} \\ 1.022217 \times 10^{-3} & -1.650709 \times 10^{-4} & 5.010986 \times 10^{-2} \end{bmatrix},$$

$$\mathbf{p}^{(2)} = \mathbf{p}^{(1)} - A_1^{-1}\mathbf{F}(\mathbf{p}^{(1)}) = \begin{bmatrix} 0.499863 \\ 8.737833 \times 10^{-3} \\ -0.5231746 \end{bmatrix}$$

이다. Broyden방법의 다섯 번째 반복 결과는 앞절 끝의 예제에서 뉴턴 방법의 네 번째 반복 결과에 비해 정확도가 조금밖에 떨어지지 않는다. ■

10.4 연습문제

1. $\mathbf{x}^{(0)} = \mathbf{0}$일 때 Broyden 방법을 이용하여 다음의 비선형연립방정식에 대한 $\mathbf{x}^{(2)}$를 계산하라.

a.
$$4x_1^2 - 20x_1 + \frac{1}{4}x_2^2 + 8 = 0$$
$$\frac{1}{2}x_1x_2^2 + 2x_1 - 5x_2 + 8 = 0$$

b.
$$\sin(4\pi x_1 x_2) - 2x_2 - x_1 = 0$$
$$((4\pi - 1)/4\pi)(e^{2x_1} - e) + 4e^{x_2^2} - 2e^{x_1} = 0$$

c.
$$3x_1 - \cos(x_2x_3) - \frac{1}{2} = 0$$
$$4x_1^2 - 625x_2^2 + 2x_2 - 1 = 0$$
$$e^{-x_1x_2} + 20x_3 + \frac{1}{3}(10\pi - 3) = 0$$

d.
$$x_1^2 + x_2 - 37 = 0$$
$$x_1 - x_2^2 - 5 = 0$$
$$x_1 + x_2 + x_3 - 3 = 0$$

2. Broyden 방법을 이용해 연습문제 1의 비선형 연립방정식에 대해 근사해를 $\|x^{(k)} - x^{(k-1)}\|_\infty < 10^{-6}$이 될 때까지 반복하여 구하라. 문제 1의 $\mathbf{x}^{(0)}$에 대한 초기 근삿값을 이용하면 수렴하지 않을 수도 있다. 수렴하지 않으면, $\mathbf{x}^{(0)}$에 대해 다른 값을 사용하라.

3. Broyden 방법을 이용하여 다음의 비선형연립방정식에 대한 근사해를 $\|x^{(k)} - x^{(k-1)}\| < 10^{-6}$이 될 때까지 반복하여 구하라.

a.
$$3x_1^2 - x_2^2 = 0$$
$$3x_1x_2^2 - x_1^3 - 1 = 0$$
$$\mathbf{x}^{(0)} = (1, 1)^t$$

b.
$$\ln(x_1^2 + x_2^2) - \sin(x_1x_2) = \ln 2 + \ln \pi$$
$$e^{x_1 - x_2} + \cos(x_1x_2) = 0$$
$$\mathbf{x}^{(0)} = (2, 2)^t$$

c.
$$x_1^3 + x_1^2x_2 - x_1x_3 + 6 = 0$$
$$e^{x_1} + e^{x_2} - x_3 = 0$$
$$x_2^2 - 2x_1x_3 = 4$$
$$\mathbf{x}^{(0)} = (-1, -2, 1)^t$$

d.
$$6x_1 - 2\cos(x_2x_3) - 1 = 0$$
$$9x_2 + \sqrt{x_1^2 + \sin x_3 + 1.06} + 0.9 = 0$$
$$60x_3 + 3e^{-x_1x_2} + 10\pi - 3 = 0$$
$$\mathbf{x}^{(0)} = (0, 0, 0)^t$$

4. 비선형연립방정식

$$3x_1 - \cos(x_2x_3) - \frac{1}{2} = 0$$
$$x_1^2 - 625x_2^2 - \frac{1}{4} = 0$$

$$e^{-x_1x_2}+20x_3+\frac{1}{3}(10\pi-3)=0$$

은 특이 Jacobi 행렬을 해로 가지고 있다. $\mathbf{x}^{(0)}=(1,1,-1)^t$를 이용하여 Broyden 방법을 적용하라. 수렴속도가 느리거나 합리적인 반복 횟수 이내에 수렴이 되지 않을 수도 있음에 유의하라.

5. 비선형연립방정식

$$4x_1-x_2+x_3=x_1x_4$$

$$-x_1+3x_2-2x_3=x_2x_4$$

$$x_1-2x_2+3x_3=x_3x_4$$

$$x_1^2+x_2^2+x_3^2=1$$

의 해는 세 개이다. Broyden 방법으로 $\|x^{(k)}-x^{(k-1)}\|_\infty<10^{-5}$가 될 때까지 반복하여 세 개의 해 모두에 대한 근삿값을 구하라.

6. $\mathbf{0}\neq\mathbf{y}\in\mathbb{R}^n$이고 $\mathbf{z}\in\mathbb{R}$이면, $\mathbf{z}=\mathbf{z}_1+\mathbf{z}_2$임을 보여라. 여기서

$$\mathbf{z}_1=\frac{\mathbf{y}^t\mathbf{z}}{\|\mathbf{y}\|_2^2}\mathbf{y}$$

는 y에 평행하고, $\mathbf{z}_2=\mathbf{z}-\mathbf{z}_1$은 y와 직교한다.

7. A^{-1}이 존재하고 $\mathbf{x},\ \mathbf{y}\in\mathbb{R}^n$이면, $\mathbf{y}^tA^{-1}\mathbf{x}\neq-1$일 때만 $(A+\mathbf{x}\mathbf{y}^t)^{-1}$이 존재함을 증명할 수 있다. 이 결과를 이용하여 Sherman–Morrison 공식을 증명하라. 즉, A^{-1}이 존재하고 $\mathbf{y}^tA^{-1}\mathbf{x}\neq-1$이면, $(A+\mathbf{x}\mathbf{y}^t)^{-1}$이 존재하고

$$\left(A+\mathbf{x}\mathbf{y}^t\right)^{-1}=A^{-1}-\frac{A^{-1}\mathbf{x}\mathbf{y}^tA^{-1}}{1+\mathbf{y}^tA^{-1}\mathbf{x}}$$

임을 보여라.

8. 다음을 가정하자.

$$A_1=J(\mathbf{p}^{(0)}+\frac{\left[\mathbf{F}(\mathbf{p}^{(1)})-\mathbf{F}(\mathbf{p}^{(0)})-J(\mathbf{p}^{(0)})(\mathbf{p}^{(1)}-\mathbf{p}^{(0)})\right](\mathbf{p}^{(1)}-\mathbf{p}^{(1)})^t}{\|\mathbf{p}^{(1)}-\mathbf{p}^{(0)}\|_2^2}$$

a. $A_1(\mathbf{p}^{(1)}-\mathbf{p}^{(0)})=\mathbf{F}(\mathbf{p}^{(1)}-\mathbf{F}(\mathbf{p}^{(0)})$ 임을 보여라.

b. $(\mathbf{p}^{(1)}-\mathbf{p}^{(0)})^t\mathbf{z}=0$일 때 $A_1\mathbf{z}=J\mathbf{F}(\mathbf{p}^{(0)})\mathbf{z}$ 임을 보여라.

10.5 최하향 경사법

비선형연립방정식에 대한 뉴턴과 의사-뉴턴 방법의 장점은 충분히 정확한 근삿값이 구해졌을 때의 수렴 속도에 있다. 이 방법들의 단점은 수렴을 위해 해에 대한 정확한 초기 근삿값이 필요하다는 것이다. 최하향 경사법(steepest-descent method)은 일반적으로 해에 일차적으로 수렴하지만, 보다 광범위한 성질을 가지고 있다. 이 방법은 종종 뉴턴-기반 방법을 위한 충분히 정확한 초기근삿값을 찾아내는데 사용한다. 즉, 단변수방정식에서 이분법의 역할과 같다.

최하향 경사법은 $g : \mathbb{R}^n \to \mathbb{R}$ 형태의 다변수함수의 국부 최솟값(local minimum)을 결정한다. 이 방법은 비선형연립방정식을 풀기 위한 시작 방법을 떠나서도 매우 사용 가치가 높은 방법이다.

$\mathbb{R}^n$ 에서 $\mathbb{R}$ 로의 함수의 최소화와 비선형 연립방정식의 해가 관련이 있는 이유는 다음 형태의 연립방정식

$$\begin{aligned} f_1(x_1, x_2, \cdots, x_n) &= 0 \\ f_2(x_1, x_2, \cdots, x_n) &= 0 \\ \vdots \qquad & \quad \vdots \\ f_n(x_1, x_2, \cdots, x_n) &= 0 \end{aligned}$$

이 $\mathbf{x} = (x_1, x_2, \ldots, x_n)^t$ 에서 해를 가질 조건이, 다음과 같이 정의되는 함수 g

$$g(x_1, x_2, \ldots, x_n) = \sum_{i=1}^{n} [f_i(x_1, x_2, \ldots, x_n)]^2$$

가 최솟값 0을 가질 때이기 때문이다.

$\mathbb{R}^n$ 에서 $\mathbb{R}$ 로의 임의의 함수 g 의 국부 최솟값을 구하는 최하향 경사법은 대략 다음과 같다.

- g 를 초기 근삿값 $\mathbf{p}^{(0)} = (p_1^{(0)}, p_2^{(0)}, \ldots, p_n^{(0)})^t$ 에서 계산한다.
- $\mathbf{p}^{(0)}$ 에서 g 의 값을 감소시키는 방향을 결정한다.
- 이 방향으로 적절히 이동하여 얻은 새 값을 $\mathbf{p}^{(1)}$ 이라 한다.
- $\mathbf{p}^{(0)}$ 를 $\mathbf{p}^{(1)}$ 로 대체하여 반복한다.

정확한 방향과 적절한 이동거리를 결정하는 방법을 기술하기 위해 수학적인 지식이 필요하다. 극값 정리(extreme value theorem)에 따르면 미분 가능한 1변수 함수는 도함수가 0일 때만 상대적인 최솟값을 가질 수 있다. 이 결과를 다변수함수로 확장하기 위해 다음과 같이 정의하자.

$g : \mathbb{R}^n \to \mathbb{R}$ 이면, $\mathbf{x} = (x_1, x_2, \ldots, x_n)^t$ 에서의 g 의 그래디언트(gradient)는 $\nabla g(x)$ 로 표시하며

$$\nabla g(\mathbf{x}) = \left(\frac{\partial g}{\partial x_1}(\mathbf{x}), \frac{\partial g}{\partial x_2}(\mathbf{x}), \ldots, \frac{\partial g}{\partial x_n}(\mathbf{x}) \right)^t$$

로 정의된다. 다변수함수의 그래디언트 개념은 일변수 함수의 도함수와 유사하다. 따라서 미분가능한 다변수함수는 $\mathbf{x}$ 에서의 그래디언트가 0벡터일 때만 $\mathbf{x}$ 에서 상대적인 최솟값을 가질 수 있다.

그래디언트는 다변수함수의 최소화와 관련하여 또 다른 중요한 성질을 가지고 있다. $v = (v_1, v_2, \cdots, v_n)^t$ 가

$$\|\mathbf{v}\|_2^2 = \sum_{i=1} n v_i^2 = 1$$

을 만족하는 $\mathbb{R}^n$ 내의 벡터라 하자. $\mathbf{x}$에서 방향 $\mathbf{v}$로의 g의 방향도함수(directional derivative)는

$$D_{\mathbf{v}}g(\mathbf{x}) = \lim_{h\to 0}\frac{1}{h}[g(\mathbf{x}+h\mathbf{v}) - g(\mathbf{x})] = \mathbf{v}^t \cdot \nabla g(\mathbf{x})$$

로 정의된다. $\mathbf{x}$에서 방향 $\mathbf{v}$로의 g의 방향도함수는 방향 $\mathbf{v}$로의 변수의 변화에 대해 상대적으로 함수 g의 값의 변화를 표시한다.

다변수함수에서 방향도함수의 크기가 최대가 되는 방향은, $\nabla g(\mathbf{x}) \neq \mathbf{0}$일 때, $\mathbf{v}$를 $\nabla g(\mathbf{x})$와 평행하게 선택할 때 설정된다. $\mathbf{x}$에서 g의 값을 가장 크게 감소시키는 방향은 $-\nabla g(\mathbf{x})$에 주어진 방향이다. (g가 2변수 함수일 때에 대한 설명은 [그림 10.6]과 같다)

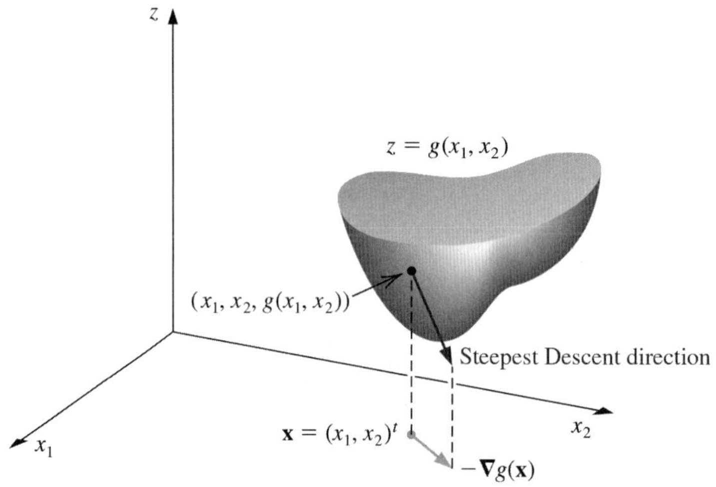

그림 10.6

$g(\mathbf{x})$를 최솟값인 0으로 줄이려면, 초기 근삿값이 $\mathbf{p}^{(0)}$일 때, 어떤 상수 $\alpha > 0$에 대해

$$\mathbf{p}^{(1)} = \mathbf{p}^{(0)} - \alpha\nabla g(\mathbf{p}^{(0)}) \tag{10.7}$$

로 선택한다.

α는 $g(\mathbf{p}^{(1)})$이 $g(\mathbf{p}^{(0)})$보다 크게 작아지도록 선택해야 한다. α값을 결정하기 위해서 다음의 일변수 함수

$$h(\alpha) = g(\mathbf{p}^{(0)} - \alpha\nabla g(\mathbf{p}^{(0)}))$$

가 사용된다. h를 최소화 시키는 α값이 $\mathbf{p}^{(1)}$의 결정에 사용된다.

h의 최솟값을 직접 찾으려면, h를 미분한 후 h의 임계점(critical point)을 결정하기 위해 근을 구하는 문제를 풀어야 한다. 이는 비용이 많이 드는 작업이다. 이 대신에, $h(\alpha)$의 최솟값 위치에 가까울 것으로 예상되는 세 개의 수 $\alpha_1 < \alpha_2 < \alpha_3$을 선택한다. 그리고 나서, α_1, α_2, α_3에서 h를 보간하는 다항식 $P(x)$를 구한다. 구간 $[\alpha_1, \alpha_3]$에서 $P(\hat{\alpha})$가 최소가 되는 $\hat{\alpha}$를 정의하고, $P(\hat{\alpha})$를 이용하여 $h(\alpha)$의 최솟값을 근사시킨다. 그리고 나서, $\hat{\alpha}$를 이용하여 g의 최솟값을 근사시키는 새 반복값

$$\mathbf{p}^{(1)} = \mathbf{p}^{(0)} - \hat{\alpha}\nabla g(\mathbf{p}^{(0)})$$

을 결정한다.

$g(\mathbf{p}^{(0)})$은 아는 값이므로, 우선 $\alpha_1 = 0$을 선택한다. 다음으로, $h(\alpha_3) < h(\alpha_1)$을 만족시키는 수 α_3을 결정한다. (α_1이 h를 최소화시키지 못하므로, 이 조건을 만족시키는 α_3이 존재한다) 마지막으로, α_2는 $\alpha_3/2$로 한다.

$[\alpha_1, \alpha_3]$ 상에서 P의 최솟값 $\hat{\alpha}$는, 가정에 의해 $P(\alpha_3) = h(\alpha_3) < h(\alpha_1) = P(\alpha_1)$이므로, P의 임계점이나 오른쪽 끝점 α_3에 위치한다. P는 이차 다항식이므로 그 임계점은 쉽게 구할 수 있다.

프로그램 STPDC103은 $g(\mathbf{x})$은 $g(\mathbf{x})$의 최솟값을 근사시키는 최하향 경사법을 수행한다. 각 반복 단계를 시작할 때, α_1은 0으로, α_3은 1로 지정된다. $h(\alpha_3) \geq h(\alpha_1)$이면, $h(\alpha_3) \leq h(\alpha_1)$이 될 때까지 α_3을 2로 나누어 α_3의 값을 재지정한다.

이 방법을 이용하여 다음 연립방정식

$$\begin{aligned} f_1(x_1, x_2, \cdots, x_n) &= 0 \\ f_2(x_1, x_2, \cdots, x_n) &= 0 \\ \vdots \qquad & \quad \vdots \\ f_n(x_1, x_2, \cdots, x_n) &= 0 \end{aligned}$$

의 해를 구하려면, g를 $\sum_{i=1}^{n} f_i^2$으로 대체하면 된다.

예제 10.5.1 $\mathbf{p}^{(0)}$일 때, 최하향 경사법을 사용하여 다음 비선형 연립방정식의 해에 대한 합리적인 초기 근사를 구하라.

$$\begin{aligned} f_1(x_1, x_2, x_3) &= 3x_1 - \cos(x_2 x_3) - \frac{1}{2} = 0, \\ f_2(x_1, x_2, x_3) &= x_1^2 - 81(x_2 + 0.1)^2 + \sin x_3 + 1.06 = 0, \\ f_3(x_1, x_2, x_3) &= e^{-x_1 x_2} + 20x_3 + \frac{10\pi - 3}{3} = 0. \end{aligned}$$

풀이 $g(x_1, x_2, x_3) = [f_1(x_1, x_2, x_3)]^2 + [f_2(x_1, x_2, x_3)]^2 + [f_3(x_1, x_2, x_3)]^2$이라 하자. 그러면

$$\begin{aligned} \nabla g(x_1, x_2, x_3) \equiv \nabla g(\mathbf{x}) &= \Bigg(2f_1(\mathbf{x})\frac{\partial f_1}{\partial x_1}(\mathbf{x}) + 2f_2(\mathbf{x})\frac{\partial f_2}{\partial x_1}(\mathbf{x}) + 2f_3(\mathbf{x})\frac{\partial f_3}{\partial x_1}(\mathbf{x}), \\ & \quad 2f_1(\mathbf{x})\frac{\partial f_1}{\partial x_2}(\mathbf{x}) + 2f_2(\mathbf{x})\frac{\partial f_2}{\partial x_2}(\mathbf{x}) + 2f_3(\mathbf{x})\frac{\partial f_3}{\partial x_2}(\mathbf{x}), \\ & \quad 2f_1(\mathbf{x})\frac{\partial f_1}{\partial x_3}(\mathbf{x}) + 2f_2(\mathbf{x})\frac{\partial f_2}{\partial x_3}(\mathbf{x}) + 2f_3(\mathbf{x})\frac{\partial f_3}{\partial x_3}(\mathbf{x}) \Bigg) \\ &= 2\mathbf{J}(\mathbf{x})^t \mathbf{F}(\mathbf{x}). \end{aligned}$$

이다. $\mathbf{p}^{(0)} = (0, 0, 0)^t$일 때,

$$\begin{aligned} g(\mathbf{p}^{(0)}) &= f_1(0,0,0)^2 + f_2(0,0,0)^2 + f_3(0,0,0)^2 \\ &= \left(-\frac{3}{2}\right)^2 + (-81(0.01) + 1.06)^2 + \left(\frac{10\pi}{3}\right)^2 = 111.975, \end{aligned}$$

이고,

$$z_0 = \|\nabla g(\mathbf{p}^{(0)})\|_2 = \|2\mathbf{J}(\mathbf{0})^t \mathbf{F}(\mathbf{0})\|_2 = 419.554$$

이다.

$$\mathbf{z} = \frac{1}{z_0}\nabla g(\mathbf{p}^{(0)}) = (\ \ 0.0214514,\ \ -0.0193062, 0.999583)^t$$

이라 하자. $\alpha_1 = 0$ 일 때, $g_1 = g(\mathbf{p}^{(0)} - \alpha_1\mathbf{z}) = g(\mathbf{p}^{(0)}) = 111.975$가 된다. 임의로 $\alpha_3 = 1$이라 하면

$$g_3 = g(\mathbf{p}^{(0)} - \alpha_3\mathbf{z}) = 93.5649$$

이다. $g_3 < g_1$이기 때문에 α_3를 받아들이고 $\alpha_2 = \alpha_3/2 = 0.5$라 두자. $\mathbf{p}^{(0)} - \alpha_2\mathbf{z}$에서 g를 계산하면

$$g_2 = g(\mathbf{p}^{(0)} - \alpha_2\mathbf{z}) = 2.53557$$

이다.

이제 데이터 $(0, 111.975)$, $(1, 93.5649)$, $(0.5, 2.53557)$ 를 보간하는 이차 다항식을 구하자. 이 목적을 위해서는 다음과 같은 뉴턴의 전방 계차상 보간다항식을 사용하는 것이 가장 편리 하다.

$$P(\alpha) = g_1 + h_1\alpha + h_3\alpha(\alpha - \alpha_2).$$

이는 $\alpha_1 = 0,\ \ \alpha_2 = 0.5,\ \ \alpha_3 = 1$ 일 때

$$g(\mathbf{p}^{(0)} - \alpha\nabla g(\mathbf{p}^{(0)})) = g(\mathbf{p}^{(0)} - \alpha\mathbf{z})$$

를 다음과 같이 보간한다.

$$\begin{aligned}
&\alpha_1 = 0, && g_1 = 111.975, && && \\
&\alpha_2 = 0.5, && g_2 = 2.53557, && h_1 = \tfrac{g_2 - g_1}{\alpha_2 - \alpha_1} = -218.878, && \\
&\alpha_3 = 1, && g_3 = 93.5649, && h_2 = \tfrac{g_3 - g_2}{\alpha_3 - \alpha_2} = 182.059, && h_3 = \tfrac{h_2 - h_1}{\alpha_3 - \alpha_1} = 400.937.
\end{aligned}$$

이는

$$P(\alpha) = 111.975 - 218.878\alpha + 400.937\alpha(\alpha - 0.5) = 400.937\alpha^2 - 419.364\alpha + 111.975$$

를 준다. 그러므로

$$P'(\alpha) = 801.874\alpha - 419.346$$

이고 $\alpha = \alpha_0 = 0.522959$일 때, $P'(\alpha) = 0$이다.

$$g(\mathbf{p}^{(0)} - \alpha_0\mathbf{z}) = 2.32762$$

는 g_1과 g_3보다 작으므로,

$$\mathbf{p}^{(1)} = \mathbf{p}^{(0)} - \alpha_0\mathbf{z} = \mathbf{p}^{(0)} - 0.522959\mathbf{z} = (0.0112182, 0.0100964, -0.522741)^t, \quad g(\mathbf{p}^{(1)}) = 2.32762$$

라 두자. [표 10.1]은 나머지 결과들은 포함한다. 실제 해는 $\mathbf{p} = (0.5, 0, -0.5235988)^t$ 이므로 $\mathbf{p}^{(2)}$은 뉴턴 방법이나 Broyden 방법의 초기 근사로서 적절할 것이다. $\|\mathbf{p}^{(k)} - \mathbf{p}\|_\infty < 0.01$를 구하기 위해 최하향 경사법을 70번 반복해야 하기 때문에, 이와 같이 더 빨리 수렴하는 기법들 중 하나가 이 단계에서 적절할 것이다. ■

k	$p_1^{(k)}$	$p_2^{(k)}$	$p_3^{(k)}$	$g(p_1^{(}(k)), p_2^{(k)}, p_3^{(k)})$
2	0.137860	−0.205453	−0.522059	1.27406
3	0.266959	0.00551102	−0.558494	1.06813
4	0.272734	−0.00811751	−0.522006	0.468309
5	0.308689	−0.0204026	−0.533112	0.981087
6	0.314308	−0.0147046	−0.520923	0.318837
7	0.324267	−0.00852549	−0.528431	0.287024

표 10.1

10.5 연습문제

1. 최하향 경사법을 이용하여 다음 비선형연립 방정식의 근사해를 $\|\mathbf{p}^{(k)} - \mathbf{p}^{(k-1)}\|_\infty < 0.05$가 될 때까지 반복하여 구하라.

   a. $4x_1^2 - 20x_1 + \frac{1}{4}x_2^2 + 8 = 0$
   $\frac{1}{2}x_1x_2^2 + 2x_1 - 5x_2 + 8 = 0$

   b. $3x_1^2 - x_2^2 = 0$
   $3x_1x_2^2 - x_1^3 - 1 = 0$

   c. $\ln(x_1^2 + x_2^2) - \sin(x_1x_2) = \ln 2 + \ln\pi$
   $e^{x_1 - x_2} + \cos(x_1x_2) = 0$

   d. $\sin(4\pi x_1x_2) - 2x_2 - x_1 = 0$
   $\left(\frac{4\pi - 1}{4\pi}\right)(e^{2x_1} - e) + 4ex_2^2 - 2ex_1 = 0$

2. 최하향 경사법을 이용하여 다음 비선형연립방정식의 근사해를 $\|\mathbf{p}^{(k)} - \mathbf{p}^{(k-1)}\|_\infty < 0.05$가 될 때까지 반복하여 구하라.

   a. $$\begin{aligned} 15x_1 + x_2^2 - 4x_3 &= 13 \\ x_1^2 + 10x_2 - x_3 &= 11 \\ x_2^3 - 25x_3 &= -22 \end{aligned}$$

   b. $$\begin{aligned} 10x_1 - 2x_2^2 + x_2 - 2x_3 - 5 &= 0 \\ 8x_2^2 + 4x_3^2 - 9 &= 0 \\ 8x_2x_3 + 4 &= 0 \end{aligned}$$

   c. $$\begin{aligned} x_1^3 + x_1^2x_2 - x_1x_3 + 6 &= 0 \\ e^{x_1} + e^{x_2} - x_3 &= 0 \\ x_2^2 - 2x_1x_3 &= 4 \end{aligned}$$

   d. $x_1 + \cos(x_1x_2x_3) - 1 = 0$
   $(1 - x_1)^{1/4} + x_2 + 0.05x_3^2 - 0.15x_3 - 1 = 0$
   $-x_1^2 - 0.1x_2^2 + 0.01x_2 + x_3 - 1 = 0$

3. 최하향 경사법을 이용하여 다음 비선형연립방정식의 근사해를 $\|\mathbf{p}^{(k)} - \mathbf{p}^{(k-1)}\|_\infty < 0.005$가 될 때까지 반복하여 구하라.

   a. $g(x_1, x_2) = \cos(x_1 + x_2) + \sin x_1 + \cos x_2$

   b. $g(x_1, x_2) = 100(x_1^2 - x_2)^2 + (1 - x_1)^2$

   c. $g(x_1, x_2, x_3) = x_1^2 + 2x_2^2 + x_3^2 - 2x_1x_2 + 2x_1 - 2.5x_2 - x_3 + 2$

   d. $g(x_1, x_2, x_3) = x_1^4 + 2x_2^4 + 3x_3^4 + 1.01$

10.6 동류와 연속 방법

비선형연립방정식에 대한 동류(homotopy), 즉 연속 방법(continuation method)은 풀어야 할 문제를 문제들의 집합 속에 내장시킨다. 특히, 알려지지 않은 해 $\mathbf{x}^*$를 가지는

$$\mathbf{F}(\mathbf{x}) = 0$$

형태의 문제를 풀기 위해 [0,1] 사이의 값으로 가정된 매개변수 λ를 이용해 기술된 문제들의 집합을 고려한다. 알려진 해 $\mathbf{x}(0)$를 가지는 문제는 $\lambda = 0$에 대항하며, 알려지지 않은 해 $\mathbf{x}(1) = \mathbf{x}^*$를 가지는 문제는 $\lambda = 1$에 해당한다.

예를 들어, $\mathbf{x}(0)$이 $\mathbf{F}(\mathbf{x}^*) = 0$의 해에 대한 초기 근삿값이라고 가정하자.

$$\mathbf{G} : [0,1] \times R^n \to R^n$$

을

$$\mathbf{G}(\lambda, \mathbf{x}) = \lambda\mathbf{F}(\mathbf{x}) + (1-\lambda)[\mathbf{F}(\mathbf{x}) - \mathbf{F}(\mathbf{x}(0))] = \mathbf{F}(\mathbf{x}) + (\lambda - 1)\mathbf{F}(\mathbf{x}(0))$$

이라고 정의하자. λ의 다양한 값에 대해

$$\mathbf{G}(\lambda, \mathbf{x}) = \mathbf{0}$$

의 해를 결정할 것이다. $\lambda = 0$이면 이 방정식은

$$\mathbf{0} = \mathbf{G}(0, \mathbf{x}) = \mathbf{F}(\mathbf{x}) - \mathbf{F}(\mathbf{x}(0))$$

의 형태가 되고 $\mathbf{x}(0)$가 해가 된다. $\lambda = 1$이면 이 방정식은

$$\mathbf{0} = \mathbf{G}(1, \mathbf{x}) = \mathbf{F}(\mathbf{x})$$

의 형태가 되고 $\mathbf{x}(1) = \mathbf{x}^*$가 해가 된다.

매개변수 λ를 가지는 함수 $\mathbf{G}$는 알려진 값 $\mathbf{x}(0)$을 해 $\mathbf{x}(1) = \mathbf{x}^*$로 이끌어주는 함수의 집합을 제공한다. 함수 $\mathbf{G}$를 함수 $\mathbf{G}(0, \mathbf{x}) = \mathbf{F}(\mathbf{x}) - \mathbf{F}(\mathbf{x}(0))$와 함수 $\mathbf{G}(1, \mathbf{x}) = \mathbf{F}(\mathbf{x})$ 사이의 동류(homotopy)라고 부른다.

정리 10.6.1 [연속 문제 (Continuation Problem)]

$\mathbf{G}(0, \mathbf{x}) = 0$의 알려진 해 $\mathbf{x}(0)$로부터 $\mathbf{F}(\mathbf{x}) = 0$을 푸는 $\mathbf{G}(1, \mathbf{x}) = 0$의 알려지지 않은 해 $\mathbf{x}(1) = \mathbf{x}^*$로 진행하는 방법을 결정하는 것이다.

우선 $\mathbf{x}(\lambda)$가 $\lambda \in [0,1]$ 각각에 대해 방정식

$$\mathbf{G}(\lambda, \mathbf{x}) = \mathbf{0}$$

에 대한 유일한 해라고 가정한다. 집합 $\{\mathbf{x}(\lambda) | 0 \le \lambda \le 1\}$는 $\mathbf{x}(0)$으로부터 $\mathbf{x}(1) = \mathbf{x}^*$로 가는 매개변수가 λ인 곡선으로 생각할 수 있다. 연속 방법은 이 곡선을 따라 $\mathbf{x}\{(\lambda_k)\}_{k=0}^m$ (여기서 $\lambda_0 = 0 < \lambda_1 < \ldots < \lambda_m = 1$)에 해당하는 단계의 수열을 찾아준다.

함수 $\lambda \to \mathbf{x}(\lambda)$ 와 G가 미분 가능하다면 식 $\mathbf{G}(\lambda, \mathbf{x}) = \mathbf{0}$를 λ에 대해 미분하면

$$\mathbf{0} = \frac{\partial \mathbf{G}(\lambda, \mathbf{x}(\lambda))}{\partial \lambda} + \frac{\partial \mathbf{G}(\lambda, \mathbf{x}(\lambda))}{\partial \mathbf{x}} \mathbf{x}'(\lambda)$$

가 되고, 이를 $\mathbf{x}'(\lambda)$ 에 대해 풀면

$$\mathbf{x}'(\lambda) = -\left[\frac{\partial \mathbf{G}(\lambda, \mathbf{x}(\lambda))}{\partial \mathbf{x}}\right]^{-1} \frac{\partial \mathbf{G}(\lambda, \mathbf{x}(\lambda))}{\partial \lambda}$$

가 된다. 이것은 초기 조건을 $\mathbf{x}(0)$ 로 하는 미분방정식의 연립방정식이다.

$$\mathbf{G}(\lambda, \mathbf{x}(\lambda)) = \mathbf{F}(\mathbf{x}(\lambda)) + (\lambda - 1)\mathbf{F}(\mathbf{x}(0))$$

이므로, Jacobi 행렬

$$\frac{\partial \mathbf{G}}{\partial \mathbf{x}}(\lambda, \mathbf{x}(\lambda)) = \begin{bmatrix} \frac{\partial f_1}{\partial x_1}(\mathbf{x}(\lambda)) & \frac{\partial f_1}{\partial x_2}(\mathbf{x}(\lambda)) & \cdots & \frac{\partial f_1}{\partial x_n}(\mathbf{x}(\lambda)) \\ \frac{\partial f_2}{\partial x_1}(\mathbf{x}(\lambda)) & \frac{\partial f_2}{\partial x_2}(\mathbf{x}(\lambda)) & \cdots & \frac{\partial f_2}{\partial x_n}(\mathbf{x}(\lambda)) \\ \vdots & \vdots & & \vdots \\ \frac{\partial f_n}{\partial x_1}(\mathbf{x}(\lambda)) & \frac{\partial f_n}{\partial x_2}(\mathbf{x}(\lambda)) & \cdots & \frac{\partial f_n}{\partial x_n}(\mathbf{x}(\lambda)) \end{bmatrix} = \mathbf{J}(\mathbf{x}(\lambda))$$

와

$$\frac{\partial \mathbf{G}(\lambda, \mathbf{x}(\lambda))}{\partial \lambda} = \mathbf{F}(\mathbf{x}(0))$$

을 모두 구할 수 있다. 그러므로 미분방정식의 연립방정식은

$$\mathbf{x}'(\lambda) = -[J(\mathbf{x}(\lambda))]^{-1}\mathbf{F}(\mathbf{x}(0)), \qquad (0 \le \lambda \le 1)$$

이 되고, 이때 초기 조건은 $\mathbf{x}(0)$ 이다.

다음의 정리는 연속 방법이 가능하기 위한 조건을 제공한다.

정리 10.6.2 [동류 수렴 **(Homotopy Convergence)**]

$\mathbf{F}(\mathbf{x})$ 가 $\mathbf{x} \in R^n$ 에서 연속적으로 미분 가능하다고 하자. Jacobi 행렬 $J(\mathbf{x})$ 가 모든 $\mathbf{x} \in R^n$ 에 대해 비특이이며 모든 $\mathbf{x} \in R^n$ 에 대해 $\|J(\mathbf{x})^{-1}\| \le M$ 인 상수 M이 존재한다고 가정하자. 그러면, R^n 의 임의의 $\mathbf{x}(0)$ 에 대해

$$\mathbf{G}(\lambda, \mathbf{x}(\lambda)) = \mathbf{0}$$

을 만족하는 유일한 함수 $\mathbf{x}(\lambda)$ 가 [0,1]에 속한 모든 λ에 대해 존재한다. 또한 $\mathbf{x}(\lambda)$ 는 연속적으로 미분 가능하며 모든 $\lambda \in [0, 1]$ 에 대해

$$\mathbf{x}'(\lambda) = -J(\mathbf{x}(\lambda))^{-1}\mathbf{F}(\mathbf{x}(0)), \qquad \lambda \in [0, 1]$$

이 된다.

다음의 예제는 비선형연립방정식과 관련된 미분 가능 방정식의 연립 방정식의 형태를 보여준다.

예제 10.6.3 다음의 비선형연립방정식

$$\begin{aligned} f_1(x_1, x_2, x_3) &= 3x_1 - \cos(x_2 x_3) = 0 \\ f_2(x_1, x_2, x_3) &= x_1^2 - 81(x_2 + 0.1)^2 + \sin x_3 + 1.06 = 0 \\ f_3(x_1, x_2, x_3) &= e^{-x_1 x_2} + 20x_3 + \frac{10\pi - 3}{3} = 0 \end{aligned}$$

을 고려해 보기로 하자. Jacobi 행렬은

$$J(\mathbf{x}) = \begin{bmatrix} 3 & x_3 \sin x_2 x_3 & x_2 \sin x_2 x_3 \\ 2x_1 & -162(x_2 + 0.1) & \cos x_3 \\ -x_2 e^{-x_1 x_2} & -x_1 e^{-x_1 x_2} & 20 \end{bmatrix} \begin{bmatrix} -1.5 \\ 0.25 \\ 10\pi/3 \end{bmatrix}$$

이며 초기 조건은 $x_1(0) = 0,\ x_2(0) = 0,\ x_3(0) = 0$이 된다.

일반적으로 연속 문제를 풀기 위해 필요한 미분 가능 방정식의 연립 방정식은

$$\begin{aligned} \frac{dx_1}{d\lambda} &= \phi_1(\lambda, x_1, x_2, \ldots, x_n) \\ \frac{dx_2}{d\lambda} &= \phi_2(\lambda, x_1, x_2, \ldots, x_2) \\ &\vdots \\ \frac{dx_n}{d\lambda} &= \phi_n(\lambda, x_1, x_2, \ldots, x_2) \end{aligned}$$

의 형태를 가지며, 여기서

$$\begin{bmatrix} \phi_1(\lambda, x_1, x_2, \ldots, x_n) \\ \phi_2(\lambda, x_1, x_2, \ldots, x_n) \\ \vdots \\ \phi_n(\lambda, x_1, x_2, \ldots, x_n) \end{bmatrix} = -J(x_1, \ldots, x_n)^{-1} \begin{bmatrix} f_1(\mathbf{x}(0)) \\ f_2(\mathbf{x}(0)) \\ \vdots \\ f_n(\mathbf{x}(0)) \end{bmatrix}$$

이다.

이 연립방정식을 사차 Runge-Kutta 방법으로 풀기 위해 우선 $N > 0$인 정수를 선택하고 $h = (1-0)/N$으로 놓는다. 구간 $[0,1]$의 망점을

$$\lambda_j = jh, \qquad j = 0, 1, \ldots, N$$

로 하여 N개의 서브구간으로 분할한다. $j = 0, 1, \ldots, N, i = 1, \ldots, n$에 대해 $x_i(\lambda_j)$의 근삿값을 w_{ij}로 표시한다. 초기 조건으로

$$w_{1,0} = x_1(0), \quad w_{2,0} = x_2(0), \quad \ldots, \quad w_{n,0} = x_n(0),$$

으로 설정한다.

$w_{1,j}, w_{2,j}, w_{n,j}$가 계산이 되었다고 가정하자. $w_{1,j+1}, w_{2,j+1}, w_{n,j+1}$은 다음 방정식

$$\begin{aligned} k_{1,i} &= h\phi_i(\lambda_j, w_{1,j}, w_{2,j}, \ldots, w_{n,j}), \quad i = 1, 2, \ldots, n \\ k_{2,i} &= h\phi_i(\lambda_j + \frac{h}{2}, w_{1,j} + \frac{1}{2}k_{1,1}, w_{2,j} + \frac{1}{2}k_{1,2}, \ldots, w_{n,j} + \frac{1}{2}k_{1,n}), \qquad i = 1, 2, \ldots, n \end{aligned}$$

$$\begin{aligned} k_{3,i} &= h\phi_i\left(\lambda_j + \frac{h}{2}, w_{1,j} + \frac{1}{2}k_{2,1}, w_{2,j} + \frac{1}{2}k_{2,2}, \ldots, w_{n,j} + \frac{1}{2}k_{2,n}\right), \qquad i = 1, 2, \ldots, n \\ k_{4,i} &= h\phi_i(\lambda_j + h, w_{1,j} + k_{3,1}, w_{2,j} + k_{3,2}, \ldots, w_{n,j} + k_{3,n}), \qquad i = 1, 2, \ldots, n \end{aligned}$$

을 이용해 구하게 되고, 마지막으로

$$w_{i,j+1} = w_{i,j} + \frac{1}{6}(k_{1,i} + 2k_{2,i} + 2k_{3,i} + k_{4,i}), \qquad i = 1, 2, \ldots, n$$

가 된다. 표현을 단순화시키기 위해 벡터 표기법을 사용하여

$$\mathbf{k}_1 = \begin{bmatrix} k_{1,1} \\ k_{1,2} \\ \vdots \\ k_{1,n} \end{bmatrix}, \quad \mathbf{k}_2 = \begin{bmatrix} k_{2,1} \\ k_{2,2} \\ \vdots \\ k_{2,n} \end{bmatrix}, \quad \mathbf{k}_3 = \begin{bmatrix} k_{3,1} \\ k_{3,2} \\ \vdots \\ k_{3,n} \end{bmatrix}, \quad \mathbf{k}_4 = \begin{bmatrix} k_{4,1} \\ k_{4,2} \\ \vdots \\ k_{4,n} \end{bmatrix}, \quad \mathbf{w}_j = \begin{bmatrix} w_{1,j} \\ w_{2,j} \\ \vdots \\ w_{n,j} \end{bmatrix}$$

와 같이 표기하기로 한다.

앞에서 소개한 식에 따라 $\mathbf{x}(0) = \mathbf{x}(\lambda_0)$ 이 되며, $j = 0, 1, \ldots, n$ 에 대해

$$\begin{aligned} \mathbf{k}_1 &= h \begin{bmatrix} \phi_1(\lambda_j, w_{1,j}, \ldots, w_{n,j}) \\ \phi_2(\lambda_j, w_{1,j}, \ldots, w_{n,j}) \\ \vdots \\ \phi_n(\lambda_j, w_{1,j}, \ldots, w_{n,j}) \end{bmatrix} = h[-J(w_{1,j}, \ldots, w_{n,j})]^{-1}\mathbf{F}(\mathbf{x}(0)) \\ &= h[-J(\mathbf{w}_j)]^{-1}\mathbf{F}(\mathbf{x}(0)) \\ \mathbf{k}_2 &= h\left[-J\left(\mathbf{w}_j + \frac{1}{2}\mathbf{k}_1\right)\right]^{-1}\mathbf{F}(\mathbf{x}(0)) \\ \mathbf{k}_3 &= h\left[-J\left(\mathbf{w}_j + \frac{1}{2}\mathbf{k}_2\right)\right]^{-1}\mathbf{F}(\mathbf{x}(0)) \end{aligned}$$

이 되고

$$\mathbf{x}(\lambda_{j+1}) = \mathbf{x}(\lambda_j) + \frac{1}{6}(\mathbf{k}_1 + 2\mathbf{k}_2 + 2\mathbf{k}_3 + \mathbf{k}_4)$$

가 된다. 마지막으로, $\mathbf{x}(\lambda_n) = \mathbf{x}(1)$ 이 $\mathbf{x}^*$ 에 대한 근삿값이 된다.

예제 10.6.4 다음 방정식

$$\begin{aligned} f_1(x_1, x_2, x_3) &= 3x_1 - \cos(x_2 x_3) - 0.5 = 0 \\ f_2(x_1, x_2, x_3) &= x_1^2 - 81(x_2 + 0.1)^2 + \sin x_3 + 1.06 = 0 \\ f_3(x_1, x_2, x_3) &= e^{-x_1, x_2} + 20x_3 + \frac{10\pi - 3}{3} = 0 \end{aligned}$$

에 대한 해를 근사시켜 보기로 하자.

풀이 Jacobi 행렬은

$$J(\mathbf{x}) = \begin{bmatrix} 3 & x_3 \sin x_2 x_3 & x_2 \sin x_2 x_3 \\ 2x_1 & -162(x_2 + 0.1) & \cos x_3 \\ -x_2 e^{-x_1 x_2} & -x_1 e^{-x_1 x_2} & 20 \end{bmatrix}$$

이다. $\mathbf{x}(0) = (0, 0, 0)^t$ 라고 하면

$$\mathbf{F}(\mathbf{x}(0)) = (-1.5, 0.25, 10\pi/3)^t$$

가 된다. $N = 4,\ h = 0.25$로 하면

$$\begin{aligned}
\mathbf{k}_1 &= h[-J(\mathbf{x}^{(0)})]^{-1}F(\mathbf{x}(0)) = 0.25 \begin{bmatrix} 3 & 0 & 0 \\ 0 & -16.2 & 1 \\ 0 & 0 & 20 \end{bmatrix}^{-1} \begin{bmatrix} -1.5 \\ 0.25 \\ 10\pi/3 \end{bmatrix} \\
&= (0.125, -0.004222203325, -0.1308996939)^t \\
\mathbf{k}_2 &= h[-J(0.0625, -0.002111101663, -0.06544984695)]^{-1}(-1.5, 0.25, 10\pi/3)^t \\
&= 0.25 \begin{bmatrix} 3 & -0.9043289149 \times 10^{-5} & -0.2916936196 \times 10^{-6} \\ 0.125 & -15.85800153 & 0.9978589232 \\ 0.002111380229 & -0.06250824706 & 20 \end{bmatrix}^{-1} \begin{bmatrix} -1.5 \\ 0.25 \\ 10\pi/3 \end{bmatrix} \\
&= (0.1249999773, -0.003311761993, -0.1309232406)^t \\
\mathbf{k}_3 &= h[-J(0.06249998865, -0.001655880997, -0.0654616203)]^{-1}(-1.5, 0.25, 10\pi/3)^t \\
&= (0.1249999844, -0.003296244825, -0.130920346)^t \\
\mathbf{k}_4 &= h[-J(0.1249999844, -0.003296244825, -0.130920346)]^{-1}(-1.5, 0.25, 10\pi/3)^t \\
&= (0.1249998945, -0.00230206762, -0.1309346977)^t
\end{aligned}$$

가 되고

$$\begin{aligned}
\mathbf{x}(\lambda_1) = \mathbf{w}_1 &= \mathbf{w}_0 + \frac{1}{6}[\mathbf{k}_1 + 2\mathbf{k}_2 + 2\mathbf{k}_3 + \mathbf{k}_4] \\
&= (0.1249999697, -0.00329004743, -0.1309202608)^t
\end{aligned}$$

가 된다. 계속하면,

$$\begin{aligned}
\mathbf{x}(\lambda_2) &= \mathbf{w}_2 = (0.2499997679, -0.004507400128, -0.2618557619)^t \\
\mathbf{x}(\lambda_3) &= \mathbf{w}_3 = (0.3749996956, -0.003430352103, -0.3927634423)^t \\
\mathbf{x}(\lambda_4) &= \mathbf{x}(1) = \mathbf{w}_4 = (0.4999999954, 0.126782 \times 10^{-7}, -0.5235987758)^t
\end{aligned}$$

가 된다. 실제 해는 대략적으로 $(0.5, 0, -0.52359877)^t$ 이므로 여기서 구한 결과는 매우 정확하다고 할 수 있다. ■

프로그램 CONTM104는 사차 Runge-Kutta 방법을 사용한다. 각 $\mathbf{w}_j$ 에 대한 계산은 $\mathbf{k}_1, \mathbf{k}_2, \mathbf{k}_3, \mathbf{k}_4$ 계산에 한 번씩 네 번의 역행렬 계산을 필요로 한다. 그러므로 N 번의 단계를 진행하면 $4N$ 번의 역행렬 계산이 필요하다. 이와 비교해 보면, Newton 방법은 매 반복마다 한 번의 역행렬 계산을 필요로 한다. 그러므로 Runge-Kutta 방법과 관련된 작업은 대략적으로 Newton 방법의 $4N$ 반복과 대등하다.

대안적인 방법은 수정 오일러 방법이나 (심지어는) 오일러 방법과 같은 이차 Runge-Kutta 방법을 이용해 역행렬의 수를 줄이는 것이다. 또 다른 가능성은 작은 N 의 값을 사용하는 것이다. 다음 예는 이러한 아이디어를 설명하고 있다.

예제 10.6.5 [표 10.2]는 오일러 방법, 중간점 방법, 사차 Runge-Kutta 방법을 초기 근삿값 $\mathbf{x}(0) = (0, 0, 0)^t$ 로 하여 [예제 10-6]의 문제에 적용한 결과를 비교한 것을 요약하고 있다.

방법	N	$\mathbf{x}(1)$	반복횟수
Euler	1	$(0.5, -0.0168888133, -0.5235987755)^t$	1
Euler	4	$(0.499999379, -0.004309160698, -0.523679652)^t$	4
Midpoint	1	$(0.4999966628, -0.00040240435, -0.523815371)^t$	2
Midpoint	4	$(0.500000066, -0.00001760089, -0.5236127761)^t$	8
Runge-Kutta	1	$(0.4999989843, -0.1676151 \times 10^{-5}, -0.5235989561)^t$	4
Runge-Kutta	4	$(0.4999999954, 0.126782 \times 10^{-7}, -0.5235987750)^t$	16

표 10.2

연속 방법은 특별히 잘 선택된 $\mathbf{x}(0)$ 값을 필요로 하지 않는 독자적인 방법으로 사용될 수 있다. 그렇지만, 이 방법은 Newton이나 Broyden 방법의 초기 근삿값을 제공하기 위해 사용될 수도 있다. 예를 들어, [예제 10-6]에서 오일러의 방법과 $N = 2$로 구한 결과 정도라면 보다 효율적인 Newton이나 Broyden 방법을 시작하기에 충분하며 이러한 목적으로 보면 더 많은 계산을 요구하는 연속 방법보다 좋다고 할 수 있다.

Runge-Kutta 방법에서

$$\mathbf{k}_i = h[-J(\mathbf{x}(\lambda_i) + \alpha_{i-1}\mathbf{k}_{i-1})]^{-1}\mathbf{F}(\mathbf{x}(0))$$

과 유사한 단계들은 $\mathbf{k}_i$에 대한 선형연립방정식

$$J(\mathbf{x}(\lambda_i) + \alpha_{i-1}\mathbf{k}_{i-1})\mathbf{k}_i = -h\mathbf{F}(\mathbf{x}(0))$$

을 푸는 형태로 작성될 수 있다.

10.6 연습문제

1. 비선형연립방정식

$$\begin{aligned} f_1(x_1, x_2) &= x_1^2 - x_2^2 + 2x_2 = 0 \\ f_2(x_1, x_2) &= 2x_1 + x_2^2 - 6 = 0 \end{aligned}$$

은 두 개의 해 $(0.625204094, 2.179355825)^t$와 $(2.109511920, -1.334532188)^t$을 가지고 있다. $N = 2$로 하고, 연속 방법과 오일러 방법을 사용하여 다음 경우에 대한 해의 근삿값을 구하라.

a. $\mathbf{x}(0) = (0, 0)^t$　　b. $\mathbf{x}(0) = (1, 1)^t$　　c. $\mathbf{x}(0) = (3, -2)^t$

2. $N = 2$로 하고, 연속 방법과 오일러 방법을 사용하여 다음의 비선형연립 방정식을 풀어 보아라.

a.
$$\begin{aligned} &4x_1^2 - 20x_1 + \frac{1}{4}x_2^2 + 8 = 0 \\ &\frac{1}{2}x_1x_2^2 + 2x_1 - 5x_2 + 8 = 0 \end{aligned}$$

b.
$$\begin{aligned} &\sin(4\pi x_1 x_2) - 2x_2 - x_1 = 0 \\ &((4\pi - 1)/4\pi)(e^{2x_1} - e) + 4ex_2^2 - 2ex_1 = 0 \end{aligned}$$

제 11 장

상미분방정식의 경곗값 문제

11.1 개요

5장 첫 번째 절의 미분방정식은 일차이고 만족시켜야 할 초기 조건도 한 개이다. 5장 후반부에서는 해법을 연립방정식과 고차 방정식의 경우로도 확장했지만, 모든 조건들은 동일한 끝점 상에서 주어져야 한다. 이들은 초깃값 문제이다. 이 장에서는 상이한 점에서 조건이 주어진 미분방정식, 즉 2점 경곗값 문제(two–point boundary–value problems)의 해를 근사시키는 방법에 대해 알아보기로 한다. 일차미분방정식에서는 하나의 조건만이 주어지므로 초깃값과 경곗값 문제의 구분이 없다.

이 장에서 다루게 될 미분방정식은 이계로서

$$y'' = f(x, y, y'), \quad a \leq x \leq b$$

의 형태이며 어떤 상수 α, β에 대해 해에 대한 경계 조건은

$$y(a) = \alpha, \quad y(b) = \beta$$

로 주어진다. 이러한 문제는 다음과 같은 가정하에서 유일한 해를 갖는다.

- 함수 f와 그 편도함수가 y와 y'에 대해 연속이다.
- 함수 f의 y에 대한 편도함수가 양이다.
- 함수 f의 y'에 대한 편도함수가 제한되어 있다.

이러한 조건들은 물리학의 문제를 표현하는 경곗값 문제들에 대해 모두 합리적인 것이다.

11.2 선형 Shooting 방법

경곗값 문제는 함수 f가

$$f(x, y, y') = p(x)y' + q(x)y + r(x)$$

의 형태일 때 선형이라고 한다. 선형 문제는 실제 응용에서 자주 발생하며 비선형 방정식보다 훨씬 풀기 쉽다. 왜냐하면 비제차미분방정식(inhomogeneous differential equation)

$$y'' - p(x)y' - q(x)y = r(x)$$

의 완전한 해에 추가하면 비제차 문제의 모든 해를 얻기 때문이다. 제차 문제의 해는 비제차 문제의 해보다 결정하기 쉽다. 또한 선형 문제의 해의 유일성은 p, q, r이 연속이고 q의 값이 양임을 보이기만 하면 알 수 있다.

선형 경곗값 문제 (Linear Boundary-Value Problem)

선형 경곗값 문제의 유일한 해를 근사시키기 위해, 우선 두 개의 초깃값 문제를 생각해 보자.

$$y'' = p(x)y' + q(x)y + r(x),\ a \le x \le b,\ y(a) = \alpha,\ y'(a) = 0 \tag{11.1}$$

$$y'' = p(x)y' + q(x)y,\ a \le x \le b,\ y(a) = 0,\ y'(a) = 1 \tag{11.2}$$

두 문제 모두 유일한 해를 가진다. $y_1(x)$가 식 (11.1)의 해, $y_2(x)$가 식 (11.2)의 해라 하고, $y(b) \neq 0$이라 가정하자. ($y_2(b) = 0$인 경우는 연습문제 8에서 다룬다) 그러면

$$y(x) = y_1(x) + \frac{\beta - y_1(b)}{y_2(b)} y_2(x) \tag{11.3}$$

가 다음 선형 경곗값 문제

$$y'' = p(x)y' + q(x)y + r(x),\ a \le x \le b,\ y(a) = \alpha,\ y'(b) = \beta \tag{11.4}$$

의 유일한 해가 된다. 이를 증명해 보면, 우선

$$\begin{aligned} y'' - p(x)y' - q(x)y &= y_1'' - p(x)y_1' - q(x)y_1 + \frac{\beta - y_1(b)}{y_2(b)}[y_2'' - p(x)y_2' - q(x)y_2] \\ &= r(x) + \frac{\beta - y_1(b)}{y_2(b)} \cdot 0 = r(x) \end{aligned}$$

가 된다. 또한

$$\begin{aligned} y(a) &= y_1(a) + \frac{\beta - y_1(b)}{y_2(b)} y_2(a) = y_1(a) + \frac{\beta - y_1(b)}{y_2(b)} = \alpha \\ y(b) &= y_1(b) + \frac{\beta - y_1(b)}{y_2(b)} y_2(b) = y_1(b) + \beta - y_1(b) = \beta \end{aligned}$$

가 된다.

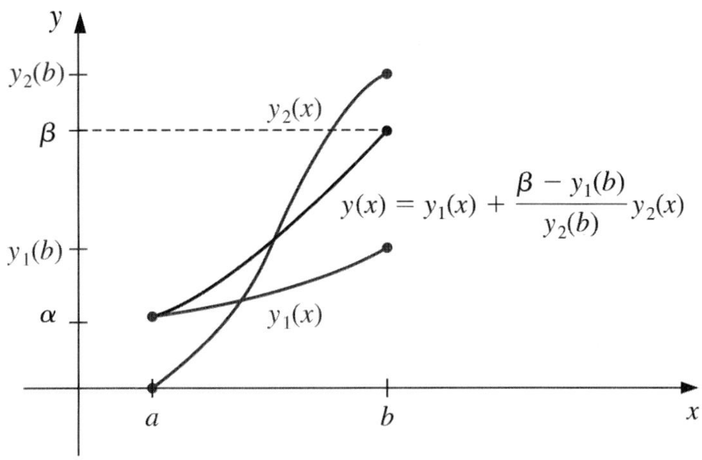

그림 11.1

선형 **Shooting (Linear Shooting)**

선형 Shooting방법은 경곗값 문제를 두 개의 초깃값 문제, 식 (11.1)과 (11.2)로 대체한다. 해 $y_1(x)$와 $y_2(x)$는 5장의 방법들을 이용하여 근사시킬 수 있다. 이 근삿값으로 식 (11.3)의 가중합을 구해 경곗값 문제의 근사해를 얻게 된다. 이 방법을 도식화 하면 [그림 11.1]과 같다.

프로그램 LINST111은 사차 Runge-Kutta 방법을 이용하여 근삿값 $y_1(x)$와 $y_2(x)$를 구하지만, 초깃값 문제를 다른 방법으로 대체해 풀어도 아무 상관이 없다. 이 프로그램은 경곗값 문제의 해 이외에도 해의 도함수의 근삿값도 구해준다.

예제 11.2.1 경곗값 문제

$$y'' = -\frac{2}{x}y' + \frac{2}{x^2}y + \frac{\sin(\ln x)}{x^2},\ 1 \le x \le 2,\ y(1) = 1,\ y(2) = 2$$

의 참값은

$$y = c_1 x + \frac{c_2}{x^2} - \frac{3}{10}\sin(\ln x) - \frac{1}{10}\cos(\ln x)$$

이다. 여기서,

$$\begin{aligned} c_2 &= \frac{1}{70}(8 - 12\sin(\ln 2) - 4\cos(\ln 2)) \approx -0.03920701320, \\ c_1 &= \frac{11}{10} - c_2 \approx 1.1392070132 \end{aligned}$$

풀이 이 문제를 선형 Shooting 방법으로 풀려면 초깃값 문제

$$y_1'' = -\frac{2}{x}y_1' + \frac{2}{x^2}y_1 + \frac{\sin(\ln x)}{x^2},\ 1 \le x \le 2,\ y_1(1) = 1,\ y_1'(1) = 0$$

과

$$y_2'' = -\frac{2}{x}y_2' + \frac{2}{x^2}y_2,\ 1 \le x \le 2,\ y_2(1) = 0,\ y_2'(1) = 1$$

의 해를 근사해야 한다. 첫 번째 이차미분방정식은 $u_1(1) = 1$과 $u_2(1) = 0$일 때

$$u_1'(x) \ = \ u_2(x)$$

$$u_2'(x) \quad = \quad -\frac{2}{x}u_2(x) + \frac{2}{x_2}u_1(x) + \frac{\sin(\ln x)}{x^2}$$

이고, 두 번째 이차미분방정식은 $u_1(1) = 0$과 $u_2(1) = 1$일 때

$$\begin{aligned} v_1' &= v_2(x) \\ v_2'(x) &= -\frac{2}{x}v_2(x) + \frac{2}{x^2}v_1(x) \end{aligned}$$

이다. $N = 10$과 $h = 0.1$일 때, 프로그램 LINST111을 사용하여 계산한 결과는 [표 11.1]에 나와 있다. 제시된 값 $u_{1,i}$은 $y_1(x_i)$를 근사하고 $v_{1,i}$은 $y_2(x_i)$를 근사하며 w_i는

$$y(x_i) = y_1(x_i) + \frac{2 - y_1(2)}{y_2(2)}y_2(x_i)$$

를 근사한다.

x_i	$u_{1,i} \approx y_1(x_i)$	$v_{1,i} \approx y_2(x_i)$	$w_i \approx y(x_i)$	$y(x_i)$	$\lvert y(x_i) - w_i\rvert$
1.0	1.00000000	0.00000000	1.00000000	1.00000000	
1.1	1.00896058	0.09117986	1.09262916	1.09262930	1.43×10^{-7}
1.2	1.03245472	0.16851175	1.18708471	1.18708484	1.34×10^{-7}
1.3	1.06674375	0.23608704	1.28338227	1.28338236	9.78×10^{-7}
1.4	1.10928795	0.29659067	1.38144589	1.38144595	6.02×10^{-7}
1.5	1.15830000	0.35184379	1.48115939	1.48115942	3.06×10^{-7}
1.6	1.21248371	0.40311695	1.58239245	1.58239246	1.08×10^{-7}
1.7	1.27087454	0.45131840	1.68501396	1.68501396	5.43×10^{-7}
1.8	1.33273851	0.49711137	1.78889854	1.78889853	5.05×10^{-7}
1.9	1.39750618	0.54098928	1.89392951	1.89392951	4.41×10^{-7}
2.0	1.46472815	0.58332538	2.00000000	2.00000000	

표 11.1

■

사차 Runge-Kutta 방법의 초깃값 문제에 대한 해의 정확도는 $O(h^4)$이므로, 이 예의 정확도는 기대한 값과 일치한다.

라운드-오프 오차 줄이기 (Reducing Round-Off Error)

그러나 이 기법에는 라운드-오프 오차의 가능성이 숨겨져 있다. x가 a에서 b로 갈 때 $y_1(x)$가 급속히 증가하면, $u_{1,N} \approx y_1(b)$도 커질 것이다. β가 $u_{1,N}$에 비해 작은 값이면 $(\beta - u_{1,N})/v_{1,N}$ 항은 대략 $-u_{1,N}/v_{1,N}$이 된다. 그러므로 근삿값

$$y(x_i) \approx w_i = u_{1,i} - \left(\frac{\beta - u_{1,N}}{v_{1,N}}\right)v_{1,i} \approx u_{1,i} - \left(\frac{u_{1,N}}{v_{1,N}}\right)v_{1,i}$$

는 유효 숫자를 상실했을 가능성이 있다. 그러나 $u_{1,i}$가 $y_1(x_i)$의 근삿값이므로 y_1의 거동은 쉽게 감시할 수 있고, $u_{1,i}$가 a에서 b로 급속히 증가할 경우는 Shooting 기법을 다른 방향으로 적용할 수 있다. 즉 다음과 같은 초깃값 문제

$$y'' = p(x)y' + q(x)y + r(x),\ a \le x \le b,\ y(b) = \beta,\ y'(b) = 0$$

과

$$y'' = p(x)y' + q(x)y,\ a \le x \le b,\ y(b) = 0,\ y'(b) = 1$$

을 대신 풀면 된다.

역 Shooting 기법에서도 유효 숫자가 상실되거나 유효 자리를 늘려 계산해도 정확도가 개선되지 않으면 다른 방법을 써야 한다. 그러나 일반적으로 $i = 0,\ 1,\ \ldots,\ N$ 일 때 $u_{1,i}$ 와 $v_{1,i}$ 가 $y_1(x_i)$ 와 $y_2(x_i)$ 에 대한 $O(h^n)$ 근삿값이라면, $w_{1,i}$ 도 $y(x_i)$ 에 대한 $O(h^n)$ 근삿값이 될 것이다.

11.2 연습문제

1. 경곗값 문제

$$y'' = 4(y - x),\ 0 \le x \le 1,\ y(0) = 0,\ y(1) = 2$$

의 해는 $y(x) = e^2(e^4 - 1)^{-1}(e^{2x} - e^{-2x}) + x$ 이다. 선형 Shooting 방법을 이용해 근사해를 구하고, 그 결과와 실제 해를 비교해 보아라.

a. $h = \dfrac{1}{2}$ b. $h = \dfrac{1}{4}$

2. 경곗값 문제

$$y'' = y' + 2y + \cos x,\ 0 \le x \le \frac{\pi}{2},\ y(0) = -0.3,\ y\left(\frac{\pi}{2}\right) = -0.1$$

의 해는 $y(x) = -\frac{1}{10}(\sin x + 3\cos x)$ 이다. 선형 Shooting 방법을 이용해 근사해를 구하고, 그 결과와 실제 해를 비교해 보아라.

a. $h = \dfrac{\pi}{4}$ b. $h = \dfrac{\pi}{8}$

3. 선형 Shooting 방법을 이용하여 다음 경곗값 문제의 근사해를 구하라.

a. $y'' = -3y' + 2y + 2x + 3,\ 0 \le x \le 1,\ y(0) = 2,\ y(1) = 1,\ h = 0.1$ 을 사용하라.

b. $y'' = -(4/x)y' + (2/x^2)y - 2(\ln x)/x^2,\ 1 \le x \le 2,\ y(1) = -\dfrac{1}{2},\ y(2) = \ln 2,\ h = 0.05$ 를 사용하라.

c. $y'' = -(x+1)y' + 2y + (1 - x^2)e^{-x},\ 0 \le x \le 1,\ y(0) = -1,\ y(1) = 0,\ h = 0.1$ 을 사용하라.

d. $y'' = (y'/x) + (3/x^2)y + (\ln x)/x - 1,\ 1 \le x \le 2,\ y(1) = y(2) = 0,\ h = 0.1$ 을 사용하라.

4. 다음 경곗값 문제들의 $q(x) < 0$ 이지만, 유일한 해가 존재하며 다음과 같이 주어져 있다. 선형 Shooting 방법을 이용해 다음 문제들의 해를 근사시키고, 그 결과를 실제 해와 비교하라

a. $y'' + y = 0,\quad 0 \le x \le \dfrac{\pi}{4},\ y(0) = 1,\ y\left(\dfrac{\pi}{4}\right) = 1,\ h = \dfrac{\pi}{20}$ 을 사용하라.
실제 해는 $y(x) = \cos x + (\sqrt{2} - 1)\sin x$

b. $y'' + 4y = \cos x,\quad 0 \le x \le \dfrac{\pi}{4},\ y(0) = 0,\ y\left(\dfrac{\pi}{4}\right) = 0,\ h = \dfrac{\pi}{20}$ 을 사용하라.
실제 해는 $y(x) = -\dfrac{1}{3}\cos 2x - \dfrac{\sqrt{2}}{6}\sin 2x + \dfrac{1}{3}\cos x$

c. $y'' = -(4/x)y' - (2/x^2)y + (2/x^2)\ln x,\ 1 \le x \le 2,\ y(1) = \frac{1}{2},\ y(2) = \ln 2,\ h = 0.05$ 을 사용하라.
   실제 해는 $y(x) = \frac{4}{x} - \frac{2}{x^2} + \ln x - \frac{3}{2}$이다.

d. $y'' = 2y' - y + xe^x - x, \quad 0 \le x \le 2,\ y(0) = 0,\ y(2) = -4,\ h = 0.2$을 사용하라.
   실제 해는 $y(x) = \frac{1}{6}x^3e^x - \frac{5}{3}xe^x + 2e^x - x - 2$이다.

5. 선형 Shooting 방법을 이용하여 다음 경곗값 문제

$$y'' = 100y,\ 0 \le x \le 1,\ y(0) = 1,\ y(1) = e^{-10}$$

의 해 $y = e^{-10x}$ 의 근삿값을 구하라. $h = 0.1$과 0.05로 하라.

6. u가 반지름이 R_1과 $R_2(R_1 < R_2)$인 동심 금속 구체 사이의 정전위(electrostatic potential)를 나타낸다고 하자. 안쪽 구체의 전위는 V_1 volts를, 바깥 구체는 0 volts를 유지하고 있다. 두 구체 사이에 존재하는 영역의 전위는 Laplace 방정식에 의해

$$\frac{d^2u}{dr^2} + \frac{2}{r}\frac{du}{dr} = 0,\ \ R_1 \le r \le R_2,\ \ u(R_1) = V_1,\ \ u(R_2) = 0$$

으로 표현된다. $R_1 = 2$ cm, $R_2 = 4$ cm, $V_1 = 110$ volts라 하자.

a. 선형 Shooting 방법을 이용하여 $u(3)$을 근사시켜라.

b. 위 a의 결과를 다음의 실제 전위식

$$u(r) = \frac{V_1R_1}{r}\left(\frac{R_2 - r}{R_2 - R_1}\right)$$

로 구한 u(3)과 비교하라.

7. y_2가 $y'' = p(x)y' + q(x)y,\ y_2(a) = y_2(b) = 0$의 해이면 $y_2 \equiv 0$임을 증명하라.

8. 다음 경곗값 문제를 고려해 보자.

$$y'' + y = 0,\ \ 0 \le x \le b,\ \ y(0) = 0,\ \ y(b) = B$$

경곗값 문제가 다음 사항을 만족하도록 b와 B의 값을 선택해 보아라.

a. 해가 없음

b. 오직 하나의 해를 가짐

c. 무한히 많은 해를 가짐

9. 다음 경곗값 문제를 연습문제 9와 같은 방식으로 풀려고 할 경우 어떤 일이 발생하는지 설명하라.

$$y'' - y = 0,\ \ 0 \le x \le b,\ \ y(0) = 0,\ \ y(b) = B$$

11.3 선형유한차분법

11.2절에서 논의한 Shooting방법은 종종 라운드오프오차 측면에서 불안정하다. 이 절에서 기술하는 방법은 보다 안정적이지만 원하는 정확도를 얻으려면 더 많은 계산을 수행해야 한다.

경곗값 문제를 풀기 위한 유한 차분 방법에서는 미분방정식의 각 도함수가 4.9절에서와 같은 적절한 차분 몫 (difference quotient) 근삿값으로 대체된다. 차분 몫은 지정된 오차 차수를 유지하도록 선택된다.

이산 근사 (Discrete Approximation)

선형 이차 경곗값 문제

$$y'' = p(x)y' + q(x)y + r(x),\ a \le x \le b,\ y(a) = \alpha,\ y(b) = \beta$$

에 대한 유한 차분법에서는 y'와 y''의 근삿값을 구하기 위해 차분 몫 근삿값을 이용하게 된다. 우선 정수 $N > 0$을 선정하여 구간 $[a, b]$를 $(N+1)$개의 등간격인 소구간으로 나눈다. $h = (b-a)/(N+1)$일 때 $i = 0, 1, \ldots, N+1$에 대해 소구간의 끝점들은 격자점(mesh points) $x_i = a + ih$가 된다.

$i = 1, 2, \ldots, N$일 때 내부 격자점 x_i에서 근사될 미분방정식은

$$y''(x_i) = p(x_i)y'(x_i) + q(x_i)y(x_i) + r(x_i) \tag{11.5}$$

가 된다. $y \in \mathbf{C}^4[x_{i-1}, x_{i+1}]$이라고 가정하고, x_i에 대한 삼차 Taylor 다항식에서 x_{i+1}과 x_{i-1}의 값을 계산하여 y를 확정하면, ξ^+가 (x_i, x_{i+1})에 속할 때

$$y(x_{i+1}) = y(x_i + h) = y(x_i) + hy'(x_i) + \frac{h^2}{2}y''(x_i) + \frac{h^3}{6}y'''(x_i) + \frac{h^4}{24}y^{(4)}(\xi^+)$$

가 되고 ξ^-가 (x_{i-1}, x_i)에 속할 때

$$y(x_{i-1}) = y(x_i - h) = y(x_i) - hy'(x_i) + \frac{h^2}{2}y''(x_i) - \frac{h^3}{6}y'''(x_i) + \frac{h^4}{24}y^{(4)}(\xi^-)$$

가 된다. 두 식을 더하면

$$y(x_{i+1}) + y(x_{i-1}) = 2y(x_i) + h^2y''(x_i) + \frac{h^4}{24}\left[y^{(4)}(\xi^+) + y^{(4)}(\xi^-)\right]$$

가 되고, 이 식에 단순한 대수적 조작을 가하면

$$y''(x_i) = \frac{1}{h^2}[y(x_{i+1}) - 2y(x_i) + y(x_{i-1})] - \frac{h^2}{24}\left[y^{(4)}(\xi^+) + y^{(4)}(\xi^-)\right]$$

가 된다. 중간값 정리를 이용하면 이 식을 더 단순화시킬 수 있다.

정리 11.3.1 **[$y''(x_i)$에 대한 중앙차분공식 (Centered-Difference Formula for $y''(x_i)$)]**

$$y''(x_i) = \frac{1}{h^2}[y(x_{i+1}) - 2y(x_i) + y(x_{i-1})] - \frac{h^2}{12}y^{(4)}(\xi_i)$$

여기서 ξ_i는 (x_{i-1}, x_{i+1})에 속하는 어떤 값이다.

$y'(x_i)$에 대한 중앙차분공식도 유사한 방법으로 얻을 수 있다.

정리 11.3.2 [$y'(x_i)$에 대한 중앙차분공식 **(Centered-Difference Formula for** $y'(x_i)$**)**]

$$y'(x_i) = \frac{1}{2h}[y(x_{i+1}) - y(x_{i-1})] - \frac{h^2}{6}y'''(\eta_i)$$

여기서 η_i는 (x_{i-1}, x_{i+1})에 속하는 어떤 값이다.

이 중앙차분공식들을 식 11.5에 대입하면

$$\begin{aligned}\frac{y(x_{i+1}) - 2y(x_i) + y(x_{i-1})}{h^2} &= p(x_i)\left[\frac{y(x_{i+1}) - y(x_{i-1})}{2h}\right] + q(x_i)y(x_i) \\ &\quad + r(x_i) - \frac{h^2}{12}[2p(x_i)y'''(\eta_i) - y^{(4)}(\xi_i)]\end{aligned}$$

가 된다. 이 식과 경계 조건 $y(a) = \alpha$와 $y(b) = \beta$를 이용하여 절단 오차의 차수가 $O(h^2)$인 유한차분법을 얻게 된다. 즉, $i = 1, 2, \ldots, N$일 때

$$\begin{gathered} w_0 = \alpha, \quad w_{N+1} = \beta, \\ \left(\frac{2w_i - w_{i+1} - w_{i-1}}{h^2}\right) + p(x_i)\left(\frac{w_{i+1} - w_{i-1}}{2h}\right) + q(x_i)w_i = -r(x_i)\end{gathered}$$

가 된다. 이 식을

$$-\left(1 + \frac{h}{2}p(x_i)\right)w_{i-1} + (2 + h^2q(x_i))w_i - \left(1 - \frac{h}{2}p(x_i)\right)w_{i+1} = -h^2r(x_i)$$

로 고쳐 쓰면, 결과적인 연립방정식을 3선 대각 $N \times N$ 행렬 A를 이용하여 $A\mathbf{w} = \mathbf{b}$로 표현할 수 있다. 여기서,

$$A = \begin{bmatrix} 2 + h^2q(x_1) & -1 + \frac{h}{2}p(x_1) & 0 & \cdots & 0 \\ -1 - \frac{h}{2}p(x_2) & 2 + h^2q(x_2) & -1 + \frac{h}{2}p(x_2) & \ddots & \vdots \\ 0 & \ddots & \ddots & \ddots & 0 \\ \vdots & \ddots & \ddots & \ddots & -1 + \frac{h}{2}p(x_N) \\ 0 & \cdots & \cdots & -1 - \frac{h}{2}p(x_N) & 2 + h^2q(x_N) \end{bmatrix}$$

$$\mathbf{w} = \begin{bmatrix} w_1 \\ w_2 \\ \vdots \\ w_{N-1} \\ w_N \end{bmatrix}, \quad \mathbf{b} = \begin{bmatrix} -h^2r(x_1) + (1 + \frac{h}{2}p(x_1)w_0) \\ -h^2r(x_2) \\ \vdots \\ -h^2r(x_{N-1}) \\ -h^2r(x_N) + (1 - \frac{h}{2}p(x_N))w_{N+1} \end{bmatrix}$$

이다. 이 연립방정식은 $[a, b]$에서 p, q, r이 연속이고, $[a, b]$에서 $q(x) \geq 0$이고, $L = max_{a \leq x \leq b}|p(x)|$라 할때 $h < 2/L$이면 유일한 해를 갖는다. 프로그램 LINFD112는 선형 유한 차분법을 구현한 것이다.

예제 11.3.3 $N = 9$일 때 선형유한차분법을 이용하여 다음의 선형 경곗값 문제

$$y'' = -\frac{2}{x}y' + \frac{2}{x^2}y + \frac{\sin(\ln x)}{x^2}, \quad 1 \leq x \leq 2, \quad y(1) = 1, \quad y(2) = 2$$

의 근사해를 구해보기로 하자. 11.2절 Shooting 방법을 사용하여 얻은 결과와 비교하라.

풀이 $N = 9$ 이므로

$$h = \frac{b-a}{n+1} = \frac{2-1}{10} = 0.1$$

선형유한차분법을 적용하기 위해 MATLAB을 사용하려면, 구간의 끝점과 경계 조건, N, h를 정의해야 한다.

```
a =1;b = 2;alpha =1;beta = 2;N = 9;h = (b-a)/(N+1)
```

함수 $p(x)$, $q(x)$, $r(x)$는 다음과 같이 정의한다.

```
p = inline('-2/t','t'); q = inline('2/t^2','t');
r = inline('sin(log(t))/t^2','t');
```

문장의 마지막에 있는 세미콜론은 MATLAB에서 입력문을 출력하는 것을 방지한다. 다음에는 x값들을 초기화 해야 한다

```
x = [1.1 1.2 1.3 1.4 1.5 1.6 1.7 1.8 1.9];
```

또한 9×9 영행렬인 A와 우항의 **b** 영벡터를 정의한다.

```
A = zeros(9,9);
b = zeros(9,1)
```

이것들은 생성되는 영이 아닌 원소들로 채워질 것이다

```
A(1,1) = 2+h*h*q(x(1));
A(1,2) = -1+h*p(x(1))/2;
b(1) = -h*h*r(x(1))+(1+h*p(x(1))/2)*alpha;
for i = 2:N-1
  A(i,i-1) = -1-h*p(x(i))/2;
  A(i,i) = 2+h*h*q(x(i));
  A(i,i+1) = -1+h*p(x(i))/2;
  b(i) = -h*h*r(x(i));
end;
A(N,N-1) = -1-h*p(x(N))/2;
A(N,N) = 2+h*h*q(x(N));
b(N) = -h*h*r(x(N))+(1-h*p(x(N)/2))*beta;
```

이제 **w**를 구하기 위해 9×9 선형연립방정식에 `linsolve` 명령어를 적용하자.

```
w = linsolve(A,b')
```

결과는

$$\begin{aligned} w \;=\; & 1.092600520720135 \\ & 1.187043128795073 \\ & 1.283336870214396 \\ & 1.381402046228608 \\ & 1.481120262112219 \\ & 1.582359895693457 \\ & 1.684989018384561 \\ & 1.788881746193746 \end{aligned}$$

$$1.893921099157133$$

완전한 결과는 [표 11.2]에 나와 있다.

이 예제의 결과는 11.2절의 예제보다 결과보다 상당히 정확도가 떨어진다. 이는 11.2절에서 사용한 방법은 오차의 차수가 $O(h^4)$ 인 Runge-Kutta기법을 이용한 반면, 이 절의 유한 차분법은 오차 차수가 $O(h^2)$ 이기 때문이다. ■

x_i	w_i	$y(x_i)$	$\|w_i - y(x_i)\|$
1.0	1.00000000	1.00000000	
1.1	1.09260052	1.09262930	2.88×10^{-5}
1.2	1.18704313	1.18708484	4.17×10^{-5}
1.3	1.28333687	1.28338236	4.55×10^{-5}
1.4	1.38140205	1.38144595	4.39×10^{-5}
1.5	1.48112026	1.48115942	3.92×10^{-5}
1.6	1.58235990	1.58239246	3.26×10^{-5}
1.7	1.68498902	1.68501396	2.49×10^{-5}
1.8	1.78888175	1.78889853	1.68×10^{-5}
1.9	1.89392110	1.89392951	8.41×10^{-6}
2.0	2.00000000	2.00000000	

표 11.2

차분법의 정확도는 다양한 방법으로 개선될 수 있다. $y''(x_i)$와 $y'(x_i)$의 근사에 오차 Taylor 급수를 이용하면 오차항은 h^4 형태가 된다. 그러나 이 경우 $y''(x_i)$와 $y'(x_i)$의 근사 공식에 $y(x_{i+1})$과 $y(x_{i-1})$은 물론 $y(x_{i+2})$와 $y(x_{i-2})$도 포함되어야 한다. 이렇게 되면 $i=0$과 $i=N$에서의 계산이 곤란해진다. 또한 결과 연립방정식은 3선대각 형태도 아니어서 해를 구할 때 더 많은 계산을 필요로 한다.

Richardson의 보외법 적용 (Employing Richardson's Extrapolation)

차분법에 대해 이러한 방식으로 고차의 오차항을 얻는 것보다는 스텝의 크기를 줄이는 것이 낫다. 또한 y가 충분히 미분 가능할 때, 오차항은 h의 짝수승으로 표현되고 그 계수는 h와 무관하므로, Richardson의 보외법을 효율적으로 이용할 수 있다.

예제 11.3.4 다음 경곗값 문제

$$y'' = -\frac{2}{x}y' + \frac{2}{x^2}y + \frac{\sin(\ln x)}{x^2}, \quad 1 \le x \le 2, \quad y(1) = 1, \quad y(2) = 2$$

의 해를 $h = 0.1,\ 0.05,\ 0.025$일 때 Richardson 보외법으로 근사시킨 결과가 [표 11.3]과 같다.

x_i	$w_i(h=0.05)$	$w_i(h=0.025)$	Ext_{1i}	Ext_{2i}	Ext_{3i}
1.0	1.00000000	1.00000000	1.00000000	1.00000000	1.00000000
1.1	1.09262207	1.09262749	1.09262925	1.09262930	1.09262930
1.2	1.18707436	1.18708222	1.18708477	1.18708484	1.18708484
1.3	1.28337094	1.28337950	1.28338230	1.28338236	1.28338236
1.4	1.38143493	1.38144319	1.38144589	1.38144595	1.38144595
1.5	1.48114959	1.48115696	1.48115937	1.48115941	1.48115942
1.6	1.58238429	1.58239042	1.58239242	1.58239246	1.58239246
1.7	1.68500770	1.68501240	1.68501393	1.68501396	1.68501396
1.8	1.78889432	1.78889748	1.78889852	1.78889853	1.78889853
1.9	1.89392740	1.89392898	1.89392950	1.89392951	1.89392951
2.0	2.00000000	2.00000000	2.00000000	2.00000000	2.00000000

표 11.3

풀이 첫 번째 보외 결과는

$$\text{Ext}_{1i} = \frac{4w_i(h=0.05) - w_i(h=0.1)}{3}$$

이고, 두 번째 보외 결과는

$$\text{Ext}_{2i} = \frac{4w_i(h=0.025) - w_i(h=0.05)}{3}$$

이고, 최종 보외 결과는

$$\text{Ext}_{3i} = \frac{16\text{Ext}_{2i} - \text{Ext}_{1i}}{15}$$

이다. 따라서 모든 자리가 정확한 값이다. 충분한 자릿수만 허용된다면 이 근삿값과 참값의 최대 오차는 6.3×10^{-11} 이 된다. ■

11.3 연습문제

1. 다음 경곗값 문제

$$y'' = 4(y-x), \quad 0 \le x \le 1, \quad y(0) = 0, \quad y(1) = 2$$

의 해는 $y(x) = e^2(e^4-1)^{-1}(e^{2x} - e^{-2x}) + x$ 이다. 선형유한차분법을 이용해 근사해를 구하고, 그 결과와 실제 해를 비교해 보아라.

a. $h = \frac{1}{2}$ b. $h = \frac{1}{4}$ c. $y(\frac{1}{2})$ 의 근삿값을 구하기 위해 보외법을 사용하라.

2. 선형유한차분법을 이용하여 다음 경곗값 문제의 근사해를 구하라.

a. $y'' = -3y' + 2y + 2x + 3, \quad 0 \le x \le 1, \quad y(0) = 2, \quad y(1) = 1, \quad h = 0.1$ 을 사용하라.

b. $y'' = -(4/x)y' + (2/x^2)y - (2/x^2)\ln x, \quad 1 \le x \le 2, \quad y(1) = -\frac{1}{2}, \quad y(2) = \ln 2, \quad h = 0.05$ 를 사용하라.

3. 선형유한차분법을 이용하여 다음 경곗값 문제

$$y'' = 100y, \ \ 0 \le x \le 1, \ \ y(0) = 1, \ \ y(1) = e^{-10}$$

의 해 $y = e^{-10x}$ 의 근삿값을 구하라. $h = 0.1$ 과 $h = 0.05$ 로 하라.

11.4 비선형 Shooting 방법

비선형 이계 경곗값 문제

$$y'' = f(x, y, y'),\ \ a \le x \le b,\ \ y(a) = \alpha,\ \ y(b) = \beta \tag{11.6}$$

에 대한 Shooting 방법은 선형 Shooting 방법과 유사하다. 단, 비선형 문제에 대한 해는 두 개 초깃값 문제의 해를 선형결합하는 방식으로 표현할 수 없다. 대신, 매개변수 t를 포함하는 일련의 초깃값 문제들의 해를 이용하여 경곗값 문제의 해를 근사시킨다. 이 문제들의 형태는 다음과 같다.

$$y'' = f(x, y, y'),\ \ a \le x \le b,\ \ y(a) = \alpha,\ \ y'(a) = t \tag{11.7}$$

이를 위해서 매개변수 $t = t_k$를

$$\lim_{k\to\infty} y(b, t_k) = y(b) = \beta$$

를 만족하도록 선택한다. 여기서 $y(x, t_k)$는 $t = t_k$ 시 초깃값 연습문제의 해를 의미하고, $y(x)$는 경곗값 연습문제의 해를 의미한다. 이 기법은 고정된 목표에 물체를 쏘는 것과 같다고 해서 "사격 방법 (Shooting Method)"이라고 부른다. ([그림 11.2] 참조)

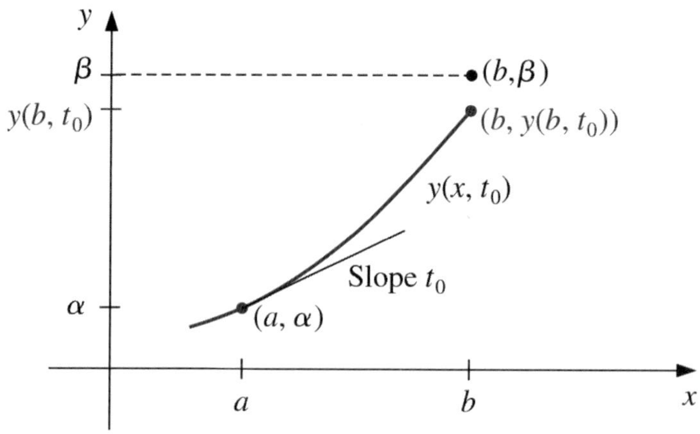

그림 11.2

물체는 점 (a, α)에서 다음 초깃값 문제

$$y'' = f(x, y, y'),\ \ a \le x \le b,\ \ y(a) = \alpha,\ \ y'(a) = t_0$$

의 해가 표현하는 곡선을 따라 발사된다. 여기서 매개변수 t_0는 초기 발사높이(elevation)을 결정한다.

만약 $y(b, t_0)$가 충분히 β에 가깝지 않으면, t_1, t_2 등의 높이를 선택하여 근삿값을 수정한다. 이 과정은 $y(b, t_k)$가 β를 충분히 가깝게 맞힐 때까지 계속된다. ([그림 11.3] 참조)
문제는

$$y(b, t) - \beta = 0$$

이 되도록 초깃값 문제의 매개변수 t를 결정하는 것이다. 이는 11.2장에서 다룬 형태의 비선형 방정식이므로, 여러 가지 방법으로 해결이 가능하다. 할선법을 이용할 경우는 t에 대한 초기 근삿값 t_0와 t_1을 선택한 후, 다음 방법에 따라 수열의 나머지 항들을 생성한다.

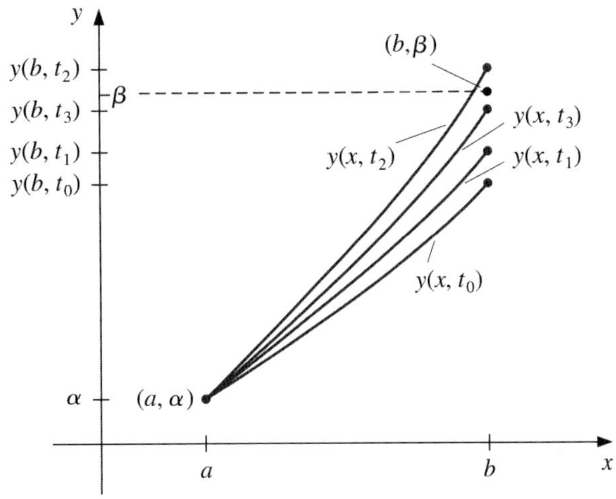

그림 11.3

정리 11.4.1 **[할선법 해 (Secant Method Solution)]**

t_0와 t_1이 비선형 경곗값 문제를 풀기 위한 매개변수 t의 초기 근삿값이라 하자. $k = 2, 3, \ldots$에 대해 다음의 초깃값 문제

$$y'' = f(x, y, y'), \quad a \le x \le b, \quad y(a) = \alpha$$

를 우선 $y'(a) = t_{k-2}$로 풀고, 다음에 $y'(a) = t_{k-1}$로 푼다. 그리고

$$t_k = t_{k-1} - \frac{(y(b, t_{k-1}) - \beta)(t_{k-1} - t_{k-2})}{y(b, t_{k-1}) - y(b, t_{k-2})}$$

를 구해서 t_{k-2}를 t_{k-1}로, t_{k-1}을 t_k로 대체하여 반복한다.

뉴턴 반복 (Newton Iteration)

수열 $\{t_k\}$를 보다 강력한 뉴턴 방법으로 생성하면 초기근삿값은 t_0 하나만 있으면 된다. 그러나 반복 시

$$t_k = t_{k-1} - \frac{y(b, t_{k-1}) - \beta}{(dy/dt)(b, t_{k-1})}$$

을 계산해야 하므로 $(dy/dt)(b, t_{k-1})$을 알아야 한다. 이를 구하기는 어렵다. 왜냐하면 $y(b, t_0)$, $y(b, t_1)$, $\cdots$, $y(b, t_{k-1})$ 값만 알 뿐 정작 $y(b, t)$가 어떻게 표현되는지는 모르기 때문이다. 이 문제를 해결하기 위하여 해가 x와 t에 좌우됨을 강조하는 형태로 다음과 같이 초깃값 문제를 재작성한다.

$$y''(x, t) = f(x, y(x, t), y'(x, t)), \quad a \le x \le b, \quad y(a, t) = \alpha, \quad y'(a, t) = t$$

x에 대한 미분 표기는 그대로 유지된다. $t = t_{k-1}$일 때 $(dy/dt)(b, t)$를 결정해야 하므로 t에 대해 편도함수를 구하면

$$\begin{aligned}
\frac{\partial y''}{\partial t}(x, t) =& \frac{\partial f}{\partial t}(x, y(x, t), y'(x, t)) \\
=& \frac{\partial f}{\partial x}(x, y(x, t), y'(x, t))\frac{\partial x}{\partial t} + \frac{\partial f}{\partial y}(x, y(x, t), y'(x, t))\frac{\partial y}{\partial y}(x, t) \\
&+ \frac{\partial f}{\partial y'}(x, y(x, t), y'(x, t))\frac{\partial y'}{\partial t}(x, t)
\end{aligned}$$

가 된다. 그러나 x와 t가 독립적이므로, $\frac{\partial x}{\partial t}=0$에 의해서 방정식이 다음과 같이 간단히 된다.

$$\frac{\partial y''}{\partial t}(x,t)=\frac{\partial f}{\partial y}(x,y(x,t),y'(x,y))\frac{\partial y}{\partial t}(x,t)+\frac{\partial f}{\partial y'}(x,y(x,t),y'(x,y))\frac{\partial y'}{\partial t}(x,t) \tag{11.8}$$

초기 조건에 의해

$$\frac{\partial y}{\partial t}(a,t)=0 \quad \frac{\partial y'}{\partial t}(a,t)=1$$

이 된다.

$$z(x,t)=\frac{\partial y}{\partial t}(x,t)$$

로 표기하고 x와 t 미분 순서를 거꾸로 할 수 있다고 가정하면 (11.8)은 다음과 같은 선형 초깃값 문제

$$z''(x,t)=\frac{\partial f}{\partial y}(x,y,y')z(x,t)+\frac{\partial f}{\partial y'}(x,y,y')z'(z,t), \quad a\le x\le b$$

가 된다. 여기서 $z(a,t)=0$, $z'(a,t)=1$이다. 그러므로 뉴턴 방법에서는 매 반복 단계에서 두 개의 초깃값 문제를 풀어야 한다.

정리 11.4.2 **[Newton 방법 해 (Newton's Method Solution)]**

t_0가 비선형 경곗값 문제를 풀기 위한 매개변수 t의 초기 근삿값이라고 하자. $k=1, 2, \ldots,$ 에 대해 다음의 초깃값 문제

$$y''=f(x,y,y'), \quad a\le x\le b, \quad y(a)=\alpha, \quad y'(a)=t_{k-1}$$

와

$$z''=f_y(x,y,y')z+f_{y'}(x,y,y')z', \quad a\le x\le b, \quad z(a,t)=0, \quad z'(a,t)=1$$

을 풀어야 한다. 그리고

$$t_k=t_{k-1}-\frac{y(b,t_{k-1})-\beta}{z(b,t_{k-1})}$$

를 구해서 t_k을 t_{k-1}로 대체하여 반복한다.

실제로는 이러한 초깃값 문제들을 명확히 풀 수 없을 때가 많으므로 5에서 설명한 방법들을 이용하여 해를 근사시키게 된다. 프로그램 NLINS113은 사차 Runge-Kutta 방법을 이용하여 Newton 방법에 필요한 두 해를 근사시킨다.

예제 11.4.3 다음 경곗값 문제

$$y''=\frac{1}{8}(32+2x^3-yy'), \quad y(1)=17, \ y(3)=\frac{43}{3}$$

$1\le x\le 3$을 Newton 방법을 이용한 Shooting 방법을 적용하여 풀어보자. $N=20$, $h=(3-1)/N=0.2$, $x_i=a+ih=1+0.2i$, $i=0, 1, \cdots, 20$이라고 하자. 최대 실행횟수를 $M=10$으로, $TOL=10^{-5}$로 하자. 이 결과를 해석해 $y(x)=x^2+16/x$와 비교하자.

풀이 $1\le x\le 3$에서 초깃값 문제

$$y''=\frac{1}{8}(32+2x^3-yy') \quad y(1)=17, \quad y'(1)=t_k$$

와

$$z''=\frac{\partial f}{\partial y}z+\frac{\partial f}{\partial y'}z'=-\frac{1}{8}(y'z+yz'), \quad z(1)=0, \ z'(1)=1$$

의 근사해가 각 실행마다 필요하다.

먼저 첫 번째 이차방정식을 다음과 같은 방정식계로 적을 수 있다.

$$u_1'(x) = u_2(x)$$
$$u_2'(x) = \frac{1}{8}(32 + 2x^3 - u_1(x)u_2(x))$$

이때, $u_1(1) = 17$, $u_2(1) = t_k$ 이다.

t_k 의 초깃값은

$$t_0 = \frac{\beta - \alpha}{b - a} = \frac{43/3 - 17}{3 - 1} = -\frac{4}{3}$$

이 된다. 다음 이차방정식에 대해서도 다음과 같이 적을 수 있고,

$$\frac{\partial f}{\partial y}(x, y, y') = -\frac{y'}{8} \quad \frac{\partial f}{\partial y'}(x, y, y') = -\frac{y}{8}$$

그러므로 일계 미분방정식은 다음과 같이 적을 수 있다.

$$v_1'(x) = v_2(x),$$
$$v_2'(x) = -\frac{y'}{8}v_1(x) - \frac{y}{8}v_2(x).$$

이때, $v_1(1) = 0$, $u_2(1) = 1$ 이다.

다음을 계산하기 위하여 사차 Runge-Kutta 방법을 첫 번째 방정식계에 적용하자.

$$u_{1i} \approx u_1(x_i), \quad i = 1, \cdots, 20$$
$$u_{2i} \approx u_2(x_i) = u_1'(x_i), \quad i = 1, \cdots, 20$$

사차 Runge-Kutta 방법을 이용하여 두 번째 방정식계를 k_{11}, k_{12}, k_{13}, k_{14}, k_{21}, k_{22}, k_{23}, k_{24}, v_{1i}, v_{2i} 에 대하여 풀기 위해서는 $y(x_i)$ 와 $y'(x_i)$ 를 근사하기 위하여 u_{1i} 와 u_{2i} 가 각각 필요하다.

$$v_{1i} \approx v_1(x_i), \quad i = 1, \cdots, 20,$$
$$v_{2i} \approx v_2(x_i), \quad i = 1, \cdots, 20,$$

을 얻으면, 다음을 이용하여 수렴도를 측정하자.

$$|y(b, t_0) - \beta| = \left| u_{1N} - \frac{43}{3} \right|$$

충분한 수렴도를 얻지 못했다면 다음을 이용하여 Runge-Kutta 방법을 반복하자.

$$t_{k+1} = t_k - \frac{u_{1N} - \beta}{v_{1n}}$$

NLINS113은

$$|w_{1,N}(t_k) - y(3)| \le 10^{-5}$$

일 때 멈추므로, 네 번의 실행이 필요하며 이때 $t_4 = -14.000203$ 이 된다.

이러한 t 에 대해 얻은 결과가 [표 11.4]에 정리되어 있다.

■

Shooting 방법을 이용한 뉴턴 방법이 추가적인 초깃값 문제를 풀어야 하지만, 일반적으로 할선방법보다 더 빠르다. 두 방법은 모두 오로지 국소적으로만 수렴하는데 그 이유는 이 방법들은 좋은 초기근삿값을 필요로 하기 때문이다.

x_i	$w_{1,i}$	$y(x_i)$	$\lvert w_{1,i}-y(x_i)\rvert$	x_i	$w_{1,i}$	$y(x_i)$	$\lvert w_{1,i}-y(x_i)\rvert$
1.1	15.755495	15.755455	4.06×10^{-5}	2.1	12.029066	12.029048	1.84×10^{-5}
1.2	14.773389	14.773333	5.60×10^{-5}	2.2	12.112741	12.112727	1.40×10^{-5}
1.3	13.997752	13.997692	5.94×10^{-5}	2.3	12.246532	12.246522	1.01×10^{-5}
1.4	13.388629	13.388571	5.71×10^{-5}	2.4	12.426673	12.426667	6.68×10^{-6}
1.5	12.916719	12.916667	5.23×10^{-5}	2.5	12.650004	12.650000	3.61×10^{-6}
1.6	12.560046	12.560000	4.64×10^{-5}	2.6	12.913847	12.913845	9.17×10^{-7}
1.7	12.301805	12.301765	4.02×10^{-5}	2.7	13.215924	13.215926	1.43×10^{-6}
1.8	12.128923	12.128889	3.14×10^{-5}	2.8	13.554282	13.554286	3.46×10^{-6}
1.9	12.031081	12.031053	2.84×10^{-5}	2.9	13.927236	13.927241	5.21×10^{-6}
2.0	12.000023	12.000000	2.32×10^{-5}	3.0	14.333327	14.333333	6.69×10^{-6}

표 11.4

11.4 연습문제

1. 비선형 Shooting 방법을 이용하여 $h=0.5$일 때 다음 경곗값 문제의 근사해를 구하라.

$$y''=-(y')^2-y+\ln x,\quad 1\le x\le 2,\quad y(1)=0,\quad y(2)=\ln 2$$

이 결과를 실제 해 $y=\ln x$와 비교하라.

2. 비선형 Shooting 방법을 이용하여 $h=0.25$일 때 다음 경곗값 문제의 근사해를 구하라.

$$y''=2y^3,\quad -1\le x\le 0,\quad y(-1)=\frac{1}{2},\quad y(0)=\frac{1}{3}$$

이 결과를 실제 해 $y(x)=1/(x+3)$과 비교하라.

3. 비선형 Shooting 방법을 이용하여 $|w_{1,n}-\beta|<10^{-4}$가 될 때까지 반복하여 다음 경곗값 문제의 근사해를 구하라. 결과의 비교를 위하여 실제 해가 주어져 있다.

   a. $y''=y^3-yy'$, $1\le x\le 2$, $y(1)=\frac{1}{2}$, $y(2)=\frac{1}{3}$; $h=0.1$로 하고 결과를 $y(x)=(x+1)^{-1}$과 비교하라.

   b. $y''=2y^3-6y-2x^3$, $1\le x\le 2$, $y(1)=2$, $y(2)=\frac{5}{2}$; $h=0.1$로 하고 결과를 $y(x)=x+x^{-1}$과 비교하라.

   c. $y''=y'+2(y-\ln x)^3-x^{-1}$, $2\le x\le 3$, $y(2)=\frac{1}{2}+\ln 2$, $y(3)=\frac{1}{3}+\ln 3$; $h=0.1$로 하고 결과를 $y(x)=x^{-1}+\ln x$와 비교하라.

   d. $y''=\left[x^2(y')^2-9y^2+4x^6\right]/x^5$, $1\le x\le 2$, $y(1)=0$, $y(2)=\ln 256$; $h=0.05$로 하고 결과를 $y(x)=x^3\ln x$와 비교하라.

4. $t_0=(\beta-\alpha)/(b-a)$, $t_1=t_0+(\beta-y(b,t_0))/(b-a)$로 한 할선법을 사용하여 연습문제 3a와 3c를 풀어라. 요구되는 반복 횟수를 뉴턴 방법과 비교하라.

5. Van der Pol 방정식은 세 개의 내부 요소를 가진 진공관에서의 흐름을 표현하는 방정식으로 다음과 같다.

$$y''-\mu(y^2-1)y'+y=0,\quad \mu>0$$

$\mu=\frac{1}{2}$, $y(0)=0$, $y(2)=1$라고 가정하자. $t=0.2i$, $1\le i\le 9$일 때 해 $y(t)$를 근사하라.

11.5 비선형유한차분법

일반적인 비선형 경곗값 문제

$$y'' = f(x, y, y'), \quad a \le x \le b, \quad y(a) = \alpha, \quad y(b) = \beta$$

에 대한 차분법은 11.3절의 선형 문제에 적용된 방법과 유사하다. 그러나 여기서는 연립방정식이 선형이 아니므로 반복적인 과정을 거쳐야 한다. 선형에서와 마찬가지로 $[a, b]$를 $(N+1)$개의 등간격 소구간으로 나눈다. 소구간의 끝점은 $i = 0, 1, \ldots, N+1$에서 $x_i = a + ih$가 된다. 참값이 제한된 4계도함수를 가진다면, 각 방정식의 $y''(x_i)$와 $y'(x_i)$ 대신 적절한 중앙차분공식을 대체하여, $i = 1, 2, \ldots, N$에서

$$\frac{y(x_{i+1}) - 2y(x_i) + y(x_{i-1})}{h^2} = f\left(x_i, y(x_i), \frac{y(x_{i+1}) - y(x_{i-1})}{2h} - \frac{h^2}{6}y'''(\eta_i)\right) + \frac{h^2}{12}y^{(4)}(\xi_i)$$

를 얻는다. 여기서 ξ_i와 μ_i는 (x_{i-1}, x_{i+1})에 속한 어떤 값이다.
오차항을 제거하고 경계 조건을 추가하여 $N \times N$ 비선형연립방정식

$$\begin{aligned}
2w_1 - w_2 + h^2 f\left(x_1, w_1, \frac{w_2 - \alpha}{2h}\right) - \alpha &= 0 \\
-w_1 + 2w_2 - w_3 + h^2 f\left(x_2, w_2, \frac{w_3 - w_1}{2h}\right) &= 0 \\
&\vdots \\
-w_{N-2} + 2w_{N-1} - w_N + h^2 f\left(x_{N-1}, w_{N-1}, \frac{w_N - w_{N-2}}{2h}\right) &= 0 \\
-w_{N-1} + 2w_N + h^2 f\left(x_N, w_N, \frac{\beta - w_{N-1}}{2h}\right) - \beta &= 0
\end{aligned}$$

을 얻는다.

이 연립방정식의 해를 근사시키기 위해 10.2절에서 설명한 비선형 연립방정식에 대한 뉴턴 방법을 이용한다. 초기 근삿값 $(w_1^{(0)}, w_2^{(0)}, \ldots, w_N^{(0)})$이 해 $(w_1, w_2, \ldots, w_N)^t$에 충분히 가깝다면, 연립방정식의 해에 수렴하는 일련의 반복값 $\{(w_1^{(k)}, w_2^{(k)}, \ldots, w_N^{(k)})^t\}$가 생성된다.

반복을 위한 뉴턴 방법 (Newton's Method for Iterations)

비선형연립방정식에 대한 뉴턴 방법에서는 각 반복 단계에서 Jacobi 행렬을 포함한 $N \times N$ 선형연립방정식을 풀어야 한다. 여기서는 Jacobi 행렬이 삼중 대각이 되므로 Crout 분할법을 이용할 수 있다. $i = 1, 2, \ldots, N$일 때 w_i에 대한 초기 근삿값 $w_i^{(0)}$은 (a, α)와 (b, β)를 잇는 직선을 지나 x_i에서의 값을 계산해서 얻는다.

좋은 초기 근삿값이 요구되므로 k의 상한을 지정해야 한다. 상한을 벗어나면 초기 근삿값을 새로 부여하거나 단계 수를 줄여본다.

예제 11.5.1 다음 비선형 경곗값 문제

$$y'' = \frac{1}{8}(32 + 2x^3 - yy'), \quad 1 \le x \le 3, \quad y(1) = 17, \quad y(3) = \frac{43}{3}$$

에 대해 $h = 0.1$로 비선형 유한 차분법을 적용하고 11.4절의 예제 11.4.3에서 얻은 결과와 비교하라.

풀이 프로그램 NLFDM114의 종료 프리시저는 연속적인 반복값의 차이가 10^{-8} 보다 작아질 때까지 이 과정을 반복한다. 이 종료 조건은 네 번째 반복에서 만족되었으며 [표 11.5]와 같은 결과를 얻었다. 이 예의 문제는 차수 10^{-5} 에서 표 중간 부분의 비선형 Shooting 방법을 이용한 결과보다 덜 정확하다. ■

x_i	w_i	$y(x_i)$	$\|w_i - y(x_i)\|$	x_i	w_i	$y(x_i)$	$\|w_i - y(x_i)\|$
1.0	17.000000	17.000000		2.0	11.997915	12.000000	2.085×10^{-3}
1.1	15.754503	15.755455	9.520×10^{-4}	2.1	12.027142	12.029048	1.905×10^{-3}
1.2	14.771740	14.773333	1.594×10^{-3}	2.2	12.111020	12.112727	1.707×10^{-3}
1.3	13.995677	13.997692	2.015×10^{-3}	2.3	12.245025	12.246522	1.497×10^{-3}
1.4	13.386297	13.388571	2.275×10^{-3}	2.4	12.425388	12.426667	1.278×10^{-3}
1.5	12.914252	12.916667	2.414×10^{-3}	2.5	12.648944	12.650000	1.056×10^{-3}
1.6	12.557538	12.560000	2.462×10^{-3}	2.6	12.913013	12.913846	8.335×10^{-3}
1.7	12.299326	12.901765	2.438×10^{-3}	2.7	13.215312	13.215926	6.142×10^{-3}
1.8	12.126529	12.128889	2.360×10^{-3}	2.8	13.553885	13.554286	4.006×10^{-3}
1.9	12.028814	12.031053	2.239×10^{-3}	2.9	13.927046	13.927241	1.953×10^{-3}
2.0	11.997915	12.000000	2.085×10^{-3}	3.0	14.333333	14.333333	

표 11.5

Richardson 보외법 적용 (Employing Richardson's Extrapolation)

Richardson 보외법을 비선형유한차분법에도 적용할 수 있다. [표 11.6]은 $h = 0.1$, 0.05, 0.025로 해서 각 경우마다 4번 반복했을 때 이 예에 보외법을 적용한 결과이다. 표기법은 11.3절의 [예제 11.3.4]에서와 같고, Ext_{3i} 의 값은 모든 자리에서 정확하며 실제 최대 오차는 3.68×10^{-10} 이다. w_i 의 값 ($h = 0.1$)은 이전에 보인 것과 같으므로 표에서 생략되었다.

x_i	$w_i(h=0.05)$	$w_i(h=0.025)$	Ext_{1i}	Ext_{2i}	Ext_{3i}
1.0	17.00000000	17.00000000	17.00000000	17.00000000	17.00000000
1.1	15.75521721	15.75539525	15.75545543	15.75545460	15.75545455
1.2	14.77293601	14.77323407	14.77333479	14.77333342	14.77333333
1.3	13.99718996	13.99756690	13.99769413	13.99769242	13.99769231
1.4	13.38800424	13.38842973	13.38857346	13.38857156	13.38857143
1.5	12.91606471	12.91651628	12.91666881	12.91666680	12.91666667
1.6	12.55938618	12.55984665	12.56000217	12.56000014	12.56000000
1.7	12.30115670	12.30161280	12.30176684	12.30176484	12.30176471
1.8	12.12830042	12.12874287	12.12899094	12.12888902	12.12888889
1.9	12.03049438	12.03091316	12.03105457	12.03105275	12.03105263
2.0	11.99948020	11.99987013	12.00000179	12.00000011	12.00000000
2.1	12.02857252	12.02892892	12.02902924	12.02904772	12.02904762
2.2	12.11230149	12.11262089	12.11272872	12.11272736	12.11272727
2.3	12.24614846	12.24642848	12.24652299	12.24652182	12.24652174
2.4	12.42634789	12.42642848	12.42666773	12.42666673	12.42652174
2.5	12.64973666	12.64993420	12.65000086	12.65000005	12.65000000
2.6	12.91362828	12.91379422	12.91384683	12.91384620	12.91384615
2.7	13.21577275	13.21588765	13.21592641	13.21592596	13.21592593
2.8	13.55418579	13.55426075	13.55428603	13.55428573	13.55428571
2.9	13.92719268	13.92722921	13.92724153	13.92724139	13.92724138
3.0	14.33333333	14.33333333	14.33333333	14.33333333	14.33333333

표 11.6

11.5 연습문제

1. 비선형유한차분법을 사용하고, $h = 0.5$로 하여 다음 경곗값 문제

$$y'' = -(y')^2 - y + \ln x, \quad 1 \le x \le 2, \quad y(1) = 0, \quad y(2) = \ln 2$$

의 근사해를 구하라. 결과를 실제 해 $y = \ln x$와 비교하라.

2. 비선형유한차분법을 사용하여 연속적인 반복의 차이가 10^{-4}보다 작아질 때까지 다음 경곗값 문제의 근사해를 구하라. 실제 해가 결과와 비교를 위해 주어져 있다.

   a. $y'' = y^3 - yy', \quad 1 \le x \le 2, \quad y(1) = \frac{1}{2}, \quad y(2) = \frac{1}{3}, \quad h = 0.1$로 하고 결과를 $y(x) = (x+1)^{-1}$과 비교하라.

   b. $y'' = 2y^3 - 6y - 2x^3, \quad 1 \le x \le 2, \quad y(1) = 2, \quad y(2) = \frac{5}{2}, \quad h = 0.1$로 하고 결과를 $y(x) = x + 1^{-1}$과 비교하라.

3. 연습문제 2 a와 2 b를 보외법을 이용해 반복하라.

11.6 변분법

Shooting 방법에서는 경곗값 문제를 초깃값 문제로 대체하여 근사해를 구하였다. 유한 차분법에서는 연속적인 미분 연산을 이산적인 유한 차분 연산으로 대체하였다. Rayleigh-Ritz 방법은 제3의 접근법으로 이 문제에 접근하는 변분법이다. 경곗값 문제는 경계 조건을 만족하는 충분히 미분 가능한 모든 함수의 집합에서 어떤 적분값을 최소화시키는 함수를 선택하는 문제도 바꾸고, 이 가능한 함수들의 집합의 크기를 줄여서 그 적분을 최소화하는 이 축소된 집합 내의 함수를 구한다. 이렇게 하면 원래의 최소화 문제에 대한 근사해가 구해지며, 결과적으로 경곗값 문제의 근사해를 얻게 된다.

Rayleigh-Ritz 방법을 설명하기 위해, 보의 응력해석에 대한 선형 2점 경곗값 문제를 고려해 보자. 이 경곗값 문제는 다음 미분방정식

$$-\frac{d}{dx}\left(p(x)\frac{dy}{dx}\right)+q(x)y=f(x), \quad 0\le x\le 1$$

에 의해 기술되고, 이때 경계 조건은 $y(0)=y(1)=0$이 된다. 이 미분방정식은 가변 횡단면이 $q(x)$에 의해 주어지는 길이 1인 보의 처짐 $y(x)$를 묘사한다. 보의 처짐은 가해진 압력 $p(x)$와 $f(x)$에 의해 일어난다.

변분 문제 (Variational Problems)

물리적 현상을 기술하는 다른 많은 경곗값 문제에서와 마찬가지로 보의 방정식의 해도 변분 특성을 만족시킨다. 보의 방정식의 해는 $C_0^2[0,1]$, 즉 두 개의 연속 도함수를 가지며 $u(0)=u(1)=0$을 만족시키는 $[0,1]$상의 함수들 u의 집합 내의 모든 함수에 대한 어떤 적분값을 최소화시키는 함수이다. 이러한 관계에 대한 세부 사항은 Schultz의 Spline Analysis [Schu]를 참조하기 바란다.

$$C_0^2[0,1]=\left\{u\in C^2[0,1]\mid u(0)=u(1)=0\right\}$$

정리 11.6.1 [보의 방정식의 변분 특성 **(Variational Property for the Beam Equation)**]

함수 $y\in C_0^2[0,1]$가 다음 경곗값 문제

$$-\frac{d}{dx}\left(p(x)\frac{dy}{dx}\right)+q(x)y=f(x), \quad 0\le x\le 1$$

의 유일한 해가 되는 경우는 y가 다음 적분

$$I[u]=\int_0^1\left\{p(x)\left[u'(x)\right]^2+q(x)[u(x)]^2-2f(x)u(x)\right\}dx$$

를 최소화시키는 $C_0^2[0,1]$ 내의 유일한 함수일 때이다.

Rayleigh-Ritz 방법은, $C_0^2[0,1]$ 내의 모든 함수에 대한 적분을 최소화시키는 대신에 어떤 기저함수 $\phi_1,\phi_2,\ldots,\phi_n$의 선형 결합(linear combinations)으로 이루어진 함수들의 소규모 집합에 대한 적분을 최소화시켜 해 y를 근사시킨다. 기저함수들은 일차 독립이어야 하고

$$\phi_i(0)=\phi_i(1)=0, \quad i=1,2,\ldots,n$$

을 만족하도록 선택한다. 해 $y(x)$에 대한 근사해 $\phi(x) = \sum_{i=1}^{n} c_i\phi_i(x)$는 $I[\phi(x)] = I[\sum_{i=1}^{n} c_i\phi_i(x)]$를 최소화 하는 상수 $c_1, c_2, \ldots, c_n$을 구함으로써 얻는다. 변분 특성으로부터,

$$\begin{aligned} I[\phi(x)] &= I\left[\sum_{i=1}^{n} c_i\phi_i(x)\right] \\ &= \int_0^1 \left[p(x)\left[\sum_{i=1}^{n} c_i\phi_i'(x)\right]^2 + q(x)\left[\sum_{i=1}^{n} c_i\phi_i(x)\right]^2 - 2f(x)\sum_{i=1}^{n} c_i\phi_i(x)\right]dx \end{aligned}$$

가 되고, 최소가 되려면

$$\frac{\partial I}{\partial c_j}[\phi(x)] = 0, \quad j = 1, 2, \ldots, n$$

이 되어야 한다. 계수들에 대해서 미분하면

$$\frac{\partial I}{\partial c_j}[\phi(x)] = \int_0^1 \left[2p(x)\sum_{i=1}^{n} c_i\phi_i'(x)\phi_j'(x) + 2q(x)\sum_{i=1}^{n} c_i\phi_i(x)\phi_j(x) - 2f(x)\phi_j(x)\right]dx$$

이므로, $j = 1, 2, \ldots, n$에 대해

$$0 = \sum_{i=1}^{n}\left[\int_0^1 \{p(x)\phi_i'(x)\phi_j'(x) + q(x)\phi_i(x)\phi_j(x)\}dx\right]c_i - \int_0^1 f(x)\phi_j(x)dx$$

이 된다. 이 정규방정식(normal equations)은 $c_1, c_2, \ldots, c_n$을 변수로 하는 $n \times n$ 선형연립방정식 $A\mathbf{c} = \mathbf{b}$가 된다. 여기서 대칭 행렬 A의 원소는

$$a_{ij} = \int_0^1 [p(x)\phi_i'(x)\phi_j'(x) + q(x)\phi_i(x)\phi_j(x)]dx$$

가 되고, 벡터 $\mathbf{b}$의 원소는

$$b_i = \int_0^1 f(x)\phi_i(x)dx$$

가 된다.

구간별 선형 기저 (Piecewise-Linear Basis)

기저함수를 정하는 가장 손쉬운 방법은 구간별 선형다항식(piecewise linear polynomials)을 이용 하는 것이다. 우선 조건

$$0 = x_1 < x_2 < \cdots < x_n < x_{n+1} = 1$$

을 만족시키는 점 $x_0, x_1, \ldots, x_{n+1}$을 선택해 $[0, 1]$을 분할한다. $i = 0, 1, \ldots, n$에 대해 $h_i = x_{i+1} - x_i$라면, 기저함수 $\phi_i(x), \phi_2(x), \ldots, \phi_n(x)$는 $i = 1, 2, \ldots, n$일 때

$$\phi_i(x)\begin{cases} 0, & 0 \le x \le x_{i-1} \\ \frac{1}{h_{i-1}}(x - x_{i-1}), & x_{i-1} < x \le x_i \\ \frac{1}{h_i}(x_{i+1} - x), & x_i < x \le x_{i+1} \\ 0, & x_{i+1} < x \le 1 \end{cases}$$

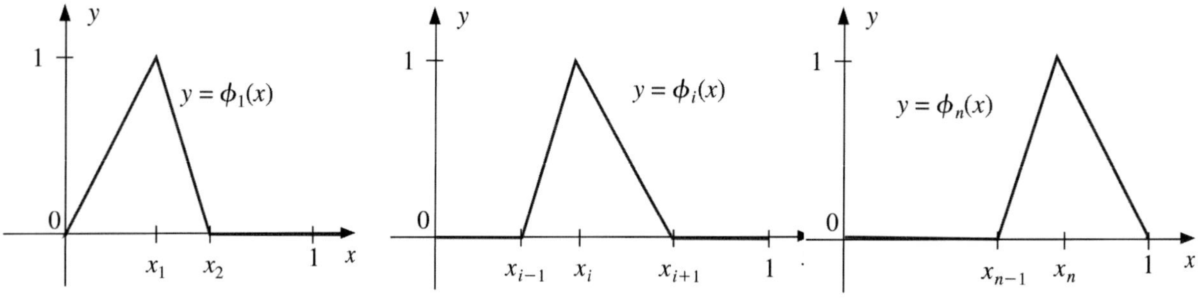

그림 11.4

이 된다. ([그림 11.4] 참조)

함수 ϕ_i는 구간별 선형이므로, $j = 0, 1, \ldots, n$에서 개방 소구간 (x_j, x_{j+1})상의 도함수 ϕ_i'는 연속은 아니지만, 상수가 된다. 그러므로 $i = 1, 2, \ldots, n$일 때

$$\phi_i'(x) \begin{cases} 0, & 0 \le x \le x_{i-1} \\ \frac{1}{h_{i-1}}, & x_{i-1} < x \le x_i \\ -\frac{1}{h_i}, & x_i < x \le x_{i+1} \\ 0, & x_{i+1} < x \le 1 \end{cases}$$

이 된다. ϕ_i와 ϕ_i'는 (x_{i-1}, x_{i+1})에서만 0이 아니므로 j가 $i-1$, i 또는 $i+1$일 때를 제외하고는

$$\phi_i(x)\phi_j(x) \equiv 0, \quad \phi_i'(x)\phi_j'(x) \equiv 0$$

이 된다. 결과적으로 이 일차연립방정식은 $n \times n$ 3선 대각 선형연립방정식으로 줄어든다. A의 0이 아닌 원솟값은 $i = 1, 2, \ldots, n$일 때

$$\begin{aligned} a_{ii} &= \int_0^1 \{p(x)[\phi_i'(x)]^2 + q(x)[\phi_i(x)]^2\}dx \\ &= \int_{x_{i-1}}^{x_i} \left(\frac{1}{h_{i-1}}\right)^2 p(x)dx + \int_{x_i}^{x_{i+1}} \left(\frac{-1}{h_i}\right)^2 p(x)dx \\ &\quad + \int_{x_{i-1}}^{x_i} \left(\frac{1}{h_{i-1}}\right)^2 (x - x_{i-1})^2 q(x)dx + \int_{x_i}^{x_{i+1}} \left(\frac{1}{h_i}\right)^2 (x_{i+1} - x)^2 q(x)dx \end{aligned}$$

$i = 1, 2, \ldots, n-1$일 때

$$\begin{aligned} a_{i,i+1} &= \int_0^1 \{p(x)\phi_i'(x)\phi_{i+1}'(x) + q(x)\phi_i(x)\phi_{i+1}(x)\}dx \\ &= \int_{x_i}^{x_{i+1}} -\left(\frac{1}{h_i}\right)^2 p(x)dx + \int_{x_i}^{x_{i+1}} \left(\frac{1}{h_i}\right)^2 (x_{i+1} - x)(x - x_i)q(x)dx \end{aligned}$$

$i = 2, \ldots, n$일 때

$$\begin{aligned} a_{i,i-1} &= \int_0^1 \{p(x)\phi_i'(x)\phi_{i+1}'(x) + q(x)\phi_i(x)\phi_{i-1}(x)\}dx \\ &= \int_{x_{i-1}}^{x_i} -\left(\frac{1}{h_{i-1}}\right)^2 p(x)dx + \int_{x_{i-1}}^{x_i} \left(\frac{1}{h_{i-1}}\right)^2 (x_i - x)(x - x_{i-1})q(x)dx \end{aligned}$$

가 된다. **b**의 원솟값은 $i = 2, \ldots, n$일 때

$$b_i = \int_0^1 f(x)\phi_i(x)dx$$

$$= \int_{x_{i-1}}^{x_i} \frac{1}{h_{i-1}}(x - x_{i-1})f(x)dx + \int_{x_i}^{x_{i+1}} \frac{1}{h_i}(x_{i+1} - x)f(x)dx$$

가 된다. 적분할 유형은 다음과 같이 여섯 가지이다.

$$\begin{aligned}
Q_{1,i} &= \left(\frac{1}{h_i}\right)^2 \int_{x_i}^{x_{i+1}} (x_{i+1} - x)(x - x_i)q(x)dx, & i = 1, 2, \ldots, n-1 \\
Q_{2,i} &= \left(\frac{1}{h_{i-1}}\right)^2 \int_{x_{i-1}}^{x_i} (x - x_{i-1})^2 q(x)dx, & i = 1, 2, \ldots, n \\
Q_{3,i} &= \left(\frac{1}{h_i}\right)^2 \int_{x_i}^{x_{i+1}} (x_{i+1} - x)^2 q(x)dx, & i = 1, 2, \ldots, n \\
Q_{4,i} &= \left(\frac{1}{h_{i-1}}\right)^2 \int_{x_{i-1}}^{x_i} p(x)dx, & i = 1, 2, \ldots, n+1 \\
Q_{5,i} &= \frac{1}{h_{i-1}} \int_{x_{i-1}}^{x_i} (x_{i+1} - x)f(x)dx, & i = 1, 2, \ldots, n \\
Q_{6,i} &= \frac{1}{h_i} \int_{x_i}^{x_{i+1}} (x_{i+1} - x)f(x)dx, & i = 1, 2, \ldots, n
\end{aligned}$$

이 적분들이 결정되면

$$\begin{aligned}
a_{i,i} &= Q_{4,i} + Q_{4,i+1} + Q_{2,i} + Q_{3,i}, & i = 1, 2, \ldots, n \\
a_{i,i+1} &= -Q_{4,i+1} + Q_{1,i}, & i = 1, 2, \ldots, n-1 \\
a_{i,i-1} &= -Q_{4,i} + Q_{1,i-1}, & i = 2, 3, \ldots, n \\
b_i &= Q_{5,i} + Q_{6,i}, & i = 1, 2, \ldots, n
\end{aligned}$$

로 구해진다. $\mathbf{c}$의 원솟값은 미지의 계수들 $c_1, c_2, \ldots, c_n$이 되고, 이 값을 이용하면 Rayleigh-Ritz의 근사해 $\phi(x) = \sum_{i=1}^{n} c_i\phi_i(x)$가 구성된다. 이 방점의 난점은 $6n$개의 적분을 계산해야 하는 데 있다. 적분은 직접 계산할 수도 있고 심프슨 방법과 같은 구적 공식을 이용해 수행할 수도 있다.

프로그램 PLRRM115는 3선 대각 선형연립방정식을 만들고 여기에 Crout 분할법을 적용해 문제를 푼다. 적분값 $Q_{1,i}, \ldots, Q_{6,i}$는 지금까지 언급한 방법 중 어느 하나를 이용하여 계산될 수 있다. 다음의 예에서는 워낙 기초적인 경우의 적분이라서 적분값을 바로 계산하였다.

예제 11.6.2 다음 경곗값 문제

$$-y'' + \pi^2 y = 2\pi^2 \sin(\pi x), \quad 0 \le x \le 1, \quad y(0) = y(1) = 0$$

을 풀어보자. $h_i = h = 0.1$이라 하면, $i = 0, 1, \ldots, 9$에 대해 $x_i = 0.1i$가 된다. 적분은

$$\begin{aligned}
Q_{1,i} &= 100 \int_{0.1i}^{0.1i+0.1} (0.1i + 0.1 - x)(x - 0.1i)\pi^2 dx = \frac{\pi^2}{60} \\
Q_{2,i} &= 100 \int_{0.1i-0.1}^{0.1i} (x - 0.1i + 0.1)^2 \pi^2 dx = \frac{\pi^2}{30} \\
Q_{3,i} &= 100 \int_{0.1i}^{0.1i+0.1} (0.1i + 0.1 - x)^2 \pi^2 dx = \frac{\pi^2}{30} \\
Q_{4,i} &= 100 \int_{0.1i-0.1}^{0.1i} dx = 10 \\
Q_{5,i} &= 10 \int_{0.1i-0.1}^{0.1i} (x - 0.1i + 0.1) 2\pi^2 \sin \pi x dx
\end{aligned}$$

$$
\begin{aligned}
&= -2\pi\cos 0.1\pi i + 20[\sin(0.1\pi i) - \sin((0.1i - 0.1)\pi)] \\
Q_{6,i} &= 10\int_{0.1i}^{0.1i+0.1} (0.1i + 0.1 - x)2\pi^2 \sin\pi x dx \\
&= 2\pi\cos 0.1\pi i - 20[\sin((0.1i + 0.1)\pi) - \sin(0.1\pi i)]
\end{aligned}
$$

가 된다. 그러므로 선형연립방정식 $A\mathbf{c} = \mathbf{b}$ 에서

$$
\begin{aligned}
a_{i,i} &= 20 + \frac{\pi^2}{15}, \qquad i = 1, 2, \ldots, 9 \\
a_{i,i+1} &= -10 + \frac{\pi^2}{60}, \qquad i = 1, 2, \ldots, 8 \\
a_{i,i-1} &= -10 + \frac{\pi^2}{60} \qquad i = 2, 3, \ldots, 9 \\
b_i &= 40\sin(0.1\pi i)[1 - \cos 0.1\pi], \qquad i = 1, 2, \ldots, 9
\end{aligned}
$$

가 된다. 이 3선 대각 선형연립방정식의 해는

$$
\begin{array}{lll}
c_9 = 0.3102866742, & c_6 = 0.9549641893, & c_3 = 0.8123410598 \\
c_8 = 0.5902003271, & c_5 = 1.004108771, & c_2 = 0.5902003271 \\
c_7 = 0.8123410598, & c_4 = 0.9549641893, & c_1 = 0.3102866742,
\end{array}
$$

가 된다. 구간별 선형근사해는

$$
\phi(x) = \sum_{i=1}^{9} c_i\phi_i(x)
$$

이다. 이 경곗값 문제의 실제 해는

$$
y(x) = \sin\pi x
$$

이다. [표 11.7]은 $i = 1, \ldots, 9$ 일 때 x_i 에서의 근삿값의 오차를 보이고 있다.

i	x_i	$\phi(x_i)$	$y(x_i)$	$\lvert\phi(x_i) - y(x_i)\rvert$
1	0.1	0.3102866742	0.3090169943	0.00127
2	0.2	0.5902003271	0.5877852522	0.00242
3	0.3	0.8123410598	0.8090169943	0.00332
4	0.4	0.9549641896	0.9510565162	0.00391
5	0.5	1.0041087710	1.0000000000	0.00411
6	0.6	0.9549641893	0.9510565162	0.00391
7	0.7	0.8123410598	0.8090169943	0.00332
8	0.8	0.5902003271	0.5877852522	0.00242
9	0.9	0.3102866742	0.3090169943	0.00127

표 11.7

구간별 선형 기저함수에 의해 주어진 3선 대각행렬 A는 양확정(positive definite)이므로 선형연립방정식은 라운드오프오차에 대해 안정적이며, 오차는

$$
|\phi(x) - y(x)| = O(h^2), \quad 0 \le x \le 1.
$$

B-스플라인 기저 (B-Spline Basis)

구간별 선형 기저함수를 사용한 근사해는 $[0,1]$에서 연속이지만 미분이 가능하지 않다. 이계도함수까지 연속인 근사해를 구하려면 보다 복잡한 기저함수의 집합이 필요하다. 이러한 기저 함수들은 3.5절에서 논의된 삼차 보간 스플라인과 유사하다.

다섯 개의 정점 x_0, x_1, x_2, x_3, x_4를 이용한 함수 f에 대한 삼차 보간 스플라인(cubic inter polatory spline) S는 다음과 같이 정의된다.

(a) S는 삼차다항식으로 $j = 0,1,2,3$일 때 $[x_j, x_{j+1}]$상에서 S_j로 표기한다. (이는 S에 16개의 선택 가능한 상수를, 각 삼차식에 네 개 상수를 부여한다.)

(b) $j = 0,1,2,3,4$일 때 $S(x_j) = f(x_j)$이다. (다섯 개 조건명시)

(c) $j = 0,1,2$일 때 $S_{j+1}(x_{j+1}) = S_j(x_{j+1})$이다. (세 개 조건명시)

(d) $j = 0,1,2$일 때 $S'_{j+1}(x_{j+1}) = S_j(x_{j+1})$이다. (세 개 조건명시)

(e) $j = 0,1,2$일 때 $S''_{j+1}(x_{j+1}) = S''_j(x_{j+1})$이다. (세 개 조건명시)

(f) 다음 경계 조건 중 하나가 만족된다.

(i) 자유(free) : $S''(x_0) = S''(x_4) = 0$ (두 개 조건명시)

(ii) 제한(clamped) : $S'(x_0) = f'(x_0)$이고 $S'(x_4) = f'(x_4)$ 두 개 조건명시

유일한 해가 존재하려면 (a)의 상수 개수 16은 (b)에서 (f) 사이에 있는 조건의 수와 같아야 하므로, 보간 삼차스플라인에 대한 (f)의 경계 조건은 하나만 지정되어야 한다. 여기서 기저함수용으로 사용되는 삼차스플라인 함수는 B-스플라인, 즉 종모양(bell-shaped spline)이다. 이는 보간 스플라인과는 다르게 (f)의 경계 조건의 양쪽 집합이 모두 만족된다. 이로 인해 (b)에서 (e)까지의 조건 중 두 개를 완화시켜야 한다. 이 스플라인은 $[x_0, x_4]$에서 두 개의 연속인 도함수를 가져야 하므로 보간 스플라인의 표현에서 보간 조건 중 두 개를 삭제해야 한다. 특별히 조건 (b)를

(b') $j = 0,2,4$일 때 $S(x_j) = f(x_j)$ 로 수정한다.

[그림 11.5]에 보인 기본 B-스플라인 S는 등간격 정점 $x_0 = -2,\ \ x_1 = -1,\ \ x_2 = 0, x_3 = 1$, 그리고 $x_4 = 2$를 이용한다. 이는 보간 조건

$$(b')\ \ S(x_0) = 0,\ \ S(x_2) = 1,\ \ S(x_4) = 0$$

은 물론 양쪽 조건 집합

$$(i)\ \ S''(x_0) = S''(x_4) = 0 \text{과} \ \ (ii) S'(x_0) = S'(x_4) = 0$$

을 만족시킨다.

결과적으로, $S \in C^2(-\infty, \infty)$이다.

$$S(x) = \begin{cases} 0, & x \le -2 \\ \frac{1}{4}(2+x)^3, & -2 \le x \le -1 \\ \frac{1}{4}\left[(2+x)^3 - 4(1+x)^3\right], & -1 < x \le 0 \\ \frac{1}{4}\left[(2-x)^3 - 4(1-x)^3\right], & 0 < x \le 1 \\ \frac{1}{4}(2-x)^3, & 1 < x \le 2 \\ 0, & 2 < x \end{cases} \tag{11.9}$$

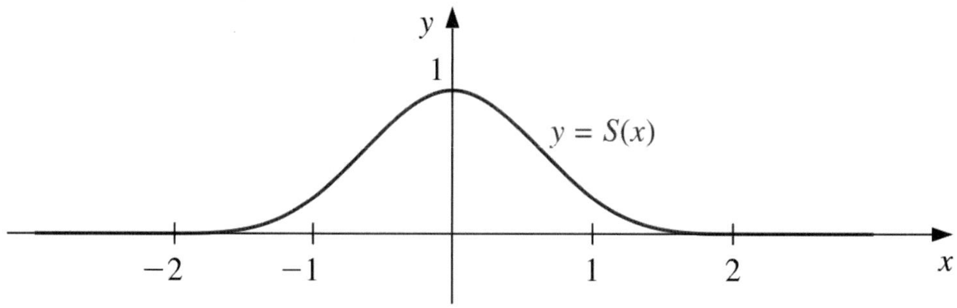

그림 11.5

$C_0^2[0,1]$의 기저함수 ϕ_i를 구성하려면 양의 정수 n을 선택해서 $h = 1/(n+1)$로 정의해 $[0,1]$을 분할해야 한다. 이 결과 만들어진 등간격 정점은 $i = 0, 1, \ldots, n+1$일 때 $x_i = ih$가 된다. 다음으로 다음과 같이 기저함수를 $\phi_{i\,i=0}^{\,n+1}$을 정의한다.

$$\phi_i(x) = \begin{cases} S(\frac{x}{h}) - 4S(\frac{x+h}{h}), & i = 0 \\ S(\frac{x-h}{h}) - S(\frac{x+h}{h}), & i = 1 \\ S(\frac{x-ih}{h}), & 2 \le i \le n-1 \\ S(\frac{x-nh}{h}) - S(\frac{x-(n+2)h}{h}), & i = n \\ S(\frac{x-(n+1)h}{h}) - 4S(\frac{x-(n+2)h}{h}), & i = n+1 \end{cases}$$

$\phi_{i\,i=0}^{\,n+1}$이 $i = 0, 1, \ldots, n, n+1$일 때 $\phi_i(0) = \phi_i(1) = 0$을 만족시키는 삼차 스프라인의 선형독립 집합임을 보이는 일은 어렵지 않다. $2 \le i \le n-1$일 때 ϕ_i의 그래프는 [그림 11.6]과 같다. [그림 11.7]은 ϕ_0, ϕ_1, ϕ_n, ϕ_{n+1}을 보이고 있다.

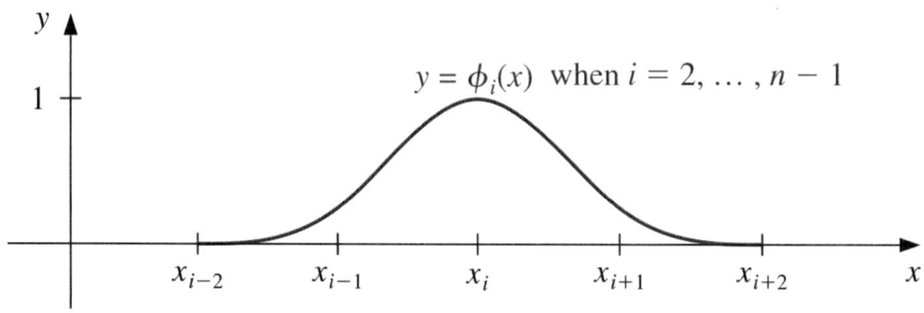

그림 11.6

$\phi_i(x)$와 $\phi_i'(x)$는 $x_{i-2} \le x \le x_{i+2}$에서만 0이 아니므로, Rayleigh-Ritz 근사법의 행렬은 띠폭이 최대 7인 띠행렬

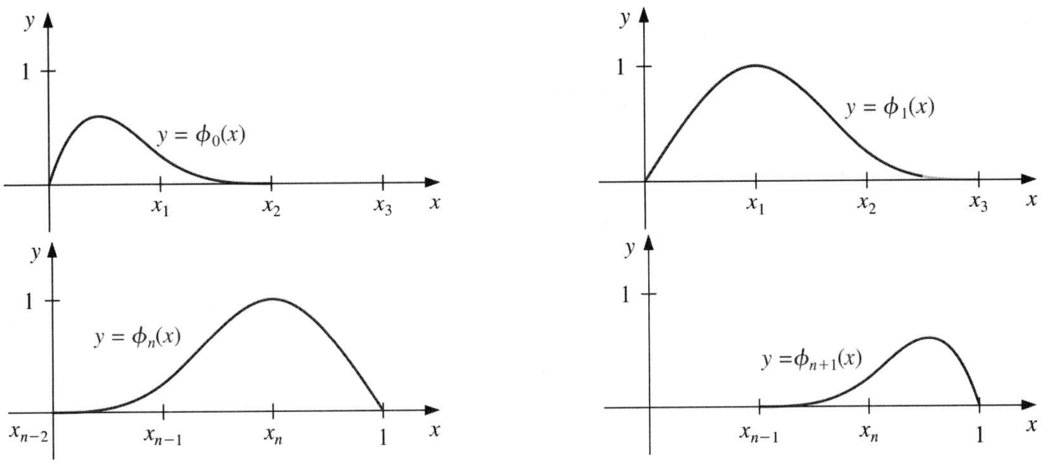

그림 11.7

(band matrix)이 된다.

$$A = \begin{bmatrix} a_{00} & a_{01} & a_{02} & a_{03} & 0 & \cdots & \cdots & \cdots & 0 \\ a_{10} & a_{11} & a_{12} & a_{13} & a_{14} & \ddots & & & \vdots \\ a_{20} & a_{21} & a_{22} & a_{23} & a_{24} & a_{25} & \ddots & & \vdots \\ a_{30} & a_{31} & a_{32} & a_{33} & a_{34} & a_{35} & a_{36} & & \vdots \\ 0 & \ddots & \ddots & \ddots & \ddots & \ddots & \ddots & \ddots & 0 \\ \vdots & \ddots & \ddots & \ddots & \ddots & \ddots & \ddots & \ddots & a_{n-2,n+1} \\ \vdots & & \ddots & \ddots & \ddots & \ddots & \ddots & \ddots & a_{n-1,n+1} \\ \vdots & & & \ddots & \ddots & \ddots & \ddots & \ddots & a_{n,n+1} \\ 0 & \cdots & \cdots & \cdots & 0 & a_{n+1,n-2} & a_{n+1,n-1} & a_{n+1,n} & a_{n+1,n+1} \end{bmatrix} \tag{11.10}$$

여기서, $i, j = 0, 1, \ldots, n+1$ 일 때

$$a_{ij} = \int_0^1 \{p(x)\phi_i'(x)\phi_j'(x) + q(x)\phi_i(x)\phi_j(x)\}dx$$

이다. 벡터 **b**의 항들은

$$b_i = \int_0^1 f(x)\phi_i(x)dx$$

이다. 이 행렬 A은 양확정이므로, 이 선형연립방정식은 Choleski 방법이나 Gauss 소거법을 이용해 신속하고 안정적으로 풀 수 있다.

예제 11.6.3 다음 경곗값 문제

$$-y'' + \pi^2 y = 2\pi^2 \sin(\pi x), \quad 0 \le x \le 1, \quad y(0) = y(1) = 0$$

을 고려해 보자. [예제 11.6.2]에서는 $h = 0.1$로 하여 구간별 선형 기저함수를 이용해 근사해를 구하였다. 여기서는

$n = 3$으로 하면 $h = 0.25$가 된다. 삼차 스플라인의 기저함수는 다음과 같다.

$$\phi_0(x) = \begin{cases} 12x - 72x^2 + 112x^3, & 0 \le x \le 0.25 \\ 2 - 12x + 24x^2 - 16x^3, & 0.25 < x \le 0.5 \\ 0, & \text{그 외의 경우} \end{cases}$$

$$\phi_1(x) = \begin{cases} 6x - 32x^3, & 0 \le x \le 0.25 \\ -\frac{5}{4} + 21x - 60x^2 + 48x^3, & 0.25 < x \le 0.5 \\ \frac{27}{4} - 27x + 36x^2 - 16x^3, & 0.5 < x \le 0.75 \\ 0, & \text{그 외의 경우} \end{cases}$$

$$\phi_2(x) = \begin{cases} 16x^3, & 0 \le x \le 0.25 \\ 1 - 12x + 48x^2 - 48x^3, & 0.25 < x \le 0.5 \\ -11 + 60x - 96x^2 + 48x^3, & 0.5 < x \le 0.75 \\ 16 - 48x + 48x^2 - 16x^3, & 0.5 < x \le 0.75 \\ 0, & \text{그 외의 경우} \end{cases}$$

$$\phi_3(x) = \begin{cases} -\frac{1}{4} + 3x - 12x^2 + 16x^3, & 0.25 < x \le 0.5 \\ \frac{31}{4} - 45x + 84x^2 - 48x^3, & 0.5 < x \le 0.75 \\ -26 + 90x - 96x^2 + 32x^3, & 0.75 < x \le 1 \\ 0, & \text{그 외의 경우} \end{cases}$$

$$\phi_4(x) = \begin{cases} -2 + 12x - 24x^2 + 16x^3, & 0.5 < x \le 0.75 \\ 52 - 204x + 264x^2 - 112x^3, & 0.75 \le x \le 1 \\ 0, & \text{그 외의 경우} \end{cases}$$

행렬 A의 항들은 다음과 같이 생성된다.

$$\begin{aligned} a_{00} &= \int_0^1 \left\{ p(x)\left[\phi_0'(x)\right]^2 + q(x)[\phi_0(x)]^2 \right\} dx \\ &= \int_0^{0.5} \left\{ [\phi_0'(x)]^2 + \pi^2[\phi_0(x)]^2 \right\} dx = 6.5463531 \\ a_{01} &= a_{10} = \int_0^1 \{p(x)\phi_0'(x)\phi_1'(x) + q(x)\phi_0(x)\phi_1(x)\}\, dx \\ &= \int_0^{0.5} \{\phi_0'(x)\phi_1'(x) + \pi^2\phi_0(x)\phi_1(x)\}\, dx = 4.0764737 \\ a_{02} &= a_{20} = \int_0^1 \{p(x)\phi_0'(x)\phi_2'(x) + q(x)\phi_0(x)\phi_2(x)\}\, dx \\ &= \int_0^{0.5} \{\phi_0'(x)\phi_2'(x) + \pi^2\phi_0(x)\phi_2(x)\}\, dx = -1.3722239 \\ a_{03} &= a_{30} = \int_0^1 \{p(x)\phi_0'(x)\phi_3'(x) + q(x)\phi_0(x)\phi_3(x)\}\, dx \\ &= \int_{0.25}^{0.5} \{\phi_0'(x)\phi_3'(x) + \pi^2\phi_0(x)\phi_3(x)\}\, dx = -0.73898482 \\ a_{11} &= \int_0^1 \left\{ p(x)\left[\phi_1'(x)\right]^2 + q(x)[\phi_1(x)]^2 \right\} dx \end{aligned}$$

$$\begin{aligned}
&= \int_0^{0.75} \left\{[\phi_1'(x)]^2 + \pi^2[\phi_1(x)]^2\right\} dx = 10.329086 \\
a_{12} &= a_{21} = \int_0^1 \{p(x)\phi_1'(x)\phi_2'(x) + q(x)\phi_1(x)\phi_2(x)\}\, dx \\
&= \int_0^{0.75} \left\{\phi_1'(x)\phi_2'(x) + \pi^2\phi_1(x)\phi_2(x)\right\} dx = 0.26080684 \\
a_{13} &= a_{31} = \int_0^1 \{p(x)\phi_1'(x)\phi_3'(x) + q(x)\phi_1(x)\phi_3(x)\}\, dx \\
&= \int_{0.25}^{0.75} \left\{\phi_1'(x)\phi_3'(x) + \pi^2\phi_1(x)\phi_3(x)\right\} dx = -1.6678178 \\
a_{14} &= a_{41} = \int_0^1 \{p(x)\phi_1'(x)\phi_4'(x) + q(x)\phi_1(x)\phi_4(x)\}\, dx \\
&= \int_{0.5}^{0.75} \left\{\phi_1'(x)\phi_4'(x) + \pi^2\phi_1(x)\phi_4(x)\right\} dx = -0.73898482 \\
a_{22} &= \int_0^1 \left\{p(x)\,[\phi_2'(x)]^2 + q(x)[\phi_2(x)]^2\right\} dx \\
&= \int_{0.25}^1 \left\{[\phi_2'(x)]^2 + \pi^2[\phi_2(x)]^2\right\} dx = 8.6612683 \\
a_{23} &= a_{32} = \int_0^1 \{p(x)\phi_2'(x)\phi_3'(x) + q(x)\phi_2(x)\phi_3(x)\}\, dx \\
&= \int_{0.25}^1 \left\{\phi_2'(x)\phi_3'(x) + \pi^2\phi_2(x)\phi_3(x)\right\} dx = 0.26080684 \\
a_{24} &= a_{42} = \int_0^1 \{p(x)\phi_2'(x)\phi_4'(x) + q(x)\phi_2(x)\phi_4(x)\}\, dx \\
&= \int_{0.5}^1 \left\{\phi_2'(x)\phi_4'(x) + \pi^2\phi_2(x)\phi_4(x)\right\} dx = -1.3722239 \\
a_{33} &= \int_0^1 \left\{p(x)\,[\phi_3'(x)]^2 + q(x)[\phi_3(x)]^2\right\} dx \\
&= \int_{0.25}^1 \left\{[\phi_3'(x)]^2 + \pi^2[\phi_3(x)]^2\right\} dx = 10.329086 \\
a_{34} &= a_{43} = \int_0^1 \{p(x)\phi_3'(x)\phi_4'(x) + q(x)\phi_3(x)\phi_4(x)\}\, dx \\
&= \int_{0.5}^1 \left\{\phi_3'(x)\phi_4'(x) + \pi^2\phi_3(x)\phi_4(x)\right\} dx = 4.0764737 \\
a_{44} &= \int_0^1 \left\{p(x)\,[\phi_4'(x)]^2 + q(x)[\phi_4(x)]^2\right\} dx \\
&= \int_{0.5}^1 \left\{[\phi_4'(x)]^2 + \pi^2[\phi_4(x)]^2\right\} dx = 6.5463531 \\
b_0 &= \int_0^1 f(x)\phi_0(x)dx = \int_0^{0.5} (2\pi^2 \sin \pi x)\phi_0(x)dx = 1.0803542 \\
b_1 &= \int_0^1 f(x)\phi_1(x)dx = \int_0^{0.75} (2\pi^2 \sin \pi x)\phi_1(x)dx = 4.7202512 \\
b_2 &= \int_0^1 f(x)\phi_2(x)dx = \int_0^1 (2\pi^2 \sin \pi x)\phi_2(x)dx = 6.6754433
\end{aligned}$$

$$\begin{aligned} b_3 &= \int_0^1 f(x)\phi_3(x)dx = \int_{0.25}^1 (2\pi^2 \sin \pi x)\phi_3(x)dx = 4.7202512 \\ b_4 &= \int_0^1 f(x)\phi_4(x)dx = \int_{0.5}^1 (2\pi^2 \sin \pi x)\phi_4(x)dx = 1.08035418 \end{aligned}$$

연립방정식 $A\mathbf{c} = \mathbf{b}$에 대한 해는 $c_0 = 0.00060266150$, $c_1 = 0.52243902$, $c_2 = 0.73945127$, $c_3 = 0.52243908$, $c_4 = 0.00060264906$이다. $0 \le j \le 4$에서 각 x_j에 대해 $\phi(x) = \sum_{i=0}^4 c_i\phi_i(x)$ 를 계산한 결과는 [표 11.8]과 같다. $h = 0.25$로 한 이 결과가 $h = 0.1$로 한 결과보다 더 우수함을 주목하자.

적분은 구간별 선형 방법에서 처럼 2단계로 수행된다. 우선 3.5절의 방법들을 이용하여 p, q, f에 대한 삼차 스플라인 보간다항식을 구성한다. 그리고 나서, 삼차 스프라인의 곱이나 삼차스플라인의 도함수들을 이용해 피적분 함수를 근사시킨다. 이 피적분 함수들은 구간별 다항식이므로 각 부구간에 대해 정확히 적분할 수 있고 그런 다음에 더하면 된다.

일반적으로 이 기법에 의해 구한 $y(x)$에 대한 근삿값 $\phi(x)$는

$$\left[\int_0^1 |y9x) = \phi(x)|^2 dx\right]^{1/2} = O(h^4), \quad 0 \le x \le 1$$

를 만족시킨다.

t	x_i	$\phi(x_i)$	$y(x_i)$	$\|\phi(x_i) - y(x_i)\|$
0	0	0	0	0
1	0.25	0.70745256	0.70710678	0.00034578
2	0.5	1.0006708	1	0.0006708
3	0.75	0.70745256	0.70710678	0.00034578
4	1	0	0	0

표 11.8

11.6 연습문제

1. 구간별 선형 방법을 이용하여 다음 경곗값 문제

$$y'' + (\pi^2/4)y = (\pi^2/16)\cos(\pi/4)x, \quad 0 \le x \le 1, \quad y(0) = y(1) = 0$$

의 근사해를 구하라. $x_0 = 0$, $x_1 = 0.3$, $x_2 = 0.7$, $x_3 = 1$로 하라. 그 결과를 실제 해

$$y(x) = -\frac{1}{3}\cos\frac{\pi}{2}x - \frac{\sqrt{2}}{6}\sin\frac{\pi}{2}x + \frac{1}{3}\cos\frac{\pi}{4}x$$

와 비교하라.

2. 구간별 선형 방법을 이용하여 다음 경곗값 문제

$$-\frac{dx}{dx}(xy') + 4y = 4x^2 - 8x + 1, \quad 0 \le x \le 1, \quad y(0) = y(1) = 0$$

의 근사해를 구하라. $x_0 = 0$, $x_1 = 0.4$, $x_2 = 0.8$, $x_3 = 1$로 하라. 그 결과를 실제 해 $y(x) = x^2 - x$와 비교하라.

3. 구간별 선형 방법을 이용하여 다음 경곗값 문제의 근사해를 구하라. 그 결과를 실제 해와 비교하라.

   a. $-x^2y'' - 2xy' + 2y = -4x^2, \quad 0 \le x \le 1, \quad y(0) = y(1) = 0.$ $h = 0.1$시 실제 해는 $y(x) = x^2 - x$.

   b. $-\dfrac{d}{dx}(e^x y') + e^x y = x + (2 - x)e^x, \quad 0 \le x \le 1, \quad y(0) = y(1) = 0.$ $h = 0.1$시 실제 해는 $y(x) = (x-1)(e^{-x} - 1)$.

   c. $-\dfrac{d}{dx}(e^{-x} y') + e^{-x} y = (x-1) - (x-1)e^{-(x-1)}, \quad 0 \le x \le 1, \quad y(0) = y(1) = 0.$ $h = 0.05$시 실제 해는 $y(x) = x(e^x - e)$.

   d. $-(x+1)y'' - y' + (x-2)y = [2 - (x+1)^2]e\ln 2 - 2e^x, \quad 0 \le x \le 1, \quad y(0) = y(1) = 0.$ $h = 0.05$시 실제 해는 $y(x) = e^x \ln(x+1) - (e\ln 2)$.

4. $n = 3$으로 삼차스플라인 방법을 사용하여 다음 경곗값 문제의 근사해를 구하고 결과를 실제 해와 비교하라.

   a. $y'' + (\pi^2/4)y = (\pi^2/16)\cos(\pi/4)x, \quad 0 \le x \le 1, \quad y(0) = 0,\ y(1) = 0$

   b. $-\dfrac{d}{dx}(xy') + 4y = 4x^2 - 8x + 1, \quad 0 \le x \le 1, \quad y(0) = 0,\ y(1) = 0$

5. 연습문제 3을 삼차스플라인 방법으로 반복하라.

6. 다음 경곗값 문제

$$-\frac{d}{dx}(p(x)y') + q(x)y = f(x), \quad 0 \le x \le 1,\ y(0) = \alpha,\ y(1) = \beta$$

를 $z = y - \beta x - (1 - x)\alpha$로 변수를 변화시켜서

$$-\frac{d}{dx}(p(x)z') + q(x)z = F(x), \quad 0 \le x \le 1,\ z(0) = 0,\ y(1) = 0$$

의 형태로 변환시킬 수 있음을 보여라.

7. 연습문제 6과 $n = 9$인 구간별 선형 방법을 사용하여 다음 경곗값 문제

$$-y'' + y = x, \quad 0 \le x \le 1,\ y(0) = 1,\ y(1) = 1 + e^{-1}$$

의 근사해를 구하라.

8. 연습문제 7을 삼차스플라인 방법으로 반복하라.

9. 다음 경곗값 문제

$$-\frac{d}{dx}(p(x)y') + q(x)y = f(x), \quad a \le x \le b,\ y(a) = \alpha,\ y(b) = \beta$$

를 연습문제 6과 유사한 방법에 의해

$$-\frac{d}{dw}(p(w)z') + q(w)z = F(w), \quad 0 \le w \le 1,\ z(0) = 0,\ z(1) = 0$$

의 형태로 변환시킬 수 있음을 보여라.

10. 구간별 선형 기저함수들의 집합이 $[0, 1]$상에서 선형독립임을 보여라.

11. 양정치의 정의를 이용해 구간별 선형 기저함수들에 의해 주어진 행렬이 이 조건을 만족함을 보여라.

제 **12** 장

편미분방정식에 대한 수치해법

12.1 개요

한 개 이상의 변수가 관련된 물리학의 문제들은 종종 편도함수(partial derivatives)를 포함하는 방정식으로 표현된다. 이 장에서는 두 개 변수를 포함하는 편미분방정식(partial-differential equations)의 해를 근사시키는 방법을 간단히 몇 개 소개하기로 한다. 특히 이 기법들이 표준 물리학 문제들에 어떻게 적용되는지를 보이기로 한다.

12.2 타원형 문제에 대한 유한차분법

12.2절에서 고려할 편미분방정식은 Poisson 방정식으로 알려진 다음의 타원방정식

$$\frac{\partial^2 u}{\partial x^2}(x,y) + \frac{\partial^2 u}{\partial y^2}(x,y) = f(x,y)$$

이다. 이 방정식에서 f는 경계가 S인 평면 영역 R상의 문제에 대한 입력을 기술하는 것으로 가정한다. 이러한 유형의 방정식은 평면 영역 내의 정상 상태 열 분포, 평면의 중력에 의해 작용되는 평면상 한 점의 포텐셜 에너지, 비압축 유체의 이차원 정상 상태 문제 등 시간독립적인 물리학의 여러 문제에서 볼 수 있다.

Poisson 방정식에서 유일한 해를 얻으려면 제한 조건이 추가되어야 한다. 예를 들어, 평면영역의 정상 상태 열 분포에서는 $f(x,y) \equiv 0$으로 제한되어

$$\frac{\partial^2 u}{\partial x^2}(x,y) + \frac{\partial^2 u}{\partial y^2}(x,y) = 0$$

으로 단순화된다. 이 방정식은 Laplace 방정식으로 불리운다. 영역 내에서의 온도가 영역 경계의 온도 분포에 의해 결정되는 경우의 제한 조건을 Dirichlet 경계 조건이라 하는데, 이는 영역 R의 경계 S의 모든 (x,y)에 대해

$$u(x,y) = g(x,y)$$

로 주어진다. ([그림 12.1] 참조)

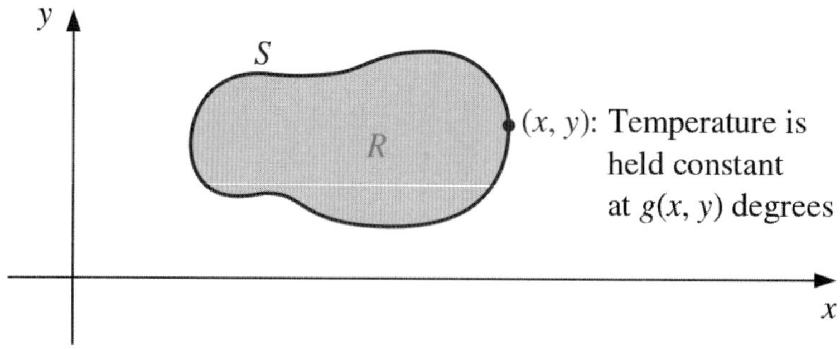

그림 12.1

우리가 고려하려는 타원형 편미분방정식은 Poisson 방정식이고, $R = \{(x,y)|a < x < b, c < y < d\}$ 상에서 $(x,y) \in S$에 대해 $u(x,y) = g(x,y)$일 때

$$\nabla^2 u(x,y) \equiv \frac{\partial^2 u}{\partial x^2}(x,y) + \frac{\partial^2 u}{\partial y^2}(x,y) = f(x,y)$$
$$u(x,y) = g(x,y), \ (x,y) \in S$$

가 된다. 여기서 S는 R의 경계를 나타낸다. f와 g가 각 영역상에서 연속이면 이 방정식은 유일한 해를 갖는다.

격자 선택(Selecting a Grid)

여기서 사용되는 방법은 11.3절의 선형 경곗값 문제에 대한 유한차분법을 변형한 것이다. 첫 단계에서는 정수 n과 m을 선택하고 단계 크기 h와 k를 $h = (b-a)/n$, $k = (d-c)/m$으로 정의한다. 그리고 구간 $[a,b]$를 폭 h인 n개의 등구간으로, $[c,d]$를 폭 k인 m개의 등구간으로 분할한다. $i = 0, 1, \ldots, n$이고 $j = 0, 1, \ldots, m$일 때

$$x_i = a + ih, \quad y_i = c + jk$$

인 점들 (x_i, y_i)를 지나는 수직, 수평선을 그으면 사각형 R은 격자 모양이 된다. ([그림 12.2] 참조)

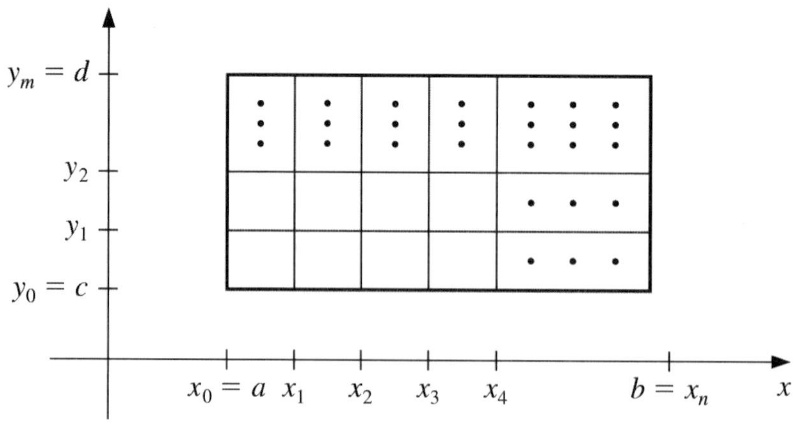

그림 12.2

선 $x = x_i$와 $y = y_j$는 격자 선(grid lines)이 되고, 그 교점은 격자의 격자점(mesh points)이 된다. 격자 내부의 각 격자점에 대해 Taylor 다항식을 이용하여 변수 x의 x_i에 대한 중앙차분공식

$$\frac{\partial^2 u}{\partial x^2}(x_i, y_j) = \frac{u(x_{i+1}, y_j) - 2u(x_i, y_j) + u(x_{i-1}, y_j)}{h^2} - \frac{h^2}{12}\frac{\partial^4 u}{\partial x^4}(\xi_i, y_j)$$

를, 변수 y의 y_j에 대한 중앙차분공식

$$\frac{\partial^2 u}{\partial y^2}(x_i, y_j) = \frac{u(x_i, y_{j+1}) - 2u(x_i, y_j) + u(x_i, y_{j-1})}{k^2} - \frac{k^2}{12}\frac{\partial^4 u}{\partial y^4}(x_i, \eta_j)$$

를 얻는다. 여기서 ξ_i는 (x_{i-1}, x_{i+1})에 속하고, η는 (y_{i-1}, y_{i+1})에 속한다.
이 식들을 Posiion 방정식에 넣으면 $i = 1,\ 2,\ \ldots,\ n-1$이고 $j = 1,\ 2,\ \ldots,\ m-1$에 대해 다음 방정식

$$\frac{u(x_{i+1}, y_j) - 2u(x_i, y_j) + u(x_{i-1}, y_j)}{h^2} + \frac{u(x_i, y_{j+1}) - 2u(x_i, y_j) + u(x_i, y_{j-1})}{k^2}$$
$$= f(x_i, y_j) + \frac{h^2}{12}\frac{\partial^4 u}{\partial x^4}(\xi_i, y_j) + \frac{k^2}{12}\frac{\partial^4 u}{\partial y^4}(x_i, \eta_j)$$

를 얻는다. 경계 조건은 $i = 1,\ 2,\ \ldots,\ n-1$에서

$$u(x_i, y_0) = g(x_i, y_0),\ u(x_i, y_m) = g(x_i, y_m)$$

이 되고, $j = 1,\ 2,\ \ldots,\ m$에서

$$u(x_0, y_j) = g(x_0, y_j),\ u(x_n, y_j) = g(x_n, y_j).$$

유한차분법 (Finite-Difference Method)

이는 Poisson 방정식에 대한 차분방정식 형태로의 유한차분법으로 오차는 $O(h^2 + k^2)$이다.

정리 12.2.1 **[타원형 유한차분법 (Elliptic Finite-Difference Method)]**

$i = 1,\ 2,\ \ldots,\ n-1,\ j = 1,\ 2,\ \ldots,\ m-1$에서

$$2\left[\left(\frac{h}{k} + 1\right)^2\right]\omega_{ij} - (\omega_{i+1,j} + \omega_{i-1,j}) - \left(\frac{h}{k}\right)^2(\omega_{i,j+1} + \omega_{i,j-1}) = -h^2 f(x_i, y_j),$$

$i = 1,\ 2,\ \ldots,\ n-1,\ j = 1,\ 2,\ \ldots,\ m$에서

$$\omega_{0j} = g(x_0, y_j), \quad \omega_{nj} = g(x_n, y_j), \quad \omega_{i0} = g(x_i, y_0), \quad \omega_{im} = g(x_i, y_m).$$

ω_{ij}는 $u(x_i, y_j)$의 근삿값이다.

이러한 전형적인 방정식은 점

$$(x_{i-1}, y_j), \quad (x_i, y_j), \quad (x_{i+1}, y_j), \quad (x_i, y_{j-1}), \quad (x_i, y_{j+1})$$

에서 $u(x, y)$를 근사시킨다. 격자상에서 이 점들의 위치를 보면 ([그림 12.3] 참조) 이 방정식이 (x_i, y_j)에 대한 별–모양의 영역에서 근삿값을 구함을 알 수 있다.

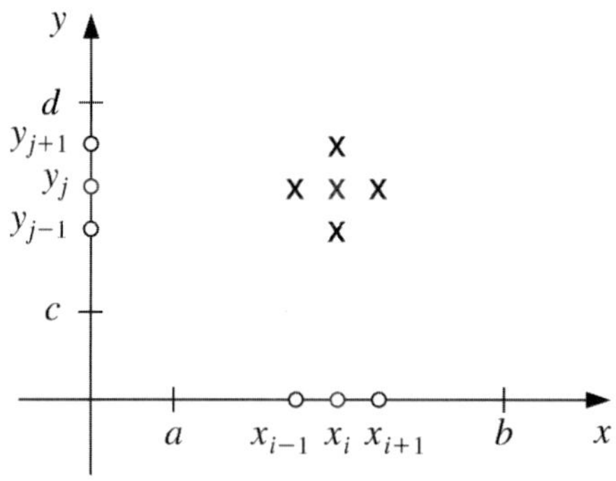

그림 12.3

유한차분법에서 경계 조건 정보(즉, 하나의 경계 격자점에 인접한 모든 점 (x_i, y_j))를 이용하면, 내부 격자점에서 $u(x_i, y_j)$의 근삿값 ω_{ij}를 미지수로 하는 $(n-1)(m-1) \times (n-1)(m-1)$ 일차연립방정식을 얻는다. $i = 1,\ 2,\ \ldots,\ n-1,\ j = 1,\ 2,\ \ldots,\ m-1$에서

$$P_l = (x_i, y_j),\ \omega_l = \omega_{ij}$$

로 놓으면 (여기서 $l = i + (m-1-j)(n-1)$) 행렬 계산이 보다 용이해진다. 이는 각 격자점에 대해 왼쪽에서 오른쪽으로, 위에서 아래로 레이블을 붙인 셈이 된다. 예를 들어 $n = 4,\ m = 5$일 때 이러한 표기를 사용한 격자는 [그림 12.4]과 같다. ω_{ij}를 결정하기 위해 필요한 연립방정식은 띠 폭이 $2n-1$ 이내인 띠 행렬이 된다.

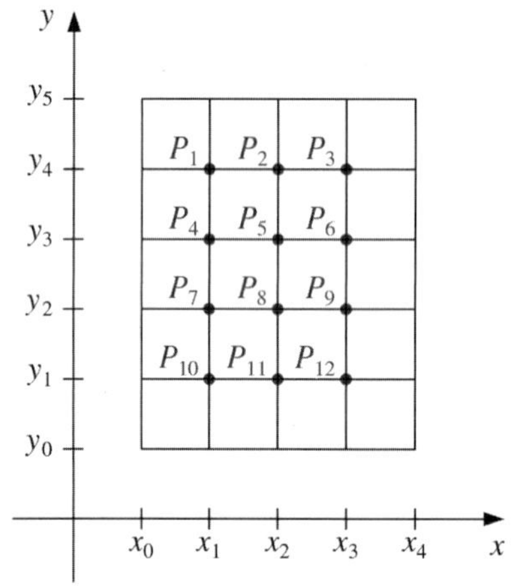

그림 12.4

예제 12.2.2 한 변이 0.5m인 얇은 정방형 금속 관의 정상 상태 열분포를 결정해 보자. 두 인접한 경계는 0°C로 유지되고, 나머지 경계들의 열은 0°C(모서리에서)에서 1000°C(두 면이 만나는 지점)로 선형 증가한다.

풀이 경계 조건이 0°C인 면을 x와 y축을 따라 놓으면 이 문제는 $R = \{(x, y) | 0 < x < 0.5,\ 0 < y < 0.5\}$ 상에서

$$u(0, y) = 0, \quad u(x, 0) = 0, \quad u(x, 0.5) = 200x, \quad u(0.5, y) = 200y$$

가 된다. $n = m = 4$라면 격자는 [그림 12.7]과 같이 되고 $i = 1,\ 2,\ 3,\ j = 1,\ 2,\ 3$에서 차분방정식은

$$4\omega_{i,j} - \omega_{i+1,j} - \omega_{i-1,j} - \omega_{i,j+1} = 0.$$

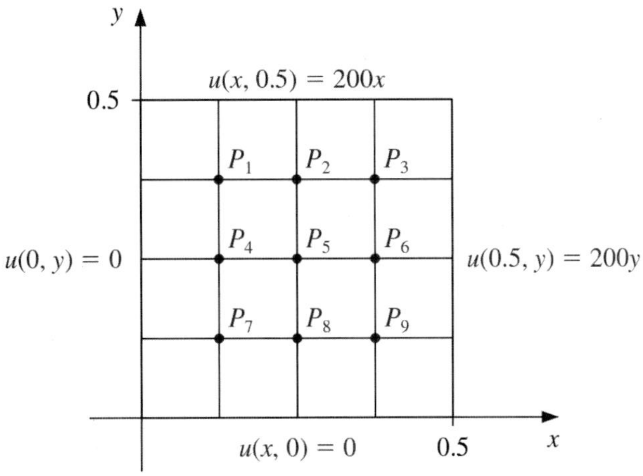

그림 12.5

내부 격자점 $\omega_i = u(P_i)$를 이용해 표현하면 점 P_1에서 방정식은

$$\begin{array}{ll} P_1: & 4\omega_1 - \omega_2 - \omega_4 = \omega_{0,3} + \omega_{1,4} \\ P_2: & 4\omega_2 - \omega_3 - \omega_1 - \omega_5 = \omega_{2,4} \\ P_3: & 4\omega_3 - \omega_2 - \omega_6 = \omega_{4,3} + \omega_{3,4} \\ P_4: & 4\omega_4 - \omega_5 - \omega_1 - \omega_7 = \omega_{0,2} \\ P_5: & 4\omega_5 - \omega_6 - \omega_4 - \omega_2 - \omega_8 = 0 \\ P_6: & 4\omega_6 - \omega_5 - \omega_4 - \omega_9 = \omega_{4,2} \\ P_7: & 4\omega_7 - \omega_8 - \omega_4 = \omega_{0,1} + \omega_{1,0} \\ P_8: & 4\omega_8 - \omega_9 - \omega_7 - \omega_5 = \omega_{2,0} \\ P_9: & 4\omega_9 - \omega_8 - \omega_6 = \omega_{3,0} + \omega_{4,1} \end{array}.$$

이 방정식의 우변은 경계 조건에서 얻은 것이다. 사실상 경계 조건은 $\omega_{1,0} = \omega_{2,0} = \omega_{3,0} = \omega_{0,1} = \omega_{1,0} = \omega_{0,1} = \omega_{0,2} = \omega_{0,3} = 0$, $\omega_{1,4} = \omega_{4,1} = 25$, $\omega_{2,4} = \omega_{4,2} = 50$, $\omega_{3,4} = \omega_{4,3} = 75$가 된다.
이 문제에 대한 선형연립방정식은

$$\begin{bmatrix} 4 & -1 & 0 & -1 & 0 & 0 & 0 & 0 & 0 \\ -1 & 4 & -1 & 0 & -1 & 0 & 0 & 0 & 0 \\ 0 & -1 & 4 & 0 & 0 & -1 & 0 & 0 & 0 \\ -1 & 0 & 0 & 4 & -1 & 0 & -1 & 0 & 0 \\ 0 & -1 & 0 & -1 & 4 & -1 & 0 & -1 & 0 \\ 0 & 0 & -1 & 0 & -1 & 4 & 0 & 0 & -1 \\ 0 & 0 & 0 & -1 & 0 & 0 & 4 & -1 & 0 \\ 0 & 0 & 0 & 0 & -1 & 0 & -1 & 4 & -1 \\ 0 & 0 & 0 & 0 & 0 & -1 & 0 & -1 & 4 \end{bmatrix} \begin{bmatrix} \omega_1 \\ \omega_2 \\ \omega_3 \\ \omega_4 \\ \omega_5 \\ \omega_6 \\ \omega_7 \\ \omega_8 \\ \omega_9 \end{bmatrix} = \begin{bmatrix} 25 \\ 50 \\ 150 \\ 0 \\ 0 \\ 50 \\ 0 \\ 0 \\ 25 \end{bmatrix}.$$

이 행렬에 Gauss–Seidel 방법을 적용해 구한 $\omega_1, \omega_2, \ldots, \omega_q$는 [표 12.1]과 같다.
실제 해 $u(x, y) = 400xy$는

$$\frac{\partial^4 u}{\partial x^4} = \frac{\partial^4 u}{\partial y^4} \equiv 0$$

을 만족하므로, 각 단계의 오차는 0이 되어, [표 12.1]의 값은 참값이 된다.

i	1	2	3	4	5	6	7	8	9
ω_i	18.75	37.50	56.25	12.50	25.00	37.50	6.25	12.50	18.75

표 12.1

프로그램 POIFD121에서는 단순성을 위해 Gauss–Seidel 반복 방법을 사용하였지만, 양 확정성은 라운드오프오차에 대해 안정적이므로 연립방정식의 차수가 100이내로 작은 경우는 Gauss 소거법과 같은 직접해법을 쓰는 것이 좋다. 큰 연립방정식의 경우는 반복 해법이 사용되어야 한다. SOR 방법을 사용한다면 최적의 ω는 다음과 같이 구한다. 행렬 A를 대각행렬 D와 상삼각과 하삼각 행렬 U와 L로 분해하고, 즉

$$A = D - L - U$$

로 분해하고, B를 Jacobi방법의 행렬

$$B = D^{-1}(L + U)$$

로 놓으면, B의 스펙트럼 반경은

$$\rho(B) = \frac{1}{2}\left[\cos\left(\frac{\pi}{m}\right) + \cos\left(\frac{\pi}{n}\right)\right]$$

가 되므로, 따라서 ω의 값은

$$\omega = \frac{2}{1 + \sqrt{1 - [\rho(B)]^2}} = \frac{4}{2 + \sqrt{4 - [\cos(\frac{\pi}{m}) + \cos(\frac{\pi}{n})]^2}}.$$

예제 12.2.3 다음의 Poisson 방정식

$$\frac{\partial^2 u}{\partial x^2}(x, y) + \frac{\partial^2 u}{\partial y^2}(x, y) = xe^y, \quad 0 < x < 2, \quad 0 < y < 1$$

의 경계 조건은

$$\begin{aligned} u(0, y) &= 0,\ u(2, y) = 2e^y, \quad 0 \le y \le 1, \\ u(x, 0) &= x, u(x, 1) = ex, \quad 0 \le x \le 2. \end{aligned}$$

실제 해 $u(x, y) = xe^y$를 근사시키기 위하여 $n = 6, m = 5$로 유한차분법을 사용하라.

풀이 Gauss-Seidel 방법은 $i = 1, \ldots, 5$ 이고 $j = 1, \ldots, 4$일 때

$$\left|w_{ij}^{(l)} - w_{ij}^{(l-1)}\right| \le 10^{-10}$$

을 종료 조건으로 한다. 차분방정식의 해는 정확히 얻어지며 $l = 61$에서 멈추게 된다. 참값과 함께 결과를 [표 12.2]에 보였다.

i	j	x_i	y_i	$w_{ij}^{(61)}$	$w(x_i, y_i)$	$\lvert u(x_i, y_j) - w_{ij}^{(61)}\rvert$
1	1	0.3333	0.2000	0.40726	0.40713	1.30×10^{-4}
1	2	0.3333	0.4000	0.49748	0.49727	2.08×10^{-4}
1	3	0.3333	0.6000	0.60760	0.60737	2.23×10^{-4}
1	4	0.3333	0.8000	0.74201	0.74185	1.60×10^{-4}
2	1	0.6667	0.2000	0.81452	0.81427	2.55×10^{-4}
2	2	0.6667	0.4000	0.99496	0.99455	4.08×10^{-4}
2	3	0.6667	0.6000	1.2152	1.2147	4.37×10^{-4}
2	4	0.6667	0.8000	1.4840	1.4837	3.15×10^{-4}
3	1	1.0000	0.2000	1.2218	1.2214	3.64×10^{-4}
3	2	1.0000	0.4000	1.4924	1.4918	5.80×10^{-4}
3	3	1.0000	0.6000	1.8227	1.8221	6.24×10^{-4}
3	4	1.0000	0.8000	2.2260	2.2255	4.51×10^{-4}
4	1	1.3333	0.2000	1.6290	1.6285	4.27×10^{-4}
4	2	1.3333	0.4000	1.9898	1.9891	6.79×10^{-4}
4	3	1.3333	0.6000	2.4302	2.4295	7.35×10^{-4}
4	4	1.3333	0.8000	2.9679	2.9674	5.40×10^{-4}
5	1	1.6667	0.2000	2.0360	2.0357	3.71×10^{-4}
5	2	1.6667	0.4000	2.4870	2.4864	5.84×10^{-4}
5	3	1.6667	0.4000	3.0375	3.0369	6.41×10^{-4}
5	4	1.6667	0.8000	3.7097	3.7092	4.89×10^{-4}

표 12.2

12.2 연습문제

1. 유한차분법을 이용하여 다음 타원형 편미분방정식의 근사해를 구하라.

$$\begin{aligned} \frac{\partial^2 u}{\partial x^2} + \frac{\partial^2 u}{\partial y^2} &= 4, \quad 0 < x < 1,\ 0 < y < 2, \\ u(x, 0) &= x^2, \quad u(x, 2) = (x-2)^2, \quad 0 \le x \le 1, \\ u(0, y) &= y^2, \quad u(1, y) = (y-1)^2, \quad 0 \le x \le 2. \end{aligned}$$

$h = k = 1/2$로 하고, 그 결과를 실제 해 $u(x, y) = (x-y)^2$과 비교하라.

2. 유한차분법을 이용하여 다음 타원형 편미분방정식의 근사해를 구하라.

$$\begin{aligned} \frac{\partial^2 u}{\partial x^2} + \frac{\partial^2 u}{\partial y^2} &= 0, \quad 1 < x < 2,\ 0 < y < 1 \\ u(x, 0) &= 2\ln x, \quad u(x, 1) = \ln(x^2+1), \quad 1 \le x \le 2 \\ u(1, y) &= \ln(y^2+1), \quad u(2, y) = \ln(y^2+4), \quad 0 \le x \le 1. \end{aligned}$$

$h = k = 1/3$로 하고, 그 결과를 실제 해 $u(x, y) = \ln(x^2+y^2)$과 비교하라.

3. 유한차분법을 이용하여 다음 타원형 편미분방정식의 근사해를 구하라.

a. $\dfrac{\partial^2 u}{\partial x^2} + \dfrac{\partial^2 u}{\partial y^2} = 0, \quad 0 < x < 1,\ 0 < y < 1$
$u(x, 0) = 0, \quad u(x, 1) = x, \quad 0 \le x \le 1$

$u(0,y)=0,\quad u(1,y)=y,\quad 0\le x\le 1$

$h=k=0.2$로 하고 결과를 해와 비교하라.

b. $\dfrac{\partial^2 u}{\partial x^2}+\dfrac{\partial^2 u}{\partial y^2}=-(\cos(x+y)+\cos(x-y)),\quad 0<x<\pi,\ 0<y<\dfrac{\pi}{2}$

$u(0,y)=\cos y,\quad u(\pi,y)=-\cos y,\quad 0\le y\le \dfrac{\pi}{2}$

$u(x,0)=\cos x,\quad u\left(x,\dfrac{\pi}{2}\right)=0,\quad 0\le x\le \pi$

$h=\pi/5,\ k=\pi/10$로 하고 결과를 해 $u(x,y)=\cos x\cos y$와 비교하라.

c. $\dfrac{\partial^2 u}{\partial x^2}+\dfrac{\partial^2 u}{\partial y^2}=(x^2+y^2)e^{xy},\quad 0<x<2,\ 0<y<1$

$u(0,y)=1,\quad u(2,y)=e^{2y},\quad 0\le y\le 1$

$u(x,0)=1,\quad u(x,1)=e^{x},\quad 0\le x\le 2$

$h=0.2,\ k=0.1$로 하고 결과를 해 $u(x,y)=e^{xy}$와 비교하라.

d. $\frac{\partial^2 u}{\partial x^2}+\frac{\partial^2 u}{\partial y^2}=\frac{x}{y}+\frac{y}{x},\quad 1<x<2, 1<y<2$

$u(x,1)=x\ln x,\quad u(x,2)=x\ln(4x^2),\quad 1\le x\le 2$

$u(1,y)=y\ln y,\quad u(2,y)=2y\ln(2y),\quad 1\le y\le 2$

$h=k=0.1$로 하고 결과를 해 $u(x,y)=xy\ln xy$와 비교하라.

4. $h_0=0.2,\ h_1=h_0/2$, $h_2=h_0/4$로 하고 보외법을 이용해 연습문제 3a를 반복하라.

5. 동축 케이블이 0.1in.2 내부 도체와 0.5in.2 외부 도체로 구성된다고 하자. 절단면에서의 한 점에서의 전위는 Laplace방정식에 의해 기술된다. 내부 도체는 0V로 외부도체는 110V로 유지된다고 하자. 영역

$$D=\{(x,y)|0\le x,y\le 0.5\}$$

상에 놓인 수평 격자점 간격 $h=0.1$in., 수직 격자점 간격 $k=0.1$in. 인 격자를 이용해 두 도체 사이의 전위를 구하라. 각 격자점에서 Laplace 방정식의 근사해를 구하고, 두 개 경계 조건 집합을 이용해 Gauss-Seidel 방법으로 풀게 될 일차 연립방정식을 유도하라.

6. 6cm×5cm 사각 은판은 각 점에서 $q=1.5$cal/cm^3.s의 비율로 균등하게 열이 생성된다. x가 은판의 6cm인 변에서의 거리, y가 5cm인 변에서의 거리를 나타낸다고 하자. 각 변을 따라서 온도 u는

$$\begin{aligned} u(x,0) &= x(6-x),\ u(x,5)=0,\ 0\le x\le 6\\ u(0,y) &= y(5-y),\ u(6,y)=0,\ 0\le y\le 5 \end{aligned}$$

로 유지된다고 하자. 원점은 좌표 $(0,0)$ 위치이고 각 변은 양의 x와 y축에 놓인다고 하자. 정상상태 온도 $u=u(x,y)$는 Poisson 방정식

$$\frac{\partial^2 u}{\partial x^2}(x,y)+\frac{\partial^2 u}{\partial y^2}(x,y)=-\frac{q}{K},\quad 0<x<6,\quad 0<y<5$$

를 만족시킨다. 여기서 열 전도성(thermal conductivity) K는 1.04cal/cm·C·s이다.

$h=0.4,\ k=1/3$일 때 유한차분법을 이용하여 온도 $u(x,y)$를 근사시켜라.

12.3 포물선형 문제에 대한 유한차분법

이 절에서는 $\alpha \neq 0$일 때, 포물선 편미분방정식

$$\frac{\partial u}{\partial t}(x,t) - \alpha^2 \frac{\partial^2 u}{\partial x^2}(x,t) = 0$$

이 관련된 문제의 수치해를 다룬다. 이와 관련한 물리학의 문제는 각 횡단면 요소의 온도가 균일한 길이 1인 막대기에서의 열의 흐름에 관한 것이다. ([그림 12.6] 참조) 이 경우 막대기의 측면은 완전히 절연되어야 한다. 상수 α는 막대기를 만든 재료의 열전도 특성에 의해 결정되며, 막대기 내에서의 위치와는 무관한 것으로 가정된다.

그림 12.6

이러한 유형의 열 흐름 문제에서는 제한 조건으로 막대기 내의 초기 열 분포를

$$u(x,0) = f(x)$$

로 지정하고, 막대기 끝쪽의 거동을 기술해 주게 된다. 예를 들어, 양 끝의 온도가 상수 U_1과 U_2로 유지된다면, 경계 조건은

$$u(0,t) = U_1, \quad u(l,t) = U_2$$

가 되고 열 분포는 극한 온도 분포

$$\lim_{t \to \infty} u(x,t) = U_1 + \frac{U_2 - U_1}{l} x$$

에 접근한다.

만약 막대기가 단열이 되어 양쪽 끝의 열의 흐름이 차단된다면 경계 조건은

$$\frac{\partial u}{\partial x}(0,t) = 0, \quad \frac{\partial u}{\partial x}(l,t) = 0$$

이 되어 극한의 경우에 막대기는 상수 온도가 된다. 포물선형 편미분방정식은 기체 확산과 관련된 확산 방정식(diffusion equation)에서도 사용된다.

여기서 다루게 될 포물선 형 편미분방정식은 $R = \{(x,t) | 0 < x < 1,\ 0 < t\}$ 위에서 열 또는 확산 방정식

$$0 < x < l \text{ 과 } t > 0\text{에 대해 } \frac{\partial u}{\partial t}(x,t) - \alpha^2 \frac{\partial^2 u}{\partial x^2}(x,t) = 0$$

이다. 조건은

$$u(0,t) = u(l,t) = 0, \quad t > 0, \quad u(x,0) = f(x), \quad 0 \le x \le l.$$

이 문제의 근사해를 구하기 위한 방법은 이전에 설명한 유한차분법과 유사하다. 우선 공간 격자와 시간 격자의 간격을 h과 k라 가정한다. 따라서 공간 격자의 개수는 $m = 1/h$이 되고 격자점은 (x_i, t_j)가 된다. 여기서 $x_i = ih$ $(i = 0, 1, \ldots, m)$, $t_j = jk$ $(j = 0, 1, \ldots)$이다.

전방차분법 (Forward-Differece Method)

차분방법은 t 에서 Taylor다항식을 이용해 차분 몫

$$\frac{\partial u}{\partial t}(x_i, t_j) = \frac{u(x_i, t_j + k) - u(x_i, t_j)}{k} - \frac{k}{2}\frac{\partial^2 u}{\partial t^2}(x_i, \mu_j)$$

를 구하고, x 에서 Taylor 다항식을 이용해 차분 몫

$$\frac{\partial u}{\partial t}(x, t) = \frac{u(x_i + h, t_j) - 2u(x_i, t_j) + u(x_i - h, t_j)}{h^2} - \frac{h^2}{12}\frac{\partial^4 u}{\partial x^4}(\xi_i, t_j)$$

를 구해 얻는다. 여기서 μ_j 는 (t_j, t_{j+1}) 에 속하고, ξ_i 는 (x_{i-1}, x_{i+1}) 에 속한다.
포물선형 편미분방정식의 내부 격자점 (x_i, t_j) 에서는

$$\frac{\partial u}{\partial t}(x_i, t_j) = -\alpha^2 \frac{\partial^2 u}{\partial x^2}(x_i, t_j) = 0$$

이 성립한다. 그러므로 두 개의 차분 몫을 이용한 차분 방법은

$$\frac{w_{i,j+1} - w_{ij}}{k} - \alpha^2 \frac{w_{i+1,j} - 2w_{ij} + w_{i-1,j}}{h^2} = 0$$

이 된다. 여기서 w_{ij} 는 $u(x_i, t_j)$ 의 근사해이다. 이 차분방정식의 오차는

$$\tau_{ij} = \frac{k}{2}\frac{\partial^2 u}{\partial t^2}(x_i, \mu_j) - \alpha^2 \frac{h^2}{12}\frac{\partial^4 u}{\partial x^4}(\xi_i, t_j).$$

$i = 1, 2, \cdots, m-1,\ j = 1, 2, \cdots$ 에서 $w_{i,j+1}$ 에 대해 차분방정식을 풀면

$$w_{i,j+1} = \left(1 - \frac{2\alpha^2 k}{h^2}\right) w_{ij} + \alpha^2 \frac{k}{h^2}(w_{i+1,j} + w_{i-1,j}).$$

초기 조건 $u(x, 0) = f(x)$ 에 의해 $i = 0, 1, \cdots, m$ 에서 $w_{i0} = f(x_i)$ 를 의미하므로, 이 값들을 차분방정식에서 이용해 $i = 1, 2, \cdots, m-1$ 에서 w_{i1} 의 값을 구하는 데에 사용할 수 있다. 추가 조건 $u(0, t) = u(l, t) = 0$ 는 $w_{01} = w_{m1} = 0$ 를 의미하므로, w_{ij} 형태의 모든 항목의 값을 결정할 수 있다. 근삿값을 구한 후 마찬가지 방법으로 $w_{22}, w_{32}, \cdots, w_{i,2}$ 값을 구할 수 있다.
차분 방법의 성질에 의해 이와 관련된 $(m-1) \times (m-1)$ 행렬을 삼중대각행렬

$$A = \begin{bmatrix} (1-2\lambda) & \lambda & 0 & \cdots & 0 \\ \lambda & (1-2\lambda) & \lambda & \cdots & 0 \\ 0 & \ddots & \ddots & \ddots & \vdots \\ 0 & \cdots & 0 & \lambda & (1-2\lambda) \end{bmatrix}$$

로 쓸 수 있다. 여기서 $\lambda = \alpha^2(k/h^2)$ 이다.

$$\mathbf{w}^{(0)} = (f(x_1), f(x_2), \cdots, f(x_{m-1}))^t$$

이라 하고 $j = 1, 2, \cdots$ 에서

$$\mathbf{w}^{(j)} = (w_{1j}, w_{2j}, \cdots, w_{m-1,j})^t \quad j = 1, 2, \cdots$$

라 하면 근사해는 $j = 1, 2, \cdots$ 에서

$$\mathbf{w}^{(j+1)} = A\mathbf{w}^j, \quad \text{각각의} \quad j = 1, 2, \cdots$$

이 되므로 $\mathbf{w}^{(j)}$ 는 단순한 행렬 곱셈을 통해 $\mathbf{w}^{(j+1)}$ 에서 구하게 됨을 알 수 있다. 이를 전향차분법(forward-difference method)이라고 한다. 차수는 $O(k+h^2)$ 이다.

특정 단계에서 전향차분법은 격자점

$$(x_{i-1},t_j),(x_i,t_j),(x_i,t_{j+1}),(x_{i+1},t_j)$$

를 포함하고, 모든 근삿값들이 초기 조건과 경계 조건에 기초해서 직접 구해지기 때문에 전향차분법은 명시적 방법(explicit method)이라고 한다. 이 조건들로부터 (x_0,t_0),(x_1,t_0),(x_2,t_0) 에서의 값들을 구하게 되고, 이로부터 x_1, t_1 에서의 근삿값을 구한다. (x_3,t_0) 에서의 초기 조건을 추가하면 (x_2,t_1) 에서의 근삿값이 구해지고, 따라서 행 방향의 값들이 구해진다. 첫 행의 모든 항들이 결정되면 두 번째 행의 항들인 (x_1,t_2) 에서 (x_{m-1},t_1) 에 이르는 점에서의 근삿값을 구하기 위해 이 새로운 근삿값을 이용할 수 있다. 이 과정을 반복하여 다음 행을 구한다.

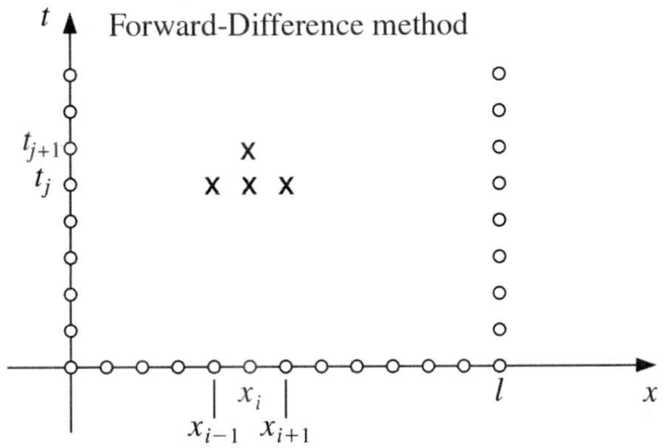

그림 12.7

예제 12.3.1 (a) $h=0.1,\ \ k=0.0005$, (b) $h=0.1,\ \ k=0.01$ 의 크기를 사용하여 다음의 열 방정식을 전방 차분 방법으로 근사하라.

$$\frac{\partial u}{\partial t}(x,t)-\frac{\partial^2 u}{\partial x^2}(x,t)=0,\quad 0<x<1,\quad 0\le t$$

의 경계 조건은

$$u(0,t)=u(1,t)=0,\quad 0<t$$

이고 초기 조건은

$$u(x,0)=\sin(\pi x),\quad 0\le x\le 1$$

이다. $t=0.5$ 에서의 결과와 이 문제의 해 $u(x,t)=e^{-\pi^2 t}\sin(\pi x)$ 를 비교하라.

풀이 (a) $h=0.1,\ \ k=0.0005,\ \ \lambda=(1)^2(0.0005/(0.1)^2)=0.05$ 일 때 전방차분법은 [표 12.3]의 세 번째 열에 나와 있다. 네 번째 열을 보면 이 결과는 꽤 정확하다.

(b) $h=0.1,\ \ k=0.01,\ \ \lambda=(1)^2(0.01/(0.1)^2)=1$ 일 때 전방 차분 법은 [표 12.3]의 다섯 번째 열에 나와 있다. 여섯 번째 열을 보면 이 결과들은 좋지 않다.

x_i	$u(x_i, 0.5)$	$w_{i,1000}$ $k = 0.0005$	$\|u(x_i, 0.5) - w_{i,1000}\|$	$w_{i,50}$ $k = 0.01$	$\|u(x_i, 0.5) - w_{i,50}\|$
0.0	0	0		0	
0.1	0.00222241	0.00228652	6.411×10^{-5}	8.19876×10^{7}	8.199×10^{7}
0.2	0.00422728	0.00434922	1.219×10^{-4}	-1.55719×10^{8}	1.577×10^{8}
0.3	0.00581836	0.00598619	1.678×10^{-4}	2.13833×10^{8}	2.138×10^{8}
0.4	0.00683989	0.00703719	1.973×10^{-4}	-2.50642×10^{8}	2.506×10^{8}
0.5	0.00719188	0.00739934	2.075×10^{-4}	2.62685×10^{8}	2.627×10^{8}
0.6	0.00683989	0.00703719	1.973×10^{-4}	-2.49015×10^{8}	2.490×10^{8}
0.7	0.00581836	0.00598619	1.678×10^{-5}	2.11200×10^{8}	2.112×10^{7}
0.8	0.00422728	0.00434922	1.219×10^{-4}	-1.53086×10^{8}	1.531×10^{8}
0.9	0.00581836	0.00228652	6.511×10^{-5}	8.03604×10^{7}	8.036×10^{7}
1.0	0	0		0	

표 12.3

MATLAB을 사용하여 [예제 12.3.1(a)]의 결과를 구하려면, l, α, m, h, k를 다음과 같이 정의한다.

```
l = 1;alpha =1;m = 10;h = 1/m;k = 0.0005;
```

그리고 함수 $f(x)$를 정의 한다. 또한 $(m-1) \times (m-1)$ 영행렬 A와 영벡터 $\mathbf{x}$와 $\mathbf{u}$를 정의한다. 이들은 나중에 0이 아닌 원소들로 채워질 것이다.

```
f = inline('sin(pi*x)','x')
A = zeros(m-1,m-1);w = zeros(m-1,1);u = zeros(m-1,1);
```

$(m-1)$ 차원 벡터 $\mathbf{w}_0$는 다음과 같이 정의된다.

```
for i = 1:m-1
    w(i) = f(i*h);
end;
```

그리고 λ는

```
lambda = alpha^2*k/h^2
```

0이 아닌 A의 원소들은

```
A(1,1) = 1-2*lambda;
A(1,2) = lambda;
for i = 2:m-2
    A(i,i-1) = lambda;
    A(i,i+1) = lambda;
    A(i,i) = 1-2*lambda;
end;
A(m-1,m-2) = lambda;
A(m-1,m-1) = 1-2*lambda;
```

$k = 0.0005$이기 때문에 $\mathbf{w}^{(1000)}$를 얻기 위해서 A의 1000승과 $\mathbf{w}^{(0)}$을 곱해준다.

```
u = A^1000*w
```

이는

$$u = 0.002286520789578$$

0.004349220987439
0.005986189135245
0.007037187382261
0.007399336697334
0.005986189135245
0.004349220987139
0.002286520786578

를 준다.

[예제 12.3.1(b)]의 결과를 얻으려면 첫 번째와 마지막 명령어 라인만 다음과 같이 바꿔주고 (a)에서 사용한 것과 같은 MATLAB 명령어들을 사용한다.

```
l = 1;alpha = 1;m = 10;h = 1/m;k = 0.01;
u = A^50*w
```

안정성 고려 (Stability Considerations)

[예제 12.3.1]의 오차의 차수는 $O(k + h^2)$으로 예상된다. $h = 0.1$, $k = 0.0005$일 때는 이러한 결과가 나오지만, $h = 0.1$, $k = 0.01$일 때는 이러한 결과를 얻을 수 없다. 이러한 차이를 설명하려면 전향차분법의 안정성을 따져보아야 한다.

초깃값 $\mathbf{w}^{(0)} = (f(x_1), f(x_2), \ldots, f(x_{m-1}))^t$ 표현시, 또는 임의의 특정 단계에서 오차 $\mathbf{x}^{(0)} = (e_1^{(0)}, e_2^{(0)}, \ldots, e_{m-1}^{(0)})^t$가 발생했다면,

$$\mathbf{w}^{(1)} = A(\mathbf{w}^{(0)} + \mathbf{e}^{(0)}) = A\mathbf{w}^{(0)} + A\mathbf{e}^{(0)}$$

이므로 $A^n\mathbf{e}^{(0)}$의 오차는 $\mathbf{w}^{(1)}$로 전파된다. 이 과정은 계속된다. n번째 단계에서 $\mathbf{e}^{(0)}$으로 인한 $\mathbf{w}^{(n)}$의 오차는 $A^n\mathbf{e}^{(0)}$가 된다. 결과적으로 이 방법은 n이 증가 시 이러한 오차가 커지지 않는 조건에서만 안정적이다. 즉 모든 n에 대해 $\|A^n\mathbf{e}^{(0)}\| \le \|\mathbf{e}^{(0)}\|$일 때이다. 이는 $\|A^n\| \le 1$을 의미한다. 즉 스펙트럼 반경 $\rho(A^n) = (\rho(A))^n \le 1$이 되어야 한다. 그러므로 전향차분법은 $\rho(A) \le 1$일 때만 안정적이다.

A의 고윳값은 $i = 1, 2, \ldots, m-1$에서

$$\mu_i = 1 - 4\lambda\left(\sin\left(\frac{i\pi}{2m}\right)\right)^2, \quad i = 1, 2, \ldots, m-1$$

이다. 그러므로 안정성에 대한 조건은

$$\rho(A) = \max_{1 \le i \le m-1}\left|1 - 4\lambda\left(\sin\left(\frac{i\pi}{2m}\right)\right)^2\right| \le 1$$

로 표현할 수 있고, 이 조건은 $i = 1, 2, \ldots, m-1$에서

$$0 \le \lambda\left(\sin\left(\frac{i\pi}{2m}\right)\right)^2 \le \frac{1}{2}, \quad i = 1, 2, \ldots, m-1$$

로 단순화된다.

이 부등식 형태의 조건은 $h \to 0$, 또는 $m \to \infty$ 일 때 성립하므로

$$\lim_{m\to\infty}\left[\sin\left(\frac{(m-1)\pi}{2m}\right)\right]^2 = 1$$

이라는 사실에서, $0 \le \lambda \le \frac{1}{2}$ 일 때 안정됨을 알 수 있다. $\lambda = \alpha^2(k/h^2)$ 이므로, 이 부등식을 만족하려면

$$\alpha^2\frac{k}{h^2} \le \frac{1}{2}$$

이 되도록 h 와 k 를 선택해야만 한다. 앞의 예에서 $h = 0.1$ 이고 $k = 0.0005$ 일 때

$$\frac{0.0005}{(0.1)^2} = \frac{1}{20} < \frac{1}{2}$$

이기 때문에 이 조건이 만족되었다. 그러나 h 의 증가 없이 k 만 0.01로 증가하면, 이 비율은

$$\frac{0.01}{(0.1)^2} = 1 > \frac{1}{2}$$

이 되어 안정하지 않게 된다.

후향차분법 (Backward-Difference Method)

명시적 방법보다 안정된 방법을 얻으려면

$$\frac{\partial u}{\partial t}(x_i, t_j) = \frac{u(x_i, t_j) - u(x_i, t_{j-1})}{k} + \frac{k}{2}\frac{\partial^2 u}{\partial t^2}(x_i, \mu_j)$$

형태의 $(\partial u/\partial t)(x_i, t_j)$ 에 대한 후향차분 몫을 사용해 구하는 암시적 차분법을 사용해야 한다. 여기서 μ_j 는 (t_{j-1}, t_j) 에 속한다. 이 방정식을 $\partial^2 u/\partial x^2$ 에 대한 중앙차분공식과 더불어 편미분방정식에 대치하면 (x_{i-1}, x_{i+1}) 사이의 ξ_i 에 대해

$$\begin{aligned}\frac{u(x_i, t_j) - u(x_i, t_{j-1})}{k} &- \alpha^2\frac{u(x_{i+1}, t_j) - 2u(x_i, t_j) + u(x_{i-1}, t_j)}{h^2} \\ &= -\frac{k}{2}\frac{\partial^2 u}{\partial t^2}(x_i, \mu_j) - \alpha^2\frac{h^2}{12}\frac{\partial^4 u}{\partial x^4}(\xi_i, t_j)\end{aligned}$$

가 된다. 이러한 차분 방법을 후향차분법 (backward-difference method) 이라고 한다.

정리 12.3.2 **[후향차분법 (Backward-Difference Method)]**

$i = 1, 2, \ldots, m-1$, $j = 1, 2, \ldots$ 에서

$$\frac{w_{ij} - w_{i,j-1}}{k} - \alpha^2\frac{w_{i+1,j} - 2w_{ij} + w_{i-1,j}}{h^2} = 0$$

이 방법에서는 격자점

$$(x_i, t_j),\ (x_i, t_{j-1}),\ (x_{i-1}, t_j),\ (x_{i+1}, t_j)$$

이 [그림 12.8] 에 표시된 점들이 근삿값을 구하기 위해 사용된다.

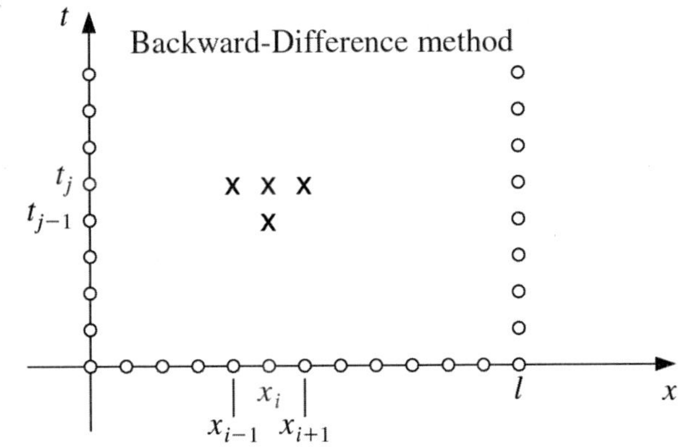

그림 12.8

문제와 관련된 경계와 초기 조건은 ∘ 로 표시된 격자점에서만 정보를 제공하므로, 그림에서 보는 바와 같이 후향차분법에 대해서는 명확한 절차를 사용할 수 없다. 예로서, 초기 조건은 (x_0, t_0), (x_0, t_1), (x_1, t_0), (x_2, t_0)에서의 값을 주는데 이 정보만으로는 (x_1, t_1)이나 (x_2, t_1)에서의 근삿값을 직접 구할 수 없게 된다.

λ를 다시 $a^2(k/h^2)$으로 놓으면 후향차분법은 $i = 1, 2, \ldots, m-1$, $j = 1, 2, \ldots$에서

$$(1+2\lambda)w_{ij} - \lambda w_{i+1,j} - \lambda w_{i-1,j} = w_{i,j-1}$$

이 된다. $i = 1, 2, \ldots, m-1$에서 $w_{i0} = f(x_i)$이고, $j = 1, 2, \ldots$에서 $w_{mj} = w_{0j} = 0$이므로, 이 차분방법은 행렬 형태

$$A = \begin{bmatrix} (1+2\lambda) & -\lambda & 0 & \cdots & 0 \\ -\lambda & \ddots & \ddots & \ddots & 0 \\ 0 & \ddots & \ddots & \ddots & \vdots \\ \vdots & \ddots & \ddots & \ddots & -\lambda \\ 0 & \cdots & 0 & -\lambda & (1+2\lambda) \end{bmatrix} \begin{bmatrix} w_{1j} \\ w_{2j} \\ \vdots \\ w_{m-1,j} \end{bmatrix} = \begin{bmatrix} w_{1,j-1} \\ w_{2,j-1} \\ \vdots \\ w_{m-1,j-1} \end{bmatrix}$$

또는$A\mathbf{w}^{(j)} = \mathbf{w}^{(j-1)}$으로 표현된다. $\lambda > 0$이므로 행렬 A는 삼중대각행렬임은 물론 양 확정이고 완전대각 우위인 행렬이다. 이 연립방정식을 풀기 위해 삼중대각선형연립방정식에 대한 Crout 분할법이나, SOR 방법 또는 공액경사 방법(conjugate gradient method)과 같은 반복 해법을 사용할 수 있다.

프로그램 HEBDM122는 m이 크지 않을 때 적합한 방법인 Crout 분할법을 사용하였다.

예제 12.3.3 후향차분법을 이용해 열 방정식

$$\frac{\partial u}{\partial u}(x,t) - \frac{\partial^2 u}{\partial x^2}(x,t) = 0, \qquad 0 < x < 1, \qquad 0 < t$$

를 풀어보자. $h = 0.1$, $k = 0.01$이고 제약 조건은

$$u(0,t) = u(1,t) = 0, \qquad 0 < t, \qquad u(x,0) = \sin \pi x, \qquad 0 \le x \le 1.$$

풀이 이 문제는 [예제 12.3.1]에서 $h = 0.1$, $k = 0.0005$를 사용하여 꽤 정확한 결과를 구했던 문제다. 그러나 $h = 0.1$, $k = 0.01$은 좋지 않았다. 후향차분법의 무조건 안정성을 설명하기 위해 $h = 0.1$, $k = 0.01$을 다시 사용하여 $i = 0, 1, \ldots, 10$에서 $w_{i,50}$을 $u(x_i, 0.5)$와 비교할 것이다.

MATLAB을 사용하여 $\mathbf{w}^{(0)}$으로부터 $\mathbf{w}^{(50)}$을 얻기 위하여 $l, \alpha, m, h, k, f(x)$를 다음과 같이 정의한다.

```
l = 1;alpha = 1;m = 10;h = 1/m;k = 0.01;
f = inline('sin(pi*x)','x')
```

또한 영행렬 A와 영벡터 $\mathbf{x}$와 $\mathbf{u}$를 정의한다. 이들은 나중에 0이 아닌 원소들로 채워질 것이다.

```
A = zeros(m-1,m-1);w = zeros(m-1,1);u = zeros(m-1,1);
```

λ를 구하기 위해서

```
lambda = alpha^2*k/h^2
```

을 사용한다. A의 초깃값들에 0이 아닌 원소들을 다음과 같이 생성한다.

```
A(1,1) = 1+2*lambda;
A(1,2) = -lambda;
for i = 2:m-2
    A(i,i-1) = -lambda;
    A(i,i+1) = -lambda;
    A(i,i) = 1+2*lambda;
end;
A(m-1,m-1) = -lambda;
A(m-1,m-1) = 1+2*lambda;
```

그리고 벡터 $\mathbf{w}$를 다음과 같이 업데이트한다.

```
for i = 1:m-1
w(i) = f(i*h);
end
```

그러면 $u(x_i, 0.5)$에 대한 근사 $\mathbf{w}^{(50)}$를 다음과 같이 50개의 연립방정식를 풀어서 구한다.

```
for i = 1:50
    u = linsolve(A,w)
    w = u;
end;
w
```

이는

$$
\begin{aligned}
w \;=\; & 0.002898016645054 \\
& 0.005512355229220 \\
& 0.007587106076713 \\
& 0.008919178118941 \\
& 0.009378178863319 \\
& 0.008919178118941 \\
& 0.007587106076713 \\
& 0.005512355229220 \\
& 0.002898016645054
\end{aligned}
$$

를 생성한다.

[표 12.4] 에 나와 있는 결과는 [표 12.3] 의 다섯 번째와 여섯 번째 열의 결과들과 같은 h 와 k 의 값을 사용한 것이다. 이것은 후향차분법은 안정적이나 전방차분법은 그렇지 않다는 것을 의미한다.

x_i	$w_{i,50}$	$u(x_i, 0.5)$	$\|w_{i,50} - u(x_i, 0.5)\|$
0.0	0	0	
0.1	0.00289802	0.00222241	6.756×10^{-4}
0.2	0.00551236	0.00422728	1.285×10^{-3}
0.3	0.00758711	0.00581836	1.769×10^{-3}
0.4	0.00891918	0.00683989	2.079×10^{-3}
0.5	0.00937818	0.00719188	2.186×10^{-3}
0.6	0.00891918	0.00683989	2.079×10^{-3}
0.7	0.00758711	0.00581836	1.769×10^{-3}
0.8	0.00551236	0.00422728	1.285×10^{-3}
0.9	0.00289802	0.00222241	6.756×10^{-4}
1.0	0	0	

표 12.4

후향차분법의 안정성 (Stability of the Backward-Difference Method)

후향차분법이 전향차분법에 비해 안정된 이유는 행렬 A 의 고윳값을 분석해보면 알 수 있다. 후향차분법의 경우 고윳값은

$$\mu_i = 1 + 4\lambda \left[\sin(\frac{i\pi}{2m})\right]^2, \quad i = 1, 2, \ldots, m-1$$

이고 $\lambda > 0$ 이므로 $i = 1, 2, \ldots, m-1$ 일 때, $\mu_i > 1$ 이다. 0이 A 의 고윳값이 될 수 없으므로 A^{-1} 은 존재한다. 초기 데이터의 오차 $\mathbf{e}^{(0)}$ 는 n 번째 단계에서 $(A^{-1})^n\mathbf{e}^{(0)}$ 이 된다. A^{-1} 의 고윳값은 A 의 고윳값의 역수이므로, A^{-1} 의 스펙트럼 반경은 상한이 1이 되고 이 방법은 $\lambda = a^2(k/h^2)$ 의 선택과는 무관하게 안정적이다. 미분방정식의 해가 일반적인 미분가능 조건을 만족한다면 이 방법의 오차는 $O(k + h^2)$ 이다.

Crank-Nicolson 방법 (Crank-Nicolson Method)

후향차분법의 단점은 오차의 차수에 $O(k)$ 부분이 들어 있어 시간 간격이 공간 간격보다 아주 작아야 한다는 것이다. 오차의 차수가 $O(k^2 + h^2)$ 인 방법이 더 바람직할 것이다. 이러한 오차항을 갖는 방법은 전향차분법과 후향차분법을 평균내서 유도할 수 있다. 즉, 오차가 $(k/2)(\partial^2 u/\partial t^2)(x_i, \hat{u}_j) + O(h^2)$ 인 전향차분법의 t 에서 j 번째 단계

$$\frac{w_{i,j+1} - w_{ij}}{k} - \alpha^2 \frac{w_{i+1,j} - 2w_{ij} + w_{i-1.j}}{h^2} = 0$$

과 오차가 $-(k/2)(\partial^2 u/\partial t^2)(x_i, \hat{\mu_j}) + O(h^2)$ 인 후향차분법의 t 에서 $(j+1)$ 번째 단계

$$\frac{w_{i,j+1} - w_{ij}}{k} - \alpha^2 \frac{w_{i+1,j+1} - 2w_{i,j+1} + w_{i-1,j+1}}{h^2} = 0$$

의 평균을 내는 것이다.

$$\frac{\partial^2 u}{\partial t^2}(x_i, \hat{\mu}_j) \approx \frac{\partial^2 u}{\partial t^2}(x_i, \mu_j)$$

를 가정하면, 평균차분방법은

$$\frac{w_{i,j+1} - w_{ij}}{k} - \frac{\alpha^2}{2}\left[\frac{w_{i+1,j} - 2w_{ij} + w_{i-1,j}}{h^2} + \frac{w_{i+1,j+1} - 2w_{i,j+1} + w_{i-1,j+1}}{h^2}\right] = 0$$

이 된다. 이 방법의 오차는 일반적인 미분 가능 조건이 만족될 때 $O(k^2 + h^2)$ 이다. 이 방법은 보통 Crank-Nicolson 방법이라 하며, $j = 0, 1, 2, \ldots$ 일 때 $A\mathbf{w}^{(j+1)} = B\mathbf{w}^{(j)}$ 로 표기한다. 여기서

$$\lambda = \alpha^2 \frac{k}{h^2}, \quad \mathbf{w}^{(j)} = (w_{1j}, w_{2j}, \ldots, w_{m-1,j})^t$$

이고 행렬 A와 B는 다음과 같은 형태를 갖는다

$$A = \begin{bmatrix} (1+\lambda) & -\frac{\lambda}{2} & 0 & \cdots & 0 \\ -\frac{\lambda}{2} & \ddots & \ddots & \ddots & 0 \\ 0 & \ddots & \ddots & \ddots & \vdots \\ \vdots & \ddots & \ddots & \ddots & -\frac{\lambda}{2} \\ 0 & \cdots & 0 & -\frac{\lambda}{2} & (1+\lambda) \end{bmatrix}$$

$$B = \begin{bmatrix} (1-\lambda) & \frac{\lambda}{2} & 0 & \cdots & 0 \\ \frac{\lambda}{2} & \ddots & \ddots & \ddots & 0 \\ 0 & \ddots & \ddots & \ddots & \vdots \\ \vdots & \ddots & \ddots & \ddots & \frac{\lambda}{2} \\ 0 & \cdots & 0 & \frac{\lambda}{2} & (1-\lambda) \end{bmatrix}$$

A는 양 확정이고, 확실하게 대각 우위이고, 삼중대각행렬이므로, 비특이 행렬이 된다. 삼중대각행렬의 선형연립방정식을 위한 Crout 분할법이나 SOR 방법을 이용해 $j = 0, 1, 2, \ldots$ 일 때 $\mathbf{w}^{(j)}$ 에서 $\mathbf{w}^{(j+1)}$ 을 얻을 수 있다.

[그림 12.9]는 $u(x_i, t_{j+1})$ 의 근사를 구하기 위한 노드들의 연관성을 나타낸다.

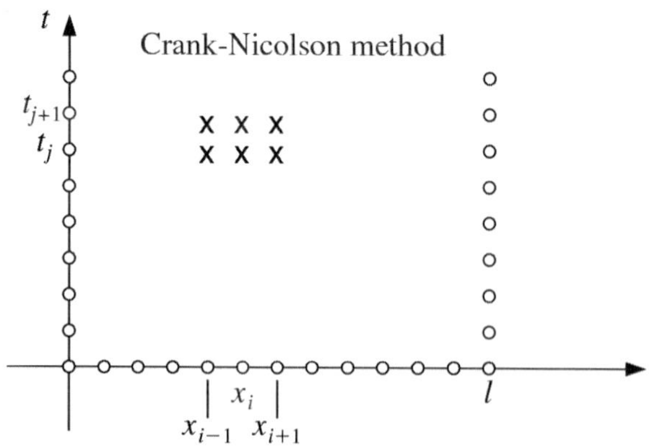

그림 12.9

프로그램 HECNM123은 Crank-Nicolson기법에 Crout 분해를 통합한 것이다.

예제 12.3.4 $h = 0.1,\quad k = 0.01$일 때, Crank-Nicolson 방법으로 방정식

$$\frac{\partial u}{\partial t}(x,t) - \frac{\partial^2 u}{\partial x^2}(x,t) = 0, \quad 0 < x < 1, \quad 0 < t$$

을 풀어보자. 조건은

$$u(0,t) = u(1,t) = 0, \quad 0 < t, \qquad u(x,0) = \sin(\pi x), \quad 0 \le x \le 1.$$

풀이 프로그램 HECN123에서는 $h = 0.1,\quad k = 0.01$을 선택하여 $m = 10,\quad N = 50,\ \lambda = 1$을 얻는다. 전방차분법에서는 선택한 h와 k에 대하여 인상적으로 안 좋은 결과를 제공했지만, 후방 차분법에서는 표의 가운데 있는 원소들에 대해서 약 2×10^{-3}의 정확도의 결과를 제공했다. [표 12.5]의 결과는 Crank-Nicolson 방법이 앞에서 다룬 두 가지 방법 중 가장 좋은 후방 차분법보다 정확도가 증가한 것을 의미한다. ■

x_i	$w_{i,50}$	$u(x_i, 0.5)$	$\lvert w_{i,50} - u(x_i, 0.5)\rvert$
0.0	0	0	
0.1	0.00230512	0.00222241	8.271×10^{-5}
0.2	0.00438461	0.00422728	1.573×10^{-4}
0.3	0.00603489	0.00581836	2.165×10^{-4}
0.4	0.00709444	0.00683989	2.546×10^{-4}
0.5	0.00745954	0.00719188	2.677×10^{-4}
0.6	0.00709444	0.00683989	2.546×10^{-4}
0.7	0.00603489	0.00581836	2.165×10^{-4}
0.8	0.00438461	0.00422728	1.573×10^{-4}
0.9	0.00230512	0.00222241	8.271×10^{-5}
1.0	0	0	

표 12.5

12.3 연습문제

1. 후향차분법을 이용하여 다음 편미분방정식의 근사해를 구하라.

   a. $\dfrac{\partial u}{\partial t} - \dfrac{\partial^2 u}{\partial x^2} = 0, \qquad 0 < x < 2, \qquad 0 < t$
   $u(0,t) = u(2,t) = 0, \qquad 0 < t$
   $u(x,0) = \sin\dfrac{\pi}{2}x, \qquad 0 \le x \le 2$
   $m = 4$, $T = 0.1$, $N = 2$로 하고 결과를 실제 해 $u(x,t) = e^{-(\pi^2/4)t}\sin(\pi x/2)$와 비교하라.

   b. $\dfrac{\partial u}{\partial t} - \dfrac{1}{16}\dfrac{\partial^2 u}{\partial x^2} = 0, \qquad 0 < x < 1, \qquad 0 < t$
   $u(0,t) = u(1,t) = 0, \qquad 0 < t$
   $u(x,0) = 2\sin 2\pi x, \qquad 0 \le x \le 1$
   $m = 3$, $T = 0.1$, $N = 2$로 하고 결과를 실제 해 $u(x,t) = 2e^{-(\pi^2/4)t}\sin(2\pi x)$와 비교하라.

2. 연습문제 1을 Crank-Nicolson 방법으로 반복하라.

3. 전향차분법을 이용하여 다음 포물선형 편미분방정식의 근사해를 구하라.

a. $\dfrac{\partial u}{\partial t} - \dfrac{\partial^2 u}{\partial x^2} = 0, \qquad 0 < x < 2, 0 < t$
$u(0, t) = u(2, t) = 0, \qquad 0 < t$
$u(x, 0) = \sin 2\pi x, 0 \le x \le 2$
$h = 0.4$, $k = 0.1$로 하고 그 결과를 $t = 0.5$에서 실제 해 $u(x, t) = e^{-4\pi^2 t}\sin(2\pi x)$와 비교하라.
또한 $h = 0.4$, $k = 0.05$로 하고 결과를 비교하라.

b. $\dfrac{\partial u}{\partial t} - \dfrac{\partial^2 u}{\partial x^2} = 0, \qquad 0 < x < \pi, \qquad 0 < t$
$u(0, t) = u(\pi, t) = 0, \qquad 0 < t$
$u(x, 0) = \sin x, \qquad 0 \le x \le \pi$
$h = \pi/10$, $k = 0.05$로 하고 그 결과를 $t = 0.5$에서 실제 해 $u(x, t) = e^{-t}\sin x$와 비교하라.

c. $\dfrac{\partial u}{\partial t} - \dfrac{4}{\pi^2}\dfrac{\partial^2 u}{\partial x^2} = 0, \qquad 0 < x < 4, \qquad 0 < t$
$u(0, t) = u(4, t) = 0, \qquad 0 < t$
$u(x, 0) = \sin \dfrac{\pi}{4} x \left(1 + 2\cos \dfrac{\pi}{4} x\right), \qquad 0 \le x \le 4$
$h = 0.2$, $k = 0.04$로 하고 그 결과를 $t = 0.4$에서 실제 해 $u(x, t) = e^{-t}\sin(\pi/2)x + e^{-t/4}\sin(\pi/4)x$와 비교하라.

d. $\dfrac{\partial u}{\partial t} - \dfrac{1}{\pi^2}\dfrac{\partial^2 u}{\partial x^2} = 0, \qquad 0 < x < 1, \qquad 0 < t$
$u(0, t) = u(1, t) = 0, \qquad 0 < t$
$u(x, 0) = \cos \pi \left(x - \dfrac{1}{2}\right), \qquad 0 \le x \le 1$
$h = 0.1$, $k = 0.04$로 하고 그 결과를 $t = 0.4$에서 실제 해 $u(x, t) = e^{-t}\cos \pi(x - \frac{1}{2})$와 비교하라.

4. 연습문제 3을 후향차분법으로 반복하라.

5. 연습문제 3을 Crank-Nicolson 방법으로 반복하라.

6. 후향차분법을 다음의 포물선형 편미분방정식을 수용하도록 수정하라.

$$\begin{aligned} \frac{\partial u}{\partial t} - \frac{\partial^2 u}{\partial x^2} = F(x), \qquad 0 < x < l, \qquad 0 < t \\ u(0, t) = u(l, t) = 0, \qquad 0 < t \\ u(x, 0) = f(x), \qquad 0 \le x \le l \end{aligned}$$

7. 연습문제 6의 결과를 이용하여 다음 문제

$$\begin{aligned} \frac{\partial u}{\partial t} - \frac{\partial^2 u}{\partial x^2} = 2, \qquad 0 < x < 1, \qquad 0 < t \\ u(0, t) = u(1, t) = 0, \qquad 0 < t \\ u(x, 0) = \sin \pi x + x(1 - x) \end{aligned}$$

의 근사해를 $h = 0.1$, $k = 0.01$로 해서 구하라. 그 결과를 $t = 0.25$에서 실제 해 $u(x, t) = e^{-\pi^2 t}\sin \pi x + x(1 - x)$와 비교하라.

8. 후향차분법을 다음의 편미분방정식을 수용하도록 수정하라.

$$\frac{\partial u}{\partial t} - \alpha^2 \frac{\partial^2 u}{\partial x^2} = 0, \qquad 0 < x < l, \qquad 0 < t$$
$$u(0,t) = \phi(t), u(l,t) = \Psi(t), \qquad 0 < t$$
$$u(x,0) = f(x), \qquad 0 \le x \le l$$

여기서 $f(0) = \phi(0)$ 이고 $f(l) = \Psi(0)$ 이다.

9. 일정한 횡단면을 갖는 동질의 도체로 된 길고 가는 막대의 온도 $u(x,t)$는 일차원 열 방정식으로 표현된다. 전류에 대한 저항이나 핵 반응으로 물체 내에 열이 생성된다면, 열 방정식은

$$\frac{\partial^2 u}{\partial x^2} + \frac{Kr}{\rho C} = K\frac{\partial u}{\partial t}, \qquad 0 < x < l, \qquad 0 < t.$$

여기서 l은 막대의 길이, r는 밀도, C는 특정 열, K는 열 확산도(thermal diffusivity)이다. 함수 $r = r(x,t,u)$은 단위 체적당 생성된 열을 표현한다.

$$l = 1.5\text{cm}, \qquad K = 1.04\text{cal/cm} \cdot \text{deg} \cdot \text{s}$$
$$\rho = 10.6\text{g/cm}^3, \qquad C = 0.056\text{cal/g} \cdot \text{deg}$$
$$r(x,t,u) = 5.0\text{cal/cm}^3 \cdot \text{s}$$

로 가정하자. 막대의 양 끝이 0°C로 유지된다면

$$u(0,t) = u(l,t) = 0, \qquad t > 0.$$

초기 온도 분포가

$$u(x,0) = \sin\frac{\pi x}{l}, \qquad 0 \le x \le l$$

이라고 하자. 연습문제 6의 결과를 이용해서 $h = 0.15$, $k = 0.0225$일 때 온도 분포를 근사시켜라.

10. Sager와 Payne[SP]은 가열과 냉각이 반복되는 실린더의 응력-변형도 관계와 재료적 특성치들을 분석하였고, 이를 위해 다음의 미분방정식

$$\frac{\partial^2 T}{\partial r^2} + \frac{1}{r}\frac{\partial T}{\partial r} = \frac{1}{4K}\frac{\partial T}{\partial t}, \qquad \frac{1}{2} < r < 1, \qquad 0 < T$$

를 사용하였다. 여기서 $T = T(r,t)$는 온도이고, r은 실린더 중심으로부터의 반지름 거리이고, t는 시간이고, K는 확산도 계수이다.

a. 외부 반지름이 1인 실린더의 $T = T(r,10)$을 근사시켜라. 초기 및 경계 조건은 다음과 같다.

$T(1,t) = 100 + 40t, \qquad 0 \le t \le 10$

$T(\frac{1}{2},t) = t, \qquad 0 \le t \le 10$

$T(r,0) = 200(r - 0.5) \qquad 0.5 \le r \le 1$

$K = 0.1$, $k = 0.5$, $h = 0.1$로 하고 수정된 후향차분법을 이용하라.

b. a의 온도 분포를 이용해서 변형도 I를 다음 적분값으로 근사시켜 계산하라. $I = \int_{0.5}^{1} \alpha T(r,t) r dr$에서 $\alpha = 10.7$이고 $t = 10$이다. $n = 5$로 하고 복합 사다리꼴 방법을 이용하라.

12.4 쌍곡선형 문제에 대한 유한차분법

이 절의 일차원 파동 방정식(wave equation)은 쌍곡선형 편미분 방정식에 속한다. 동일한 수평수준에서 두 지지대 사이에서 길이 1인 탄력있는 줄이 당겨진 경우를 보자. (그림 12.10 참조)

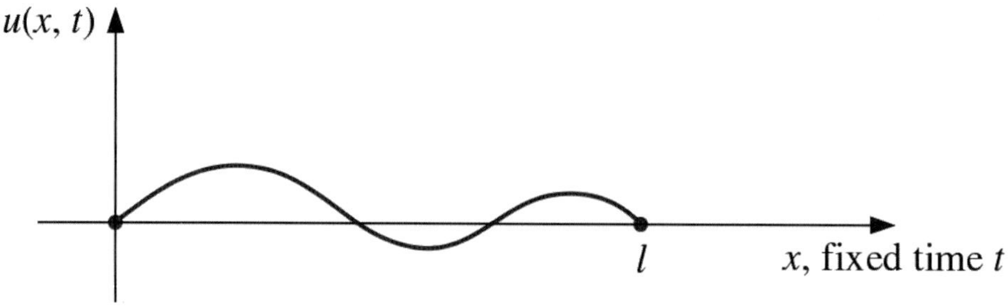

그림 12.10

줄이 수직면 상에서 진동한다면, 시간 t에 점 x의 수직 변위 $u(x,t)$는 다음 편미분방정식

$$\alpha^2 \frac{\partial^2 u}{\partial x^2}(x,t) = \frac{\partial^2 u}{\partial t^2}(x,t), \qquad 0 < x < l,\ 0 < t$$

를 만족시킨다. 여기서 감쇄를 무시하고 진폭이 크지 않다고 가정한다. 이 문제에 대한 제한 조건을 부여하기 위해 줄의 초기 위치와 속도가

$$u(x,0) = f(x), \quad \frac{\partial u}{\partial t}(x,0) = g(x), \quad 0 \le x \le l$$

이라고 가정하자. 끝점이 고정되어 있다면 $u(0,t) = 0,\ \ u(l,t) = 0$이 된다.

쌍곡선형 편미분방정식과 관련된 다른 물리 현상으로는 한쪽 또는 양단이 고정된 보의 진동, 접지로 전류가 누출되는 긴 선을 통한 전기의 전송 등이 있다.

파동방정식은 $R = \{(x,t) | 0 < x < 1, 0 < t\}$에서 미분방정식

$$\frac{\partial^2 u}{\partial t^2}(x,t) - \alpha^2 \frac{\partial^2 u}{\partial x^2}(x,t) = 0, \quad 0 < x < t, \quad t > 0$$

으로 주어지고, 경계 조건은

$$u(0,t) = u(l,t) = 0, \quad t > 0,$$

초기 조건은

$$u(x,0) = f(x), \quad \frac{\partial u}{\partial t}(x,0) = g(x), \quad 0 \le x \le l.$$

여기서 α는 상수이다. 정수 $m > 0$과 시간 축의 간격의 크기 $k > 0$을 선택한다. $h = l/m$이라면 격자점 (x_i, t_j)는

$$x_i = ih, \ \ t_j = jk$$

로 정의된다. 여기서 $i = 0, 1, \ldots, m,\ j = 0, 1, \ldots$이다. 임의의 내부 격자점 (x_i, t_j)에서 파동방정식은

$$\frac{\partial^2 u}{\partial t^2}(x_i,t_j) - \alpha^2 \frac{\partial^2 u}{\partial x^2}(x_i,t_j) = 0.$$

차분법은 다음 이계 편도 함수들

$$\frac{\partial^2 u}{\partial t^2}(x_i, t_j) = \frac{u(x_i, t_{j+1}) - 2u(x_i, t_j) + u(x_i, t_{j-1})}{k^2} - \frac{k^2}{12}\frac{\partial^4 u}{\partial t^4}(x_i, \mu_j)$$
$$\frac{\partial^2 u}{\partial x^2}(x_i, t_j) = \frac{u(x_{i+1}, t_j) - 2u(x_i, t_j) + u(x_{i-1}, t_j)}{h^2} - \frac{h^2}{12}\frac{\partial^4 u}{\partial x^4}(\xi_i, t_j)$$

에 대한 중앙차분 몫을 이용해 구한다. 여기서 μ_j는 (t_{j-1}, t_{j+1})에, ξ_i는 (x_{i-1}, x_{i+1})에 속한다. 이 식들을 파동방정식에 대치하면

$$\frac{u(x_i, t_{j+1}) - 2u(x_i, t_j) + u(x_i, t_{j-1})}{k^2} - \alpha^2 \frac{u(x_{i+1}, t_j) - 2u(x_i, t_j) + u(x_{i-1}, t_j)}{h^2}$$
$$= \frac{1}{12}\left[k^2 \frac{\partial^4 u}{\partial t^4}(x_i, \mu_j) - \alpha^2 h^2 \frac{\partial^4 u}{\partial x^4}(\xi_i, t_j)\right].$$

오차항

$$\tau_{ij} = \frac{1}{12}\left[k^2 \frac{\partial^4 u}{\partial t^4}(x_i, \mu_j) - \alpha^2 h^2 \frac{\partial^4 u}{\partial x^4}(\xi_i, t_j)\right]$$

를 무시하면 차분방정식은

$$\frac{w_{i,j+1} - 2w_{i,j} + w_{i,j-1}}{k^2} - \alpha^2 \frac{w_{i+1,j} - 2w_{i,j} + w_{i-1,j}}{h^2} = 0.$$

$\lambda = \alpha k/h$로 하면 가장 앞선 시간에서의 근삿값 $w_{i,j+1}$을 다음과 같이 얻을 수 있다.

$$w_{i,j+1} = 2(1-\lambda^2)w_{ij} + \lambda^2(w_{i+1,j} + w_{i-1,j}) - w_{i,j-1}$$

이 방정식은 $i = 1, 2, \ldots, m-1$, $j = 1, 2, \ldots$에서 성립한다. 경계 조건에 의해

$$w_{0j} = w_{mj} = 0, \quad j = 1, 2, 3, \ldots,$$

초기 조건에 의해

$$w_{i0} = f(x_i), \quad i = 1, 2, \ldots, m-1.$$

이 방정식의 집합을 행렬 형태로 쓰면 다음과 같다.

$$\begin{bmatrix} w_{1,j+1} \\ w_{2,j+1} \\ \vdots \\ w_{m-1,j+1} \end{bmatrix} = \begin{bmatrix} 2(1-\lambda^2) & \lambda^2 & 0 & \cdots & 0 \\ \lambda^2 & 2(1-\lambda^2) & \lambda^2 & \ddots & \vdots \\ 0 & \ddots & \ddots & \ddots & 0 \\ \vdots & & \ddots & \ddots & \lambda^2 \\ 0 & \cdots & 0 & \lambda^2 & 2(1-\lambda^2) \end{bmatrix} \begin{bmatrix} w_{1,j} \\ w_{2,j} \\ \vdots \\ w_{m-1,j} \end{bmatrix} \begin{bmatrix} w_{1,j-1} \\ w_{2,j-1} \\ \vdots \\ w_{m-1,j-1} \end{bmatrix}$$

$w_{i,j+1}$을 결정하려면 시간 축의 j번째와 $(j-l)$번째 값을 알아야 한다. ([그림 12.11] 참조)
$j = 0$일 때의 값은 초기 조건으로 주어지지만, $j = 1$에서의 값, 즉 w_{i2}의 계산에 필요한 값은 다음의 초기속도조건

$$\frac{\partial u}{\partial t}(x, 0) = g(x), \quad 0 \le x \le l$$

에서 구해야 한다. 이에 대한 하나의 해결법은 $\partial u/\partial t$를 전방차분 근삿값

$$\frac{\partial u}{\partial t}(x_i, 0) = \frac{u(x_i, t_1) - u(x_i, 0)}{k} - \frac{k}{2}\frac{\partial^2 u}{\partial t^2}(x_i, \tilde{\mu}_i)$$

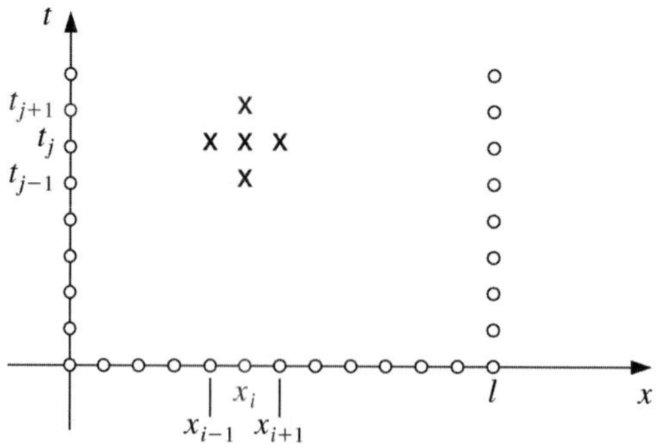

그림 12.11

로 대체하는 것이다. 여기서 $\tilde{\mu}_i$는 $(0, t_i)$에 속한다. $u(x_i, t_1)$을 풀면

$$\begin{aligned} u(x_i, t_1) &= u(x_i, 0) + k\frac{\partial u}{\partial t}(x_i, 0) + \frac{k^2}{2}\frac{\partial^2 u}{\partial t^2}(x_i, \tilde{\mu}_i) \\ &= u(x_i, 0) + kg(x_i) + \frac{k^2}{2}\frac{\partial^2 u}{\partial t^2}(x_i, \tilde{\mu}_i). \end{aligned}$$

결과적으로

$$w_{i1} = w_{i0} + kg(x_i), \quad i = 1, \cdots, m-1.$$

초기 근사의 개량(**Improving the Initial Approximation**)

$\partial u/\partial t$에 대해 전방차분을 사용했을 때, $u(x_i, t_1)$의 오차는 $O(k)$나 되는데, 쌍곡선형 방정식에 대한 일반적인 차분방정식은 $O(h^2 + k^2)$이다. 이보다는 더 좋은 $u(x_i, 0)$의 근삿값을 구할 수 있다.
다음 방정식

$$u(x_i, t_1) = u(x_i, 0) + k\frac{\partial u}{\partial t}(x_i, 0) + \frac{k^2}{2}\frac{\partial^2 u}{\partial t^2}(x_i, 0) + \frac{k^3}{6}\frac{\partial^3 u}{\partial t^3}(x_i, \hat{u}_i)$$

를 보자. $\hat{\mu}$는 $(0, t_1)$에 속한다. 이 식은 $u(x_i, t_1)$을 u에 대한 이차 Maclaurin 다항식으로 확장한 것이다. f''가 존재한다면,

$$\frac{\partial^2 u}{\partial t^2}(x_i, 0) = \alpha^2\frac{\partial^2 u}{\partial x^2}(x_i, 0) = \alpha^2\frac{d^2 f}{dx^2}(x_i) = \alpha^2 f''(x_i)$$

와

$$u(x_i, t_1) = u(x_i, 0) + kg(x_i) + \frac{\alpha^2 k^2}{2}f''(x_i) + \frac{k^3}{6}\frac{\partial^3 u}{\partial t^3}(x_i, \hat{\mu}_i)$$

가 성립하므로 오차가 $O(k^2)$인 다음의 근삿값

$$w_{i1} = w_{i0} + kg(x_i) + \frac{\alpha^2 k^2}{2}f''(x_i)$$

를 얻게 된다. $f''(x_i)$를 바로 얻을 수 없는 경우에는 중앙차분방정식을 이용하여

$$f''(x_i) = \frac{f(x_{i+1}) - 2f(x_i) + f(x_{i-1})}{h^2} - \frac{h^2}{12}f^{(4)}(\tilde{\xi}_i)$$

를 구해 사용한다. 여기서 $\tilde{\xi}_i$는 (x_{i-1}, x_{i+1})에 속한다. 이제 근삿값은

$$\frac{u(x_i, t_1) - u(x_i, 0)}{k} = g(x_i) + \frac{k\alpha^2}{2h^2}[f(x_{i+1}) - 2f(x_i) + f(x_{i-1})] + O(k^2 + h^2 k)$$

가 되고, 따라서

$$u(x_i, t_1) = u(x_i, 0) + kg(x_i) + \frac{k^2\alpha^2}{2h^2}[f(x_{i+1}) - 2f(x_i) + f(x_{i-1}) + O(k^3 + h^2k^2)$$

가 된다. $\lambda = k\alpha/h$로 놓으면

$$\begin{aligned} u(x_i, t_1) =& u(x_i, 0) + kg(x_i) + \frac{\lambda^2}{2}[f(x_{i+1}) - 2f(x_i) + f(x_{i-1})] + O(k^3 + h^2k^2) \\ =&(1-\lambda^2)f(x_i) + \frac{\lambda^2}{2}f(x_{i+1}) + \frac{\lambda^2}{2}f(x_{i-1}) + kg(x_i) + O(k^3 + h^2k^2). \end{aligned}$$

그러므로 다음의 파동방정식

$$w_{i1} = (1-\lambda^2)f(x_i) + \frac{\lambda^2}{2}f(x_{i+1}) + \frac{\lambda^2}{2}f(x_{i-1}) + kg(x_i) \tag{12.1}$$

에 대한 차분방정식을 이용하여 $i = 1, 2, \ldots, m-1$에서 w_{i1}을 구할 수 있다.

프로그램 WVFDM124 는 이 식을 이용하여 w_{i1}을 근사시킨다. t에 대하여 T가 상한값으로 가정하여 중지 조건으로 사용하며, N이 주어질 때 $k = T/N$으로 가정한다.

예제 12.4.1 다음 쌍곡선형 문제에 대하여

$$\frac{\partial^2 u}{\partial t^2}(x,t) - 4\frac{\partial^2 u}{\partial x^2}(x,t) = 0, \quad 0 < x < 1, \quad 0 < t$$

의 경계 조건이

$$u(0,t) = u(1,t) = 0, \quad 0 < t$$

이고 초깃값이

$$u(x,0) = \sin(\pi x), \quad 0 \le x \le 1, \quad \frac{\partial u}{\partial t}(x,0) = 0, \quad 0 \le x \le 1$$

이며, $h = 0.1$, $k = 0.05$일 때 해를 근사하라. 또한 다음 해석해

$$u(x,t) = \sin \pi x \cos 2\pi t$$

와 결과를 비교하라.

풀이 $h = 0.1$, $k = 0.05$로 잡으면 $\lambda = 1$, $m = 10$, $N = 20$이 된다. 마지막 시간을 $T = 1$로 잡고 프로그램 WVFDM124를 실행시키자. $u(0.1i, 1)$, $i = 0, 1, \ldots, 10$의 근사해 $w_{i,N}$를 구할 수 있다. 이 결과는 [표 12.6]에 주어져 있다. ■

x_i	$w_{i,20}$	x_i	$w_{i,20}$	x_i	$w_{i,20}$
0.0	0	0.4	−1.175570505	0.8	1.902113033
0.1	1.618033989	0.5	−2.000000000	0.9	1.618033989
0.2	1.902113033	0.6	−1.175570505	1.0	0
0.3	0.618033989	0.7	0.618033989		

표 12.6

명시적 유한차분법은 안정성 문제가 있지만 함축적 방법은 무조건적으로 안정적이다.

12.4 연습문제

1. $m = 4$, $N = 4$, $T = 1.0$일 때 유한차분법을 이용하여 다음 파동방정식의 근사해를 구하고 $t = 1.0$일 때 해석해 $u(x,t) = \cos \pi t \sin \pi x$와 비교하라.

$$\begin{aligned}\frac{\partial^2 u}{\partial t^2} - \frac{\partial^2 u}{\partial x^2} &= 0, \quad 0 < x < 1, \quad 0 < t;\\ u(0,t) &= u(1,t) = 0, \quad 0 < t,\\ u(x,0) &= \sin \pi x, \quad 0 \le x \le 1,\\ \frac{\partial u}{\partial t}(x,0) &= 0, \quad 0 \le x \le 1,\end{aligned}$$

2. $m = 4$, $N = 4$, $T = 0.5$일 때 유한차분법을 이용하여 다음 파동방정식의 근사해를 구하고 $t = 0.5$일 때 해석해 $u(x,t) = \sin \pi t \sin 4\pi x$와 비교하라.

$$\begin{aligned}\frac{\partial^2 u}{\partial t^2} - \frac{1}{16}\frac{\partial^2 u}{\partial x^2} &= 0, \quad 0 < x < 0.5, \quad 0 < t;\\ u(0,t) &= u(0.5,t) = 0, \quad 0 < t,\\ u(x,0) &= \sin \pi x, \quad 0 \le x \le 0.5,\\ \frac{\partial u}{\partial t}(x,0) &= \sin 4\pi x, \quad 0 \le x \le 0.5,\end{aligned}$$

3. 다음 조건들에 대하여 유한차분법을 이용하여 파동방정식의 근사해를 구하고

a. $h = \pi/10$, $k = 0.05$ b. $h = \pi/20$, $k = 0.1$ c. $h = \pi/20$, $k = 0.05$

$t = 0.5$일 때 해석해 $u(x,t) = \cos t \sin x$와 비교하라.

$$\begin{aligned}\frac{\partial^2 u}{\partial t^2} - \frac{\partial^2 u}{\partial x^2} &= 0, \quad 0 < x < \pi, \quad 0 < t;\\ u(0,t) &= u(\pi,t) = 0, \quad 0 < t,\\ u(x,0) &= \sin x, \quad 0 \le x \le \pi,\\ \frac{\partial u}{\partial t}(x,0) &= 0, \quad 0 \le x \le \pi,\end{aligned}$$

4. $h = k = 0.1$일 때 유한차분법을 이용하여 다음 파동방정식의 근사해를 구하고 $t = 0.3$일 때 해석해 $u(x,t) = \sin 2\pi x(\cos 2\pi t + \sin 2\pi t)$와 비교하라.

$$\begin{aligned}\frac{\partial^2 u}{\partial t^2} - \frac{\partial^2 u}{\partial x^2} &= 0, \quad 0 < x < 1, \quad 0 < t;\\ u(0,t) &= u(1,t) = 0, \quad 0 < t,\\ u(x,0) &= \sin 2\pi x, \quad 0 \le x \le 1,\\ \frac{\partial u}{\partial t}(x,0) &= 2\pi \sin 2\pi x, \quad 0 \le x \le 1,\end{aligned}$$

5. $h = k = 0.1$로 하고 유한차분법을 이용하여 다음 파동방정식의 근사해를 구하라.

$$\frac{\partial^2 u}{\partial t^2} - \frac{\partial^2 u}{\partial x^2} = 0, \qquad 0 < x < 1, \qquad 0 < t$$

$$u(0,t) = u(1,t) = 0, \qquad 0 < t$$
$$u(x,0) = \sin 2\pi x, \qquad 0 \le x \le 1$$
$$\frac{\partial u}{\partial t}(x,0) = 2\pi \sin 2\pi x, \qquad 0 \le x \le 1$$

6. 파이프 오라간의 공기압 $p(x,t)$는 다음 파동방정식

$$\frac{\partial^2 p}{\partial x^2} = \frac{1}{c^2}\frac{\partial^2 p}{\partial t^2}, \qquad 0 < x < l, \qquad 0 < t$$

로 표현된다. 여기서 l은 파이프 길이이고 c는 물리 상수이다. 파이프가 열리면 경계 조건은

$$p(0,t) = p_0, \qquad p(l,t) = p_0$$

이 된다. 파이프의 $x = l$인 끝이 닫혀 있으면 경계 조건은

$$p(0,t) = p_0, \qquad \frac{\partial p}{\partial x}(l,t) = 0$$

이 된다. $c = 1$, $l = 1$이라 가정하고 초기조건은

$$p(x,0) = p_0 \cos 2\pi x, \qquad \frac{\partial p}{\partial t}(x,0) = 0, \qquad 0 \le x \le 1$$

이라 하자.

a. $h = k = 0.1$로 하고 유한차분법을 이용하여 $x = 1/2$일 때, $t = 0.5$와 $t = 1$에서 개방된 파이프의 압력을 근사시켜라. p_0는 0.9로 하라.

b. $p_0 = 0.9$인 폐쇄된 파이프 문제에 대해 유한차분법을 수정하여 $p(0.5, 0.5)$와 $p(0.5, 1)$을 근사시켜라. $h = k = 0.1$로 하라.

7. 고주파 교류를 전송하는 길이 l인 전기 전송선("무손실" 선)에서 전압 V와 전류 i는

$$\frac{\partial^2 V}{\partial x^2} = LC\frac{\partial^2 V}{\partial t^2}, \qquad 0 < x < l, \qquad 0 < t$$
$$\frac{\partial^2 i}{\partial x^2} = LC\frac{\partial^2 i}{\partial t^2}, \qquad 0 < x < l, \qquad 0 < t$$

로 기술된다. 여기서 L은 단위 길이당 인덕턴스(inductance)이고, C는 단위 길이당 정전용량(capacitance)이다. 선의 길이는 200 ft이고 상수 C와 L의 값은

$$C = 0.1\text{farads/ft}, \qquad L = 0.3\text{henries/ft}$$

라고 하자. 전압과 전류가 다음 조건을 만족시킨다고 하자.

$$V(0,t) = V(200,t) = 0, \qquad 0 < t$$
$$V(x,0) = 110 \sin \frac{\pi}{200}x, \qquad 0 \le x \le 200$$
$$\frac{\partial V}{\partial t}(x,0) = 0, \qquad 0 \le x \le 200$$
$$i(0,t) = i(200,t) = 0, \qquad 0 < t$$
$$i(x,0) = 5.5 \cos \frac{\pi}{200}x, \qquad 0 \le x \le 200$$
$$\frac{\partial i}{\partial t}(x,0) = 0, \qquad 0 \le x \le 200$$

$h = 10$, $k - 0.1$로 하고 유한차분법을 사용하여 $t = 0.2$와 $t = 0.5$에서 전압과 전류의 근삿값을 구하라.

12.5 유한요소법의 개요

편미분방정식에 대한 유한요소법(finite element method)은 2점 경곗값 문제의 근사해를 구하는 Rayleigh-Ritz 방법과 유사하다. 이 방법은 원래 토목공학 용도로 개발되었으나, 이제는 응용수학의 모든 분야에서 편미분방정식의 근사해를 구하는 데 사용된다.

유한차분법에 대한 유한요소법의 장점은 경계 조건의 처리가 상대적으로 용이하다는 것이다. 많은 물리 문제들의 경계 조건에는 도함수와 비정규 형태의 경계가 관련된다. 이러한 유형의 경계 조건은 유한차분법으로는 처리하기가 어렵다. 왜냐하면 도함수를 포함한 경계 조건은 격자점에서 차분몫에 의해 근사되어야 하며, 불규칙적인 형태의 경계는 격자점의 설정을 어렵게 하기 때문이다. 유한요소법에서는 최소화되는 범함수(functional)의 적분값으로 경계 조건이 포함되므로, 구성 절차가 문제의 특정 경계 조건과는 무관하다.
여기서는 다음의 편미분방정식

$$\frac{\partial}{\partial x}\left(p(x,y)\frac{\partial u}{\partial x}\right)+\frac{\partial}{\partial y}\left(q(x,y)\frac{\partial u}{\partial y}\right)+r(x,y)u(x,y)=f(x,y)$$

를 고려하기로 하자. (x,y)는 $\mathfrak{D}$에 속하고, $\mathfrak{D}$는 경계가 $\mathcal{S}$인 평면 영역이다.

$$u(x,y)=g(x,y)$$

형태의 경계 조건이 경계의 일부분인 $\mathcal{S}_1$에 가해진다. 경계의 나머지 부분 $\mathcal{S}_2$에서는 u(x,y)가

$$p(x,y)\frac{\partial u}{\partial x}(x,y)\cos\theta_1+q(x,y)\frac{\partial u}{\partial y}(x,y)\cos\theta_2+g_1(x,y)u(x,y)=g_2(x,y)$$

를 만족시켜야 한다. 여기서 θ_1과 θ_2는 점 (x,y)에서 경계에 대한 외향 법선(outward normal)의 방향각이다. ([그림 12.12] 참조)

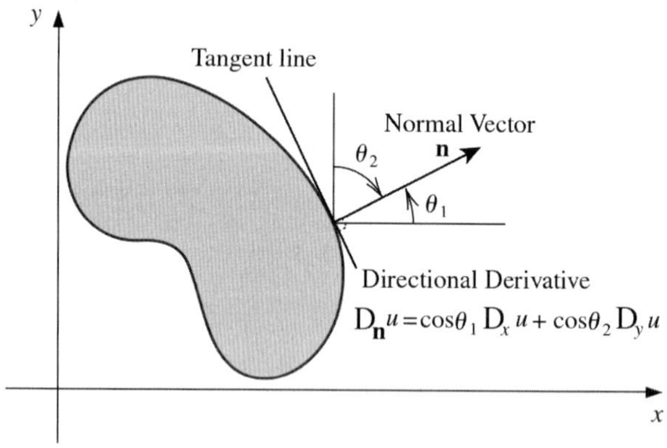

그림 12.12

고체 역학과 탄성학 분야의 물리 문제가 이러한 유형의 편미분방정식을 사용한다. 이러한 문제들의 해는 대개 여러 부류의 함수들 중에서 적분을 포함하는 어떤 범함수를 최소화 하는 것이다.

p, q, r, f가 $\mathfrak{D}\cup\mathcal{S}$에서 연속이라 하고, p와 q는 연속인 일차편도함수를 가지며, g_1과 g_2가 $\mathcal{S}_2$상에서 연속이라 하자. 또한 $p(x,y)>0,\ \ q(x,y)>0,\ \ r(x,y)\le 0,\ \ g_1(x,y)>0$이라 하자. 문제의 해는 범함수

$$I[w] \;=\; \int\!\!\int_{\mathfrak{D}}\left\{\frac{1}{2}\left[p(x,y)\left(\frac{\partial w}{\partial x}\right)^2+q(x,y)\left(\frac{\partial w}{\partial y}\right)^2-r(x,y)w^2\right]+f(x,y)w\right\}dxdy$$

$$+\int_{\mathcal{S}_2}\left\{-g_2(x,y)w+\frac{1}{2}g_1(x,y)w^2\right\}dS$$

를 $\mathcal{S}_1$ 상에서 $w(x,y) = g(x,y)$를 만족하는 모든 이계 연속 미분 가능 함수 w에 대해서 유일하게 최소화 하는 것이다. 유한 요소 방법은 11.6절의 경곗값 문제에 대한 Rayleigh-Ritz 방법에서처럼 작은 함수들의 부류에 대해 범함수 I를 최소화해 근사해를 구한다.

원소 정의 (Defining the Elements)

첫 번째 단계에서는 주어진 영역을 사각형이나 삼각형 모양의 유한개의 단면(section), 또는 요소(element), 또는 규칙적인 형태(regular shape)로 나눈다. ([그림 12.13] 참조)

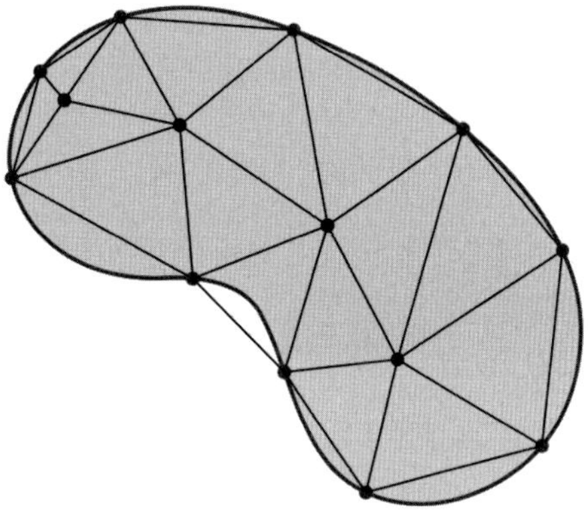

그림 12.13

근사에 사용되는 함수의 집합은 일반적으로 x와 y 안에서 차수가 고정된 구간별 다항식(piecewise polynomial)의 집합이다. 근사 과정에서 이 다항식들은 연속이고 전체 영역상에서 1계 또는 이계도함수가 적분 가능하고 연속인 형태로 결합되어야 한다. x와 y에 대해 선형인 형태의 다항식

$$\phi(x,y) = a + bx + cy$$

는 삼각형 모양의 원소로 사용되고, x와 y에 대해 이선형(bilinear) 형태의 다항식

$$\phi(x,y) = a + bx + cy + dxy$$

는 사각형 모양의 원소로 사용된다.

여기서는 영역 $\mathfrak{D}$가 삼각형 모양의 원소로 나누어지는 것으로 가정한다. 삼각형의 모임은 $\mathfrak{D}$로 표기하고 삼각형의 꼭짓점들을 절점(nodes)이라고 한다. 이 방법에서는

$$\phi(x,y) = \sum_{i=1}^{m}\gamma_i\phi_i(x,y)$$

형태의 근삿값을 찾는다. 여기서 $\phi_1, \phi_2, \ldots, \phi_m$은 일차독립인 구간별 선형다항식들이고, $\gamma_1, \gamma_2, \ldots, \gamma_m$은 상수들이다. 이 상수들의 일부, 예를 들어 $\gamma_{n+1}, \gamma_{n+2}, \ldots, \gamma_m$은 경계 조건

$$\phi(x,y) = g(x,y)$$

가 $\mathcal{S}_1$ 상에서 만족되는지 확인하는 데 사용되고, 나머지 상수들 $\gamma_1, \gamma_2, \ldots, \gamma_n$은 범함수 $I[\sum_{i=1}^{m}\gamma_i\phi_i(x,y)]$를 최소화 하는 데 사용된다.

범함수는

$$\begin{aligned} I[\phi(x,y)] &= I\left[\sum_{i=1}^{m}\gamma_i\phi_i(x,y)\right] \\ &= \int\int_{\mathfrak{D}}\left(\frac{1}{2}\left\{p(x,y)\left[\sum_{i=1}^{m}\gamma_i\frac{\partial\phi_i}{\partial x}(x,y)\right]^2 + q(x,y)\left[\sum_{i=1}^{m}\gamma_i\frac{\partial\phi_i}{\partial y}(x,y)\right]^2\right.\right. \\ &\quad \left.\left. -r(x,y)\left[\sum_{i=1}^{m}\gamma_i\phi_i(x,y)\right]^2\right\} + f(x,y)\sum_{i=1}^{m}\gamma_i\phi_i(x,y)\right)dydx \\ &\quad \int_{\mathcal{S}_2}\left\{-g_2(x,y)\sum_{i=1}^{m}\gamma_i\phi_i(x,y) + \frac{1}{2}g_1(x,y)\left[\sum_{i=1}^{m}\gamma_i\phi_i(x,y)\right]^2\right\}ds \end{aligned}$$

의 형태이므로, 최소가 되려면, I를 $\gamma_1, \gamma_2, \ldots, \gamma_n$의 함수로 간주해서

$$\frac{\partial I}{\partial\gamma_j}[\phi(x,y)] = 0, \qquad j = 1, 2, \ldots, n$$

이 되어야 한다. 편미분을 수행하면 이 방정식들의 집합은 선형연립방정식

$$A\mathbf{c} = \mathbf{b}$$

로 표현할 수 있다. 여기서 $\mathbf{c} = (\gamma_1, \gamma_2, \ldots, \gamma_n)^t$이다. $A = [\alpha_{ij}]$와 $\mathbf{b} = (\beta_1, \ldots, \beta_n)^t$는 다음과 같이 정의된다. $i = 1, 2, \ldots, n$, $j = 1, 2, \ldots, m$일 때

$$\begin{aligned} \alpha_{ij} &= \int\int_{\mathfrak{D}}\left[p(x,y)\frac{\partial\phi_i}{\partial x}(x,y)\frac{\partial\phi_j}{\partial x}(x,y) + q(x,y)\frac{\partial\phi_i}{\partial y}(x,y)\frac{\partial\phi_j}{\partial y}(x,y)\right. \\ &\quad \left. -r(x,y)\phi_i(x,y)\phi_j(x,y)\right]dxdy + \int_{\mathcal{S}_2} g_1(x,y)\phi_i(x,y)\phi_j(x,y)ds, \end{aligned}$$

$i = 1, \ldots, n$일 때,

$$\beta_i = -\int\int_{\mathfrak{D}} f(x,y)\phi_i(x,y)dxdy + \int_{\mathcal{S}_2} g_2(x,y)\phi_i(x,y)ds - \sum_{k=n+1}^{m}\alpha_{ik}\gamma_k.$$

영역의 삼각화(Triangulating the Region)

기저함수를 잘 선택하면 행렬 A는 양 확정이고 띠인 형태가 되므로, 기저함수의 특별한 선택이 중요하다. 이계 미분방정식 문제의 경우, $\mathfrak{D}$는 다각형이고 $\mathcal{S}$는 직선들의 인접 집합인 것으로 가정한다. 이 경우 $\mathfrak{D} = D$가 된다.

이 방법은 우선 영역 D를 삼각형의 집합 $T_1, T_2, \ldots, T_M$으로 나눈다. i번째 삼각형은 세 개의 꼭짓점 또는 절점을 가지며

$$V_j^{(i)} = \left(x_j^{(i)}, y_j^{(i)}\right), \qquad j = 1, 2, 3$$

으로 표기된다. 어느 특정 고정된 삼각형 T_i에 대해 $V_j^{(i)}$를 단순히 $V_j = (x_j, y_j)$로 표기하기로 한다. 각 정점 V_j에는 일차다항식

$$N_k^{(i)}(x,y) \equiv N_j(x,y) = a_j + b_jx + c_jy, \qquad \text{여기서} \quad N_j^{(i)}(x_k, y_k) = \begin{cases} 1, & j = k \\ 0, & j \neq k \end{cases}$$

가 관련된다. 이 결과 다음과 같은 형태의 선형연립방정식이 만들어진다.

$$\begin{bmatrix} 1 & x_1 & y_1 \\ 1 & x_2 & y_2 \\ 1 & x_3 & y_3 \end{bmatrix} \begin{bmatrix} a_j \\ b_j \\ c_j \end{bmatrix} = \begin{bmatrix} 0 \\ 1 \\ 0 \end{bmatrix}$$

여기서 우변 벡터의 j 번째 행의 원소는 1이 된다.

$\mathfrak{D} \cup \mathcal{S}$에 있는 절점들을 $E_1, \ldots, E_n$로 표시하자. 각 절점 E_k에 함수 ϕ_k를 연관시킬 수 있다. 이 함수는 각 삼각형 상에서 일차이고, E_k에서는 그 값이 1, 다른 점점에서는 그 값이 0인 함수이다. 이로 인해 절점 E_k가 꼭짓점 $V_j^{(i)}$이면 ϕ_k는 삼각형 T_i 상의 $N_j^{(i)}$와 일치하게 된다.

예제 12.5.1 [그림 12.14]의 삼각형 T_1, T_2를 포함하는 유한-요소 문제를 가정하자. 일차함수 $N_1^{(1)}(x,y)$가 $(1,1)$에서 1, $(0,0)$과 $(-1,2)$에서 0인 함수라면

$$\begin{aligned} a_1^{(1)} + b_1^{(1)}(1) + c_1^{(1)}(1) &= 1 \\ a_1^{(1)} + b_1^{(1)}(-1) + c_1^{(1)}(2) &= 0 \\ a_1^{(1)} + b_1^{(1)}(0) + c_1^{(1)}(0) &= 0 \end{aligned}$$

이 되므로, $a_1^{(1)} = 0,\ \ b_1^{(1)} = \frac{2}{3},\ \ c_1^{(1)} = \frac{1}{3}$, 따라서

$$N_1^{(1)}(x,y) = \frac{2}{3}x + \frac{1}{3}y.$$

마찬가지 방법으로 일차함수 $N_1^{(2)}(x,y)$가 $(1,1)$에서 1, $(0,0)$과 $(1,0)$에서 0인 함수라면

$$\begin{aligned} a_1^{(2)} + b_1^{(2)}(1) + c_1^{(2)}(1) &= 1 \\ a_1^{(2)} + b_1^{(2)}(0) + c_1^{(2)}(0) &= 0 \\ a_1^{(2)} + b_1^{(2)}(1) + c_1^{(2)}(0) &= 0 \end{aligned}$$

이 되므로 $a_1^{(2)} = 0,\ b_1^{(2)} = 0, c_1^{(2)} = 1$. 따라서 $N_1^{(2)}(x,y) = y$. T_1과 T_2의 공통 경계에서는 $y = x$이므로 $N_1^{(1)}(x,y) = N_1^{(2)}(x,y)$가 됨에 유의하라.

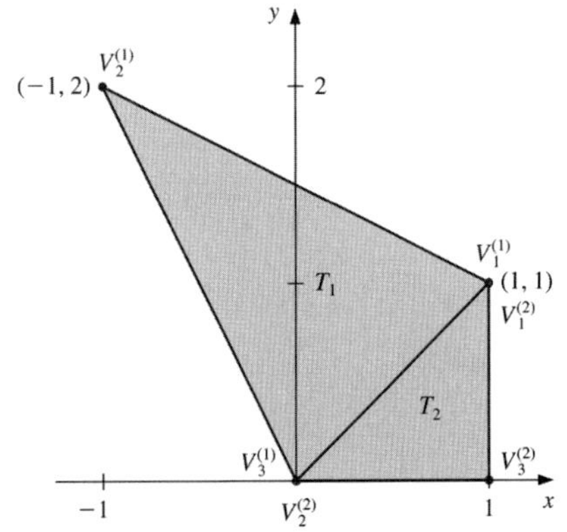

그림 12.14

[그림 12.13]의 왼쪽 상단 부분을 확대한 [그림 12.15]를 보자. 이 그림에 보인 절점에 대한 행렬 A의 항목을 생성해 보기로 하자.

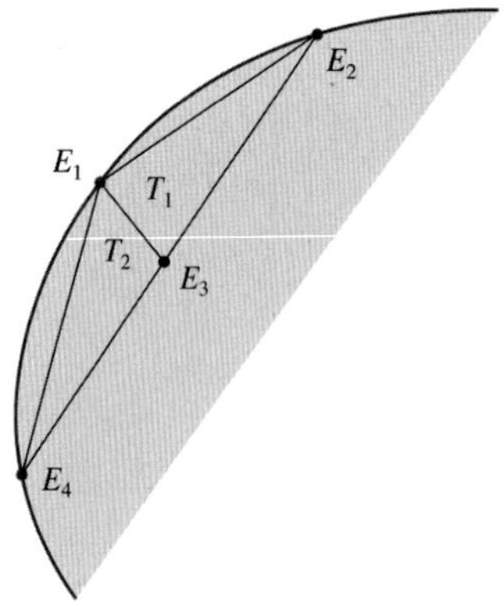

그림 12.15

단순성을 위해 E_1 이 $\mathcal{S}_2$ 상의 절점이 아니라고 하자. 이 부분의 삼각형들과 관련된 절점과 꼭짓점 사이의 관계는

$$E_1 = V_3^{(1)} = V_1^{(2)},\ \ E_4 = V_2^{(2)},\ \ E_3 = V_2^{(1)} = V_3^{(2)},\ \ E_2 = V_1^{(1)}.$$

ϕ_1 과 ϕ_3 은 T_1 과 T_2 상에서 모두 0이 아니므로, 항목 $a_{1,3} = a_{3,1}$ 은 다음과 같이 계산된다.

$$\begin{aligned}\alpha_{1,3} &= \int\int_D \left[p(x,y)\frac{\partial\phi_1}{\partial x}\frac{\partial\phi_3}{\partial x} + q(x,y)\frac{\partial\phi_1}{\partial y}\frac{\partial\phi_3}{\partial y} - r(x,y)\phi_1\phi_3\right] dxdy \\ &= \int\int_{T_1} \left[p(x,y)\frac{\partial\phi_1}{\partial x}\frac{\partial\phi_3}{\partial x} + q(x,y)\frac{\partial\phi_1}{\partial y}\frac{\partial\phi_3}{\partial y} - r(x,y)\phi_1\phi_3\right] dxdy \\ &\quad + \int\int_{T_1} \left[p(x,y)\frac{\partial\phi_1}{\partial x}\frac{\partial\phi_3}{\partial x} + q(x,y)\frac{\partial\phi_1}{\partial y}\frac{\partial\phi_3}{\partial y} - r(x,y)\phi_1\phi_3\right] dxdy\end{aligned}$$

삼각형 T_1 에서

$$\phi_1(x,y) = N_3^{(1)}(x,y) = a_3^{(1)} + b_3^{(1)} + c_3^{(1)}y$$

이고

$$\phi_3(x,y) = N_2^{(1)}(x,y) = a_2^{(1)} + b_2^{(1)} + c_2^{(1)}y$$

이므로

$$\frac{\partial\phi_1}{\partial x} = b_3^{(1)},\quad \frac{\partial\phi_1}{\partial y} = c_3^{(1)},\quad \frac{\partial\phi_3}{\partial x} = b_2^{(1)}.\qquad \frac{\partial\phi_3}{\partial y} = c_2^{(1)}.$$

마찬가지로 T_2 에서

$$\phi_1(x,y) = N_1^{(2)}(x,y) = a_1^{(2)} + b_1^{(2)}x + c_1^{(2)}y$$

이고

$$\phi_3(x,y) = N_3^{(2)}(x,y) = a_3^{(2)} + b_3^{(2)}x + c_3^{(2)}y$$

이므로

$$\frac{\partial\phi_1}{\partial x}(x,y) = b_1^{(2)},\quad \frac{\partial\phi_1}{\partial y}(x,y) = c_1^{(2)},\quad \frac{\partial\phi_3}{\partial x}(x,y) = b_3^{(2)},\quad \frac{\partial\phi_3}{\partial x} = c_3^{(2)}.$$

따라서,

$$\begin{aligned}\alpha_{13} &= b_3^{(1)}b_2^{(1)}\int\int_{T_1} p(x,y)dxdy + c_3^{(1)}c_2^{(1)}\int\int_{T_1} q(x,y)dxdy \\ &-\int\int_{T_1} r(x,y)(a_3^{(1)}+b_3^{(1)}x+c_3^{(1)}y)(a_2^{(1)}+b_2^{(1)}+c_2^{(1)}y)dxdy \\ &+b_1^{(2)}b_3^{(2)}\int\int_{T_2} p(x,y)dxdy + c_1^{(2)}c_3^{(2)}\int\int_{T_2} q(x,y)dxdy \\ &-\int\int_{T_2} r(x,y)(a_1^{(2)}+b_1^{(2)}x+c_1^{(2)}y)(a_3^{(2)}+b_3^{(2)}x+c_3^{(2)}y)dxdy.\end{aligned}$$

D에 대한 모든 이중적분은 삼각형에 대한 이중적분으로 변경된다. 일반적으로 삼각형에 대한 모든 가능한 적분을 계산해 A의 해당 항목 α_{ij}에 누적시키게 된다. 마찬가지로, 다음 형태의 이중적분

$$\int\int_D f(x,y)\phi_i(x,y)dxdy$$

도 삼각형에 대해 계산 되어 **b**의 해당 항목 β_i에 누적된다. 예를 들어, β_1을 결정하려면

$$\begin{aligned}-\int\int_D f(x,y)\phi_1(x,y)dxdy &= -\int\int_{T_1} f(x,y)\left[a_3^{(1)}+b_3^{(1)}x+c_3^{(1)}y\right]dxdy \\ &\quad -\int\int_{T_2} f(x,y)\left[a_1^{(2)}+b_1^{(2)}x+c_1^{(2)}y\right]dxdy\end{aligned}$$

를 이용한다. β_1 값의 일부는 T_1에 의해 제한된 ϕ_1을 이용해, β_1 값의 나머지는 T_2에 의해 제한된 ϕ_2를 이용해 구해진다. 이는 E_1이 T_1과 T_2 양쪽에 속한 꼭짓점이기 때문이다. 또한 $\mathcal{S}_2$ 상에 위치한 절점들에 대해서는 선적분값을 A와 **b**의 해당 항목에 더해 주어야 한다.

다음 이중적분

$$\int\int_T F(x,y)dydx$$

를 꼭짓점 $(x_1,y_1),(x_2,y_2),(x_3,y_3)$로 구성된 삼각형 T상에 계산하는 경우를 고려해 보자. 우선,

$$\Delta = \frac{1}{2}\det\begin{bmatrix}1 & x_1 & y_1\\ 1 & x_2 & y_2\\ 1 & x_3 & y_3\end{bmatrix}$$

를 정의한다. [그림 12.16]에 보인 것처럼 $(x_4,y_4),(x_5,y_5),(x_6,y_6)$를 삼각형 T의 각 변의 중점이라 하고, (x_7,y_7)을 중심이라고 하자.

이들의 관련 식은 다음과 같다.

$$\begin{aligned} x_4 &= \tfrac{1}{2}(x_1+x_2), & y_4 &= \tfrac{1}{2}(y_1+y_2)\\ x_5 &= \tfrac{1}{2}(x_1+x_3), & y_5 &= \tfrac{1}{2}(y_1+y_3)\\ x_6 &= \tfrac{1}{2}(x_2+x_3), & y_6 &= \tfrac{1}{2}(y_2+y_3)\\ x_7 &= \tfrac{1}{3}(x_1+x_2+x_3), & y_7 &= \tfrac{1}{3}(y_1+y_2+y_3)\end{aligned}$$

이중적분에 대한 $O(h^2)$ 공식은 다음과 같다.

$$\int\int_T F(x,y)dydx = \frac{1}{2}|\Delta|\left\{\frac{1}{20}(F(x_1,y_1)+F(x_2,y_2)+F(x_3,y_3))\right.$$

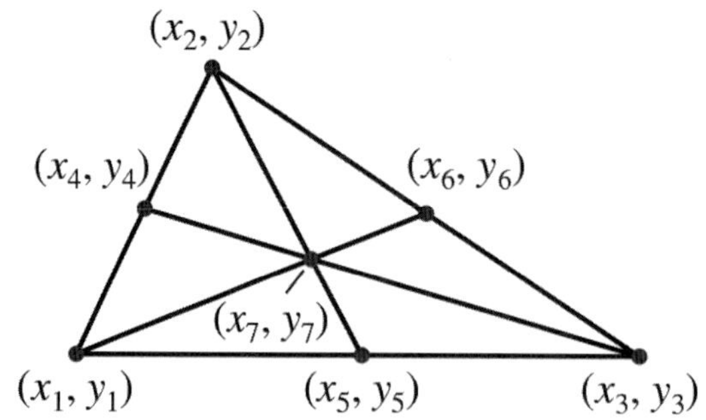

그림 12.16

$$+\frac{2}{15}(F(x_4,y_4)+F(x_5,y_5)+F(x_6,y_6))+\frac{9}{20}F(x_7,y_7)\Bigg\}$$

$F(x,y)=1$ 이면 이중적분의 결과가 삼각형 T 의 면적에 해당하는 $\frac{1}{2}|\Delta|$ 가 됨에 유의하라.
계산이 필요한 또 다른 적분은 선적분

$$\int_L G(x,y)ds$$

이다. 여기서, L은 끝점이 (x_1,y_1) 와 (x_2,y_2) 인 선분이다. $x=x(t)$ 와 $y=y(t)$ 로 L을 매개변수화하고, 이때 $(x_1,y_1)=(x(t_1),y(t_1))$ 이고 $(x_2,y_2)=(x(t_2),y(t_2))$ 이라고 하자. 그러면,

$$\int_L G(x,y)ds=\int_{t_1}^{t_2}G(x(t),y(t))\sqrt{[x'(t)]^2+[y'(t)]^2}dt$$

가 된다. 이에 따라, 확정 적분을 직접 계산하거나 4장에서 설명한 방법을 이용해 적분값을 얻을 수 있게 된다.

프로그램 FINEL125는 이계 타원형 미분방정식에 대해 유한요소법을 수행한다. 이 프로그램에서, 행렬 A와 벡터 $\mathbf{b}$의 모든 값은 0으로 초기화되고, 모든 삼각형에 대한 적분이 수행된 후에 이 값들이 A와 $\mathbf{b}$의 해당 항목에 더해진다.

예제 12.5.2 이차원 영역 D의 온도 $u(x,y)$는 D상에서 Laplace 방정식

$$\frac{\partial^2 u}{\partial x^2}(x,y)+\frac{\partial^2 u}{\partial y^2}(x,y)=0$$

을 만족시킨다.

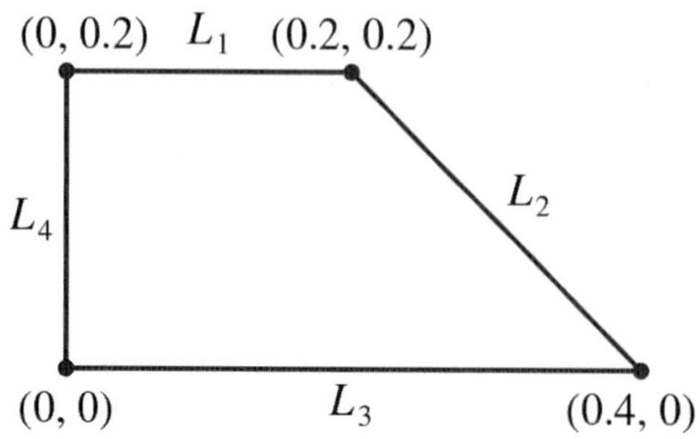

그림 12.17

[그림 12.17]의 영역 D에 대해 다음의 경계 조건을 가정하자.

$$\begin{aligned} u(x,y) &= 4, \qquad L_3 \text{ 또는 } L_4 \text{에서 } (x,y) \text{의 경우} \\ \frac{\partial u}{\partial n}(x,y) &= x, \qquad L_1 \text{ 상에서 } (x,y) \\ \frac{\partial u}{\partial n}(x,y) &= \frac{x+y}{\sqrt{2}}, \qquad L_2 \text{상에서 } (x,y) \text{의 경우} \end{aligned}$$

여기서 $\partial u/\partial n$은 점 (x,y)에서 영역 D의 경계에 대한 법선의 방향으로의 방향 도함수(directional derivative)이다. 이 예에서 $\mathcal{S}_\infty = L_3 \cup L_4$이고 $\mathcal{S}_\in = L_1 \cup L_2$이다. 여기서의 함수들은 D와 그 경계상에서

$$p(x,y)=1, \quad q(x,y)=1, \quad r(x,y)=0, \quad f(x,y)=0.$$

또한 다음 사항이 성립한다.

$$\begin{aligned} g(x,y) &= 4, \qquad \mathcal{S}_1 \text{ 상에서} \\ g_1(x,y) &= 0, \qquad \mathcal{S}_2 \text{ 상에서} \\ g_2(x,y) &= x, \qquad L_1 \text{ 상에서}, \quad g_2(x,y) = \frac{x+y}{\sqrt{2}}, \quad L_2\text{상에서} \end{aligned}$$

먼저 D를 [그림 12.18]에 보인 번호대로 삼각형으로 나눈다.

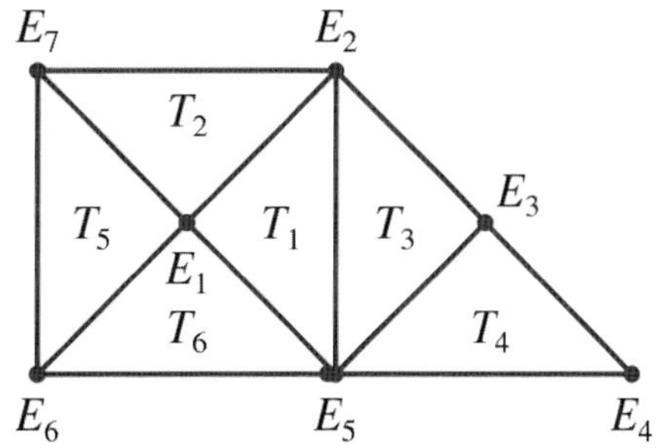

그림 12.18

각 절점의 좌표가 $E_1 = (0.1, 0.1), E_2 = (0.2, 0.2), E_3 = (0.3, 0.1), E_4 = (0.4, 0.0), E_5 = (0.2, 0.0), E_6 = (0.0, 0.0), E_7 = (0.0, 0.2)$ 라고 하자. E_4, E_5, E_6, E_7이 $\mathcal{S}_1$ 상에 존재하고 $g(x,y) = 4$ 이므로 $\gamma_4 = \gamma_5 = \gamma_6 = \gamma_7 = 4$.

$1 \le i \le 6$일 때, 각 삼각형 T_i에 대해 세 꼭짓점

$$V_j^{(i)} = (x_j^{(i)}, y_j^{(i)}), \quad j = 1, 2, 3$$

를 부여하고

$$|\Delta_i| = \frac{1}{2}\left|\det\begin{bmatrix} 1 & x_1^{(i)} & y_1^{(i)} \\ 1 & x_2^{(i)} & y_2^{(i)} \\ 1 & x_3^{(i)} & y_3^{(i)} \end{bmatrix}\right| = 0.01$$

를 계산해서 함수

$$N_j^{(i)}(x,y) = a_j^{(i)} + b_j^{(i)}x + c_j^{(i)}y$$

를 얻는다. 모든 i에 대해 $\Delta_i = 0.02$이다.

[표 12.7]은 이렇게 부여한 값들을 정리한 것이다.

$i=1$	$j=1$	$V_1^{(1)} = (0.1, 0.1) = E_1$	$N_1^{(1)} = 2 - 10x$
	$j=2$	$V_2^{(1)} = (0.2, 0.2) = E_2$	$N_2^{(1)} = -1 + 5x + 5y$
	$j=3$	$V_3^{(1)} = (0.2, 0.0) = E_5$	$N_3^{(1)} = 5x - 5y$
$i=2$	$j=1$	$V_1^{(2)} = (0.1, 0.1) = E_1$	$N_1^{(2)} = 2 - 10y$
	$j=2$	$V_2^{(2)} = (0.2, 0.2) = E_7$	$N_2^{(2)} = -5x + 5y$
	$j=3$	$V_3^{(2)} = (0.2, 0.2) = E_2$	$N_3^{(2)} = -1 + 5x + 5y$
$i=3$	$j=1$	$V_1^{(3)} = (0.2, 0.2) = E_2$	$N_1^{(3)} = 1 - 5x + 5y$
	$j=2$	$V_2^{(3)} = (0.3, 0.1) = E_3$	$N_2^{(3)} = -2 + 10X$
	$j=3$	$V_3^{(3)} = (0.2, 0.0) = E_5$	$N_3^{(3)} = 2 - 5x - 5y$
$i=4$	$j=1$	$V_1^{(4)} = (0.3, 0.1) = E_3$	$N_1^{(4)} = 10y$
	$j=2$	$V_2^{(4)} = (0.4, 0.0) = E_4$	$N_2^{(4)} = -1 + 5x - 5y$
	$j=3$	$V_3^{(4)} = (0.2, 0.0) = E_5$	$N_3^{(4)} = 2 - 5x - 5y$
$i=5$	$j=1$	$V_1^{(5)} = (0.0, 0.2) = E_7$	$N_1^{(5)} = -5x + 5y$
	$j=2$	$V_2^{(5)} = (0.1, 0.1) = E_1$	$N_2^{(5)} = 10x$
	$j=3$	$V_3^{(5)} = (0.0, 0.0) = E_6$	$N_3^{(5)} = 1 - 5x - 5y$
$i=6$	$j=1$	$V_1^{(6)} = (0.0, 0.0) = E_6$	$N_1^{(6)} = 1 - 5x - 5y$
	$j=2$	$V_2^{(6)} = (0.2, 0.0) = E_5$	$N_2^{(6)} = 5x - 5y$
	$j=3$	$V_3^{(6)} = (0.1, 0.1) = E_1$	$N_3^{(6)} = 10y$

표 12.7

$1 \le i \le 6$일 때, 각 삼각형 T_i에 대해 꼭짓점 j와 k에 대한 이중적분을 계산한다.

$$\begin{aligned} z_{j,k}^{(i)} &= b_j^{(i)} b_k^{(i)} \int\int_{T_i} p(x,y)dydx + c_j^{(i)} c_k^{(i)} \int\int_{T_i} q(x,y)dydx \\ &\quad - \int\int_{T_i} r(x,y) N_j^{(i)}(x,y) N_k^{(i)}(x,y)dydx \\ &= b_j^{(i)} b_k^{(i)} \frac{1}{2}|\Delta_i| + c_j^{(i)} c_k^{(i)} \frac{1}{2}|\Delta_i| - 0 = 0.01\left[b_j^{(i)} b_k^{(i)} + c_j^{(i)} c_k^{(i)}\right] \end{aligned}$$

여기서, $j = 1, 2, 3, \ldots$이고 $k = 1, \ldots, j$이다. 게다가 각 꼭짓점 j와 삼각형 T_i에 대해 이중적분

$$H_j^{(i)} = -\int\int_{T_i} f(x,y) N_j^{(i)}(x,y)dydx = 0, \quad j = 1, 2, 3$$

가 있다. l_1을 $(0.4, 0.0)$과 $(0.3, 0.1)$을 잇는 선 l_2을 $(0.3, 0.1)$과 $(0.2, 0.2)$를 잇는 선 l_3을 $(0.2, 0.2)$와 $(0.0, 0.2)$를 잇는 선이라고 하고, 다음과 같이 치환하자.

$$\begin{aligned} l_1 &: \quad x = 0.4 - t, \ y = t, \quad 0 \le t \le 0.1 \\ l_2 &: \quad x = 0.4 - t, \ y = t, \quad 0.1 \le t \le 0.2 \\ l_3 &: \quad x = -t, \ y = 0.2, \quad -0.2 \le t \le 0 \end{aligned}$$

선적분은 삼각형의 변들인 $s_2 = L_1 \cup L_2$상에서 수행된다. 삼각형 T_i가 꼭짓점, $V_j^{(i)}$에서 $V_k^{(i)}$로 가는 변 e_i를 s_2상에 가지고 있다고 하자. 필요한 선적분은

$$J_{k,j}^{(i)} = J_{j,k}^{(i)} = \int_{e_i} g_1(x,y) N_j^{(i)}(x,y) N_k^{(i)}(x,y)ds$$

$$I_j^{(i)} = \int_{e_i} g_2(x,y)N_j^{(i)}(x,y)ds, \quad I_k^{(i)} = \int_{e_i} g_2(x,y)N_k^{(i)}(x,y)ds.$$

s_2 상에서 $g_1(x,y)=0$ 이므로 $g_2(x,y)=0$ 과 관련된 선적분만을 고려하면 된다.
삼각형 T_4 는 꼭짓점 $V_2^{(4)}=(0.4,0.0)=E_4$, $V_1^{(4)}=(0.3,0.1)=E_3$ 인 변을 L_4 상에 가진다. 그러므로

$$\begin{aligned}
I_1^{(4)} &= \int_{l_1} g_2(x,y)N_1^{(4)}(x,y)ds = \int_{l_1} \frac{x+y}{\sqrt{2}}(10y)ds \\
&= \int_0^{0.1} \frac{0.4}{\sqrt{2}}(10t)\sqrt{(-1)^2+1}dt = \int_0^{0.1} 4tdt = 0.02 \\
I_2^{(4)} &= \int_{l_1} g_2(x,y)N_2^{(4)}(x,y)ds = \int_{l_1} \frac{x+y}{\sqrt{2}}(-1+5x-5y)ds \\
&= \int_0^{0.1} \frac{0.4}{\sqrt{2}}(-1+2-5t-5t)\sqrt{2}dt = \int_0^{0.1} 0.4(1-10t)dt = 0.02.
\end{aligned}$$

삼각형 T_3 은 꼭짓점 $V_2^{(3)}=(0.3,0.1)=E_3$ 와 $V_1^{(3)}=(0.2,0.2)=E_2$ 인 변을 L_2 상에 가진다. 그러므로

$$\begin{aligned}
I_2^{(3)} &= \int_{l_2} g_2(x,y)N_2^{(3)}(x,y)ds = \int_{l_2} \frac{x+y}{\sqrt{2}}(-2+10x)ds \\
&= \int_{0.1}^{0.2} \frac{0.4}{\sqrt{2}}(-2+4-10t)\sqrt{2}dt = \int_{0.1}^{0.2} (0.8-4t)dt = 0.02, \\
I_1^{(3)} &= \int_{l_2} g_2(x,y)N_1^{(3)}(x,y)ds = \int_{l_2} \frac{x+y}{\sqrt{2}}(1-5x+5y)ds \\
&= \int_{0.1}^{0.2} \frac{0.4}{\sqrt{2}}(1-2+5t+5t)\sqrt{2}dt = \int_{0.1}^{0.2} (-0.4+4t)dt = 0.02.
\end{aligned}$$

삼각형 T_3 은 꼭짓점 $V_3^{(2)}=(0.2,0.2)=E_2$ 와 $V_2^{(2)}=(0.0,0.2)=E_7$ 인 변을 L_1 상에 가진다. 그러므로

$$\begin{aligned}
I_3^{(2)} &= \int_{l_3} g_2(x,y)N_3^{(2)}(x,y)ds = \int_{l_3} x(-1+5x+5y)ds \\
&= \int_{-0.2}^{0} (-t)(-1+5t+1)\sqrt{(-1)^2}dt = \int_{-0.2}^{0} 5t^2dt = 0.01\bar{3} \\
I_2^{(2)} &= \int_{l_3} g_2(x,y)N_2^{(2)}(x,y)ds = \int_{l_3} x(-5x+5y)ds \\
&= \int_{-0.2}^{0} (-t)(5t+1)dt = \int_{-0.2}^{0} (-5t^2-t)dt = 0.00\bar{6}.
\end{aligned}$$

각 요소들을 취합하면

$$\begin{aligned}
\alpha_{11} &= z_{1,1}^{(1)} + z_{1,1}^{(2)} + z_{2,2}^{(5)} + z_{3,3}^{(6)} \\
&= (-10)^2 0.01 + (-10)^2 0.01 + (10)^2 0.01 + (10)^2 0.01 = 4 \\
\alpha_{12} &= \alpha_{21} = z_{2,1}^{(1)} + z_{3,1}^{(2)} = (-50)0.01 + (-50)0.01 = -1 \\
\alpha_{13} &= \alpha_{31} = 0 \\
\alpha_{22} &= z_{2,2}^{(1)} + z_{3,3}^{(2)} + z_{1,1}^{(3)} = (50)0.01 + (50)0.01 + (50)0.01 = 1.5 \\
\alpha_{23} &= \alpha_{32} = z_{2,1}^{(3)} = (-50)0.01 = -0.5 \\
\alpha_{33} &= z_{2,2}^{(3)} + z_{1,1}^{(4)} = (100)0.01 + (100)0.01 = 2 \\
\beta_1 &= -z_{3,1}^{(1)}\gamma_5 - z_{2,1}^{(2)}\gamma_7 - z_{2,1}^{(5)}\gamma_7 - z_{3,2}^{(5)}\gamma_6 - z_{3,1}^{(6)}\gamma_6 - z_{3,2}^{(6)}\gamma_5 \\
&= -4(-50)0.01 - 4(-50)0.01 - 4(-50)0.01
\end{aligned}$$

$$
\begin{aligned}
& -4(-50)0.01-4(-50)0.01-4(-50)0.01=12 \\
\beta_2 &= -z_{3,2}^{(1)}\gamma_5 - z_{3,2}^{(2)}\gamma_7 - z_{3,1}^{(3)}\gamma_5 + I_1^{(3)} + I_3^{(2)} \\
&= -4(25-25)0.01-4(-25+25)0.01-4(25-25)0.01 \\
&\quad +0.02+0.01\bar{3}=0.0\bar{3} \\
\beta_3 &= -z_{3,2}^{(3)}\gamma_5 - z_{2,1}^{(4)}\gamma_4 - z_{3,1}^{(4)}\gamma_5 + I_1^{(4)} + I_2^{(3)} \\
&= -4(-50)0.01-4(-50)0.01-4(-50)0.01+0.02+0.02=6.04.
\end{aligned}
$$

그러므로

$$
A=\begin{bmatrix}\alpha_{11}&\alpha_{12}&\alpha_{13}\\ \alpha_{21}&\alpha_{22}&\alpha_{23}\\ \alpha_{22}&\alpha_{32}&\alpha_{33}\end{bmatrix}=\begin{bmatrix}4&-1&0\\ -1&1.5&-0.5\\ 0&-0.5&2\end{bmatrix},\quad \mathbf{b}=\begin{bmatrix}\beta_1\\ \beta_2\\ \beta_3\end{bmatrix}=\begin{bmatrix}12\\ 0.0\bar{3}\\ 6.04\end{bmatrix}.
$$

선형연립방정식 $A\mathbf{c}=\mathbf{b}$는

$$
\mathbf{c}=\begin{bmatrix}\gamma_1\\ \gamma_2\\ \gamma_3\end{bmatrix}
$$

일 때 $(4.00962963, 4.03851852, 4.02962963)^t$를 해로 가지며, 이로부터 삼각형들 상의 $\phi(x,y)$에 대한 근사해는 아래와 같다.

$$
\begin{aligned}
T_1 &: \ \phi(x,y)=4.00962963(2-10x)+4.03851852(-1+5x+5y)+4(5x-5y), \\
T_2 &: \ \phi(x,y)=4.00962963(2-10y)+4(-5x+5y)+4.03851852(-1+5x+5y), \\
T_3 &: \ \phi(x,y)=4.03851852(1-5x-5y)+4.02962963(-2+10x)+4(2-5x-5y), \\
T_4 &: \ \phi(x,y)=4.02962963(10y)+4(-1+5x-5y)+4(2-5x-5y), \\
T_5 &: \ \phi(x,y)=4(-5x+5y)+4.00962963(10x)+4(1-5x-5y), \\
T_6 &: \ \phi(x,y)=4(1-5x-5y)+4(5x-5y)+4.00962963(10y).
\end{aligned}
$$

경곗값 문제에 대한 실제 해는 $u(x,y)=xy+4$이다. [표 12.8]은 u값을 E_1, E_2, E_3에서의 ϕ값과 비교하고 있다.

x	y	$\phi(x,y)$	$u(x,y)$	$\lvert\phi(x,y)-u(x,y)\rvert$
0.1	0.1	4.00962963	4.01	0.00037037
0.2	0.2	4.03851852	4.04	0.00148148
0.3	0.1	4.02962963	4.03	0.00037037

표 12.8

일반적으로 매끄러운 형태의 계수 함수를 갖는 타원형 이계 미분방정식 문제의 오차는 $O(h^2)$이다. 여기서 h는 삼각형 요소의 최대 지름이다. 사각형 요소에 대한 구간별 이선형(bilinear) 기저함수는, 사각형 요소의 최대 대각선 길이를 h라 할 때, $O(h^2)$의 결과를 준다. 다른 형태의 기저함수를 사용하면 $O(h^4)$의 결과를 얻을 수도 있으나, 구성 작업이 복잡하다. 근사해의 정확도가 해의 연속 성질과 경계의 규칙성에 의해 좌우되므로, 유한요소법에 대한 효율적인 오차 정리는 정립하기도 어렵고 적용하기도 어렵다.

12.5 연습문제

1. 유한요소법을 이용하여 다음 편미분방정식의 근사해를 구하라. [그림 12.19 참조]

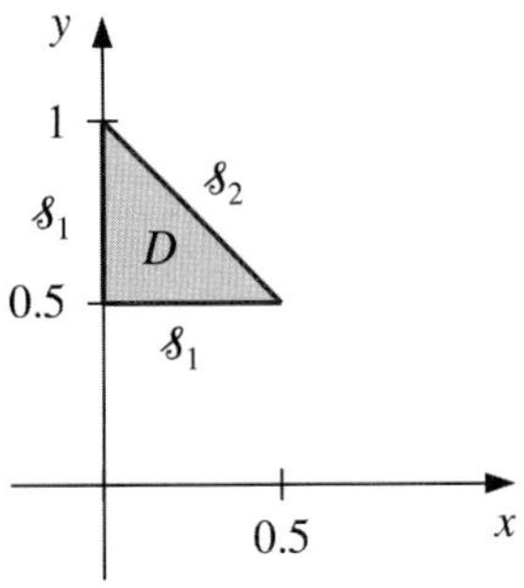

그림 12.19

$$\frac{\partial}{\partial x}\left(y^2\frac{\partial u}{\partial x}(x,y)\right)+\frac{\partial}{\partial y}\left(y^2\frac{\partial u}{\partial y}(x,y)\right)-yu(x,y)=-x, \quad (x,y)\in D$$

$$u(x,0.5)=2x, \quad 0\le x\le 0.5, \quad u(0,y)=0, \quad 0.5\le y\le 1$$

$$y^2\frac{\partial u}{\partial x}(x,y)\cos\theta_1+y^2\frac{\partial u}{\partial y}(x,y)\cos\theta_2=\frac{\sqrt{2}}{2}(y-x), \quad (x,y)\in S_2$$

$M=2$로 하라. T_1의 꼭짓점은 $(0,0.5),(0.25,0.75),(0,1)$이고 T_2의 꼭짓점은 $(0,0.5),(0.5,0.5),(0.25,0.75)$이다.

2. 다음 삼각형을 이용하여 연습문제 1을 반복하라.

$T_1:\ (0,0.75),(0,1),(0.25,0.75);$ $\quad T_2:\ (0.25,0.5),(0.25,0.75),(0.5,0.5);$

$T_3:\ (0,0.5),(0,0.75),(0.25,0.75);$ $\quad T_4:\ (0,0.5),(0.25,0.5),(0.25,0.75).$

3. 그림에 주어진 요소를 이용하고 유한요소법을 적용하여 다음 편미분방정식의 근사해를 구하라. [그림 12.20 참조]

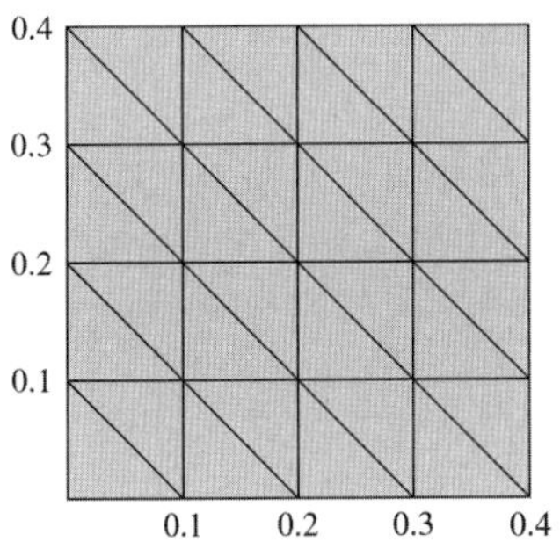

그림 12.20

$$\frac{\partial^2 u}{\partial x^2}(x,y)+\frac{\partial^2 u}{\partial y^2}(x,y)-12.5\pi^2 u(x,y)=-25\pi^2\sin\frac{5\pi}{2}x\sin\frac{5\pi}{2}y$$

여기서, $0<x<0.4$이고 $0<y<0.4$이고, Dirichlet 경계 조건은 $u(x,y)=0$. 내부 결점과 점 $(0.125,0.125)$, $(0.125,0.25)$, $(0.25,0.125)$, $(0.25,0.25)$에서 근사해를 실제 해

$$u(x,y)=\sin\frac{5\pi}{2}x\sin\frac{5\pi}{2}y$$

와 비교하라.

4. 사다리꼴 모양의 은판이 각 점에서 $q=1.5\text{cal/cm}^3\cdot\text{s}$의 비율로 균일하게 열을 생성한다.

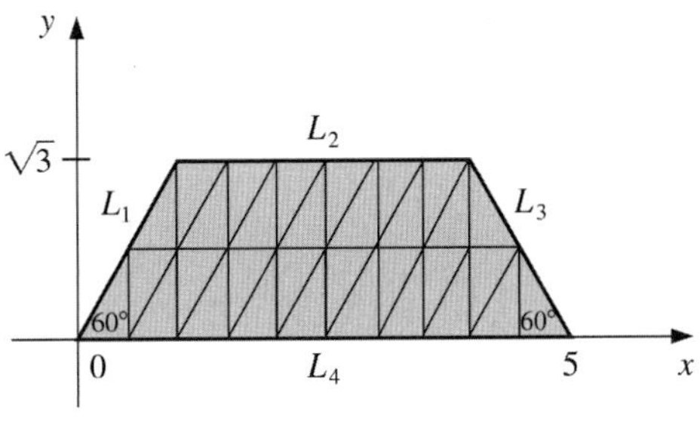

그림 12.21

이 판의 정상 상태 온도 $u(x,y)$는 Poisson 방정식

$$\frac{\partial^2 u}{\partial x^2}(x,y)+\frac{\partial^2 u}{\partial y^2}(x,y)=-\frac{q}{k}$$

를 만족한다. 여기서 열전도성 k는 $1.04\text{cal/cm}\cdot\text{deg}\cdot\text{s}$이다. L_2에서의 온도는 15도를 유지하고, 경사진 변 L_1과 L_3에서는 경계 조건 $\partial u/\partial n=4$에 따라 열이 손실되고, L_4에서는 열이 손실되지 않는 것으로, 즉 $\partial u/\partial n=0$으로 가정하라. 유한요소법을 이용하여 $(1,0)$, $(4,0)$, $\left(\frac{5}{2},\frac{\sqrt{3}}{2}\right)$에서 판의 온도를 근사시켜라.

참고 문헌

[Ai] Aitken, A. C. *On interpolation by iteration of proportional parts, without the use of differences*. Proc. Edinburgh Math. Soc. 3(2) (1932), 56–76, QA1.E23 *52*

[AG] Allgower, E. and K. Georg, *Numerical continuation methods: an introduction*, Springer-Verlag, New York, 1990, 388 pp. QA377.A56 *440*

[AP] Andrews, H. C. and C. L. Patterson, *Outer product expansions and their uses in digital image processing*, American Mathematical Monthly 82, No. 1 (1975), 1–13, QA1.A515 *409*

[AS] Argyros, I. K. and F. Szidarovszky, *The theory and applications of iteration methods*, CRC Press, Boca Raton, FL, 1993, 355 pp. QA297.8.A74 *440*

[AMR] Ascher, U. M., R. M. M. Mattheij, and R. D. Russell, *Numerical solution of boundary value problems for ordinary differential equations*, Prentice-Hall, Englewood Cliffs, NJ, 1988, 595 pp.QA379.A83 *474*

[Ax] Axelsson, O., *Iterative solution methods*, Cambridge University Press, New York, 1994, 654 pp. QA297.8.A94 *319*

[AB] Axelsson, O. and V. A. Barker, *Finite element solution of boundary value problems: theory and computation*, Academic Press, Orlando, FL, 1984, 432 pp. QA379.A9 *518*

[BSW] Bailey, P. B., L. F. Shampine, and P. E. Waltman, *Nonlinear two-point boundary-value problems*, Academic Press, New York, 1968, 171 pp. QA372.B27 *474*

[Ban] Bank, R. E., PLTMG, *A software package for solving elliptic partial differential equations: Users' Guide 7.0*, SIAM Publications, Philadelphia, PA, 1994, 128 pp. QA377.B26 *518*

[Barr] Barrett, R., et al., *Templates for the solution of linear systems: building blocks for iterative methods*, SIAM Publications, Philadelphia, PA, 1994, 112 pp. QA297.8.T45 *319*

[Ber] Bernadelli, H., *Population waves*, Journal of the Burma Research Society 31 (1941), 1–18, DS527.B85 *258*

[BP] Botha, J. F. and G. F. Pinder, *Fundamental concepts in the numerical solution of differential equations*, Wiley-Interscience, New York, 1983, 202 pp. QA374.B74 *228*

[BH] Briggs, W. L. and V. E. Henson, *The DFT: an owner' s manual for the discrete Fourier transform*, SIAM Publications, Philadelphia, PA, 1995, 434 pp. QA403.5.B75 *362*

[Brigh] Brigham, E. O., *The fast Fourier transform*, Prentice-Hall, Englewood Cliffs, NJ, 1974, 252 pp. QA403.B74 *356*

[Broy] Broyden, C. G., *A class of methods for solving nonlinear simultaneous equations*, Mathematics of Computation 19 (1965), 577–593, QA1.M4144 *421*

[BuR] Bunch, J. R. and D. J. Rose (eds.), *Sparse matrix computations* (Proceedings of a conference held at Argonne National Laboratories, September 9–11, 1975), Academic Press, New York, 1976, 453 pp. QA188.S9 *276*

[BF] Burden, R. L. and J. D. Faires, *Numerical Analysis*, (Ninth edition), Brooks/Cole, Boston, MA, 2011, 872 pp. QA297.B84 348, 352, 488, *492*

[Bur] Burrage, K., 1995, *Parallel and sequential methods for ordinary differential equations*, Oxford University Press, New York, 446 pp. QA372.B883 *228*

[CF] Chaitin-Chatelin, F. and V. Fraysse, *Lectures on finite precision computations*, SIAM Publications, Philadelphia, PA, 1996, 235 pp. QA297.C417 *31*

[CGGG] Char, B. W., K. O. Geddes, W. M. Gentlemen, and G. H. Gonnet, *The design of Maple: a compact, portable, and powerful computer algebra system*, Computer Algebra. Lecture Notes in Computer Science No. 162, (J. A. Van Hulzen, ed.), Springer-Verlag, Berlin, 1983, 101–115 pp. QA155.7 E4 E85 *31*

[Ch] Cheney, E. W., *Introduction to approximation theory*, McGraw-Hill, New York, 1966, 259 pp. QA221.C47 *362*

[CW] Cody, W. J. and W. Waite, *Software manual for the elementary functions*, Prentice-Hall, Englewood Cliffs, NJ, 1980, 269 pp. QA331.C635 *31*

[CV] Coleman,T. F. and C.Van Loan, *Handbook for matrix computations*,SIAMPublications, Philadelphia, PA, 1988, 264 pp. QA188.C65 30, *276*

[CT] Cooley, J. W. and J. W. Tukey, *An algorithm for the machine calculation of complex Fourier series*, Mathematics of Computation 19, No. 90 (1965), 297–301, QA1.M4144 *356*

[CLRS] Cormen, T. H., C. E. Leiserson, R. I. Rivest, and C. Stein, *Introduction to algorithms*, (Second edition), The MIT Press, Cambridge MA, 2001, 1180 pp. QA76.66.I585827

[Co] Cowell, W. (ed.), *Sources and development of mathematical software*, Prentice-Hall, Englewood Cliffs, NJ, 1984, 404 pp. QA76.95.S68 *30*

[CN] Crank, J. and P. Nicolson. *A practical method for numerical evaluation of solutions of partial differential equations of the heat-conduction type*, Proc. Cambridge Philos. Soc. 43 (1947), 0–67, Q41.C17 *493*

[Da] Davis, P. J., *Interpolation and approximation*, Dover, New York, 1975, 393 pp. QA221.D33 106, *362*

[DR] Davis, P. J. and P. Rabinowitz, *Methods of numerical integration*, (Second edition), Academic Press, New York, 1984, 612 pp. QA299.3.D28 *172*

[Deb1] De Boor, C., *On calculating with B-splines*, Journal of Approximation Theory 6 (1972), 50–62, QA221.J63 *467*

[Deb2] De Boor, C., *A practical guide to splines*, Springer-Verlag, New York, 1978, 392 pp. QA1.A647 vol. 27 105, *106*

[DG] DeFranza, J. and D. Gagliardi, *Introduction to linear algebra*, McGraw-Hill, New York, 2009, 488 pp. QA184.2.D44 *364*

[DenS] Dennis, J. E., Jr. and R. B. Schnabel, *Numerical methods for unconstrained optimization and nonlinear equations*, Prentice-Hall, Englewood Cliffs, NJ, 1983, 378 pp. QA402.5.D44 *440*

[Di] Dierckx, P., *Curve and surface fitting with splines*, Oxford University Press, New York, 1993, 285 pp. QA297.6.D54 *106*

[DBMS] Dongarra, J. J., J. R. Bunch, C. B. Moler, and G.W. Stewart, *LINPACKusers guide*, SIAM Publications, Philadephia, PA, 1979, 367 pp. QA214.L56 *30*

[DRW] Dongarra, J. J., T. Rowan, and R. Wade, *Software distributions using Xnetlib*, ACM Transactions on Mathematical Software 21, No. 1 (1995), 79–88, QA76.6.A8 *30*

[DW] Dongarra, J. and D. W. Walker, *Software libraries for linear algebra computation on high performance computers*, SIAM Review 37, No. 2 (1995), 151–180, QA1.S2 *31*

[Do] Dormand, J. R., *Numerical methods for differential equations: a computational approach*, CRC Press, Boca Raton, FL, 1996, 368 pp. QA372.D67 *228*

[DoB] Dorn, G. L. and A. B. Burdick, *On the recombinational structure of complementation relationships in the m-dy complex of the Drosophila melanogaster*, Genetics 47 (1962), 503–518, QH431.G43 *275*

[E] Engels, H., *Numerical quadrature and cubature*, Academic Press, New York, 1980, 441 pp. QA299.3.E5 *172*

[Fe] Fehlberg, E., Klassische, *Runge-Kutta Formeln vierter und niedrigerer Ordnung mit Schrittweiten-Kontrolle und ihre Anwendung aufW¨armeleitungsprobleme*, Computing 6 (1970), 61–71, QA76.C777 *206*

[FM] Forsythe, G. E. and C. B. Moler,*Computer solution of linear algebraic systems*, Prentice-Hall, Englewood Cliffs, NJ, 1967, 148 pp. QA297.F57 *276*

[Fr] Francis, J. G. F., *The QR transformation*, Computer Journal 4 (1961–2), Part I, 265–271; Part II, 332–345, QA76.C57 *395*

[Gar] Garbow, B. S., et al., *Matrix eigensystem routines: EISPACK guide extension*, Springer-Verlag, New York, 1977, 343 pp. QA193.M38 *30*

[Gea1] Gear, C. W., *Numerical initial-value problems in ordinary differential equations*, Prentice-Hall, Englewood Cliffs, NJ, 1971, 253 pp. QA372.G4 *228*

[Ger] Gersˇgorin, S. A. *U¨ber die Abgrenzung der Eigenwerte einer Matrix*. Dokl. Akad. Nauk.(A), Otd. Fiz-Mat. Nauk. (1931), 749–754, QA1.A3493 *364*

[GL] George, A. and J. W. Liu, *Computer solution of large sparse positive definite systems*, Prentice-Hall, Englewood Cliffs, NJ, 1981, 324 pp. QA188.G46 *276*

[Go] Goldberg, D., *What every scientist should know about floating-point arithmetic*, ACM Computing Surveys 23, No. 1 (1991), 5–48, QA76.5.A1 *31*

[GK] Golub, G.H. and W. Kahan, *Calculating the singular values and pseudo-inverse of a matrix*, SIAM J. Numer. Anal. 2, Ser. B (1965) 205–224, QA297.A1S2 *400*

[GO] Golub, G. H. and J. M. Ortega, *Scientific computing: an introduction with parallel computing*, Academic Press, Boston, MA, 1993, 442 pp. QA76.58.G64 *31*

[GR] Golub, G. H. and C. Reinsch, *Singular value decomposition and least squares solutions*, Numerische Mathematik 14 (1970) 403–420, QA241.N9 *400*

[GV] Golub, G. H. and C. F. Van Loan, *Matrix computations*, (Third edition), Johns Hopkins University Press, Baltimore, MD, 1996, 694 pp. QA188.G65 267, 276, *409*

[Hac] Hackbusch, W., *Iterative solution of large sparse systems of equations*, Springer-Verlag, New York, 1994, 429 pp. QA1.A647 vol. 95 *319*

[HY] Hageman, L. A. and D. M. Young, *Applied iterative methods*, Academic Press, New York, 1981, 386 pp. QA297.8.H34 *319*

[HNW1] Hairer, E., S. P. N¨orsett, and G. Wanner, *Solving ordinary differential equations.* Vol. 1: Nonstiff equations, (Second revised edition), Springer-Verlag, Berlin, 1993, 519 pp. QA372.H16 *228*

[HNW2] Hairer, E., S. P. N¨orsett, and G. Wanner, *Solving ordinary differential equations.* Vol. 2: Stiff and differential-algebraic problems, (Second revised edition), Springer, Berlin, 1996, 614 pp. QA372.H16 *228*

[He1] Henrici, P., *Discrete variable methods in ordinary differential equations*, John Wiley & Sons, New York, 1962, 407 pp. QA372.H48 *228*

[HS] Hestenes, M. R. and E. Stiefel, *Conjugate gradient methods in optimization*, Journal of Research of the National Bureau of Standards 49 (1952), 409–436, Q1.N34 *309*

[Heu] Heun, K., *Neue methode zur approximativen integration der differntialqleichungen einer unabh¨angigen ver¨anderlichen*, Zeitschrift f¨ur Mathematik und Physik 45 (1900), 23–38, QA1.Z48 *186*

[Hi] Hildebrand, F. B.,*Introduction to numerical analysis, (Second edition)*, McGraw-Hill, New York,1974, 669 pp. QA297.H54 *81*

[Ho] Householder, A. S., *The numerical treatment of a single nonlinear equation*, McGraw-Hill, NewYork, 1970, 216 pp. QA218.H68 *385*

[Joh] Johnston, R. L., *Numerical methods: a software approach*, John Wiley & Sons, New York, 1982, 276 pp. QA297.J64 *130*

[Ka] Kalman, D., *A singularly valuable decomposition: the SVD of a matrix*, The College Mathematics Journal 27 (1996), 2–23, QA11.A1 T9 *409*

[K,H] Keller, H. B., *Numerical methods for two-point boundary-value problems*, Blaisdell, Waltham, MA, 1968, 184 pp. QA372.K42 *474*

[K,J] Keller, J. B., *Probability of a shutout in racquetball*, SIAM Review 26, No. 2 (1984), 267–268, QA1.S2 *50*

[Kelley] Kelley, C. T., *Iterative methods for linear and nonlinear equations*, SIAM Publications, Philadelphia, PA, 1995, 165 pp. QA297.8.K45 315, *319*

[Ko] K¨ockler, N.,*Numerical methods and scientific computing: using software libraries for problem solving*, Oxford University Press, New York, 1994, 328 pp. TA345.K653 *31*

[LP] Lapidus, L. and G. F. Pinder, *Numerical solution of partial differential equations in science and engineering*, John Wiley & Sons, New York, 1982, 677 pp. Q172.L36 *518*

[LH] Lawson, C. L. and R. J. Hanson, *Solving least squares problems*, SIAM Publications, Philadelphia, PA, 1995, 337 pp. QA275.L38 *362*

[Mo] Moler, C. B., *Demonstration of a matrix laboratory. Lecture notes in mathematics* (J. P. Hennart, ed.), Springer-Verlag, Berlin, 1982, 84–98 *31*

[MM] Morton, K.W. and D. F. Mayers, *Numerical solution of partial differential equations: an introduction*, Cambridge University Press, New York, 1994, 227 pp. QA377.M69 *518*

[N] Neville, E.H. *Iterative Interpolation*, J. Indian Math. Soc. 20 (1934), 87–120 *72*

[ND] Noble, B. and J.W. Daniel, *Applied linear algebra*, (Third edition), Prentice-Hall, Englewood Cliffs, NJ, 1988, 521 pp. QA184.N6 *364*

[OP] Ortega, J. M. and W. G. Poole, Jr., *An introduction to numerical methods for differential equations*, Pitman Publishing, Marshfield, MA, 1981, 329 pp. QA371.O65 *228*

[OR] Ortega, J. M. and W. C. Rheinboldt, *Iterative solution of nonlinear equations in several variables*, Academic Press, New York, 1970, 572 pp. QA297.8.O77 *440*

[Par] Parlett, B. N., *The symmetric eigenvalue problem*, Prentice-Hall, Englewood Cliffs, NJ, 1980, 348 pp. QA188.P37 *411*

[PF] Phillips, C. and T. L. Freeman, *Parallel numerical algorithms*, Prentice-Hall, New York, 1992, 315 pp. QA76.9.A43 F74 *31*

[Ph] Phillips, J., *The NAG Library: a beginner' s guide*, Clarendon Press, Oxford, 1986, 245 pp. QA297.P35 *31*

[PDUK] Piessens,R.,E. deDoncker-Kapenga,C.W. *U¨berhuber, and D.K.Kahaner,QUADPACK: a subroutine package for automatic integration*, Springer-Verlag, New York, 1983, 301 pp. QA299.3.Q36 *172*

[Pi] Pissanetzky, S., *Sparse matrix technology*, Academic Press, New York, 1984, 321 pp. QA188.P57 *276*

[Poo] Poole, D., *Linear algebra: a modern introduction*, (Third edition), Thomson Brooks/Cole, Belmont CA, 2011, 768 pp. QA184.2.P66 *364*

[Po] Powell, M. J. D., *Approximation theory and methods*, Cambridge University Press, Cambridge, 1981, 339 pp. QA221.P65 106, *362*

[Pr] Pryce, J. D., *Numerical solution of Sturm-Liouville problems*, Oxford University Press, New York, 1993, 322 pp. QA379.P79 *474*

[RB] Rice, J. R. and R. F. Boisvert, *Solving elliptic problems using ELLPACK*, Springer-Verlag, New York, 1985, 497 pp. QA377.R53 *518*

[Ri] Ritz, W., *U¨ber eine neue methode zur lo¨sung gewisser variationsprobleme der mathematischen physik*, Journal f¨ur die reine und angewandte Mathematik, 135 (1909), pp. 1–61, QA1.J95 *461*

[RS] Roberts, S. and J. Shipman, *Two-point boundary value problems: shooting methods*, Elsevier, New York, 1972, 269 pp. QA372.R76 *474*

[RW] Rose, D. J. and R. A. Willoughby (eds.), *Sparse matrices and their applications (Proceedings of a conference held at IBM Research*, New York, September 9–10, 1971. 215 pp.), Plenum Press, New York, 1972, QA263.S94 *276*

[Sa1] Saad, Y., *Numerical methods for large eigenvalue problems*, Halsted Press, New York, 1992, 346 pp. QA188.S18 *411*

[Sa2] Saad, Y., *Iterative methods for sparse linear systems*, (Second edition), SIAM, Philadelphia, PA 2003, 528 pp. QA188.S17 *319*

[SP] Sagar, V. and D. J. Payne, *Incremental collapse of thick-walled circular cylinders under steady axial tension and torsion loads and cyclic transient heating*, Journal of the Mechanics and Physics of Solids 21, No. 1 (1975), 39–54, TA350.J68 *496*

[SD] Sale, P. F. and R. Dybdahl, *Determinants of community structure for coral-reef fishes in experimental habitat*, Ecology 56 (1975), 1343–1355, QH540.E3 *328*

[Sche] Schendel, U., *Introduction to numerical methods for parallel computers*, (Translated byB.W. Conolly), Halsted Press, New York, 1984, 151 pp. QA297.S3813 *31*

[Scho] Schoenberg, I. J., *Contributions to the problem of approximation of equidistant data by analytic functions*, Quarterly of Applied Mathematics 4 (1946), Part A, 45–99; Part B, 112–141, QA1.A26 106, *467*

[Schul] Schultz, M. H., *Spline analysis*, Prentice-Hall, Englewood Cliffs, NJ, 1973, 156 pp. QA211.S33 106, *461*

[Schum] Schumaker, L. L., *Spline functions: basic theory*, Wiley-Interscience, New York, 1981, 553 pp. QA224.S33 *106*

[Sh] Shampine, L. F., *Numerical solution of ordinary differential equations*, Chapman & Hall, New York, 1994, 484 pp. QA372.S417 *228*

[ShS] Shashkov, M. and S. Steinberg, *Conservative finite-difference methods on general grids*, CRC Press, Boca Raton, FL, 1996, 359 pp. QA431.S484 *518*

[SJ] Sloan, I. H. and S. Joe, *Lattice methods for multiple integration*, Oxford University Press, New York, 1994, 239 pp. QA311.S56 *172*

[Sm,B] Smith, B. T., et al., *Matrix eigensystem routines: EISPACK guide*, (Second edition), Springer-Verlag, New York, 1976, 551 pp. QA193.M37 *30*

[So] Sorenson, D. C., *Implicitly restarted Arnoldi/Lanczos methods for large scale eigenvalue calculations, parallel numerical algorithms* (D. E. Keyes, A. Sameh, and V. Vankatakrishan, eds.), Kluwer Academic Publishers, Dordrecht, 1997, 119–166, QA76.9.A43 P35 *411*

[Stee] Steele, J. M., *The Cauchy-Schwarz master class*. Cambridge University Press, 2004, 306 pp. QA295.S78 *280*

[Stew] Stewart, G. W., *Introduction to matrix computations*, Academic Press, New York, 1973, 441 pp. QA188.S7 411, *276*

[Stew2] Stewart, G. W., *On the early history of the singular value decomposition*.
http://www.lib.umd.edu/drum/bitstream/1903/566/4/CS-TR-2855.pdf *400*

[SF] Strang, W. G. and G. J. Fix, *An analysis of the finite element method*, Prentice-Hall, Englewood Cliffs, NJ, 1973, 306 pp. TA335.S77 *518*

[Stri] Strikwerda, J. C., *Finite difference schemes and partial differential equations*, (Second edition), SIAM Publications, Philadelphia, PA, 2004, 435 pp. QA374.S88 *518*

[Stro] Stroud, A. H., *Approximate calculation of multiple integrals*, Prentice-Hall, Englewood Cliffs, NJ, 1971, 431 pp. QA311.S85 *172*

[StS] Stroud, A. H. and D. Secrest, *Gaussian quadrature formulas*, Prentice-Hall, Englewood Cliffs, NJ, 1966, 374 pp. QA299.4.G4 S7 135, *172*

[Th] Thomas, J. W., *Numerical partial differential equations*, Springer-Verlag, New York, 1998, 445 pp. QA377.T495 *518*

[TCMT] Turner, M. J., R.W. Clough, H. C. Martin, and L. J. Topp, *Stiffness and deflection of complex structures*, Journal of the Aeronautical Sciences 23 (1956), 805–824, TL501.I522 *503*

[Tw] Twizell, E. H., *Computational methods for partial differential equations*, Ellis Horwood Ltd., Chichester, West Sussex, England, 1984, 276 pp. QA377.T95 *518*

[Van] Van Loan, C. F., *Computational frameworks for the fast Fourier transform*, SIAM Publications, Philadelphia, PA, 1992, 273 pp. QA403.5.V35 *362*

[Var] Varga, R. S., *Matrix iterative analysis*, (Second edition), Springer, New York, 2000, 358 pp. QA263.V3 319, *480*

[Wil] Wilkinson, J. H., *Rounding errors in algebraic processes*, Prentice-Hall, Englewood Cliffs, NJ, 1963, 161 pp. QA76.5.W53 *398*

[Wil2] Wilkinson, J. H., *The algebraic eigenvalue problem*, Clarendon Press, Oxford, 1965, 662 pp. QA218.W5 *411*

[WR] Wilkinson, J. H. and C. Reinsch (eds.), *Handbook for automatic computation*. Vol. 2: Linear algebra, Springer-Verlag, New York, 1971, 439 pp. QA251.W67 30, 398, *411*

[Y] Young, D. M., *Iterative solution of large linear systems*, Academic Press, New York, 1971, 570 pp. QA195.Y68 *319*

[ZM] Zienkiewicz, O. C. and K. Morgan, *Finite elements and approximation*, John Wiley & Sons, New York, 1983, 328 pp. QA297.5.Z53 510, *518*

찾아보기

| 역자 소개 |

계명대학교	권성규	부산대학교	김현민
단국대학교	김규철	서울대학교	신동우
한국외국어대학교	김영록	부경대학교	안두성
고려대학교	김준석	울산대학교	이주성
		고려대학교	최용호

수치해석 [제4판]
Numerical Methods

2016년 4월 20일 초판 인쇄
2023년 5월 25일 초판 2쇄 발행

저 자 J. Douglas Faires, Richard Burden
옮긴이 권성규 | 김규철 | 김영록 | 김준석 | 김현민 | 신동우
안두성 | 이주성 | 최용호
발행자 오판근
발행처 교우사

주 소 서울특별시 동대문구 약령시로 8 교우빌딩 2층
전 화 925-2861~2, 편집부 / 925-2825, 홈쇼핑 / 969-5762
팩 스 925-2860

E-mail kyowoo@kyowoo.co.kr
홈페이지 http://www.kyowoo.co.kr
북스토어(쇼핑몰) http://www.kyowoo.co.kr

등 록 1994. 3. 24 제6-0256호

ISBN 979-11-251-0157-4
값 42,000원